新三导丛书

有机化学导教·导学·导考

（高教·第三版）

许国根　贾瑛　吴婉娥　韩启龙　编

西北工业大学出版社

【内容简介】 本书参考《有机化学》(高教·第三版)教材的章节顺序,分别介绍了各章教学基本要求、主要内容、例题分析和习题精解等内容,并提供了全套有机化学教学PPT课件及课程考试试卷。

本书可作为理工科有机化学课程的教学辅导书,也可供备考相关专业硕士研究生,以及大专、成教、函授、电大、职大等学生参考。

图书在版编目(CIP)数据

有机化学导教·导学·导考/许国根等编. —西安:西北工业大学出版社,2014.8
(新三导丛书)
ISBN 978-7-5612-4103-5

Ⅰ.①有… Ⅱ.①许… Ⅲ.①有机化学—高等学校—教学参考资料 Ⅳ.①O62

中国版本图书馆 CIP 数据核字(2014)第 190736 号

出版发行:西北工业大学出版社
通信地址:西安市友谊西路 127 号　　邮编:710072
电　　话:(029)88493844　88491757
网　　址:http://www.nwpup.com
印刷者:兴平市博闻印务有限公司
开　　本:787 mm×1 092 mm　　1/16
印　　张:20.75
字　　数:641 千字
版　　次:2014 年 8 月第 1 版　　2014 年 8 月第 1 次印刷
定　　价:42.00 元

前　言

有机化学是化学化工、医药、环境等各专业重要的基础课。《有机化学》(高教·第三版)是一本国内许多高等学校广泛采用的优秀教材。为了便于以本书为教材的读者的教与学,帮助他们在较短的时间内教好、学好有机化学这门课程,掌握有机化学学习的技巧,我们根据多年的教学经验及参考资料编写了本书。

本书按原教材的章节顺序,根据每一章教学建议、主要概念、例题、习题精选详解等板块,介绍了各章节的精髓,讲解了化合物结构与化学性质、制备方法、有机反应机理等知识,并通过例题及习题,帮助读者巩固所学的知识,并提供了全套教学用有机化学PPT课件及三套课程考试试卷。希望通过这样的学习安排,读者能掌握学习有机化学的技巧,理解和掌握有机化学的基本内容和基本理论。

全书由许国根、贾瑛、吴婉娥、韩启龙合编,第1~8章,第18章由许国根执笔,第9~11章由贾瑛执笔,第12~14章由吴婉娥执笔,第15~17章由韩启龙执笔,全书由许国根统稿。

在本书的编写过程中,得到了西北工业大学出版社的支持和帮助;第二炮兵工程大学化学教研室全体同仁给予了许多建议,在此表示诚挚的感谢。

由于水平有限,书中难免存在错误或疏漏,甚至谬误之处,敬请各位读者指教。

编　者

2013 年 7 月 11 日

于西安第二炮兵工程大学

目 录

绪言 ·· 1

第1章 烷烃 ·· 4
    1.1 教学建议 ·· 4
    1.2 主要概念 ·· 4
    1.3 例题 ·· 8
    1.4 习题精选详解 ·· 9

第2章 环烷烃 ·· 11
    2.1 教学建议 ·· 11
    2.2 主要概念 ·· 11
    2.3 例题 ·· 14
    2.4 习题精选详解 ·· 16

第3章 对映异构 ·· 18
    3.1 教学建议 ·· 18
    3.2 主要概念 ·· 18
    3.3 例题 ·· 24
    3.4 习题精选详解 ·· 27

第4章 卤代烃 ·· 31
    4.1 教学建议 ·· 31
    4.2 主要概念 ·· 31
    4.3 例题 ·· 40
    4.4 习题精选详解 ·· 45

第5章 烯烃 ·· 47
    5.1 教学建议 ·· 47
    5.2 主要概念 ·· 47
    5.3 例题 ·· 53
    5.4 习题精选详解 ·· 57

第6章 炔烃和二烯烃 ·· 61
    6.1 教学建议 ·· 61

  6.2 主要概念 …………………………………………………………………………… 61
  6.3 例题 ………………………………………………………………………………… 67
  6.4 习题精选详解 ……………………………………………………………………… 71
第 7 章 芳烃与稠环芳烃 ………………………………………………………………………… 74
  7.1 教学建议 …………………………………………………………………………… 74
  7.2 主要概念 …………………………………………………………………………… 74
  7.3 例题 ………………………………………………………………………………… 81
  7.4 习题精选详解 ……………………………………………………………………… 86
第 8 章 核磁共振谱、红外光谱、紫外光谱和质谱 ………………………………………………… 90
  8.1 教学建议 …………………………………………………………………………… 90
  8.2 主要概念 …………………………………………………………………………… 90
  8.3 例题 ………………………………………………………………………………… 93
  8.4 习题精选详解 ……………………………………………………………………… 97
第 9 章 醇酚醚 …………………………………………………………………………………… 101
  9.1 教学建议 ………………………………………………………………………… 101
  9.2 主要概念 ………………………………………………………………………… 101
  9.3 例题 ……………………………………………………………………………… 113
  9.4 习题精选详解 …………………………………………………………………… 121
第 10 章 醛和酮 ………………………………………………………………………………… 134
  10.1 教学建议 ………………………………………………………………………… 134
  10.2 主要概念 ………………………………………………………………………… 134
  10.3 例题 ……………………………………………………………………………… 149
  10.4 习题精选详解 …………………………………………………………………… 157
第 11 章 羧酸和取代羧酸 ……………………………………………………………………… 166
  11.1 教学建议 ………………………………………………………………………… 166
  11.2 主要概念 ………………………………………………………………………… 166
  11.3 例题 ……………………………………………………………………………… 171
  11.4 习题精选详解 …………………………………………………………………… 177
第 12 章 羧酸衍生物 …………………………………………………………………………… 182
  12.1 教学建议 ………………………………………………………………………… 182
  12.2 主要概念 ………………………………………………………………………… 182
  12.3 例题 ……………………………………………………………………………… 191
  12.4 习题精选详解 …………………………………………………………………… 201

第13章 胺及其他含氮化合物 ... 206
- 13.1 教学建议 ... 206
- 13.2 主要概念 ... 206
- 13.3 例题 ... 217
- 13.4 习题精选详解 ... 223

第14章 杂环化合物 ... 236
- 14.1 教学建议 ... 236
- 14.2 主要概念 ... 236
- 14.3 例题 ... 244

第15章 碳水化合物 ... 250
- 15.1 教学建议 ... 250
- 15.2 主要概念 ... 250
- 15.3 例题 ... 256
- 15.4 习题精选详解 ... 263

第16章 氨基酸、多肽、蛋白质和核酸 ... 268
- 16.1 教学建议 ... 268
- 16.2 主要概念 ... 268
- 16.3 例题 ... 277
- 16.4 习题精选详解 ... 281

第17章 类酯、萜类化合物和甾族化合物 ... 284
- 17.1 教学建议 ... 284
- 17.2 主要概念 ... 284
- 17.3 例题 ... 287

第18章 有机反应 ... 289
- 18.1 教学建议 ... 289
- 18.2 主要概念 ... 289
- 18.3 例题 ... 301
- 18.4 习题精选详解 ... 304

附录 ... 309
- 课程考试试卷 ... 309
- 课程考试试卷参考答案 ... 318

参考文献 ... 324

绪 言

有机化学是一门基础课,是研究有机化合物的组成、结构、性质及其变化规律的科学。学习及掌握这门课程对于化学相关专业后续课程学习具有非常重要的作用。

有机化学学科范围广泛,发展迅猛,涉及多方面的学科知识,怎样在课程的教与学中较好地掌握有机化学的内容和科学体系,是提高教学质量,培养 21 世纪有机化学人才的核心和关键问题,同时也是一个重点和难点问题。

编者在多年的教学中发现,学生普遍反映有机化学"易学难懂"。其原因既有学科特点方面的,也有教与学方面的。

有机化合物具有数目庞大、结构复杂、反应慢、副反应多、性质各异等特点,这从客观上给有机化学的学习带来不少困难。从表面上看,有机化学不具有很强的规律性和完整的系统性,一个有机化合物在不同的条件下可以发生不同的反应,即使在同一条件下也会有不同的变化同时产生;不同类型的有机化合物在一定的条件下又可以发生同类的化学反应,使得有机化学反应显得错综复杂,难于理解,不易学透。学生常常是在解答有机化学题目时顾此失彼,不知所措,甚至有时题目做对了或者做错了,都不知其所以然。

另外,学生对有机化学的学习还没有真正掌握要领。一方面学生在学习各类有机化合物的性质时,对其典型化合物的结构与性质的对应关系没有掌握好,另一方面是学生没有建立起适应有机化学课程特点的学习方法。在学习过程中往往会出现这样的情况,学生已基本了解和掌握教师教的内容,但就是不能正确地完成作业;或者是已知某化合物的反应方程式,但当其结构稍微发生一点改变时,就不知怎样写出反应物来。如果再加上教师对有机化学的内容特别是课程特点没有很好地讲授清楚,那么让学生在较短的时间内(一般为 60~70 学时甚至更少)掌握好有机化学这门课的主要内容是要下一番苦工夫的。

学习没有任何捷径可走,只有靠勤奋和努力,再加上学习的技巧才有可能切实地掌握书本上的知识,并将其转变为自己的智慧。有机化学的学习也是如此,只有通过教师和学生在教及学这两个环节中共同努力,才能更好地完成教学目的。

编者在多年教学经验的基础上,总结出学好有机化学的要点,即"记结构机理,求物种稳定,推性质产物"。

在有机化学学习中,需要记忆的知识较多,但最主要的是有机化合物的结构特点以及有机经典反应的机理。一个化合物的结构与性质间是内容与形式的关系:结构决定了性质,性质是结构的反映。有机化合物的结构是指分子中成键原子的连接顺序、成键方式、原子(团)的空间关系等。分子中直接成键的原子之间、非直接成键的原子之间、成键电子以及未成键电子之间的相互作用和影响决定了化合物应具有的化学性质,因此掌握了化合物的结构特点就可以推断出基本的物理、化学性质及所能起的化学反应。例如烯烃具有双键结构,而双键分别由 σ,π 键构成。根据这两个键的特点,就可以知道烯烃类化合物的反应共性是亲电加成反应。而至于具体的烯烃化合物的性质则由结构特点如分子的大小、是否有其他化学键(官能团)存在、与双键相连的元素性质等决定。

要写出正确的有机化学反应方程式,不仅需要了解化合物的结构特点,还需要掌握各类反应的历程(机理)。由于机理不同,同一化合物与同一个试剂反应可得到不同的化合物;或者与不同的试剂反应得到相同的产物。例如在学习烯烃化合物性质时就需要了解亲电加成反应的机理,知道其中间体是碳正离子或自由基,只有这样才能更好地写出各种烯烃化合物的反应方程式,即掌握马氏规则。

"求物种稳定"是指能正确地判断有机化合物及碳正离子、碳负离子、自由基等中间体(为了对称在这里权且称为物种)的稳定性。一个有机化合物及中间体的能量愈低就愈稳定。而能量高低受其分子内原子(基团)间相互作用力、电荷数、氢键、未成对电子等因素影响。掌握了这一点,就可以非常容易地理解各种构象的稳定性,给出正确的反应中间体,进而写出反应方程式。例如在分析取代环己烷的构象时,优势构象必定是取代基相距较远,或有利于分子内氢键形成的那种结构。例如 3-(3-羟甲基环己基)丙烯酸热力学最稳定的结构见下式,因为各原子(基团)只有这样排列,才能使其相互作用力最小,即

又比如不对称烯烃与亲电试剂 HE 发生亲电加成反应时,如果取代基 Z 为吸电子基团,则形成的中间体碳正离子为下式中的 A,如为推电子基团时则为 B。这是因为当为吸电子基团时,基团与正电子中心的距离远一点才能降低吸电子基团对电子云的吸收,使碳正电荷升高强度而使碳正离子整体能量降低,相反如为推电子基团,则距碳正离子中心近一些才能使正电荷能多一些被电子云中和而使能量降低。

掌握"求物种稳定"或者是说判断化合物及中间体稳定性的方法是学好有机化学的关键,可以起到事半功倍的作用,减少或避免死记硬背。无论是教师还是学生都应花大力气掌握此要点。

掌握了"结构机理"及"物种稳定性"后,便可以自然而然地推出化合物的性质或写出有机反应的反应产物。

当然,要掌握好有机化学的学习要点需要长期的学习和训练。为此学生应注重掌握以下的学习方法和学习规律。

(1) 做好课前预习。课前预习即提前浏览或自学一下教学内容,对本堂课的基本内容、重点、难点(根据课程的教学大纲及教学基本要求)有所了解,以便在课堂上有针对性地听课、提高听课效率。

(2) 认真听课,做好笔记。认真听课是重要的学习环节。听课时不但要根据课前预习着重关注教学重点和难点,而且还应积极思考,配合教师,形成互动式教与学,并且对教学重点和难点及听课中产生的心得和问题做好纲式笔记,以逐步形成知识主线,明确要点,突出重点,便于课后复习。

(3) 课后及时复习,独立完成作业。要及时地复习授课内容,以课上所做的笔记为主导,对教材相关内容进行认真阅读,并将书中给出的概念、规律、结论等结合教师的讲授和自己的心得体会进行系统总结,补充到笔记中去。这样不但可以加深理解所学的内容,强化记忆,而且有助于日后的复习、总结。

独立完成作业是对自己所学内容掌握程度的客观检验与评价。作业完成的量不应过少,但也不需要进行题海战术,要及时总结规律。当遇到不会做的题目时,不应轻易放弃,也不能直接抄写学习书中的答案,而应该带着问题重新学习教材中的相关内容,也可以与同学讨论,还可以参考学习指导书或其他教科书对此问题的论述或请教教师。通过这样的过程把问题搞懂了,弄清楚了给出答案的原因,再来完成这个题目,收获会更大,印象会更深刻,学习效果会更好。

(4) 自觉地做好归纳总结。做好学习中各阶段的归纳总结是每个大学生应自觉完成的工作。学习包括有机化学在内的任何一门课程都是一个逐渐积累的过程,适时地对各阶段所学的内容进行归纳总结,掌握其重点和难点,以点(知识点)带面(知识面)。如此不但可以对所学内容从整体上统览,而且可以取其精华,把书由厚变薄,既有利于相对完整、系统地学习,复习所学的内容,又有利于抓住重点,掌握基本内容。

归纳总结有纲领式、目录式和图表式等形式,每个学生可以根据自身及所学知识的特点进行选择。

而对于教师而言,要上好有机化学这门课,除了要具有扎实的有机化学知识外,更为重要的是"解惑"。授课中主要"讲思路、讲方法、讲能力",着重讲解重点和难点。根据笔者多年的经验,授课时应把握下述两个

重点：

(1) 时刻以"求物种稳定"为主线。只有这样才能使学生更好地理解化合物结构(构象、构型等)以及有机反应的机理，掌握各类有机化合物的基本性质和具有的化学性质。

(2) 以有机化合物官能团互换(FGI)为基础，详细讲解通过"合成子"合成有机化合物的方法，即依据有机反应机理，对目标化合物(需合成的化合物)进行合理的切断，形成一些合理的、概念性的称之为"合成子"的分子碎片(通常是离子)，最后依据化学反应将"合成子"结合而得到完整的合成步骤。要讲清各类切断方法及有机合成设计战略。

以上两方面的教学可以极大提高学生学习有机化学的能力，在此基础上按照有机化学的特点及教、学各环节之间的相互关系和作用，一定可以教好及学好有机化学。

第1章 烷 烃

1.1 教学建议

(1) 以烷烃的结构特点,分析其物理、化学性质。
(2) 分析构象式的稳定性,讲解烷烃的构象异构。
(3) 全面介绍有机化合物的系统命名法。

1.2 主要概念

1.2.1 内容要点精讲

1. 教学基本要求

(1) 掌握烷烃分子的结构特点、烷烃的构象异构及其产生原因。
(2) 掌握烷烃的系统命名法和普通命名法。
(3) 掌握烷烃的卤代反应及其自由基反应机理。

2. 主要概念

(1) 烷烃及烷烃同系列。分子中只含有碳、氢两种元素,其中碳原子以单键互相连接成键,其余的键完全与氢原子相连的化合物称为烷烃,分子通式为 C_nH_{2n+2}。

烷烃分子间之差为 CH_2 或其倍数,并且性质也很相似的一系列化合物称为同系列。同系列中的各个化合物互称为同系物,CH_2 为系差。

烷烃分子除去一个 H 后剩下的部分称为基,其名称根据相应的烷烃而称为某基,统用 R 表示:

CH_3- CH_3CH_2- $(CH_3)_2CH-$ $(CH_3)_3C-$
 甲基   乙基   异丙基   叔丁基

(2) 化合物的构造及异构体。分子中原子互相连接的方式和次序称为构造。分子式相同但构造不同的化合物互称为异构体。在烷烃中异构体主要是由碳链不同而产生的。

有机化合物分子具有三维立体形状。以甲烷为例,其结构为

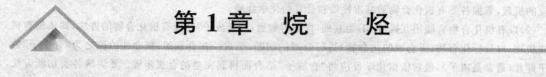

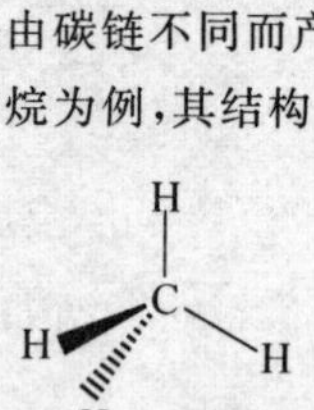

(3) 构象及构象异构体。有机化合物分子中,由于单键碳链的自由旋转运动引起碳原子上所结合的不同(或原子团)的相对位置发生改变而产生的若干个不同的空间排列方式,称为构象。构象可以用透视式或 Newman 投影式表示。同一化合物中单键不同的旋转角度所产生的构象称为构象异构体。

(4) 伯碳、仲碳、叔碳和季碳。与 1 个碳原子、2 个碳原子、3 个碳原子和 4 个碳原子相连的碳分别称伯碳(也称一级碳原子,1°)、仲碳(也称二级碳原子,2°)、叔碳(也称三级碳原子,3°)和季碳

(5) Newman 投影式。这是分子构象式的一种表示方法,其中用一个点表示前面的碳原子,与这一个点相连的线表示碳原子上的键,用圆圈表示后面的碳原子,从圆圈向外伸出的线表示后一个碳原子的键。如丁烷中的 $C_2-C_{4\sigma}$ 键旋转所形成的典型构象式为

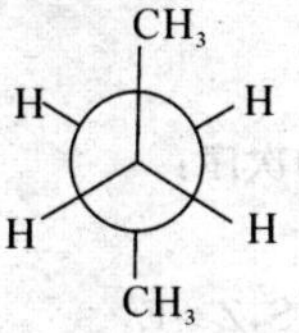

   反交叉式 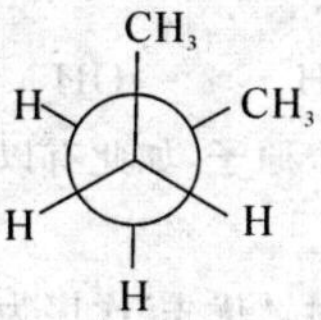   顺交叉式 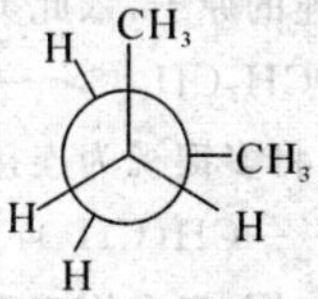   部分重叠式 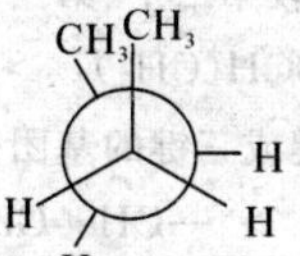   全部重叠式

(6) 自由基链式反应。反应中间体为自由基,经过链引发、链转移、链终止3个步骤而完成的化学反应,如烷烃的卤代反应。

(7) 官能团。官能团是指体现一类化合物性质的原子(团),代表化合物的主要结构特征。含相同官能团的化合物具有相同或相似的理化性质,属同一类化合物。常见的官能团及所对应的化合物类别见表1-1。

表1-1 一些重要的官能团及相应的化合物类型

化合物的类别	官能团	化合物的类别	官能团
烷烃	无	醇、酚	—OH,⌬—OH 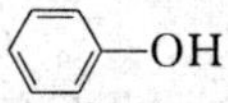
烯烃	$\mathrm{C{=}C}$	醛、酮	$\mathrm{C{=}O}$
炔烃	—C≡C—	羧酸及衍生物	—C(=O)—OH,—C(=O)—X
卤代烃	—X,X=F,Cl,Br,I	胺	$NH_2—$,$—NH—$,$—N\langle$
芳香烃	 ⌬	磺酸	—SO$_3$H

3. 核心内容

(1) 有机化合物的系统命名法。有机化合物的系统命名法包含4个内容:选择主要官能团;确定主链位次;排列取代基的顺序;写出全名称。一般有6个步骤:

①"按官能团的优先次序"确定化合物的类型,即"最优"。

化合物中含有多种官能团时,应选出主官能团作为命名化合物名称的母体。一般有如下次序:—COOH,—SO$_3$H,—CO$_2$COR,—COOR,—COX,—CONH$_2$,—CN,—CHO(醛),—CO—(酮),—OH,—SH,—NH$_2$,—R(炔键、烯键),—OR,—NO$_2$,—X。优先者与苯环一起作为母体时,别的基团一般视为取代基。后3个官能团也通常作为取代基。

②选取含优先官能团在内的最长链作为母体,即"最长"原则。

③按最低系列原则对母体编号,使优先官能团(母体官能团)位次尽可能小,即"最小"原则。

④确定取代基的数目、位次和名称,在保证②和③的前提下,取代基应尽可能多,而且第一个取代基的位次应最小,即"最多"原则。

⑤按"次序规则"给出取代基列出次序,较优基团后列出。

"次序规则"的主要内容:

● 把各取代基的中心原子按原子序数由大到小排列,大者为"优先"基团;如是同位素者,质量大的为"最优"基团;孤对电子最小,排在最后。

● 如果两个取代基的中心原子相同,则比较与之相连的其他原子,先比较其中原子序数最大者,若还是相同,再依次比较第二个、第三个相连的原子,依此类推。

例如:—OCH(CH$_3$)$_2$ > —OCH$_2$CH$_3$ > —OCH$_3$ > —OH

● 含有双键或三键的基团,则应将多键视为连接多个原子,如此有以下的次序:

—C≡CH > —CH=CH$_2$ > —CH(CH$_3$)$_2$

● 若有两个取代基的构造完全相同,只有构型不同时,"优先"次序为R>S,Z>E。

⑥按相关规定写出化合物的全名称。

(2)烷烃的构象。烷烃化合物存在构象异构现象。对于一个化合物而言,由于单键原子孤旋转可以是连续的,所以产生的构象是无数的,但存在典型或是优势构象体。如丁烷中的C$_2$—C$_4$ σ键旋转可形成以下的典型构象式:

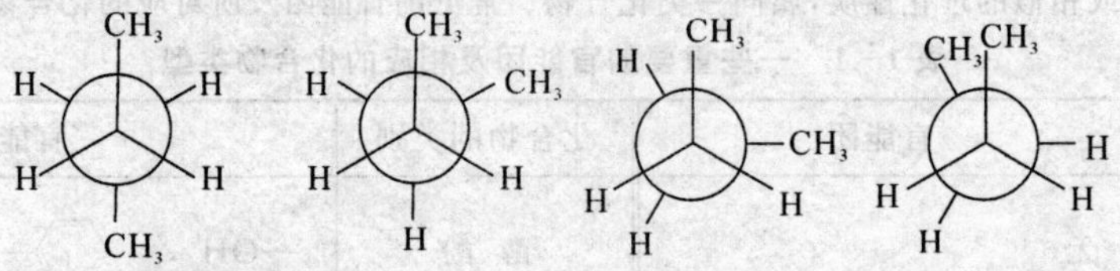

反交叉式　　顺交叉式　　部分重叠式　　全部重叠式

各构象式中,由于各原子(基团)空间相对位置不同,因而各构象式体系内能不同,在全重叠式构象中,非键张力和扭转张力最大(或者说两个甲基的位置相距最近),体系内能最大,稳定性最小,在构象变化的平衡中所占比例最少;而反交叉式构象能量最低、最稳定,在构象变化的平衡中所占的比例最大。

各构象之间的能量差称为能垒。烷烃各构象间的能垒较小,在气态和液态下,由于室温下分子的运动就可以获得高于能垒的能量,各种构象迅速转变,稳定构象并不能分离出来。但在晶体中,由于晶格的刚性,使得构象不能发生改变,因而戊烷和己烷是以锯齿形排列,C—H键都在交叉式的位置。下图所示为己烷的构象:

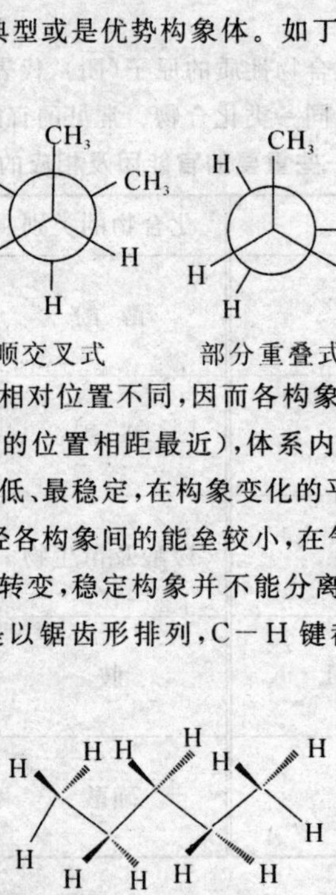

(3)烷烃的物理、化学性质。烷烃的物理性质如熔点、沸点与其结构有关,相对分子质量愈大的烷烃其沸点、熔点也愈高,且支链愈多其沸点、熔点愈低。但如果支链烷烃具有高度的对称性,则熔点就较直链的高。烷烃是非极性分子,所以不溶于水而溶于有机溶剂中。

烷烃的结构中只有键能较大的σ键,所以化学性质较为稳定,在常温下与强酸(如浓硫酸、盐酸),强碱(如熔化的氢氧化钠),强氧化剂(如重铬酸钾、高锰酸钾),强还原剂(如 Zn 加盐酸、钠加乙酸)等不反应或反应速度很慢,只有在比较剧烈的或特殊的条件下能发生反应。

①燃烧。在常温下,烷烃与氧不发生反应,如果点火引发,则烷烃可以燃烧生成二氧化碳和水,同时放出大量的热:

$$C_nH_{2n+2} + (3n+1)/2\ O_2 \longrightarrow nCO_2 + (n+1)H_2O + Q(热量)$$

1 mol 的烷烃在标准条件下完全燃烧所放出的热称为燃烧热,它反映烷烃的稳定性。一般烷烃异构体中支链越多,燃烧热越小,也即越稳定。

②裂化反应。在高温下使烷烃发生键断裂,使烷烃生成相对分子质量较小的烷烃和烯烃的复杂混合物的过程称为裂化(或热解)反应,它是一个复杂的过程,烷烃分子中碳原子数愈多,因分子中任何一处碳链都能发生断裂,所以产物也愈复杂。反应条件不同时产物也不相同。

裂化反应也可以在催化剂存在下发生,称催化裂化,常用的催化剂为硅酸铝。

③卤代反应。在漫射光、热或某些催化剂作用下,甲烷与氯发生氯代反应:

$$CH_4 + Cl_2 \xrightarrow{h\nu} CH_3Cl + HCl$$

氯甲烷可以进一步发生取代反应生成二氯甲烷、三氯甲烷和四氯甲烷,所以最终的产物是混合物。

烷烃的卤代反应是自由基链反应,分以下3步进行:

● 链引发步骤:

$$Cl_2 \xrightarrow{h\nu} 2Cl \cdot (自由基)$$

自由基的产生可以由高温、光、过氧化物所致,一般在气相或非极性溶剂中进行。

● 链转移步骤:

$$CH_4 + Cl \cdot \longrightarrow CH_3 \cdot + HCl$$

$$CH_3 \cdot + Cl_2 \longrightarrow CH_3Cl + Cl \cdot$$

以上反应循环进行,不断生成产物。

● 链终止步骤:

$$CH_3 \cdot + CH_3 \cdot \longrightarrow CH_3CH_3$$

$$CH_3 \cdot + Cl \cdot \longrightarrow CH_3Cl$$

较复杂的烷烃卤代时,不同的氢被取代,从而生成不同的产物。有三种因素决定着这些不同产物的相对产率。

概率因素:例如在 $CH_3CH_2CH_2CH_3$ 中,伯氢和仲氢被取代的概率之比为6:4,伯氢占先。

H 的活泼性:H 的活泼性次序为 $3° > 2° > 1°$。

X· 的活泼性:Cl· 的活泼性较大,但选择性较差,因此受概率因素的影响较大。Br· 的活泼性较小,但选择性强,因此受概率因素的影响较小。

以上因素可归纳为活泼性-选择性原理:游离基的活泼性越大则选择性就越小,产物越接近于从概率因素所能预料到的那个产物。

也可以从自由基的稳定性角度理解上述规则。碳自由基是一个缺电子体,有得电子的倾向,分子中凡是有满足这一要求的基团存在,均可使自由基的稳定性增大。

叔烷基自由基的稳定性最大,仲烷基自由基的次之,伯烷基自由基的最小。

(4) 烷烃的制备。烷烃的主要工业来源为石油和天然气。实验室制法可采用以下方法。

①卤代烃(RX)还原。

还原剂为金属加酸或 $LiAlH_4$:

$$RX + Zn \xrightarrow{H^+} RH + Zn^{2+}$$

$$RX \xrightarrow{LiAlH_4} RH$$

也可以通过形成镁、锂的金属化合物然后进行水解(或醇解、氨解)或与活泼卤代烃反应:

$$RX + Mg \xrightarrow{无水乙醚} RMgX \xrightarrow{H_2O} RH$$

$$RX + Mg \xrightarrow{无水乙醚} RMgX \xrightarrow{CH_2=CHCH_2Br} CH_2=CHCH_2R$$

②烯烃的还原:

$$H_2 + RCH=CHR' \xrightarrow{催化剂} RCH_2CH_2R'$$

③Corey-House 反应:

$$RX \xrightarrow{Li} RLi \xrightarrow{CuX} R_2CuLi \xrightarrow{R'X} R-R'$$

其中 R'X 为一级、二级卤代烃,三级卤代烃发生消除反应而生成烯烃。

④Wurtz 反应:

$$2RX \xrightarrow{Na} R-R$$

适合于合成对称的烷烃，否则得到的是混合物。

1.2.2 重点、难点

1．重点

(1) 系统命名法：按照"四最"原则进行。
(2) 烷烃的构造及构象：有机化合物的构造和构象是最基本的概念。
(3) 烷烃的化学性质：烷烃一般比较稳定，只有在特殊条件下才能发生化学反应。

2．难点

(1) 构象：可以根据分子内原子(基团)间的相互作用大小确定不同构象的稳定性。
(2) 自由基链反应：在自由基链反应中产生何种自由基由化合物的键能决定。

1.3 例题

例 1.1 用系统命名法命名以下化合物或写出化合物结构。

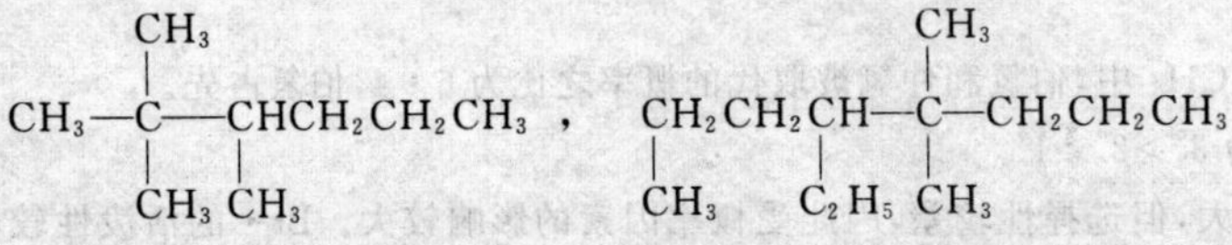

$$CH_3-\underset{\underset{CH_3}{|}}{\overset{\overset{CH_3}{|}}{C}}-CHCH_2CH_3 \,, \quad CH_3CH_2CH_2-\underset{\underset{C_2H_5}{|}}{\overset{\overset{CH_3}{|}}{C}}-CH_2CH_2CH_3 \,, \quad 2,4-二甲基-3-乙基己烷$$

解 根据系统命名法的规则，分别命名为 2,2,3-三甲基戊烷和 4,4-二甲基-5-乙基辛烷。
2,4-二甲基-3-乙基己烷的结构式如下：

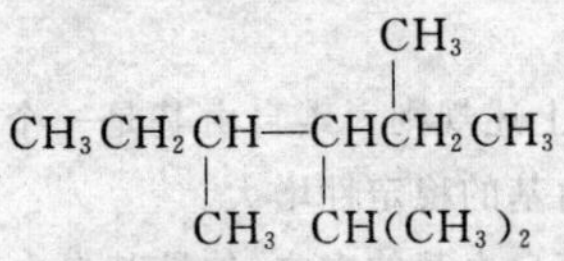

$$CH_3CH_2\underset{\underset{CH_3}{|}}{CH}-\underset{\underset{CH(CH_3)_2}{|}}{\overset{\overset{CH_3}{|}}{CH}}CH_2CH_3$$

例 1.2 将下列化合物按其沸点由高到低排列：正庚烷、正己烷、正辛烷、2-甲基戊烷、2,2-二甲基丁烷、正癸烷。

解 在直链烷烃中，分子中碳原子数越多，沸点越高；在相同碳原子数目的异构体中，含有较多支链的烷烃沸点较低。所以有以下次序：

正癸烷＞正辛烷＞正庚烷＞正己烷＞2-甲基戊烷＞2,2-二甲基丁烷

例 1.3 写出 2-甲基丁烷的最稳定构象。

解

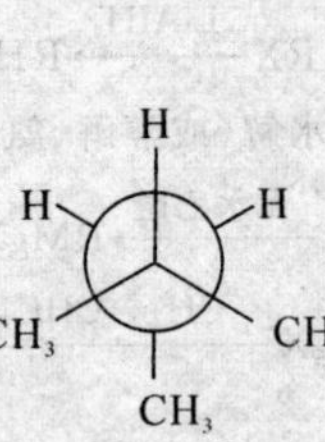

例 1.4 写出下列烷基自由基按稳定性由大到小的顺序。

(1) 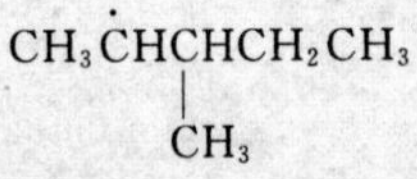 $CH_3\overset{\cdot}{C}HCH_2CH_3$ (2) 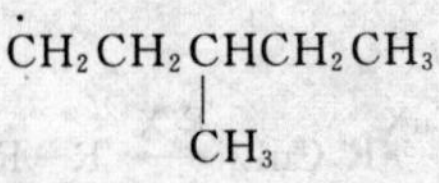 $\overset{\cdot}{C}H_2CH_2CHCH_3$ (3) $CH_3CH_2\overset{\cdot}{C}CH_2CH_3$ 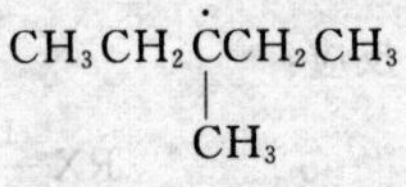   (4) $\cdot CH_3$
               $|$ $|$ $|$
               CH_3 CH_3 CH_3

解 (3)＞(1)＞(2)＞(4)。

例 1.5 写出下列透视式的 Newman 投影式。

(A) 结构式 (B) 结构式 (C) 结构式

解 各化合物的 Newman 投影式为

A B C

例 1.6 在 50℃时，四乙基铅 $Pb(C_2H_5)_4$，能引发甲烷与氯气按自由基机理发生烷烃的氯代反应，试写出其可能的机理。

解 根据自由基链反应的机理，可推断出以下机理：

$$Pb(C_2H_5)_4 \longrightarrow Pb \cdot + 4C_2H_5 \cdot$$
$$C_2H_5 \cdot + Cl_2 \longrightarrow C_2H_5Cl + Cl \cdot \quad \}链引发$$

$$Cl \cdot + CH_4 \longrightarrow HCl + CH_3 \cdot$$
$$Cl_2 + CH_3 \cdot \longrightarrow Cl \cdot + CH_3Cl \quad \}链增长$$

$$CH_3 \cdot + CH_3 \cdot \longrightarrow C_2H_6$$
$$Cl \cdot + Cl \cdot \longrightarrow Cl_2$$
$$CH_3 \cdot + Cl_2 \longrightarrow CH_3Cl$$
$$C_2H_5 \cdot + Cl \cdot \longrightarrow C_2H_5Cl \quad \}链终止$$
$$C_2H_5 \cdot + C_2H_5 \cdot \longrightarrow C_4H_{10}$$
$$C_2H_5 \cdot + CH_3 \cdot \longrightarrow C_3H_8$$

例 1.7 合成以下化合物：
(1) 从丙烷合成 2-甲基戊烷。
(2) 以 $^{14}CH_3I$ 为含碳的唯一原料合成 $^{14}CH_3{}^{14}CH_2{}^{14}CH_3$。
(3) 以异丁烷和 D_2O 为原料合成叔丁基氘。

解

(1)
$$CH_3CH_2CH_3 \xrightarrow[h\nu]{Br_2} (CH_3)_2CHBr \xrightarrow{Li} \xrightarrow{CuI}$$
$$[(CH_3)_2CH]_2CuLi \xrightarrow{(CH_3)_2CHBr} TM$$

(2)
$$^{14}CH_3I \xrightarrow{Li} \xrightarrow{CuI} \xrightarrow{^{14}CH_3I} {}^{14}CH_3{}^{14}CH_3 \xrightarrow[h\nu]{Cl_2} {}^{14}CH_3{}^{14}CH_2Cl \xrightarrow{Li} \xrightarrow{CuI} \xrightarrow{^{14}CH_3I} TM$$

(3)
$$CH(CH_3)_3 \xrightarrow[h\nu]{Br_2} CBr(CH_3)_3 \xrightarrow[乙醚]{Mg} \xrightarrow{D_2O} TM$$

用 Corey-House 反应制备烷烃是较好的选择，但要注意的是条件的选择，不能使之发生消除反应。

1.4 习题精选详解

习题 1.1 写出分子式为 C_7H_{16} 的烷烃的各种异构体，并用系统命名法命名

解 可以根据主链碳原子从最多到最少列出各种异构体，据此可知 C_7H_{16} 有 9 种异构体，其结构及名称

分别为：

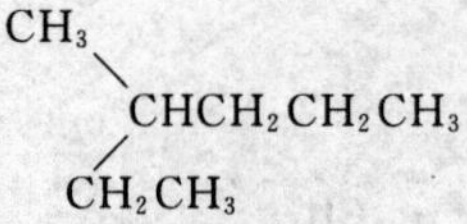

$$\underset{\text{3-甲基己烷}}{\text{CH}_3\text{CHCH}_2\text{CH}_2\text{CH}_3} \atop {|\atop \text{CH}_2\text{CH}_3}^{|\atop \text{CH}_3}$$

3-甲基己烷 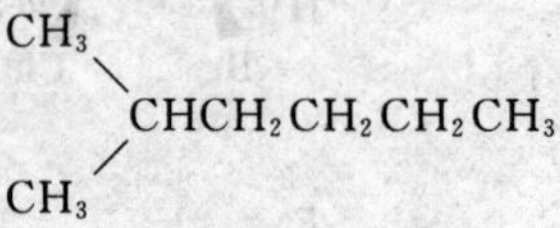   2-甲基己烷 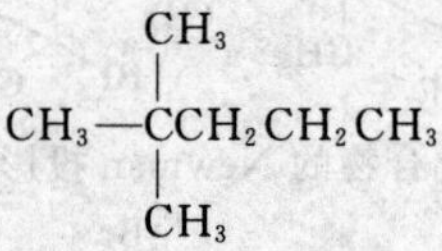   2,2-二甲基戊烷

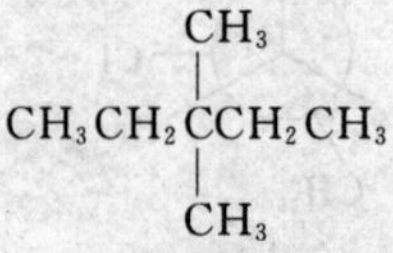

3,3-二甲基戊烷 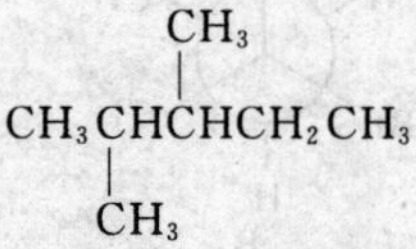   2,3-二甲基戊烷 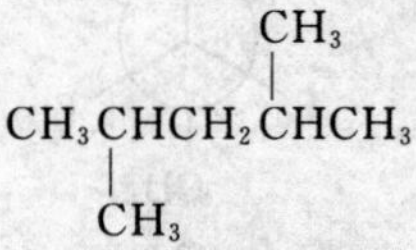   2,4-二甲基戊烷

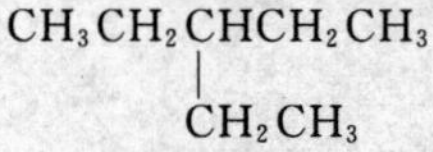

3-乙基戊烷   庚烷   2,2,3-三甲基丁烷

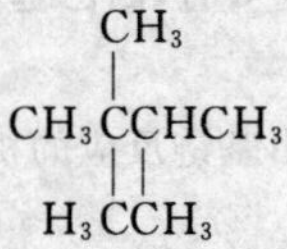

习题 1.2 将烷烃中的一个氢原子用溴取代，得到通式为 $C_nH_{2n+1}Br$ 的一溴化物。试写出 C_4H_9Br 和 $C_5H_{11}Br$ 的所有构造异构体。

解 卤代烃除了烃基的异构体外，还有卤代基不同位置所造成的异构体，所以 C_4H_9Br 共有 4 个异构体：

$CH_3CH_2CH_2CH_2Br$ $CH_3CH_2CHBrCH_3$ 2-甲基-2-溴丙烷 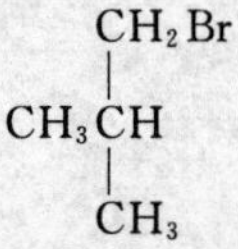   2-甲基-1-溴丙烷

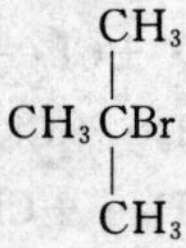

1-溴丁烷   2-溴丁烷

$C_5H_{11}Br$ 共有 8 个异构体：

$CH_3CH_2CH_2CH_2CH_2Br$ $CH_3CH_2CH_2CHBrCH_3$ $CH_3CH_2CHBrCH_2CH_3$

1-溴戊烷   2-溴戊烷   3-溴戊烷

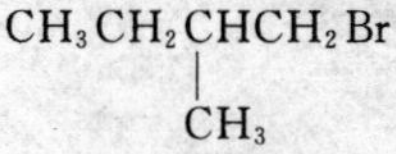

2-甲基-1-溴丁烷 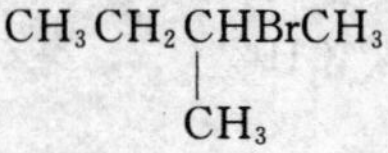   2-甲基-2-溴丁烷 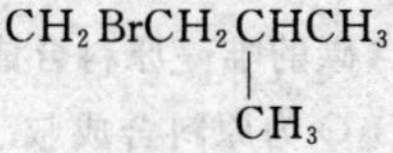   3-甲基-1-溴丁烷

（不称2-甲基-4-丁烷，位次之和大）

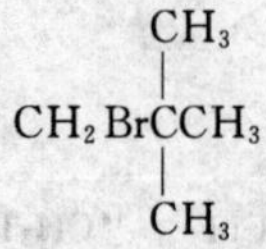

1-溴-2,2-二甲基丙烷 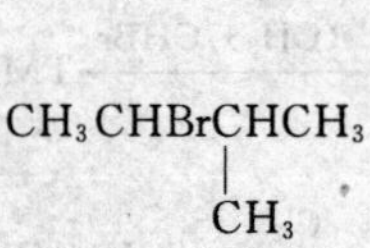   2-甲基-3-溴丁烷

（不称2,2-二甲基-3溴丙烷）

第2章 环烷烃

2.1 教学建议

(1)以环烷烃的结构特点,分析其物理、化学性质。
(2)以分析构象式的稳定性,讲解环烷烃的构象异构。

2.2 主要概念

2.2.1 内容要点精讲

1.教学基本要求
(1)掌握环烷烃分子的结构特点、构象异构及其产生原因。
(2)掌握环烷烃的系统命名法和化学性质。

2.主要概念
(1)环烷烃的环状结构及环张力。环烷烃分子中碳原子以单键相互连接成闭合的碳环,剩余的键完全与氢原子相连。在不同的环中碳—碳键之间的夹角小于或大于正四面体所要求的夹角109°28′,此时会产生张力。键角变形的程度越大,张力越大,环的稳定性降低,反应活性越大。

环张力主要存在于小环化合物中。环戊烷和环己烷的键角偏转最小,最稳定,环丙烷的键角偏转大于环丁烷,因此环丙烷的反应活性大于环丁烷。

(2)平伏键(或e键)和直立键(或a键)。在环己烷椅式构象中,六个C—H键与分子的对称轴平行,称为直立键或a键;另六个C—H键与直立键成109°28′,称为平伏键或e键。

直立键或a键　　　　平伏键或e键

(3)螺烃及桥环烃。在多环分子中两个环共用一个碳原子的环烃称螺烃,共用的碳原子称作螺碳原子。两个环共用两个以上碳原子的多环烃称作桥环烃,共用的碳原子称为桥头碳。

3.核心内容
(1)环烷烃的系统命名法。
①单环烷烃的命名与烷烃类似,在同数碳原子的链状烷烃的名称前加"环"字,环中碳原子的编号应使取代基的位次最小,当环上有复杂取代基时,可将环作为取代基命名。
②桥环烃(以二环化合物为例)命名时,以"二环"为词头,在方括号内按桥路所含碳原子数由多到少的次序列出,数字之间用下圆点隔开,方括号后写出分子中全部碳原子总数的烷烃名称,编号应从第一个桥头碳开始,沿最长桥路到第二个桥头,再沿次长桥回到第一个桥头,最后给最短桥路编号,并使取代基位次最小。

如果是多环,除词头改成"×环",其余一样。将环状化合物切断几次变成开链化合物,就为几环化合物。

③在表示顺反异构体时,把两个取代基在同一边的叫顺式(cis-),不在同一边的叫反式(trans-)。如有多个基团,则需要选一个参照基团,以确定其他基团的立体化学关系。

(2)环己烷的构象。环己烷的两种典型的构象:椅式构象(两种形式)与船式构象。可由一种椅式构象经过其他不同构象的变化,转变为另一种椅式构象。

如果用 Newman 式表示则为:

在椅式构象中相邻的两个碳原子 C—H 键都在交叉式位置,所有键角都接近于平衡值,非键原子间的距离也大于范氏半径之和,所以无张力存在,较为稳定。

船式构象的透视式及 Newman 投影式分别为如下所示:

在船式构象中,C—H 有处于重叠式位置的,且其中两个 H 原子的距离小于范氏半径之和,这使得键角和键长都有一定程度的变形,产生一定的张力而不稳定。

环己烷还有如下形式的扭船式构象,其能量较高,不稳定。

(3)取代环己烷的构象分析。环己烷最稳定的构象为椅式,因此讨论中主要考虑椅式构象。

取代环己烷的取代基一般处于 e 键时较处于 a 键时稳定,因而多元取代环己烷的构象稳定性有如下规律:

● 环己烷的多元取代物最稳定的构象是 e 取代基最多的构象。
● 环上有不同取代基时,较大的取代基在 e 键上的构象最稳定。

(4)其他单环环烷烃的构象。环丁烷、环戊烷的构象分别如下所示。其中环丁烷中四个碳原子不在同一平面内,即为折叠构象,并有两个可以相互翻转。信封型是环戊烷其中的一个构象,另一个稳定构象为半椅式。

(5)环烷烃的化学性质。环烷烃的反应与烷烃相似,但三元环和四元环的环烷烃由于弯曲键的电子云的重叠程度要小且大部分分布在环外,易受到亲电试剂的进攻而发生开环加成反应,具有一些特殊的性质。

①取代反应。在光和热的引发下,环上的氢被卤素取代生成相应的卤代烃。

②开环反应。小环特别是三元环烷烃和一些试剂作用时易发生环破裂而发生加成反应。

● 催化加氢。环烷烃在催化剂存在下与氢作用,可以开环而生成烷烃。但由于环的大小不同,催化加氢的难易程度不同。

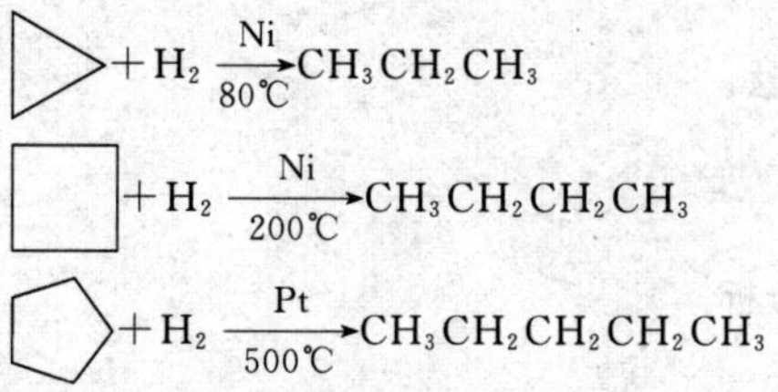

$$\triangle + H_2 \xrightarrow[80℃]{Ni} CH_3CH_2CH_3$$

$$\square + H_2 \xrightarrow[200℃]{Ni} CH_3CH_2CH_2CH_3$$

$$\pentagon + H_2 \xrightarrow[500℃]{Pt} CH_3CH_2CH_2CH_2CH_3$$

● 加卤素或氢卤酸。三元环容易与卤素、卤代氢等加成,生成相应的卤代烃。

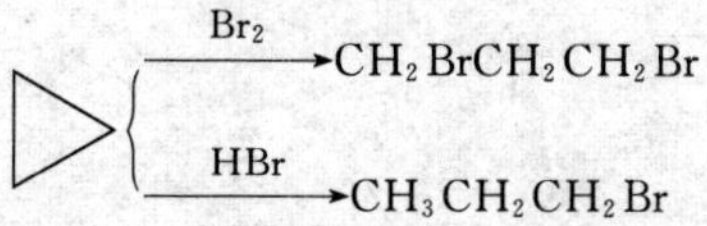

$$\triangle \begin{cases} \xrightarrow{Br_2} CH_2BrCH_2CH_2Br \\ \xrightarrow{HBr} CH_3CH_2CH_2Br \end{cases}$$

环丙烷的烷基衍生物与卤化氢加成时,环的破裂发生在含氢最多和含氢最少的两个碳原子之间,即符合马氏规则。此反应为亲电加成反应,因此马氏规则可以从中间体碳正离子的稳定性角度解释。

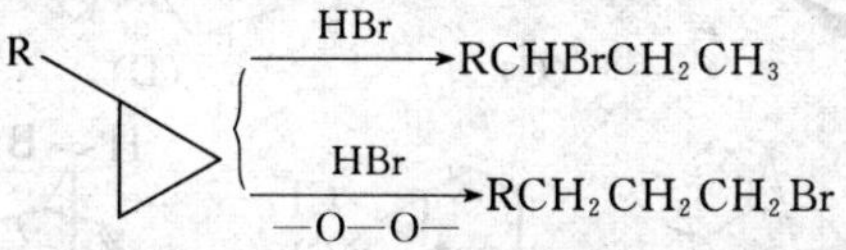

$$R\text{-}\triangle \begin{cases} \xrightarrow{HBr} RCHBrCH_2CH_3 \\ \xrightarrow[-O-O-]{HBr} RCH_2CH_2CH_2Br \end{cases}$$

③氧化作用。在常温下,环烷烃与一般氧化剂(如高锰酸钾水溶液、臭氧等)不起反应,即使环丙烷在常温下也不能使高锰酸钾溶液褪色。与强氧化剂(如浓硝酸)作用则发生开环反应,产物为多个羧酸的混合物,但如下反应具有一定的制备意义:

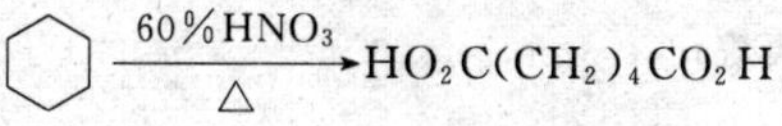

$$\hexagon \xrightarrow[\triangle]{60\% HNO_3} HO_2C(CH_2)_4CO_2H$$

(6)环烷烃的制备。

①分子内的取代反应。

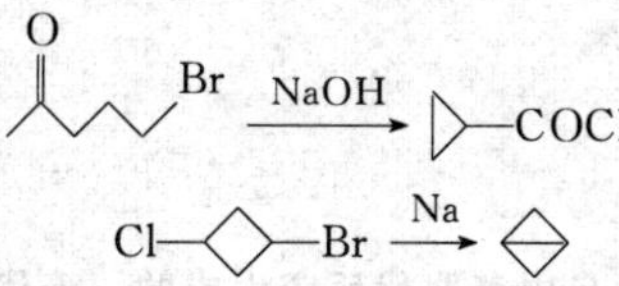

$$CH_3COCH_2CH_2CH_2Br \xrightarrow{NaOH} \triangle\text{-}COCH_3$$

$$Cl\text{-}\square\text{-}Br \xrightarrow{Na} \square$$

②分子间的成环反应。

Diels-Alder 反应:

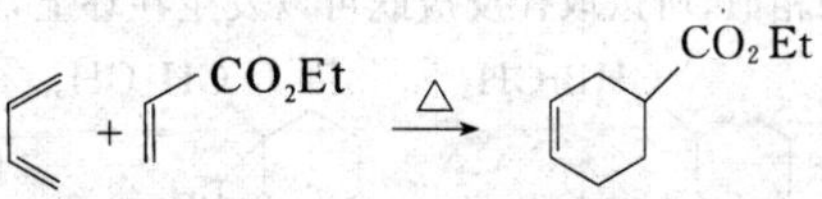

$$\diagup\!\!\!\diagdown + \diagup\!\!\!\diagdown\text{-}CO_2Et \xrightarrow{\triangle} \hexagon\text{-}CO_2Et$$

[2+2]电环化反应:

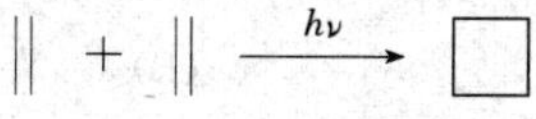

$$\| + \| \xrightarrow{h\nu} \square$$

卡宾与烯烃的加成反应:

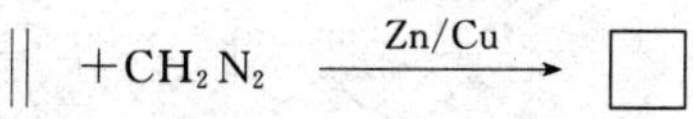

$$\| + CH_2N_2 \xrightarrow{Zn/Cu} \triangle$$

2.2.2 重点、难点

1. 重点
(1)环烷烃的系统命名法。
(2)环烷烃的构象分析。
2. 难点
多取代环烷烃的构象分析。

2.3 例题

例2.1 命名以下化合物。

(A) (B) (C) (D)
(E) (F) (G) (H) (I)

解 (A)1-甲基-4-环丁基环己烷；
(B)反-1,4-二甲基环己烷；
(C)2,7-二甲基二环[3.2.0]庚烷；
(D)螺[3.4]辛烷；
(E)r-1,反-2,顺-3-三甲基环己烷(r是指此碳原子为参照原子)；
(F)二环[2.2.1]庚烷；
(G)2,7,7-三甲基二环[2.2.1]庚烷；
(H)7,7-二氯二环[4.1.0]庚烷；
(I)7-溴双环[2.2.1]庚-2-烯。

例2.2 写出乙基环己烷与Br_2发生自由基取代反应生成的一溴代产物及其稳定的构象，并指出其主要产物。

解 因为环烷烃的性质与烷烃相似，所以取代反应既可以发生在环上，也可以发生在取代烷基上，即

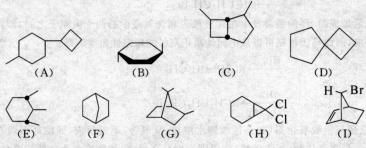

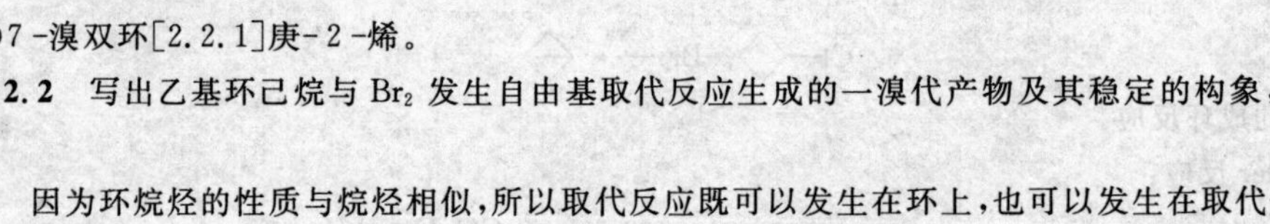

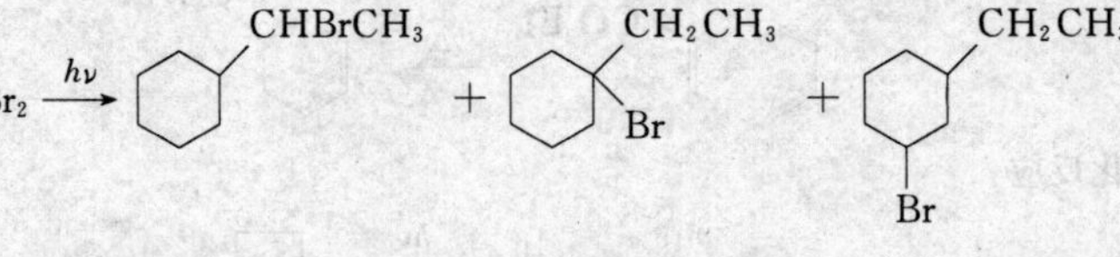

其主要产物为B，因为其是叔氢的取代产物。多环烷的稳定构象应为取代基处在e键上最多的产物，而且当同一碳上有两个取代基时，烷基处于e键比卤代基处于e键稳定，所以各产物的稳定构象为

第2章 环烷烃

例 2.3 完成下列反应式：

(1) $\text{H}_3\text{C}{-}\underset{\text{H}_3\text{C}}{\triangle}{-}\text{CH}_2\text{CH}_3 + \text{Cl}_2 \longrightarrow$

(2) 环丙基-CH=CH-CH$_3$ $\xrightarrow{\text{KMnO}_4}{\text{OH}^-}$

(3) 环丙基-CH$_3$ + H$_2$SO$_4$ $\xrightarrow[\triangle]{\text{H}_2\text{O}}$

(4) 环戊烷 + Br$_2$ $\xrightarrow{h\nu}$

(5) 螺[2.5]辛烷 + H$_2$ $\xrightarrow[\triangle]{\text{Ni}}$

解 (1) $\text{CH}_2{-}\underset{\text{Cl}}{\text{CH}}{-}\underset{\text{CH}_3}{\overset{\text{Cl}}{\text{C}}}{-}\text{C}_2\text{H}_5$

(2) $\text{H}_3\text{C}{-}\triangle{-}\underset{\text{OH}}{\text{CH}}{-}\underset{\text{OH}}{\text{CH}}{-}\text{CH}_3$

(3) $\text{CH}_3{-}\underset{\text{OH}}{\text{CH}}{-}\text{CH}_2\text{CH}_3$

(4) 环戊基-Br

(5) 1,1-二甲基环己烷，乙基环己烷

例 2.4 以下化合物可能存在吗？

解 (1) 不存在。反式环己烯的张力过大。只有当成环原子数扩大到 8 个或更多时才能形成稳定的反式环烯烃。

(2) 不存在。三键要求 4 个碳原子保持在直线上，而该化合物要求至少要 4 个以上的碳去连接成环。

(3) 不存在。如果分子中每个桥中至少有一个碳而桥又不大，该分子是不能在桥头碳上形成双键的。

(4) 稳定。因为其中每个桥头碳原子能容易地使用 sp^2 杂化轨道形成双键。

(5) 稳定。因为螺碳原子可用 sp^3 杂化。

例 2.5 解释下列化合物的明显反常现象：

① 反-1,2-二溴环己烷在非极性溶剂中有 50% 是 aa 构象，但在极性溶剂中 ee 构象占优势。

② 红外光谱证实，顺-1,3-环己二醇在 CCl$_4$ 中以 aa 构象存在。

解 环烷烃的稳定构象应能量最低，即分子中基团间相互作用力最小，此时除了距离尽可能大外，有时还要考虑立体上取代基间是否能形成氢键。

① 两个横键溴原子能引起偶极-偶极排斥作用，使 ee 构象能量升高而不稳定。但在极性溶剂中，溶剂分子可以使偶极间的相互作用降到最低，于是立体上较合适的 ee 键又变成稳定构象。

$$\text{环己烷-}\overset{\delta^+}{\text{Br}}\overset{\delta^-}{\text{Br}} \quad \text{环己烷-}\overset{\delta^+}{\text{Br}}\overset{\delta^-}{\text{Br}}$$

② 此时的 aa 构象适宜于形成六元环的分子内氢键，能抵消 1,3 基团间的相互作用能。

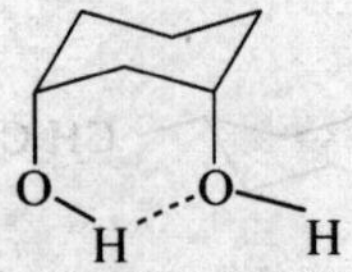

例 2.6 说明下列化合物中存在何种张力,并比较其稳定性。

(1) 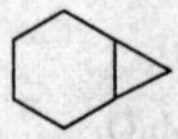 环丙烷稠合环丁烷 和 双环丁烷

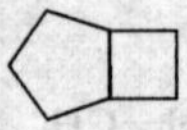

(2) 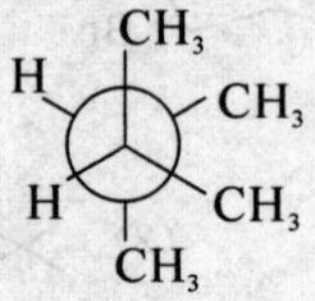 重叠式二甲基构象 和 交叉式二甲基构象

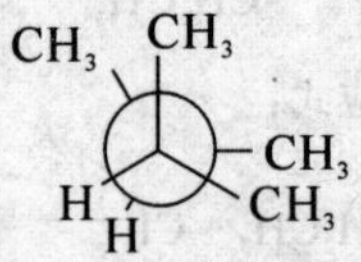

(3) 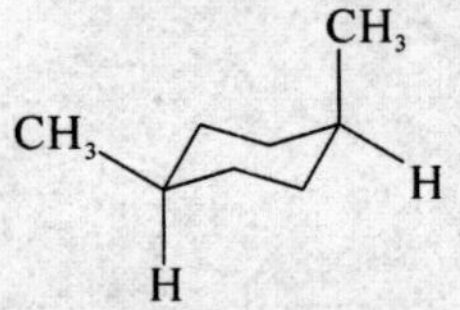 1,3-二甲基环己烷(直立-平伏) 和 1,3-二甲基环己烷船式

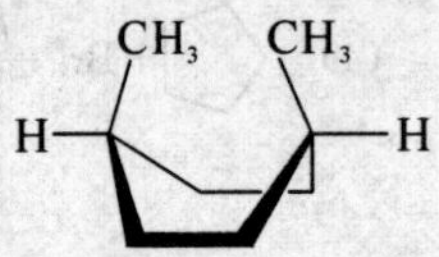

解 分子中两个非键合的原子(团)之间的距离小于两者的范氏半径之和时,这两个原子(团)间会互相排斥,即存在非键张力。

当分子内的键角由于某种原因偏离正常键角时产生的张力称为角张力,重叠构象中两面角等于 0 的成键电子之间的排斥力称为扭转张力,也称为重叠张力。

(1) 三元环、四元环的键角偏离正常值,因此存在角张力,且三元环的张力要大,所以稳定:

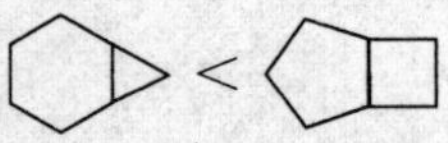

环丙烷稠合环丁烷 < 双环丁烷

(2) 重叠式存在扭转张力和非键张力,不稳定:

重叠式 > 交叉式

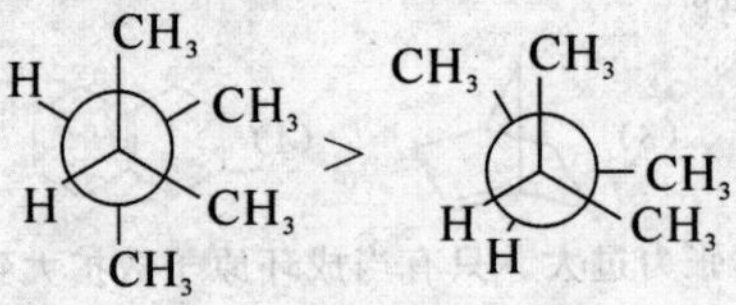

(3) 船式构象为重叠式,因此存在扭转张力和非键张力,不稳定:

椅式 > 船式

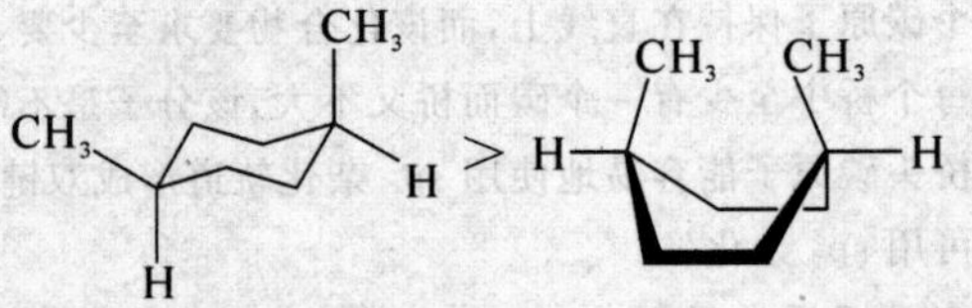

例 2.7 用简单的化学方法区别下列各组化合物。
(1) 丙烷与环丙烷。
(2) 1,2-二甲基环丙烷与环戊烷。

解 三、四环化合物由于环张力比较大,所以性质与烯烃类似,而烷烃则比较稳定。

(1) 丙烷 $\xrightarrow{Br_2-CCl_4}$ (−)
　　环丙烷 $\xrightarrow{Br_2-CCl_4}$ (+)褪色

(2) 1,2-二甲基环丙烷 $\xrightarrow{Br_2-CCl_4}$ (+)褪色
　　环戊烷 $\xrightarrow{Br_2-CCl_4}$ (−)

2.4 习题精选详解

习题 2.1 写出下列化合物较稳定的构象。

(1) 反-1-甲基-2-叔丁基环己烷　　(2) 反-1-甲基-3-叔丁基环己烷
(3) 反-1-甲基-4-叔丁基环己烷　　(4) 顺-1-甲基-4-叔丁基环己烷

解 (1) 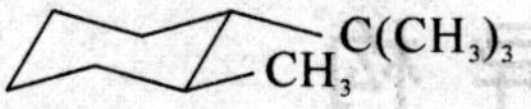 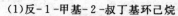　　(2)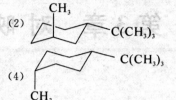

(3) 　　(4)

习题 2.2 下列化合物有没有顺反异构体：
(1) 二环[1.1.0]丁烷
(2) 二环[2.1.0]戊烷
(3) 二环[2.2.0]己烷

解 环的大小决定形成顺反异构体的难易程度。
(1) 没有。
(2) 没有。
(3) 有，其构象式如下：

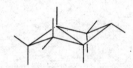　　

习题 2.3 写出下列化合物的构象式。

(1) 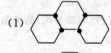　　(2) 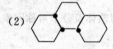　　(3)

(4) 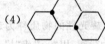　　(5) 　　(6)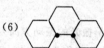

解 结构式中的黑点表示此处的氢原子为顺式。据此可写出构象式。

(1) 　　(2) 　　(3)

(4) 　　(5) 　　(6)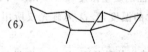

第3章 对映异构

3.1 教学建议

(1) 通过分析对映异构体的结构特点，掌握对映异构现象及判断化合物对映异构的方法。
(2) 着重讲解基本概念：手性、手性分子、对映体及非对映体、对称因素、内外消旋体等。
(3) 此章还包含第21章"立体化学"的内容。

3.2 主要概念

3.2.1 内容要点精讲

1. 教学基本要求
(1) 掌握旋光、对映异构现象及产生原因。
(2) 掌握对映异构的基本概念如手性、对映体及非对映体及分子对称因素与旋光性（对映异构）的关系。
(3) 掌握对映异构体构型的标示方法。

2. 主要概念
(1) 旋光性。能够使平面偏振光的振动方向发生改变的性质称为旋光性。具有旋光性的物质称为旋光性物质。振动方向发生偏转的角度称为旋光度，用 α 表示。一般用"+"或"d"表示右旋，用"−"或"l"表示左旋。

物质的旋光性可以用比旋光度 $[\alpha]_\lambda^T$ 表示，其计算式如下：

$$[\alpha]_\lambda^T = \frac{\alpha}{\rho_B L}$$

式中，α 为旋光度；ρ_B 为样品的质量浓度，g·10 mL^{-1}；如果样品为纯液体，则为相对密度 ρ(g·cm^{-3})；L 为盛液管长度(dm)；T 为测定时的温度，℃；λ 为旋光仪所用光源的波长(nm)，常用钠光源，用 D 表示，波长约为 589 nm。

在波长、温度和溶剂确定的条件下，比旋光度只与物质的性质有关，所以可据此判断光活性物质的光学纯度。

(2) 立体异构。化合物分子组成相同、构造相同，但原子(团)在空间的排列位置不同的异构称为立体异构。根据立体异构产生的原因，可以分成以下几类：

$$\text{立体异构} \begin{cases} \text{构象异构} \\ \text{构型异构} \begin{cases} \text{顺反异构} \\ \text{对映异构} \end{cases} \end{cases}$$

(3) 对映异构体和手性分子。对映异构体是指具有互为实物与镜像的对映关系，即彼此不能完全重合的光学异构体，二者有相同的旋光度，但旋光方向相反。

对映体之间物理性质完全相同，在非手性环境中化学性质相同，但与光学活性试剂(如酶)作用(手性环境)时,可表现出不同的化学活性或选择性。

非对映体是指彼此不呈实物与镜像关系的旋光异构体,其物理和化学性质不同。

实物与镜像不能重合的特性称为手性。具有手性特征的分子称为手性分子,具有光学活性。

(4)手性碳原子。连有 4 个不同原子(团)的碳原子称为手性碳原子,用 C* 表示。含有一个手性碳原子的分子必然具有旋光性,存在对映异构。

化合物中具有手性碳原子,并不能确定该化合物一定是手性分子,具有旋光性。只有整个分子具有旋光性,即分子内不存在对称中心和对称面等对称元素时,分子才具有手性。

含有 n 个手性碳原子的化合物最多可有 2^n 个(2^{n-1} 对)对映体。

(5)对称元素。通过某些操作(旋转、反转、反映等)能使分子完全叠合,这些操作称为对称元素,如对称轴、对称中心、对称面。

3. 核心内容

(1)构型的表示法。构型异构在结构上的区别仅在于基团空间的排列方式,所以构型异构的表示最好用立体图式(透视式),但因书写不方便,故一般用 Fisher 投影式表示。

Fisher 投影式用一个"十"字,其交点代表手性碳原子,四端与四个不同基团相连,并规定垂直线所连的基团表示伸出纸后(远离读者),水平线所连的基团表示伸出纸前(指向读者)。

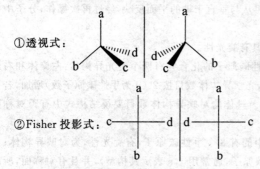

①透视式:

②Fisher 投影式:

(2)对映异构体的构型标示法。

① D/L 标示法。该法是一种相对构型表示法,是人为规定的。人为规定右旋和左旋的甘油醛分别具有以下的构型,分别用 D 和 L 表示其构型,而用"+"和"-"表示旋光方向。

$$
\begin{array}{cc}
\text{CHO} & \text{CHO} \\
\text{H}\!-\!\!\!-\!\text{OH} & \text{HO}\!-\!\!\!-\!\text{H} \\
\text{CH}_2\text{OH} & \text{CH}_2\text{OH} \\
D-(+)-\text{甘油醛} & L-(+)-\text{甘油醛}
\end{array}
$$

凡结构能与右旋甘油醛结构相联系的化合物构型属 D 型,凡结构能与左旋甘油醛结构相联系的化合物属 L 型。至于其旋光性,则取决于化合物的本性,凭旋光仪测定。

D/L 标示法现在只用于糖类、氨基酸构型的表示。

② R/S 标示法。此方法是 IUPAC 建议的方法。首先将手性碳原子周围的 4 个原子(团)按次序规则决定排列次序,最前的给以最大号码(4),最后的给予号码(1),即(4)>(3)>(2)>(1),将(1)放置在远离观察者,亦即伸向纸的背面的位置,这时其余 3 个原子(团)就面向观察者,亦即伸向纸面,如果(4)→(3)→(2)的排列呈顺时针方向,这一构型就用 R 表示,反之如是按反时针方向排列,则为 S 构型。

要注意，D/L 和 R/S 构型与旋光方向并无关系，其旋光性需要通过旋光仪实测。

③赤式/苏式标示法。赤式表示在 Fisher 投影式或重叠式构象是 2 个不同手性碳原子上相同或相似的基团同处于碳链的一侧，而处于异侧的则为苏式。

```
    CHO              CHO              COOH             COOH
H——OH           HO——H            H——Br            H——Br
H——OH           H——OH            H——OCH₃          CH₃O——H
   CH₂OH            CH₂OH            CH₂OH            CH₂OH
  赤式(赤藓糖)     苏式(苏藓糖)         赤式              苏式
```

(3) 对称因素。

①对称面(σ)。如有一个"平面"能把整个分子切成互为镜像的关系，该平面就是分子的对称面。

平面型的分子所在的平面是分子的一个对称面，线型分子有无数个对称面。

②对称中心(i)。若分子中有一点"i"，分子中任何一个原子(团)向 i 连线，在其延长线的等距离处都能遇到相同的原子(团)，则该 i 点称为对称中心。

一个分子只可能有一个对称中心。

③对称轴(C_n)。围绕某轴旋转 $360°/n$ 的角度后，分子重叠，此时分子中有对称轴 C_n，n 为轴的阶。

④更迭对称轴(S_n)。即将分子绕轴旋转 $360°/n$ 后再从与垂直于轴的平面反映，经过再次操作，分子中的第一个原子都与操作前分子中的对应原子重叠。

含有对称面或对称中心的分子不具有手性，也即不具有旋光性。

(4) 含多个手性碳原子化合物的旋光性。含一个手性碳原子的化合物有两个旋光异构体：左旋体和右旋体，二者互为对映异构体。随着手性碳原子数目的增加，光学异构体数目按 2^n (n 为手性碳原子数)增加，若分子中含有相同的手性碳原子，则对映异构体数目会减少。具体的对映异构体数目要视结构式中有否对称面或对称中心。

例如，三羟基戊二酸有 4 个异构体，其中(1)和(2)中的有 3 个手性碳原子，有旋光性，为对映异构体；而(3)和(4)只有 2 个手性碳原子(3 位碳原子为假不对称碳原子，通常用 r，s 表示其构型)，并且有对称面，所以不具有旋光性。

```
    COOH            COOH            COOH            COOH
 H—*—OH          HO—*—H           H—*—OH          HO—*—H
HO—*—H           H—*—OH          HO—*—H           H—*—OH
HO—*—H           H—*—OH           H—*—OH          HO—*—H
    COOH            COOH            COOH            COOH
    (1)             (2)             (3)             (4)
```

```
    CH₃              CH₂OH           CH₂OH
 H——OH           HO——H            H——OH
 H——OH            H——OH           HO——H
    CH₂OH            CH₂OH           CH₂OH
   内消旋体        对映异构体(外消旋体)
```

```
    CHO              CHO              CHO              CHO
 H——OH            H——OH           HO——H            HO——H
 H——OH           HO——H             H——OH           HO——H
    CH₂OH            CH₂OH            CH₂OH            CH₂OH
         非对映异构体          外消旋体1
                        外消旋体2
```

内消旋体：分子内存在两个旋光度相等，但旋光方向相反的手性碳原子，即分子中存在对称面，结果使整个分子不显旋光性。具有这样结构特点的非旋光性化合物称为内消旋体。

非对映体：彼此不呈实物与镜像关系的旋光异构体。

外消旋体：等量对映异构体的混合物称为外消旋体，用(±)-表示。将它们分开的过程称对映体的拆分。

内、外消旋体虽然均无旋光性，但内消旋体是单一的化合物，而外消旋体是混合物。

(5) 构象与旋光性。一个化合物具有无数的构象式，但只要分子的任何一种构象有对称面或对称中心，其他有手性的构象都会成对出现。因此，根据重叠式构象得出的化合物没有手性的结论与从统计的观点得出的结论是相符合的，也即只有其中有一个构象式没有旋光，那么整个分子也就没有旋光性。

例如，内消旋酒石酸分子的重叠式构象中有一个对称面，它没有手性，虽然其他构象式有可能有手性（如(2),(3))，但它们必定成对出现，互为对映体，组成外消旋体，所以整体结果是内消旋酒石酸是不旋光的。

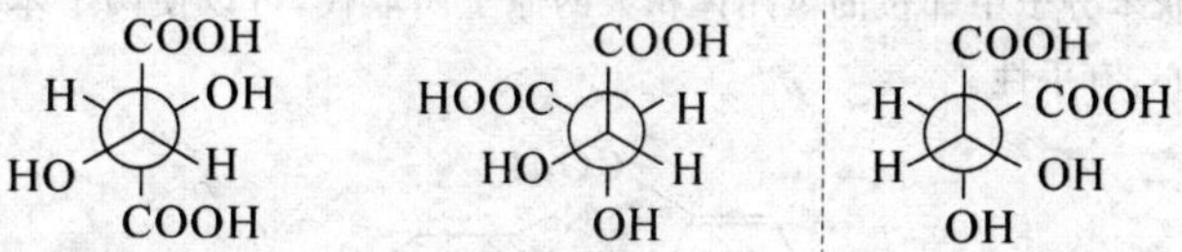

而对于左旋和右旋酒石酸而言，它们的几种构象式都有旋光性，所以整体结果左旋和右旋酒石酸都具有旋光性，是所有的手性构象对偏光的影响的总和。

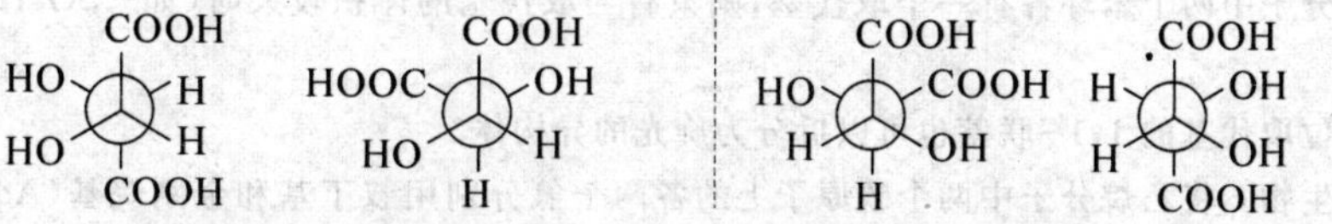

对于环状化合物是否具有旋光性的判断同样如此。为方便起见，可以直接用平面结构式。

例如，顺-1,2-二甲基环己烷的平面结果如下，因其具有对称面，是没有旋光性的。

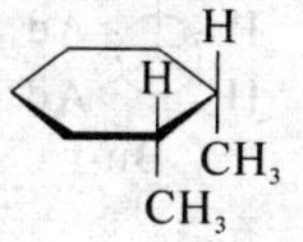

如果用构象式表示，则有

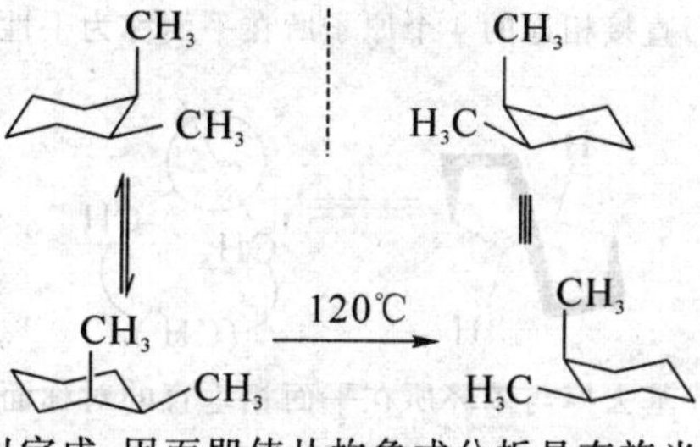

由于环的翻转在室温下就可以完成，因而即使从构象式分析具有旋光性，但因都是成对出现的，所以其对旋光的影响互相抵消，整体还是体现出不旋光。

(6) 有手性轴的化合物。

① 丙二烯衍生物。在 $\overset{a}{\underset{b}{\diagup}}C=C=C\overset{a}{\underset{b}{\diagdown}}$ 型（丙二烯型）化合物中，分子的手性是由四个取代基围绕 C—C—C 轴非对称排列（即双键两边的取代基不在同一平面中）引起的，C—C—C 是分子的手性轴。

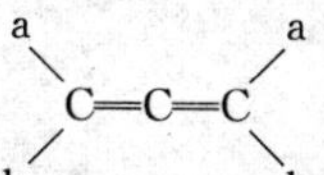

将丙二烯型化合物中的两个双键用环状结构代替也得到手性化合物。

适当取代的累积三烯烃有顺反异构体，但没有旋光。

②联苯衍生物。将联苯分子中邻位的氢用体积大的原子团取代，可以使两个苯环不能共平面，则整个分子没有对称面和对称中心，有手性。

如果联苯分子中两个苯环各有一个取代基，则只有当取代基的体积较大时（如—SO_3H），才有手性而有旋光。

有两个邻位取代基的 $1,1'$-联萘也可以拆分为旋光的异构体。

③乙烷衍生物。将乙烷分子中两个碳原子上的各两个氢分别用叔丁基和金刚烷基（Ad）取代，则分子具有旋光，下列 3 种构象都能分离出来。

(7) 有手性面的化合物。

①(E)-环烯烃。如果把乙烯分子中的反位的两个氢原子换成碳桥，对称面和对称中心都不复存在，就成为手性分子。烯键碳原子以及它们直接相连的 4 个原子所在平面称为手性面。

②cyclophanes。如果先用取代基去掉与苯环所在平面相垂直的对称面，再加上碳桥使苯环平面不再是分子的对称面，就形成非对称分子，苯环所在平面就成为手性面。

当 $n=10$，X＝H 时可以得到旋光化合物；当 $n=12$，X＝H 时得不到旋光化合物，此时苯环可以翻转；$n=12$，X＝Br 时可以得到旋光化合物，因取代基体积较大，对苯环的翻转造成障碍。

(8) 螺烯。当菲 4,5 位的氢被两个较大体积的取代基取代后，因破坏了环的共平面性，所以分子具有旋光性：

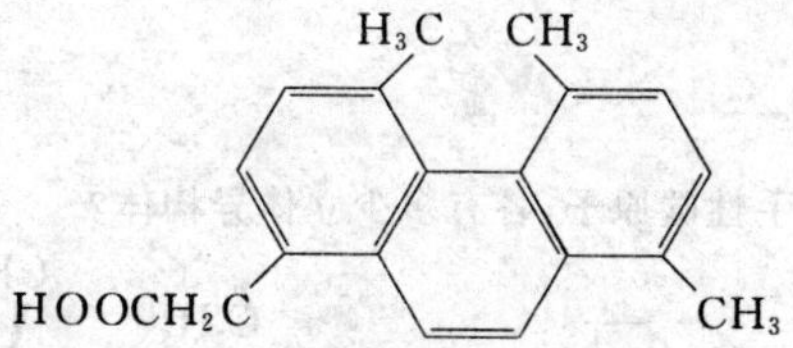

如果把两个菲环稠合在一起,分子中的 6 个苯环只能排列成螺旋形,因此这类化合物称为螺烯。螺烯分子中苯环不共平面,所以具有旋光性。

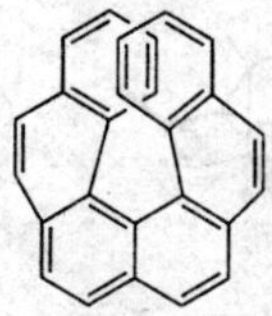

(9) 前手性原子、有机反应与旋光性。在一个化合物中,非手性原子所连接的两个相同的原子(团)若被替代成不同的原子(团)而导致手性的话,此原子称为前手性原子。

正丁烷没有旋光性,其亚甲基碳原子是前手性碳原子。氯代后的反应产物 2-氯丁烷是手性分子,它有一个手性碳原子。

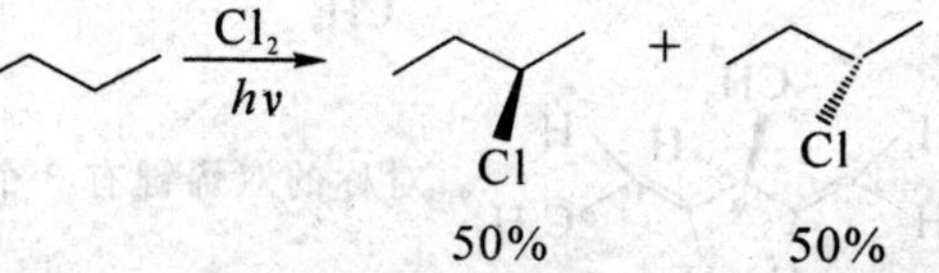

如果一个反应不管反应物的立体化学如何,生成的产物只有一种立体异构体(或有两种立体异构体,但其中一种占压倒性优势),这样的反应称为立体有择反应。很明显正丁烷的氯代反应不是一个立体有择反应。

如果一个反应,从立体化学上有差别的反应物能给出立体化学有差别的产物,这样的反应称为立体专一反应。

所有立体专一的反应必定是立体有择的,但反过来说未必正确。

无旋光性的试剂在非手性催化剂存在下,反应生成无光活性的产物;在有手性催化剂(如酶)存在下反应生成旋光性产物。

手性分子中心上的一个原子(团)被取代时,构型可以保持、转化或两者兼有(即完全或部分转化),这取决于反应的机理。

在手性分子中形成第二个手性中心时,第二个手性中心的 R 和 S 型的形成机会可以不等,得到的常不是等量的对映体混合物。

3.2.2 重点、难点

1. 重点
(1) 立体异构的分类。
(2) 手性及其旋光性和对映异构。
(3) 立体异构体构型的标示法(Fisher 投影式和 R/S 法)。

2. 难点
(1) 手性:手性是对映异构体存在的必要和充分条件。整个分子中如没有对称面或对称中心等对称因素存在,则必定存在对映异构体,有旋光性。
(2) 构型的标示法:在进行构型标示时,要先确定原子(团)的优选次序。

3.3 例题

例3.1 下列化合物各有几个手性碳原子,各有多少立体异构体?

(1) 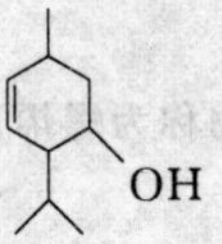 [结构图：含OH的环己烯与异丙基和甲基取代]
(2) 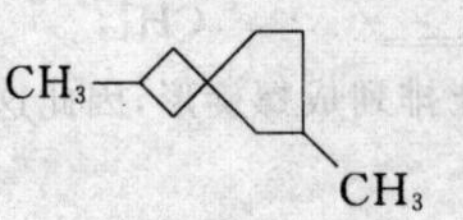 [结构图：螺环化合物带CH₃]
(3) 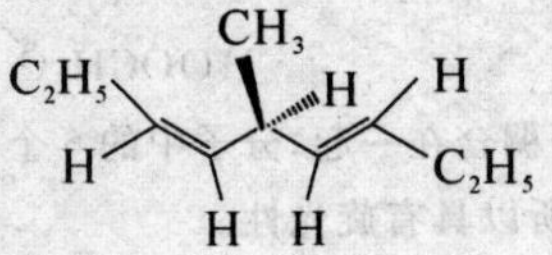 [结构图：C₂H₅,CH₃,H等取代的双烯]
(4)  HOOC—[螺环]—COOH
(5) 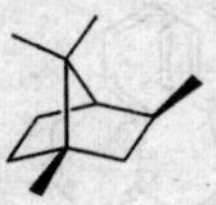 [双环萜类结构图]
(6)  [环氧化合物带CH₃和H]

解 (1) 3个手性碳原子,$2^3=8$个对映异构体。[结构图带*标记], 再加上4个顺反异构体。

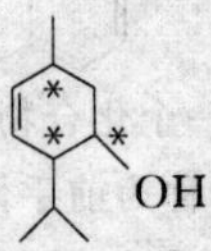

(2) 2个手性碳原子,4个对映异构体。[结构图带*标记], 再加上2个顺反异构体。

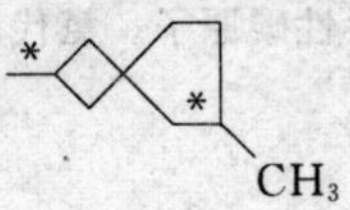

(3) 1个手性碳原子。[结构图带*标记] 对称的双烯键有3个顺反异构体。构型标示分别为 (Z,Z) (Z,E) (E,E)。当两个双键均为 Z 或 E 型时,化合物中无手性碳原子,当两个双键分别为 Z 型、E 型时,化合物含有一个手性碳原子,因此有一对对映体。

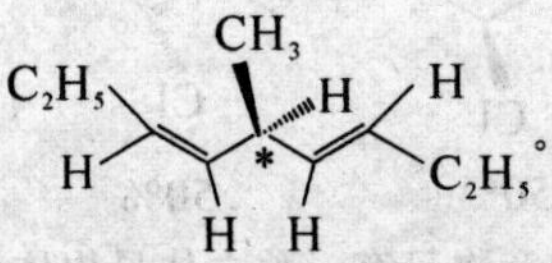

(4) 无手性碳原子,但整个分子为不对称分子,有一对对映体。再加上2个顺反异构体。

(5) 3个手性碳原子,[结构图带*标记]。但由于两个桥头手性碳原子的构型是固定的,不能翻转,因而两个桥头手性碳按一个手性碳计算,因此只有4个对映异构体。再加上1个顺反异构体。

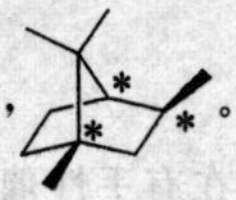

(6) 1个手性碳原子,2个对映异构体。[环氧结构图]。

例3.2 判断下列化合物是否有手性。

(1) 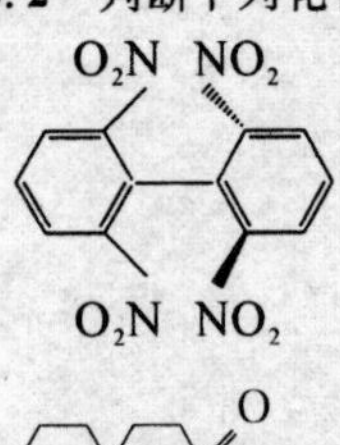 [联苯结构：O₂N, NO₂ / O₂N, NO₂ 取代]
(2) 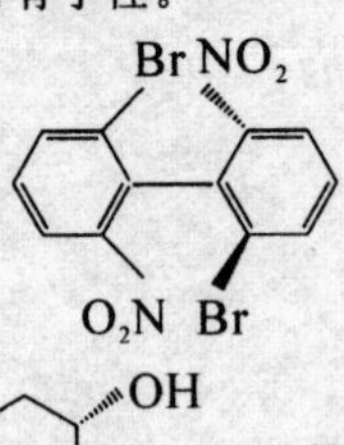 [联苯结构：Br, NO₂ / O₂N, Br 取代]
(3) 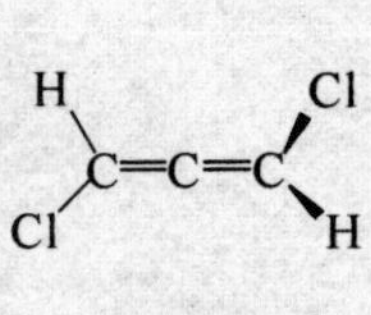 [丙二烯结构：H,Cl / Cl,H]
(4) 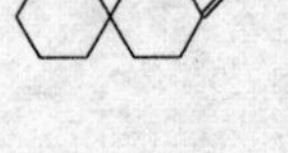 [螺[5.5]十一烷酮结构]
(5) [环己二醇结构]
(6) 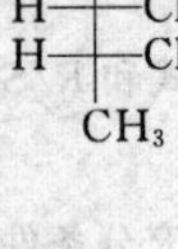 [结构：CH₃, H—Cl, H—Cl, CH₃]
(7) 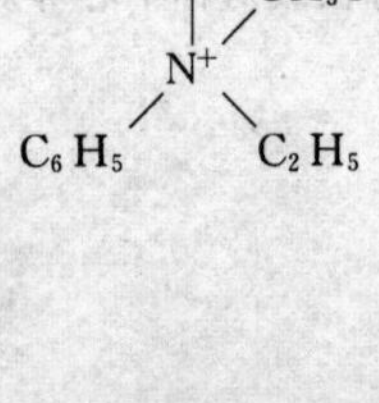 [季铵盐：C₃H₇, CH₃I, N⁺, C₆H₅, C₂H₅]
(8) $CH_3CHDC_2H_5$

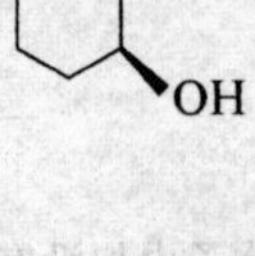

解 判断一个化合物是否有手性,有3个简单的原则:一是看 sp³ 杂化的碳原子是否为手性碳原子,若分子中只有一个手性碳原子,则该分子一定是手性分子,此规则也适合连有 4 个基团的 N 或 P 原子;二是若分子中有 2 个或 2 个以上的手性碳原子,将分子旋转 180°,若能与旋转前的分子重合,也即如果分子中有对称面或对称中心,则不是手性分子;三是对于一些不含手性碳原子的分子,如果分子中不含对称面或对称中心,则也具有手性。

据此可判断:(1)虽然两个苯环不在一个平面上,但由于基团相同,所以存在一个对称面,不具有手性。

(2)有手性。

(3)分子中连接烯键的两对原子是互相垂直的,所以也不具有对称面或对称中心,因此有手性。

(4)不具有手性,因含有一个对称面。

(5)有手性(如为顺式,则不具有手性)。

(6)不具有手性。

(7)有手性。

(8)有手性。

例 3.3 判断下列各结构哪个与 $\begin{smallmatrix} CH_3 \\ H-|-Br \\ C_2H_5 \end{smallmatrix}$ 属于相同的构型。

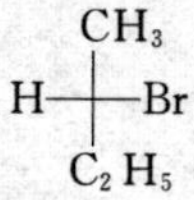

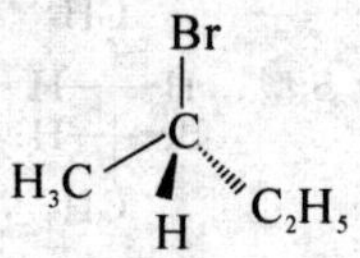

解 只要正确标示各化合物的构型即可。$\begin{smallmatrix} CH_3 \\ H-|-Br \\ C_2H_5 \end{smallmatrix}$ 的构型是 S 型,与之相同的是(1)(2)(3)(4)(5)(8),而(6)(7)与之是对映体。

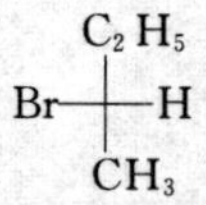

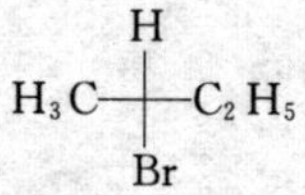

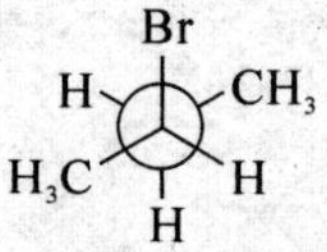

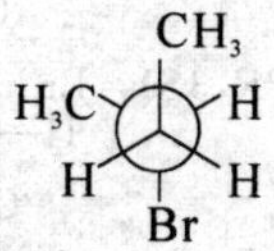

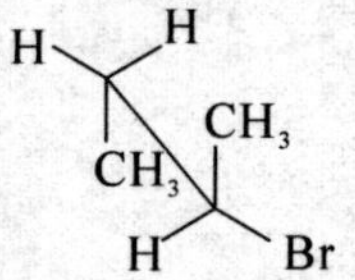

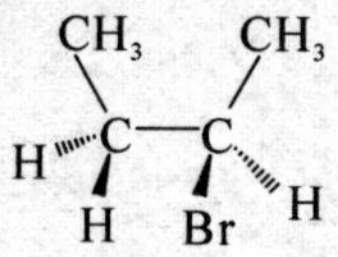

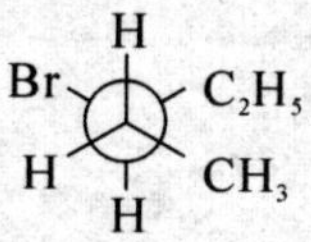

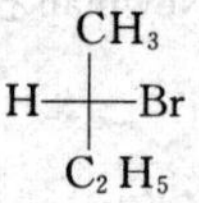

例 3.4 用 R/S 标示下列化合物的构型。

(1) 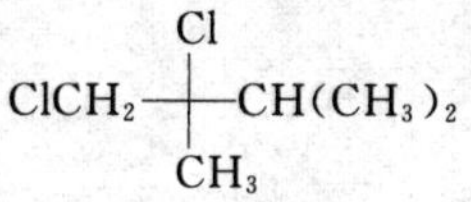 $ClCH_2-\overset{Cl}{\underset{CH_3}{C}}-CH(CH_3)_2$ (2) $H_2C=CH-\overset{H}{\underset{Br}{C}}-C_2H_5$ (3) $CH_3-\overset{OH}{\underset{H}{C}}-C_2H_5$

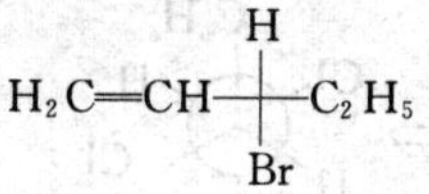

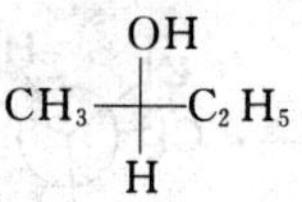

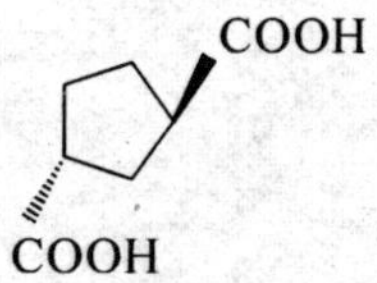

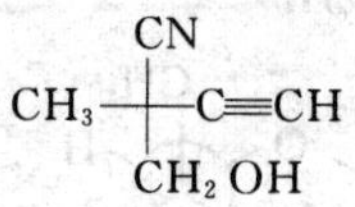

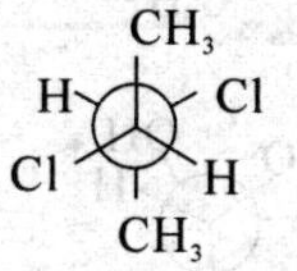

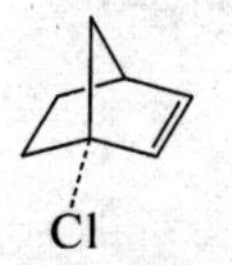

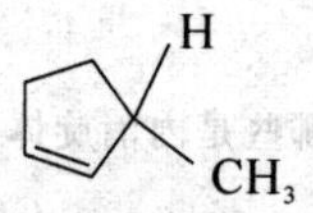

解 用 R/S 标示 Fisher 投影式时,如果最小序号处于横线上,则最终的构型与其他 3 个基团排列顺序决定的构型相反;如果是处于竖线上,则与其他 3 个基团排列顺序决定的构型相同。

(1) S 型;(2) R 型;(3) R 型;(4) (1R,4R);(5) S 型;(6) (2R,3S);

(7) (1S,4S)-

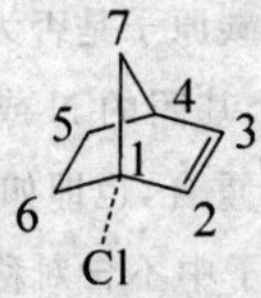

例 3.5 写出下列化合物的 Fisher 投影式。

(1), 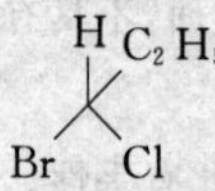 (2), 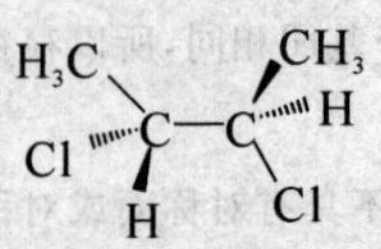 (3), 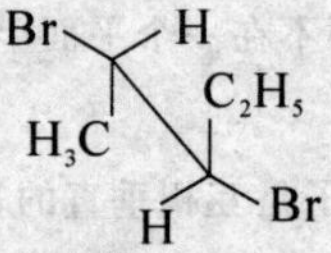 (4) 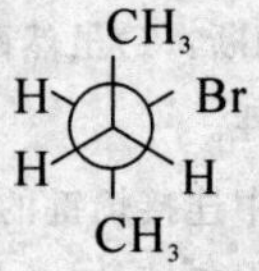 [结构式]

解 可以根据化合物正确的 R/S 标示来进行各表示方法间的转换。

(1) 构型为 R 型,

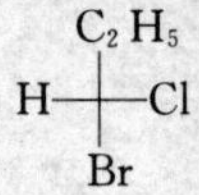

$$\begin{array}{c} C_2H_5 \\ H \mathrel{\text{——}} Cl \\ Br \end{array}$$

(2) 构型为 (2R,3R),

$$\begin{array}{c} CH_3 \\ Cl \mathrel{\text{——}} H \\ H \mathrel{\text{——}} Cl \\ CH_3 \end{array}$$

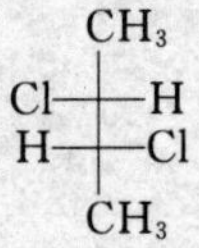

(3) 构型为 (2R,3S),

$$\begin{array}{c} CH_3 \\ Br \mathrel{\text{——}} H \\ H \mathrel{\text{——}} Br \\ C_2H_5 \end{array}$$

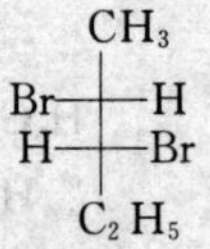

(4) 模型为 S 型,

$$\begin{array}{c} CH_3 \\ H \mathrel{\text{——}} H \\ Br \mathrel{\text{——}} H \\ CH_3 \end{array}$$

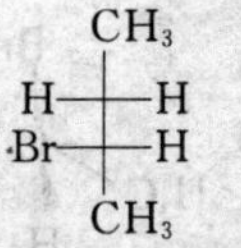

例 3.6 写出下列化合物的 Fisher 投影式和 Newman 投影式。

(1) (1R,2S)-1,2-二氯-1,2-二苯基乙烷

(2) (2S,3S)-2,3-丁二醇

解 在写出正确的 Fisher 投影式后, 再根据 Fisher 投影式是重叠的 Newman 式的对应关系, 写出相应的 Newman 投影式, 最后再考虑空间位阻或氢键等因素, 最终写出比较稳定的 Newman 投影式。

(1) 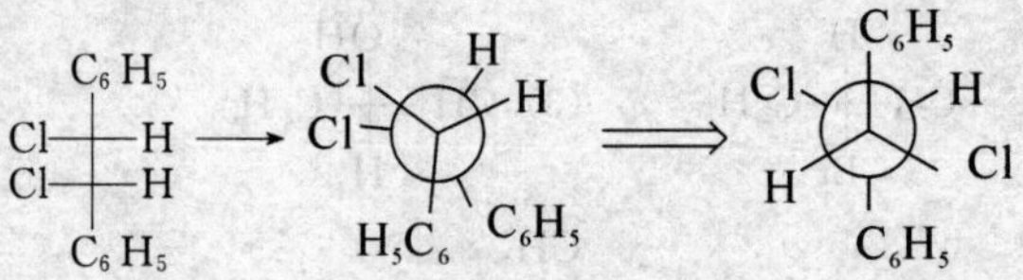 [结构图]

(2) 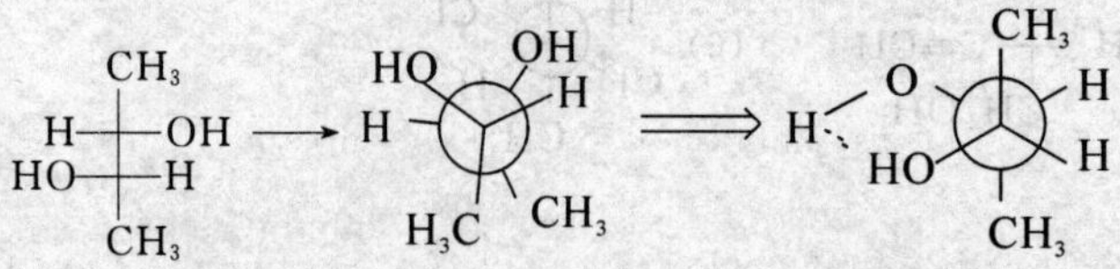 [结构图]

例 3.7 下列化合物的构型中, 哪些是相同的, 哪些是对映体, 哪些是内消旋体?

(I), 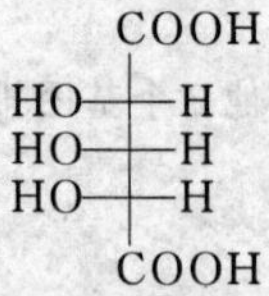 (II), 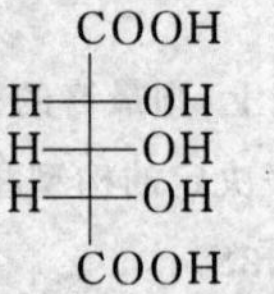 (III), 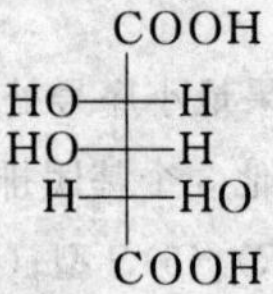 (IV) 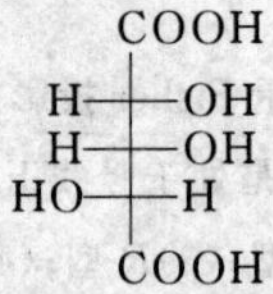 [Fisher 投影式]

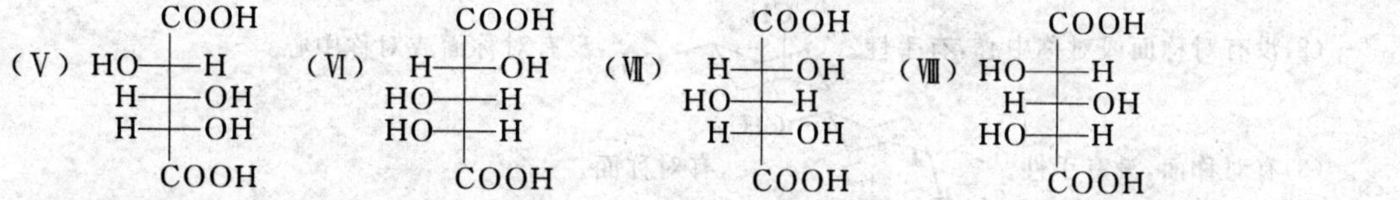

第3章 对映异构

(V), (VI), (VII), (VIII) 四个Fischer投影式（COOH上下，中间为手性碳，取代基为H和OH）

解 可以根据构型标示进行，也可以根据不离开纸平面，移动或转动180°后两个投影式重叠，则为同一化合物来判断。

(Ⅰ)与(Ⅱ)相同，(Ⅲ)和(Ⅳ)相同，(Ⅶ)与(Ⅷ)相同，并且都为内消旋体。

(Ⅲ)或(Ⅴ)与(Ⅳ)或(Ⅵ)为对映体。

例 3.8 写出反-2-丁烯与氯水反应生成氯醇(A)和它的对映体的立体化学过程。

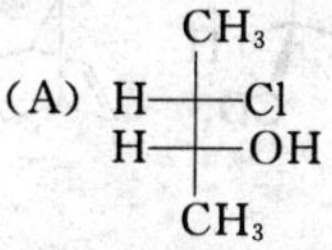

(A) Fischer投影式：CH_3—H—Cl，H—OH，CH_3

解 根据烯烃加成反应的历程，可知中间体为环状的碳正离子，然后负离子再从背面进攻，最终得到产物。具体过程如下：

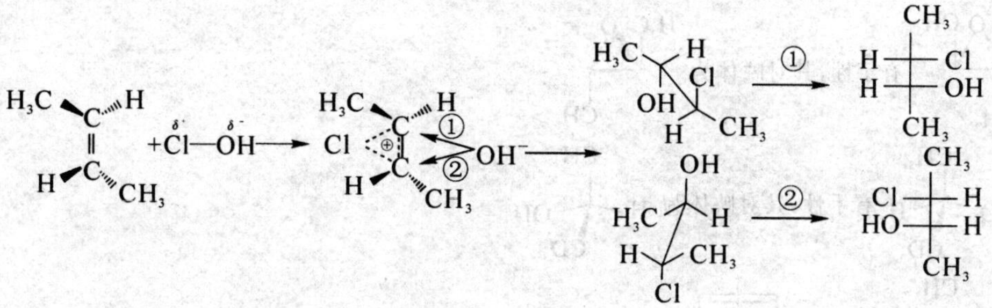

（反应机理图示）

3.4 习题精选详解

习题 3.1 判断下列化合物的构型是 R 还是 S。

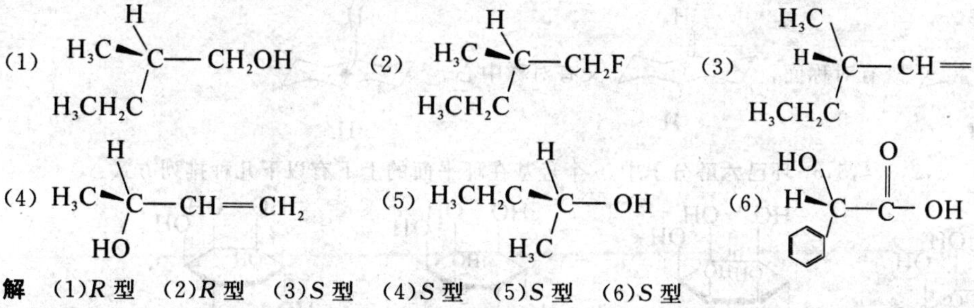

(1) H_3C—C(H)—CH_2OH，H_3CH_2C—
(2) H_3C—C(H)—CH_2F，H_3CH_2C—
(3) H_3C—C(H)—CH=CH_2，H_3CH_2C—
(4) H_3C—C(H)—CH=CH_2，HO—
(5) H_3CH_2C—C(H)—OH，H_3C—
(6) HO—C(H)—COOH，C_6H_5—

解 (1) R 型 (2) R 型 (3) S 型 (4) S 型 (5) S 型 (6) S 型

习题 3.2 从平面结构式判断下列化合物有无手性，然后再从椅型构象验证结论是否正确。

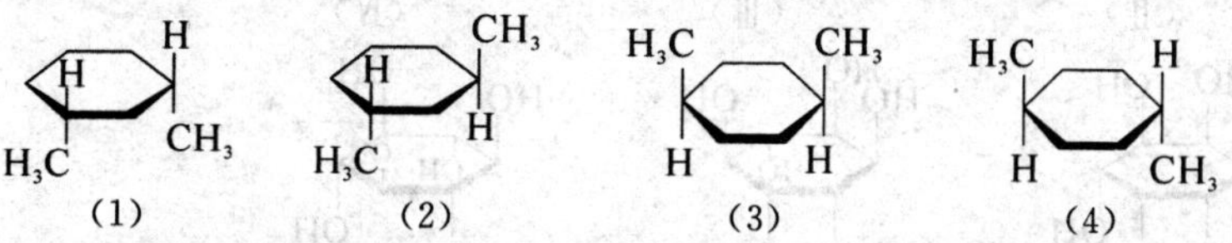

(环己烷衍生物四个结构式)
(1) (2) (3) (4)

解 (1) 有对称面，没有手性。其椅型构象式为 （椅式图，CH_3在上，CH_3在下），同样存在对称面。

(2)没有对称面或对称中心,有手性。 ,没有对称面或对称中心。

(3)有对称面,没有手性。 ,有对称面。

(4)有对称中心,没有手性。 ,有对称中心。

习题3.3 找出下列化合物分子中的对称面或对称中心,并推测有无手性,如有手性,写出其对映体。

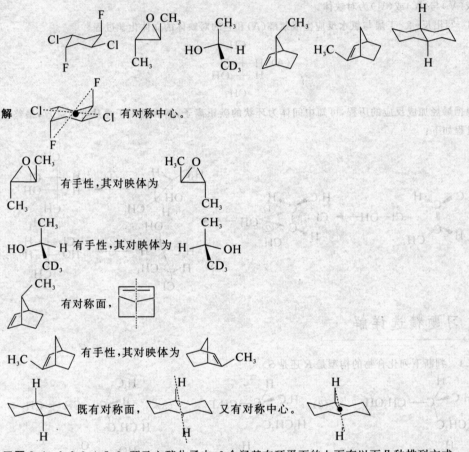

习题3.4 1,2,3,4,5,6-环己六醇分子中,6个羟基在环平面的上下有以下几种排列方式:

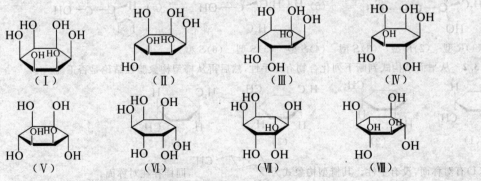

(1)指出上式中的对称面或对称中心,并判断有无手性。
(2)写出各化合物最稳定的椅式构象。

解 (1) 有多个对称面(其中一个过①②位碳原子,与环两面垂直)没有手性;最稳定的构象为

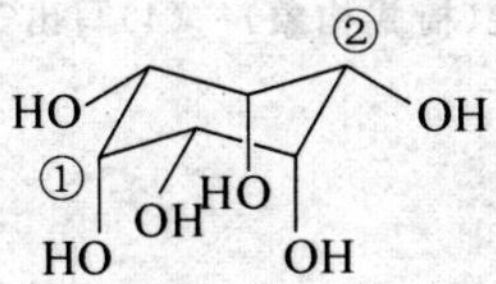

(2) 有对称面(过①②位碳原子,与环两面垂直),没有手性;

最稳定的构象为

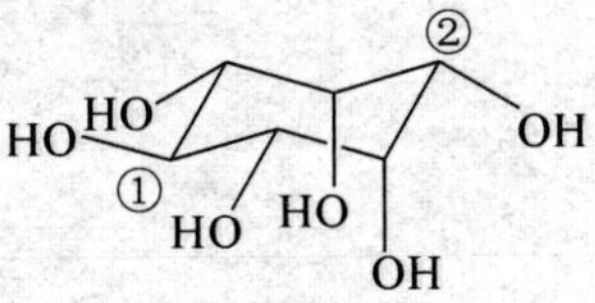

(3) 有对称面,没有手性,最稳定的构象为

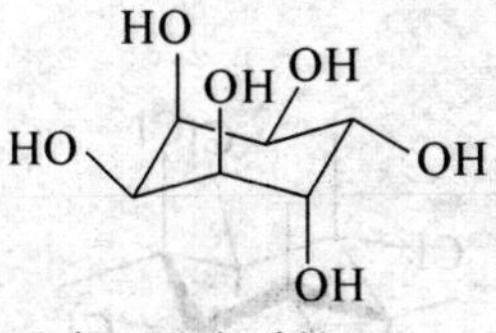

(4) 有对称面(过①,②位碳原子,与环两面垂直),没有手性;

最稳定的构象为

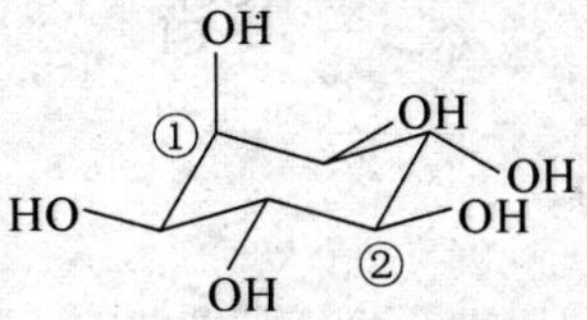

(5) 有对称面(过①②位碳原子,与环平面垂直),没有手性;最稳定的构象为

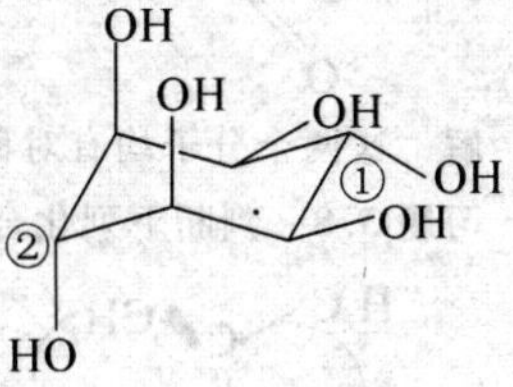

(6) 有对称中心,没有手性;最稳定的构象为

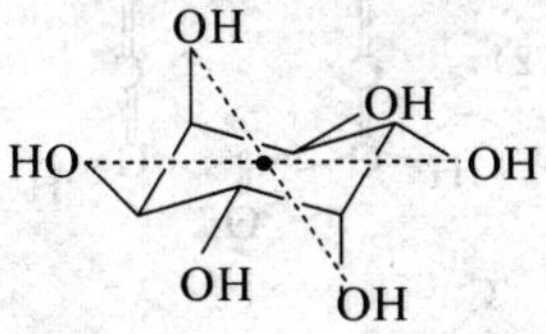

(7) 有手性,最稳定的构象为

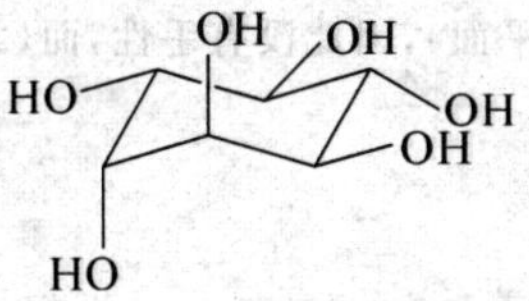

(8) 有对称面(过①②位碳原子,与环平面垂直),没有手性。

最稳定的构象为

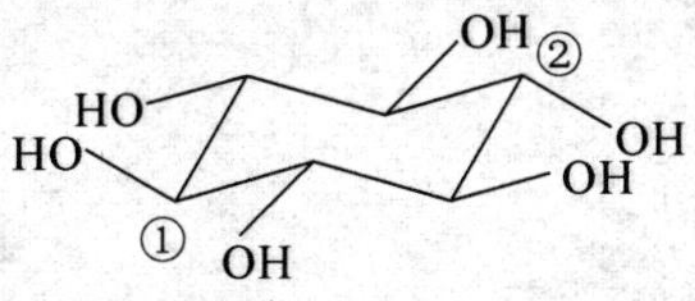

习题 3.5 下列化合物各有几个对称面?
(1) H_2O (2) NH_3 (3) 乙烷的重叠式构象 (4) 乙烷的交叉式构象 (5) 环丙烷 (6) 环丁烷的折叠式构象 (7) 环己烷的椅型构象 (8) 环己烷的船型构象

解 根据分子结构或构象特点,可以得出以下结论:
(1) 1个 (2) 3个 (3) 4个 (4) 4个 (5) 4个 (6) 2个 (7) 3个 (8) 2个

习题 3.6 找出下列化合物的对称中心。

(1)乙烷的交叉式构象　(2)丁烷的反交叉式构象　(3)反-1,4-二甲基环己烷(椅式构象)　(4)写出1,2,3,4,5,6-六氯环己烷有对称中心的异构体的构象式(椅式)

解 （1）（2）（3）（4）（图示）

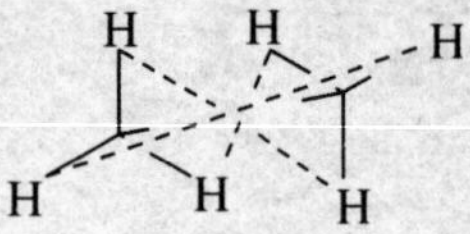

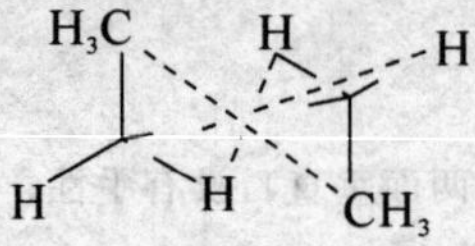

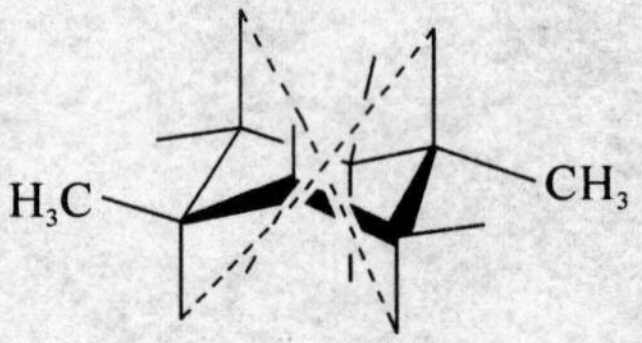

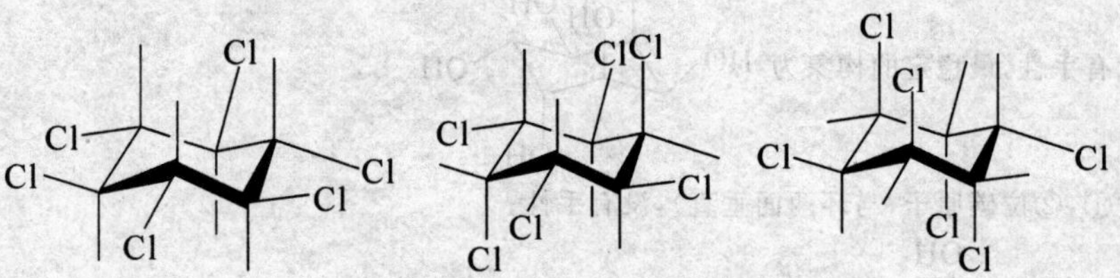

习题 3.7 下列化合物有没有手性？

(1) 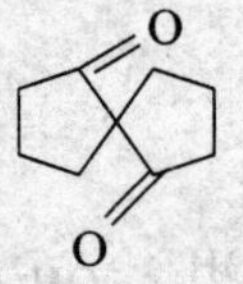 (2)

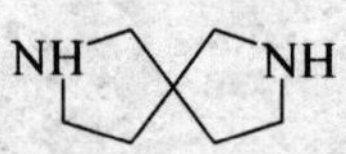

解 这两个分子均有对称面,所以没有手性。

习题 3.8 判断下列化合物有无手性。

(1) 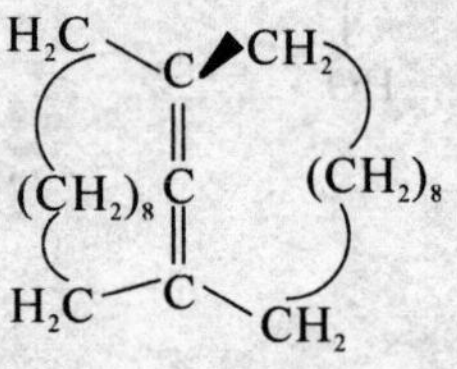 (2) 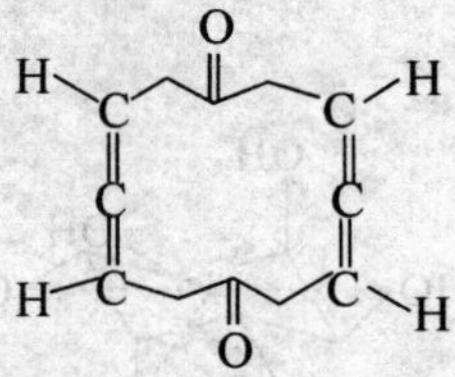 (3)

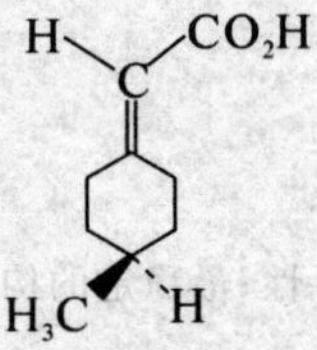

解 (1)有两个对称面(即两端 $\overset{C}{\underset{C}{>}}C\overset{C}{\underset{C}{<}}$ 所在的平面),因此没有手性,而(2)(3)均没有对称面或对称中心,所以均有手性。

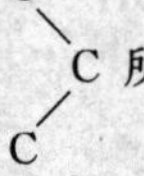

第4章 卤代烃

4.1 教学建议

(1)依据卤代烃的结构特点，分析其物理、化学性质。

(2)依据卤代烃的结构特点，分析其亲核取代反应及消去反应的机理及规律。

(3)卤代烃是非常重要的有机合成原料、中间体，要讲清楚其与其他化合物转化的相关反应。

(4)此章可以在烯烃、炔烃后讲授，并增加不饱和卤代烃的相关内容。

4.2 主要概念

4.2.1 内容要点精讲

1. 教学基本要求

(1)掌握卤代烃分子的结构特点及分类。

(2)掌握卤代烃的系统命名法。

(3)掌握卤代烃的亲核取代反应及消去反应的反应机理及影响因素。

2. 主要概念

(1)卤代烃及其分类。烃类分子中的一个氢或多个氢原子被卤素原子取代生成的化合物，称为卤代烃。通常用 RX 表示卤代烃，其中 R 为烷基，X 为 F，Cl，Br 和 I。

一卤代烷分子中与卤原子直接相连的碳原子称为 α-碳原子，碳链上离卤素原子更远的碳原子分别称为 β，γ 等。

(2)卤代烃的分类。卤代烃可以根据 R 及 X 的不同，进行以下的分类：

- 卤代烃
  - 依烃基结构
    - 卤代烷烃：伯、仲、叔卤代烷及甲基卤代物
    - 卤代烯
      - 乙烯型卤代烃　$CH_2{=}CHX$
      - 烯丙型卤代烃　$CH_2{=}CHCH_2X$
      - 孤立型卤代烃　$CH_2{=}CH(CH_2)_nX(n>2)$
    - 卤代芳烃
      - 卤代苯　C_6H_5X
      - 苄基卤　$C_6H_5CH_2X$
  - 依 X 数目
    - 一卤代烃　CH_3X
    - 多卤代烃　XCH_2CH_2X
  - 依 X 种类　XF，XCl，XBr，XI

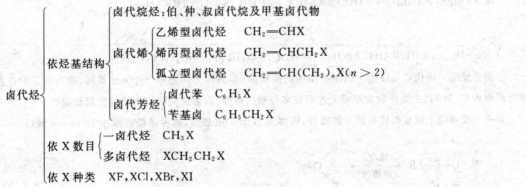

(3)亲核试剂、离去基团及亲核取代反应(nucleophilic substitution，S_N 反应)。有机反应中，进攻底物(反应物)分子中电子密度小的位置的试剂称为亲核试剂(nucleophile，Nu)。分子中被亲核试剂取代的原子(基)

称为离去基团。亲核试剂及离去基团参与的反应称为亲核反应。

(4) 消除反应(Elimination reaction, E反应)。卤代烃在碱的作用下,脱去卤原子和β-碳原子上的氢而生成烯烃的有机反应称为消除反应。

(5) 邻基参与。邻近的亲核性取代基对取代反应的介入称为邻基参与。

(6) 相转移催化。在亲核取代反应中,常常要用到无机负离子作试剂与有机化合物反应。为了提高反应速率,可以用极性小的有机溶剂如二氯甲烷来溶解有机化合物,用水来溶解无机盐,这两种溶液形成两相。在水相中加入季铵盐或季鏻盐。季铵盐或季鏻盐中的烃基要选择适当,使它们的正离子具有较大的体积。

季铵盐或季鏻盐中的正离子与无机盐中的负离子生成离子对,它们能溶解于有机溶剂,这样就可以把负离子 Nu^- 从水相转移到有机相。在有机相中,负离子可以看作是裸露的,它们的反应活性大,与有机化合物起反应的速率很快。反应后由有机化合物中脱离下来的负离子可以由季铵盐或季鏻盐带回水相。季铵盐或季鏻盐的用量为催化量,它们的作用是在两相之间转移负离子,因此称为相转移催化剂,这个过程就称为相转移催化。

3. 核心内容

(1) 命名。系统命名时,卤代烃是作为烷烃的衍生物来命名的。在分子中如有双键等官能团,这些官能团的位置编号应优于卤素的位置编号。

$$CH_2=CHCH_2CH_2Br \qquad CH_3C(CH_3)BrCHBrCH_3$$
$$\text{4-溴-1-丁烯} \qquad \text{2-甲基-2,3-二溴丁烷}$$

(2) 卤代烃的化学性质。由于卤原子的电负性要大于碳原子,即具有吸电子效应,因而卤代烃分子中碳卤键有极性($-\overset{|}{\underset{|}{C}}\rightarrow X$),使得卤代烃的α-C呈缺电子性、β-H有一定的酸性。因此,卤代烃有可以发生亲核取代反应和消除反应以及与活泼金属反应等重要的化学性质。

但如果是乙烯类卤代烃,由于卤原子可以与双键形成电子共轭,因而卤原子不易失去而表现化学惰性,而丙烯类卤代烃失去X后形成的碳正离子稳定,因而反应活性较高。

① 亲核取代反应。卤代烃可以发生以下亲核取代反应:

$$R-X + :Nu^- (:Nu) \longrightarrow R-Nu + X^-$$

$:Nu^-=HO^-$, HS^-, $R'O^-$, $N≡C^-$, $R'COO^-$, HSO_3^-, $R'C≡C^-$, NO_3^-, I^-,

N_3^-, $R^-(RMgX, R_2CuLi)$ $C^-H(COOC_2H_5)_2$, $CH_3COC^-H(COOC_2H_5)$, 邻苯二甲酰亚胺负离子

$:Nu=H_2O$, $RSH, R'OH$, $:NH_3$, $:NH_2R'$, $:NHR'_2$, $:NR'_3$, $:P(C_6H_5)_3$

② 消去反应。卤代烃可以发生以下类型的消除反应,其消除方向遵循 Saytzeff 规则,即当分子中存在多种可消除的β-H时,主要产物为双键上连有较多烃基的烯烃(因为这类结构的烯烃比较稳定)。

如果生成双键上烷基取代基最少的烯烃,则称为 Hofmann 规律,这种烯烃也称作 Hofmann 烯烃。

I. $^4R-\overset{H\ ^1R}{\underset{^3R\ X}{C-C}}-^2R \xrightarrow[\text{(醇溶液)}]{\text{碱},\triangle} \overset{^4R}{\underset{^3R}{>}}C=C\overset{R^1}{\underset{R_2}{<}}$

II. $HCCl_3 \xrightarrow{\text{碱}} :CCl_2$(二氯卡宾)

Ⅲ. $\underset{R^3}{\overset{X\ \ R^1}{\underset{|}{\overset{|}{R^4-C-C-R^2}}}}\xrightarrow[\text{(或 Mg)}]{Zn,\triangle}\underset{R^3}{\overset{R^4}{C}}=\underset{R_2}{\overset{R^1}{C}}$

Ⅳ. $\underset{Br}{\overset{R^3\ H}{\underset{|}{\overset{|}{R^4-C-C-R^1}}}}\xrightarrow[\text{醇}]{Zn,\triangle}$ (cyclopropane with R^1, R^2, R^3, R^4)

例 $\underset{R^2}{\overset{H\ H\ H}{\underset{|}{\overset{|}{R^1-C-C-CH_3}}}}\xrightarrow[\text{醇}]{KOH,\triangle}\underset{R^2}{\overset{R^1}{C}}=CH-CH_3$

(3) 与活泼金属反应。

$$RX+Mg\xrightarrow{\text{干醚}}RMgX$$
$$+Na\longrightarrow R-R$$
$$+Li\longrightarrow RLi$$

(4) 还原反应。

$$RX+\begin{cases}LiAlH_4\\ Zn+HX\\ H_2/Pd\\ Mg\longrightarrow RMgX\xrightarrow{H_2O}\end{cases}\longrightarrow RH$$

(5) 不饱和卤代烃的化学性质。

① 不饱和键的亲电加成反应。

$$R-\underset{X}{\overset{}{C}}=CH_2+HX\longrightarrow R-\underset{X}{\overset{X}{\underset{|}{C}}}-CH_3$$

② 烯卤的亲核取代反应。

$$R-\underset{X}{\overset{}{C}}=CH_2+R'_2CuLi\longrightarrow R-\underset{R'}{\overset{}{C}}=CH_2$$

③ 烯卤与活泼金属的反应。

$$R-\underset{X}{\overset{}{C}}=CH_2\begin{array}{c}\xrightarrow[THF]{Mg}\\ \xrightarrow[Et_2O]{Li}\end{array}\begin{array}{c}R-\underset{MgX}{\overset{}{C}}=CH_2\\ R-\underset{Li}{\overset{}{C}}=CH_2\end{array}$$

④ 消除反应。

$$\begin{array}{c}R-\underset{X}{\overset{}{C}}=CH_2\\ R-CH=CHX\end{array}\xrightarrow[\text{醇},\triangle]{OH^-}R-C\equiv CH$$

⑤ 烯丙位卤的反应。

$$R-\underset{X}{\underset{|}{CH}}CH=CH_2 \xrightarrow{\begin{array}{l}:Nu^-\\ OH^-,\Delta\\ 醇\\ Mg\\ Et_2O\\ X_2\\ ROOR\end{array}} \begin{array}{l} R-\underset{Nu}{\underset{|}{CH}}CH=CH_2 + RCH=CHCHNu\\ >C=CHCH=CH_2\\ R-\underset{MgX}{\underset{|}{CH}}CH=CH_2\\ R-\underset{X}{\underset{|}{C}}\underset{X}{\underset{|}{CH}}=CH_2 \end{array}$$

X=Cl,Br,I

在乙烯型卤代烃结构中，碳碳双键与 X 直接相连，相互影响（电子共轭）的结果是两者的反应活性比独立的烯烃或卤代烃低。而丙烯型的卤代烃，由于失去 X 后所形成的碳正离子因可以形成大 π 键稳定性较高，因而其反应活性较高，与叔卤代烷类似。在消除反应中一般以生成共轭二烯烃为主产物；在一般的亲核取代反应中，S_N2 和 S_N1 都易发生，而且时常伴有在烯丙位重排产物（更稳定的烯丙基型的仲碳或叔碳正离子）生成。

(6) 亲核取代反应的机理。

①单分子亲核取代反应（S_N1 反应）机理。

$$RX \underset{慢}{\rightleftharpoons} R^+ + X^-$$

$$R^+ + :Nu^- \xrightarrow{快} RNu \quad 或 \quad R^+ + :Nu \xrightarrow{快} RNu$$

S_N1 反应机理的要点：

Ⅰ．反应是分步进行的。反应第一步即碳正离子的生成决定反应速率的控制步骤，即反应速率只与底物浓度有关。

Ⅱ．中间体碳正离子具有平面构型，在亲核试剂的进攻下可生成外消旋体产物：

$$:Nu + \underset{{}^3R}{\overset{R^1}{\underset{|}{C^+}}}{}_{R^2} \longrightarrow Nu-\underset{R^3}{\overset{R^1}{\underset{|}{C}}}-R^2 + \underset{R^3}{\overset{R^1}{\underset{|}{C}}}-Nu$$

如果由于几何原因，碳正离子难于达到平面结构，则 S_N1 反应很难进行。如卤原子在桥头碳上的卤代烃就很难发生亲核取代反应。

Ⅲ．中间体碳正离子可重排生成更稳定的碳正离子。在此过程中，迁移和离子的形成是同时发生的。

$$CH_3-\underset{CH_3}{\overset{H}{\underset{|}{C}}}-\overset{+}{\underset{|}{CH}}-CH_3 \longrightarrow CH_3-\underset{CH_3}{\overset{+}{\underset{|}{C}}}-CH_2-CH_3 \xrightarrow{:Nu} CH_3-\underset{CH_3}{\overset{Nu}{\underset{|}{C}}}-CH_2-CH_3$$

Ⅳ．影响反应速率的因素。

a. 底物 RX 的结构：更易生成稳定的 R^+ 的卤代烃结构，反应速率更快。则有

$$Ar_3CX > ArCHX > RSCH_2X, ROCH_2X,$$

$$R_2NCHX > R_3CX > ArCH_2X > CH_2=CHCH_2X > R_2CHX > RCH_2X > CH_3X$$

α-碳上连有烯基或苯基都使反应速率加快，α-碳原子上有含 O，S，N 等杂原子的取代基也使碳正离子的稳定性提高。

大环有利于 S_N1 反应进行。

b. 离去基团的性质：越易形成离子离去的基团，越有利于反应的进行。则有

$$RI > RBr > RCl > RF$$

　　c. 亲核试剂的性质：碳正离子可与亲核溶剂反应(溶剂解)，不与 Nu^- 反应。亲核试剂的亲核性大小影响不大。

　　d. 溶剂：在极性溶剂中有利于中间体碳正离子分散电荷，增加其稳定性，因此速率加快。

　　e. 催化剂：Lewis 酸，如 Ag^+，$AlCl_3$，$ZnCl_2$ 等可以加快反应速率。

　　② 双分子亲核取代反应(S_N2)机理。

$$X-\overset{R^1}{\underset{R^3}{C}}-R^2 + :Nu \longrightarrow \overset{R^1}{\underset{R^3}{C}}-Nu$$

S_N2 反应机理的要点：

　　Ⅰ. 反应是一步完成的，过渡态的稳定性决定了反应活化能的高低，反应速率与底物浓度、亲核试剂浓度有关，为二级反应。

　　Ⅱ. 亲核试剂从离去基团的背面进攻，产物发生构型转化，即 Walden 反转。

　　Ⅲ. 影响反应速率的因素。

　　a. 底物 RX 的结构：亲核试剂对 α-C 的进攻容易与否决定了反应的活性大小。因此 α-C 周围的位阻效应直接影响其反应速率，α-C 和 β-C 上取代基数目越多，体积越大，越不利于反应进行，有以下的次序：

$$CH_3X > RCH_2X > R_2CHX > R_3CX$$

R_3C-X，离去基团在桥头碳原子上的化合物不发生 S_N2 反应。

α-碳原子上的烯丙基或苯基使反应的速率加快。

　　b. 离去基团的性质：不易离去的基团倾向于 S_N2。X^- 的碱性越大，离去倾向越小，有以下的次序：

$$-N_2^+ > -OTs > -I > -Br > -Cl > -F > -OCOR$$

醇中的羟基在酸性溶液中接受一个质子，离子基团为水分子，更利于离去，是类似于消去的一种反应(正常)；同样醚在酸性溶液中也是易于离去的。

　　c. 亲核试剂的性质：亲核性越强，越有利于 S_N2 反应。亲核性有以下的顺序：

$$I^- > Br^- > Cl^-，RS^- > RO^-$$

亲核性与原子的变形性有关，越易变形，亲核性越强。

亲核性次序：$NH_2^- > RO^- > OH^- > R_2NH > ArO^- > NH_3 >$ 吡啶 $> F^- > H_2O > ClO_4^-$；$R_3C^- > R_2N^- > RO^- > F^-$。试剂如果是带负电荷的离子，它的亲核性一定比其共轭酸强。

　　d. 溶剂：由于反应的过渡态是负电荷分散状态，从溶剂化角度看，溶剂极性增加，对 Nu^- 的 S_N2 反应不利，但对 Nu 的 S_N2 反应有利。

　　e. 催化剂：不需要催化剂。

　　(7) 离子对机理。离子对机理可以解释溶剂解反应：底物分子在溶剂中电离，生成的碳正离子和相应的负离子紧密接触，成为紧密离子对，周围是溶剂分子，使它们与别的离子对隔离开来，然后少数溶剂分子进入两个离子之间，把它们分隔开来，但仍组成一个离子对，称为溶剂分隔离子对，最后带不同电荷的离子分别被溶剂包围，成为溶剂化的碳正离子和负离子。

　　紧密离子对重新结合成共价化合物称为内返，溶剂化的离子重新结合成共价化合物称为外返。紧密离子对、溶剂分隔离子对和溶剂化离子都可以同溶剂或亲核试剂结合生成产物，如碳正离子的寿命长，生成溶剂化离子后转变成产物，则为正常的 S_N1(完全外消旋化)；如碳正离子的寿命短，在紧密离子对或溶剂分隔离子对生成后即转变成产物，则可能得到部分构型反转或部分构型保持的产物。

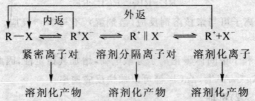

用紧密离子对可以说明 S_N1 和 S_N2 的中间区域的立体化学表现。

(8) 邻基参与。

①含杂原子的取代基。顺-2-乙酰氧基己醇对甲苯磺酸酯和反-2-乙酰氧基环己醇对甲苯磺酸酯在乙酸中溶剂解都得到反-1,2-环己二醇的二乙酸酯,但反式异构体溶剂解的速率约为顺式的 670 倍。

这是因为在反式异构体的取代反应中,2 位上的乙酰氧基参与了取代过程,即从背面进攻 1 位碳原子,取代对甲苯磺酸基,生成环状中间体,然后与乙酸迅速进行另一次 S_N2 反应,生成构型保持的环己二醇二乙酸酯;而顺式的由于受立体化学限制,乙酰氧基不参与取代过程,为正常的 S_N1 反应,生成 1 位碳构型反转产物。

邻基参与是分子内的反应,同时邻基参与基团必须具有适当的亲核性,在底物与外加的亲核试剂起 S_N2 反应反应之前,取代离子基团。比较重要的邻基参与基团有 COO^-,COOR,COAr,OCOR,OH,O^-,NH_2,NHR,NR_2,NHCOR,SH,SR,S^-,I,Br,Cl 等。

②苯基。苯基也可以参与取代过程,即具有邻基参与效应:

③碳-碳双键。如果立体化学允许,碳-碳双键也可以参与取代过程:

(9) 相转移催化。一般认为在相转移催化反应中负离子的交换在水相中进行:

$$\text{有机相} \quad R-X + Q^+Nu^- \longrightarrow R-Nu + Q^+X^-$$
$$\text{水相} \quad X^- + Q^+Nu^- \longrightarrow Nu^- + Q^+X^-$$

其中 Q^+ 表示季铵盐或季鏻盐。

相转移催化的应用范围很广，并非只限于亲核取代，除季铵盐或季鏻盐外，冠醚等也可以作为相转移催化剂。

(10) 消除反应的机理。

①单分子消除反应(E1反应)机理。

$$H-\overset{|}{\underset{|}{C}}-\overset{|}{\underset{|}{C}}-X \underset{}{\overset{\text{慢}}{\rightleftharpoons}} H-\overset{|}{\underset{|}{C}}-\overset{|}{\underset{|}{C}}+$$

$$H-\overset{|}{\underset{|}{C}}-\overset{|}{\underset{|}{C^+}} + B^- \overset{\text{快}}{\rightleftharpoons} \overset{}{\underset{}{C}}=\overset{}{\underset{}{C}}$$

E1反应的要点：

Ⅰ.反应是分步进行的，第一步 R—X 发生离解是反应速度的控制步骤，即为一级反应，反应速率只与底物浓度有关，与试剂无关。

Ⅱ.反应是非立体专一的。由于卤代烃可以有不同的 β-H，而且中间体碳正离子也可以发生重排，因而消去反应的产物不唯一，但一般以 Saytzeff 烯烃为主。

Ⅲ.影响反应速率的因素：

a.底物的结构：越易形成碳正离子的卤代烃反应速率越快；有以下的反应活性顺序：

$$R_3CX > R_2CHX > RCH_2X > CH_3X > CH_2=CHX$$

或者 β-C 上有多取代基特别有利于 E1 反应。

b.离去基团的性质：离去基团的碱性越弱，越利用消除反应。

c.试剂 B^-（碱）：试剂的碱性较小，浓度低，有利于 E1 反应。

d.溶剂：溶剂的极性较强，有利于 E1 反应。

②双分子消除反应(E2反应)的机理。

$$B^- + \overset{H}{\underset{|}{\overset{|}{C}}}-\overset{|}{\underset{|}{C}}-X \longrightarrow \overset{}{\underset{}{C}}=\overset{}{\underset{}{C}} + HB + X^-$$

E2反应的要点：

Ⅰ.反应是一步完成的。反应的速率与底物和碱的浓度有关，是二级反应。

Ⅱ.发生变化的 β-H 和 α-C 键应一个平面上，并且以反式消除 HX 为主。

Ⅲ.影响反应速率的因素：

a.底物的结构：要求有适于反式消除的立体化学条件。

b.离去基团的性质：弱碱性有利于 E2 反应。

c.试剂 B^-（碱）的性质：强碱、高浓度有利于 E2 反应的进行。

d.溶剂：极性较弱的溶剂有利于 E2 反应。

③E1cB 机理。E1cB 为两步过程，第一步是 β-C 上的质子在碱的进攻下离去，在 β 位生成碳负离子，第二步是离子基团带着一对电子离去，形成烯键。

$$H-\overset{|}{\underset{Z}{\overset{|}{C}}}-\overset{|}{\underset{|}{C}}-X \underset{k_{-1}}{\overset{k_1}{\rightleftharpoons}} Z-\overset{|}{\underset{|}{C}}-\overset{|}{\underset{|}{C}}-X \overset{k_2}{\longrightarrow} \overset{}{\underset{Z}{C}}=\overset{}{\underset{}{C}}$$

促进 E1cB 机理的因素：β-C 上有吸电子取代基，使 β-H 的酸性增强，β-H 碳上形成碳负离子稳定性提高；离去基团的离去倾向小。

(11) 消除反应的区域选择性。在 E1 反应中，Zaitsev 产物较稳定，为主要产物；在 E2 反应中，用体积大的碱或离去基团倾向小时主要生成 Hofmann 产物。

(12) E2 反应的立体化学。当离去基团的离去倾向较大时，如 -Br 或 -OTs，一般为反式消除；当离去基团的离去倾向较小时，如 -F 或 -N$^+$Me$_3$，则以顺式消除为主。其他因素如碱的强度和体积、溶剂的极性都有影响，但规律性不强。

当离去基团与环己烷相连时，E2 反应强烈倾向于反式消除。

$$\text{Me}_3\text{C}\text{—}\overset{\text{Br}}{\diagup}\xrightarrow[\text{HOCMe}_3]{\text{KOCMe}_3}\text{Me}_3\text{C}\text{—}\diagup\xleftarrow[\text{HOCMe}_3]{\text{KOCMe}_3}\text{Me}_3\text{C}\text{—}\overset{\text{Br}}{\diagup}$$

前者的反应速率是后者的 500 倍。

1,2-二溴化物的消除反应为反式消除，反应可能是通过环状中间体进行的。

$$\overset{\text{Br}}{\diagup}\overset{\text{Br}}{\diagup}\xrightarrow{\text{慢}}\overset{\text{Br}^+\text{ Br}^-}{\diagup}\xrightarrow{\text{快}}\diagup\diagup$$

(13) 取代反应、消除反应和重排反应的竞争。S_N1 和 E1 及 S_N2 和 E2 是两对竞争反应，反应主要取向取决于试剂和溶剂的性质。对消除反应而言，在醇溶液中，使用高浓度的碱并加热是有利的；对亲核取代反应而言，在极性强的溶剂中有利于 S_N1。对于 S_N2 反应，在非质子极性溶剂中，使用：Nu$^-$ 亲核试剂有利于反应的进行；在质子性极性溶剂中，使用：Nu$^-$ 反应速率有所下降，而使用：Nu 反应速率可增加。卤代烃的结构不同，按 S_N1 或 S_N2 机理反应的程度不同。

S_N1，E1 和碳正离子的重排都经过一个中间体碳离子，因此三者之间有竞争，但可采用适合的条件加以控制。当 S_N1 和 E1 有竞争时，使用高浓度亲核试剂有利于 S_N1；适宜的碱的存在和较高的温度有利于 E1。在反应条件强烈有利于底物发生电离的情况下，重排反应是无法避免的。

在碱性条件下，不论是在 NaOH 或是 NaCN 的存在下，叔卤代烷主要生成消除产物。要使叔卤代烷转变成叔醇可用氧化银的冷水溶液。而对伯卤代烷来说，发生取代反应的倾向比消除反应要大，除非使用很强的碱或在高温条件下。

(14) α-消除反应。三氯甲烷与强碱作用时，发生 α-消除反应，即脱去的 HCl 出自同一个碳原子：

$$\text{HO}^- + \text{H}\text{—}\text{CCl}_3 \rightleftharpoons \text{H}_2\text{O} + :\bar{\text{C}}\text{HCl}_3$$
$$:\bar{\text{C}}\text{HCl}_3 \rightleftharpoons :\text{CCl}_2$$
$$:\text{CH}_2\text{Cl}_2 + \text{H}_2\text{O} \longrightarrow \text{产物}$$

三卤甲烷的 α-消除反应是制备二卤卡宾的重要方法。

(15) 卤代烃的定性试验。

①Beilstein 试验。用铜丝沾少量卤代烷置于火焰上燃烧，除氟代烃外，所有卤代烃均能发出绿色火焰。

②硝酸银醇溶液试验。卤代烷能与 AgNO$_3$ 醇溶液作用，产生沉淀。卤代烷的活性次序符合 S_N1 机理。

$$R_3CX > R_2CHX > RCH_2X > CH_3X > CH_2=CHX$$
$$RI > RBr > RCl$$

③碘化银试验。溴代烷或氯代烷用 NaI 的丙酮溶液处理时生成 NaBr 或 NaCl 沉淀。卤代烷的活性次序符合 S_N2 反应机理。

$$RCH_2X \approx CH_2=CHCH_2X > R_2CHX > R_3CX > CH_2=CHX$$
$$RBr > RCl$$

(16) 有机金属化合物。有机金属化合物分子中含有碳—金属键。其中金属一般为活性金属，有 Mg，Na，K，Li，Al，Cd 等。

有机金属化合物中的烃基具有较强的亲核性和碱性，可以发生以下反应：

$$RX+Mg \xrightarrow{\text{干醚}} RMgX \text{（格氏试剂）} \begin{cases} \xrightarrow{H_2O_2} ROMgX \xrightarrow{H_2O} ROH \\ \begin{array}{l} \xrightarrow{H_2O} \\ \xrightarrow{HX} \\ \xrightarrow{R'OH} \\ \xrightarrow{HNH_2} \\ \xrightarrow{HC\equiv CR'} \end{array} RH+ \begin{array}{l} Mg(OH)X \\ MgX_2 \\ Mg(OR')X \\ Mg(NH_2)X \\ R'C\equiv CMgX \end{array} \\ \xrightarrow{\overset{O}{\triangle}} RCH_2CH_2OMgX \xrightarrow{H_2O} RCH_2XH_2OH \\ \xrightarrow{CO_2} \xrightarrow{H_3O^+} RCOOH \\ \xrightarrow{R'CHO} \xrightarrow{H_3O^+} RR'CHOH+Mg(OH)X \\ \xrightarrow{R'COR''} \xrightarrow{H_3O^+} RR'R''OH+Mg(OH)X \\ \xrightarrow{R'COOR''} R'CHO \xrightarrow{RMgX} \xrightarrow{H_3O^+} RRR'OH \\ \xrightarrow{R'COCl} \xrightarrow{\text{低温}} R'COR \\ \xrightarrow{R'CN} \xrightarrow{H_3O^+} R'COR \\ \xrightarrow{R'CH=NR} \xrightarrow{H_3O^+} R'RCHNHR'' \end{cases}$$

$$RX+2Li \xrightarrow{\text{干醚}} RLi+LiX$$

$$2RLi+CuX \longrightarrow R_2CuLi \xrightarrow[\text{干醚}]{R'X} R—R$$

(17) 卤代烷的制备。

① 由烃类制备：

$$CH_3CH=CH_2 \xrightarrow{Cl_2,\triangle} ClCH_2CH=CH_2$$

$$CH_3CH=CH_2 \xrightarrow[ROOR]{NBS} BrCH_2CH=CH_2$$

$$\text{苯} \xrightarrow{Cl_2}_{h\nu} \text{PhCl}$$

$$\text{苯} \xrightarrow[\text{硝基苯}]{X_2/FeX_3} \text{PhX}$$

$$CH_3CH=CH_2+HBr \xrightarrow{CH_3COOH} \underset{\text{主要产物}}{CH_3CHBrCH_3}+\underset{\text{次要产物}}{CH_3CH_2CH_2Br}$$

② 由醇制备：

$$ROH+HX \longrightarrow RX+H_2O$$

$$H_3PO_3+RBr \xleftarrow{PBr_3} ROH \xrightarrow{SOCl_2} RCl+SO_2+HCl \quad \text{（适用于伯、仲卤代烃的制备）}$$

4.2.2 重点、难点

1. 重点

(1)卤代烃的化学性质。

(2)亲核取代和消除反应的机理。在不同的反应条件下,卤代烃可按不同的反应机理进行反应,生成不同的产物,其中亲核试剂、卤代烃结构、溶剂、离去基团等因素都影响到反应的速率和产物的比例。

2. 难点

判断卤代烃的反应机理及速率大小,此时须考虑各种因素。

4.3 例题

例4.1 系统命名以下化合物。

(1) 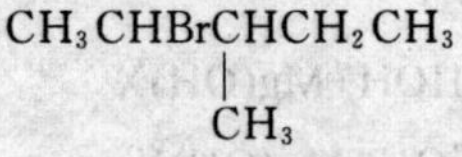 $CH_3CHBrCH CH_2CH_3$
       $\qquad\quad\ \ |$
       $\qquad\quad\ CH_3$

(2) 环戊烯-Br

(3) Br-环己烷-Cl

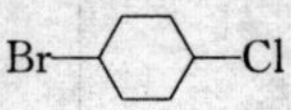

(4) 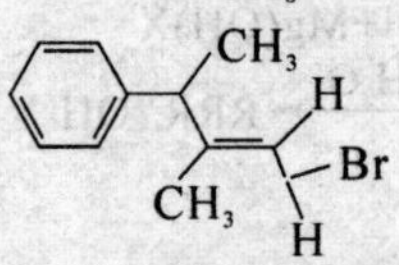 苯基-C(CH₃)=C(Br)(H) 结构

(5) 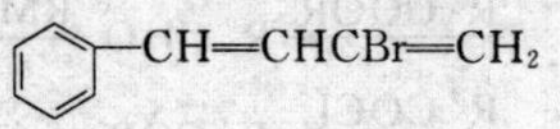 $C_6H_5CH=CHCBr=CH_2$

(6) 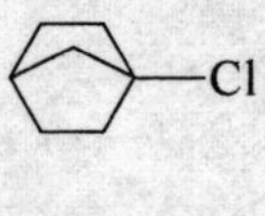 二环[2.2.1]庚烷-Cl

解 (1) 3-甲基-2-溴戊烷,

(2) 3-溴-环戊烯,

(3) 1-氯-4-溴环己烷,

(4) (E)-3-甲基-4-苯基-1-溴-2-戊烯,

(5) 1-苯基-3-溴-1,3-丁二烯,

(6) 1-氯二环[2.2.1]庚烷。

例4.2 完成下列反应式。

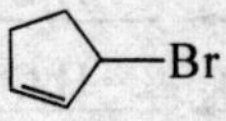

(1) 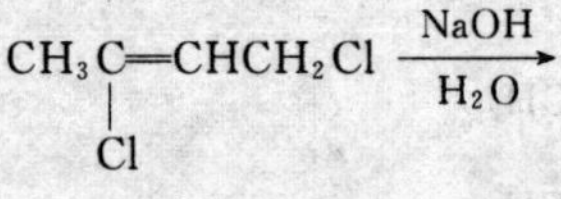 $CH_3C=CHCH_2Cl \xrightarrow[H_2O]{NaOH}$
       $\quad\ |$
       $\quad\ Cl$

(2) 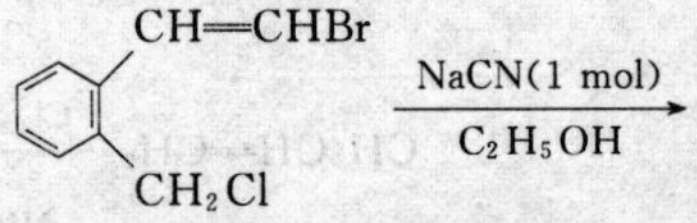 邻-(CH=CHBr)(CH₂Cl)苯 $\xrightarrow[C_2H_5OH]{NaCN(1\ mol)}$

(3) 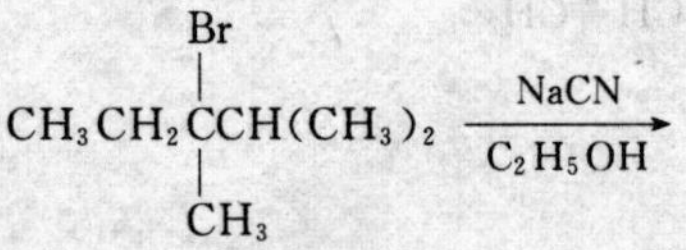 $CH_3CH_2\underset{\underset{CH_3}{|}}{\overset{\overset{Br}{|}}{C}}(CH_3)_2 \xrightarrow[C_2H_5OH]{NaCN}$

(4) $CH_3(CH_2)_4CH_2Br \xrightarrow[(C_2H_5)_2O]{Mg} \xrightarrow{D_2O}$

(5) 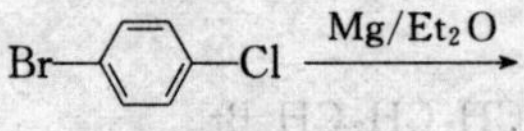 Br-C₆H₄-Cl $\xrightarrow{Mg/Et_2O}$

(6) 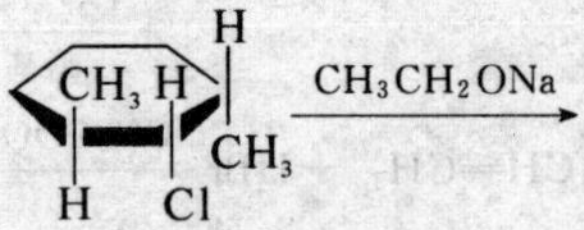 (纽曼投影式 CH₃, H, CH₃, H, Cl) $\xrightarrow{CH_3CH_2ONa}$

(7) 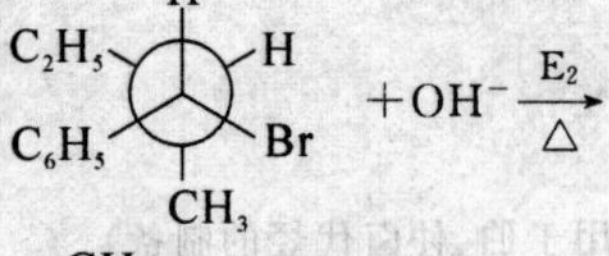 (纽曼投影式 C₂H₅, H, H, Br, C₆H₅, CH₃) $+OH^- \xrightarrow[\Delta]{E_2}$

(8) $(CH_3)_3CCl + H_2O \xrightarrow[冷]{Ag_2O}$

(9) 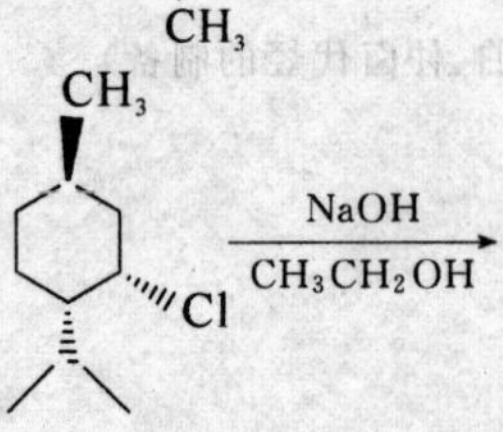 (环己烷,CH₃顺式,Cl,异丙基) $\xrightarrow[CH_3CH_2OH]{NaOH}$

(10) 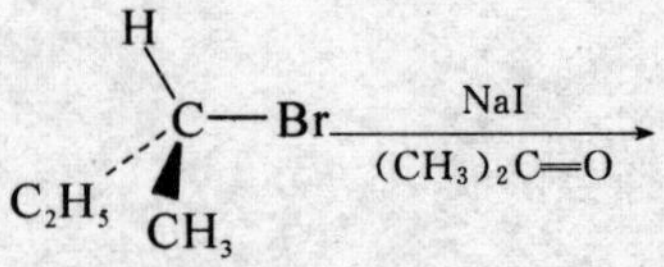 $\underset{\underset{CH_3}{|}}{\overset{\overset{H}{|}}{\underset{C_2H_5}{C}}}-Br \xrightarrow[(CH_3)_2C=O]{NaI}$

(11) $\underset{C_6H_5}{\underset{|}{CH_3}}\!\!-\!\!\overset{H}{\underset{|}{C}}\!\!-\!\!Br \xrightarrow[H_2O]{OH^-}$

(12) [cyclohexane with CH₃, H, Br, D substituents] $\xrightarrow[C_2H_5OH]{C_2H_5ONa}$

(13) $(CH_3)_2CH\!\!-\!\!$[cyclohexane ring with Br and CH₃]$\xrightarrow{OH^-}$

(14) $(CH_3)_3CCH_2Br + Ag^+ \xrightarrow{H_2O, C_2H_5OH}$

解 (1) $CH_3\underset{\underset{Cl}{|}}{C}=CHCH_2OH$

(2) [benzene ring with CH=CHBr and CH₂CN ortho substituents]

(3) $CH_3\underset{\underset{C_2H_5}{|}}{C}=C(CH_3)_2$

(4) $CH_3(CH_2)_4CH_2D$

(5) $MgBr\!\!-\!\!$[benzene]$\!\!-\!\!Cl$

(6) [methylcyclohexene with CH₃]

(7) $\underset{CH_3}{\overset{C_2H_5}{\diagdown}}C=C\underset{H}{\overset{C_6H_5}{\diagup}}$

(8) $(CH_3)_3COH$

(9) [isopropyl-methylcyclohexene]

(10) $I\!\!-\!\!\underset{CH_3}{\underset{|}{C}}\!\!-\!\!\overset{H}{\underset{|}{C_2H_5}}$

(11) $\underset{C_6H_5}{\underset{|}{CH_3}}\!\!-\!\!\overset{H}{\underset{}{C}}\!\!-\!\!OH$, $HO\!\!-\!\!\overset{H}{\underset{}{C}}\!\!-\!\!\underset{C_6H_5}{\underset{|}{CH_3}}$

(12) [cyclohexene with CH₃, H substituents]

(13) $(CH_3)_2CH\!\!-\!\!$[cyclohexene]$\!\!-\!\!CH_3$

(14) $\left[\underset{\underset{CH_3}{|}}{\overset{\overset{CH_3}{|}}{CH_3\!\!-\!\!C\!\!-\!\!\overset{+}{C}H_2}}\right] \rightarrow \left[\underset{\underset{CH_3}{|}}{\overset{\overset{CH_3}{|}}{CH_3\!\!-\!\!\overset{+}{C}\!\!-\!\!CH_2CH_3}}\right]$

$\xrightarrow{H_2O, C_2H_5OH} (CH_3)_3CCH_2CH_3 \underset{OC_2H_5}{|} + (CH_3)_3CCHCH_3 \underset{OH}{|}$

$\xrightarrow{-H^+} (CH_3)_2C=CHCH_3 + CH_2=C(CH_3)CH_2CH_3$

例 4.3 比较下列各对反应,哪一个进行得较快?为什么?

(1) A. $CH_3CH_2CH_2CH_2Cl + HS^- \longrightarrow CH_3CH_2CH_2CH_2SH + Cl^-$

B. $CH_3CH_2CH_2CH_2Cl + HO^- \longrightarrow CH_3CH_2CH_2CH_2OH + Cl^-$

(2) A. [norbornane with Cl at bridgehead] $\xrightarrow[醇]{OH^-, \Delta}$ [norbornene]

B. [norbornane with Cl] $\xrightarrow[醇]{OH^-, \Delta}$ [norbornene]

(3) A. [cyclopentane with CH₃, Cl, H₃C substituents] $\xrightarrow[醇,\Delta]{OH^-}$ [cyclopentene with CH₃ and H₃C]

B. [cyclopentane with CH₃, Cl, H₃C substituents] $\xrightarrow[醇,\Delta]{OH^-}$ [cyclopentene with CH₃ and H₃C]

(4) A.
$\underset{\text{OCH}_3}{\overset{\text{Cl}}{\bigcirc}}$ $\xrightarrow[\text{醇},\Delta]{\text{NaOCH}_3}$ $\underset{\text{OCH}_3}{\overset{\text{OCH}_3}{\bigcirc}}$
B.
$\underset{\text{OCH}_3}{\overset{\text{Cl}}{\bigcirc}}$ $\xrightarrow[\text{醇},\Delta]{\text{NaOCH}_3}$ $\underset{\text{OCH}_3}{\overset{\text{OCH}_3}{\bigcirc}}$

(5) A.
$\underset{\text{Cl}}{\overset{\text{NO}_2}{\bigcirc}}$ $\xrightarrow[\text{醇},\Delta]{\text{NaOH}}$ $\underset{\text{OH}}{\overset{\text{NO}_2}{\bigcirc}}$
B.
$\underset{\text{NO}_2}{\overset{\text{Cl}}{\bigcirc}}$ $\xrightarrow[\text{H}_2\text{O},\Delta]{\text{NaOH}}$ $\underset{\text{NO}_2}{\overset{\text{OH}}{\bigcirc}}$

解 (1) A>B。HS^- 的亲核性大于 HO^- 的亲核性。

(2) B>A。烯键不易在桥头碳处形成，并且桥头卤原子也不易失去。

(3) A>B。A 中卤代烃的结构符合消除反应的立体要求(反式共平面)。

(4) A>B。处于 Cl 原子间位的甲氧基对环上的 C—Cl 键表现出 $-I$ 效应(吸电子效应)，从而有利于 S_N2 反应的进行。而处于对位时，甲氧基表现 $-I$ 和 $+C$(给电子的共轭效应)，而且 $+C$ 效应要大于 $-I$ 效应，所以使得 C—Cl 键的碳原子缺电子下降，不利于 S_N2 反应。

(5) A>B。对位硝基的 $-I$ 和 $-C$ 效应可以作用到 C—Cl 键上，而间位的硝基的 $-C$ 作用不到 C—Cl 键，只有 $-I$ 效应起作用，所以 B 中的 C—Cl 键的极性不如 A 中 C—Cl 极性大。

例 4.4 判断下列反应是否正确，并说明理由。

(1) $(CH_3)_3CBr + NaC\equiv CH \longrightarrow (CH_3)_3CC\equiv CH$

(2) $CH_3CH=CHCH_2Cl \xrightarrow[\text{Et}_2\text{O}]{\text{Mg}} \xrightarrow{n-C_4H_9Br} CH_3CH=CHCH_2C_4H_9-n$

(3) $\underset{\text{Br}}{\overset{\text{Cl}}{\bigcirc}}$ $\xrightarrow[\text{Et}_2\text{O}]{\text{Mg}}$ $\underset{\text{Br}}{\overset{\text{MgCl}}{\bigcirc}}$

(4) $ClCH_2CHCl_2 \xrightarrow[\text{醇}]{OH^-,\Delta} ClCH=CHCl$

(5) $\underset{C_2H_5}{\overset{CH_3}{Br-\overset{|}{C}-H}} \xrightarrow[\text{丙酮}]{\text{NaI}} \underset{C_2H_5}{\overset{CH_3}{I-\overset{|}{C}-H}}$

(6) $CH_3CH_2CH_2\underset{\overset{|}{C_2H_5}}{\overset{\overset{|}{F}}{C}H}CH_3 \xrightarrow[\text{HOC(CH}_3)_3]{\text{NaOC(CH}_3)_3} CH_3CH_2\underset{\overset{|}{C_2H_5}}{C}=CHCH_3$

(7) $\underset{}{\overset{I}{\bigcirc}}=CH_2 \xrightarrow{S_N1} \underset{}{\overset{CN}{\bigcirc}}=CH_2$

(8) $\overset{\text{Br}}{\underset{\text{H}}{\bigcirc\!\!\!\!\!\!\!\text{D}}} \xrightarrow[\text{ROH}]{\text{NaOR}} \underset{\text{D}}{\bigcirc}$

解 (1) 错。叔卤代烃在碱性试剂作用非常容易起消除反应，而不是亲核取代反应。

(2) 错。反应第一步生成的格氏试剂会与反应物(它的活性比溴化物要高)反应而生成偶联产物。

(3) 错。C—Br 的活性要大于 C—Cl。

(4) 错。双卤素原子吸电子效应的作用大于单个卤素原子的吸电子效应，所以最终产物应为

$CH_2=CCl_2$。

(5)错。S_N2反应中心碳原子的构型会发生转变。

(6)错。F的吸电子效应要大,并且在体积较大的碱的作用下,消除反应的主产物为端烯(即以霍夫曼烯烃为主)。

(7)错。会有重排产物产生。

(8)错。由于多环化合物的构型决定了消除时以顺式同平面消除DBr,因而生成的烯烃中无D原子。

例4.5 卤代烷与氢氧化钠在水与乙醇混合物中进行反应,下列反应情况中哪些属于S_N2历程,哪些则属于S_N1历程?

(1)一级卤代烷反应速率大于三级卤代烷;

(2)碱的浓度增加,反应速率无明显变化;

(3)二步反应,第一步是决定反应速率的步骤;

(4)增加溶剂的含水量,反应速度明显加快;

(5)产物的构型80%消旋,20%转化;

(6)进攻试剂亲核性愈强,反应速率愈快;

(7)有重排现象;

(8)增加溶剂含醇量,反应速率加快。

解 属于S_N1的情况有(2)(3)(7)(5)(4)(8);
属于S_N2的情况有(1)(6)。

例4.6 $(2S,3R)$-2-苯基-3-氯丁烷水解生成外消旋体,$(2S,3S)$-2-苯基-3-氯丁烷水解则生成一种具有光学活性的产物,请写出反应过程。

解 $(2S,3R)$-2-苯基-3-氯丁烷水解反应式为

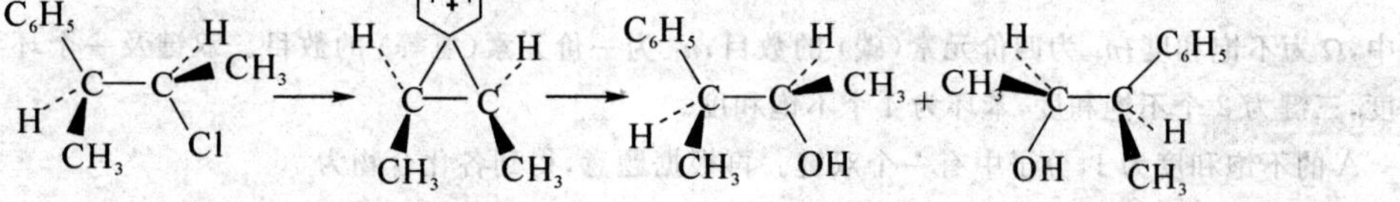

$(2S,3S)$-2苯基-3-氯丁烷水解反应式为

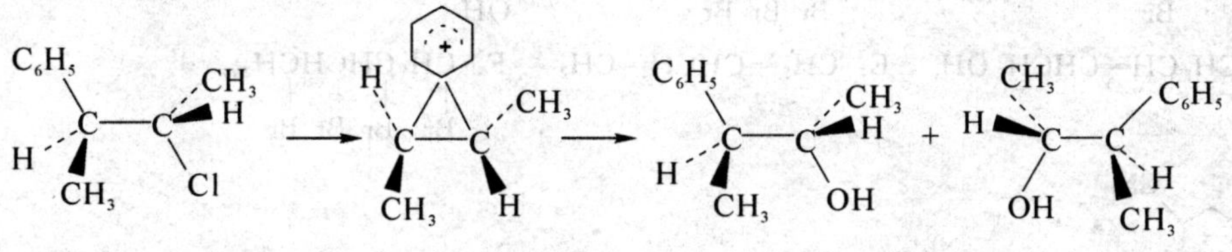

例4.7 解释以下结果:已知3-溴-1-戊烯与C_2H_5ONa在乙醇中的反应速率取决于[RBr]和$[C_2H_5O^-]$,产物是3-乙氧基-1-戊烯 $CH_3CH_2CH-CH=CH_2$ 但是当它与C_2H_5OH反应时,反应速率只
$\qquad\qquad\qquad\qquad\qquad\qquad\qquad\qquad\qquad\qquad\qquad\qquad\quad |$
$\qquad\qquad\qquad\qquad\qquad\qquad\qquad\qquad\qquad\qquad\qquad\qquad OC_2H_5$

与[RBr]有关,除了产生3-乙氧基-1-戊烯,还生成1-乙氧基-2-戊烯 $CH_3CH_2CH=CHCH_2$ 。
$\qquad\qquad\qquad\qquad\qquad\qquad\qquad\qquad\qquad\qquad\qquad\qquad\qquad\qquad\qquad\qquad\qquad |$
$\qquad\qquad\qquad\qquad\qquad\qquad\qquad\qquad\qquad\qquad\qquad\qquad\qquad\qquad\qquad\qquad\qquad OC_2H_5$

解 由于$C_2H_5O^-$的亲核性强,3-溴-1-戊烯与C_2H_5ONa在乙醇中的反应为S_N2,而C_2H_5OH亲核性弱,反应为S_N1,中间体为碳正离子,它可以重排而生成1-乙氧基-2-戊烯。

例4.8 请解释下述反应结果。

(1)

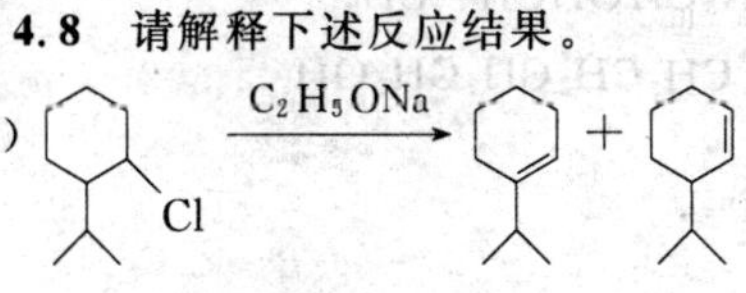

(2) 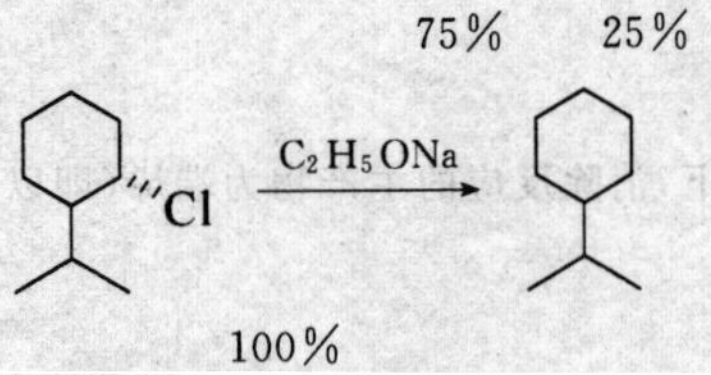 [反应式图：氯代环己烷衍生物 + C₂H₅ONa → 两种烯烃产物，比例 75% 和 25%，另一反应物 100%]

解 (1)反应物的稳定构象见下图,因为反式消除的立体化学要求,所以产物为两种,即

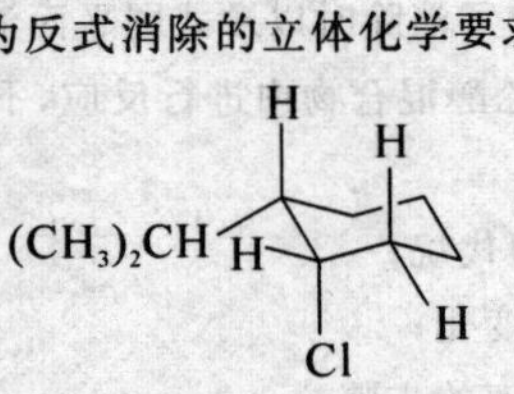

(2)反应物的构象见右图,同样因为反式消除的立体化学要求,产物只有一种,即

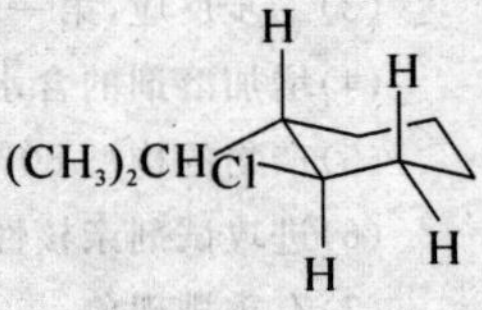

例4.9 化合物 A(C_4H_7Br),有旋光性;A 与溴的四氯化碳溶液反应生成一个三溴代物 B,B 也有旋光性;A 与 NaOH 水溶液反应可顺利地生成 C 和 D,C 和 D 互为构造异构体,分子式为 C_4H_8O;在加热下,A 与 NaOH 乙醇溶液作用,生成的产物 E 可与两分子溴反应,生成一个四溴代物 F,E 与 CH_2=CHCN 混合加热,生成化合物 G。用 O_3 氧化 G 并在 Zn 粉存在下水解得产物 3-氰基-1,6-己二醛。试写出各化合物的构造式,F 将有怎样的立体异构现象?

解 对于这类例题,首先要计算出化合物的不饱和度,即分子中双键、三键及环的数目,计算公式为

$$\Omega = \frac{2n_4 - n_1}{2} + 1$$

式中,Ω 为不饱和度;n_4 为四价元素(碳)的数目;n_1 为一价元素(氢等)的数目。双键及一个环各为一个不饱和度,三键为 2 个不饱和度,苯环为 4 个不饱和度。

A 的不饱和度为1,分子中有一个双键。再根据题意,得到各化合物为

A：$CH_3CHCH=CH_2$ B：$CH_3CHCHCH_2$ C：$CH_3CHCH=CH_2$
         | | | |
         Br   Br Br   OH

D：$CH_3CH=CHCH_2OH$ E：$CH_2=CHCH=CH_2$ F：$CH_2CHCHCH_2$
                                                    | | | |
                                                    Br Br Br Br

G：[环己烯-CN 结构图]

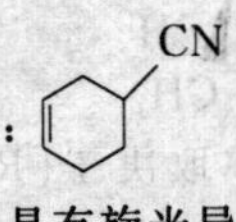

F 具有旋光异构,有两个手性碳原子,存在内消旋体。

例4.10 某化合物 A 与溴作用生成含有 3 个卤原子的化合物 B。A 能使碱性高锰酸钾水溶液褪色,并生成含有一个溴原子的邻位二元醇。A 很容易与氢氧化钾水溶液作用生成化合物 C 和 D。C 和 D 氢化后分别生成互为异构体的饱和一元醇 E 和 F。E 分子内脱水后可生成两种异构化合物,而 F 分子内脱水后只生成一种化合物,这些脱水产物都能被还原成正丁烷。试推测 A,B,C,D,E 和 F 的构造式。

解 从脱水产物能被还原成正丁烷,再结合其他条件,可推断出各化合物的构造式为：

A：$CH_3CHXCH=CH_2$ B：$CH_3CHXCHXCH_2X$ C：$CH_3CHOHCH=CH_2$
D：$CH_3CH=CHCH_2OH$ E：$CH_3CH_2OHCH_2CH_3$ F：$CH_3CH_2CH_2CH_2OH$

例4.11 合成下列化合物或完成转化反应。

(1)由 2-溴丙烷合成 1-溴丙烷;

(2) 环己烷 → 1-氯-2,3-二溴环己烷;

(3) 由环己醇合成 降冰片烯基氯化物;

(4) Br—C₆H₄—Cl → HOCH₂—C₆H₄—CH₃ （产物要纯净）;

(5) CH₂=CHCH₃ → 环己基-CH₂CH=CH₂ 。

解 (1) 异丁烷 $\xrightarrow[\triangle]{KOH,醇}$ 丙烯 $\xrightarrow[ROOR]{HBr}$ TM

(2) 环己烷 $\xrightarrow[h\nu]{Br_2}$ 溴环己烷 $\xrightarrow{KOH \atop CH_3CH_2OH}$ 环己烯 $\xrightarrow[500℃]{Cl_2}$ 3-氯环己烯 $\xrightarrow[CCl_4]{Br_2}$ TM

(3) 环己醇 $\xrightarrow[\triangle]{H_2SO_4}$ 环己烯 $\xrightarrow{NBS}$ 3-溴环己烯 $\xrightarrow{NaOEt/EtOH}$ 3-氯环己烯 → TM

(4) Br—C₆H₄—Cl $\xrightarrow{Mg \atop Et_2O}$ MgBr—C₆H₄—Cl $\xrightarrow{(CH_3)_2SO_4}$ CH₃—C₆H₄—Cl $\xrightarrow{2Li}$ CH₃—C₆H₄—Li

(5) CH₂=CHCH₃ $\xrightarrow{NBS}$ CH₂=CHCH₂Br
环己烷 $\xrightarrow[h\nu]{Br_2}$ 溴环己烷 $\xrightarrow{Mg \atop Et_2O}$ 环己基MgBr
→ TM

4.4 习题精选详解

习题 4.1 说明以下反应是如何进行的。

$$n\text{-}C_8H_{17}Cl + NaI(催化量) + MeI \xrightarrow[94\%]{\triangle} n\text{-}C_8H_{17}I$$

$$n\text{-}C_8H_{17}Cl + NaBr(催化量) + EtBr \xrightarrow[96\%]{\triangle} n\text{-}C_8H_{17}Br$$

解 这两个反应的机理类似，即为卤素交换反应：

$$MeI + I^-(催化量) \rightleftharpoons MeI(催化量) + I^-$$

$$n\text{-}C_8H_{17}Cl + I^- \longrightarrow n\text{-}C_8H_{17}I$$

第二个反应的存在，使得第一个平衡反应向右移动。

习题 4.2 写出下列卤代烷在消除反应中的主要产物。
(1) 2-溴-2,3-二甲基丁烷　(2) 2-溴-3-乙基戊烷　(3) 2-甲基-3-溴丁烷
(4) 2-碘-1-甲基-环己烷　(5) 2-溴己烷

解

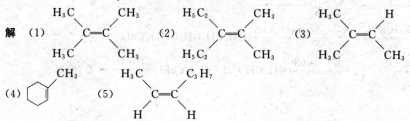

习题 4.3 写出叔丁基溴分别在甲醇和醋酸中溶解的机理。

解 叔卤代烷易起 S_N1 反应。

$(CH_3)_3CBr \underset{}{\overset{慢}{\rightleftharpoons}} (CH_3)_3C^+ + Br^-$

$(CH_3)_3\overset{+}{C} + CH_3OH \xrightarrow{快} (CH_3)_3\underset{H}{\overset{+}{C}OCH_3} \xrightarrow{-H^+} (CH_3)_3COCH_3$

$(CH_3)_3\overset{+}{C} + CH_3COOH \xrightarrow{快} (CH_3)_3\underset{H}{\overset{+}{C}OOCCH_3} \xrightarrow{-H^+} (CH_3)_3COOCCH_3$

习题 4.4 写出下列各反应的产物。

(1) $CH_3CH_2OCH_2CH_2Br + NaCN \xrightarrow{EtOH-H_2O}$

(2) $ClCH_2CH_2\underset{\underset{C}{|}}{CH}CH_2CH_3 + NaI \xrightarrow{CH_3COCH_3}$

(3) $BrCH_2CH_2Br + NaSCH_2CH_2SNa \longrightarrow C_4H_8S_2$

(4) $ClCH_2CH_2CH_2Cl + Na_2S \longrightarrow C_4H_8S$

(5) $CH_3CHBrCH_2CH_2Br + Zn \xrightarrow{EtOH}$

(6) $CH_3CH_2CH_2CH_2CH_2CH_2Br \xrightarrow{Mg,Et_2O} \xrightarrow{D_2O}$

解 (1) $CH_3CH_2OCH_2CH_2CN$ (2) $ICH_2CH_2CHCH_2CH_3$ 下有 I   ▷—CH_2CH_3

(3) 六元环 S-S   (4) 五元环 S   (5) $H_2C=CH-CH=CH_2$

(6) $CH_3(CH_2)_5MgBr$, $CH_3(CH_2)_4CH_2D$

习题 4.5 1-溴环戊烷在含水乙醇中与氰化钠反应,如加入少量碘化钠,反应速率加快,为什么?

环戊基—Br + NaCN ⟶ 环戊基—CN

解 此反应为 S_N2 反应,由于受位阻效应的影响,反应速率较慢。如加入 NaI,则反应按下列机理进行,即

环戊基—Br + NaI ⟶ 环戊基—I

环戊基—I + NaCN ⟶ 环戊基—CN

碘代烷的活性比溴代烷的要高。

习题 4.6 用丁醇为原料合成下列化合物。

(1) 辛烷   (2) 丁烷   (3) 戊烷   (4) 己烷

解 (1) ⌒⌒OH $\xrightarrow{HX,H_2SO_4}$ ⌒⌒X $\xrightarrow{Na}$ ⌒⌒⌒⌒

(2) ⌒⌒OH $\xrightarrow{HX,H_2SO_4}$ ⌒⌒X $\xrightarrow{LiAlH_4}$ ⌒⌒

(3) ⌒⌒OH $\xrightarrow{HX,H_2SO_4}$ ⌒⌒X $\xrightarrow{Li}$ $\xrightarrow{CuX}$ $(CH_3CH_2CH_2CH_2)_2CuLi \xrightarrow{CH_3X}$ ⌒⌒⌒

(4) ⌒⌒OH $\xrightarrow{PCl_3}$ ⌒⌒Cl $\xrightarrow{Li}$ $\xrightarrow{CuX}$ $(CH_3CH_2CH_2CH_2)_2CuLi \xrightarrow{CH_3CH_2X}$ ⌒⌒⌒

第5章 烯 烃

5.1 教学建议

(1)以烯烃的结构特点,分析其物理、化学性质。
(2)以分析中间体的稳定性判断,分析烯烃的亲电加成反应机理。

5.2 主要概念

5.2.1 内容要点精讲

1.教学基本要求
(1)掌握烯烃分子的结构特点。
(2)掌握烯烃的系统命名法和化学性质。
(3)掌握亲电加成反应的机理。

2.主要概念

(1)烯烃及其分子结构。含有 C=C 双键结构单元,分子式为 C_nH_{2n} 的有机化合物称为烯烃。

烯烃中双键各由一个 σ 和 π 键构成。双键的每个碳为 sp^2 杂化,3 个杂化轨道中的 2 个杂化轨道与其他原子形成共价键,另一个则与另一个碳形成 C—C σ 键;而每个碳未杂化的 p 轨道相互平行重叠形成 π 键。

(2)烯烃的顺反结构。由于 π 键不能自由旋转,因此当双键上连有不同的原子(基)时,会产生顺反结构。

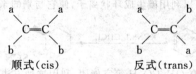

顺式(cis)　　　　反式(trans)

若两个双键碳原子上连有 4 个完全不同的原子(基),按照"次序规则",分别对每个双键碳原子上连接的原子(基)进行比较,也可以得到 Z 型和 E 型两种不同空间构型异构体。

(3)烯烃的稳定性。烯烃的稳定性可以由其燃烧热或氢化热判断。燃烧热值越大或氢化热值越小越稳定。

含相同碳原子数的烯烃异构体中,与烯键直接相连的烷基数目多的较稳定;在顺反异构体中,反式的较顺式的稳定。

(4)亲电加成反应。由亲电试剂(E^+)进攻反应物而引起的加成反应称为亲电加成反应。

(5)Zaitsev 和 Markovnikov 规则。

①Zaitsev 规则:卤代烷脱 HX 或醇脱 H_2O 过程中,当有可能形成异构烯烃时,总以形成较为稳定的烯烃(双键上有较多取代基)为主。

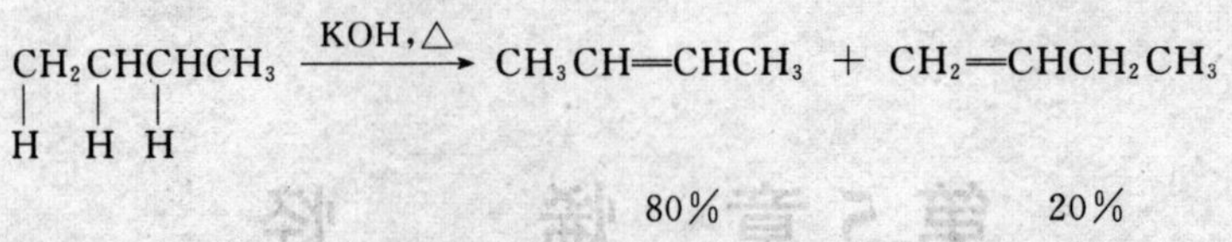

$$\underset{\underset{H}{|}\ \underset{H}{|}\ \underset{H}{|}}{CH_2CHCHCH_3} \xrightarrow{KOH,\triangle} CH_3CH=CHCH_3 + CH_2=CHCH_2CH_3$$

80%　　　　　20%

②Markovnikov 规则(马氏规则)。烯烃发生亲电试剂 HA 加成反应时，H 总是加到双键中含有含 H 较多的碳原子上。

$$CH_2=CHCH_2CH_3 + HX \longrightarrow CH_3CHXCH_2CH_3$$

这与中间体碳正离子的稳定性有关。越稳定的碳正离子越易生成。

3. 核心内容

(1) 烯烃的系统命名法。

①烯烃的系统命名与烷烃的类似，只是最长链为含有双键的碳链，双键的编号应最小，并写在"某烯"之前。

②当烯烃有顺反结构时，如果较为简单，可用词头"顺(cis)"或"反(trans)"表示顺式或反式结构。但当结构较为复杂时，则按照"次序规则"，分别对每个双键碳原子上连接的原子(基)进行排序(例如 a>b>c>d)，如果优先基团处于双键同侧，用"Z"表示，反之则用"E"表示。

Z 型　　　　　E 型

(2) 烯烃的化学性质。

①亲电加成反应。

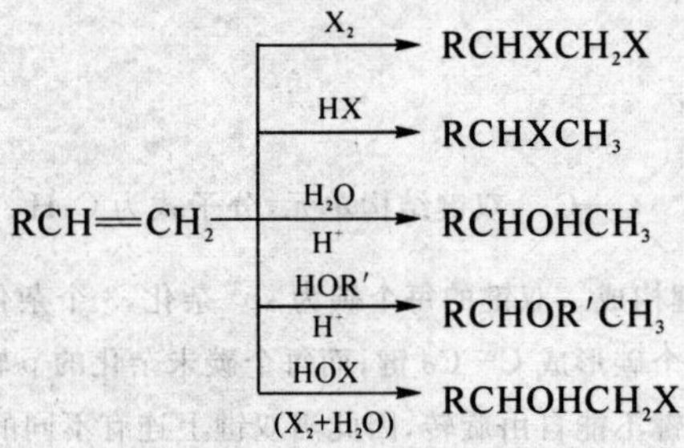

$$RCH=CH_2 \begin{cases} \xrightarrow{X_2} RCHXCH_2X \\ \xrightarrow{HX} RCHXCH_3 \\ \xrightarrow[H^+]{H_2O} RCHOHCH_3 \\ \xrightarrow[H^+]{HOR'} RCHOR'CH_3 \\ \xrightarrow[(X_2+H_2O)]{HOX} RCHOHCH_2X \end{cases}$$

碘与烯烃不生成二碘化物，但可以利用碘生成环状离子，使它与别的亲核试剂反应。

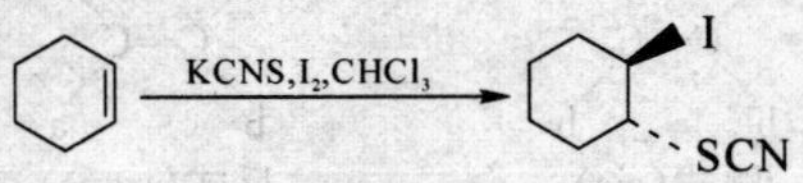

如果烯烃分子内在适当的位置有 OH，CO_2H 等官能团，利用这种方法可以得到环醚或内酯。

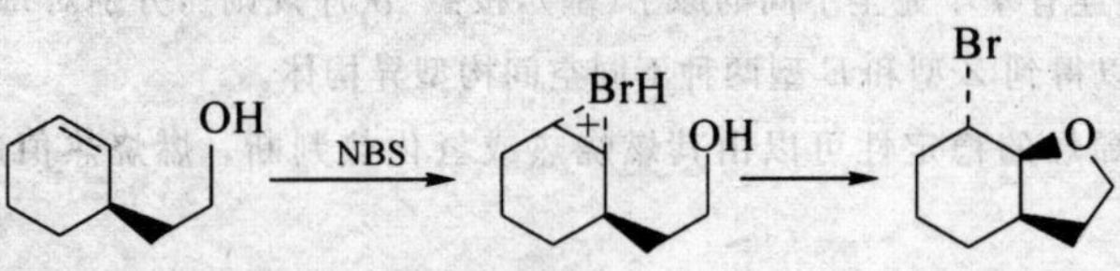

OH 基团只有处于溴鎓正离子的背面才能反应成环。

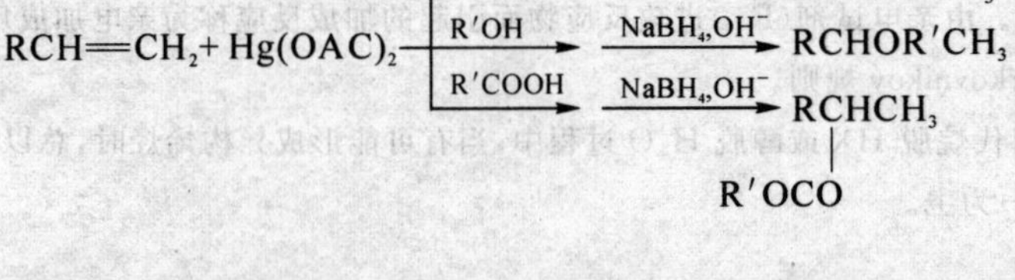

$$RCH=CH_2 + Hg(OAc)_2 \begin{cases} \xrightarrow{H_2O} \xrightarrow{NaBH_4,OH^-} RCHOHCH_3 \\ \xrightarrow{R'OH} \xrightarrow{NaBH_4,OH^-} RCHOR'CH_3 \\ \xrightarrow{R'COOH} \xrightarrow{NaBH_4,OH^-} RCHCH_3 \\ \qquad\qquad\qquad\qquad\qquad\quad | \\ \qquad\qquad\qquad\qquad\quad R'OCO \end{cases}$$

反应试剂有毒性,对环境影响较大,应尽量不用。

烯烃羟汞化的相对速率为

$$R_2C=CH_2 > RCH=CH_2 > (Z)-RCH=CHR > (E)-RCH=CHR$$

只有某些芳基取代的烯烃、四取代烯烃或位阻很大的烯烃不发生此反应。给电子的取代基使反应速率加快,而吸电子的取代基则使反应速率减慢。

烯烃与亲电试剂发生亲电加成反应时,主产物符合马氏规则。

② 硼氢化反应:

$$3RCH=CH_2 + B_2H_6 \longrightarrow (RCH_2CH_2)_3B \xrightarrow[OH^-]{H_2O_2} RCH_2CH_2OH$$

用作硼氢化原料的烯烃中可以含有 $OH, OR, NH_2, SMe_2, CO_2R$ 等多种官能团,产物为反马氏规则的醇,并且为顺式加成,位阻对反应起着决定性的影响,反应总是在位阻小的一面进行。

硼氢化反应生成的三烷基硼一般不必分离,可直接在碱性溶液中用过氧化氢氧化成醇,并且高度支化的烯烃在反应中也不发生重排反应,在合成中非常有用。

三取代烯烃和位阻较大的二取代烯烃,如环己烯,则主要生成二烷基硼烷,调节试剂用量比和反应温度,可以选择性得到二烷基硼烷。四取代烯烃在生成一烷基硼烷后,继续反应的速率很慢,位阻大的烯烃在高压下才能起硼氢化反应。

由位阻大的烯烃制备的二烷基硼烷含有体积大的烃基,可以用于别的烯烃的硼氢化,加大反应的选择性。常用的有

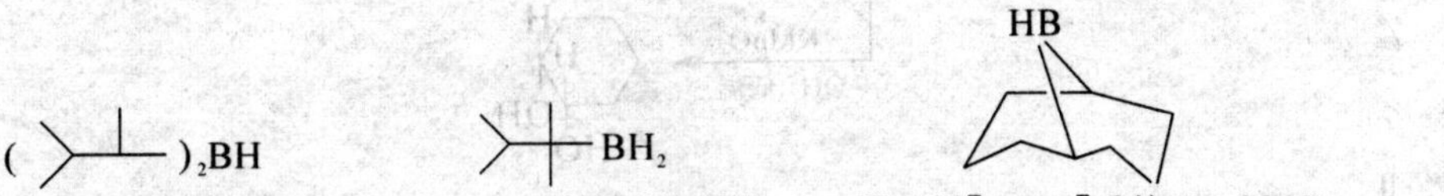

$$()_2BH \qquad BH_2 \qquad 9\text{-BBN}$$

二(3-甲基-2-丁基)硼烷   1,1,2-三甲基丙基硼烷   9-硼双环[3.3.1]壬烷(9-BBN)

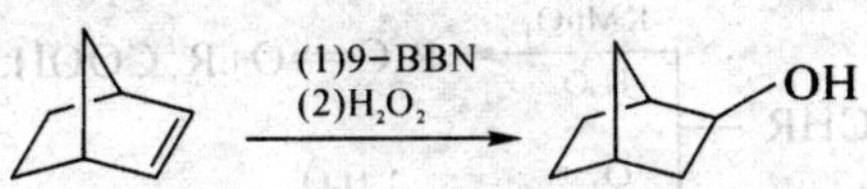

$$\xrightarrow[(2)H_2O_2]{(1)9\text{-BBN}} \quad\text{环己醇产物}$$

③ 与 HBr 的过氧化物效应:

$$3RCH=CH_2 + HBr \xrightarrow{ROOR'} RCH_2CH_2Br$$

产物为反马氏规则的卤代烃。反应机理为自由基反应。其余卤化氢无此效应。

④ 催化加氢反应:

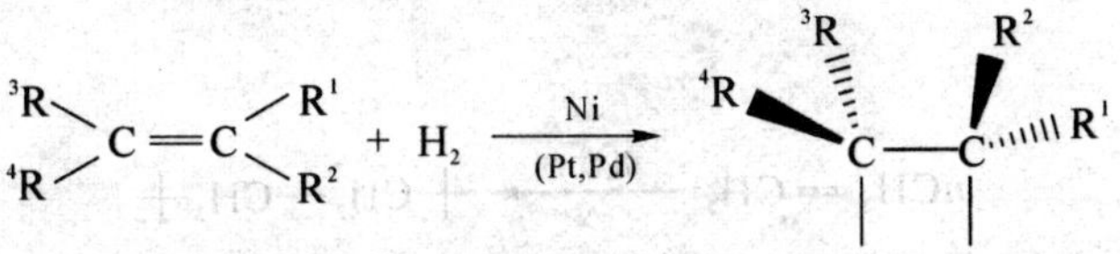

$$\underset{^4R}{\overset{^3R}{>}}C=C\underset{R^2}{\overset{R^1}{<}} + H_2 \xrightarrow[(Pt,Pd)]{Ni} \text{顺式加成产物}$$

顺式加成产物,并且取代基较少的烯烃易加氢。

⑤ 与卡宾加成:

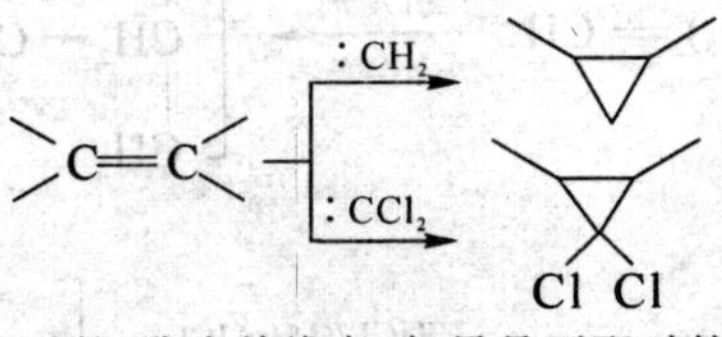

$$>C=C< \xrightarrow[:CCl_2]{:CH_2} \text{三元环产物}$$

卡宾(亚甲基)中的一对电子是配对的,称为单线态,如果是不配对的,则称为三线态。

烯烃与单线态卡宾的反应是立体特异性的顺式加成,与三线态的卡宾加成则没有立体选择性。

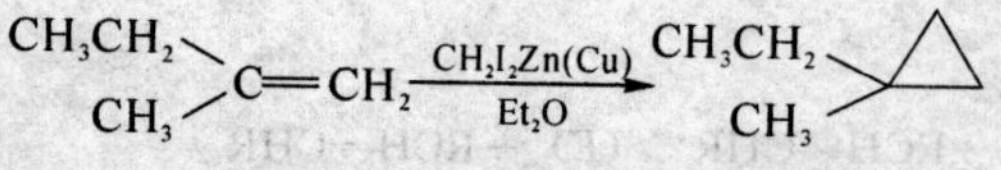

$$\underset{CH_3}{\overset{CH_3CH_2}{>}}C=CH_2 \xrightarrow[Et_2O]{CH_2I_2Zn(Cu)} \underset{CH_3}{\overset{CH_3CH_2}{>}}\triangle \quad \text{Simmons-Smith 反应}$$

Simmons-Smith 反应是立体特异性的顺式加成反应，烯烃的构型保持不变。

⑥α-H 的卤代反应。

$$CH_3CH=CHCH_3 \begin{cases} \xrightarrow[h\nu(\triangle)]{X_2} CH_3CH=CHCH_3X \\ \xrightarrow{NBS} CH_3CH=CHCH_2Br \end{cases}$$

⑦氧化反应。

Ⅰ.

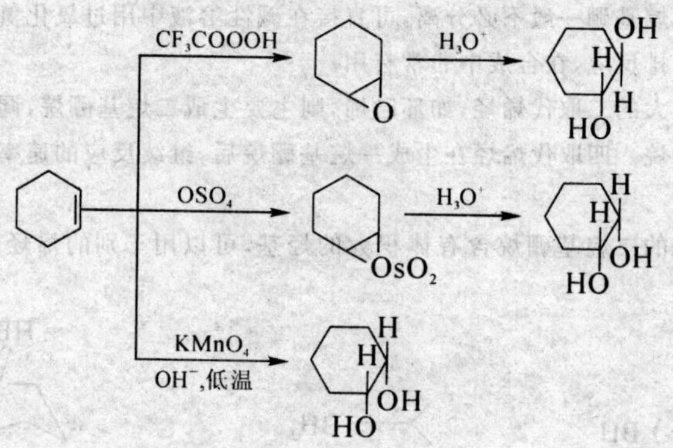

环己烯 分别经 CF₃COOOH / H₂O；OsO₄ / H₃O⁺；KMnO₄ / OH⁻,低温 生成相应二醇。

Ⅱ.

$$R_2C=CHR' \begin{cases} \xrightarrow[H_3O^+]{KMnO_4} R_2C=O + R'COOH \\ \xrightarrow[Zn]{O_3} \xrightarrow{H_2O} R_2C=O + R'CHO \end{cases}$$

这两个反应可以用来推断烯烃分子中双键的位置。

Ⅲ.

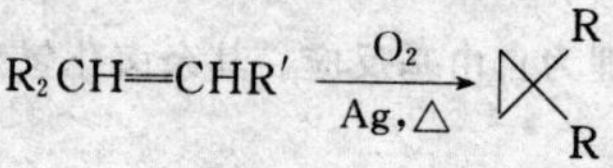

$$R_2CH=CHR' \xrightarrow[Ag,\triangle]{O_2} \underset{R}{\overset{R}{\triangle}}$$

⑧聚合反应。

Ⅰ.自由基聚合。

$$nCH_2=CH_2 \xrightarrow[\triangle]{\text{引发剂}} +CH_2-CH_2+_n$$

Ⅱ.离子型聚合。

$$n(CH_3)_2=CH_2 \xrightarrow[\triangle]{\text{引发剂}} \left[\begin{matrix}CH_3\\CH_2-CH_2\\CH_3\end{matrix}\right]_n$$

Ⅲ.共聚合。

$$nCH_2=CH_2+nCH_2=CHCH_3 \xrightarrow{TiCl_4/C_2H_5AlCl_2} \left[CH_2CH_2CH_2CH\atop CH_3\right]_n$$

(3) 亲电加成反应机理。

① 与 HX 加成反应机理：

$$RCH=CH_2 + HX \xrightarrow{慢} R\overset{+}{C}HCH_3 + X^-$$

$$R\overset{+}{C}HCH_3 + X^- \xrightarrow{快} RCHXCH_3$$

反应是分步进行的，第一步形成碳正离子为反应的控制步骤，而且可以发生碳正离子的重排反应，反应主产物为马氏规则产物，其实质为形成稳定的碳正离子。当双键上连有有利于碳正离子稳定的原子(基)时，反应速率加快；卤代氢的活性次序为 HI>HBr>HCl>HF。

有利于碳正离子稳定的分子中存在具有推电子效应(+I)和供电子共轭效应(+C)的原子(基)。

平面构型的碳正离子与 X^- 作用时，可生成外消旋体。

② 与 Br_2 加成反应的机理：

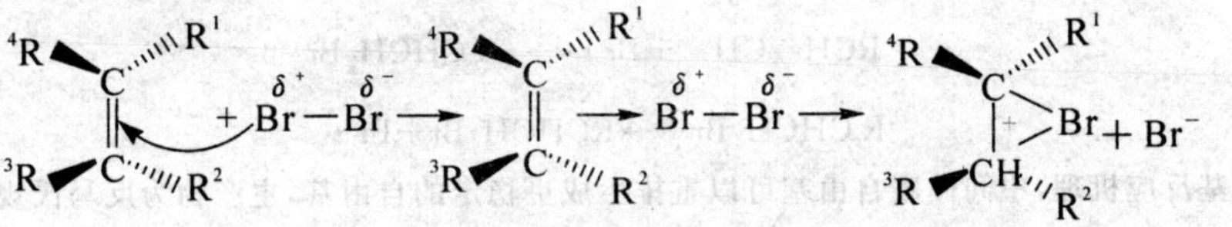

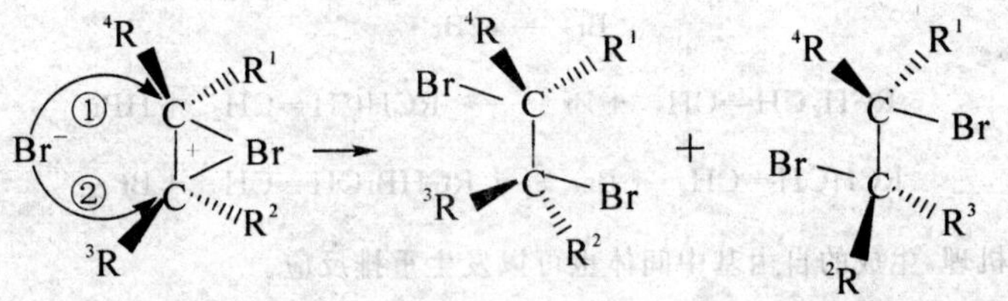

中间体溴鎓离子是一个三元环，Br^- 对溴鎓离子之间的反应相当于 S_N2，即从背面进攻碳原子(反式加成)。反应体系中如存在其他亲核试剂时，可伴生相关的副产物。氯原子由于半径较小，在此过程中不能形成"氯鎓"离子。

卤素的反应活性：$F_2>Cl_2>Br_2>I_2$。

烯烃的顺反构型不同，与 X_2 加成反应生成的主产物的立体化学结果也不相同，即

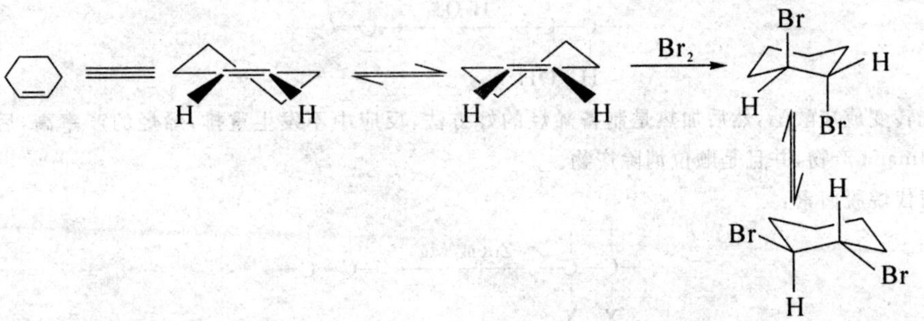

溴从环的上方或下方进攻，产物中两个溴原子都在直立键的位置，经过环的翻转，变成平伏键。

但在多环化合物中，环的翻转受到阻碍，两个溴原子仍保留在直立键的位置。

与 HOX 的加成反应机理与此类似，中间体为环卤鎓负离子。

③ 与 $(BH_3)_2$ 的加成反应机理：

$$\text{环己烯-R,H} + \overset{\delta^+}{H}-\overset{\delta^-}{BH_2} \longrightarrow \text{中间体} \longrightarrow \left[\xrightarrow[OH^-]{H_2O_2}\text{产物-R,H,OH}\right]$$

顺式加成,主产物为反马氏规则产物。

④与 HBr/ROOR 的加成反应机理。

$$RCH=CH_2 + HBr \xrightarrow{R'OOR'} RCH_2CH_2Br$$

$$R'OOR' \xrightarrow{\triangle} 2R'O\cdot$$

$$2R'O\cdot + HBr \longrightarrow R'OH + Br\cdot$$

$$RCH=CH_2 + Br\cdot \longrightarrow R\overset{\cdot}{C}HCH_2Br$$

$$R\overset{\cdot}{C}HCH_2Br \longrightarrow RCHCH_2Br + Br\cdot$$

遵循自由基反应机理,中间体碳自由基可以重排生成更稳定的自由基,主产物为反马氏规则产物。

⑤α-H 卤代反应机理。

$$Br_2 \xrightarrow{\triangle} 2Br\cdot$$

$$RCH_2CH=CH_2 + Br\cdot \longrightarrow R\overset{\cdot}{C}HCH=CH_2 + HBr$$

$$R\overset{\cdot}{C}HCH=CH_2 + Br_2 \longrightarrow RCHBrCH=CH_2 + Br\cdot$$

遵循自由基反应机理,生成的自由基中间体也可以发生重排反应。

(4)烯烃的制备。

①β-消除反应。卤代烃脱卤反应:

$$\underset{H\quad X}{\overset{|\quad|}{-C-C-}} \xrightarrow{KOH/C_2H_5OH} \underset{}{\overset{|\quad|}{-C=C-}} \quad \text{醇脱水反应}$$

$$\underset{H\quad OH}{\overset{|\quad|}{-C-C-}} \xrightarrow{H_3O^+} \underset{}{\overset{|\quad|}{-C=C-}}$$

将醇先转变成羧酸酯,然后加热是制备烯烃的好方法,反应中不发生重排,烯烃的产率高,后处理方便。烯烃为 Hofmann 产物,并且是顺位消除产物。

邻二卤代烷脱卤素:

$$\underset{X\quad X}{\overset{|\quad|}{-C-C-}} \xrightarrow{Zn(\text{或 }Mg)} \underset{}{\overset{|\quad|}{-C=C-}}$$

烷烃脱氢(较少用):

$$\underset{H\quad H}{\overset{|\quad|}{-C-C-}} \xrightarrow[\triangle]{Pt} \underset{}{\overset{|\quad|}{-C=C-}}$$

②炔烃的加成反应:

$$R-C\equiv C-R' + H_2 \xrightarrow[\text{或 Pt 催化剂}]{Lindlar} \underset{H\quad\quad H}{\overset{R\quad R'}{C=C}} \quad \text{顺式产物}$$

$+Na/NH_3 \longrightarrow$ H—C=C—H 反式产物

③Wittig 反应。

$Ph_3P \xrightarrow{CH_3Br} Ph_3\overset{+}{P}CH_3 \ \overset{-}{Br} \longleftrightarrow Ph_3\overset{+}{P}\overset{-}{C}H_2 \xrightarrow[或 RCHO]{RCOR'}$

5.2.2 重点、难点

1. 重点
(1)烯烃的化学性质。
(2)亲电加成反应的机理。

2. 难点
(1)确定亲电加成反应的产物。应根据亲电加成反应的机理及中间体的稳定性来确定反应的主产物及立体化学。
(2)反应机理的推测。

5.3 例题

例 5.1 用系统命名法命名下列化合物。

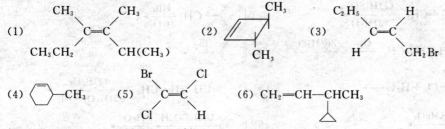

解 (1)(Z)-2,3,4-三甲基-3-己烯;
(2)反-3,4-二甲基环丁烷;
(3)(E)-1-溴-2-戊烯;
(4)3-甲基环己烯;
(5)(Z)-1,2-二氯-1-溴乙烯;
(6)3-环丙基-1-戊烯。

例 5.2 回答下列问题。

(1)下列碳正离子中最稳定的是(　　),最不稳定的是(　　)。

A. $CH_2=\overset{+}{C}HCH_2CH_3$　　B. $CH_3\overset{+}{C}HCH_2CH_3$　　C. 　　D. $\overset{+}{C}H_2CH_3$

(2)下列化合物与 HBr 发生加成反应速率的大小顺序为(　　)。

A. $CH_3CH=CHCH=CH_2$　　B. $CH_3CH_2CH=CH_2$
C. $CH_2=CHCH=CH_2$　　D. $CH_3CH=CHCH_3$

(3)将下列烯烃按热力学稳定性排列顺序为(　　)。

A. $CH_2=CH_2$　　B. $CH_3—CH=CH_2$

C. $(CH_3)_2CH$—$CHCH_3$ D. CH_3CH=$CHCH_3$

(4)下列化合物按沸点由高到低顺序为( )。

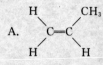
A.

B.

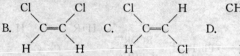
C.   D.

(5)将下列化合物按稳定性由高到低排列为( )。

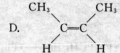
A.　　　　B.　　　　C.　　　　D.

(6)下列化合物与HBr加成的反应活性大小次序及主产物为( )。

A. CF_3CH=CH_2 B. $BrCH$=CH_2

C. CH_3OCH=$CHCH_3$ D. CH_3CH=$CHBr$

解 (1)A,C。

(2)A>C>D>B。

(3)C>D>B>A。

(4)B>C>D>A(视其极性即偶极矩大小)。

(5)A>B>D>C。

(6)活性大小次序:C>D>B>A。

各化合物的主产物分别为$CF_3CH_2CH_2$,Br_2CHCH_3,$CH_3OCHBrCH_2CH_3$,$CH_3CH_2CH_2Br$。

例5.3 完成下列反应,写出主要产物。

(1) $(CH_3)_2C$=CH_2 $\xrightarrow[(2)H_2O]{(1)H_2SO_4}$

(2) [环戊烯]—CH_3 $\xrightarrow[H_2O_2]{HBr}$

(3) CH_3CH_2CH=CH_2 $\xrightarrow{O_3}$ $\xrightarrow{Zn/H_2O}$

(4) [环戊烯]—CH_3 $\xrightarrow{Br_2}{300℃}$

(5) [环己烯] + Cl_2 + H_2O →

(6) [环己基]—CH_2CH=CH_2 $\xrightarrow[(2)H_2O_2/OH^-]{(1)B_2H_6}$

(7) [环己烯] $\xrightarrow[OH^-]{KMnO_4}$

(8) [环戊烯] $\xrightarrow{C_6H_5CO_3H}$ $\xrightarrow{H_3O^+}$

(9) [环戊二烯] + OsO_4 $\xrightarrow{H_2O_2}$

(10) [环戊基]=CH_2 + B_2H_6 $\xrightarrow[OH^-]{H_2O_2}$

(11) [环己烯]—CH_3 + NBS →

(12) [环己烯]—CH_3 + Br_2 $\xrightarrow{CCl_4}$

(13) H$\underset{C_2H_5}{\overset{C_2H_5}{C}}$=$\underset{H}{\overset{CH_3}{C}}$ $\xrightarrow[OH^-]{KMnO_4}$

(14) [环己烯]—CH_3 + B_2H_6 $\xrightarrow[OH^-]{H_2O_2}$

(15) [降冰片烯] + Br_2 $\xrightarrow{CCl_4}$

解 (1) $(CH_3)_3C$—OH

(2) [环戊基上]CH_3, Br

(3) $CH_3CH_2CHO + HCHO$

(4) [环戊烯]—Br

(5)–(15) [structures]

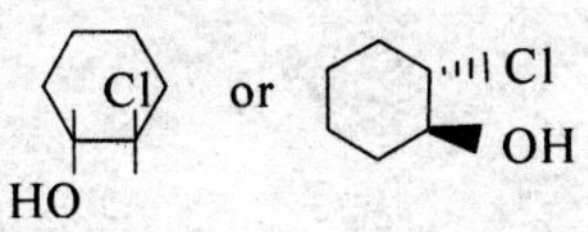

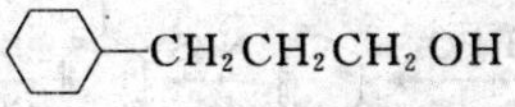

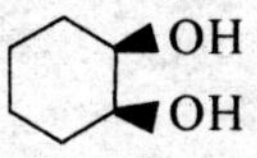

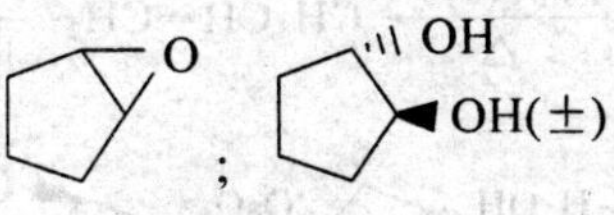

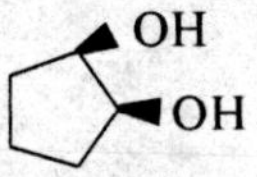

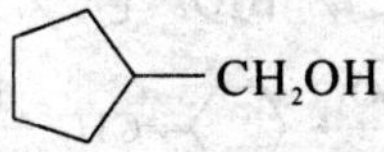

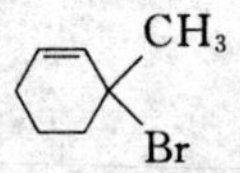

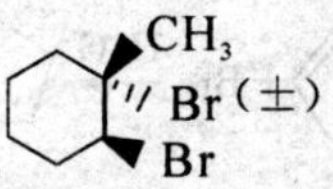

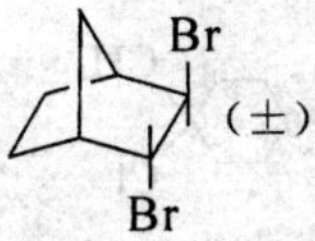

例 5.4 写出 1-甲基环己烯与下列试剂作用的主要产物。

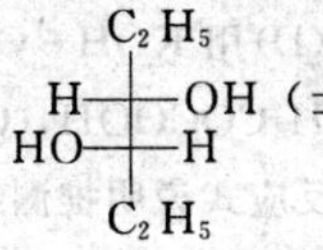

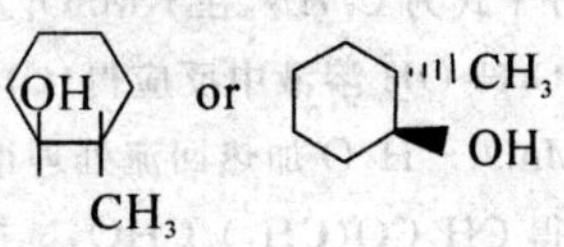

(1) Br_2/CCl_4 (2) H_2SO_4/H_2O (3) ① B_2H_6 ② H_2O_2, OH^-
(4) $C_6H_5CO_3H$ (5) $CHCl_3 + KOC(CH_3)_3$ (6) ① B_2H_6 ② Br_2, $NaOH$

解：

(1)–(6) [structures]

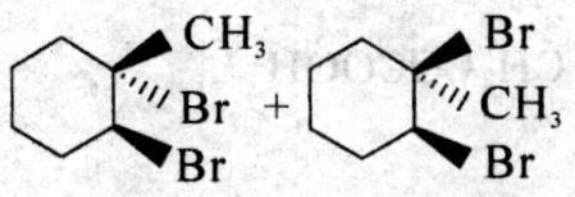

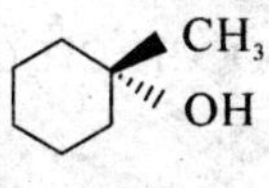

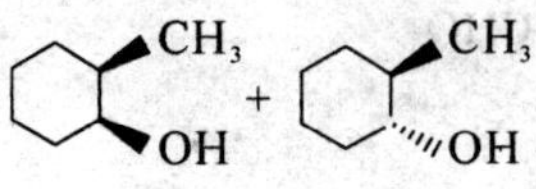

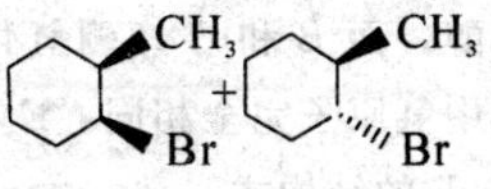

例 5.5 (1) 以环己醇为原料合成 1,2,3-三溴环己烷。

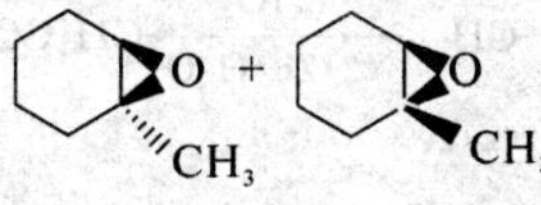

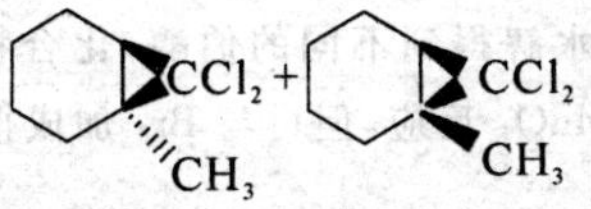

(2) 以异丙醇为原料合成溴丙烷。

(3) 以 1-氯环戊烷为原料合成顺-1,2-环戊醇。

(4) 以 ⌬—CH₂OH 为原料合成 ⌬=O。

(5) 以 1-溴环戊烷为原料合成反-2-溴环戊醇。

解 (1) 环己醇 $\xrightarrow{H_3PO_4}$ 环己烯 $\xrightarrow{NBS}$ 3-溴环己烯 $\xrightarrow[CCl_4]{Br_2}$ 1,2,3-三溴环己烷

(2) $CH_3CHCH_3 \atop \quad\;\; OH$ $\xrightarrow[\Delta]{浓 H_2SO_4}$ $CH_3CH=CH_2$ $\xrightarrow[ROOR]{HBr}$ $CH_3CH_2CH_2Br$

(3) 环戊基-Cl $\xrightarrow[KOH]{C_2H_5OH}$ 环戊烯 $\xrightarrow[H_2O_2]{OsO_4}$ 反式-1,2-环戊二醇

(4) 环己基-CH$_2$OH $\xrightarrow[\Delta]{浓 H_2SO_4}$ 亚甲基环己烷 $\xrightarrow{KMnO_4 \atop \Delta}$ 环己酮 + CO_2

(5) 环戊基-Br $\xrightarrow[KOH]{C_2H_5OH}$ 环戊烯 + Br_2 + H_2O → 反式-2-溴环戊醇

例 5.6 某化合物分子式为 C_7H_{12}，在 $KMnO_4$-H_2O 中加热回流，反应液中只有环己酮；(A) 与 HCl 作用得 (B)，(B) 在 KOH-C_2H_5OH 溶液中反应得 (C)，(C) 能使溴水褪色生成 (D)，(D) 用 KOH-C_2H_5OH 溶液处理得 (E)，(E) 用 $KMnO_4$-H_2O 加热回流处理得 $HOOCCH_2CH_2COOH$ 和 $CH_3COCOOH$，(C) 与 O_3 反应后再用 Zn/H_2O 处理得 $CH_3CO(CH_2)_4CHO$，试推出 (A)~(E) 的结构式，并用反应式说明推测结果。

解 其反应式为

亚甲基环己烷 (A) $\xrightarrow[\Delta]{KMnO_4}$ 环己酮 + $CO_2\uparrow$； 亚甲基环己烷 (A) + HCl → 1-甲基-1-氯环己烷 (B)

(B) $\xrightarrow[KOH]{C_2H_5OH}$ 1-甲基环己烯 (C) $\xrightarrow{Br_2}$ 1-甲基-1,2-二溴环己烷 (D) $\xrightarrow[KOH]{C_2H_5OH}$ 1-甲基-1,3-环己二烯 (E)

(E) $\xrightarrow{KMnO_4 \atop \Delta}$ $HOOCCH_2CH_2COOH + CH_3COCOOH$

(C) $\xrightarrow[(2) Zn/H_2O]{(1) O_3}$ $CH_3CO(CH_2)_4CHO$

例 5.7 分子式为 C_5H_{10} 的 A，B，C，D，E 5 种化合物，A，B，C 3 个化合物都可加氢生成异戊烷，A 和 B 与浓 H_2SO_4 加成水解后得到同一种叔醇。而 B 和 C 经硼氢化-氧化水解得到不同的伯醇，化合物 D 不与 $KMnO_4$ 反应，也不与 Br_2 加成，D 分子中氢原子完全相同。E 不与 $KMnO_4$ 反应，但可与 Br_2 加成得到 3-甲基-1,3-二溴丁烷。试写出 A，B，C，D，E 的结构式。

解 各化合物的构造式为

(A) $(CH_3)_2C=CHCH_3$ ；(B) $(CH_3)_2C=CH_2 \atop \quad\; CH_3$ ；(C) $CH_2=CHCH(CH_3)_2$ ；(D) 环戊烷；(E) 甲基环丁烷

例 5.8 写出下列反应的反应历程。

(1) $CH_3-C(CH_3)=CHCH_2CH_2CH=C(CH_3)CH_3$ $\xrightarrow{H^+}$ 1,1-二甲基-2-异丙基环戊烷类产物

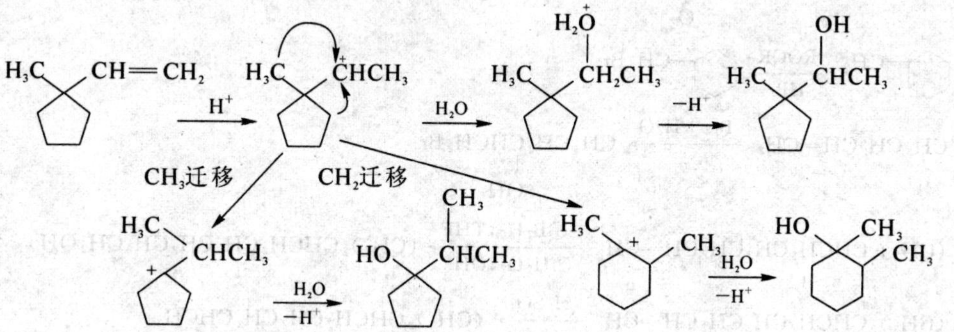

5.4 习题精选详解

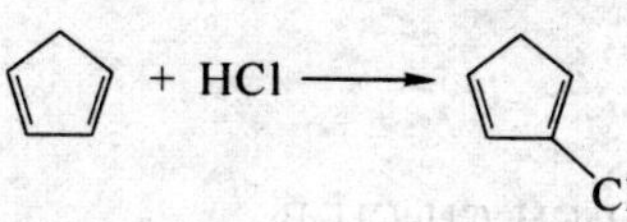

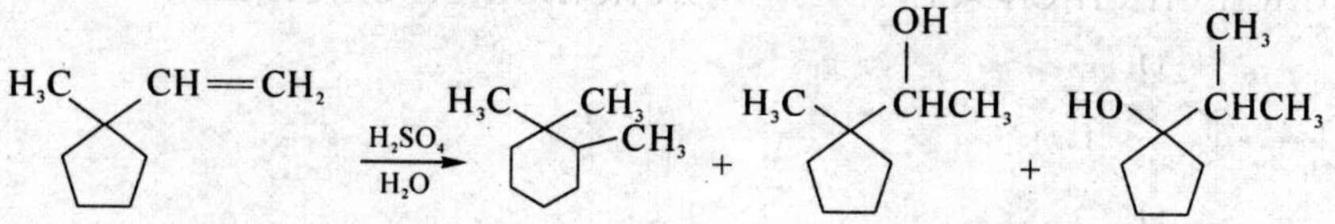

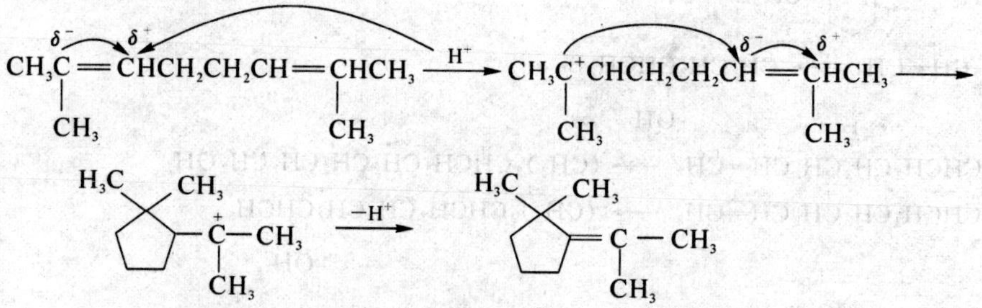

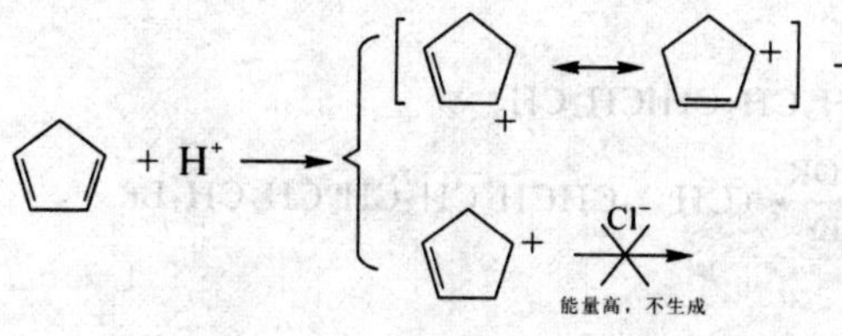

习题 5.1 写出分子式为 C_7H_{14}，最长碳链为 5 个碳原子的烯烃的各种构造异构体。

解

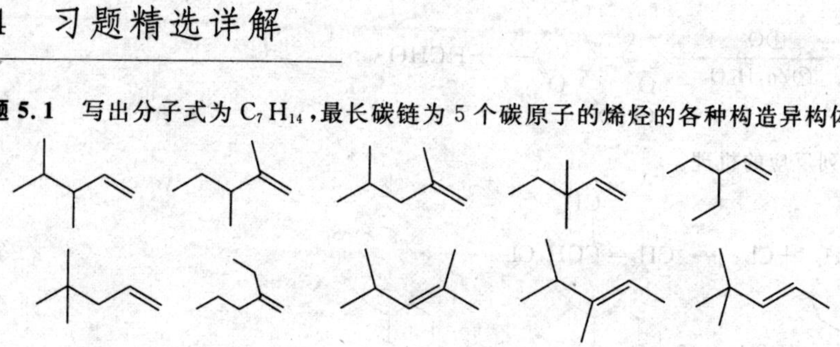

习题 5.2 写出下列反应中的产物、原料或试剂。

(1) $CH_3CH_2CH=CHCH_2CH_3 \longrightarrow CH_3CH_2CHICH_2CH_3$

(2) $(CH_3)_2CHCH_2CH_2CH=CH_2 \longrightarrow (CH_3)_2CHCH_2CH_2CH_2CH_2Br$

(3) [decalin] $\longrightarrow$ [cyclodecane-1,6-dione]

(4) [cyclohexyl=CH$_2$] $\longrightarrow$ [cyclohexyl–CH$_2$Br]

(5) $CH_3CH_2CH=CH_2 \longrightarrow CH_3CH_2CH(OH)CH_2Br$

(6) $(CH_3)_2CHCH_2CH_2CH=CH_2 \longrightarrow (CH_3)_2CHCH_2CH_2CH_2CH_2OH$

(7) $(CH_3)_2CHCH_2CH_2CH=CH_2 \longrightarrow (CH_3)_2CHCH_2CH_2CH(OH)CH_3$

(8) [4-isopropenyl-1-methylcyclohexene] $\xrightarrow{\text{①} O_3}{\text{②} Zn, H_2O}$

解 (1) $CH_3CH_2CH=CHCH_2CH_3 \xrightarrow{HI} CH_3CH_2CHICH_2CH_3$

(2) $(CH_3)_2CHCH_2CH_2CH=CH_2 \xrightarrow[HBr]{ROOR} (CH_3)_2CHCH_2CH_2CH_2CH_2Br$

(3) [decalin] $\xrightarrow[\text{②} Zn, H_2O]{\text{①} O_3}$ [cyclodecane-1,6-dione]

(4) [cyclohexyl=CH$_2$] $\xrightarrow[HBr]{ROOR}$ [cyclohexyl–CH$_2$Br]

(5) $CH_3CH_2CH=CH_2 \xrightarrow{Br_2+H_2O} CH_3CH_2CH(OH)CH_2Br$

(6) $(CH_3)_2CHCH_2CH_2CH=CH_2 \xrightarrow[\text{②} H_2O_2, OH^-]{\text{①} B_2H_6, THF} (CH_3)_2CHCH_2CH_2CH_2CH_2OH$

(7) $(CH_3)_2CHCH_2CH_2CH=CH_2 \xrightarrow[H_2O]{H_2SO_4} (CH_3)_2CHCH_2CH_2CH(OH)CH_3$

(8) [4-isopropenyl-1-methylcyclohexene] $\xrightarrow[\text{②} Zn, H_2O]{\text{①} O_3}$ [keto-aldehyde product] $+ HCHO$

习题 5.3 推测下列反应的机理。

(1) $(CH_3)_2C=CH_2 + Cl_2 \longrightarrow CH_2=C(CH_3)CH_2Cl$

(2) [polyene substrate] $\xrightarrow{H_3PO_4}$ [cyclized product A] $+$ [cyclized product B]

(3) 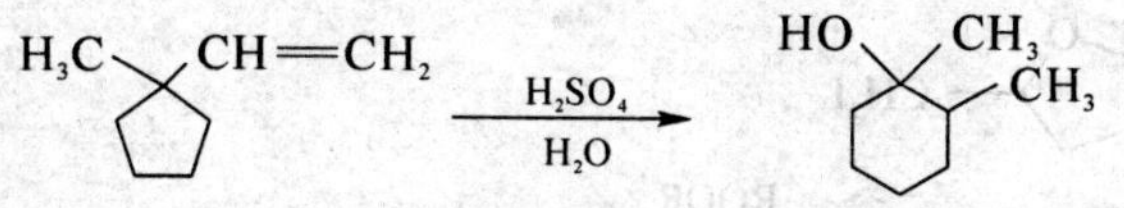 $H_3C\underset{\diamond}{\overset{CH=CH_2}{C}}$ $\xrightarrow[H_2O]{H_2SO_4}$ $HO\underset{\diamond}{\overset{CH_3}{\underset{CH_3}{C}}}$

(4) $C_5H_{11}CH=CH_2 + (CH_3)_3COCl \xrightarrow{CH_3OH, HCl} C_5H_{11}\underset{OCH_3}{\overset{}{CHCH_2Cl}}$

解

(1) 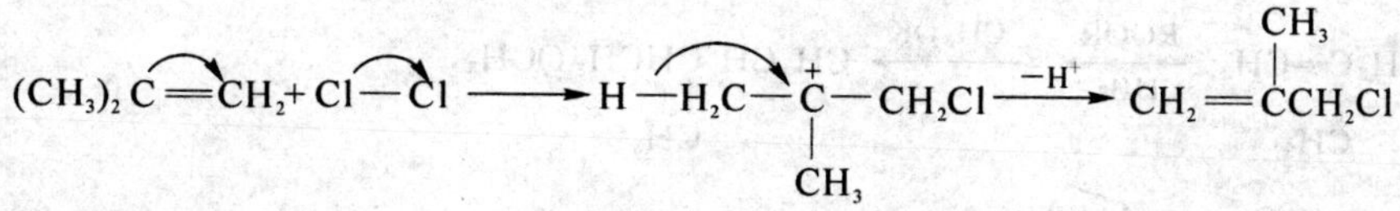 $(CH_3)_2C=CH_2 + Cl-Cl \longrightarrow H-H_2C-\overset{+}{\underset{CH_3}{C}}-CH_2Cl \xrightarrow{-H^+} CH_2=\underset{CH_3}{\overset{}{C}}CH_2Cl$

(2) [机理图：H₃PO₄ 催化的多环碳正离子重排，包括 H迁移 和 −H⁺ 步骤]

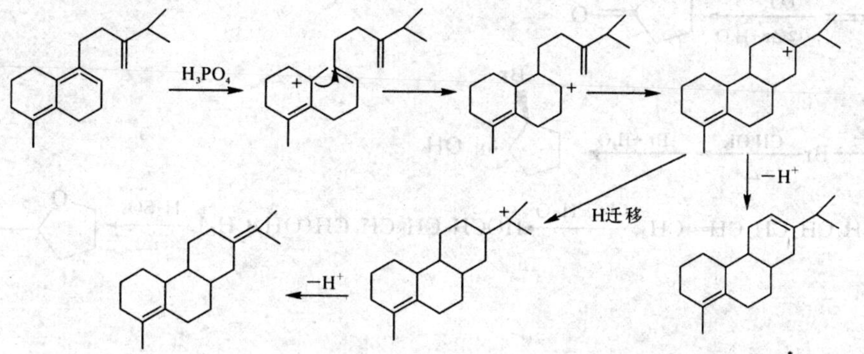

(3) $H_3C\overset{CH=CH_2}{\underset{\diamond}{C}} \xrightarrow{H^+} H_3C\overset{\overset{+}{C}HCH_3}{\underset{\diamond}{C}} \xrightarrow{CH_2迁移} H_3C\overset{CH_3}{\underset{+}{C}} \xrightarrow[-H^+]{H_2O} HO\overset{CH_3}{\underset{CH_3}{C}}$

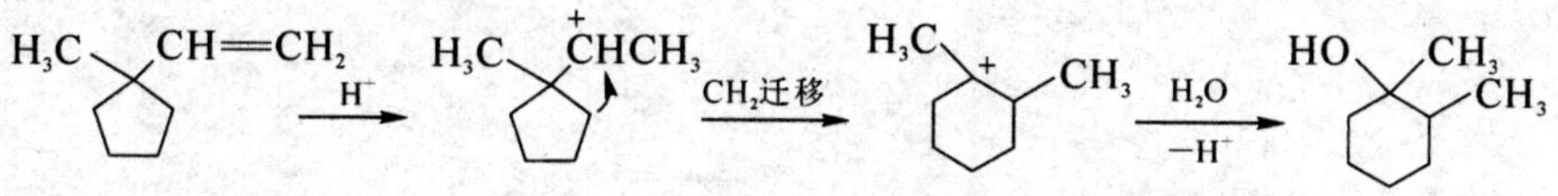

(4) 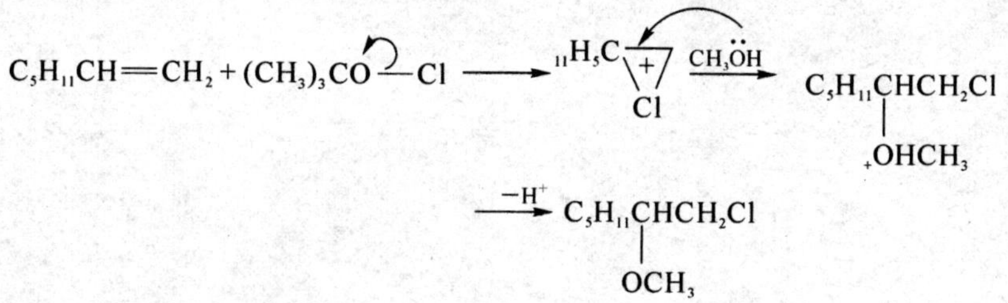 $C_5H_{11}CH=CH_2 + (CH_3)_3CO-Cl \longrightarrow H_5C_{11}\overset{\triangle}{\underset{Cl}{CH-CH_2}} \xrightarrow{CH_3\ddot{O}H} C_5H_{11}\underset{\overset{+}{O}HCH_3}{\overset{}{CHCH_2Cl}}$

$\xrightarrow{-H^+} C_5H_{11}\underset{OCH_3}{\overset{}{CHCH_2Cl}}$

习题 5.4 如何完成下列转变？

(1) $CH_3CHBrCH_3 \longrightarrow CH_3CH_2CH_2Br$

(2) $CH_3CH_2\underset{CH_3}{\overset{}{C}}CH_3 \longrightarrow CH_3CH_2\underset{OCH_3}{\overset{}{C(CH_3)_2}}$

(3) $CH_3CH_2\underset{CH_3}{\overset{}{C}}=CH_2 \longrightarrow CH_3CH_2\underset{CH_3}{\overset{}{CH}}CH_2OCH_3$

(4) 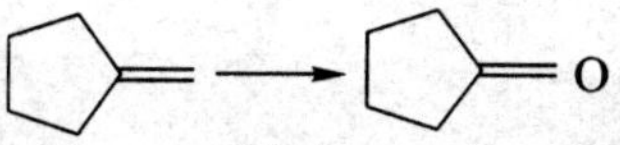 [环戊叉亚甲基] ⟶ [环戊酮]

(5) 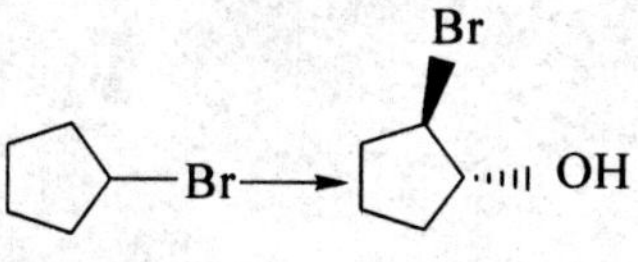 [环戊基溴] ⟶ [反式-2-溴环戊醇]

(6) $HOCH_2CH_2CH_2CH=CH_2 \longrightarrow$ [tetrahydrofuran-2-yl]—CH_2I

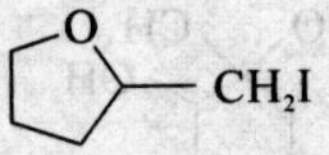

解 (1) $CH_3CHBrCH_3 \xrightarrow{CH_3OH, KOH} CH_3CH=CH_2 \xrightarrow[HBr]{ROOR} CH_3CH_2CH_2Br$

(2) $CH_3CH_2\underset{\underset{CH_3}{|}}{C}=CH_2 \xrightarrow[CH_3OH]{Hg(OAc)_2} \xrightarrow{NaBH_4} CH_3CH_2\underset{\underset{OCH_3}{|}}{C}(CH_3)_2$

(3) $CH_3CH_2\underset{\underset{CH_3}{|}}{C}=CH_2 \xrightarrow[HBr]{ROOR} \xrightarrow{CH_3OK} CH_3CH_2\underset{\underset{CH_3}{|}}{C}HCH_2OCH_3$

(4) 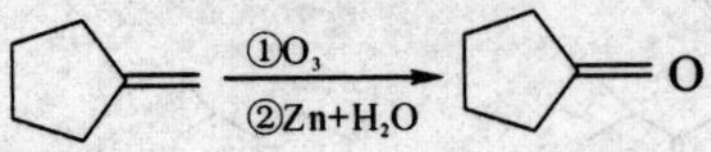 [cyclopentylidene=CH_2] $\xrightarrow[\text{②}Zn+H_2O]{\text{①}O_3}$ [cyclopentanone]=O

(5) 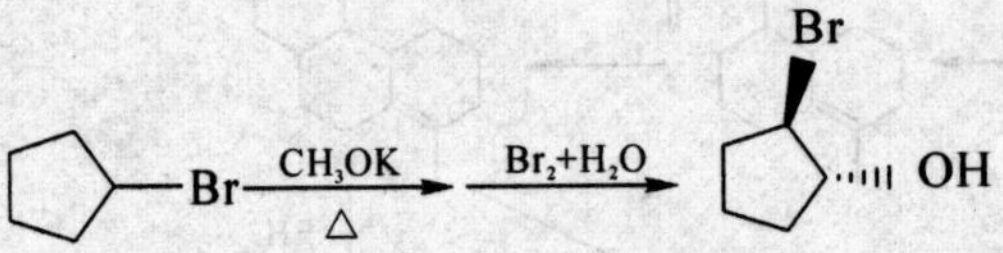 [cyclopentyl]—Br $\xrightarrow[\Delta]{CH_3OK}$ $\xrightarrow{Br_2+H_2O}$ [trans-2-bromocyclopentanol with Br and ⋯OH]

(6) $HOCH_2CH_2CH_2CH=CH_2 \xrightarrow{I_2+H_2O} HOCH_2CH_2CH_2CH(OH)CH_2I \xrightarrow[\Delta]{H_2SO_4}$ [tetrahydrofuran-2-yl]—CH_2I

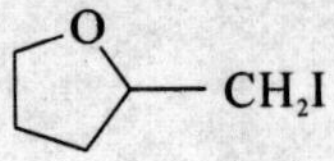

第6章 炔烃和二烯烃

6.1 教学建议

(1) 以炔烃的结构特点,分析其物理、化学性质。
(2) 对二烯烃主要是介绍共轭二烯烃的性质。
(3) 二烯烃的内容也可以在"烯烃"的章节中讲解。

6.2 主要概念

6.2.1 内容要点精讲

1. 教学基本要求
(1) 掌握炔烃的结构和化学性质。
(2) 掌握共轭效应、超共轭效应,并据此掌握共轭二烯烃的化学性质。
(3) 掌握共振式及其应用。

2. 主要概念
(1) 炔烃。含有 —C≡C— 结构单元,分子式为 C_nH_{2n-2} 的有机化合物称为炔烃。

炔烃中碳-碳三键的两个碳原子是 sp 杂化,并形成一个 σ 键,各自未杂化的相互垂直的两个 p 轨道形成两个 π 键。

碳-碳三键是直线形。三键的键能较双键的键能大,sp 杂化的碳原子上的电负性较 sp^2 杂化的碳原子的电负性大,所以炔烃中的键比烯烃中的较难极化,亲电加成反应比烯烃困难,但因三键碳原子具有一定的电负性,所以 RC≡CH 中的氢有一定的酸性,其共轭碱可以起亲核取代反应。

(2) 共轭效应与超共轭。共轭效应是指在分子或离子以及自由基中能够形成 π 轨道或 p 轨道离域的体系。在这个体系中,π 键电子或 p 轨道上的电子(也可以是空轨道)不再局限于形成键的两个原子之间,而是离域在形成共轭体系的所有原子之间。电子的离域使得共轭体系内的电子云密度分布发生变化,体系的内能更小,键长趋于平均化,并引起物质性质的一系列改变。

共轭效应的产生,有赖于共轭体系中参加共轭的 p 轨道相互平行而发生重叠,形成分子轨道。共轭效应可以通过共轭的 π 键来传递,当共轭体系的一端受到电场的影响时,就能沿着共轭键传递到共轭体系的另一端,同时共轭键上的原子将依次出现电子云分布多寡的交替现象。

共轭效应的存在,使得其共轭 π 键更易极化,亲电反应的活性高于独立的 π 键。

常见的共轭体系有以下几种类型:
① π-π 共轭体系(单键两侧为两个 π 键):$CH_2=CH-CH=CH_2$ 。
② p-π 共轭体系(单键一侧为 π 键,另一侧为 p 轨道):$CH_2=CH-\ddot{C}l$,$CH_2=CH-\dot{C}H_2$ 。
③ σ-π 共轭体系(单键一侧为 π 键或正离子,另一侧为 C—H σ 键,也称超共轭体系);

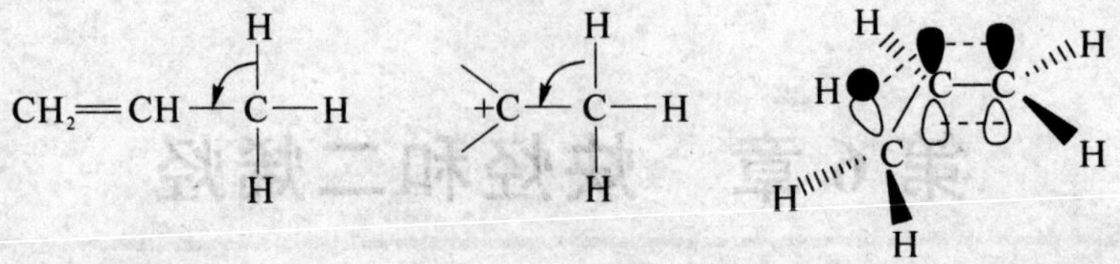

超共轭体系中由于σ键的轴向与轨道不平行,以及σ键的方向性、饱和性和较高的键能,所以电子的离域程度很差,也即共轭负效应很弱。

共轭效应的大小用C表示。当电子云转移的方向向双键偏移,共轭效应为给电子共轭效应,用+C表示,反之为吸电子共轭效应,用−C表示。

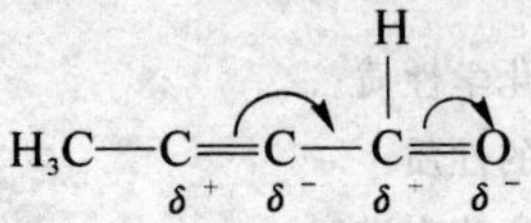

—CHO具有−C效应,—CH$_3$具有+C效应(超共轭效应)。

各原子(基团)+C效应的大小顺序为:

—F>—Cl>—Br>—I

—OR>—SR>—SeR>—TeR

—O$^-$>—S$^-$>—Se$^-$>—Te$^-$

—NR$_2$>—OR>—F

—C效应的大小顺序为:

=O > =NR > CR$_2$

=O > =S

超共轭效应(一般为+C)的大小顺序为:

—CH$_3$>—CH$_2$R>—CHR$_2$>CR$_3$

(3)共轭二烯烃。共轭二烯烃是指单键(C—C)和双键(C=C)交替排列的多元烯烃,即具有以下的结构单元:—C=C—C=C—,也即分子中有4个sp^{2}杂化的碳原子依次相连,称为共轭链。

(4)共振式。一个分子的真实结构可以由多种假设的结构共振或叠加而形成的共振杂化体来表示,其中每一个假设的结构相当于某一共价键结构式。这些参与了结构组成的共价结构式称为共振结构式,而任一共振结构式都不能代表分子的真实结构。一个共振结构式的能量越低,其对实际结构的贡献就越大。而真实分子的能量比任一个共振式的都低。

一般情况下,共价键多的极限结构比共价键少的极限结构稳定性好;电荷不分离的极限结构比电荷分离的极限结构稳定性好,而且正、负电荷相距越远贡献越小,负电荷在电负性较大的原子或正电荷在电负性较小的原子上的极限结构式较稳定;所有原子均具有的价电子层的结构式较稳定。

共振式书写的原则是:

①各共振式中原子核的相互位置必须是相同的,即不能有原子的任何变动。

②各共振式中配对的或未配对的电子数目应是一样的。

③每个共振式应符合Lewis结构式的书写规则。

利用共振式可以定性地比较化合物或反应的活性中间体的稳定性。

3.核心内容

(1)炔烃的异构和系统命名。炔烃的异构现象是由于三键位置的不同而引起的。因三键与邻近的σ键成直线,炔烃没有顺反异构。

炔烃系统命名时应选择含三键的最长碳链为主链,根据主链上碳原子数目称为某炔;编号时从靠近三键的一端开始,用三键原子数中号码较小的数表示三键位置,从而得到母体的名称,然后再在母体名称的前面加上取代基的位置和名称。

如果结构中既有双键又有三键,应选择含有双、三键在内的最长碳链为母体化合物,称为某烯炔。编号时应首先考虑使双键、三键的位次和最小,若有选择余地,应给双键以较小的编号。

$(CH_3)_2CHC\equiv CCH_2CH_3$
2-甲基-3-庚炔

$CH_3(CH_2)_3CHCH_2CH_2C\equiv CH$
  $\quad\quad\quad\quad\;\;\,|$
  $\quad\quad\quad\quad\;\;\,CH=CH_2$
3-丁基-1-庚烯-6-炔

二烯烃系统命名时以含有两个双键在内的最长链为主链,根据链的长度称为某二烯,从距双键最近的一端开始编号,将双键位次置于某二烯烃前面。若有顺反异构,则用 Z,E(或顺、反)表明构型。

(2)炔烃的化学性质。炔烃中的三键上有较大的 π 电子云密度,金属催化剂容易发生活化吸附,因此催化加氢反应比烯烃容易发生;三键中的 π 键不易极化,故炔烃与亲电试剂的加成反应和氧化反应都较烯烃难于进行,一般需要路易斯酸如 $FeCl_3$ 作催化剂。但炔氢有一定的酸性,可生成炔金属,其共轭碱具有亲核性。

①亲电加成反应。

$RC\equiv CH$ 经 X_2/FeX_3 生成 $\begin{matrix}X\\R\end{matrix}C=C\begin{matrix}H\\X\end{matrix}$ $\xrightarrow{X_2}$ RX_2CCHX_2

经 HX/FeX_3 生成 $\begin{matrix}X\\R\end{matrix}C=C\begin{matrix}H\\H\end{matrix}$

经 $H-B$ 生成 $\begin{matrix}X\\R\end{matrix}C=C\begin{matrix}H\\B\end{matrix}$ $\xrightarrow{H_2O_2,OH^-}$ $\left[\begin{matrix}H\\R\end{matrix}C=C\begin{matrix}H\\OH\end{matrix}\right]\rightarrow \begin{matrix}H\\R\end{matrix}C-C\begin{matrix}H\\\|\\O\end{matrix}$

炔烃在乙酸溶液中与溴或氯加成的速率比相应的烯烃慢,因此对同时含有炔键和烯键的化合物,可以选择性地使烯键加溴。

烷基取代的炔烃加溴主要为反式加成;芳基取代的炔烃加溴,反应则没有立体选择性,如果在反应混合物中加入大量的 Br^- 离子,则为立体选择性的反式加成。

一烷基取代乙炔加氯生成顺式加成产物。二烷基取代乙炔与氯生成反式加成产物。

烷基取代炔烃加氯化氢反应主要生成反式加成产物;而芳基取代炔烃加氯化氢则为顺式加成产物。

②其他加成反应。

$HC\equiv CH \xrightarrow[\text{CuCl-NH}_4\text{Cl}]{HC\equiv CH} CH_2=CH-C\equiv CH$

$HC\equiv CH \xrightarrow[\text{CuCl-NH}_4\text{Cl}]{HCN} CH_2=CH-CN$

$\xrightarrow[\text{H}_2\text{SO}_4,\Delta]{CH_3COOH} CH_3COOCH=CH_2$

$RC\equiv CH \xrightarrow[\text{Hg}^+,\text{H}_2\text{SO}_4]{H_2O} \left[\begin{matrix}RC=CH_2\\|\\OH\end{matrix}\right] \rightarrow \begin{matrix}RCCH_3\\\|\\O\end{matrix}$

$\xrightarrow[\text{KOH},\Delta]{CH_3OH} \begin{matrix}R-C=CH_2\\|\\OCH_3\end{matrix}$

用 Hg(Ⅱ)盐浸渍过的 Nafion-H 是一类新的催化剂。

③氧化反应。

$$RC\equiv CR' \begin{array}{c} \xrightarrow{O_3} \xrightarrow{H_2O} RCCOH+R'COOH \\ \xrightarrow[H_3O^+]{KMnO_4} RCOOH+R'COOH \end{array}$$

④还原反应。

$$RC\equiv CR' \begin{cases} \xrightarrow[Pd]{H_2} \underset{R}{\overset{H}{C}}=\underset{R'}{\overset{H}{C}} \xrightarrow[Pd]{H_2} RCH_2CH_2R' \\ \xrightarrow[NH_3(l)]{Na} \underset{R}{\overset{H}{C}}=\underset{H}{\overset{R'}{C}} \\ \xrightarrow[Ni]{H_2} RCH_2CH_2R' \\ \xrightarrow[Pt,Pb(OAc)_2]{H_2} \underset{H}{\overset{R}{C}}=\underset{H}{\overset{R'}{C}} \\ \xrightarrow[②CH_3COOH]{①HBR''_2} \underset{R}{\overset{H}{C}}=\underset{R'}{\overset{H}{C}} \end{cases}$$

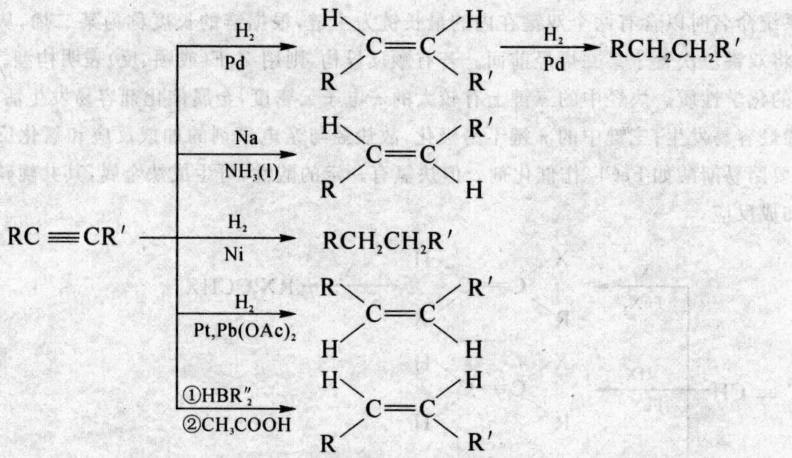

炔烃的硼氢化可以停留在烯键产物的一步。硼氢化产物用酸处理生成顺式烯烃,氧化(H_2O_2)则生成醛或酮。

采用位阻大的二取代硼烷作试剂,可以使三键在链端的炔烃生成一烃基硼烷,产物经氧化水解后生成醛。

⑤炔氢的反应。

$$RC\equiv CH \begin{cases} \xrightarrow[OH^-]{Ag(NH_3)_2NO_3} RC\equiv CAg\downarrow \\ \xrightarrow[OH^-]{Cu(NH_3)_2Cl} RC\equiv CCu\downarrow \\ \xrightarrow[NH_3(l)]{Na} RC\equiv CNa \xrightarrow{1°R'X} RC\equiv CR' \end{cases}$$

(3)二烯烃的分类。根据二烯烃中两个双键的位置,二烯烃可以分为:

①累积二烯烃:具有 —C=C=C— 的结构单元;

②共轭二烯烃:具有 —C=C—C=C— 的共轭结构单元;

③孤立二烯烃:具有 —C=C—$(CH_2)_n$—C=C— 的结构单元。

具有累积二烯烃骨架的化合物不多,孤立二烯烃的性质与单烯烃的性质类似。而共轭二烯烃因具有共轭键,性质独特。

(4)共轭二烯烃的化学性质。

①亲电加成反应。共轭二烯烃可以发生亲电加成反应。在较低的反应温度下,1,2-加成为主要反应,是动力学控制的产物(即取决于反应的速率);在较高温度下,1,4-加成反应为主要反应,是热力学控制的产物(即取决于产物的稳定性)。

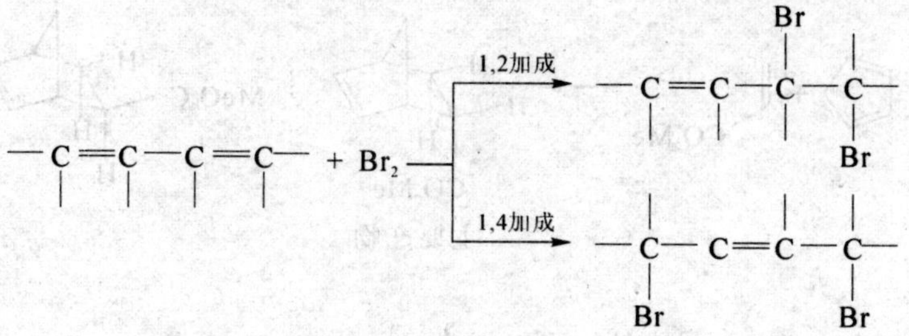

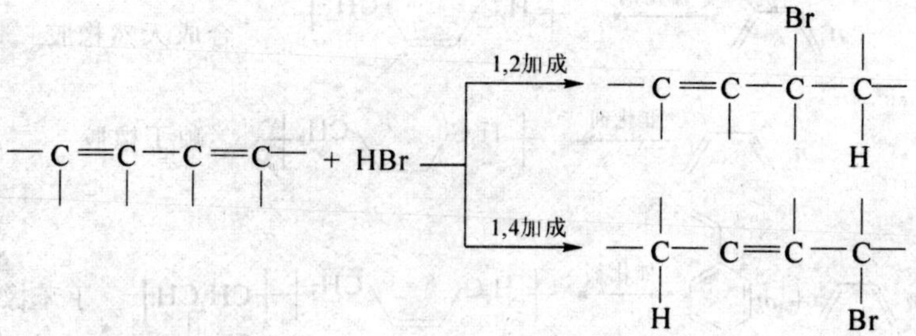

$$-\underset{|}{C}=\underset{|}{C}-\underset{|}{C}=\underset{|}{C}- + Br_2 \begin{array}{c} \xrightarrow{1,2\text{加成}} \\ \\ \xrightarrow{1,4\text{加成}} \end{array} \begin{array}{c} -\underset{|}{C}=\underset{|}{C}-\underset{|}{\overset{Br}{C}}-\underset{|}{\overset{Br}{C}}- \\ \\ -\underset{|}{\overset{Br}{C}}-\underset{|}{C}=\underset{|}{C}-\underset{|}{\overset{Br}{C}}- \end{array}$$

$$-\underset{|}{C}=\underset{|}{C}-\underset{|}{C}=\underset{|}{C}- + HBr \begin{array}{c} \xrightarrow{1,2\text{加成}} \\ \\ \xrightarrow{1,4\text{加成}} \end{array} \begin{array}{c} -\underset{|}{C}=\underset{|}{C}-\underset{|}{\overset{Br}{C}}-\underset{|}{\overset{H}{C}}- \\ \\ -\underset{|}{\overset{H}{C}}-\underset{|}{C}=\underset{|}{C}-\underset{|}{\overset{Br}{C}}- \end{array}$$

②Diels-Alder 反应（双烯合成反应）。

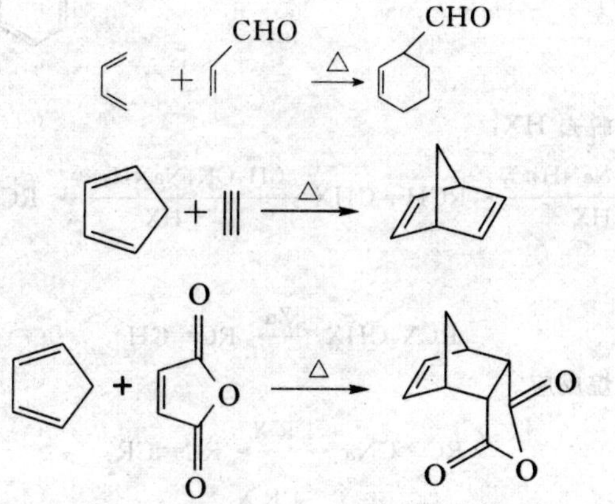

双烯体上连有给电子基团或亲双烯体上连有吸电子基时，有利于反应的进行，并且 Lewis 酸如 $AlCl_3$ 常常有催化作用。

双烯分子中 1 位上的取代基在顺位时，由于位阻，环加成的反应速率降低。

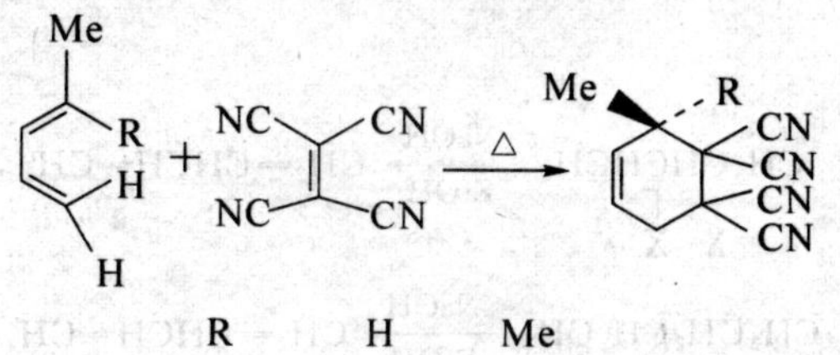

R	H	Me
相对速率	1	10^{-3}

Diels-Alder 反应是协同进行的，有立体专一性和可逆性。如双烯和亲双烯分子中各有一个取代基，发生环加成反应后生成两种异构体，主要产物为对位或邻位异构体。

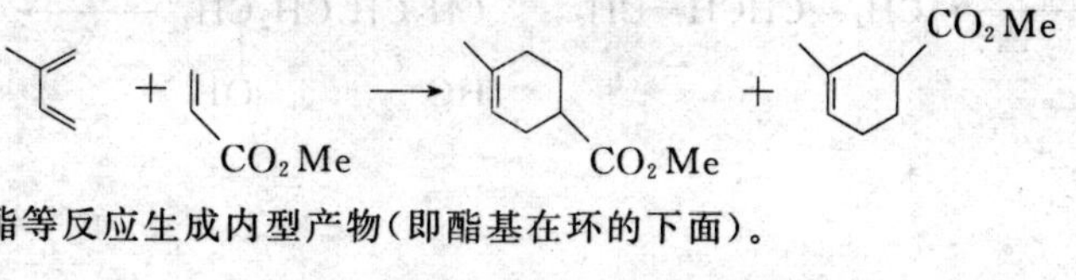

环戊二烯与丙烯酸酯等反应生成内型产物（即酯基在环的下面）。

$$\text{环戊二烯} + \underset{CO_2Me}{CH_2=CH} \longrightarrow \underset{\text{主要产物}}{\text{内型加合物(CO}_2\text{Me)}} + \text{外型加合物}$$

③聚合反应。

$$n\ \text{CH}_2=\text{C(CH}_3\text{)CH=CH}_2 \xrightarrow{\text{催化剂}} \text{—[CH}_2\text{—C(CH}_3\text{)=CH—CH}_2\text{]}_n\text{—} \quad \text{合成天然橡胶}$$

$$n\ \text{CH}_2=\text{CH—CH=CH}_2 \xrightarrow{\text{催化剂}} \text{—[CH}_2\text{—CH=CH—CH}_2\text{]}_n\text{—} \quad \text{顺丁橡胶}$$

$$n\ \text{CH}_2=\text{CH—CH=CH}_2 + m\ \text{C}_6\text{H}_5\text{CH=CH}_2 \xrightarrow{\text{催化剂}} \text{—[CH}_2\text{—CH=CH—CH}_2\text{]}_p\text{[CH}_2\text{—CH(C}_6\text{H}_5\text{)]}_q\text{—} \quad \text{丁苯橡胶}$$

(5) 炔烃的制备。

① 形成三键。二卤代烷脱去 HX：

$$\left.\begin{array}{l}\text{RCHXCH}_2\text{X}\\ \text{RCH}_2\text{CHX}_2\end{array}\right\} \xrightarrow[-\text{HX}]{\text{CH}_3\text{OK, NaNH}_2\ \text{等}} \text{RCH=CHX} \xrightarrow[-\text{HX}]{\text{CH}_3\text{OK, NaNH}_2\ \text{等}} \text{RC≡CH}$$

四卤代烷脱去 X_2：

$$\text{RCX}_2\text{CHX}_2 \xrightarrow{\text{Zn}} \text{RC≡CH}$$

② 金属炔化物与伯卤代烷反应。

$$\text{RC≡CNa} \xrightarrow{1°\text{R}'\text{X}} \text{RC≡CR}'$$

$$\text{RC≡CMgX} \xrightarrow{1°\text{R}'\text{X}} \text{RC≡CR}'$$

③ 特殊制法。

$$\text{CaC}_2 + \text{H}_2\text{O} \longrightarrow \text{HC≡CH}$$

(6) 共轭二烯烃的制备。

① 由卤代烷脱卤化氢。

$$\text{CH}_3\text{CHXCHXCH}_3 \xrightarrow[\text{EtOH}]{\text{NaOH}} \text{CH}_2=\text{CHCH=CH}_2$$

$$\text{CH}_2\text{XCH}_2\text{CH}_2\text{CH}_2\text{X} \xrightarrow[\text{EtOH}]{\text{NaOH}} \text{CH}_2=\text{CHCH=CH}_2$$

② 由醇脱水。

$$\text{CH}_3\text{CH(OH)CH(OH)CH}_3 \xrightarrow[\Delta]{\text{H}_3\text{O}^+} \text{CH}_2=\text{CHCH=CH}_2$$

$$\text{HOCH}_2\text{CH}_2\text{CH}_2\text{CH}_2\text{OH} \xrightarrow[\Delta]{\text{H}_3\text{O}^+} \text{CH}_2=\text{CHCH=CH}_2$$

6.2.2 重点、难点

1. 重点

(1)炔烃和共轭二烯烃的结构特点。
(2)炔烃和共轭二烯烃的化学性质。
(3)共轭效应及其应用。

2. 难点

(1)共轭二烯烃的化学性质。反应条件不同,产物不同,主要取决于反应是动力学控制还是热力学控制。
(2)共轭效应的影响。共轭效应影响化合物或反应中间体的稳定性,进而决定反应的主要产物。

6.3 例题

例 6.1 回答下列问题。

(1)化合物的酸性由强至弱的顺序:
(A)乙炔 (B)乙烷 (C)水 (D)氨

(2)在实验室中,对不拟再利用的重金属炔化物的处理方法。

(3)化合物的稳定性顺序:
(A) $CH_3C\equiv CH$ (B) $CH_3C\equiv CCH_3$ (C) $HC\equiv CH$ (D) $(CH_3)_2C\equiv CHCH_3$

(4)化合物的沸点由高至低的顺序:
(A)1-丁炔 (B)1-丁烯 (C)丁烷 (D)2-丁炔

(5)碳正离子的稳定性次序。

(A) $CH_2=CH\overset{+}{C}HCH_3$ (B) $CH_3\overset{+}{C}HCH_2CH_3$ (C)  [bridged bicyclic carbocation]   (D) $\overset{+}{C}H_2CH_3$

(6)碳正离子的稳定性次序。

(A) 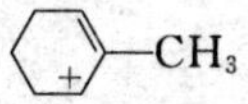 [cyclohexenyl cation with CH₃]   (B) 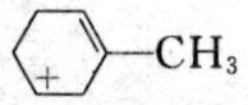 [cyclohexenyl cation with CH₃]   (C) 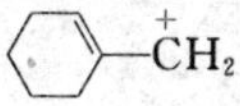 [cyclohexyl with CH₂⁺]   (D) 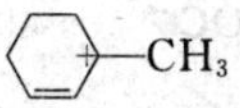 [cyclohexenyl with CH₃]

解 可以根据化合物的结构特点,回答问题。

(1)(C)>(A)>(D)>(B)。
(2)用酸处理,以防爆炸。
(3)(D)>(B)>(A)>(C)。
(4)(D)>(A)>(C)>(B)。
(5)(A)>(C)>(B)>(D)。
(6)(D)>(A)>(C)>(B)。

例 6.2 写出下列化合物的共振极限式。

(1) $CH_2=CHCHO$ (2) 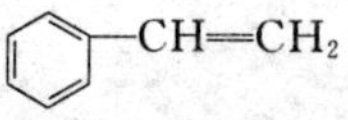 苯基-CH=CH₂   (3) 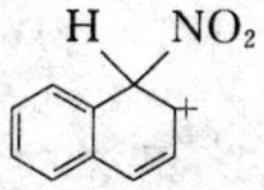 [naphthalenyl cation with NO₂]   (4)  [cyclopentadienyl cation]

解 (1) $CH_2=CH-CH=O \longleftrightarrow CH_2=CH-\overset{+}{C}H-\overset{-}{O} \longleftrightarrow \overset{+}{C}H_2-CH=CH-\overset{-}{O} \longleftrightarrow$

$CH_2=CH-\overset{-}{C}H-\overset{+}{O} \longleftrightarrow \overset{-}{C}H_2CH_3=CH-\overset{+}{O}$

(2) 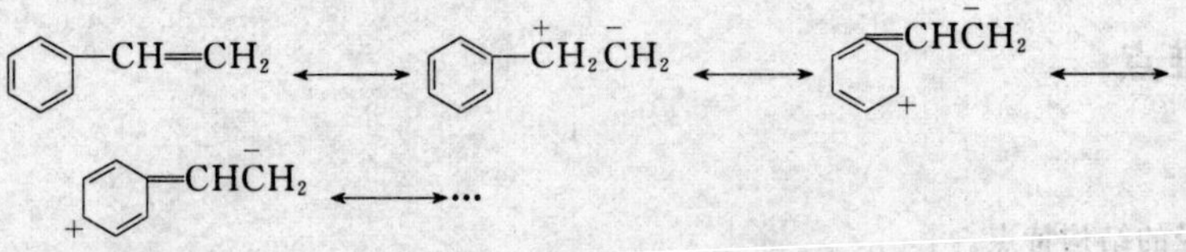 [resonance structures of styrene cation intermediate]

(3) 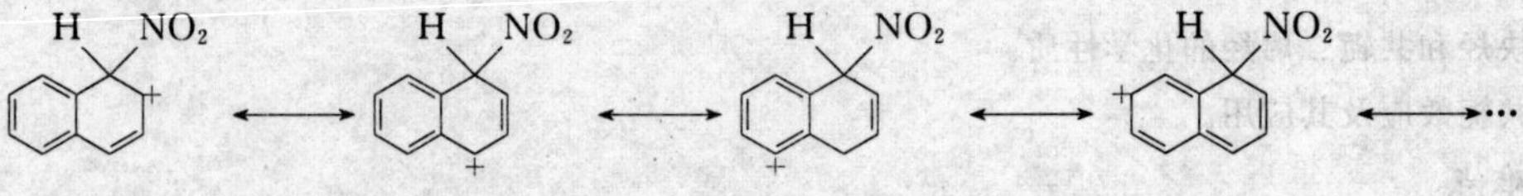 [resonance structures of naphthalene nitration intermediate]

(4) 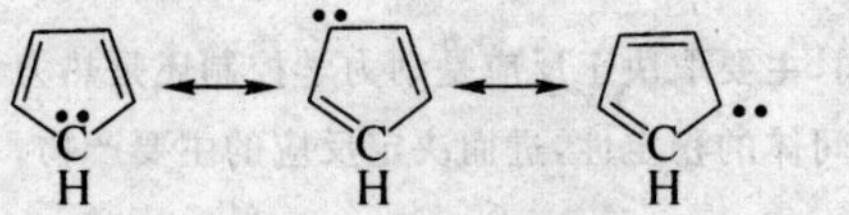 [resonance structures of pyrrole]

例 6.3 完成下列反应，写出主要产物。

(1) $CH_2=CHCH_2-C\equiv CH \xrightarrow{Cl_2}$

(2) $CH_3CH_2C\equiv CH \xrightarrow[\text{稀 } H_2SO_4]{HgSO_4}$

(3) $CH_3C\equiv CCH_2CH_3 \xrightarrow[\text{液 } NH_3]{Na} \xrightarrow{OsO_4}{H_2O_2}$

(4) $CH_3C\equiv CCH_3 \xrightarrow[\text{Lindlar 催化剂}]{H_2}$

(5) 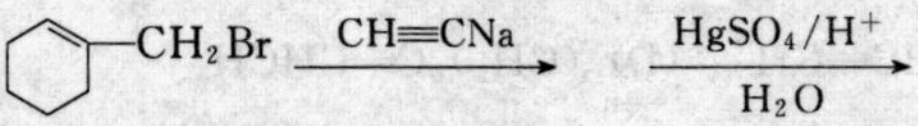 [cyclohexenyl]$-CH_2Br \xrightarrow{CH\equiv CNa} \xrightarrow[H_2O]{HgSO_4/H^+}$

(6) $CH_3CH_2C\equiv CH \xrightarrow[H_2O_2/OH^-]{B_2H_6}$

(7) $CH_2=C(CH_3)-CH=CH_2 + HBr \longrightarrow$

(8) $C_6H_5-CH=CH-CH=CH_2 + HCl \longrightarrow$

(9) 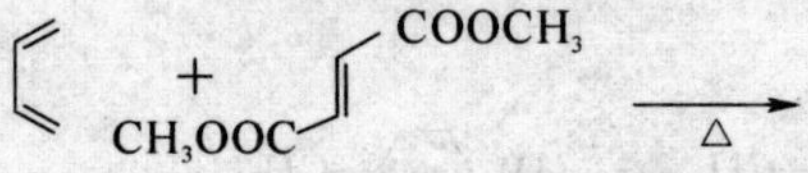 [cyclopentadiene] + $CH_3OOC-CH=CH-COOCH_3 \xrightarrow{\Delta}$

(10) 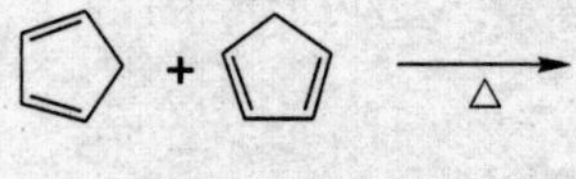 [cyclopentadiene] + [cyclopentadiene] $\xrightarrow{\Delta}$

(11) 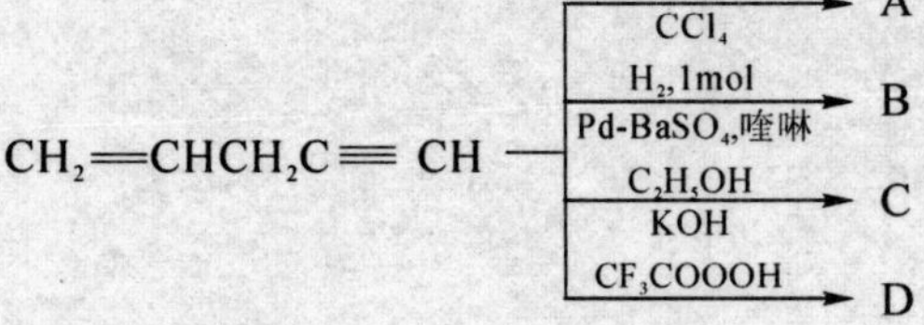 $CH_2=CHCH_2C\equiv CH$
- $\xrightarrow[CCl_4]{Br_2, 1mol}$ A
- $\xrightarrow[Pd-BaSO_4, 喹啉]{H_2, 1mol}$ B
- $\xrightarrow[KOH]{C_2H_5OH}$ C
- $\xrightarrow{CF_3COOOH}$ D

解 (1) $CH_2-CHCH_2-C\equiv CH$
         $||$
         $ClCl$

(2) $CH_3CH_2\underset{\underset{O}{\|}}{C}CH_3$

(3) 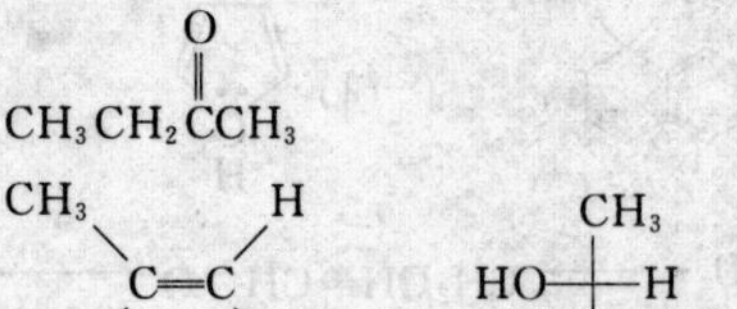 [trans-2-pentene structure] + [meso/±-2,3-pentanediol with HO-H, CH_3, C_2H_5] (±)

68

(4)
$$\begin{array}{c} CH_3 \quad CH_3 \\ \diagdown C=C \diagup \\ \diagup \quad \diagdown \\ H \quad H \end{array}$$

(5) cyclohexenyl-CH$_2$-C≡CH   cyclohexenyl-CH$_2$-C(=O)-CH$_3$

(6) $CH_3CH_2CH_2CHO$

(7) $CH_3-\underset{CH_3}{\underset{|}{CH}}-CHCH_2Br$ + $CH_3-\underset{Br}{\underset{|}{\overset{CH_3}{\overset{|}{C}}}}-CH=CH_2$
      （主）   （次）

(8) $C_6H_5-CH=CH-\underset{Cl}{\underset{|}{CH}}-CH_3$

(9) cyclohexane with COOCH$_3$, COOCH$_3$ substituents (cis)

(10) (dicyclopentadiene structure)

(11) A：$BrCH_2CHBrCH_2C\equiv CH$，双键的亲电性比三键强。

B：$CH_2=CHCH_2C\equiv CH$，催化剂及三键活性的综合影响。

C：$CH_2=CHCH_2\underset{OC_2H_5}{\underset{|}{CH}}-CH$，三键可以发生亲核加成。

D：cyclopropyl$-CH_2C\equiv CH$，双键易于发生环氧化反应。

例 6.4 推测下列化合物结构。

(1)一个分子式为 C_8H_{12} 的碳氢化合物，能使 $KMnO_4$ 水溶液和溴的四氯化碳溶液褪色，与亚铜氨溶液反应生成红棕色沉淀，与硫酸汞的稀硫酸溶液反应得到一个羰基化合物。臭氧化反应后，用水处理得环己甲酸。请写出该化合物的结构，并用反应式表示各步反应。

(2)化合物(A)(C_8H_{12})具有光活性，在铂存在下催化氢化成(B)(C_8H_{18})，(B)无光活性；(A)用 Lindlar 催化剂小心催化氢化成(C)(C_8H_{14})，(C)有光活性。(A)在液氨中与金属钠作用得(D)(C_8H_{14})，(D)无光活性，写出(A)～(D)的结构。

(3)化合物(A)与(B)，相对分子质量均为 54，含碳 88.8%，含氢 11.1%，都能使溴的四氯化碳溶液褪色，(A)与 $Ag(NH_3)_2^+$ 溶液产生沉淀，(A)经 $KMnO_4$ 热溶液氧化得 CO_2 和 CH_3CH_2COOH；(B)不与银氨溶液反应，用热 $KMnO_4$ 溶液氧化得 CO_2 和 $HOOCCOOH$。写出(A)与(B)的构造式及有关反应式。

解 先求出化合物的不饱和度，然后再根据题意得出各化合物的结构。

(1) $c-C_6H_{11}C\equiv CH \xrightarrow{KMnO_4} c-C_6H_{11}COOH + CO_2$

$c-C_6H_{11}C\equiv CH \xrightarrow[CCl_4]{Br_2} c-C_6H_{11}CBr_2CHBr_2$

$c-C_6H_{11}C\equiv CH \xrightarrow[\text{稀} H_2SO_4]{HgSO_4} c-C_6H_{11}\overset{O}{\overset{\|}{C}}-CH_3$

$c-C_6H_{11}C\equiv CH \xrightarrow[H_2O]{O_3} c-C_6H_{11}COOH$

(2)
$$\underset{H}{\overset{CH_3}{>}}C=C\underset{\overset{*}{C}H-C\equiv CH}{\overset{H}{<}}\quad ; \quad CH_3(CH_2)_2CH(CH_2)_2CH_3$$
$$\qquad\qquad\qquad\qquad\qquad\qquad\qquad\quad |$$
$$\qquad\qquad\qquad\qquad\qquad\qquad\qquad\ CH_3$$
$$\overset{|}{CH_3}$$

(A)   (B)

$$\underset{H}{\overset{CH_3}{>}}C=\underset{\overset{*}{C}H-CH_3}{\overset{H}{C}}-\underset{\overset{|}{CH_3}}{\overset{H}{C}}=C\underset{CH_3}{\overset{H}{<}}\ ; \quad \underset{H}{\overset{CH_3}{>}}C=\underset{\overset{|}{CH_3}}{\overset{HH}{C-C}}C=C\underset{H}{\overset{CH_3}{<}}$$

(C)   (D)

(3) $AgC\equiv CC_2H_5 \downarrow \xleftarrow{Ag(NH_3)_2^+} CH_3CH_2C\equiv CH \xrightarrow[CCl_4]{2Br_2} CH_3CH_2CBr_2CHBr_2$

(A)

$$CH_3CH_2C\equiv CH \xrightarrow[\triangle]{KMnO_4} CH_3CH_2COOH + CO_2 + H_2O$$

$\times \xleftarrow{Ag(NH_3)_2^+} CH_2=CH-CH=CH_2 \xrightarrow[CCl_4]{2Br_2} CH_2Br-CHBr-CHBrCH_2Br$

(B)

$$CH_2=CH-CH=CH_2 \xrightarrow[\triangle]{KMnO_4} HOOC-COOH + CO_2 + H_2O$$

例 6.5 合成以下化合物。

(1) 以苯及 C_4 以下有机物为原料合成 $\underset{C_6H_5}{\overset{H}{>}}C=C\underset{H}{\overset{CH_3}{<}}$

(2) 用甲烷做唯一碳来源合成 $CH_2-CH-\overset{O}{\overset{\|}{C}}-CH_3$
                                        $\underset{O}{\diagdown\diagup}$

(3) 以乙炔、丙烯为原料合成 [环己基结构 含Br, Br, CHO]

(4) 以乙烯和乙炔为原料合成内消旋体 3,4-己二醇。

解 (1)

[苯环]$+CH_3CH_2COCl \xrightarrow{AlCl_3}$ [苯环]$-COCH_2CH_3 \xrightarrow[浓\ HCl]{Zn-Hg}$ [苯环]$-CH_2CH_2CH_3 \xrightarrow{NBS}$

$C_6H_5CHC_2H_5 \xrightarrow[KOH]{C_2H_5OH} C_6H_5CH=CHCH_3 \xrightarrow{Br_2}$
$\ \ |$
$\ Br$

$C_6H_5-\underset{\overset{|}{Br}}{C}H-\underset{\overset{|}{Br}}{C}HCH_3 \xrightarrow[KOH]{C_2H_5OH} C_6H_5C\equiv CCH_3 \xrightarrow[液\ NH_3]{Na} \underset{C_6H_5}{\overset{H}{>}}C=C\underset{H}{\overset{CH_3}{<}}$

(2)

$CH_4+3O_2 \xrightarrow{1\ 500\ ℃} CH\equiv CH \xrightarrow[NH_4Cl]{Cu_2Cl_2} CH\equiv C-CH=CH_2 \xrightarrow[稀\ H_2SO_4]{HgSO_4} CH_2=\underset{\overset{\|}{O}}{C}-CH_3$

第6章 炔烃和二烯烃

$$CH_2=CH-CO-CH_3 + \frac{1}{2}O_2 \xrightarrow[250℃]{Ag} CH_2-CH-CO-CH_3 \text{（环氧）}$$

(3) $CH\equiv CH \xrightarrow[NH_4Cl]{Cu_2Cl_2} CH\equiv C-CH=CH_2 \xrightarrow[液NH_3]{Na} CH_2=CH-CH=CH_2 \xrightarrow{CH_2=CH-CHO}$

环己烯-CHO $\xrightarrow{Br_2}$ 二溴环己烷-CHO

$CH_2=CH-CH_3 \xrightarrow[350℃, 0.25\text{ MPa}]{Cu_2O} CH_2=CH-CHO$

(4) $CH\equiv CH + NaNH_2 \xrightarrow{液NH_3} NaC\equiv CNa$

$CH_2=CH_2 + HBr \longrightarrow CH_3CH_2Br$

$2CH_3CH_2Br \xrightarrow{NaC\equiv CNa} CH_3CH_2C\equiv CCH_2CH_3 \xrightarrow[液NH_3]{Na}$ 顺-3-己烯 (H和H同侧, C_2H_5同侧)

顺-3-己烯 $\xrightarrow[H_3O^+]{C_6H_5CO_3H}$ 3,4-二羟基己烷

6.4 习题精选详解

习题 6.1 用化学方法区分下列化合物。
(1)1-丁炔、2-丁炔　(2)1-丁炔、1-己烯、己烷　(3)1-丁炔、1,4-戊二烯、环己烷

解 (1)用银镜反应,1-丁炔呈阳性。
(2)先用银镜反应,1-丁炔呈阳性;然后再用溴水,1-己烯呈阳性。
(3)先用银镜反应,1-丁炔呈阳性;然后再用溴水,1,4-戊二烯呈阳性。

习题 6.2 分子式为 C_5H_8 的炔烃异构体中哪一个与溴的反应速率最快?

解 分子式为 C_5H_8 的炔烃异构体共有以下几个：

$CH_3CH_2CH_2C\equiv CH$ ①
$CH_3CH_2C\equiv CCH_3$ ②
$CH_3CHC\equiv CH$ ③
   $|$
   CH_3

与溴反应的速率最快的是②,因烷基的推电子效应,使得其三键上的电子云密度最大。

习题 6.3 如何实现以下转变?
(1) $CH_3CH_2CH_2CH=CH_2 \longrightarrow CH_3CH_2CH_2C\equiv CH$
(2) $CH_3CH_2OH \longrightarrow CH_3CH_2C\equiv CCH_2CH_3$
(3) $CH_3CH_2CH_2CH_2OH \longrightarrow CH_3CH_2CH_2COCH_3$
(4) $CH_3CH_2CH_2CH_2OH \longrightarrow$ 癸烷

解 (1) $CH_3CH_2CH_2CH=CH_2 \xrightarrow{Br_2} \xrightarrow[\Delta]{NaNH_2} CH_3CH_2CH_2C\equiv CH$

71

(2) $CH_3CH_2OH \xrightarrow{H_2SO_4,\Delta} \xrightarrow{Br_2} \xrightarrow{NaNH_2} HC\equiv CH \xrightarrow{NaNH_2/NH_3} NaC\equiv CNa$

$CH_3CH_2OH \xrightarrow{HBr} \xrightarrow{Mg, Et_2O} CH_3CH_2MgBr$

$\rightarrow CH_3CH_2C\equiv CCH_2CH_3$

(3) $CH_3CH_2CH_2CH_2OH \xrightarrow{HBr} \xrightarrow{Mg, Et_2O} \xrightarrow{HC\equiv CNa} \xrightarrow{HgSO_4, H_2SO_4} CH_3CH_2CH_2CH_2COCH_3$

(4) $CH_3CH_2CH_2CH_2OH \xrightarrow{HBr} \xrightarrow{Mg, Et_2O} \xrightarrow{NaC\equiv CNa} \xrightarrow{2H_2, Pt}$ 癸烷

习题 6.4 下列各式中哪些是错误的？

(1) 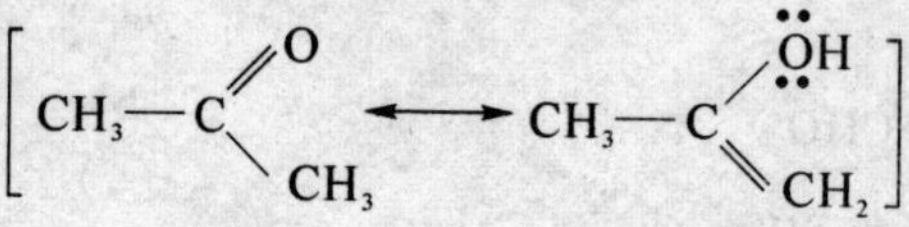 [CH₃—C(=O)—CH₃ ⟷ CH₃—C(OH)=CH₂]

(2) [CH₂=CH—C(=O)H ⟷ ⁺CH₂CH=C(—O⁻)H]

(3) [CH₃—N=C=Ö ⟷ CH₃—N⁺≡C—Ö⁻]

(4) [:Ö⁻—Ö⁺=Ö ⟷ Ö=Ö⁺—Ö⁻:]

(5) [CH₂=C=CH₂ ⟷ HC≡C—CH₃]

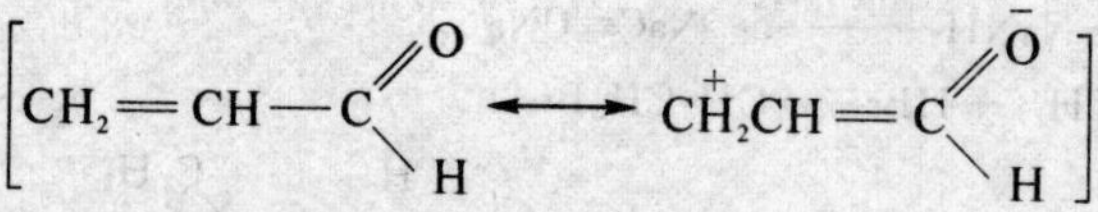

解 (1)错误，移动原子的位置而成为两个不同的化合物。
(2)错误，移动原子的位置而成为两个不同的化合物。

习题 6.5 写出下列反应的产物。

(1) 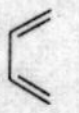 1,3-丁二烯 + EtO₂CC≡CCO₂Et ⟶

(2) 环己二烯 + CH₂=C(CO₂CH₃)₂ ⟶

(3) 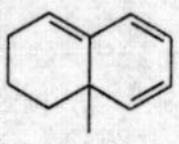 二氢萘 + CH₂=CHCO₂CH₃ ⟶

(4) 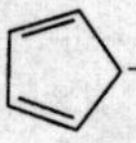 环戊二烯 + CH≡CHCO₂CH₃ ⟶

解 (1) 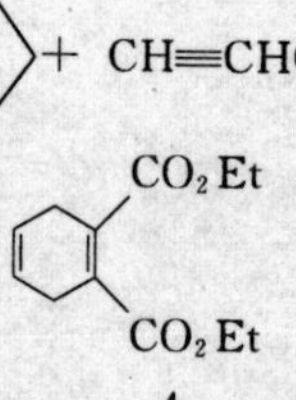 环己烯-1,2-二甲酸二乙酯 (2) 降冰片烯-2,2-二甲酸二甲酯

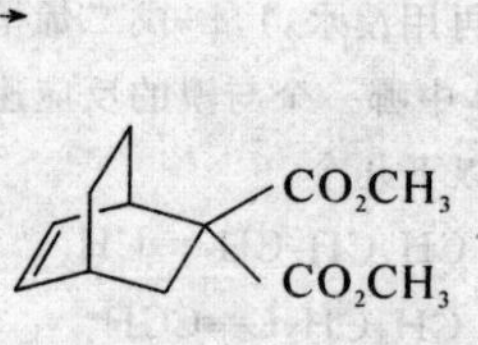

(3) 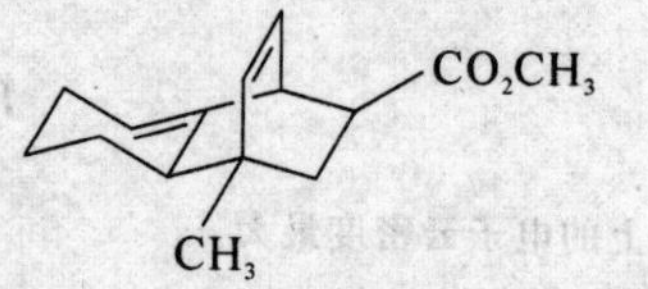 带CH₃的加成产物 CO₂CH₃ (4) 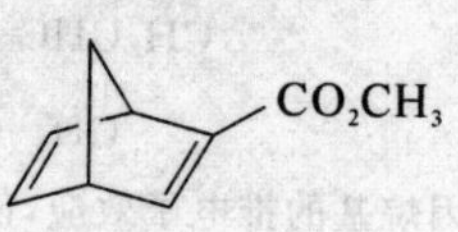 降冰片二烯-2-甲酸甲酯

习题 6.6 以指定原料合成下列化合物。

(1) 环己烯 ⟶ 环己基乙醚(OC₂H₅)

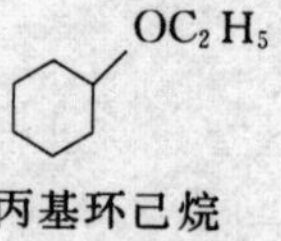

(2) 丙炔 ⟶ 1-丁烯

(3) 环己烯 ⟶ 丙基环己烷

(4) 1-己炔 ⟶ 1,4-壬二烯

(5) 乙炔及其他原料 ⟶ (Z)-9-十三碳烯(雌性苍蝇的性引诱剂)

解 对于每一问，都可以有多种回答。

(1) [cyclohexene] $\xrightarrow[\text{EtOH}]{\text{Hg(OAc)}_2}$ $\xrightarrow{\text{NaBH}_4}$ [cyclohexyl-OEt]

(2) $CH_3\!\equiv\!CH$ $\xrightarrow[\text{Lindar Pt}]{H_2}$ $\xrightarrow{\text{NBS}}$ $\xrightarrow{CH_3MgBr}$ $CH_3CH_2CH\!=\!CH_2$

(3) [cyclohexene] $\xrightarrow{\text{HBr}}$ $\xrightarrow[\text{②CuX}]{\text{①Li}}$ $\xrightarrow{CH_3CH_2CH_2Br}$ [cyclohexyl-CH$_2$CH$_2$CH$_3$]

(4) $CH_3(CH_2)_3C\!\equiv\!CH$ $\xrightarrow{NaNH_2}$
    $CH_3CH\!=\!CH_2$ $\xrightarrow{\text{NBS}}$ $\xrightarrow{Mg, Et_2O}$ } $CH_3(CH_2)_3C\!\equiv\!CCH_2CH\!=\!CH_2$ $\xrightarrow{H_2}{Pd-BaSO_4}$

$CH_3(CH_2)_3CH\!=\!CHCH_2CH\!=\!CH_2$

(5) $HC\!\equiv\!CH$ $\xrightarrow{NaNH_2/NH_3}$ $\xrightarrow{C_4H_9Br}$ $HC\!\equiv\!CC_4H_9$ $\xrightarrow{NaNH_2/NH_3}$ $\xrightarrow{\triangle O}$

$HOH_4C_2C\!\equiv\!CC_4H_9$ $\xrightarrow{2H_2}{Pt}$ $\xrightarrow{HBr}$ $\xrightarrow{Mg, Et_2O}$ $C_8H_{17}MgBr$ } $C_3H_7C\!\equiv\!CC_8H_{17}$

$HC\!\equiv\!CH$ $\xrightarrow{NaNH_2/NH_3}$ $\xrightarrow{C_3H_7Br}$ $HC\!\equiv\!CC_3H_7$ $\xrightarrow{NaNH_2/NH_3}$

$\xrightarrow{2H_2}{Pd-BaSO_4}$ (Z)-9-十三碳烯

习题 6.7 一旋光化合物 C_8H_{12}(A)，用铂催化剂加氢得到没有手性的化合物 C_8H_{18}(B)，(A)用 Lindlar 催化剂加氢得到手性化合物 C_8H_{14}(C)，但用金属钠在液氨中还原得到另一个没有手性的化合物 C_8H_{14}(D)，试推测(A)的结构。

解 计算 A, B, C, D 的不饱和度分别为 3, 0, 2, 再根据题意可推测出 A 的结构为

$$\begin{array}{c} H_3C \quad H \\ H\!\!\diagdown\!\!C\!=\!C\!\!\diagup\!\!C\!\equiv\!CCH_3 \\ CH_3 \quad H \end{array}$$

第7章 芳烃与稠环芳烃

7.1 教学建议

(1) 以苯的结构特点,分析芳烃与稠环芳烃的物理、化学性质。
(2) 以苯的结构特点,分析芳烃亲电取代反应的机理及规律。
(3) 要根据取代基的特性,讲清楚苯环上亲电取代反应的定位规律。
(4) 本章包含教材的第8章、第9章及第31章的相关内容。

7.2 主要概念

7.2.1 内容要点精讲

1. 教学基本要求

(1) 掌握苯的结构特点及分类。
(2) 掌握芳烃及稠环芳烃的系统命名法。
(3) 掌握芳烃及稠环芳烃的化学性质。
(4) 掌握芳烃的亲电取代反应机理及定位规律。
(5) 掌握 Hückel 规律。

2. 主要概念

(1) 苯及苯的结构。苯是最简单的芳烃。芳烃是具有香气、氢的含量低、稳定性较高,可发生亲电取代反应而难发生加成反应,苯环难被氧化的一类有机化合物。

苯的分子式为 C_6H_6,不饱和程度较高,但不易发生加成反应。

苯分子具有平面结构,6 个碳原子均为 sp^2 杂化,每个碳原子的杂化轨道与相邻碳原子相互交盖形成 6 个 C—C σ 键而形成闭合的分子骨架,与一个氢原子形成 C—H σ 键;每个碳原子剩下的 p 轨道则在侧面重叠形成完全离域的 π 键共轭体系,其中 π 电子数为 6,并且全部处于成键上,电子云高度平均化,因此苯环的 C—C 键的键长均为 0.14 nm,C—H 键的键长均为 0.108 nm。苯环是相当稳定的。

(2) 苯环上的两类取代基。在取代芳香烃化合物中,如果取代基对芳烃有给电子作用时,芳烃上的电子云密度增加,亲电取代反应活性增加,这类取代基称为活化基团。当活化基团连在苯环上时,有利于再进入苯环的取代基的主要位置是原有基团的邻位和对位,所以这类基团又称为邻对位定位基。如果芳环上的取代基对环上的电子云密度有减少作用,则不利于环上的亲电取代反应,这类取代基称为钝化基团。当单取代苯的原有基团是钝化基团时,它们对再进入的基团位置的指向主要是间位,所以这些钝化基团又称为间位定位基。

活化基团有—O⁻，—N(CH₃)₂，—NH₂，—OH，—OCH₃，—NHCOCH₃，—OCOCH₃，—R，—Ph(苯基)。

钝化基团有—$\overset{+}{N}$(CH₃)₃，—NO₂，—CF₃，—CN，—SO₃H，—CHO，—COR，—CO₂H，—CO₂R，—CONHR，—X。

要注意的是虽然 X 是钝化基团，但它是邻对位定位基。

按照给予电子能力的大小可以将常见的取代基排列如下：

给电子 ↑
—O⁻   +C,+I
—NR₂，—NH₂
—OR，—OH，—NHCOR
—OCOOR，—SR   } +C,+I
—Ph
—R，—COO⁻
—H   +I

吸电子 ↓
—Cl，—Br   +C,−I
—$\overset{+}{N}$R₃，—$\overset{+}{N}$H₃
—COR，—CONH₂   } −C,−I
—CN，—SO₃H
—NO₂

(3) 苯环上的亲电取代反应。苯环上的 π 电子有较大的可极化性，可与缺电子试剂(即亲电试剂)作用，苯环上的氢原子被取代基所取代，从而发生亲电取代反应。

(4) 芳香性。常见的判断芳香性的标准有：

① 能量标准。芳香性的一个重要表现是热力学稳定性，芳香化合物共振能较大，比相应的开链化合物更稳定。

② 键长平均化。环状共轭所引起的键长平均化是芳香性的几何标准，键长在典型的单键和双键之间。

③ ¹H NMR 化学位移。苯环质子与乙烯质子相比，化学位移相差约 2，并显示抗磁性环流。

④ 化学反应性。苯容易发生亲电取代反应而不容易发生加成反应。

(5) Hückel 规则。一个分子要有芳香性，必须同时满足以下两个条件：

① 分子必须具有平面单环共轭结构。

② 共振体系必须具有 $4n+2$ (n 为整数，即 $n=0,1,2,3,\cdots$)个 π 电子数。

(6) 轮烯。全共轭的单环多烯烃称为轮烯。

3. 核心内容

(1) 命名。芳烃命名时以苯作为母体，将取代基名称放在"苯"之前。取代基的相对位置可以用邻(o-)、间(m-)、对(p-)表示，或阿拉伯数字来表示。

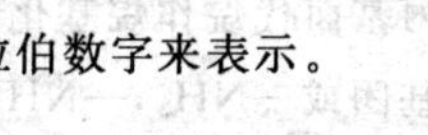

1,4-二甲苯(或对二甲苯) 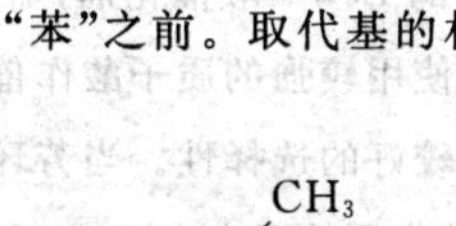   1,2-二甲基-2-乙苯

对于结构复杂或支链上有官能团的化合物，可以把支链当作母体，把苯环当作取代基来命名。

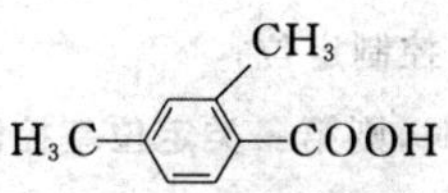

2,4-二甲基-苯甲酸 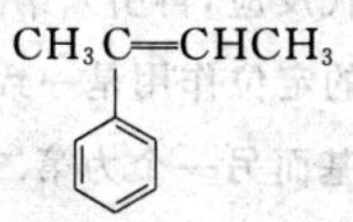   2-苯基-2-丁烯

苯分子减去一个氢剩下的原子团称为苯基(—C₆H₅)，可简写为 Ph—。芳烃分子中芳环上减去一个氢原子剩下的原子团称为芳基，简写为 Ar—。

(2)芳烃的化学性质。苯的特殊结构使得芳烃有着特殊的化学性质,即"芳香性"。
①苯环上的亲电取代反应。苯环上的亲电取代反应机理一般可描述为

$$\text{苯} + E^+ \rightleftharpoons [\text{π-络合物}] \longrightarrow [\text{σ-络合物}]^+ \xrightarrow{\text{慢}} [\text{σ-络合物}] \xrightarrow{\text{快}} \text{E-苯} + H^+$$

反应的第一步是亲电试剂 E^+ 与苯环上的 π 电子相互作用,形成 π 键络合物,然后发展成 E^+ 与一对 π 电子结合并与环上的一个碳原子形成 σ 键,同时破坏了苯环上的闭合大 π 键,生成了一个环状的"碳正离子",即 σ—络合物。当 σ—络合物离去氢质子时便生成了取代产物,同时恢复了苯环的闭合离域结构,重新获得了稳定能。如果是 E^+ 从 σ—络合物中离解下去,则反应是可逆的。

②苯环上的典型亲电取代反应。稀硝酸是一个硝化能力很弱的硝化剂,只能用于高度活化的芳环的硝化;浓硝酸是硝化能力中等的硝化剂,浓硝酸和浓硫酸的混合物是硝化能力强的硝化剂。硝酸溶于乙酐中生成的乙酸和硝酸的混酐用作硝化剂可以避免酚类或胺类被硝酸氧化。

$$\text{苯} \begin{cases} \xrightarrow{X_2/FeX_3 \ (I_2/HNO_3)} \text{C}_6\text{H}_5\text{X} \quad (\text{卤代反应},X=Cl,Br) \\ \xrightarrow{HNO_3 \ H_2SO_4,\Delta} \text{C}_6\text{H}_5\text{NO}_2 \quad (\text{硝化反应}) \\ \xrightleftharpoons[\Delta]{H_2SO_4} \text{C}_6\text{H}_5\text{SO}_3\text{H} \quad (\text{磺化反应,可逆}) \\ \xrightarrow{RX/AlCl_3} \text{C}_6\text{H}_5\text{R} \quad (\text{烷基化反应,可逆,可多烷基化,}R^+\text{可发生重排}) \\ \xrightarrow{RCOCl/AlCl_3 \ (RCO)_2O/AlCl_3} \text{C}_6\text{H}_5\text{COR} \quad (\text{酰基化反应,不可逆,不重排,不易多酰基化}) \\ \xrightarrow{HCHO \ HCL \ ZnCl_2} \text{C}_6\text{H}_5\text{CH}_2\text{Cl} \quad (\text{氯甲基化反应}) \end{cases}$$

环上有给电子取代基的芳环或活性高的芳环,在溴化或氯化时可以不加催化剂。芳环上如没有活化基团,则只能在 Lewis 酸催化下进行。碘的亲电能力最弱,只能酚、芳胺等活性大的芳环碘化,其他芳环的碘化,要在一种氧化剂(如 HNO_3,HIO_3 等)存在下才能进行。

酚或芳胺的溴化或氯容易得到多取代产物,如用 NBS 或 NCS 作试剂,则可以得到单取代产物。

烷基化和酰基化反应又称为 Friedel-Crafts 反应。烷基化试剂可以是卤代烃、醇、醚、烯烃等,但所用催化剂不同。$AlCl_3$ 是常用的 Lewis 酸催化剂;烯烃为烷基化试剂时,可采用中等强度的活性较高的质子酸,而醇、醚为烷基化试剂时可使用较强的质子酸作催化剂。烯丙基卤代烷作烷基化试剂,如选用 $ZnCl_2$ 为催化剂时,得到的烯丙基产物有较好的选择性。当芳环上有钝化基团或—NH_2,—NHR 或—NR_2 时,通常难于或不发生此反应。胺类取代基会影响 Friedel-Crafts 反应是因为其可与反应催化剂 Lewis 酸反应。

一元取代苯发生亲电取代反应时,新导入的基团在苯环上的位置由原来的定位基团所决定。强的第一类基团较多地使新导入基团进入其邻位或对位;强的第二类定位基使新导入基团进入它的间位。

二元取代苯发生亲电取代反应,再引入第三个取代基时,该基团进入的位置由下述规则决定:
a. 若原有的两个定位基的定位作用是一致的,则共同控制定位;
b. 当一个为第一类定位基而另一个为第二类定位基时,则第一类定位基控制新导入基团的定位;
c. 较强的活化基团与较弱的活化基团竞争时,则较强的活化基团控制定位;
e. 当两个较弱的活化基团或钝化基团竞争时,或者当两个较强的活化基团或钝化基团竞争时,得到的将是比例相差不大的异构体混合物。

f. 当两个定位基团之间的位置有空间位阻时,则很少会在该处发生取代反应。

定位规则只适用于速率控制下的取代反应。

定位基的定位效应可以很好地用亲电取代反应的中间体碳正离子的稳定性解释。

③邻位取代。苯甲醚与烷基锂反应生成邻位金属化产物,而锂原子容易被亲电试剂取代生成各种取代产物。

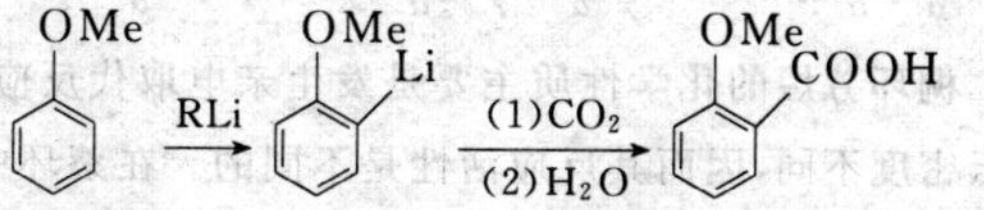

除 OH 基外,$CONEt_2$,$OCONEt_2$,$NHCOOBu-t$ 等均有这个作用。

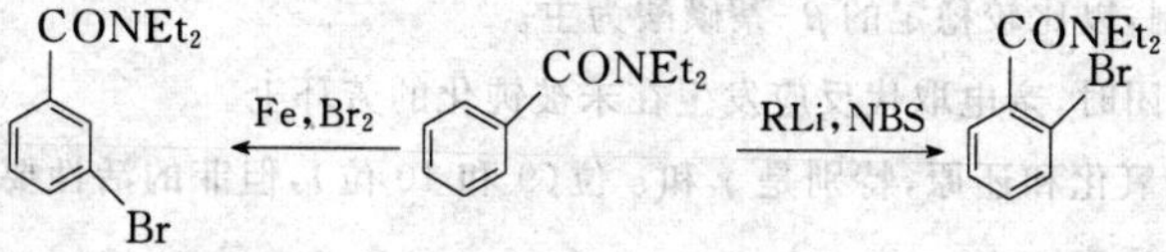

④芳烃的加成、氧化及侧链的反应。

Ⅰ.芳环的氧化反应。

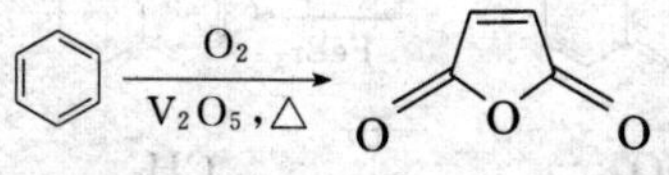

Ⅱ.侧链的氧化反应。苯环对氧化剂很稳定,因此取代苯(有α-氢时)氧化时只是侧链被氧化。

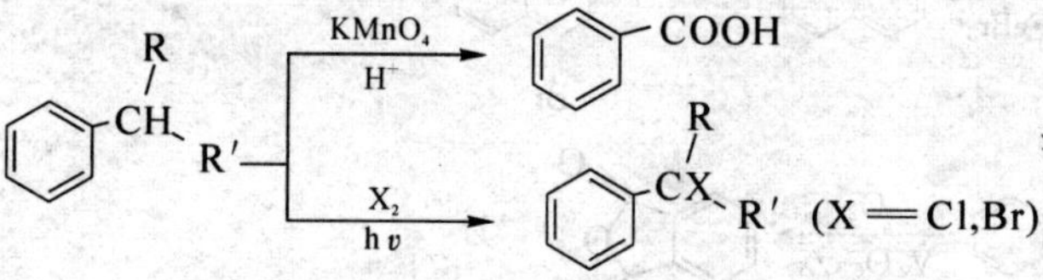

溴化时也可以用 NBS

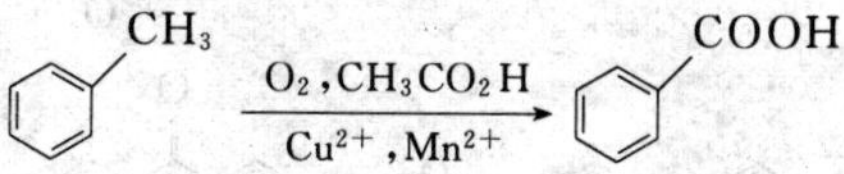

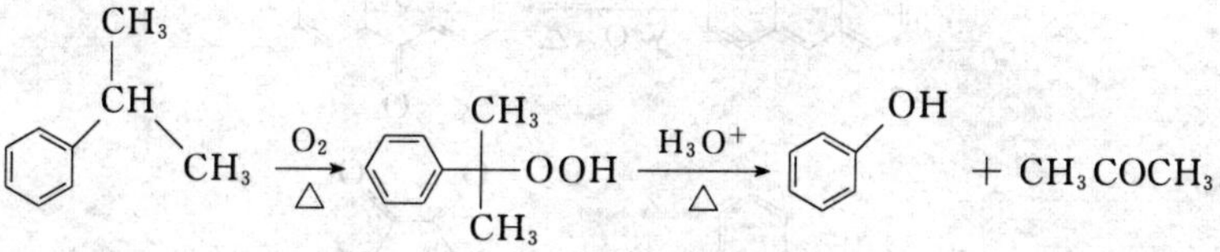

Ⅲ.芳环的加成反应。特殊条件下在苯环上可发生加成反应。

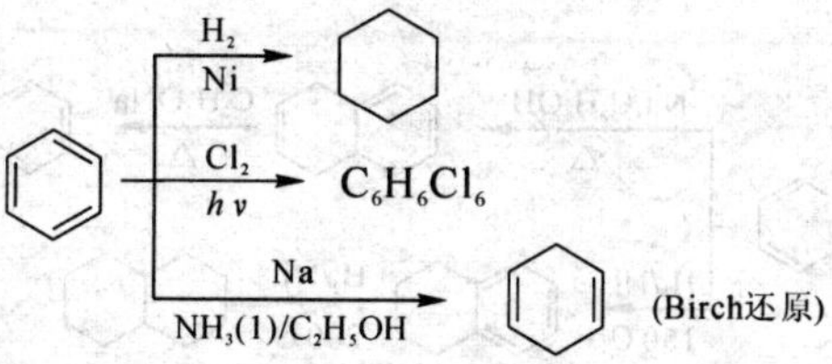

(3)稠环芳烃。两个以上的芳环各以两个邻位碳(芳环的一条边)并联在一起的化合物,称为稠环化合物。

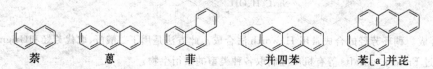

萘　　蒽　　菲　　并四苯　　苯[a]并芘

稠环芳烃是平面型分子,所有碳上的 p 轨道都平行交叠,形成闭合的共轭体系。但是两个稠合的芳环必须共享一对电子，环上的电子密度不能像苯环那样完全平均化，因而稠环芳烃的芳香性不如苯。

①稠环上氢的标示。稠环上的氢的位置按下图所示标示，其中也可以用阿拉伯数字代替希腊字母。

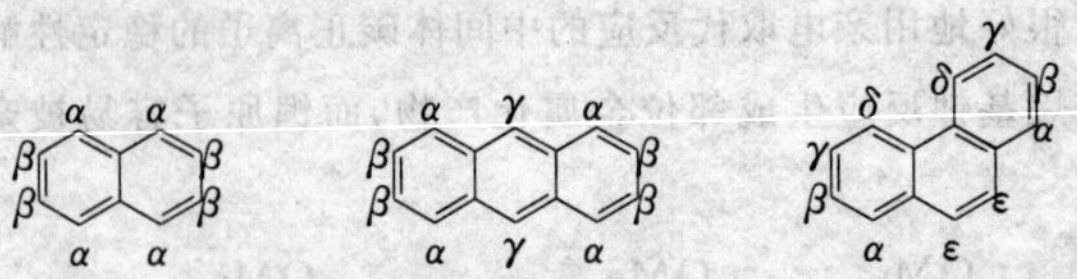

②稠环芳烃的化学性质。稠环芳烃的化学性质主要是发生亲电取代反应，反应机理与苯的相似。但由于稠环上每个碳原子的电子云密度不同，因而其反应活性是不同的。在萘环中，α 位的反应活性要高于 β 位的反应活性，并且比苯要容易，其中磺化反应是可逆的，在较低温度下产物由速率控制，故以 α-萘磺酸为主；温度升高，产物由平衡控制，以比较稳定的 β-萘磺酸为主。

如果稠环上有钝化基团时，亲电取代反应发生在未被钝化的芳环上。

而蒽和菲比苯更容易氧化和还原，特别是 γ 和 ε 位（9 和 10 位），但菲的活性要比蒽的低，蒽与马来酐在 9,10 位发生 Diels - Alder 反应。

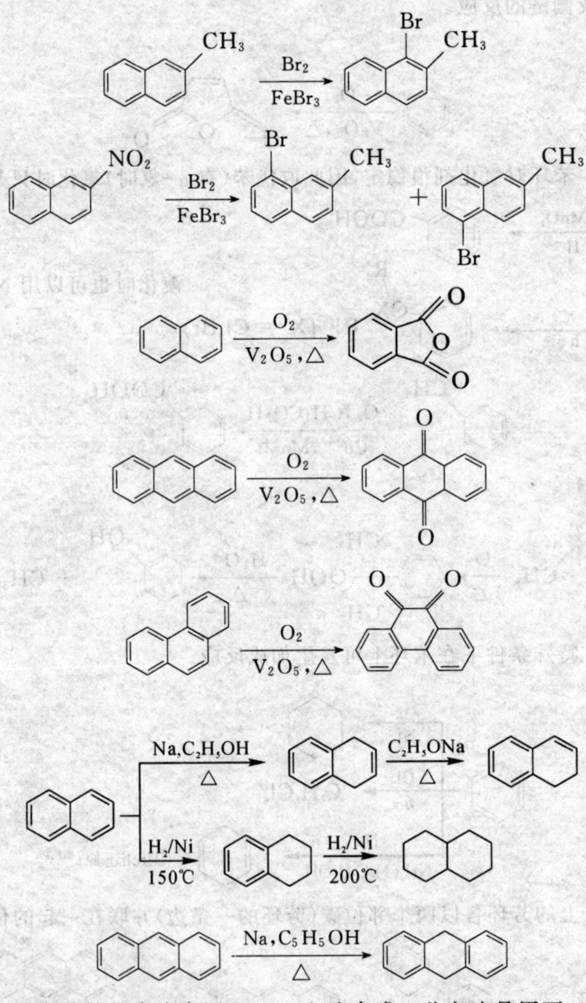

③稠环芳烃的合成。稠环芳烃的合成常用 Haworth 法合成。此方法是用丁二酸酐、取代芳烃和 Grignard 试剂为有机原料，通过 Friedek - Crafts 等有机反应制取各种类型的萘衍生物。

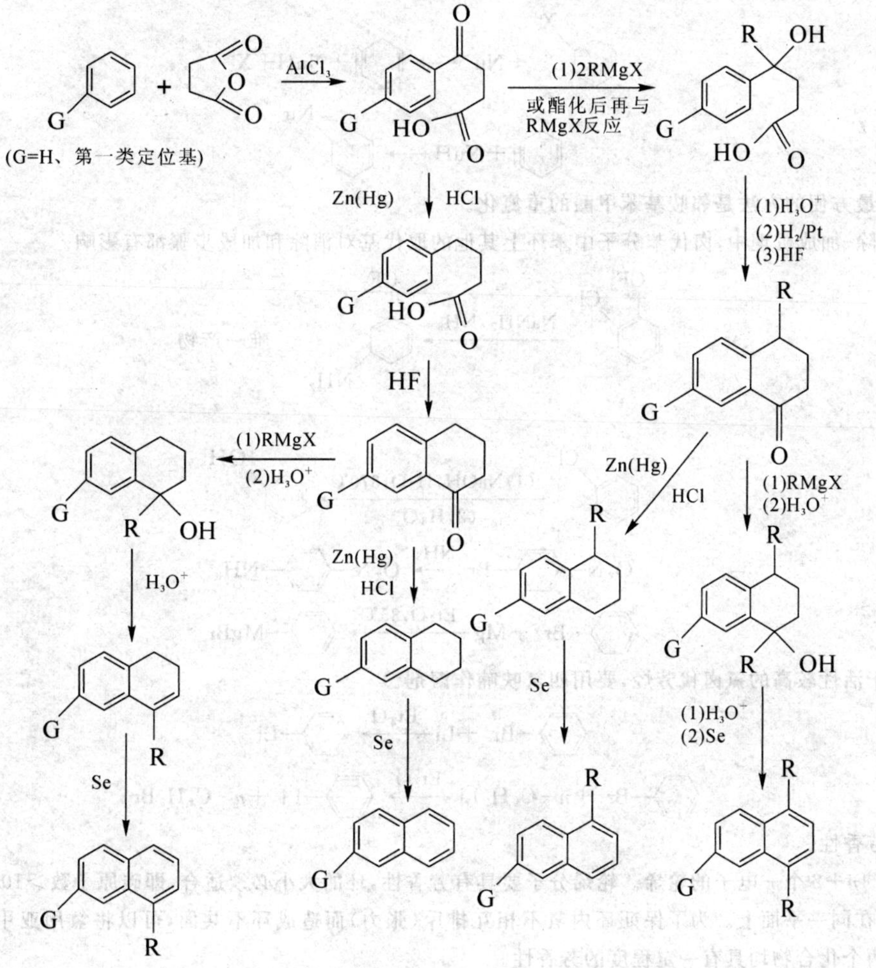

(4) 卤代芳烃。卤代芳烃是指卤原子与芳环直接相连的化合物。它们的制法和性质都与卤代烷不同。

卤代芳烃可以发生芳环的亲电取代反应，卤原子为钝化基团，但是邻对位定位基。卤代芳烃还可以发生亲核取代反应，卤原子可以被亲核试剂或金属原子取代。

卤代芳烃发生亲核取代反应时，所需条件比较剧烈。但当在卤原子的邻、对位存在吸电子基团时，亲核取代反应将比较容易进行，此时按以下两种机理进行。

① 加成-消去机理。

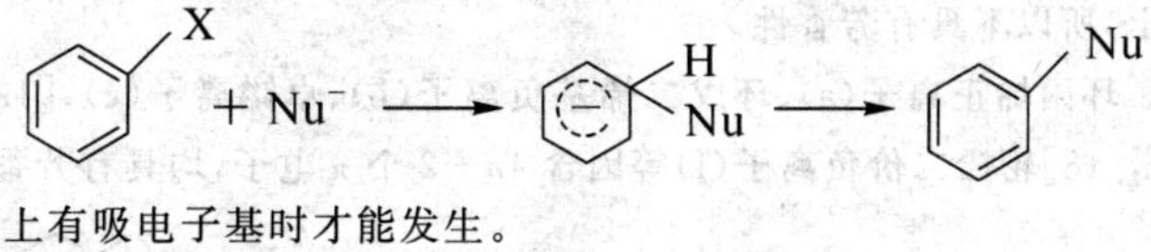

此机理只有当芳环上有吸电子基时才能发生。

例如 Smiles 重排反应：

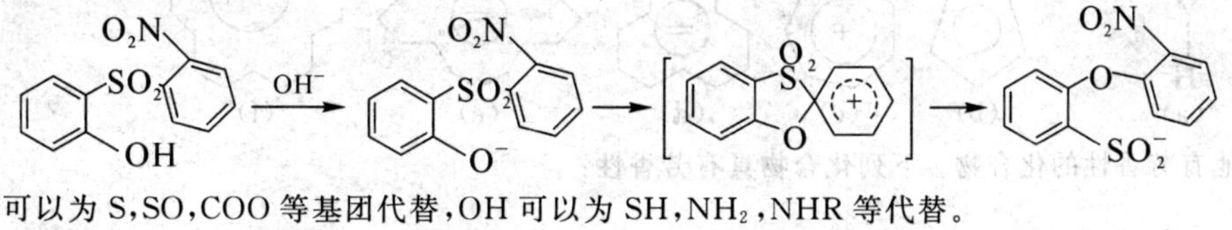

其中 SO_2 可以为 S, SO, COO 等基团代替，OH 可以为 SH, NH_2, NHR 等代替。

②消去-加成机理。

$$\text{PhX} + \text{Nu}^- \longrightarrow \text{(苯炔)} + \text{NuH} + \text{X}^-$$

$$\text{(苯炔)} + \text{NuH} \longrightarrow \text{PhNu}$$

产生苯炔最方便的方法是邻胺基苯甲酸的重氮化。

在消除-加成机理中,卤代苯分子中苯环上其他的取代基对消除和加成步骤都有影响。

$$\text{邻-CF}_3\text{-C}_6\text{H}_4\text{Cl} \xrightarrow{\text{NaNH}_2, \text{NH}_3} \text{间-CF}_3\text{-C}_6\text{H}_4\text{NH}_2 \quad \text{唯一产物}$$

例如:

$$\text{PhCl} \xrightarrow[\text{(2)}\text{H}_3\text{O}^+]{\text{(1)}\text{NaOH}, \text{H}_2\text{O}, 370\ \text{℃}} \text{PhOH}$$

$$\text{O}_2\text{N-C}_6\text{H}_4\text{-Br} \xrightarrow{\text{NH}_3} \text{O}_2\text{N-C}_6\text{H}_4\text{-NH}_2$$

$$\text{PhBr} + \text{Mg} \xrightarrow{\text{Et}_2\text{O}, 35\ \text{℃}} \text{PhMgBr}$$

(对于活性较高的氯卤代芳烃,要用四氢呋喃作溶剂。)

$$\text{PhBr} + \text{Li} \xrightarrow{\text{Et}_2\text{O}} \text{PhLi}$$

$$\text{PhBr} + n\text{-C}_4\text{H}_9\text{Li} \xrightarrow{\text{Et}_2\text{O}} \text{PhLi} + n\text{-C}_4\text{H}_9\text{Br}$$

(5)芳香性。

①含 $4n+2$ 个 π 电子的轮烯。轮烯分子要具有芳香性,环的大小必须适合,即碳原子数>10,才能保证所有的苯环在同一平面上。为了保证环内氢不相互排斥(张力)而造成环不共面,可以将氢用亚甲基取代。例如,下列两个化合物均具有一定程度的芳香性。

1,6-亚甲基[10]轮烯　　　顺-1,6;8,13-双亚甲基[14]轮烯

而[18]轮烯分子环内空间相当大,足以容纳 6 个氢而不致产生太大的非键排斥而具有接近平面的结构,有芳香性。

②含 $4n+2$ 个 π 电子的轮烯。含 $4n+2$ 个 π 电子的轮烯如[8]轮烯、[12]轮烯、[16]轮烯等,均因张力太大而使环不在同一平面上,所以不具有芳香性。

③带电荷的环烯烃。环丙烯正离子(a)、环戊二烯基负离子(b)、卓鎓离子(c)、[12]轮烯二价负离子(d)、[16]轮烯二价负离子(e),[18]轮烯二价负离子(f)等因含 $4n+2$ 个 π 电子,均具有芳香性。

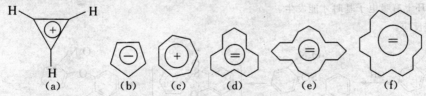

④其他有芳香性的化合物。下列化合物具有芳香性:

随着有机化学的发展,出现了许多新型的有芳香性的化合物。例如下列的化合物和富勒烯等都具有芳香性。

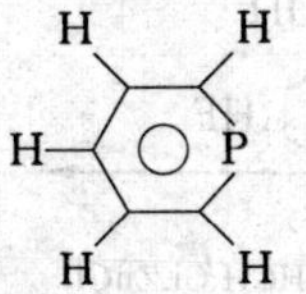

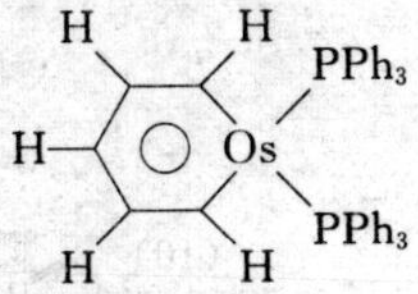

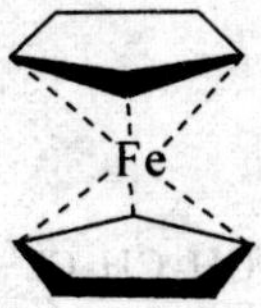

7.2.2 重点、难点

1. 重点

(1) 芳烃的化学性质。
(2) 两类定位基及定位规则。
(3) 芳烃的亲电加成反应及其机理。

2. 难点

判断多取代芳烃亲电取代反应的产物:应根据取代基的性质决定最终亲电取代反应的产物。

7.3 例题

例7.1 系统命名以下化合物。

解 (1) 3-硝基-5-溴苯甲酸;
(2) 1-萘甲醛(α-萘甲醛);
(3) 8-溴-1-萘甲醚;
(4) 邻氨基苯磺酸;
(5) 间溴苯乙烯;
(6) 2-硝基-6-氯苯胺。

例7.2 完成下列反应式。

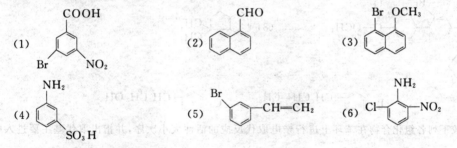

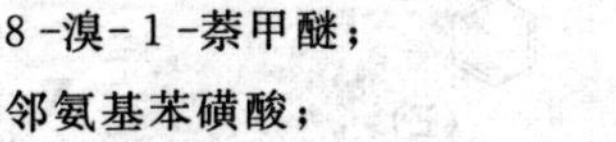

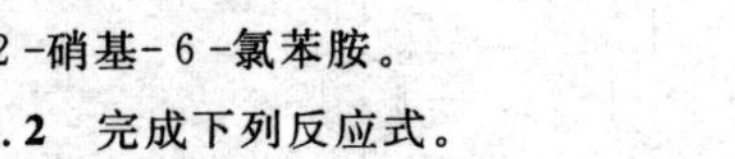

(5) 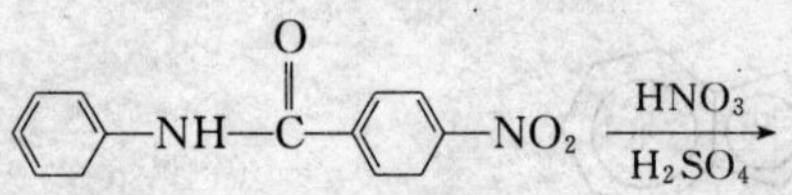 C₆H₅-NH-CO-C₆H₄-NO₂ $\xrightarrow{\text{HNO}_3/\text{H}_2\text{SO}_4}$ (6) 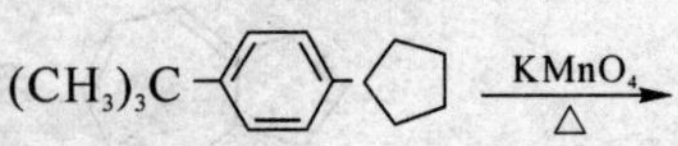 (CH₃)₃C-C₆H₄-环戊基 $\xrightarrow{\text{KMnO}_4, \Delta}$

(7) 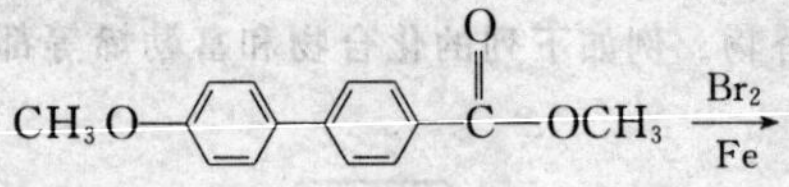 CH₃O-C₆H₄-C₆H₄-COOCH₃ $\xrightarrow{\text{Br}_2/\text{Fe}}$ (8) 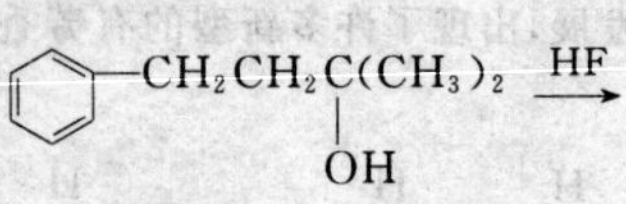 C₆H₅-CH₂CH₂C(CH₃)₂-OH $\xrightarrow{\text{HF}}$

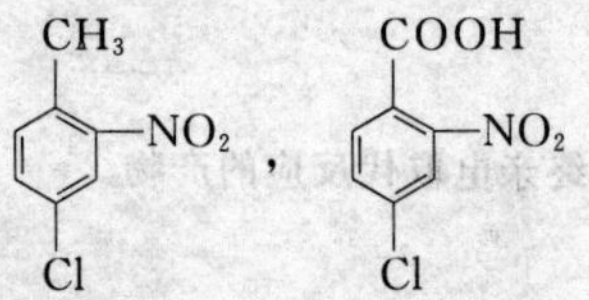

(9) 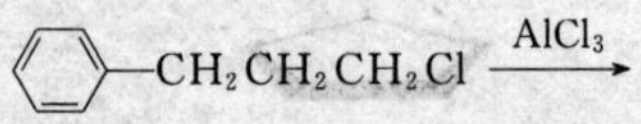 C₆H₅-CH₂CH₂CH₂Cl $\xrightarrow{\text{AlCl}_3}$

(10) 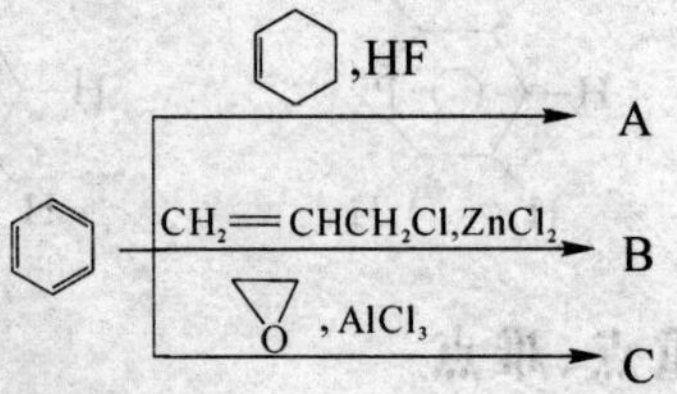 C₆H₆
- 环己烯, HF → A
- CH₂=CHCH₂Cl, ZnCl₂ → B
- 环氧乙烷, AlCl₃ → C

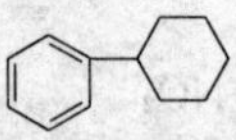

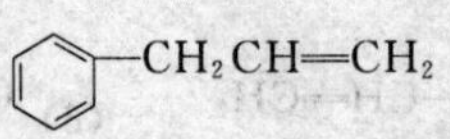

解 (1) 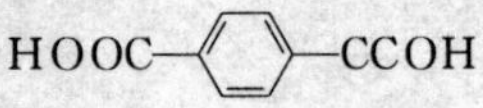 HOOC-C₆H₄-COOH

(2) 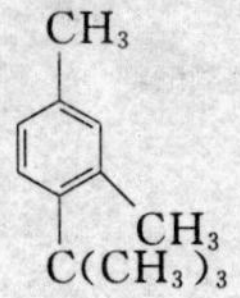 1,2-二甲基-4-叔丁基苯

(3) 邻硝基对氯甲苯, 邻硝基对氯苯甲酸

(4) 1-萘磺酸

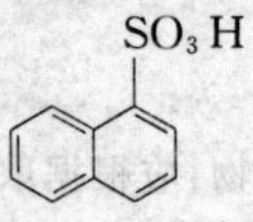

(5) 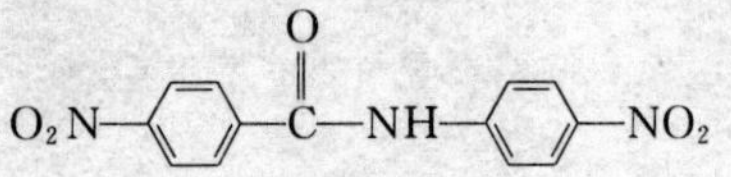 O₂N-C₆H₄-CO-NH-C₆H₄-NO₂

(6) 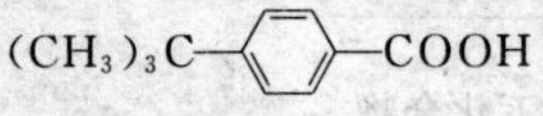 (CH₃)₃C-C₆H₄-COOH

(7) 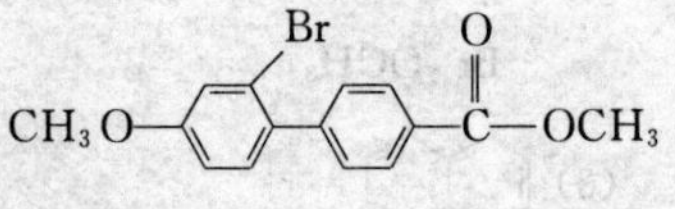 CH₃O-C₆H₃(Br)-C₆H₄-COOCH₃

(8) 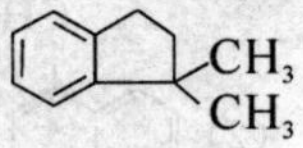 1,1-二甲基茚满

(9) 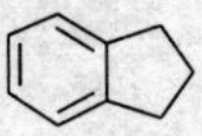 茚满

(10) A: 环己基苯, B: C₆H₅-CH₂CH=CH₂, C: C₆H₅-CH₂CH₂OH

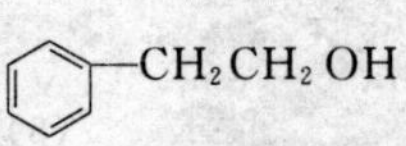

例 7.3 比较下列各组化合物在苯环上进行亲电取代反应的活性大小次序, 并指出取代基主要进入的位置。

(1) 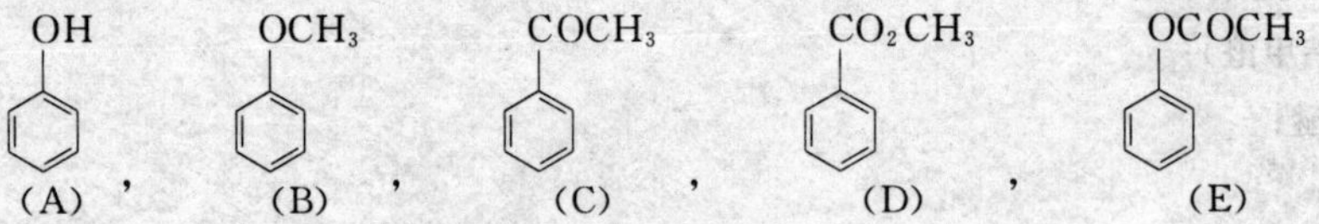
(A) C₆H₅-OH,
(B) C₆H₅-OCH₃,
(C) C₆H₅-COCH₃,
(D) C₆H₅-CO₂CH₃,
(E) C₆H₅-OCOCH₃

(2) 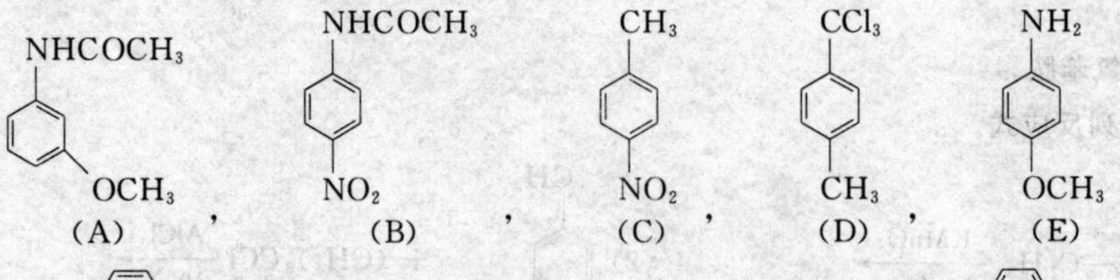
(A) 3-甲氧基-N-乙酰苯胺,
(B) 4-硝基-N-乙酰苯胺,
(C) 对硝基甲苯,
(D) 对-CCl₃-甲苯,
(E) 4-甲氧基苯胺

(3)
(A) 3-甲氧基联苯,
(B) 2-甲氧基萘,
(C) 芴,
(D) 3-硝基联苯

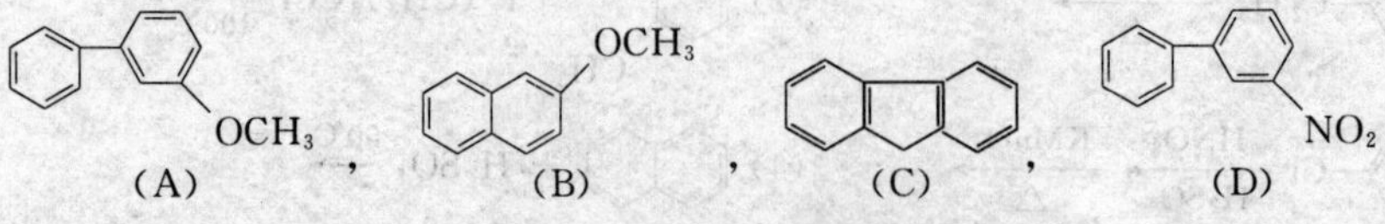

(4) 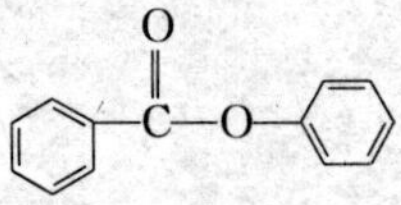 结构式：(A), (B), (C), (D)

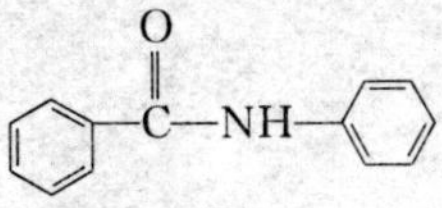

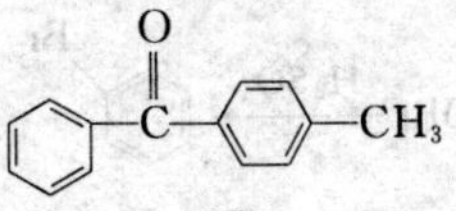

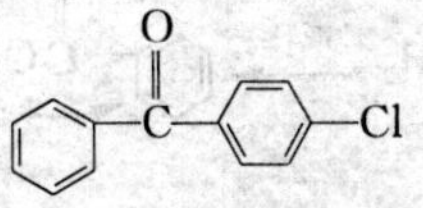

解 (1) 亲电取代反应的活性次序：(A)>(B)>(E)>(D)>(C)。

取代基进入位置：如图所示（—OH，—OCH₃，—COCH₃，—CO₂CH₃，—OCOCH₃ 对应位置）。

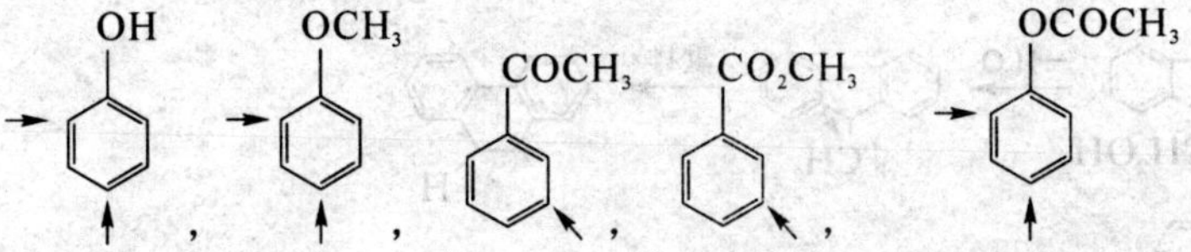

(2) 亲电取代反应的活性次序：(E)>(A)>(B)>(D)>(C)。

取代基进入位置：如图所示。

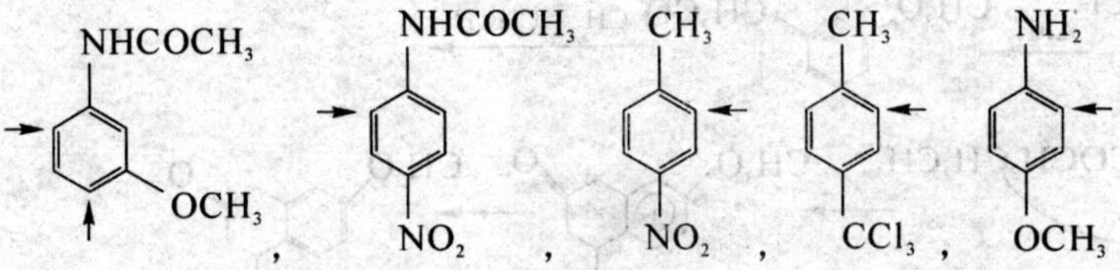

(3) 亲电取代反应的活性次序：(B)>(A)>(C)>(D)。

取代基进入位置：如图所示。

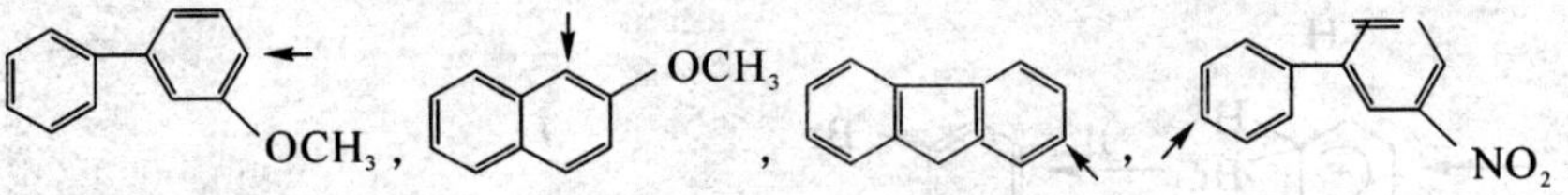

(4) 亲电取代反应的活性次序：(B)>(A)>(C)>(D)。

取代基进入位置：如图所示。

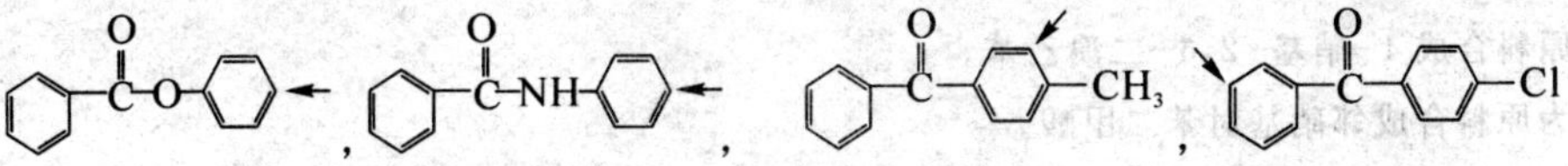

例 7.4 试写出下列反应的机理。

(1) 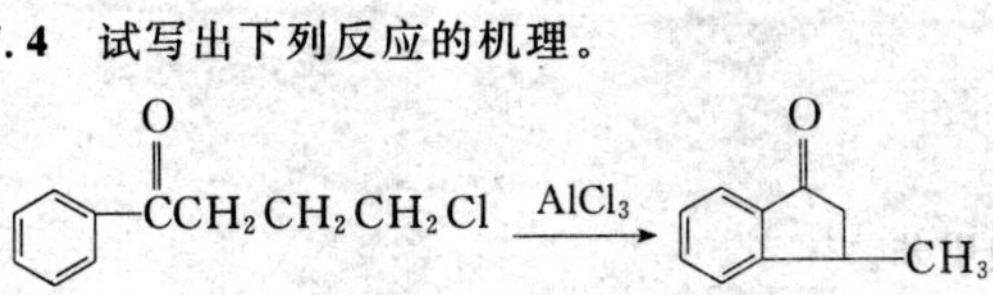 PhCOCH₂CH₂CH₂Cl $\xrightarrow{AlCl_3}$ 2-甲基-1-茚酮

(2) 9-羟甲基芴 $\xrightarrow{H^+}$ 菲

(3) 3-甲氧基苄基氯（CH₃O—C₆H₄—CH₂COCl） + CH₂=CHCH₃ $\xrightarrow{AlCl_3}$ 6-甲氧基-4-甲基-2-四氢萘酮

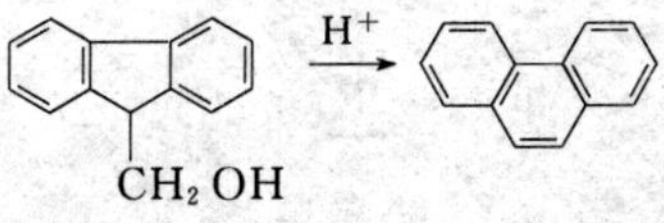

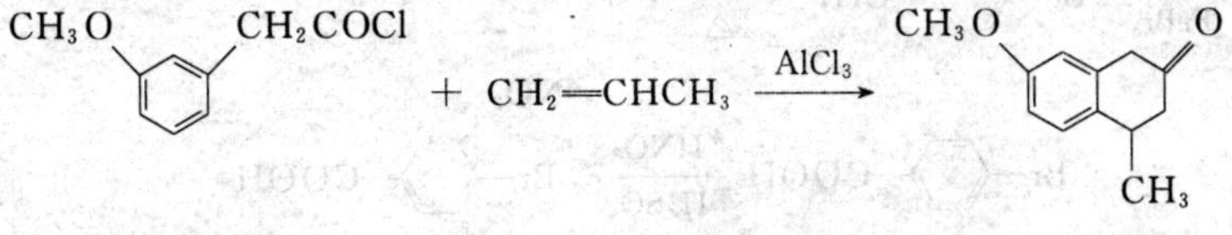

(4) 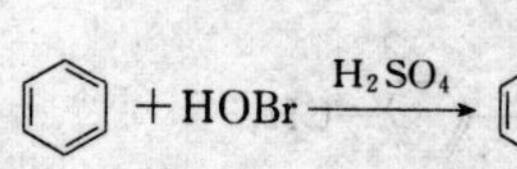 ⌬ + HOBr $\xrightarrow{H_2SO_4}$ C₆H₅Br

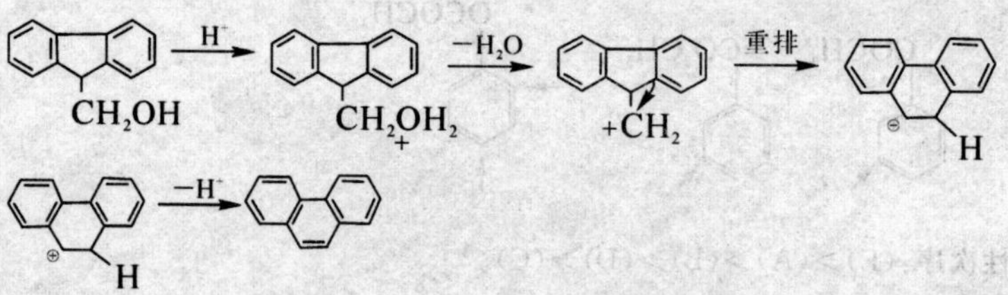

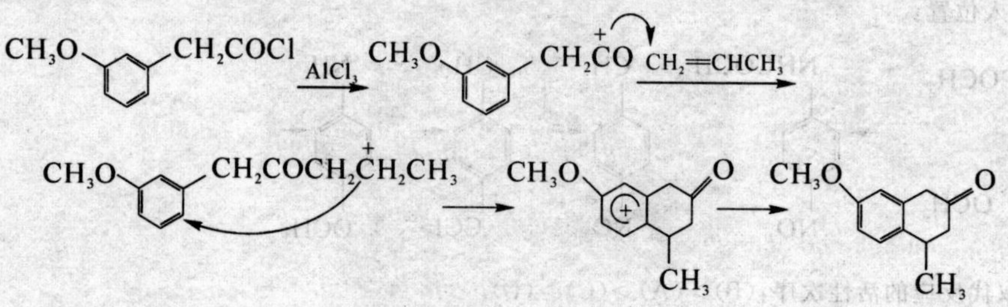

解 (1)

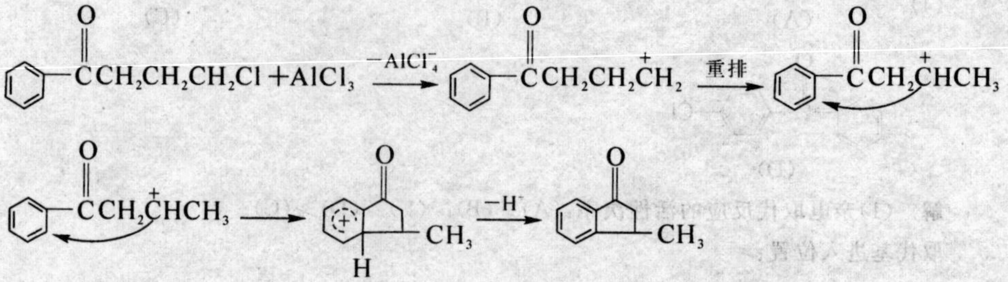

PhCOCH₂CH₂CH₂Cl + AlCl₃ $\xrightarrow{-AlCl_4^-}$ PhCOCH₂CH₂CH₂⁺ $\xrightarrow{重排}$ PhCOCH₂⁺CHCH₃

→ PhCOCH₂⁺CHCH₃ → [环合中间体] → 2-甲基-1-茚酮

(2) 9-芴甲醇 $\xrightarrow{H^+}$ → $\xrightarrow{-H_2O}$ → 重排 → 菲

(3) 3-甲氧基苯乙酰氯 $\xrightarrow{AlCl_3}$ → CH₂=CHCH₃ 加成 → 环合 → 7-甲氧基-3-甲基-2-萘满酮

(4) HOBr + H⁺ $\xrightarrow{H_2SO_4}$ H₂O⁺—Br → H₂O + Br⁺

⌬ + Br⁺ → [σ络合物] $\xrightarrow{-H^+}$ C₆H₅Br

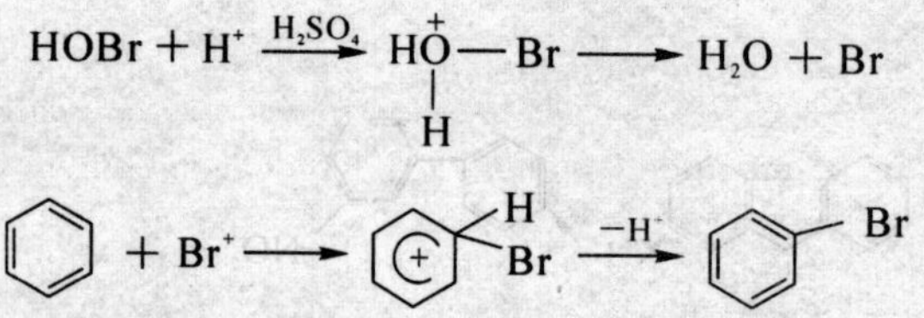

例 7.5 合成下列化合物。

(1) 以甲苯为原料合成 3-硝基-4-溴苯甲酸。
(2) 以苯为原料合成 4-硝基-2,6-二溴乙苯。
(3) 以甲苯为原料合成邻硝基对苯二甲酸。
(4) 以甲苯为原料合成邻硝基甲苯。
(5) 以甲苯为原料合成 2-硝基-4-溴甲苯。
(6) 以甲苯等为原料合成 2,6-溴苯甲酸。
(7) 以甲苯为原料（无机试剂任选）合成 2,6-溴甲苯。
(8) 由 α-甲基萘合成 9-甲基菲。
(9) 由苯合成 4-联苯丁酸。

解 (1) PhCH₃ $\xrightarrow{Br_2/FeBr_3}$ 4-BrC₆H₄CH₃ $\xrightarrow{KMnO_4, \Delta}$

4-BrC₆H₄COOH $\xrightarrow{HNO_3/H_2SO_4}$ 3-硝基-4-溴苯甲酸

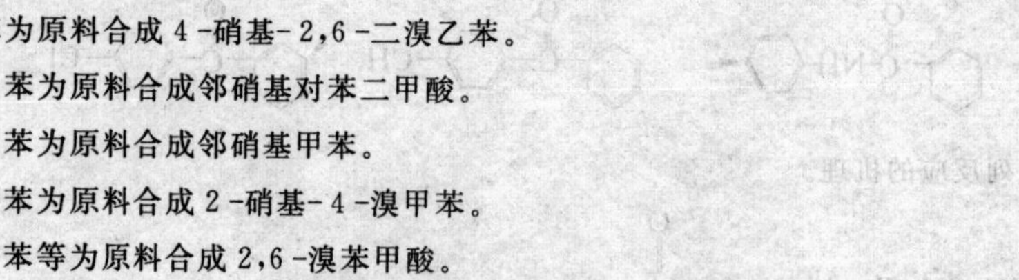

(2) C$_6$H$_6$ + C$_2$H$_5$Br $\xrightarrow{\text{AlCl}_3}$ C$_6$H$_5$C$_2$H$_5$ $\xrightarrow[\text{H}_2\text{SO}_4]{\text{HNO}_3}$ O_2N-C$_6$H$_4$-C$_2$H$_5$ (para) $\xrightarrow[\text{Fe}]{\text{Br}_2}$ 2,6-dibromo-4-nitroethylbenzene

(3) Toluene $\xrightarrow[100\,^\circ\text{C}]{\text{H}_2\text{SO}_4}$ p-CH$_3$-C$_6$H$_4$-SO$_3$H $\xrightarrow[\text{H}_2\text{SO}_4]{\text{HNO}_3}$ 4-methyl-3-nitrobenzenesulfonic acid $\xrightarrow{\text{H}_3\text{O}^+, \Delta}$ o-nitrotoluene $\xrightarrow[\text{AlCl}_3]{\text{CH}_3\text{Br}}$ 2-nitro-1,4-dimethylbenzene $\xrightarrow[\Delta]{\text{KMnO}_4}$ 2-nitroterephthalic acid

(4) Toluene $\xrightarrow[100\,^\circ\text{C}]{\text{H}_2\text{SO}_4}$ p-CH$_3$-C$_6$H$_4$-SO$_3$H $\xrightarrow[\text{H}_2\text{SO}_4]{\text{HNO}_3}$ 3-nitro-4-methylbenzenesulfonic acid $\xrightarrow[\Delta]{\text{稀 H}_2\text{SO}_4}$ o-nitrotoluene

(5) Toluene $\xrightarrow[100\,^\circ\text{C}]{\text{H}_2\text{SO}_4}$ p-CH$_3$-C$_6$H$_4$-SO$_3$H $\xrightarrow[\text{H}_2\text{SO}_4]{\text{HNO}_3}$ 3-nitro-4-methylbenzenesulfonic acid $\xrightarrow[\Delta]{\text{稀 H}_2\text{SO}_4}$ o-nitrotoluene $\xrightarrow[\text{Fe}]{\text{Br}_2}$ 4-bromo-2-nitrotoluene

(6) Toluene $\xrightarrow[100\,^\circ\text{C}]{\text{H}_2\text{SO}_4}$ p-CH$_3$-C$_6$H$_4$-SO$_3$H $\xrightarrow[\text{FeBr}_3]{2\text{Br}_2}$ 3,5-dibromo-4-methylbenzenesulfonic acid $\xrightarrow[\Delta]{\text{稀 H}_2\text{SO}_4}$ 2,6-dibromotoluene $\xrightarrow[\Delta]{\text{KMnO}_4}$ 2,6-dibromobenzoic acid

(7) Toluene $\xrightarrow{\text{H}_2\text{SO}_4}$ p-CH$_3$-C$_6$H$_4$-SO$_3$H $\xrightarrow[\text{FeBr}_3]{\text{Br}_2}$ 3,5-dibromo-4-methylbenzenesulfonic acid $\xrightarrow[\text{H}_2\text{O}]{\text{H}^+}$ TM

(8) 1-methylnaphthalene + succinic anhydride $\xrightarrow{\text{AlCl}_3}$ 4-(4-methyl-1-naphthoyl)butanoic acid (β-ketoacid) $\xrightarrow[\text{H}^+]{\text{Zn-Hg}}$ 4-(4-methyl-1-naphthyl)butanoic acid $\xrightarrow{\text{多聚磷酸}}$

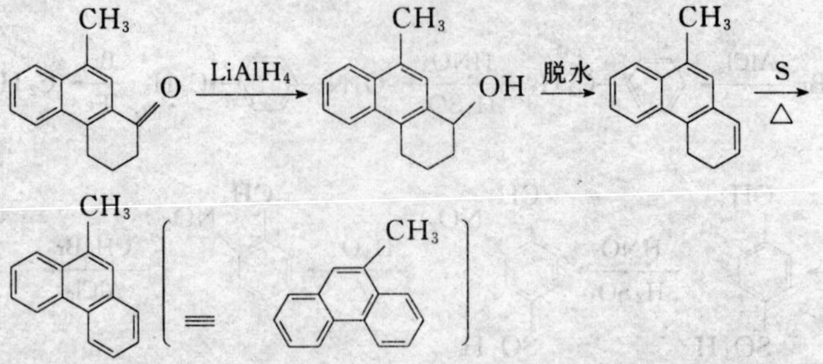

(9) 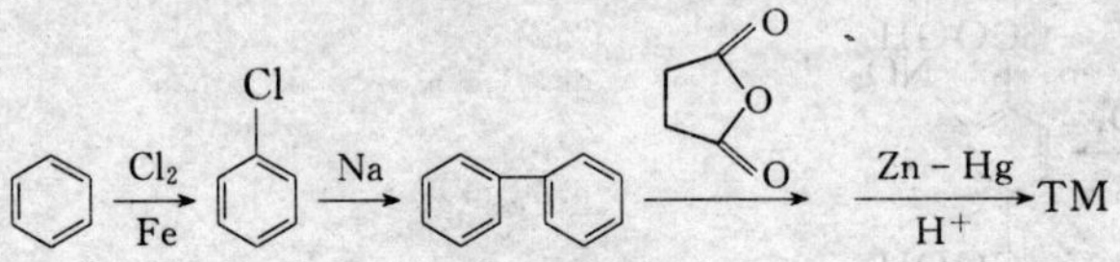 [benzene] $\xrightarrow{Cl_2/Fe}$ [chlorobenzene] $\xrightarrow{Na}$ [biphenyl] $\xrightarrow{\text{butyrolactone}}$ $\xrightarrow[H^+]{Zn-Hg}$ TM

例 7.6 推测下列化合物的结构。

(1) 甲、乙、丙 3 种芳烃分子式同为 C_9H_{12}，氧化时甲得一元羧酸，乙得二元羧酸，丙得三元羧酸；但硝化时，甲和乙分别得到两种一硝基化合物，而丙只得一种一硝基化合物。请写出甲、乙、丙三者的构造式。

(2) 某芳烃(A)$C_{10}H_{14}$，在铁催化下溴代，得一溴代物有两种(A)和(B)，(A)在剧烈条件下氧化生成一种酸(D)$C_8H_6O_4$，(D)硝化只能有一种一硝基产物(E)$C_8H_5O_4NO_2$，试推测出(A)(B)(C)(D)(E)的构造式。

(3) 某化合物(A)实验式 C_3H_4，测定其分子量为 121，分子中含有苯环，(A)经硝化可生成两种异构体(B)和(C)，(B)和(C)含氮均为 8.4%，(B)和(C)分别在 $KMnO_4$ 溶液中加热后再酸化可得到结晶物(D)和(E)，(D)和(E)有相同的熔点，二者的混合物熔点亦不变。试写出(A)(B)(C)(D)(E)的结构式。

解 (1) 甲 $C_6H_5-CH_2CH_2CH_3$ 或 $C_6H_5-CH(CH_3)_2$ ；乙 $CH_3-C_6H_4-C_2H_5$ ；丙 1,3,5-三甲苯

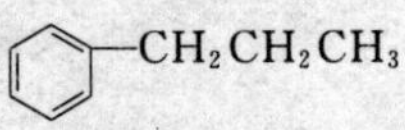

(2)(A) 对-异丙基甲苯 ；(B) 2-溴-4-甲基异丙苯 ；(C) 2-溴-4-异丙基甲苯 ；(D) 对苯二甲酸 ；

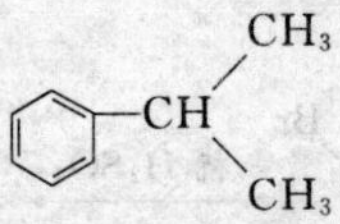

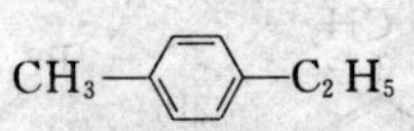

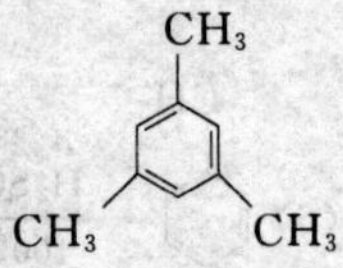

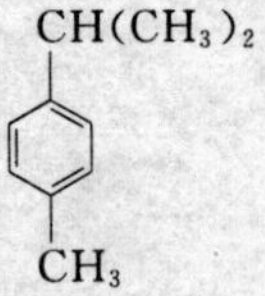

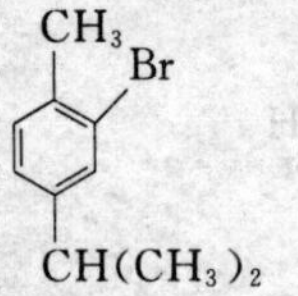

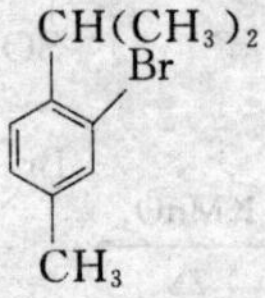

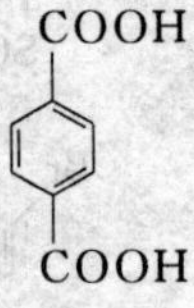

(E) 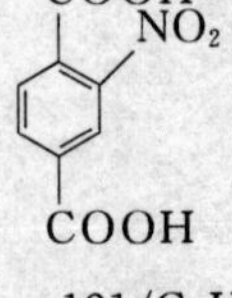 2-硝基对苯二甲酸

(3) $n = 121/C_3H_4 = 121/40 = 3$；因此(A)的分子式为 C_9H_{12}。

(A) 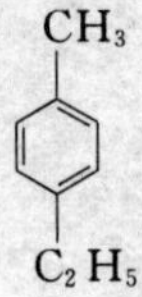 对-乙基甲苯 ；(B) 2-硝基-4-乙基甲苯 ；(C) 2-硝基-4-甲基乙苯 ；(D)和(E) 2-硝基对苯二甲酸

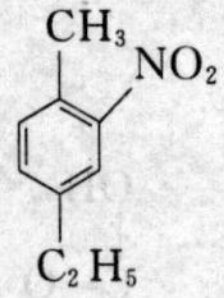

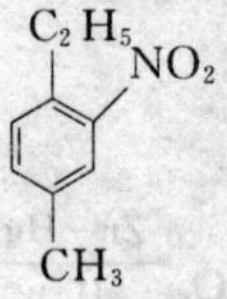

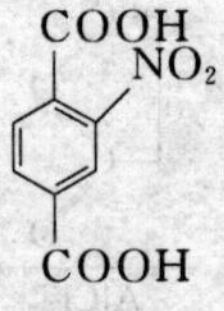

7.4 习题精选详解

习题 7.1 C_6H_3ABC 型化合物有几种异构体。

解 根据 A, B, C 3 种取代基在苯环上的排列组合，可以得到以下 10 种异构体。

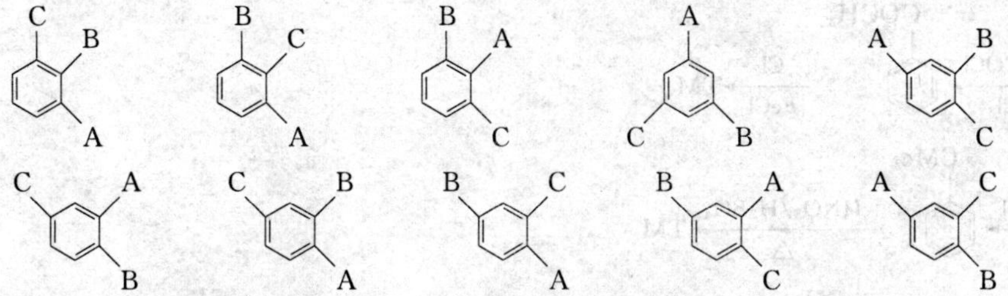

第7章 芳烃与稠环芳烃

习题 7.2 室温下，四甲基苯的两个异构体是液体，第三个异构体是固体。写出第三个异构体的结构式。

解 第三个异构体是固体，说明其熔点高，结构应是高度对称的。据此可写出其结构式为

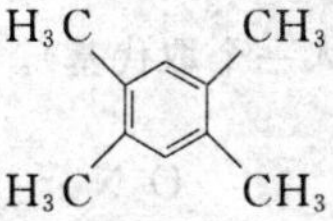

（1,2,4,5-四甲基苯结构式）

习题 7.3 用箭头表示下列化合物在硝化反应中硝基所占的位置（主要产物）。

(1) 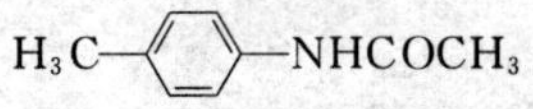 H_3C-⟨苯环⟩$-NHCOCH_3$ (2) $Cl-$⟨苯环⟩$-NO_2$  (3) 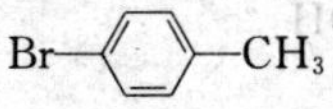 $Br-$⟨苯环⟩$-CH_3$

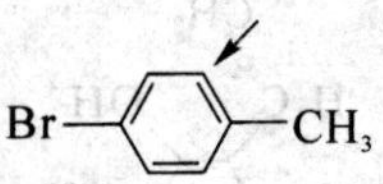

(4) 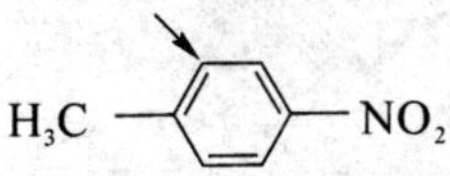 H_3C-⟨苯环⟩$-NO_2$ (5) 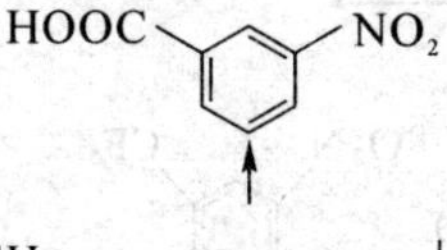 HOOC-⟨苯环⟩-NO_2 (6) 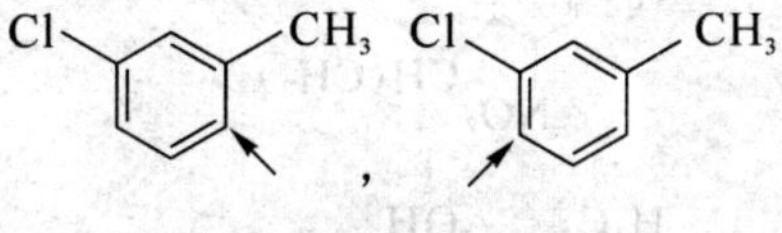 ⟨苯环带Cl和CH_2⟩

(7) 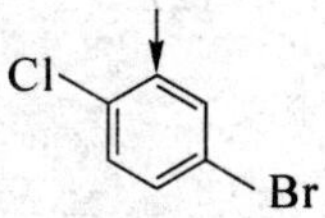 ⟨苯环带Cl和Br⟩

解 (1)—(7) 各结构中硝基进入位置以箭头表示（见图）。

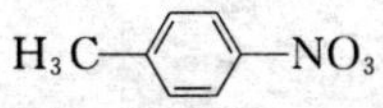

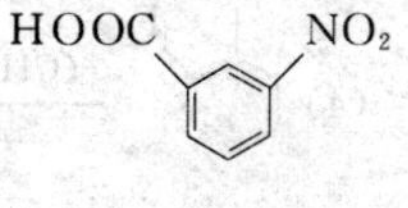

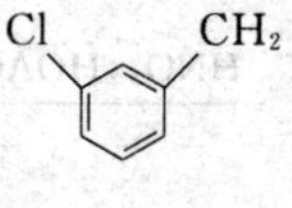

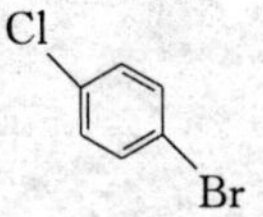

习题 7.4 如何从苯或取代苯合成下列化合物。
(1) 对硝基溴苯 (2) 2,4-二硝基苯甲醚 (3) 对氯基苯乙酮 (4) 间氯基苯乙酮
(5) 对硝基叔丁基苯 (6) 4-甲基-2-硝基叔丁基苯

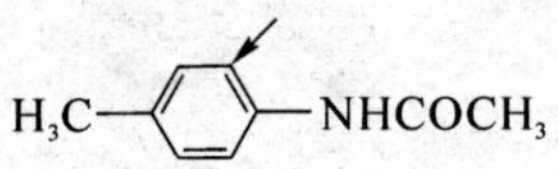

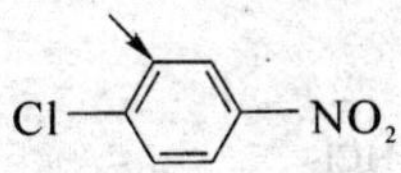

解

(1) 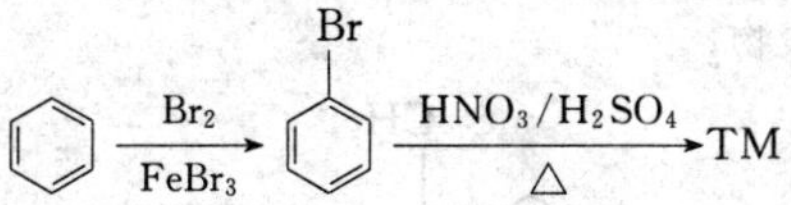 苯 $\xrightarrow[FeBr_3]{Br_2}$ 溴苯 $\xrightarrow[\triangle]{HNO_3/H_2SO_4}$ TM

(2) 苯甲醚 $\xrightarrow[\triangle]{HNO_3/H_2SO_4}$ 对硝基苯甲醚 $\xrightarrow[\triangle]{HNO_3/H_2SO_4}$ TM

(3) 苯 $\xrightarrow[FeCl_3]{Cl_2}$ 氯苯 $\xrightarrow[FeCl_3]{CH_3COCl}$ TM

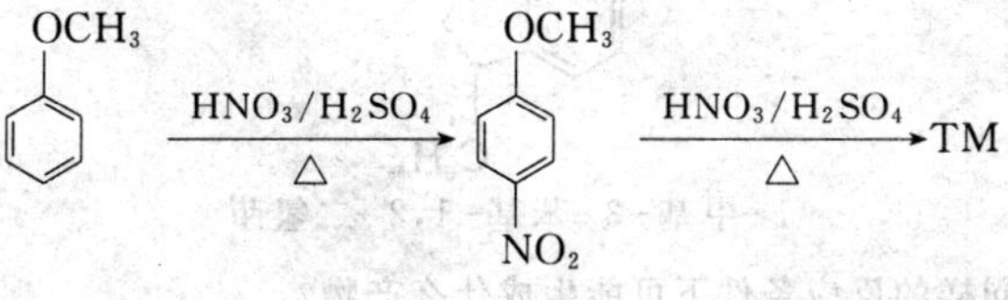

(4) 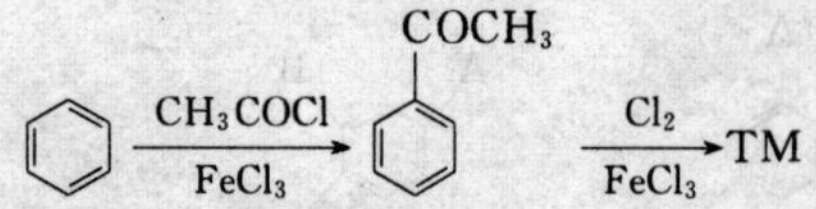 C₆H₆ $\xrightarrow{CH_3COCl, FeCl_3}$ C₆H₅COCH₃ $\xrightarrow{Cl_2, FeCl_3}$ TM

(5) 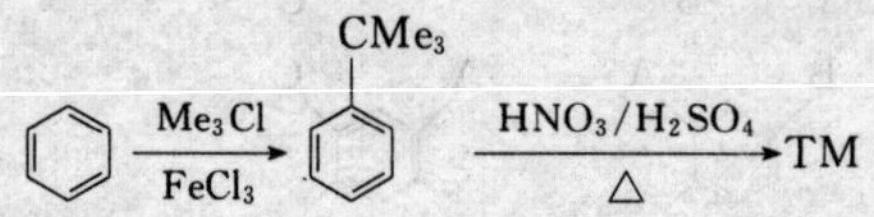 C₆H₆ $\xrightarrow{Me_3Cl, FeCl_3}$ C₆H₅CMe₃ $\xrightarrow{HNO_3/H_2SO_4, \Delta}$ TM

(6) 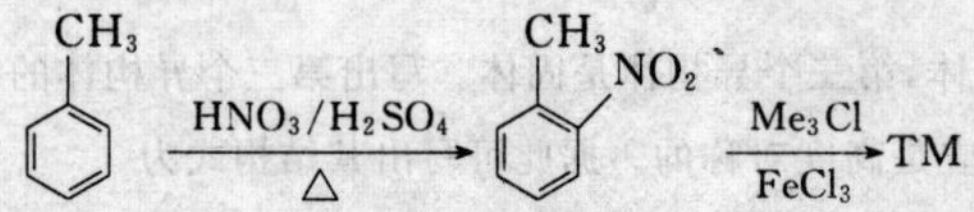 C₆H₅CH₃ $\xrightarrow{HNO_3/H_2SO_4, \Delta}$ o-O₂N-C₆H₄-CH₃ $\xrightarrow{Me_3Cl, FeCl_3}$ TM

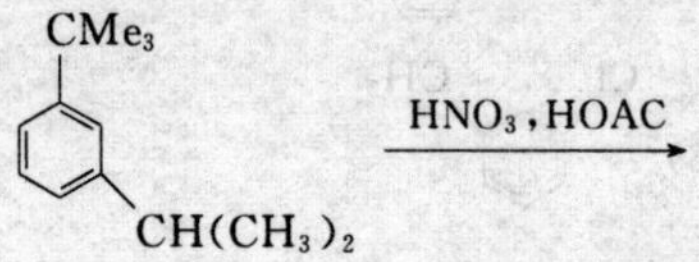

习题7.5 写出下列取代反应的产物（导入一个取代基）。

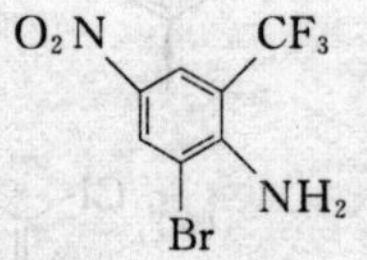

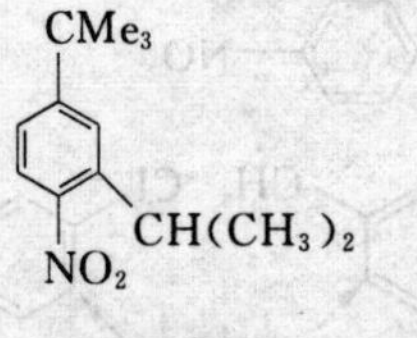

(1) 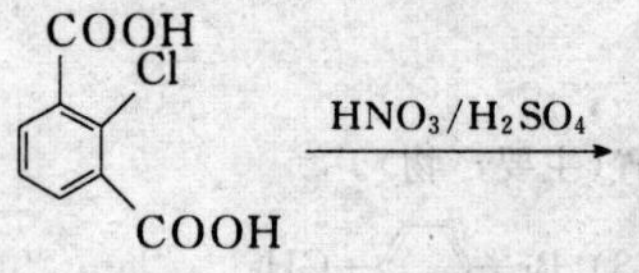 2-氯-1,3-苯二甲酸 $\xrightarrow{HNO_3/H_2SO_4}$

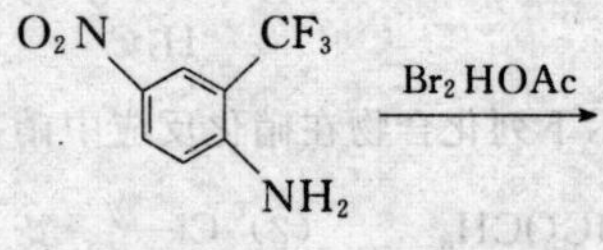

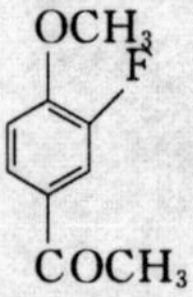

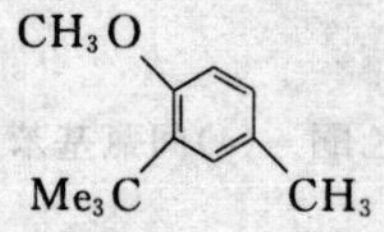

(2) 4-硝基-2-三氟甲基苯胺 $\xrightarrow{Br_2\ HOAc}$

(3) 1-叔丁基-3-异丙基苯 $\xrightarrow{HNO_3, HOAC}$

(4) 2-氟苯甲醚 $\xrightarrow{(CH_3CO)_2O, AlCl_3}$

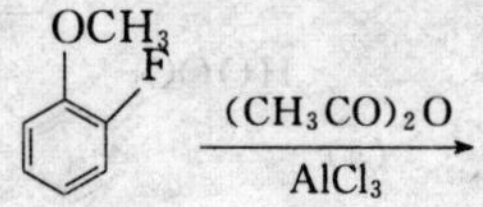

(5) 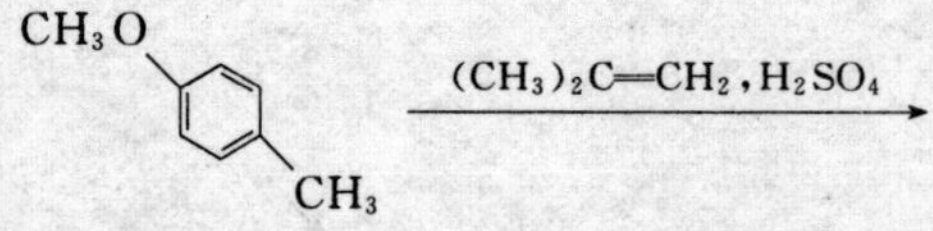 4-甲基苯甲醚 $\xrightarrow{(CH_3)_2C=CH_2, H_2SO_4}$

(6) 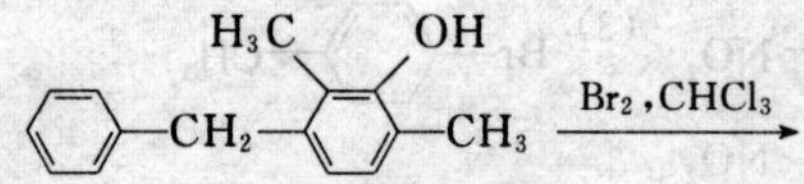 2,6-二甲基-4-苄基苯酚 $\xrightarrow{Br_2, CHCl_3}$

解 (1) 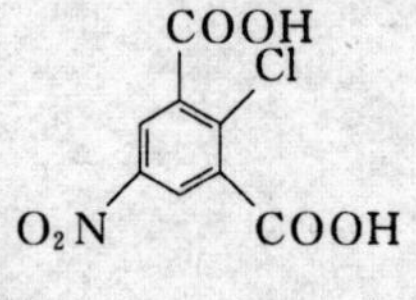 2-氯-5-硝基-1,3-苯二甲酸

(2) 3-溴-4-氨基-2-三氟甲基-6-硝基苯... (产物图)

(3) 1-叔丁基-3-异丙基-4-硝基苯

(4) 4-乙酰基-2-氟苯甲醚

(5) 2-叔丁基-4-甲基苯甲醚

(6) 3-溴-2,6-二甲基-4-苄基苯酚

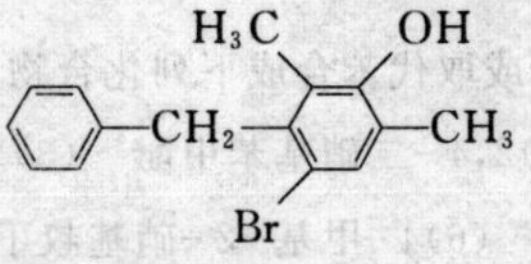

习题7.6 苯乙烯与稀硫酸一起加热，生成两种二聚物：

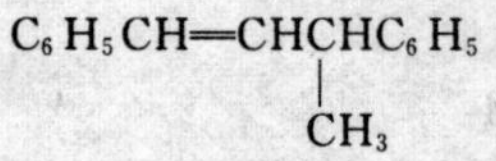

C₆H₅CH=CHCH(CH₃)C₆H₅

1,3-二苯基-1-丁烯

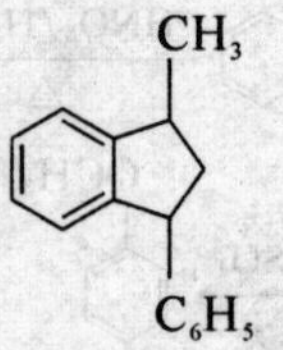

1-甲基-3-苯基-1,2-二氢茚

试推测可能的反应机理。2-苯基丙烯在同样的反应条件下可能生成什么产物？

解

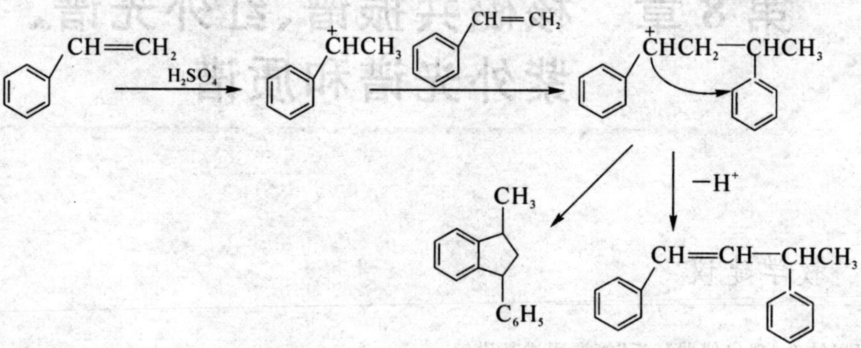

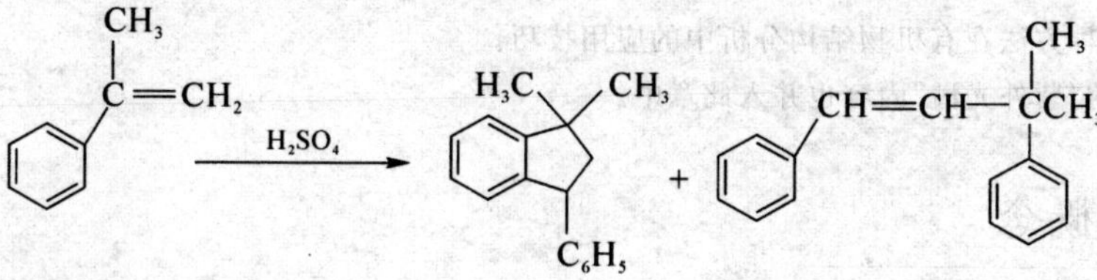

习题 7.7 如何实现下列转变？

(1) 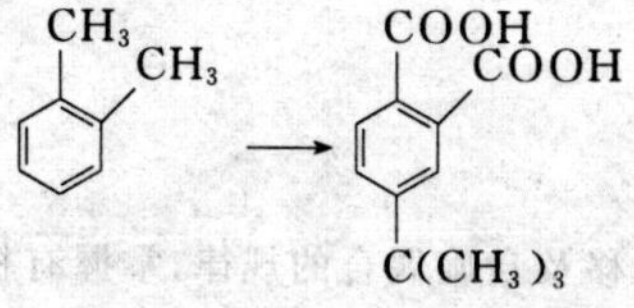 邻二甲苯 → 4-叔丁基邻苯二甲酸

(2) 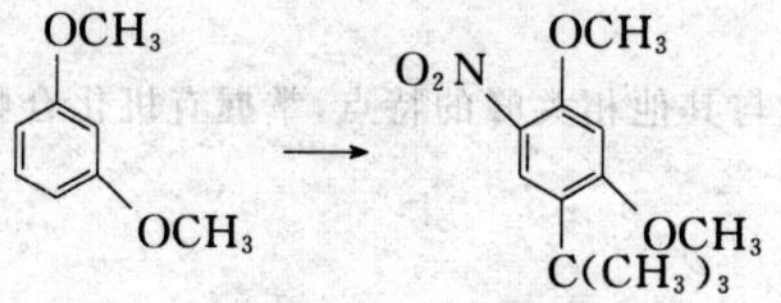 间二甲氧基苯 → 2-硝基-4-叔丁基-1,5-二甲氧基苯(示意)

(3) 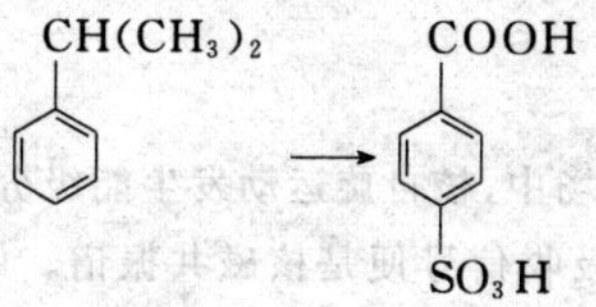 异丙苯 → 对磺基苯甲酸

解

(1) 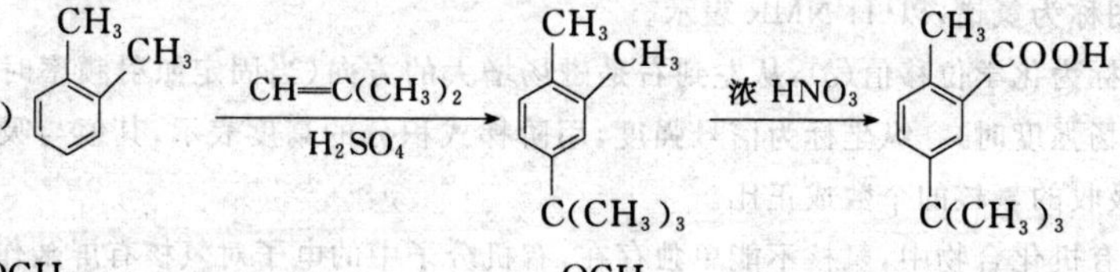 邻二甲苯 $\xrightarrow{\text{CH}_2=\text{C}(\text{CH}_3)_2, \text{H}_2\text{SO}_4}$ 4-叔丁基邻二甲苯 $\xrightarrow{\text{浓 HNO}_3}$ 产物

(2) 间二甲氧基苯 $\xrightarrow{\text{HNO}_3, \text{H}_2\text{SO}_4}$ 硝化产物 $\xrightarrow{\text{CH}_2=\text{C}(\text{CH}_3)_2, \text{H}_2\text{SO}_4}$ 产物

(3) 异丙苯 $\xrightarrow{\text{H}_2\text{SO}_4}$ 对异丙基苯磺酸 $\xrightarrow{\text{浓 HNO}_3}$ 产物

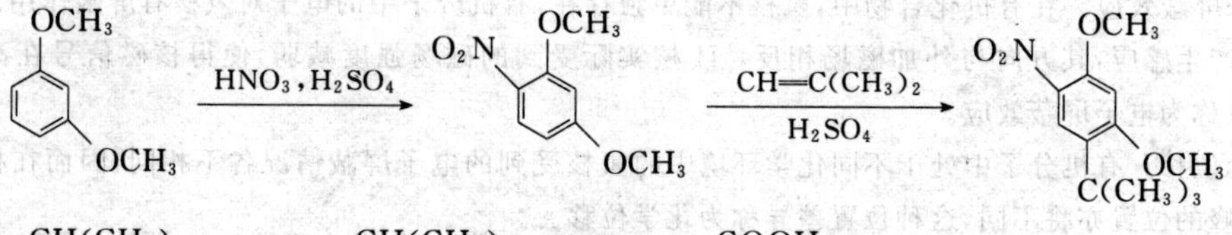

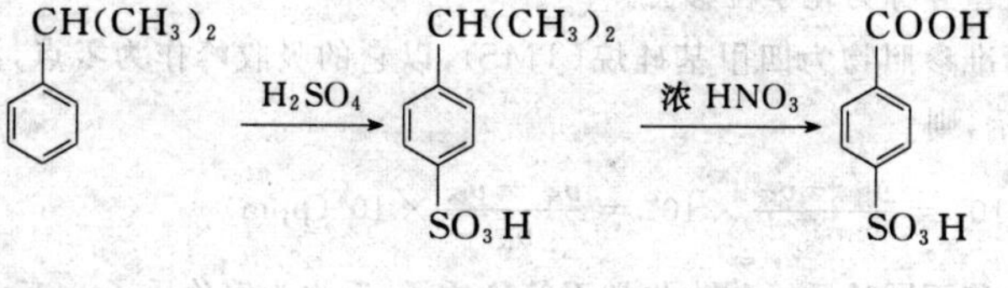

第8章 核磁共振谱、红外光谱、紫外光谱和质谱

8.1 教学建议

(1) 可以结合"现代仪器分析"等课程进行讲解。
(2) 主要讲解每种方法在有机物结构分析中的应用技巧。
(3) 第12章中的"紫外光谱"内容也并入此章中。

8.2 主要概念

8.2.1 内容要点精讲

1. 教学基本要求

(1) 掌握核磁共振的基本原理,熟练掌握常用各类氢核的化学位移及自旋偶合的规律,掌握有机化合物核磁共振谱图的解析方法。
(2) 掌握红外光谱的基本原理,熟练掌握常见特征吸收峰与其他相关峰的特点,掌握有机化合物红外光谱谱图的解析方法。
(3) 掌握质谱的基本原理,熟练掌握质谱图的解析方法。
(4) 掌握紫外光谱的基本原理及影响化合物紫外光谱的因素。

2. 主要概念

(1) 核磁共振。原子序数或相对原子量为奇数的原子核在外加磁场中,核自旋运动发生能级分裂,此时若外加辐射能量与核自旋的能级差匹配时会产生共振吸收,记录其吸收信号便是核磁共振谱。如原子核为 ^1H 核,所产生的核磁谱图称为氢谱,以 ^1H NMR 表示。

核磁共振谱图中,横坐标为化学位移值(δ),从左到右是磁场增大的方向(当固定照射频率时),也可以是频率减少的方向(当固定磁场强度时)。纵坐标为信号强度,用阶梯式积分的高度表示,其值与吸收峰面积成正比。而峰面积与引起该吸收的氢核的个数成正比。

(2) 电子屏蔽效应。在有机化合物中,氢核不能单独存在,有机分子中的电子对氢核有屏蔽作用。电子在外加磁场中产生感应,其方向与外加磁场相反,^1H 核实际受到的磁场强度减弱,使得核磁信号在高磁场出现,这种现象称为电子屏蔽效应。

(3) 化学位移。有机分子中处于不同化学环境中的氢核受到的电子屏蔽情况各不相同,因而在核磁共振谱中的吸收峰的位置亦将不同,这种位置差称为化学位移。

化学位移常采用相对标准,选用的标准参照物为四甲基硅烷(TMS),以它的吸收峰作为零点,测出其他峰与零点的距离,即为化学位移,以 δ 表示,则

$$\delta = \frac{H_{样} - H_{标}}{H_{标}} \times 10^6 = \frac{\upsilon_{样} - \upsilon_{标}}{\upsilon_{标}} \times 10^6 = \frac{\upsilon_{样} - \upsilon_{标}}{\upsilon_{仪}} \times 10^6 \text{(ppm)}$$

(4) 等价质子和不等价质子。化学位移不同的质子称为化学不等价质子,反之为等价质子。

第8章 核磁共振谱、红外光谱、紫外光谱和质谱

判断两个质子是否化学等价的方法是将它们分别用一个试验基团取代,如两个质子被取代后得到同一结构,则它们是等价的。

(5)自旋裂分。分子中位置相近的质子之间,由于原子核磁矩的空间取向(自旋量子数表示)使得所感受到的外加磁场强度发生微小变化,导致原有的吸收峰(单峰)发生分裂,这种质子之间的自旋相互影响称为自旋-自旋偶合,因自旋偶合引起谱线增多(多重峰)则简称为自旋裂分。

自旋偶合裂分峰中,相邻两个裂分峰之间的距离称为偶合常数(用 J 表示,以 Hz 为单位)。在一级谱($\Delta v/J>25$)和近似一级谱($6 \leqslant \Delta v/J \leqslant 25$)中,峰的裂分数目与相邻碳原子上磁等价质子的数目 n 的关系符合($n+1$)规律。

(6)红外光谱。红外光谱是分子振动和转动能级跃迁产生的吸收光谱。只有瞬间偶极矩大小或方向发生改变的振动才能产生红外光谱。

分子的局部振动即基团或化学键振动引起的红外吸收在中红外区。振动有键的伸展或收缩的伸缩振动和离开键轴的弯曲振动。

红外光谱吸收峰的位置常用波数来表示,单位为 cm^{-1}。常见有机化合物的红外吸收位于中红外区,通常在 4 000~400 cm^{-1} 范围。

(7)特征谱带区。3 800~1 400 cm^{-1} 区段出现的每个红外吸收峰主要是由一对键连原子间的伸缩跃迁产生,与整个分子的关系不大,因而可用于确定某种特殊的键和官能团是否存在。

(8)相关峰。一个基团几种形式的振动往往都有相应的振动峰,这些相互依存又相互印证的峰即为相关峰。解析红外谱图时,断定有某一官能团,再找相关峰,可得到有力的旁证。

(9)指纹区。1 400~650 cm^{-1} 区段为指纹区。它主要是 C—C,C—N,C—O 单键的伸缩振动和各种弯曲振动,这些单键的强度判别不太大,相对原子重量也差不多,各种弯曲振动能级差也较小,所以此区域内吸收带特别密集,有时很难辨别,但在此区域内,各个化合物在结构上的微小差异都会有所反映,形成其特有的谱图结构,对鉴定化合物有价值。

(10)质谱。有机化合物分子在气相下受强电子束轰击,可失去一个外层电子而成为分子离子,分子离子还可以继续裂解成一系列带正电荷的与不带电的碎片。这些离子碎片在电磁场作用下沿着弧形轨道前进,质荷比大的正离子,其轨道弯曲程度小,质荷比小的正离子,其轨道的弯曲程度大,这样不同质荷比的正离子就能被分离开来,依次记录即得质谱(MS)。根据各离子的信号强弱和相应的质荷比可检测出分子的结构。

质谱中的峰主要有分子离子峰、碎片离子峰和同位素峰。正确识别分子离子峰、碎片离子峰及断裂规律是通过质谱推断分子结构的基础。

(11)紫外光谱(UV)。紫外光谱是原子价电子跃迁产生的吸收光谱。在 UV 谱中,电子跃迁类型相同的吸收峰称为吸收带,各吸收带最大吸收波的波长(λ_{max})和吸收强度(摩尔吸收系数 κ)是鉴定化合物结构的依据。

3. 核心内容

(1)影响化学位移的因素。各种不等性 ^1H 都有其特征的化学位移值,显示为特征的峰或峰组。影响化学位移的主要因素有:

①氢核周边基团的电负性效应;

②氢核周边基团云产生的感应磁场的各向异性。

具体有如下影响:

①电负性较大的原子如 N,O,X 的吸电子性对附近的质子起屏蔽效应,使氢核的共振信号向低场移动,去屏蔽程度随这些原子的电负性增大而增大,随所隔键的数目增加而减弱。

②羰基、苯基和烯基对相邻碳上的氢核也有去屏蔽作用。

③对于饱和碳上的 H,其化学位移值的顺序如下

$$\underset{(3°)}{\underset{H}{\overset{|}{-\underset{|}{C}-}}} > \underset{(2°)}{\underset{H}{\overset{H}{-\underset{|}{C}-H}}} > \underset{(1°)}{\underset{H}{\overset{H}{-\underset{|}{C}-H}}}$$

④重键使得连接在重键碳上的H的δ值减少,其顺序如下:

$$\underset{}{\overset{O}{\parallel}}{-C-H} > \text{〈} \text{〉} -H > \underset{}{\overset{}{>}}C=C\underset{}{\overset{}{<}} > -\underset{|}{\overset{|}{C}}=\underset{|}{\overset{|}{C}}-H > -\underset{|}{\overset{|}{C}}-H$$

⑤环丙基上的H以及位于芳香烃的H受到强烈屏蔽,有时甚至出现负的化学位移值。

⑥杂原子上的H(如-OH,-NH,-SH),其化学位移值变动范围大,且峰变宽,有时甚至难以辨认。

(2)核磁共振谱的解析。核磁共振解析的一般程序是:从积分线高度和分子式中求出各组信号所代表的氢核数;从化学位移值识别各信号属何种氢核(即官能团);从峰的裂分数和偶合常数值找出相互偶合的信号,确定邻接碳上的氢核数;综合各参数提供的结构信息推定分子结构。

(3)质谱中分子离子峰的确定。质谱中分子离子峰的确定非常关键,一是可以确定分子式;二是可以佐证其他碎片离子峰。

通常质谱中质荷比最大的信号峰为分子离子峰,但有时由于存在同位峰,或分子不稳定而大量裂解,使得分子离子峰信号未出现或很弱,此时可借助下列两条规则判别质荷比最大的信号峰是否为分子离子峰。

①氮规则:在有机分子中若含奇数氮原子,分子量为奇数;若含偶数氮原子,分子量为偶数。

②碎片规则:由于有机分子中最小碎片质荷比为15(甲基峰),故在谱图中在M^+(分子离子峰)-3到M^+-12的范围内不可能出现任何碎片,否则M^+一定不是分子峰。

(4)分子离子断裂方式。分子离子峰可以继续断裂而生成碎片离子峰,其断裂有一定的规律,例如分子中最弱的键最易断裂;能够形成最稳定的碎片的断裂最易发生;碎片离子可以发生重排以生成更稳定的正离子等。

①α裂解:在含羰基化合物中,下列的α裂解断裂较为常见,即在α碳处发生断裂。

$$\underset{R}{\overset{O}{\parallel}}{\underset{}{C}}-H \xrightarrow[-2e]{e} \underset{R}{\overset{+\overset{..}{O}:}{\parallel}}{\underset{}{C}}-H \longrightarrow \begin{cases} \underset{R}{\overset{O}{\parallel}}{\underset{}{C^+}} \longleftrightarrow RC\equiv O^+ \quad (m/e=M^+-1) \\ \underset{H}{\overset{O}{\parallel}}{\underset{}{C^+}} \longleftrightarrow HC\equiv O^+ \quad (m/e=29) \end{cases}$$

②β裂解:在含杂原子的有机化合物中,下列的β裂解最为常见,即在β碳原子处发生断裂。

$$RCH_2CH_2OH \xrightarrow[-2e]{e} R-\underset{H}{\overset{H}{\underset{|}{C}}}\underset{|}{\overset{|}{\vdots}}CH_2\overset{..}{O}H \longrightarrow R-\underset{H}{\overset{H}{\underset{|}{C^+}}} + \overset{+}{C}H_2\overset{..}{O}H \longleftrightarrow \underset{\underbrace{\qquad\qquad}_{m/e=31}}{H_2C=\overset{+}{O}H}$$

③烯丙基式裂解:在含有烯丙基的有机化合物中,最为常见的断裂为

$$RCH_2CH=CH_2 \xrightarrow[-2e]{e} [RCH_2CH=CH_2]^{+\cdot} \longrightarrow R\cdot + \overset{+}{C}H_2CH=CH_2 \quad (m/e=41)$$

(5)质谱解析的一般程序。首先,判别分子离子峰以确定化合物的相对分子质量,然后根据同位素峰和分子离子峰的信号比确定化合物中含重杂原子的种类和数目,如$(M^++2)/M=1:3$,说明可能含有一个氯原子,$(M^++2)/M=1:1$说明可能含有一个溴原子。最后再根据各类型化合物的特征断裂特点,寻找特征质谱峰的信号及强度,以及质谱峰相互间的质量差确定各碎片的结构。质谱峰间的质量差代表断裂失去基团的大小,丰度代表该碎片的稳定程度。

(6) ^{13}C 核磁共振谱。^{13}C 也可以产生核磁共振信号，但由于其天然丰度较低，信号较弱，不易从噪声中检测出来，但可以通过多次扫描，叠加所得谱图，使噪声相互抵消而信号加强的方法加以解决。

^{13}C 核磁共振谱可以得到有机化合物中碳骨架的信息。

^{13}C 核磁共振谱中化学位移同样是以四甲基硅烷的碳核为标准，其一信号在高场方向与标准信号的距离来计算的。

(7) 价电子跃迁。有机化合物分子中的价电子有三种类型，即 σ 电子、π 电子和 n 电子。大部分有机化合物的价电子跃迁所需的能量和吸收波长如表 8.1 所示。

表 8.1 价电子跃迁与紫外光谱间的关系

电子跃迁类型	所需能量/(kJ·mol^{-1})	吸收波长/nm
σ⟶σ*	914.7	150（远紫外区）
π⟶π*	723.8	165（远紫外区）
n⟶π*	486.2	280（近紫外区）

(8) 发色团和助色团。通常将能够发生 π⟶π* 或 n⟶π* 跃迁的基团，即含有 π 键的基团称为发色团。一些含有未共享电子对的基团连接在发色团上，常有帮助发色和使颜色加深的作用（增色效应），这些基团称为助色团。

(9) 红移。当分子中有共轭体系时，价电子跃迁所需的能量显著减少，吸收带向长波方向移动，称为红移。当共轭受到一定阻碍时，就要减少红移。因此可以用紫外吸收光谱鉴别顺反式结构，反式异构体吸收的波长常较顺式的长。

(10) 吸收带。为了便于在解析光谱时可从紫外吸收光谱推测化合物的分子结构情况，常把吸收带分成四种类型：

① R 带：由 p—π 共轭体系中 n⟶π* 跃迁引起，λ_{max}>270 nm，κ_{max}<100。

② K 带：由 π—π 共轭体系中 π⟶π* 跃迁引起，κ_{max}>10^4，λ_{max} 随共轭链的增长而红移。

③ B 带：由芳香族（或芳杂环）的振动和 π⟶π* 跃迁引起，可表现为由若干小峰组成的精细结构。

④ E 带：有 E_1 和 E_2 两个带，分别由芳环中的烯键和共轭烯键 π⟶π* 跃迁产生。通常所讲的 E 带即指 E_1 带，吸收在远紫外区，近紫外区一般不可见；E_2 带相当于 K 带，在近紫外区有端吸收。

紫外光谱能提供有机化合物共轭体系及某些羰基官能团存在的信息，但由于它只是分子发色团和助色团的特性而不是整个分子的特征，因而要测定分子的结构，还需要其他方法配合。

紫外光谱可用于定量分析，准确度和精密度都能符合要求。

8.2.2 重点、难点

1. 重点

(1) 核磁共振谱的原理及化学位移、自旋偶合等概念，影响化学位移值的因素。

(2) 红外光谱图的原理及一些重要官能团的特征频率。

(3) 质谱的原理及各类型化合物的特征裂解方式。

(4) 紫外光谱的原理及各类化合物的光谱特点。

2. 难点

各类谱图的解析。

8.3 例题

例 8.1 下列振动模式中，哪些不能产生红外吸收峰？

(1)CO 的对称伸缩；

(2)乙炔中碳—碳键的对称伸缩；

(3)CH_3CN 中碳—碳键的对称伸缩；

(4)乙醚中的 C—O—C 不对称伸缩。

(5)乙烯的下列四种振动

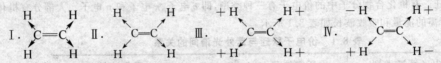

解 (2)(5)中的 Ⅱ 和 Ⅳ 不会产生红外吸收峰。

例 8.2 一个化合物的分子式为 C_8H_8O，红外光谱图中各吸收峰的位置为 3 050,2 920,2 900,1 690, 1 600,1 580,1 360,750,700,680 cm^{-1}。请推测其结构。

解 根据分子式可计算其不饱和度为 5，说明分子中可能有苯环和羰基。再根据各吸收峰的位置，可确定该化合物为苯乙酮。

例 8.3 下列化合物中各有几种等性质子？

(1)$CH_3CH_2CH_3$ (2)$CH_3CH=CH_2$ (3)$CH_3CHClCH_2CH_3$ (4)硝基苯

(5)甲基苯 (6)3 种二甲基环丙烷

解 (1)2 种 (2)4 种 (3)5 种 (4)3 种 (5)2 种 (6)各为 2 种、4 种和 3 种

例 8.4 下列化合物的核磁共振谱图中有无自旋-自旋偶合，若有偶合，应产生几重峰？

(1)$ClCH_2CH_2Cl$ (2)$ClCH_2CH_2I$ (3)$(CH_3)_3CCH_2Br$

(4)反式-1-氯-2-溴乙烯 (5)顺式-1,2-二溴乙烯

(6)1-溴-1-碘-乙烯 (7)2-甲基丙烯

解 (1)和(5)无裂分现象；(2)各为三重峰；(3)无裂分，单峰；(4)和(6)有两个不等性的质子，互相裂分为双重峰；(7)三重峰和七重峰。

例 8.5 在低温时，观察到 2,2,6,6-四氘溴代环己烷核磁共振谱中有 1 个吸收峰变成了 2 个较小的峰(但总面积不变)，这一事实说明了什么？

解 环的构象从一个椅式变成另一个椅式时，溴取代碳的质子从 a 键变成 e 键，这两者的化学环境是不相同的。室温时，这种构象转变极快，所以只有一个单峰，低温时，这种转变减慢，就可以观察到 2 个峰。D 没有磁共振信号。

例 8.6 解释下列现象。

(1)异丁烷(典型的支链烷烃)的 M^+ 信号较正丁烷(典型的直链烷烃)的 M^+ 信号弱。

(2)所有 RCH_2CH_2OH 型伯醇在 $m/e=31$ 处都有显著的峰。

(3)所有的 $C_6H_5CH_2R$ 型芳烃在 $m/e=91$ 处都有显著的峰。

(4)$RCH_2CH=CH_2$ 型烯烃在 $m/e=41$ 处都有显著的峰。

(5)RCHO 在 M^+-1 和 $m/e=29$ 处有强的峰。

解 (1)由异丁烷生成的仲正离子较正丁烷生成的伯正离子稳定，所以信号强。

(2)$m/e=31$ 的峰为 $^+CH_2OH$，它较稳定，称为 β 裂解。

(3)$m/e=91$ 的峰为 $C_6H_5CH_2^+$，它较稳定。

(4)$m/e=41$ 的峰为 $^+CH_2CH=CH_2$，它较稳定。

(5)M^+-1 的峰为 RCO^+，$m/e=21$ 的峰为 HCO^+。

例 8.7 在质谱中识别母体离子峰是十分重要的，但有时也是不容易的。注意质量是奇数或偶数常有利于正确识别它。请问：

(1)母体离子(M^+)若是烃，可能有奇数的 m/e 值吗？

(2) M^+ 若只含有 C,H,O,其 m/e 是奇数还是偶数?

(3) M^+ 若是 C,H,N,其 m/e 是奇数还是偶数?

解 (1)不可能。

(2)偶数。

(3)当含有奇数个 N 时,m/e 为奇数,当含有偶数个 N 时,则 m/e 也为偶数。

例8.8 (1)下列化合物只有一个 NMR 峰,试画出各结构式。

(a)C_5H_{12}　　　　(b)C_3H_6　　　　(c)C_2H_6O　　　　(d)C_3H_4

(2)下列化合物只有两个 NMR 峰,试画出各结构式。

(a)$C_3H_5Cl_3$　　　　(b)C_2H_5OCl　　　　(c)$C_3H_8O_2$

解 (1)(a)$(CH_3)_4C$　(b)环丙烷　(c)甲醚　(d)丙二烯

(2)(a)1,2,2-三氯丙烷　(b)一氯取代甲醚　(c)$CH_3OCH_2OCH_3$

例8.9 画出下列化合物预期的 NMR 谱图。

(1)$(CH_3)_2CBrCHBrCHBr_2$

(2)3-甲基-2-己酮-3-烯

(3)丁二酸二乙酯

(4)2-异丙基-5-甲基苯酚

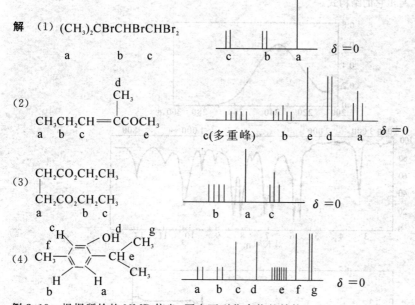

例8.10 根据所给的 NMR 信息,写出下列化合物的结构。

(1)分子式为 $C_{10}H_{14}$,有两个单峰,A 的 δ 值是 8.0,B 为 1.0,峰高 A:B=5:9。

(2)分子式为 $C_3H_5ClF_2$,有两组并非互相偶合的三重峰,A 组的强度为低场的 B 的 1.5 倍。

解 (1)叔丁基苯　(2)2,2-二氟-1-氯丙烷

例8.11 一化合物的分子式为 $C_5H_9NO_3$,UV 在大于 200 nm 处没有明显吸收。IR 在 3 570,3 367,1 710,1 664 cm^{-1} 有特征峰。用 D_2O 交换后的 NMR 谱表明只有两个相等强度的单峰。试写出该化合物可能的结构式。

解 $CH_3COC(OH)(CH_3)CONH_2$

例8.12 已知化合物 A(分子量为 100)的 NMR 谱的全部信息及 IR 谱的部分信号:

NMR: τ　　9.00　　8.87　　7.87　　6.48　　IR　1 712 cm^{-1}

　　　峰型　三　　双　　四　　多重峰　　　1 383

强度　　　7.1　　　13.9　　　4.5　　　2.3 单位　　　1 376

另外它还进行如下反应：

$$A \xrightarrow{H_2/Ni} B(\text{分子量}102) \xrightarrow[\triangle]{Al_2O_3} \text{主要产物}C(\text{分子量}84) \xrightarrow{O_3} D+E$$

D 有碘仿反应。

写出 A 和各步产物的结构式。

解　A：2-甲基-3-戊酮　　B：2-甲基-3-戊醇　　C：2-甲基-2-戊烯

D：丙酮　　E：丙醛

例 8.13　正已烷的质谱(MS)中有显著的 m/e 为 86,43 和 42 的峰,这些离子可能有的结构如何？

解　分子离子峰为 86,裂为一半为 43,42 则为 $^+CH_2CH_2CH_2$。

例 8.14　4-辛酮的 MS 如下,其中有 m/e 为 128,100,86,85,71,58,57 和 43 的峰,试写出这些离子的结构式。

解　128 为分子离子峰, $n-C_3H_7CO^+$　70　$n-C_3H_7^+$　43　$n-C_4H_9CO^+$　85
$n-C_4H_9^+$　57　$n-C_4H_9C(O^+H)=CH_2$　100　$n-C_3H_7C(O^+H)=CH_2$　86
$CH_2C(O^+H_2)=CH_2$　58

例 8.15　丙酮在碱性水溶液中加热产生一种液体有机物,经 MS 测定其 M^+ 的荷质比为 98,其 UV,IR,NMR 谱图如图 8.1 所示,写出它的结构式。

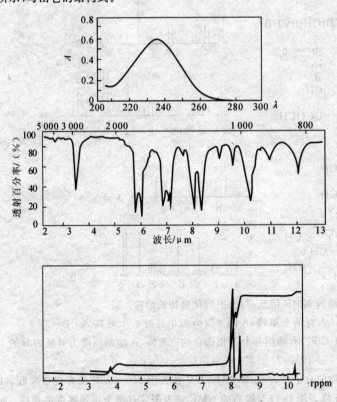

图 8.1　丙酮的 UV,IR,NMR 谱图

解　产物为 4-甲基-2-酮-3-烯,结构式如下：

$$(CH_3)_2C=CHCOCH_3$$

例 8.16　化合物 B 的分子式为 $C_8H_8O_2$,其 NMR 谱如图 8.2 所示。推断 B 的构造。

第8章 核磁共振谱、红外光谱、紫外光谱和质谱

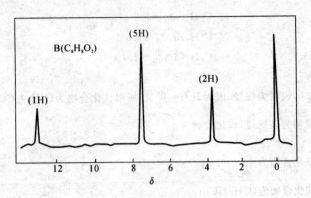

图 8.2　B 的 NMR 谱图

解　B 为苯乙酸。

例 8.17　某化合物分子式为 $C_{12}O_{20}$。它能使溴水褪色,不与 Tollens 试剂作用。被高锰酸钾氧化得到分子式为 $C_6H_{10}O_3$ 的酮酸。后者的 NMR 谱型为双、七、单、单,强度比为 6∶1∶2∶1。试写出化合物的结构。

解　化合物的结构为 ⟩—⟨ ⟩—⟨ 。

例 8.18　若化合物的紫外光谱分别具有以下情况,估计它可能有怎样的结构?
(1)在整个近紫外和可见区都是"透明"的(即没有吸收)。
(2)和另一个化合物的紫外光谱极相近。
(3)在 210～250nm 有较强的吸收。
(4)在 260～300nm 的强吸收($\kappa > 10^4$)。
(5)在 250～300nm 有弱吸收($\kappa < 100$)。
(6)在 250～300nm 处有中强度吸收(κ 近似 200),并有精细结构。
(7)化合物有颜色。

解　(1)表明该化合物不存在发色团。
(2)表明这两个化合物的发色结构是相同的。
(3)可能有共轭的双键。
(4)表示有 3～5 个共轭单位。
(5)表示有羰基存在。
(6)可能含有苯环。
(7)表示该化合物存在发色基团且为共轭,其总数大于 5。

8.4　习题精选详解

习题 8.1　下列化合物的 ^{1}H NMR 谱图中各有几组吸收峰?
(1)1-溴丁烷　　　　　　(2)丁烷　　　　　　　(3)1,4-二溴丁烷
(4)2,2-二溴丁烷　　　　(5)2,2,3,3-四溴丁烷　　(6)1,1,4-三溴丁烷
(7)溴乙烯　　　　　　　(8)1,1-二溴乙烯　　　　(9)顺-1,2-二溴乙烯
(10)反-1,2-二溴乙烯　　(11)溴丙基烯　　　　　 (12)2-甲基-2-丁烯

解　(1)4 组　(2)2 组　(3)2 组　(4)3 组　(5)1 组　(6)4 组
(7)3 组　(8)1 组　(9)1 组　(10)2 组　(11)4 组　(12)3 组

习题 8.2　下列化合物的 ^{1}H NMR 谱图中都只有一个单峰,试推测它们的结构。

(1) $C_8H_8, \delta_H = 0.9$ (2) $C_5H_{10}, \delta_H = 1.5$
(3) $C_8H_8, \delta_H = 5.8$ (4) $C_4H_9Br, \delta_H = 1.8$
(5) $C_2H_4Cl_2$ $\delta_H = 3.7$ (6) $C_2H_3Cl_3, \delta_H = 2.7$
(7) $C_5H_8Cl_4, \delta_H = 3.7$

解 (1) 不饱和度为 0, 说明为烷烃, 因为只有一种氢, 所以该化合物为 $(CH_3)_3CC(CH_3)_3$。

(2) 不饱和度为 1, 说明为环烷烃, 该化合物为  。

(3) 不饱和度为 5, 该化合物为 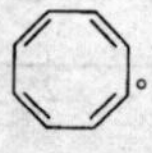 。

(4) 不饱和度为 0, 该化合物为 $(CH_3)_3CBr$。

(5) 不饱和度为 0, 该化合物为 CH_2ClCH_2Cl。

(6) 不饱和度为 0, 该化合物为 CH_3CCl_3。

(7) 不饱和度为 0, 该化合物为 $C(CH_2Cl)_4$。

习题 8.3 推测 C_4H_9Cl 的几种异构体的结构。

(1) ^1H NMR 谱图中有几组峰, 其中在 $\delta_H = 3.4$ 有双重峰。

(2) 有几组峰, 其中在 $\delta_H = 3.5$ 处有三重峰。

(3) 有几组峰, 其中在 $\delta_H = 1.0$ 处有三重峰, 在 $\delta_H = 1.5$ 处有双峰, 各相当于 3 个质子。

解 不饱和度为 0, 说明该化合物为饱和卤代烃。

(1) $\delta_H = 3.4$ 处有双重峰, 说明该化合物为 $(CH_3)_2CHCH_2Cl$。

(2) $\delta_H = 3.5$ 处有三重峰, 说明该化合物为 $CH_3CH_2CH_2CH_2Cl$。

(3) 根据题意, 可知该化合物为 $CH_3CHClCH_2CH_3$。

习题 8.4 3-己醇用硫酸脱水后生成 4 种互为异构体的己烯, 即

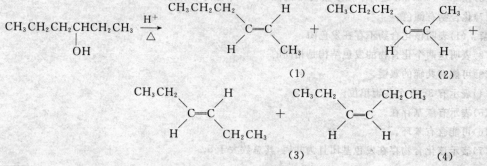

产物经层色谱后得到 4 个组分, 其质子去偶 13C NMR 谱分别为

1   12.3, 13.5, 23.0, 29.3, 123.7, 130.6
2   13.4, 17.5, 23.1, 35.1, 124.7, 131.5
3   14.3, 20.6, 131.0
4   13.9, 25.8, 131.2

试确定 1~4 的结构。

解 根据 (Z) 和 (E)-2-丁烯的化学位移可以确定:

1 为 (2), 2 为 (1), 3 为 (3), 4 为 (4)。

习题 8.5 (R)-2-氯丁烷经自由基氯化反应后, 得到 5 种二氯化物, 分离后测定旋光性和 ^{13}C NMR 谱, 结果为

第8章 核磁共振谱、红外光谱、紫外光谱和质谱

	1	2	3	4	5
旋光性:	旋光	旋光	旋光	不旋光	不旋光
质子去偶 ^{13}C NMR谱: (单数峰)	4	4	2	4	2

试确定各化合物的结构(1和2要在别的方法下才能分别确定其结构)。

解 根据题意中产物的旋光性以及 ^{13}C NMR谱的单峰数,可对应下列化合物:

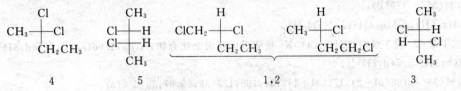

    4   5   1,2   3

习题8.6 确定下列化合物的结构。

(1) $C_5H_{11}Br$

^{13}C δ	51.55	43.22	24.46	21.00	13.40
DEPT	CH	CH_2	CH_2	CH_2	CH_3

(2) $C_5H_{11}Br$

^{13}C δ	49.02	33.15	28.72
DEPT	CH_2	—	CH_3

(3) C_5H_{10}

^{13}C δ	140.70	108.33	30.56	22.47	12.23
DEPT	—	CH_2	CH_2	CH_3	CH_3

(4) C_6H_{12}

^{13}C δ	137.81	115.26	43.35	28.12	22.26
DEPT	CH	CH_2	CH_2	CH	CH_3

解 根据题意可得到以下结论:

(1) $CH_3CHBrCH_2CH_2CH_3$ (2) $(CH_3)_3CCH_2Br$

(3) 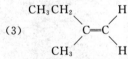   (4)

习题8.7 根据 ^{1}H NMR谱推测下列化合物的结构。

(1) C_6H_{10}, δ_H: 1.2(t,3H), 2.6(q,2H), 7.1(b,5H) [b表示宽峰]。
(2) $C_{10}H_{14}$, δ_H: 1.3(s,9H), 7.3~7.5(m,5H) [m表示多重峰]。
(3) C_6H_{14}, δ_H: 0.8(d,12H), 1.4(h,2H) [h表示七重峰]。
(4) $C_4H_6Cl_4$, δ_H: 3.9(d,4H), 4.6(t,2H)。
(5) $C_4H_6Cl_2$, δ_H: 2.2(s,3H), 4.1(d,2H), 5.1(t,1H)。
(6) $C_{14}H_{14}$, δ_H: 2.9(s,4H), 7.1(b,10H)。

解 (1) 不饱和度为4,含有苯环,再根据各组峰的特征,确定该化合物为 C₆H₅—CH₂CH₃ 。

(2) 不饱和度为4,含有苯环,再根据各组峰的特征,确定该化合物为 C₆H₅—C(CH₃)₃ 。

(3) 不饱和度为0,再根据各组峰的特征,确定该化合物为 $(CH_3)_2CHCH(CH_3)_2$。

(4) 不饱和度为0,再根据各组峰的特征,确定该化合物为 $ClCH_2CHClCHClCH_2Cl$。

(5) 不饱和度为1,再根据各组峰的特征,确定该化合物为 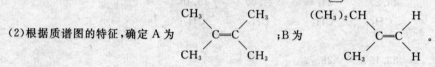。

(6) 不饱和度为8,再根据各组峰的特征,确定该化合物为 C₆H₅—CH₂CH₂—C₆H₅。

习题 8.8 推测下列化合物的结构。

(1) m/z: 134(M^+), 119(B), 10.5;
δ_H: 1.1(t, 6H), 2.5(q, 4H), 7.0(s, 4H)。

(2) 2,3-二甲基-2-溴丁烷与 $(CH_3)_3CO^-K^+$ 反应后生成两个化合物; A, δ_H: 1.66(s); B, 1.1(d, 6H), 1.7(s, 3H), 2.3(h, 1H), 5.7(d, 2H)。

(3) m/z: 166(M^+), 168(M+2), 170(M+4), 131, 133, 135, 83, 85, 87; δ_H: 6.0(s)。

解 (1) 根据 ^1H NMR 谱图各氢核的化学位移值,且只有两种不等性质子的特征,可知分子中含有苯环,为对二取代的芳香烃。再结合质谱,可确定该化合物为 CH_3CH_2—⌬—CH_2CH_3。

(2) 根据质谱图的特征,确定 A 为 $\begin{matrix}CH_3\\CH_3\end{matrix}C=C\begin{matrix}CH_3\\CH_3\end{matrix}$; B 为 $\begin{matrix}(CH_3)_2CH\\CH_3\end{matrix}C=C\begin{matrix}H\\H\end{matrix}$。

(3) 根据 ^1H NMR 谱图各质子的化学位移值,且只有两种不特殊性质子的特征,确定该化合物为 Br—⌬—NO_2。

第9章 醇 酚 醚

9.1 教学建议

(1)将教材第11章的"醚"并入本章节中。
(2)通过醇、酚、醚的结构特点分析它们的化学性质,并比较它们的异同点。
(3)在有机合成中,醇的合成具有非常重要的地位,应着重介绍。

9.2 主要概念

9.2.1 内容要点精讲

1. 教学基本要求
(1)掌握醇、酚、醚的结构,并据此分析与掌握它们的化学性质。
(2)掌握醇的制备方法,能应用 Grignard 合成法制备不同类型的醇。
(3)掌握醇脱水反应的机理。

2. 主要概念
(1)醇、酚、醚。醇、酚、醚都为含氧有机化合物。醇、酚的官能团都是羟基(—OH),只不过醇的羟基与烃基相连(ROH),而酚的羟基与苯环相连(ArOH)。醚的结构特点是含有醚键(C—O—C)。

(2)醇的脱水反应。醇与强酸一起加热,可以发生脱水反应,生成醚(分子间的脱水)和烯烃(分子内的脱水)。

醇脱水反应是酸催化反应,其中分子间的脱水为亲核取代反应,分子内的脱水为消除反应。

(3)场效应。原子或原子基团对周围原子的影响(静电吸引力)通过空间或溶剂分子直接传递而引起的电子效应称为场效应。

(4)逆合成分析。在有机合成分析中,常用逆合成分析法,即从目标分子(待合成分子)出发,通过适当的切断方法,将它分割成两部分或几部分(前体),这些前体可以通过可靠的反应重新组合成目标分子。如果前体中的一种或几种结构仍然较为复杂,可以当成新的目标分子,继续进行逆合成分析,推测可能的前体,直至所有前体都为市售商品为止。

(5)冠醚。冠醚是20世纪60年代发现的一类大环多醚,如下图的两种冠醚。其特点是能与钾、钠等金属离子络合。

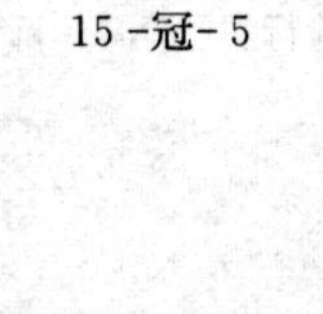

15-冠-5

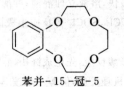

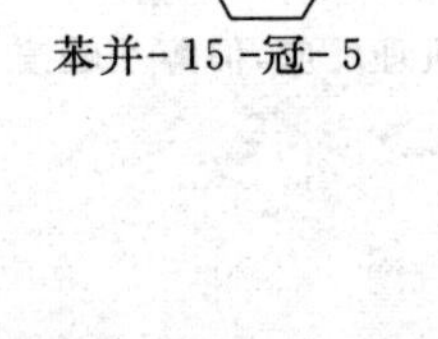

苯并-15-冠-5

3. 核心内容

(1) 醇。

①醇的结构与分类。醇的官能团是羟基（R—OH），根据羟基的数目、烃基结构的不同，可以将醇分类。根据不同的烃基，可以将醇分为脂肪醇、脂环醇和芳香醇；根据烃基的结构，可以将醇分为伯醇（1°醇）、仲醇（2°）、叔醇（3°）；根据羟基数目，可以将醇分为一元醇、二元醇、三元醇等。二元醇以上者统称为多元醇。

醇中的 α-C 和羟基中的氧原子都呈 sp^3 杂化。氧原子的吸电子效应使羟基的氢有酸性，而且 α-C—H 键也有活泼性，导致伯、仲醇可发生氧化反应，烷基的推电子效应又使羟基的氧具有一定的弱碱性和亲核性。由于羟基中的 O—H 键是强极性的，因而醇分子间及醇和水之间可形成氢键，对醇的理化性质产生一定的影响。

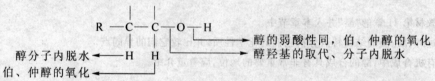

②醇的系统命名法。选择含有羟基的最长碳链作为主链，并根据主链上的碳原子数目称为某醇（母体）；从离羟基最近的一端开始编号（羟基的编号最小）；在醇字前面用阿拉伯数字表明羟基的位置；在母体名称的前面加上取代基的名称和位置。

不饱和醇的系统命名是选择含羟基及重键的最长链作为主链，并根据主链上碳原子数目称为某烯醇或某炔醇；从离羟基最近的一端开始编号，羟基的编号放在醇字前面，重键的编号放在烯字或炔字的前面，再于母体名称的前面加上取代基的名称和编号。

多元醇的系统命名与之类似，称为某几醇，并用阿拉伯数字表明所有羟基的位置。

③醇的化学性质。根据醇的结构，可知醇的 C—O 键和 O—H 键都是极性键，都易于断裂。在反应中，究竟是 C—O 键还是 O—H 断裂，取决于烃基的结构以及反应条件。

Ⅰ. 羟基上未共用电子对的反应。

a. 形成氢键：

$$2ROH \rightleftharpoons \cdots H-O\cdots H-O\cdots$$
$$\qquad\qquad\quad\; | \qquad | $$
$$\qquad\qquad\quad\; R \qquad R $$

b. 质子化：

$$ROH + HA \rightleftharpoons RO\overset{+}{H_2}A^-$$

Ⅱ. 断裂 C—OH 键的反应。

a. 与无机卤化物反应，形成碳卤键（C—X）：

$$ROH + HX \longrightarrow RX + H_2O$$
$$ROH + PX_3（或 P, X_2）\longrightarrow RX + H_3PO_3（X=Br, I）$$
$$ROH + SOCl_2 \longrightarrow RCl + SO_2 + HCl$$

其中第三个反应产物易分离，常用于由醇制备卤代烃。

醇的反应活性：烯丙基醇、苄基醇＞叔醇＞仲醇＞伯醇。

可以用与 Lucas 试剂（浓 HCl＋无水 $ZnCl_2$）反应的速率（出现沉淀的时间）来区别 C_6 以下的一元伯、仲、叔醇，其中叔醇的反应速率最快，溶液立即变得混浊；仲醇放置片刻才变得混浊；伯醇室温下无反应，加热后反应。

醇与无机卤化物 PBr_3，PCl_5，$SOCl_2$ 等反应生成卤代烃，反应通常是按 S_N2 机理进行，反应中不生成 R^+，所以没有重排产物生成。

醇与 HX，H_2SO_4 等质子酸反应，先生成𨥉盐，然后亲核性负离子 X^- 或 HO_3SO^- 取代𨥉盐中的 H_2O，得到产物。叔醇和仲醇按 S_N1 机理反应，伯醇一般按 S_N2 机理进行：

$$R-OH + H-X \rightleftharpoons R-\overset{+}{O}H_2 + X^- \xrightleftharpoons{S_N2} R$$

$$\Updownarrow S_N1$$

$$R-X \rightleftharpoons R^+ + H_2O + X^-$$

烯丙基或苄醇的反应由于过渡态或中间体碳正离子都有很好的稳定性,因而有较高的反应活性。

b. 脱水反应:

$$\underset{H\ \ OH}{-\overset{|}{\underset{|}{C}}-\overset{|}{\underset{|}{C}}-} \xrightarrow[>150℃]{H_3O^+} -\overset{|}{C}=\overset{|}{C}- + H_2O$$

高温下,醇分子内脱水,生成烯烃(消除反应)。

$$2ROH \xrightarrow[100\sim150℃]{H_3O^+} ROR + H_2O$$

低温下,两个醇分子间脱水生成醚(取代反应)。

醇的反应活性:叔醇>仲醇>伯醇。

醇脱水反应是酸催化反应。

分子间脱水生成醚有 S_N1 和 S_N2 两种机理。

S_N2:主要发生在 1°醇中。

$$R-\overset{..}{\underset{..}{O}}H + H^+ \rightleftharpoons R-\overset{+}{\underset{..}{O}}H_2 \xrightarrow{R-\overset{..}{\underset{..}{O}}H} R-\overset{+}{\underset{\underset{R}{|}}{O}}H_2 \rightleftharpoons R_2\overset{..}{\underset{..}{O}}$$

S_N1:主要发生在叔醇和仲醇中。

$$R-\overset{..}{\underset{..}{O}}H + H^+ \rightleftharpoons R-\overset{+}{\underset{..}{O}}H_2 \rightleftharpoons R^+ + H_2O$$

$$R^+ + R'-\overset{..}{\underset{..}{O}}H \rightleftharpoons R-\underset{\underset{H}{|}}{\overset{+}{O}}-R' \longrightarrow R-\overset{..}{\underset{..}{O}}-R'$$

醇分子内脱水生成烯烃,多为 E1 机理,产物一般情况下符合 Zaitsev 规律。

Ⅲ. 断裂 O—H 键的反应。

a. 与活性金属反应,生成醇盐:

$$ROH + Me(Na, K, Mg, Al 等) \longrightarrow ROMe + \frac{1}{2}H_2$$

醇的反应活性:甲醇>伯醇>仲醇>叔醇。

醇盐具有亲核性,可以与卤代烃等起亲核取代反应:

$$ROMe + R'X \longrightarrow ROR' \quad\quad Wiliamson 反应,可制备醚$$

b. 与无机强碱反应,生成醇盐:

醇具有弱酸性,可与无机强碱反应:

$$ROH \xrightleftharpoons{NaOH} RONa + H_2O$$

醇的反应活性:甲醇>伯醇>仲醇>叔醇。

c. 与有机酸反应,生成酯:

$$R'OH + RCOOH \longrightarrow RCOOR'$$

d. 与不同氧化剂反应,生成羰基化合物:

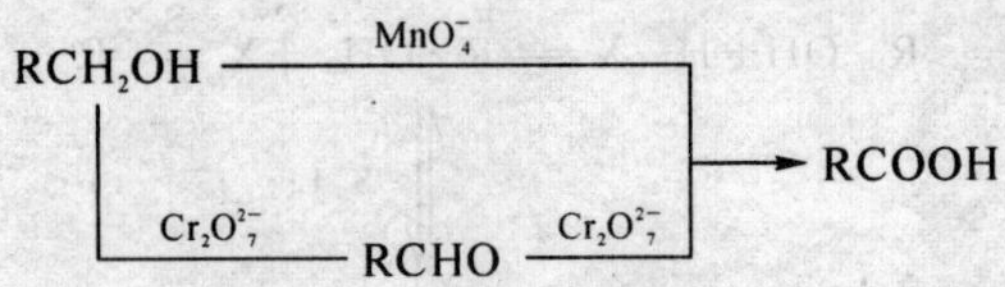

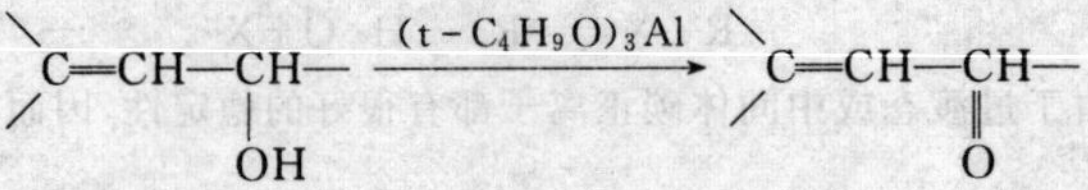

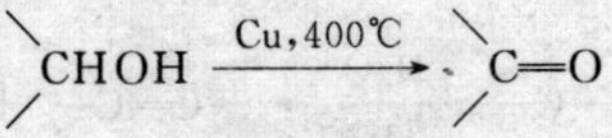

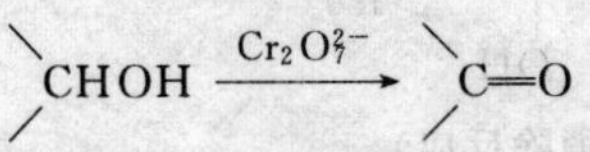

$$RCH_2OH \xrightarrow{MnO_4^-} RCOOH$$
$$RCH_2OH \xrightarrow{Cr_2O_7^{2-}} RCHO \xrightarrow{Cr_2O_7^{2-}} RCOOH$$

$$\text{C=CH-CH(OH)-} \xrightarrow{(t-C_4H_9O)_3Al} \text{C=CH-C(=O)-}$$

$$\text{-CHOH-} \xrightarrow{Cu, 400℃} \text{C=O}$$

$$\text{-CHOH-} \xrightarrow{Cr_2O_7^{2-}} \text{C=O}$$

最常用的氧化剂是铬酸,常用的溶剂是水、稀醋酸和含水丙酮。新型氧化剂是 PCC(氯铬酸吡啶盐,将吡啶加到三氯化铬的盐酸溶液中得到)。

CrO_3/稀硫酸溶液组成 Jones 试剂,可用于伯醇、仲醇与烯烃、炔烃的鉴别。

Ⅳ. 多元醇的反应。多元醇除了醇羟基的一般反应外,由于所含两个或多个羟基之间的相互影响,它们还具有一些不同于一元醇的反应。

a. 螯合反应。相邻位置上具有两个以上羟基的多元醇能与许多金属(如铜)的氢氧化物螯合。此反应可用于区别一元醇和多元醇。

b. 氧化反应。含有两个相邻羟基的多元醇可用过碘酸等氧化剂,在缓和的条件下进行氧化反应,相邻羟基间的碳链发生断裂,生成醛、酮、羧酸等化合物。

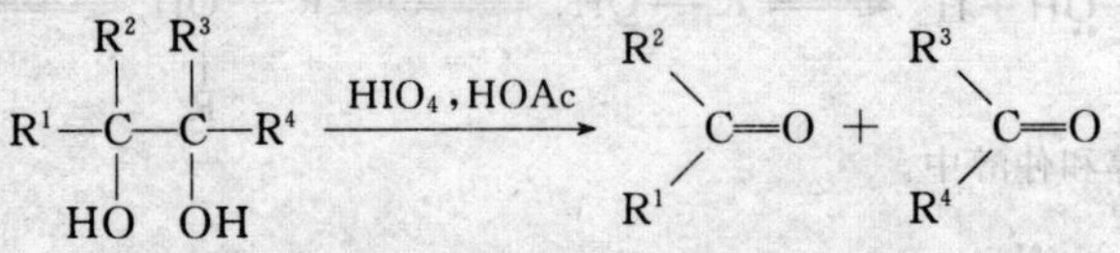

$$R^1\text{-C}(R^2)(OH)\text{-C}(R^3)(OH)\text{-}R^4 \xrightarrow{HIO_4, HOAc} R^1R^2C=O + R^3R^4C=O$$

因此反应是经过环状高碘酸酯进行的,所以要求相邻的两个羟基应处于顺位。

c. Pinacol(频哪醇)重排。

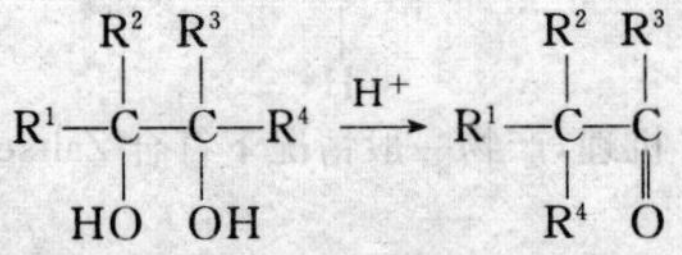

$$R^1\text{-C}(R^2)(OH)\text{-C}(R^3)(OH)\text{-}R^4 \xrightarrow{H^+} R^1\text{-C}(R^2)(R^3)\text{-C}(=O)\text{-}R^4$$

结构不对称频哪醇的重排首先决定哪一个羟基是离去基团(此时要视碳正离子的稳定性),然后再决定迁移基团。芳基比烷基更容易迁移。

d. 1,2-二醇的消除反应。1,2-二醇先转变成硫代碳酸酯后再与亚磷酸酯一起加热,即生成烯烃:

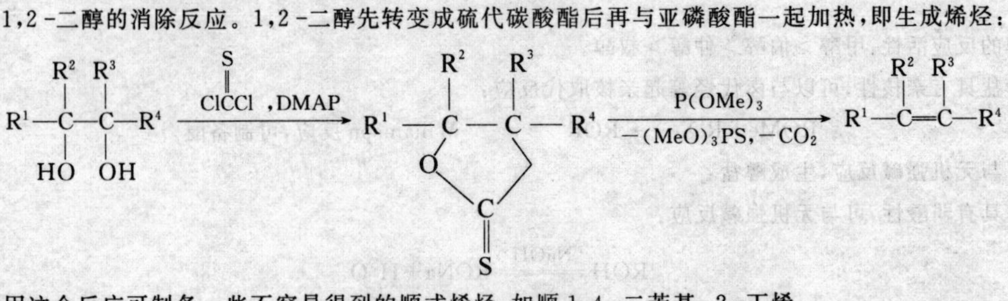

$$R^1\text{-C}(R^2)(OH)\text{-C}(R^3)(OH)\text{-}R^4 \xrightarrow{ClCCl(S), DMAP} \text{环状硫代碳酸酯} \xrightarrow{P(OMe)_3, -(MeO)_3PS, -CO_2} R^1R^2C=CR^3R^4$$

利用这个反应可制备一些不容易得到的顺式烯烃,如顺 1,4-二苯基-2-丁烯。

e. 聚合和成环反应。1,2-二醇与其他双官能团化合物能生成聚合物或成环形成环状化合物:

$$n\ \text{HOCH}_2\text{CH}_2\text{OH} + n\ \text{HOOC-C}_6\text{H}_4\text{-COOH} \longrightarrow \text{-(OC-C}_6\text{H}_4\text{-COOCH}_2\text{CH}_2\text{-O)}_n\text{-}$$

涤纶

$$\text{HOCH}_2\text{CH}_2\text{CH}_2\text{OH} + \text{HOCH}_2\text{CH}_2\text{CH}_2\text{OH} \xrightarrow{H^+} \text{1,4-dioxane}$$

$$\text{cyclohexane-1,2-diol} \xrightarrow{H^+} \text{tetrahydrofuran}$$

④醇的制备。

Ⅰ. 从烯烃制备。

a. 烯烃加水。

$$\text{RCH=CH}_2 + \text{H}_2\text{O} \xrightarrow{\text{H}_2\text{SO}_4 \text{ 或 } \text{H}_3\text{PO}_4} \text{RCH(OH)CH}_3$$

产物遵循马氏规则，但因反应易发生重排，不适用于制备。

$$\text{RCH=CH}_2 + \text{H}_2\text{O} \xrightarrow[\text{H}_2\text{O}]{\text{Hg(OAc)}_2} \text{RCH(OH)CH}_2\text{HgOAc} \xrightarrow{\text{NaBH}_4} \text{RCH(OH)CH}_3$$

反应条件温和，无重排反应，产物遵循马氏规则，可用于制备。反应第一步称羟汞化反应，为反式加成；第二步为脱汞反应。

反应试剂有毒性，不符合绿色化学的要求。

b. 经硼氢化－氧化反应。

$$\text{RCH=CH}_2 \xrightarrow{\text{B}_2\text{H}_6} (\text{RCH}_2\text{CH}_2)_3\text{B} \xrightarrow[\text{NaOH}]{\text{H}_2\text{O}_2} \text{RCH}_2\text{CH}_2\text{OH}$$

产物为反马氏规则产物。

Ⅱ. 从卤代烃制备。

$$\text{RX} + \text{OH}^- (\text{H}_2\text{O}) \longrightarrow \text{ROH}$$

要尽量避免发生卤代烯的消除反应，特别是在强碱反应条件下。

在一般情况下，醇比卤代烃更容易得到，通常是由醇合成卤代烃，因此此方法只有在特殊情况下才用到。例如因为烯丙基氯和苄基氯容易得到，所以可以由它们制备烯丙醇和苄醇。

Ⅲ. 从羰基化合物制备。可以采用合适的还原剂还原羰基化合物而得到醇：

$$\left.\begin{array}{l}\text{RCHO}\\ \text{RCOR}'\end{array}\right\} \xrightarrow{\text{H}_2\text{Pt}} \left\{\begin{array}{l}\text{RCH}_2\text{OH}\\ \text{RCHR}'\\ \quad |\\ \text{OH}\end{array}\right.$$

$$\left.\begin{array}{l}\text{RCHO}\\ \text{RCOR}'\end{array}\right\} \xrightarrow[\text{或 LiAlH}_4/\text{Et}_2\text{O}]{\text{NaBH}_4/\text{CH}_3\text{OH}} \left\{\begin{array}{l}\text{RCH}_2\text{OH}\\ \text{RCHR}'\\ \ \ \ \ |\\ \ \ \ \text{OH}\end{array}\right. \text{羰基化合物中的硝基和孤立多键不受影响}$$

$$\left.\begin{array}{l}\text{RCOOH}\\ \text{RCOR}'\end{array}\right\} \xrightarrow[\text{H}_2\text{O}]{\text{LiAlH}_4/\text{Et}_2\text{O}} \text{RCH}_2\text{OH}$$

Ⅳ. Grignard 试剂合成法。

$$\left.\begin{array}{l}\text{HCHO}\\ \text{RCHO}\\ \text{RCOR}'\\ \text{环氧}\end{array}\right\} \xrightarrow[(2)\text{H}_3\text{O}^+]{(1)\text{R}''\text{MgX}} \left\{\begin{array}{l}\text{R}''\text{CH}_2\text{OH}\\ \text{RR}''\text{CHOH}\\ \text{RRR}''\text{CH}_2\text{OH}\\ \text{RR}''\text{CH}_2\text{OH}\\ \text{R}''\text{CH}_2\text{CH}_2\text{OH}\end{array}\right.$$

Grignard 试剂也可以用其他金属有机化合物替代：

$$\ce{>C=O} \xrightarrow[(2)\text{H}_3\text{O}^+]{(1)\text{RLi}} \ce{>C-OH}$$

$$\ce{>C=O} \xrightarrow[(2)\text{H}_3\text{O}^+]{(1)\text{HC#CNa}} \ce{HC#C-C-OH}$$

Ⅴ. 形成邻二醇的立体化学。

[环己烯 经 KMnO$_4$,H$_2$O / NaOH,30℃ 或 OsO$_4$/吡啶,Et$_2$O 得顺式邻二醇]

[环己烯 经 RCO$_3$H 生成环氧化物，再经 H$_3$O$^+$ 得反式邻二醇]

（2）酚。

①酚的结构。羟基直接连在芳烃上的有机化合物称为酚，通式为 ArOH，最简单的为苯酚。

苯酚

在酚的结构中，羟氧基与芳环有较强的 p-π 共轭作用，使芳环高度活化，易进行环上的亲电取代反应；也使酚羟基不像醇羟基那样较易被取代。

氧原子向芳环上的 +C 作用和自身较强的 $-I$ 效应，使酚具有较明显的酸性，在水溶液中会发生一定的离解，生成的酚氧负离子，又因电子的高度离域而稳定化。

$$\ce{C6H5-OH + H2O <=> C6H5-O^- + H3O^+}$$

②酚的系统命名法。

除芳烃上含有—COOH，—CHO和—SO₃H等基团外，酚一般以苯酚或萘酚为母体，再加上芳烃上其他取代基的名称和位置而命名。结构复杂的酚可以芳烃为母体命名。

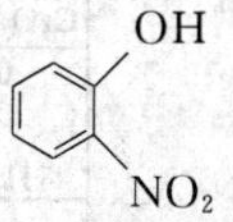

邻硝基苯酚 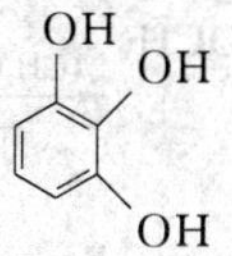　　1,2,3-苯三酚

③酚的化学性质。

Ⅰ.酚羟基的反应。

a.酸性。酚具有一定的酸性，与强碱作用生成盐。当芳环上存在第二类定位基时，酚的酸性增加。

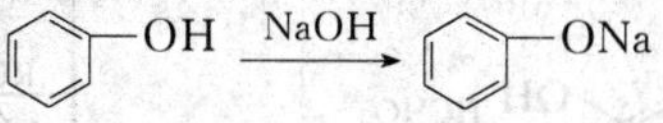

$$PhOH + NaOH \longrightarrow PhONa$$

酸性大小：碳酸＞酚＞水＞醇。

生成的酚氧负离子具有亲核性，可以起烷基化和酰基化反应。

酚生成烯丙基醚或羧酸酯后，可分别发生Claisen重排反应或Fries重排反应，生成烯丙基酚或酚酮。

Claisen重排反应：

$$PhONa + ClCH_2CH=CH_2 \longrightarrow PhOCH_2CH=CH_2 \xrightarrow{200℃} \text{邻-烯丙基酚} \longrightarrow \text{对-烯丙基酚}$$

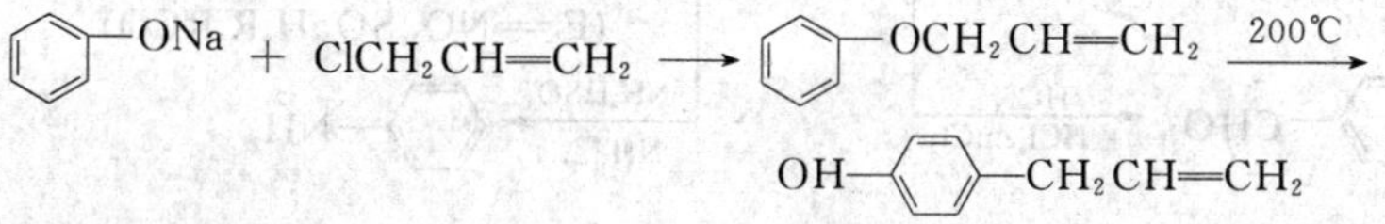

烯丙基迁移到羟基的邻位，当邻位被占时或高温时，则迁移到对位。

Fries重排反应：

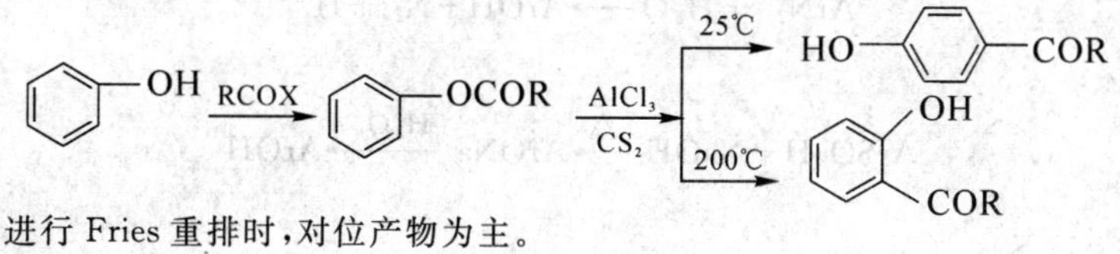

$$PhOH \xrightarrow{RCOX} PhOCOR \xrightarrow[CS_2]{AlCl_3} \begin{array}{l} \xrightarrow{25℃} \text{对-HO-C}_6\text{H}_4\text{-COR} \\ \xrightarrow{200℃} \text{邻-HO-C}_6\text{H}_4\text{-COR} \end{array}$$

在PhNO₂中进行Fries重排时，对位产物为主。

b.成醚反应。

$$ArOH + RX \longrightarrow ArOR$$

c.成酯反应。

$$ArOH + RCOX \longrightarrow ArOCOR$$
$$ArOH + Ar'COX \longrightarrow ArOCOAr'$$

d.羟基的消除反应。

$$ArOH + Zn \xrightarrow{\triangle} ArH + ZnO$$

Ⅱ.苯基的反应。酚的芳环电子密度大，较芳烃更易发生亲电取代反应，还可以发生氧化和环氢化反应。但应注意的是：

a.卤化反应较易进行，往往生成多卤代酚，如三溴苯酚的生成可用于苯酚的鉴别。

b.酚中的苯环易被氧化，所以硝化反应要使用稀硝酸，以避免或减少发生氧化反应。

c.萘酚的磺化反应中，磺化试剂的选择和反应温度的控制对主产物有明显的影响。

d.卤代烷、烯烃、醇、醚等都可以用于酚的烷基化反应，在反应中不但有烷基的异构化，而且容易发生多烷基化。

e.酚氧负离子的芳环上有较高的电子云密度，不但可与弱亲电试剂如NO₂，SO₃H，R，RCO等发生取代反应，而且可与重氮盐偶合，发生叠氮化反应。

有机化学 导教 导学 导考

[反应网络图：苯酚的反应]

- p-HOC$_6$H$_4$-N=N-Ar ← ArN$_2^+$X$^-$ / -OH
- C$_6$H$_5$OCH$_3$ ← (CH$_3$O)$_2$SO$_2$ / -OH
- 邻-HO-C$_6$H$_4$-COO$^-$ ← CO$_2$, Δ,p (Kolbe-schmidt反应) ← C$_6$H$_5$O$^-$ ← -OH
- 邻-HO-C$_6$H$_4$-CHO ← HCCl$_3$, H$_2$O, -OH (Reimer-Tiemann反应)
- HO-C$_6$H$_4$-CH$_2$OH + 邻-HO-C$_6$H$_4$-CH$_2$OH ← HCHO, H$^+$
- HO-C$_6$H$_4$-C(CH$_3$)$_2$-C$_6$H$_4$-OH ← CH$_3$COCH$_3$
- HO-C$_6$H$_4$-CHO ← HCN, HCl, ZnCl$_2$

C$_6$H$_5$OH:
- FeCl$_3$ → [(ArO)$_6$Fe]$^{3-}$ 显色反应
- CrO$_3$, HOAc, 0℃ → 对苯醌(O=C$_6$H$_4$=O)
- H$_2$, Ni → 环己醇
- (1)Br$_2$/H$_2$O (2)NaHSO$_3$ → 2,4,6-三溴苯酚 白色沉淀
- RCOOH, ZnCl$_2$ → HO-C$_6$H$_4$-COR
- E$^+$ 亲电取代 → 邻、对位产物 (E=NO$_2$, SO$_3$H, R, RCO)
- NH$_4$HSO$_3$, NH$_3$, Δ → C$_6$H$_5$NH$_2$

Ⅲ. 酚的制备。

a. 重氮盐的水解。

$$ArN_2^+ + H_2O \xrightarrow{\triangle} ArOH + N_2 + H^+$$

b. 磺酸盐熔融。

$$ArSO_3H + NaOH \xrightarrow{\triangle} ArONa \xrightarrow{H_3O^+} ArOH$$

c. 铊化反应。

$$ArH \xrightarrow{Tl(OOCCF_3)_3} ArTl(OOCCF_3)_2 \xrightarrow[(C_6H_5)_3P]{Pb(OAc)_2} ArOOCCF_3 \xrightarrow{H_2O, OH^-} ArO^- \xrightarrow{H^+} ArOH$$

d. 芳烃被亲核试剂取代。

$$ArCl + OH^- \xrightarrow{\triangle, P} ArOH + Cl^-$$

通常在高温高压才起此反应,当卤素的邻、对位有硝基等强吸电子基团时则反应较易进行。

工业中是用异丙苯空气氧化来制备苯酚。

(3)醚。

①醚的结构与分类。醚键C—O—C是醚的结构特点。当两个烃基相同时,称为简单醚,当两个烃基不相同时,称为混合醚。

醚可以根据烃基的不同分为二烷基醚、二芳基醚、烷芳混合醚、烯基醚、烯丙基醚、环氧乙烷(环醚)等。

开链饱和醚(烷基醚)中饱和烃基的给电子效应(+I效应)使氧原子有较高的电子密度而呈现出 Lewis 碱的性质,醚的 α-H 受氧的影响则有一定的活性。同时由于与烷烃的结构类似,因而化学性质较为稳定,一般情况下不与氧化剂、还原剂作用,在碱中也很稳定。

芳基醚中与芳环直接相连的氧原子对芳环有给电子的共轭作用(+C 效应),使氧的 Lewis 碱性下降,而芳环的电子密度增加,醚键由于存在 p-π 共轭,稳定性增加。

烯基醚中氧与不饱和键相连,存在 p-π 共轭效应,双键的影响使醚的化学活性增高,醚键的稳定性降低。

环氧乙烷(环醚)由于氧的强吸电子作用及三元环较大的环张力,使得醚键非常不稳定,环氧性质较活

泼,可以发生开环反应。

②醚的系统命名。醚的命名是先写出两烃基的名称,再加上醚字。在混合醚中,较小的烃基放在前面,芳烃基放在烷基前面。

对于结构复杂的醚,也可以将醚基作为取代基来命名。

$$CH_3CH_2OC_6H_5 \qquad 邻\text{-}二甲氧苯 \qquad CH_3CH_2OCH(CH_3)$$

苯基乙基醚　　　邻-二甲氧苯　　　乙基异丙基醚

③醚的化学性质。除环氧乙烷外,醚是一类化学性质较不活泼的化合物,它的反应与醚氧原子上的孤对电子对有关。

Ⅰ.开环反应(裂解)。醚键在酸性条件下易断裂,发生开环反应。

$$ROR' + HX \xrightarrow{\triangle} RX + R'OH \xrightarrow{HX}{\triangle} R'X$$

$$ArOR + HX \xrightarrow{\triangle} RX + ArOH$$

HX 的反应活性:HI>HBr≫HCl。

苯叔丁基醚、乙烯基丁烷极易裂解。烯基醚断裂后重排生成羰基化合物。

当醚的 α-C 上有支链时,尤其是叔碳醚,这时消除反应是主要的。

醚键断裂后,一般是含碳原子较少的烷基与卤素结合,芳基或较大的烷基则生成酚或醇。

醚键的断裂为 S_N2 反应:

$$CH_3OCH_2CH_2CH_3 + HI \xrightarrow{\triangle}$$

$$I^- + CH_3 - \overset{+}{\underset{H}{O}}CH_2CH_2CH_3 \longrightarrow CH_3I + CH_3CH_2CH_2OH$$

$$CH_3CH_2CH_2OH + HI \longrightarrow CH_3CH_2CH_2I + H_2O$$

苄基醚在催化加热条件下发生氢解,即单键加氢裂解:

$$C_6H_5CH_2OCH_2CH_3 \xrightarrow{H_2,Pd/C} C_6H_5CH_3 + CH_3CH_2CH_2OH$$

Ⅱ.生成𬭩盐

$$CH_3OC_2H_5 + H_2SO_4 \rightleftharpoons [CH_3\overset{H}{\underset{+}{O}}C_2H_5]HSO_4^-$$

𬭩盐倒入冰水中而被分解,醚层又可以分离出来,因此,此法可以分离醚。

醚还可以与缺电子的化合物,如氟化硼、氯化铝、Grignard 试剂等生成络合物。

Ⅲ.氧化作用。烷基醚在空气中,会缓慢发生氧化作用而生成过氧化物,其机理可能是自由基氧化:

$$RCH_2OCH_2R + O_2 \longrightarrow R\overset{\cdot}{C}HOCH_2R + HO\text{—}O\cdot$$

$$R\overset{\cdot}{C}HOCH_2R + O_2 \longrightarrow \underset{O\text{—}O\cdot}{RCHOCH_2R}$$

$$\underset{O\text{—}O\cdot}{RCHOCH_2R} + RCH_2OCH_2R \longrightarrow \underset{O\text{—}OH}{RCHOCH_2R} + R\overset{\cdot}{C}HOCH_2R$$

过氧化物不稳定,在加热时可能发生爆炸。此外,用醚类作溶剂,过氧化物的存在还会引起一些不需要的副反应。因此醚类在使用前应当用碘化钾检验是否有过氧化物存在,如有,则用硫酸亚铁水溶液除去。

Ⅳ.Claisen 重排。苯酚烯丙基醚在加热时,烯丙基迁移到羟基的邻位上:

$$\underset{\text{CH}_3}{\text{C}_6\text{H}_5\text{OCH}_2\overset{*}{\text{CH}}\text{CH}=\text{CH}_2} \xrightarrow{\Delta} \text{邻-HO-C}_6\text{H}_4\text{-}\overset{*}{\text{CH}}(\text{CH}_3)\text{CH}=\text{CH}_2$$

(结构式：苯氧基与CH₂CH(CH₃)CH=CH₂相连，加热后重排为邻位酚，带有CH(CH₃)CH=CH₂侧链)

④环醚。多数环醚在性质上和制法上都和链状醚相似。环醚中最重要的化合物是环氧乙烷。

环氧化合物由于环的巨大张力，反应活性远高于开链醚或其他环醚，在碱性、中性或酸性条件下都可以开环。

Ⅰ.酸性催化开裂。

$$R\underset{O}{\triangle} \begin{cases} \xrightarrow{H_2O/H^+} & \underset{OH}{RCHCH_2OH} \\ \xrightarrow{R'OH/H^+} & \underset{OR'}{RCHCH_2OH} \\ \xrightarrow{ArOH/H^+} & \underset{OAr}{RCHCH_2OH} \\ \xrightarrow{HX} & \underset{X}{RCHCH_2OH} \end{cases}$$

反应机理如下，由于环有张力，鎓盐具有部分碳正离子的性质：

$$\underset{O}{\triangle} \xrightleftharpoons{H_3O^+} \underset{\overset{+}{O}H}{\triangle} \rightleftharpoons \left[\underset{\overset{+}{O}H}{\overset{\delta^+}{\triangle}} \underset{\overset{..}{O}R}{\underset{H}{}}\right]^{\neq} \rightarrow \underset{\overset{+}{O}R}{H_2C-CH_2} \underset{H}{\overset{OH}{}} \xrightleftharpoons{-H^+} \underset{}{\overset{OR}{CHCH_2OH}}$$

结构不对称的环氧化合物在酸性溶液中，亲核试剂碳正离子背面进攻，生成稳定的碳正离子(即羟基取代基较多)的碳原子，产物符合马氏规则且为反式产物。

Ⅱ.碱催化开裂。

$$R\underset{O}{\triangle} \begin{cases} \xrightarrow{NH_3} & \underset{OH}{RCHCH_2NH_2} \\ \xrightarrow{R'O^-} & \underset{OH}{RCHCH_2OR'} \\ \xrightarrow{\underset{(2)H_3O^+}{(1)R'MgX}} & \underset{OH}{RCHCH_2R'} \\ \xrightarrow{LiAlH_4} & \underset{OH}{RCHCH_3} \end{cases}$$

反应为 S_N2 机理，亲核试剂进攻位阻较小(即取代基较少)的碳原子，且发生构型的转化。

Ⅲ. 羟乙基化反应。

$$\text{(环氧乙烷)} + \text{PhH} \xrightarrow{\text{AlCl}_3} \text{PhCH}_2\text{CH}_2\text{OH}$$

Ⅳ. 聚合反应。

$$2\,\text{(环氧乙烷)} \xrightarrow{\text{H}_3\text{O}^+} \text{(1,4-二氧六环)}$$

$$n\,\text{(环氧乙烷)} \xrightarrow{\text{H}_3\text{O}^+} \text{H}-[\text{OCH}_2\text{CH}_2]_n-\text{OH}$$

⑤冠醚。分子中具有"—OCH$_2$CH$_2$—"重复结构的环醚称为冠醚。常用"冠"字前面加上环上原子总数，后面加上环上氧化原子数的特殊方式来命名。其特殊的分子结构使其可高度选择性与碱金属、碱土金属离子配合，冠醚分子中空腔大小不同，可以容纳不同的碱金属离子，并可作相转移催化剂。冠醚主要用Williamson法制备。

⑥醚的制备。

Ⅰ. 从醇制备。

a. 醇分子间的脱水反应。

$$2\,\text{C}_6\text{H}_{11}\text{OH} \xrightarrow{130℃} \text{C}_6\text{H}_{11}\text{O}\text{C}_6\text{H}_{11} \quad \text{制简单醚}$$

要控制好反应温度，温度过高产物为烯烃。

b. 溶剂汞化反应。

$$\text{ROH} \xrightarrow[\text{Hg(OCOCF}_3)_2]{\text{RCH}=\text{CH}_2} \underset{\underset{\text{RO}}{|}\quad\underset{\text{HgOCOCF}_3}{|}}{\text{R'CH}-\text{CH}_2} \xrightarrow[\text{OH}^-]{\text{NaBH}_4} \underset{\underset{\text{RO}}{|}\quad\underset{\text{H}}{|}}{\text{RCH}-\text{CH}_2} \quad \text{可制简单及混合醚}$$

产物符合马氏规则。

c. 醇与重氮甲烷的反应。

$$\text{C}_2\text{H}_5\text{OH} + \text{CH}_2\text{N}_2 \xrightarrow{\text{BF}_3} \text{C}_2\text{H}_5\text{OCH}_3 \quad \text{制备甲基醚}$$

Ⅱ. 仲卤代烷的亲核取代反应。

$$(\text{CH}_3)_2\text{CHBr} \xrightarrow{\text{Ag}_2\text{O}} (\text{CH}_3)_2\text{CHOCH}(\text{CH}_3)_2 \quad \text{制简单醚}$$

与弱碱作用，以防止仲卤代烷发生消除反应。

Ⅲ. Williamson 反应。

醇金属与卤代烃的亲核取代反应，可以制简单及混合醚：

$$\text{RONa} + \text{R'X} \longrightarrow \text{ROR'} + \text{NaX}$$

$$\text{X}=\text{Cl},\text{Br},\text{I},\text{OSO}_2\text{R},\text{OSO}_2\text{Ar}$$

反应机理一般为 S_N2，仲卤代烷在 S_N2 反应中容易起 E2 反应生成烯烃，因此，在混合醚中有一个仲烷基和一个伯烷基时，最好用仲醇和伯卤代烷作原料。

叔卤代烷以及卤代烃的 β 位有支链或芳基，因易起消除反应，不能用此法制备相应的醚。

Ⅳ. 环氧化物的制备。

a. 烯烃氧化。

$$\text{C}=\text{C} \xrightarrow{\text{RCOOH}} \text{(环氧化物)}$$

$$\text{CH}_2=\text{CH}_2 \xrightarrow{\text{Ag},250℃} \text{(环氧乙烷)}$$

有顺反异构体的烯烃反应后,取代基的相对位置不变。

b. 卤代醇与碱的作用。

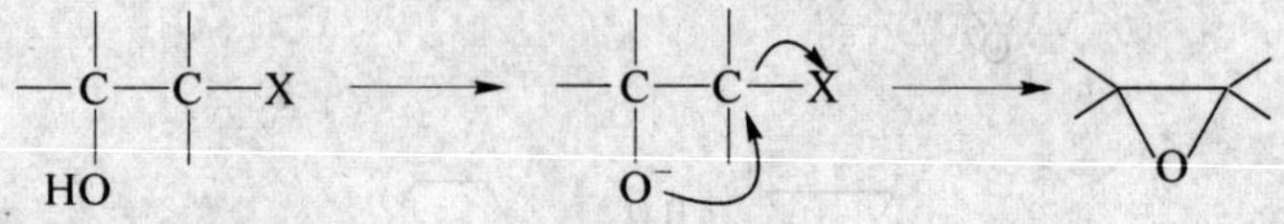

$$\underset{HO}{-\overset{|}{C}-\overset{|}{C}-X} \longrightarrow \underset{O^-}{-\overset{|}{C}-\overset{|}{C}-X} \longrightarrow \triangle_O$$

反应机理为分子内的 S_N2 反应。

如果反应物的构型不符合 S_N2 机理要求,则要先经过构象转变,然后再成环:

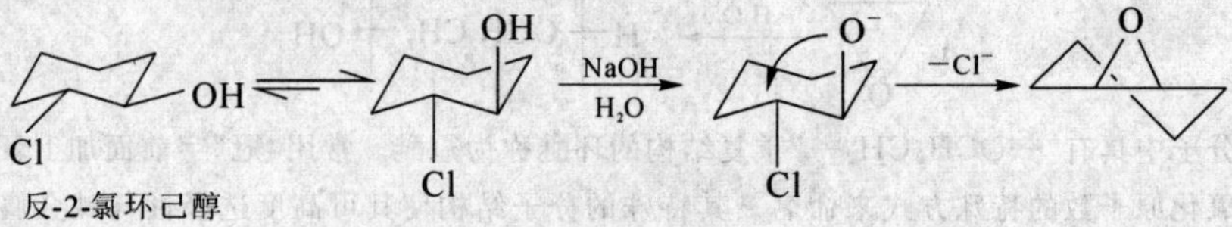

反-2-氯环己醇

(4) 硫醇、硫酚和硫醚。硫与氧在周期表中的同一族中,也存在一系列相当于含氧化合物的含硫化合物:

ROH	ArOH	ROR
醇	酚	醚
RSH	ArSH	RSR
硫醇	硫酚	硫醚

它们可以看作是含氧化合物中氧原子被硫置换而生成的,命名时在相应的含氧化合物中表示类名的字前面加上硫字。对于复杂的化合物,—SH 和 —SR 可以看作取代基,分别称为巯基和烷硫基。

CH_3SH	C_6H_5SH	CH_3SCH_3
甲硫醇	苯硫酚	甲硫醚

①硫醇和硫酚的反应。

Ⅰ.酸性。硫醇和硫酚的酸性比相应的含氧化合物强。硫醇的酸性比碳酸弱,但硫酸的酸性比碳酸要强。硫醇和硫酚的重金属盐都不溶于水。

Ⅱ.氧化还原反应。弱氧化剂能使硫醇或硫酚氧化成二硫化物:

$$2RSH \xrightarrow{[O]} RSSR + H_2O$$

硫酸用强氧化剂(高锰酸钾、硝酸、高碘酸等)氧化,则生成磺酸。

$$RSH \xrightarrow{HNO_3} RSO_2OH$$

硫醇和硫酚在催化加氢的条件下失去硫原子生成相应的烃。

②硫醚的反应。硫醚分子中的硫有较强的亲核性,可以起亲核取代反应,还可以接受氧原子,生成亚砜和砜。

Ⅰ.碱性。二烷基硫醚有弱碱性,能与浓硫酸生成盐:

$$RSR + H_2SO_4 \rightleftharpoons R_2\overset{+}{S}H + HSO_4^-$$

Ⅱ.亲核取代反应。

$$CH_3SCH_3 + CH_3I \rightleftharpoons (CH_3)_3\overset{+}{S}I^-$$

Ⅲ.氧化还原反应。

$$CH_3SCH_3 \xrightarrow{H_2O_2} CH_3\underset{\overset{\|}{O}}{S}CH_3 \xrightarrow{RCO_3H} CH_3\underset{\overset{\|}{O}}{\overset{\overset{O}{\|}}{S}}CH_3$$

用高碘酸作氧化剂,可以使硫醚的氧化停留在生成亚砜的阶段。

硫醚催化加氢生成烷烃。

③硫醇、硫酚和硫醚的制备。

卤代烷与氢硫化钠或氢硫化钾反应生成硫醇：

$$CH_3(CH_2)_{16}CH_2I + NaSH \xrightarrow{C_2H_5OH} CH_3(CH_2)_{16}CH_2SH + NaI$$

卤代烷与硫脲反应，生成 S-烷基异硫脲盐，后者容易水解生成硫酸和尿素：

$$CH_3(CH_2)_{10}CH_2Br + H_2N\overset{S}{\underset{}{C}}NH_2 \longrightarrow CH_3(CH_2)_{10}CH_2S\overset{}{\underset{+NH_2Br^-}{C-NH_2}}$$

$$CH_3(CH_2)_{10}CH_2S\overset{}{\underset{+NH_2Br^-}{C-NH_2}} + H_2O \longrightarrow CH_3(CH_2)_{10}CH_2SH + H_2NCONH_2$$

磺酰氯用氢化铝锂或锌加硫酸还原，生成硫酸或硫酚：

$$C_6H_5SO_2Cl \xrightarrow{Zn, H_2SO_4} C_6H_5SH$$

硫醇在碱性溶液中与卤代烷等烃化剂反应，生成硫醚：

$$RS^- + R'X \longrightarrow RSR' + X^-$$

9.2.2 重点、难点

1. 重点

(1)醇、酚和醚的结构特点。
(2)醇、酚和醚的化学性质。
(3)第一类定位基(活化基团)作用的具体应用。
(4)醇的制备方法。

2. 难点

(1)醇及酚成醚成酯反应的重排反应。
(2)醇的制备：应根据醇的结构特点，选择不同的方法制备不同类型的醇。
(3)酚的化学性质：—OH 是活化基团，因此酚的化学性质相当活泼，可以与多种亲电试剂作用。
(4)醚键断裂的方向：根据醚的结构及反应条件，确定醚键断裂的方向，得出正确的反应产物。

9.3 例题

例 9.1 回答下列问题。

(1)确定下面 3 个化合物与 HBr-H₂O 反应的速率大小次序。

(A)苯甲醇　(B)对甲基苯甲醇　(C)对氰基苯甲醇

(2)确定下列醇在酸作用下脱水反应的速率大小次序。

(A) 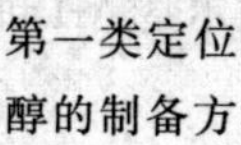 1-甲基环己醇　(B) 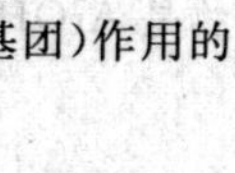 2-甲基环己醇　(C) 环己基甲醇

(3)下面两个化合物在 NaOH/醇溶液中发生反应，各生成什么主要产物？

(A) 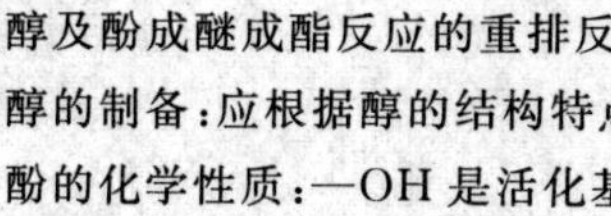 反式-2-氯-1-羟基-4-甲基环己烷　(B) 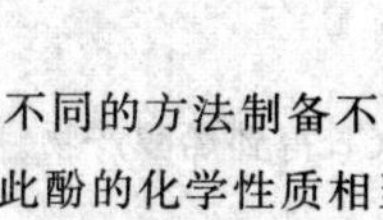 顺式-2-氯-1-羟基-4-甲基环己烷

(4) 下面两个化合物各进行频哪醇重排后所得的主要产物是什么？

(A) 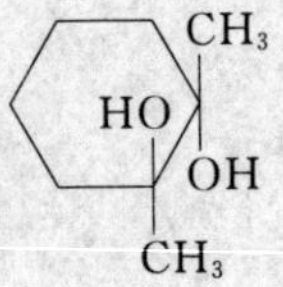 [环己烷结构，含HO、CH₃、OH、CH₃取代基]   (B) 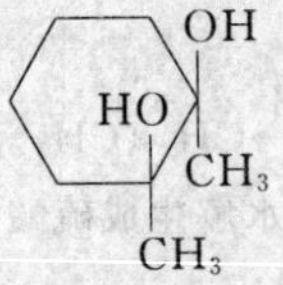 [环己烷结构，含HO、OH、CH₃取代基]

(5) 在2-氯乙醇的下列各构象中，哪个是优势构象？哪个是脱HCl生成环氧乙烷的有利构象？

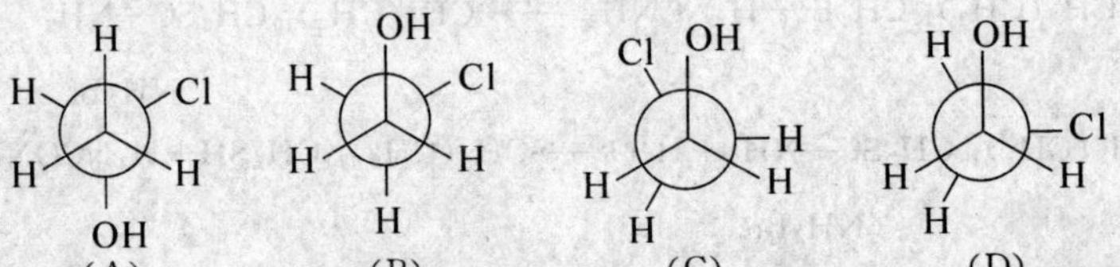

(A) [Newman投影式]   (B) [Newman投影式]   (C) [Newman投影式]   (D) [Newman投影式]

(6) 反式和顺式的1,2-环戊二醇的红外光谱在3 300～3 600cm^{-1}处有一个较宽的吸收峰，使用CCl₄稀释后上述两个化合物后，顺式二醇仍存在这种宽吸收峰，但反式二醇的红外吸收峰则向较高波数方向偏移并形成一个较窄的峰。这是为什么？

(7) 比较下列两组酚类化合物酸性大小，并说明理由。
A. $p\text{-}O_2NC_6H_4OH$，$m\text{-}O_2NC_6H_4OH$，$p\text{-}CH_3C_6H_4OH$
B. $p\text{-}ClC_6H_4OH$，$m\text{-}ClC_6H_4OH$，$p\text{-}CH_3C_6H_4OH$

(8) 为什么互为异构体的较低级醚和醇在水中的溶解度比较相近，而醚的沸点比醇的沸点要低得多？

(9) 为什么$[(CH_3)_3C]_2O$既不能由Williamson法制取，也不能用H_2SO_4脱水法制得？应怎样制备叔丁基醚？

(10) 为什么ArOR类型的醚在HI作用下发生裂解时，得到的产物是ArOH和RI，而不是ArI和ROH？为什么常用HI进行醚键断裂的反应？

解 (1) B＞A＞C。

(2) A＞B＞C。

(3) A： [结构式]   反式消除HCl，得到烯醇产物。

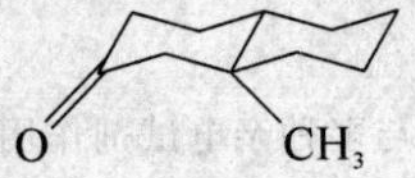

B： [结构式]   分子内亲核取代反应产物。

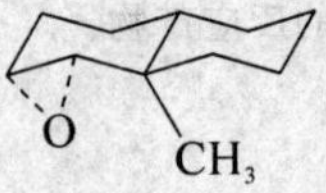

(4) A： [结构式COCH₃]   (A中的两个羟基都处于e键，重排时处于其背面的亚甲基迁移)。

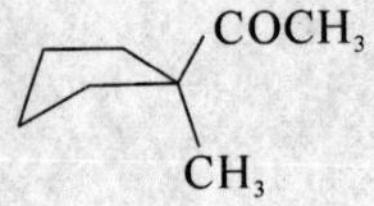

B： [结构式]   (B中有一个羟基处于a键，重排时处于其背面的甲基迁移)。

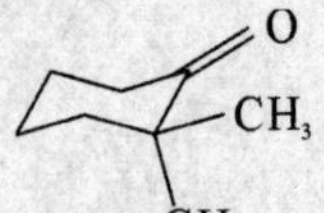

(5) (B)是优势构象，因为其相邻的—OH和—Cl可以形成分子内氢键而使分子更加稳定。(A)是消除HCl生成环氧乙烷的有利构象，因为其—OH和—Cl恰好处于对位，符合S_N2反应的立体化学要求。

(6) 邻位二醇的分子内或分子间可以形成氢键，这种作用使其红外吸收峰变宽；用非质子性溶剂稀释样品后，顺式邻位二醇仍可形成分子内氢键，故其红外吸收峰的形状及位置不变，而反式邻位二醇因稀释后不能形成分子间氢键，又不能形成分子内氢键，所以它的红外吸收峰向高波数方向移动，峰形变窄。

(7) 酸性由强到弱的次序为
A. $p\text{-}O_2NC_6H_4OH＞m\text{-}O_2NC_6H_4OH＞p\text{-}CH_3C_6H_4OH$

B. $m\text{-}ClC_6H_4OH > p\text{-}ClC_6H_4OH > p\text{-}CH_3C_6H_4OH$

当苯环上有具有吸电子效应的基团存在时,可以增加苯酚的酸性;有给电子基团时,苯酚的酸性减弱。—NO_2 具有 $-I$(诱导效应)和 $-C$ 效应(共轭效应),但只有处在邻、对位时才具有 $-C$ 效应,间位时只有诱导效应。

—Cl 对苯环上的电子具有 $-I$ 和 $+C$ 效应,但诱导效应超过其共轭效应,所以 —Cl 从整体上是吸电子的,而且吸电子的诱导效应随着 Cl 与 OH 的距离的增加而减弱。

(8)较低级的醚和醇都可以与水形成氢键,所以有相近的溶解度。但由于醚分子中不存在 —OH,不能形成分子间的氢键,因而其沸点较醇小得多,醚的沸点较醇低。

(9)在用 Williamson 法制备醚时,碱可以使叔卤代烃发生消除反应而生成烯烃。如果用 H_2SO_4 脱水法,则中间产物叔丁基碳也非常容易发生 β-H 的消除反应而生成异丁烯。

叔丁基醚的制备可以由异丁烯与叔丁醇在三氟醋酸汞催化下发生烷氧汞化反应,再用硼氢化钠($NaBH_4$)还原即可。

(10)芳基、烷基混合醚与 HI 作用生成锌盐后,I^- 对缺电子的 α-C 发生亲核取代反应。从直接与质子化的氧相连的芳基和烷基的 α-C 缺电子程度看,烷基的 α-C 较缺电子,而 I^- 的 S_N2 亲核攻击不易在芳环上进行,况且氧与芳环的共轭作用使芳环不易按 S_N1 机理生成正离子,所以 I^- 对烷基的 α-C 发生亲核取代最为有利,从而得到 ArOH 和 RI。

$$Ar-\overset{H}{\overset{|}{O^+}}-R + I^- \longrightarrow ArOH + RI$$

在醚键的反应中,使用 HI 是因其酸性强,而且 I^- 的亲核性也强。

例 9.2 完成下列反应。

(1) PhOC$_2$H$_5$ $\xrightarrow[\triangle]{HI}$

(2) 环戊二醇 + HIO$_4$ →

(3) PhONa + ClCH$_2$CH=CH$_2$

(4) 1-甲基环戊醇 $\xrightarrow{H_3PO_4}$

(5) 1,2-二甲基环己-1,2-二醇 $\xrightarrow[\triangle]{H^+}$

(6) 1,1'-二羟基联环戊烷 $\xrightarrow{H_2SO_4}$

(7) 2,2-二甲基-3-甲基环氧乙烷 $\xrightarrow[CH_3OH]{CH_3ONa}$

(8) CH$_3$—CH—CH—C(CH$_3$)$_2$ $\xrightarrow{HIO_4}$
 　　　　| 　| 　|
 　　　OH OH OH

(9) (CH$_3$)$_2$C=CHCH$_2$C(CH$_3$)=CHCH$_2$OH + PCl$_3$ →

(10) PhOCH$_2$CH=CHCH$_3$ $\xrightarrow{\triangle}$

(11) PhCH$_2$OH $\xrightarrow[CH_2Cl_2]{MnO_2}$

(12) $\underset{n\text{-}C_3H_7}{\overset{CH_3}{\underset{|}{\overset{|}{H\cdots C\cdots OH}}}}$ $\xrightarrow{SOCl_2}$

(13) 2-(2-羟乙基)苯酚 $\xrightarrow{PBr_3}$ $\xrightarrow[\triangle]{OH^-}$

(14) HO—$\overset{H}{\underset{C_6H_5}{\overset{|}{\underset{|}{C}}}}$—CH$_3$ $\xrightarrow[Et_2O]{SOCl_2}$ A $\xrightarrow{B}$ CH$_3$—$\overset{H}{\underset{C_6H_5}{\overset{|}{\underset{|}{C}}}}$—OCOCH$_3$ $\xrightarrow{C}$ CH$_3$—$\overset{H}{\underset{C_6H_5}{\overset{|}{\underset{|}{C}}}}$—OH $\xrightarrow{TsCl}$ D $\xrightarrow[\text{丙酮}]{NaI}$ E

(15)
$$\underset{CH_3}{\underset{|}{C_6H_4}}-OH \xrightarrow[AlCl_3]{CH_3CH_2COCl}$$

(16)
$$\begin{matrix} CH_3 \\ H-\underset{|}{C}-Br \\ H-\underset{|}{C}-OH \\ CH_3 \end{matrix} \xrightarrow{HBr}$$

(17)
$$\begin{matrix} CH_3 \\ H-\underset{|}{C}-Br \\ HO-\underset{|}{C}-H \\ CH_3 \end{matrix} \xrightarrow{HBr}$$

解 (1) C$_6$H$_5$—OH + C$_2$H$_5$I 　　　(2) HOCH$_2$CH$_2$CH$_2$CHO

(3) C$_6$H$_5$—OCH$_2$CH=CH$_2$ 　　　(4) 1-甲基环戊烯

(5) 2-甲基环己酮 　　　(6) 螺[4.5]癸-6-酮

(7) (CH$_3$)$_2$C(OH)CH(OCH$_3$) 　　　(8) CH$_3$CHO + HCOOH + CH$_3$COCH$_3$

(9) (CH$_3$)$_2$C=CHCH$_2$CH$_2$C(CH$_3$)=CHCH$_2$Cl

(10) 邻-HOC$_6$H$_4$CH(CH$_3$)CH=CH$_2$

(11) C$_6$H$_5$CHO

(12)
$$\begin{matrix} CH_3 \\ H\cdots\underset{|}{C}-Cl \\ n\text{-}C_3H_7 \end{matrix}$$

(13) 邻-(BrCH$_2$CH$_2$)C$_6$H$_4$OH , 色满(chroman)

(14) A:
$$\begin{matrix} H \\ Cl-\underset{|}{C}-CH_3 \\ C_6H_5 \end{matrix}$$
B: CH$_3$COONa 　C: OH$^-$/H$_2$O 　D:
$$\begin{matrix} H \\ CH_3-\underset{|}{C}-OTs \\ C_6H_5 \end{matrix}$$

E:
$$\begin{matrix} H \\ I-\underset{|}{C}-CH_3 \\ C_6H_5 \end{matrix}$$

(15)
$$\underset{CH_3}{\underset{|}{C_6H_3}}(OH)(COCH_2CH_3)$$

(16)
$$\begin{matrix} CH_3 \\ H-\underset{|}{C}-Br \\ H-\underset{|}{C}-Br \\ CH_3 \end{matrix}$$

(17)
$$\begin{matrix} CH_3 & & CH_3 \\ H-\underset{|}{C}-Br & & Br-\underset{|}{C}-H \\ Br-\underset{|}{C}-H & + & H-\underset{|}{C}-Br \\ CH_3 & & CH_3 \end{matrix}$$

例9.3 推测下列各化合物的结构。

(1)化合物(A)分子式为 C$_6$H$_{14}$O，能与 Na 作用，在酸催化下可脱水生成(B)，以冷 KMnO$_4$ 溶液氧化(B)

可得到(C),其分子式为 $C_6H_{14}O_2$,(C)与 HIO_4 作用只得到丙酮。试推(A)(B)(C)的构造式,并写出有关反应式。

(2) 化合物 $A(C_5H_{12}O)$ 在室温下不与金属钠反应,A 与过量的热 HBr 作用生成 B 和 C。B 与湿 Ag_2O 作用生成 D,D 与 Lucas 试剂难反应。C 与湿 Ag_2O 作用生成 E,E 与 Lucas 试剂作用时放置一段时间有浑浊现象,E 的组成为 C_3H_8O,D,E 与 CrO_3 反应分别得醛 F 和酮 G。试写出 A 的构造式。

(3) 化合物(A),分子式为 C_6H_{10},与溴水作用,生成化合物$(B)(C_6H_{11}OBr)$,(B)用 NaOH 处理,然后在酸性条件下水解生成(C),(C)是一个外消旋的二醇。(A)用稀冷 $KMnO_4$ 处理,得到化合物(D),(D)无光活性,是(C)的非对映异构体。试推测(A)(B)(C)(D)的结构。

(4) 一个未知物 $A(C_9H_{12}O)$ 不溶于水、稀酸和 $NaHCO_3$ 溶液,但可溶于 NaOH,与 $FeCl_3$ 溶液作用显色,在常温下不与溴水反应,A 用苯甲酰氯处理生成 B,并放出 HCl,试确定 A,B 结构。

(5) 化合物(A),分子式为 $C_8H_{10}O_2$,几乎不溶于稀酸,(A)与浓 HI 共热生成化合物(B)和(C),(B)在乙醚中与 Na 作用得烃 C_4H_{10},(A)首先与 HNO_3 作用,然后再与混酸作用得化合物(D),(D)的分子式为 $C_8H_7O_8N_3$。试推测(A)(B)(C)(D)的结构。

(6) 某化合物 $A(C_7H_{14}O_2)$ 与金属钠发生强烈作用,但不与苯肼作用,它与四醋酸铅作用时,得到化合物 $B(C_7H_{12}O_2)$。B 与羟胺作用生成肟,能还原 Fehling 试剂,并与碘的碱溶液作用,生成碘仿和己二酸。写出 A 的结构式和各步反应式。

(7) 分子式为 $C_6H_{10}O$ 的化合物,能与 Lucas 试剂反应,亦可被 $KMnO_4$ 氧化,并能与溴水起加成反应,A 经催化加氢得 B,将 B 氧化得 C,C 的分子式为 $C_6H_{10}O$。将 B 在加热条件下与浓硫酸作用的产物还原可得环己烷。推测 A 的可能结构。

解 (1)(A) $(CH_3)_2\overset{\underset{\displaystyle OH}{|}}{C}-CH(CH_3)_2$; (B) $(CH_3)_2C=C(CH_3)_2$;

(C) $(CH_3)_2\underset{\underset{\displaystyle HO\ OH}{| \ \ |}}{C-C}(CH_3)_2$

(2) $\underset{A}{CH_3CH_2OCH(CH_3)_2}$ $\underset{B}{CH_3CH_2Br+(CH_3)_2CHBr}$ $\underset{C}{CH_3CH_2OH}$ $\underset{D}{(CH_3)_2CHOH}$
$\underset{F}{CH_3CHO}$ $\underset{G}{CH_3COCH_3}$

(3)(A) [cyclohexene]; (B) [cyclohexyl with OH and Br] (±); (C) [cyclohexyl with two OH trans] (±); (D) [cyclohexyl with two OH cis]

(4) A. [2,6-dimethyl-4-methylphenol with OH]; B. [corresponding benzoate ester]

(5)(A) [m-ethoxyphenol with OEt and OH]; (B) CH_3CH_3; (C) [m-dihydroxybenzene with OH and OH]; (D) [2,4,6-trinitro with OEt and OH, NO_2 groups]

(6) A. [cyclic structure with OH OH]; (B) $CH_3CO(CH_2)_4CHO$

(7) [cyclohexenol structure] 或 [another cyclohexenol structure]

例 9.4 解释实验中遇到的下列问题：

(1)金属钠可以去除苯中所含有的痕量水,但不宜用于去除乙醇中所含的水。
(2)为什么制备格氏试剂时用作溶剂的乙醚不但需要除净水分,而且也必须除净乙醇?
(3)在使用氢化铝锂的反应中,为什么不能用乙醇或甲醇作溶剂?
(4)为什么不能用分馏的方式去除乙醇中的痕量水?
(5)酚和氯反应得到单取代酚,但在碱性条件下得到2,4,6-三氯苯酚。
(6)苯酚进行磺化反应,低温时得到的产物以邻羟基苯磺酸为主,高温时以对位异构体为主。
(7)反式1,2-环己二醇的沸点比顺式异构体的高且以 a,a-二羟基椅式构象为主。
(8)反式2-氯环己醇与氢氧化钠溶液作用生成1,2-环氧环己烷,顺式原料发生同样的反应却得到环己酮。
(9)提纯乙醚(其中含有少量的水和乙醇)。
(10)分离苯甲酸、对-甲苯酚和环己醇。

解 (1)金属钠可以与醇类反应。
(2)格氏试剂可以被水、乙醇中的活性氢所分解。
(3)$LiAlH_4$ 中的强碱性的 H^- 可以与醇发生反应。
(4)乙醇和水形成共沸物。
(5)—O^- 的活化性能要比—OH 强。
(6)低温时反应为动力学控制,邻位活性大;高温则由热力学控制,对位位阻小。
(7)根据下列构象分析,反式的构象可以形成分子内氢键,内能低。

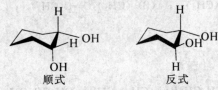

(8)消除反应为反式消除,因此顺式消除得到烯醇式,重排后得到酮;而反式发生分子内的亲核取代反应。

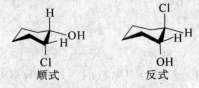

(9)①加入饱和氯化钙溶液分次洗涤,分离,除去醇;
②再加入无水氯化钙干燥以除去水分;
③再蒸馏乙醚。
(10)①加入乙醚溶解;
②加入 Na_2CO_3 溶液;
③对水层用酸中和后析出苯甲酸。
④醚层加入 NaOH 溶液后又得到水层和醚层;
⑤水层用酸中和,析出对甲苯酚。
⑥蒸馏醚层,得到环己醇。

例 9.5 写出下列反应的机理。

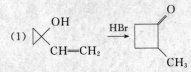

(2) 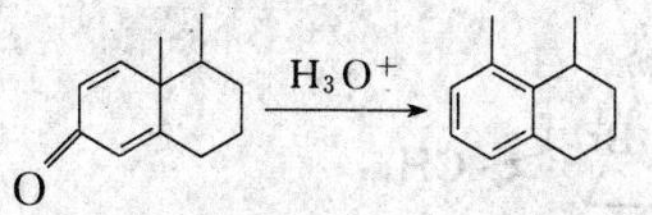 [structure] $\xrightarrow{H_3O^+}$ [structure]

(3) 赤式 3-溴-2-丁醇与溴化氢反应得到内消旋 2,3-二溴丁烷,苏式 3-溴-2-丁醇与溴化氢反应得到苏式的一对外消旋体 2,3-二溴丁烷。

(4) 化合物 [structure] 在酸的作用下分子内脱水生成了一些烯烃,将这些烯烃臭氧氧化后再还原水解,发现有如下产物,请写出这些烯烃生成的机理。

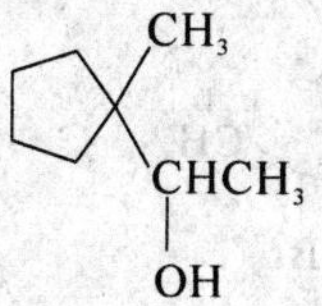

CH_2O, CH_3COCH_3, [cyclopentanone], [structure with CHO], [2-methylcyclohexanone], $CH_3CO(CH_2)_4COCH_3$,

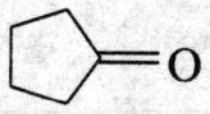

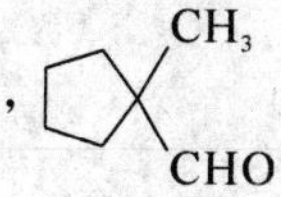

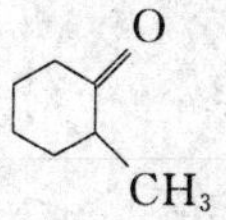

$CH_3COCH(CH_3)(CH_2)_3CHO$

解 (1) 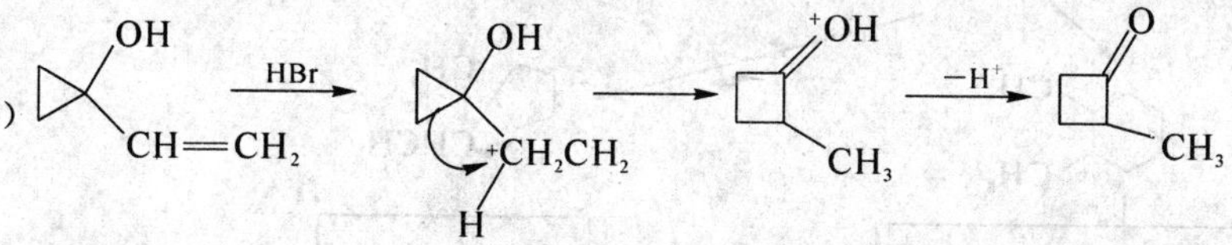 [mechanism scheme showing cyclopropane with OH and CH=CH₂, reacting with HBr, ring expansion to cyclobutanone with methyl]

(2) 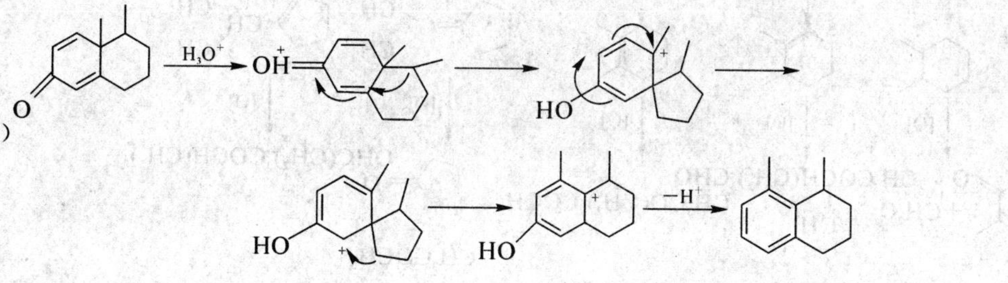 [mechanism scheme with protonation, ring expansion, and formation of naphthalene derivative]

(3) 赤式:

[mechanism scheme showing protonation of OH, attack, and formation of meso 2,3-dibromobutane]

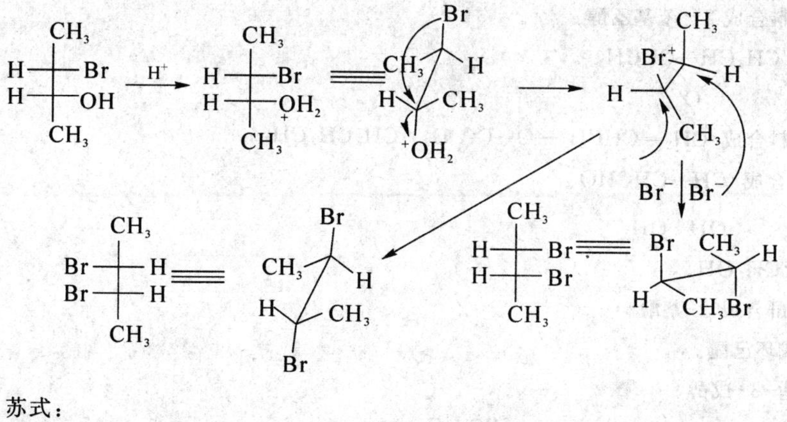

苏式:

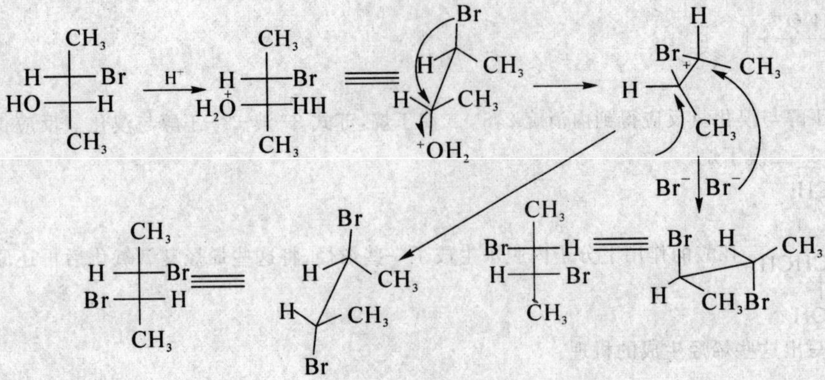

(4)

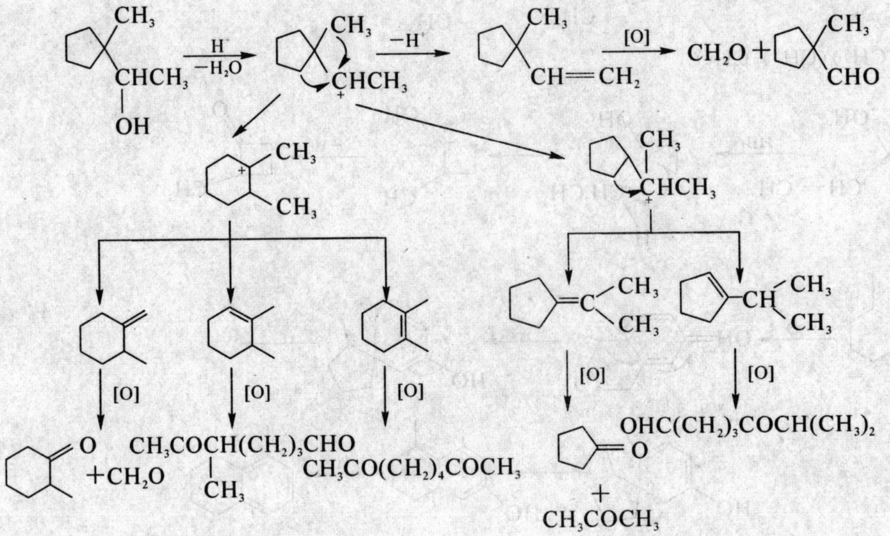

例 9.6 实现下列转变。

(1) 以苯和乙烯等为原料合成 2-苯基乙醇。

(2) 以乙烯为原料合成 $CH_3CH\underset{O}{-}CHCH_3$。

(3) 以丙烯和丙酮为原料合成 $CH_2=CHCH_2-O-C(CH_3)_2CH_2CH_3$。

(4) 由 $Br(CH_2)_2CHO$ 合成 $CH\underset{OH}{-}CH\underset{OH}{-}CHO$。

(5) 由苯合成 $(C_6H_5)_3CCH_2OH$。

(6) 由苯甲醚及丁二酸酐合成 β-萘酚。

(7) 由丁二烯、乙烯合成环己醚。

(8) 由乙醇合成 3-乙基-3-戊醇。

解 (1)

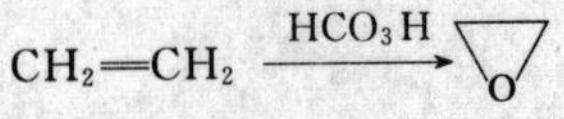

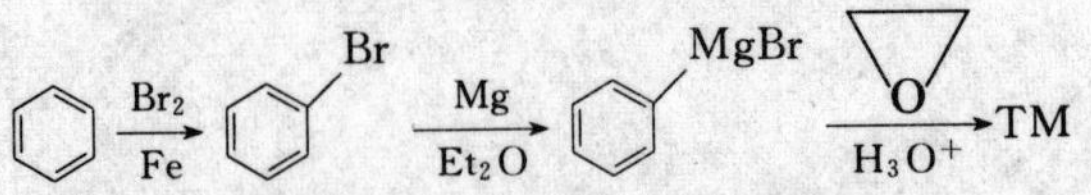

$$CH_2=CH_2 \xrightarrow{HCO_3H} \triangle O$$

$$\bigcirc \xrightarrow[Fe]{Br_2} \bigcirc-Br \xrightarrow[Et_2O]{Mg} \bigcirc-MgBr \xrightarrow[H_3O^+]{\triangle O} TM$$

(2) $CH_2=CH_2 \xrightarrow{HBr} CH_3CH_2Br \xrightarrow{Mg}{Et_2O} CH_3CH_2MgBr$

$CH_2=CH_2 \xrightarrow{H_2SO_4}{H_3O^+} CH_3CHOH \xrightarrow{CrO_3} CH_3CHO \xrightarrow{(1)CH_3CH_2MgBr}{(2)H_3O^+} \xrightarrow{\Delta}$

$CH_3CH=CHCH_3 \xrightarrow{HCO_3H} TM$

(3) $CH_2=CHCH_3 \xrightarrow{NBS} CH_2=CHCH_2Br$

$CH_2=CHCH_3 \xrightarrow{HBr}{ROOR} CH_3CH_2CH_2Br \xrightarrow{Mg}{Et_2O} CH_3CH_2CH_2MgBr \xrightarrow{(1)CH_3COCH_3}{(2)H_3O^+}$

$CH_3CH_2CH_2C(CH_3)_2OH \xrightarrow{Na} \xrightarrow{CH_2=CHCH_2Br} TM$

(4) $BrCH_2CH_2CHO \xrightarrow{CH_3CH_2OH}{H_2SO_4} BrCH_2CH_2CH(OEt)_2 \xrightarrow{Zn} \xrightarrow{冷稀 KMnO_4}{OH^-} \xrightarrow{H_3O^+} TM$

(5) ⌬ $\xrightarrow{CO+HCl}{AlCl_3}$ ⌬CHO $\xrightarrow{CrO_3}$ ⌬COOH $\xrightarrow{SOCl_2}$ ⌬COCl $\xrightarrow{⌬}$ ⌬CO⌬ $\xrightarrow{⌬MgBr}$

(C₆H₅)₃COH $\xrightarrow{HBr} \xrightarrow{Mg, Et_2O} \xrightarrow{(1)HCHO}{(2)H_3O^+} TM$

(6) ⌬OCH₃ + (succinic anhydride) → CH₃O-⌬-COCH₂CH₂COOH $\xrightarrow{Zn/Hg}{HCl} \xrightarrow{HF}$

CH₃O-(tetralone) $\xrightarrow{Zn/Hg}{HCl}$ CH₃O-(tetralin) $\xrightarrow{Se}{300℃}$ CH₃O-(naphthalene) $\xrightarrow{HI}{\Delta} TM$

(7) ⌬ + $CH_2=CH_2 \xrightarrow{\Delta}$ ⌬ $\xrightarrow{HCl}$ ⌬-Cl $\xrightarrow{(1)H_3O^+}{(2)Na}$ ⌬-ONa

⌬-Cl + ⌬-ONa → TM

(8) $CH_3CH_2OH \xrightarrow{HBr}{H_2SO_4} CH_3CH_2Br \xrightarrow{Mg/Et_2O} CH_3CH_2MgBr \xrightarrow{HCHO}{H_3O^+}$

$CH_3CH_2CH_2OH \xrightarrow{K_2Cr_2O_7} CH_3CH_2COOH \xrightarrow{CH_3CH_2OH}{H_3O^+}$

$CH_3CH_2CO_2C_2H_5 \xrightarrow{2CH_3CH_2MgBr}{H_3O^+} TM$

9.4 习题精选详解

习题 9.1 (1)将下列化合物命名。

$(CH_3)_2CHCH_2CH_2CH_2CH_2OH$ $C(C_6H_5)_3OH$

$CH_3CH_2CH_2CHCHCH_2OH$ $(C_6H_5)\underset{OH}{C}(CH_2CH=CH_2)_2$
$\qquad\qquad\;\;\;|$
$\qquad\qquad CH_3$

(2) 写出下列化合物的构造或构型。

3-甲基-2-戊醇,2-环己烯-1-醇,(E)-4-庚烯-2-醇,叔戊醇

解 (1)各化合物分别命名为:

5-甲基-1-己醇,三苯基甲醇,2,4-二甲基-1-戊醇,4-苯基-1,6-庚二烯-4-醇

(2)各化合物的构造或构型如下:

$$CH_3CH_2\underset{CH_3}{\underset{|}{CH}}\underset{OH}{\underset{|}{CH}}CH_3 \,,\quad \underset{}{\bigcirc}\text{—OH} \,,\quad \underset{H}{\overset{CH_3CH_2}{\diagdown}}C=C\underset{CH_2CH_2CH_3}{\overset{H}{\diagup}}\,,\quad CH_3CH_2\underset{CH_3}{\underset{|}{\overset{CH_3}{\overset{|}{C}}}}OH$$

习题 9.2 下列化合物应如何合成？

(1) $C_6H_5\underset{OH}{\underset{|}{CH}}CH_2CH_3$ (2) $C_6H_5\underset{OH}{\underset{|}{C}(CH_3)_2}$ (3) $CH_3CH_2\underset{CH_3}{\underset{|}{\overset{OH}{\overset{|}{C}}}}CH_2CH_3$

(4) $CH_3(CH_2)_4\underset{CH_3}{\underset{|}{\overset{OH}{\overset{|}{C}}}}(CH_2)_4CH_3$ (5) $CH_3CH_2\underset{OH}{\underset{|}{CH}}CH_2CH(CH_3)_2$

(6) $(C_6H_5)_3CCH_2OH$ (7) $CH_3CH_2\underset{CH_3}{\underset{|}{\overset{OH}{\overset{|}{C}}}}C\equiv CH$ (8) $C_6H_5\underset{CH_3}{\underset{|}{\overset{OH}{\overset{|}{C}}}}CH_2CH_3$

解 (1) $CH_3CH_2Br \xrightarrow{Mg, Et_2O} \xrightarrow[H_3O^+]{C_6H_5CHO} C_6H_5\underset{OH}{\underset{|}{CH}}CH_2CH_3$

(2) $C_6H_6 \xrightarrow[AlCl_3]{CH_3COCl} C_6H_5COCH_3 \xrightarrow{CH_3MgBr} C_6H_5\underset{OH}{\underset{|}{C}(CH_3)_2}$

(3) $CH_3CHO \xrightarrow[H_3O^+]{CH_3CH_2MgBr} \xrightarrow[H_3O^+]{CrO_3} CH_3COCH_2CH_3 \xrightarrow[H_3O^+]{CH_3MgBr} CH_3CH_2\underset{CH_3}{\underset{|}{\overset{OH}{\overset{|}{C}}}}CH_2CH_3$

(4) $CH_3COOEt \xrightarrow[H_3O^+]{CH_3(CH_2)_3CH_2MgBr} CH_3(CH_2)_4\underset{CH_3}{\underset{|}{\overset{OH}{\overset{|}{C}}}}(CH_2)_4CH_3$

(5) $CH_3CH_2CHO \xrightarrow[H_3O^+]{(CH_3)_2CHCH_2MgBr} CH_3CH_2\underset{OH}{\underset{|}{CH}}CH_2CH(CH_3)_2$

(6) $C_6H_5 \xrightarrow[AlCl_3]{CO+HCl} C_6H_5CHO \xrightarrow[H_3O^+]{CrO_3} C_6H_5COOH \xrightarrow{SOCl_2} C_6H_4COCl \xrightarrow{C_6H_6}$

$(C_6H_5)_2CO \xrightarrow{C_6H_5MgBr} (C_6H_5)_3COH \xrightarrow{HBr} \xrightarrow{Mg, Et_2O} \xrightarrow[H_3O^+]{HCHO} (C_6H_5)_3CCH_2OH$

(7) $CH_3CH_2CHCH_3 \xrightarrow{CH\equiv CNa} CH_3CH_2\underset{CH_3}{\underset{|}{C}}(OH)C\equiv CH$

(8) 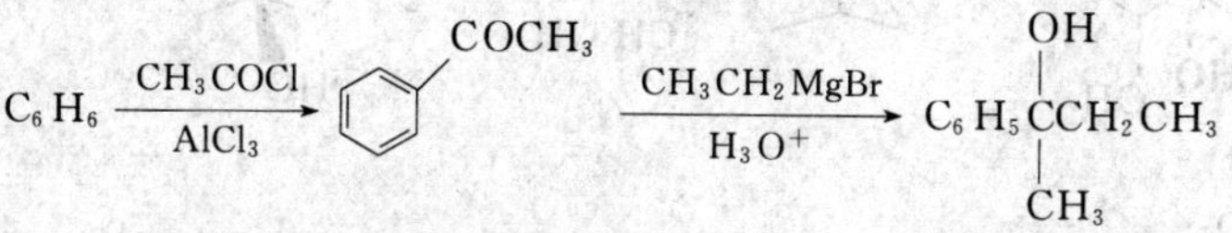 $C_6H_6 \xrightarrow[AlCl_3]{CH_3COCl} C_6H_5COCH_3 \xrightarrow[H_3O^+]{CH_3CH_2MgBr} C_6H_5\underset{CH_3}{\underset{|}{C}}(OH)CH_2CH_3$

习题 9.3 如何由下列原料合成 1-苯乙醇?
(1) 溴苯　(2) 苯甲醛　(3) 苯乙酮　(4) 苯乙烯

解 (1) $C_6H_5Br \xrightarrow{Mg, THF} \xrightarrow[H_3O^+]{CH_3CH_2CHO} C_6H_5CH(OH)CH_3$

(2) $C_6H_5CHO \xrightarrow[H_3O^+]{CH_3MgBr} C_6H_5CH(OH)CH_3$

(3) $C_6H_5COCH_3 \xrightarrow[CH_3CH_2OH]{NaBH_4} C_6H_5CH(OH)CH_3$

(4) $C_6H_5CH=CH_2 \xrightarrow[(2)NaBH_4, OH^-]{(1)Hg(OAc)_2, THF, H_2O} C_6H_5CH(OH)CH_3$

习题 9.4 如何由下列原料合成 2-苯乙醇?
(1) 溴苯　(2) 苯乙烯　(3) 苯乙炔　(4) 苯乙酸乙酯

解 (1) 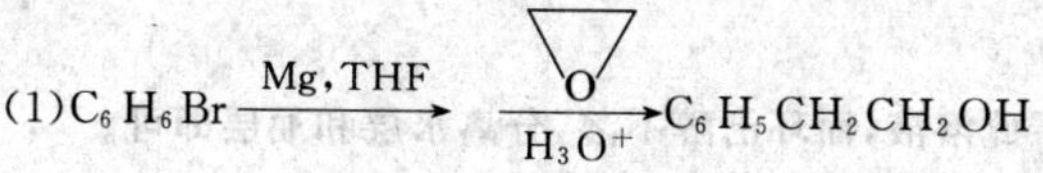 $C_6H_5Br \xrightarrow{Mg, THF} \xrightarrow[H_3O^+]{\triangle O} C_6H_5CH_2CH_2OH$

(2) $C_6H_5CH=CH_2 \xrightarrow{B_2H_5} \xrightarrow[OH^-]{H_2O_2} C_6H_5CH_2CH_2OH$

(3) $C_6H_5C\equiv CH \xrightarrow{B_2H_6} \xrightarrow[OH^-]{H_2O_2} C_6H_5CH_2CHO \xrightarrow[EtOH]{NaBH_4} C_6H_5CH_2CH_2OH$

(4) $C_6H_5CH_2COOEt \xrightarrow[(2)H_2O]{(1)LiAlH_4, Et_2O} C_6H_5CH_2CH_2OH$

习题 9.5 1,2-环戊醇,1,3-环戊醇和 1,4-环戊醇各有几种立体异构体?

解 (1), 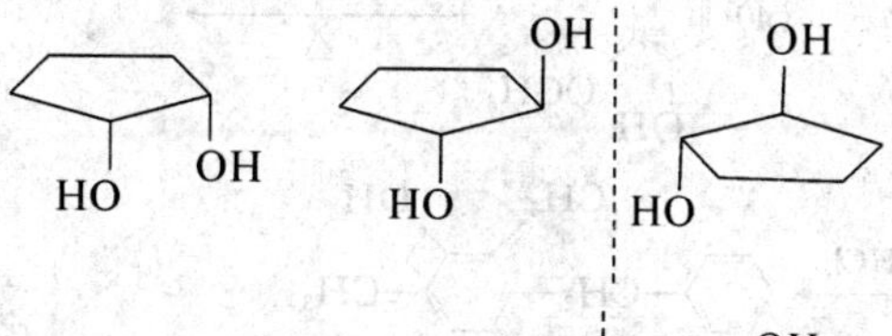 (2), 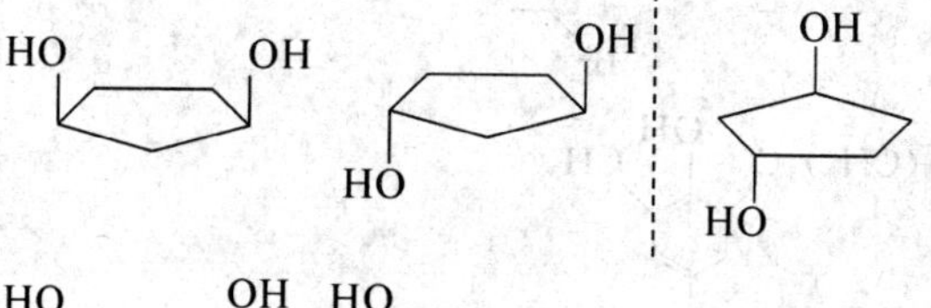 (3) 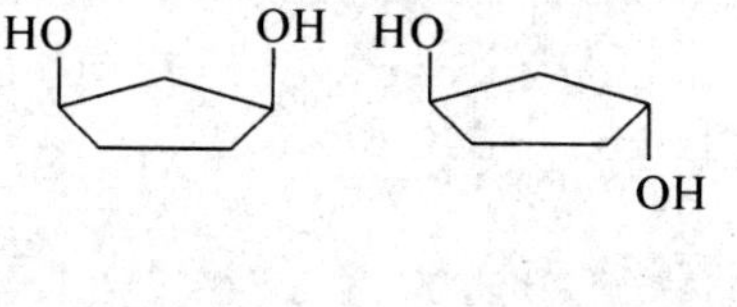 [结构图示]

习题 9.6 写出下列化合物用高碘酸氧化生成的产物。

(1) 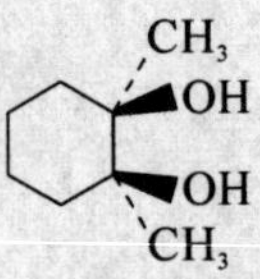 [顺-1,2-二甲基-1,2-环己二醇]

(2) [十氢萘-4a-甲基-8a,1-二醇]

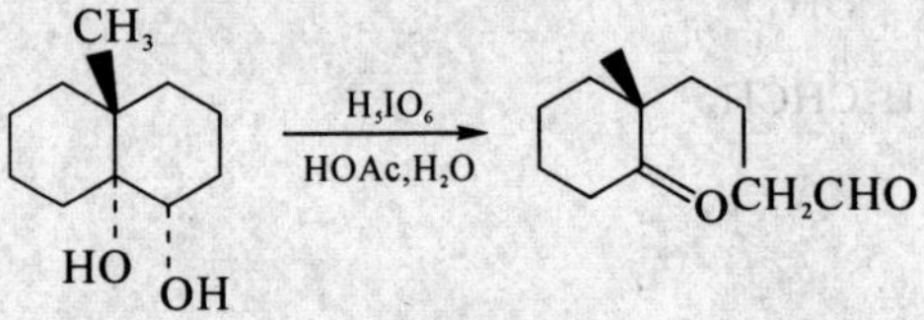

(3) 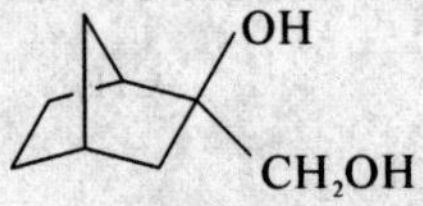 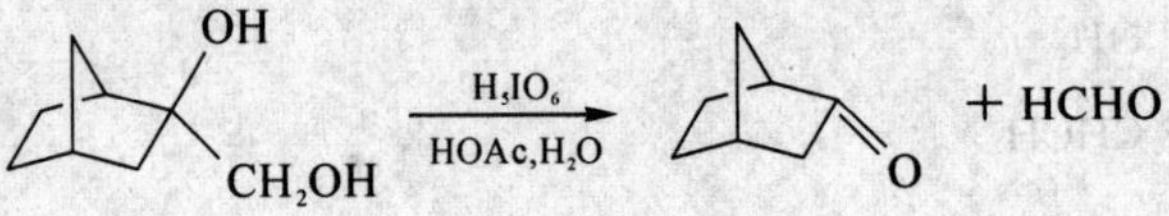 [2-羟甲基-2-羟基降冰片烷]

(4) 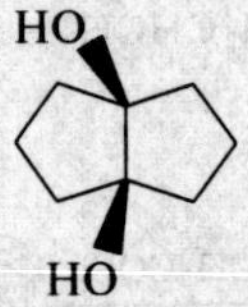 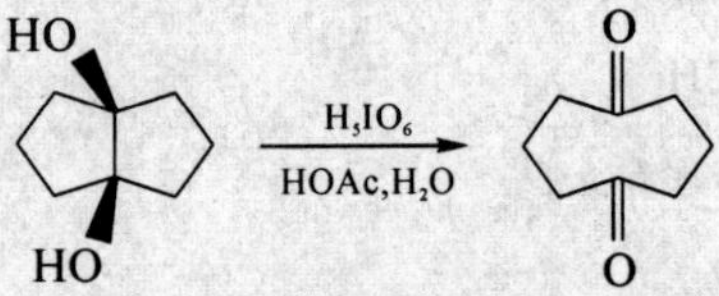 [双环[3.3.0]辛烷-1,5-二醇]

解 (1) 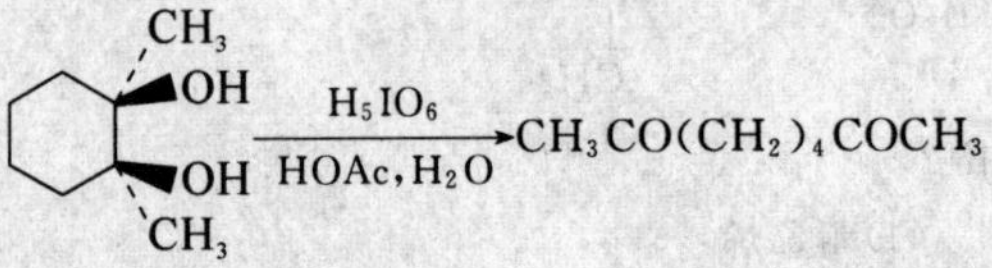 $\xrightarrow{H_5IO_6}{HOAc, H_2O}$ $CH_3CO(CH_2)_4COCH_3$

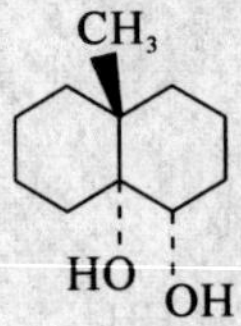

(2) $\xrightarrow{H_5IO_6}{HOAc, H_2O}$ 生成含 OCH_2CHO 的环酮

(3) $\xrightarrow{H_5IO_6}{HOAc, H_2O}$ 降冰片酮 + HCHO

(4) $\xrightarrow{H_5IO_6}{HOAc, H_2O}$ 环癸-1,6-二酮

习题 9.7 对氯苯酚和环己醇应如何分离?

解 用碳酸钠溶液即可分离,对氯苯酚溶于此溶液,而环己醇不溶,分离水层和油层即可。

习题 9.8 写出下列反应的产物。

(1) 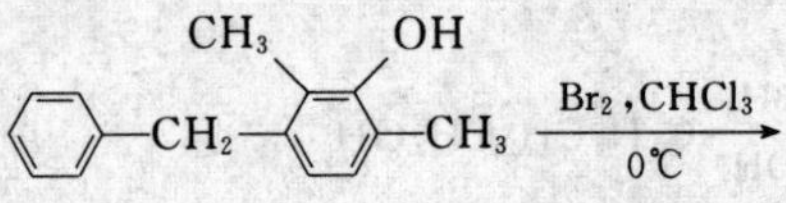 2,6-二甲基-3-苄基苯酚 $\xrightarrow{Br_2, CHCl_3}{0℃}$

(2) 2-甲基-4-溴苯酚 $\xrightarrow{(CH_3)_2C=CH_2, H_2SO_4}$

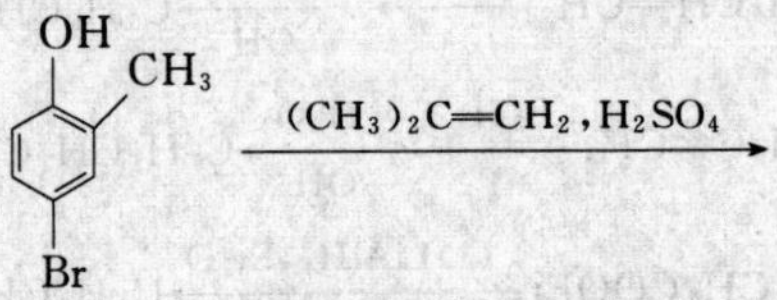

(3) 对甲苯酚 $\xrightarrow{CH_3CH_2COCl, AlCl_3}$

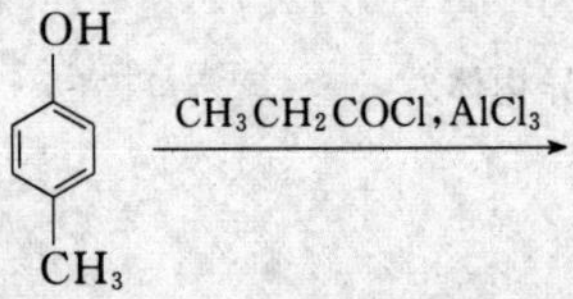

(4) 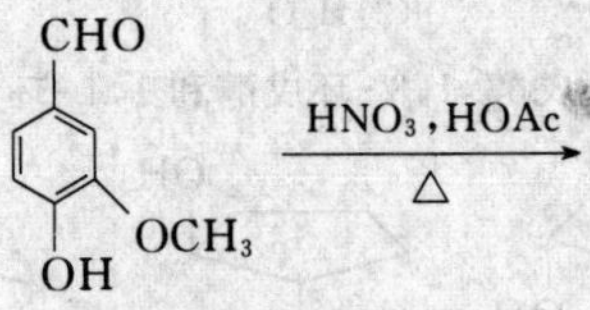 香兰醛(3-甲氧基-4-羟基苯甲醛) $\xrightarrow{HNO_3, HOAc}{\Delta}$

解 (1) 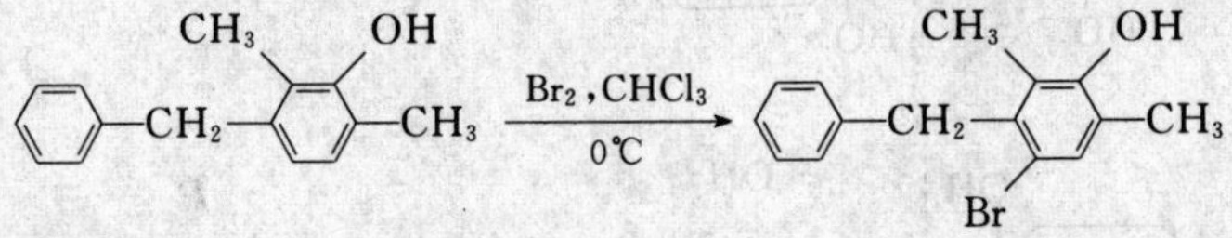 2,6-二甲基-3-苄基苯酚 $\xrightarrow{Br_2, CHCl_3}{0℃}$ 4,5-二溴-2,6-二甲基-3-苄基苯酚

(2) 2-甲基-4-溴苯酚 $\xrightarrow{(CH_3)_2C=CH_2, H_2SO_4}$ 6-叔丁基-2-甲基-4-溴苯酚

124

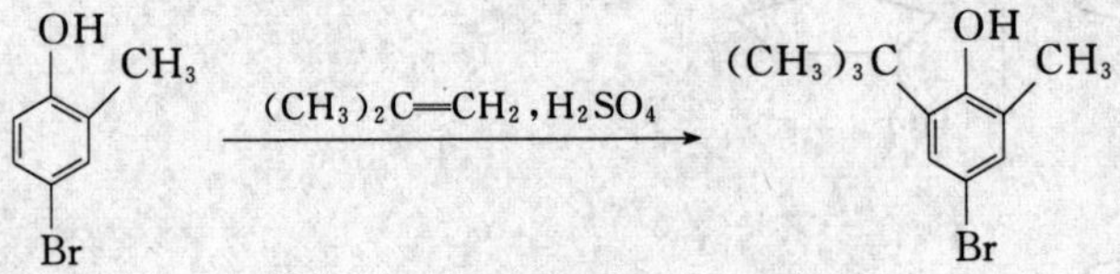

第 9 章 醇 酚 醚

(3) 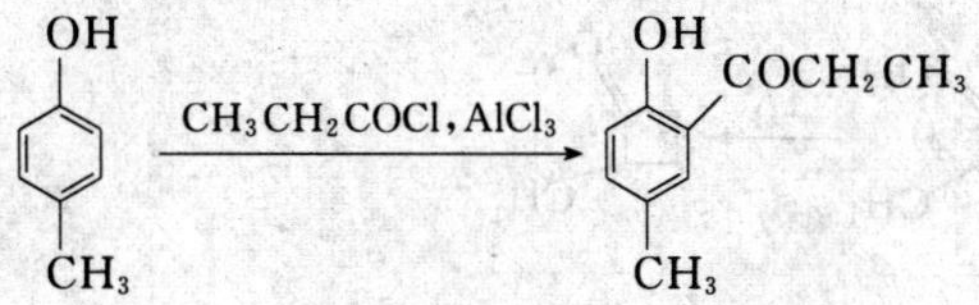 ![structure] 对甲苯酚 + CH₃CH₂COCl, AlCl₃ → 2-羟基-5-甲基苯丙酮

(4) 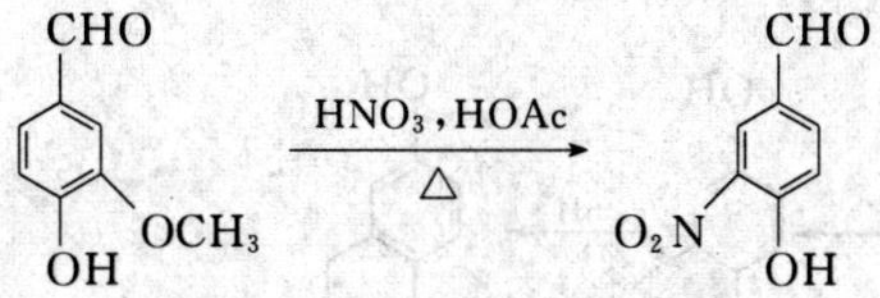 ![structure] 4-羟基-3-甲氧基苯甲醛 + HNO₃, HOAc, Δ → 2-羟基-3-硝基-5-甲酰基苯甲醛(对应产物)

习题 9.9 推测下列反应的机理。

(1) 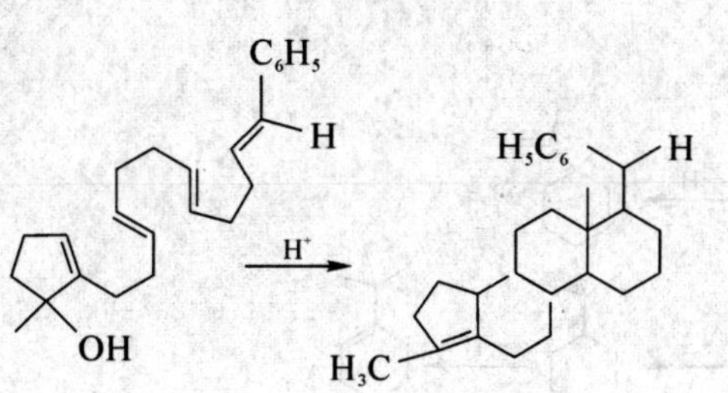 [环戊烯醇 + 链状二烯(带C₆H₅)] —H⁺→ [三环甾烷类骨架产物]

(2) 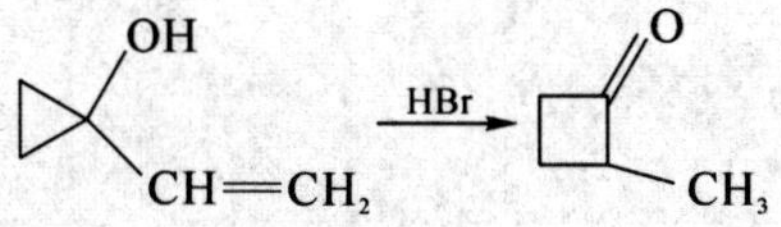 [1-乙烯基-1-羟基环丙烷] —HBr→ [2-甲基环丁酮]

(3) 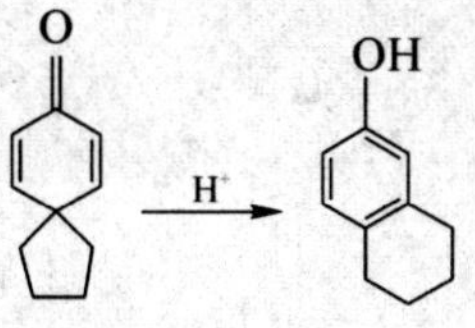 [螺[4.5]癸二烯酮] —H⁺→ [5,6,7,8-四氢-2-萘酚]

(4) [1,2,2-三甲基环庚醇] —H⁺→ [环庚烯] + [叔丁基环己烯] + [异丙烯基环己烷]

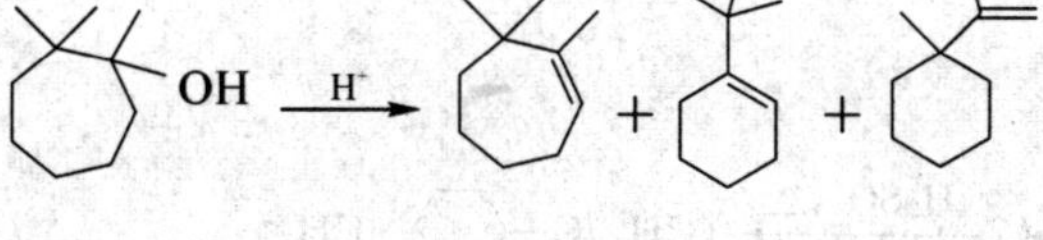

解 (1)

[机理步骤图：起始环戊烯醇质子化脱水生成烯丙基正离子，随后经多步阳离子环化（π-电子进攻）形成多环稠合碳正离子中间体，最后水进攻失去质子得到四环产物]

125

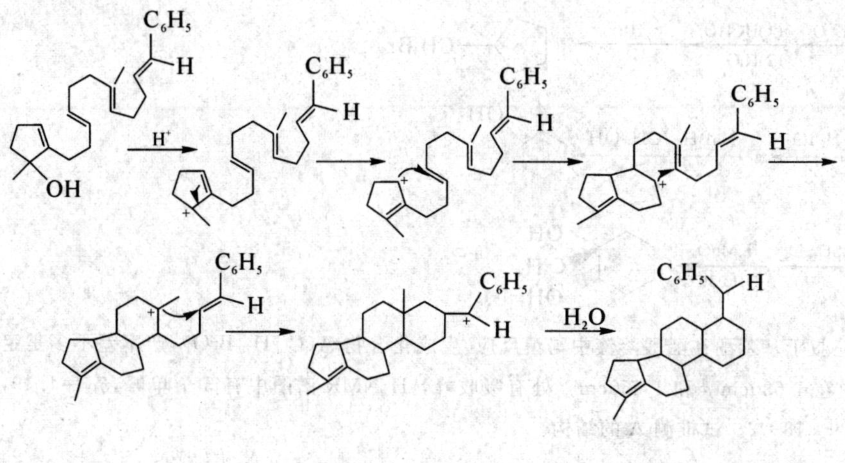

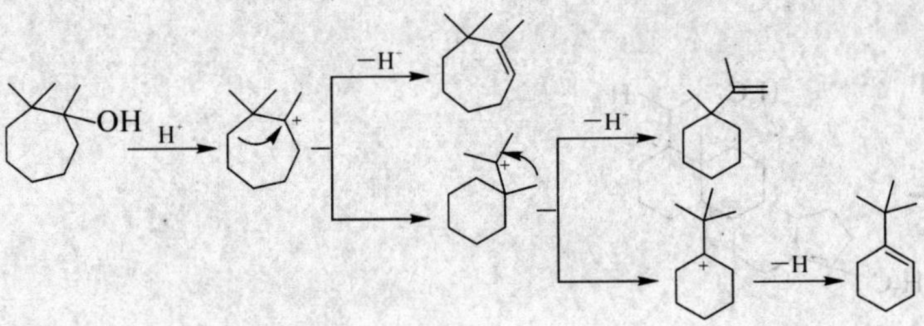

习题 9.10 如何完成下列转变？

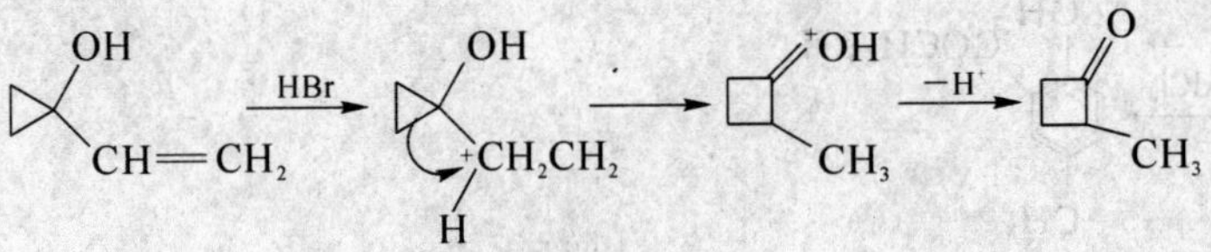

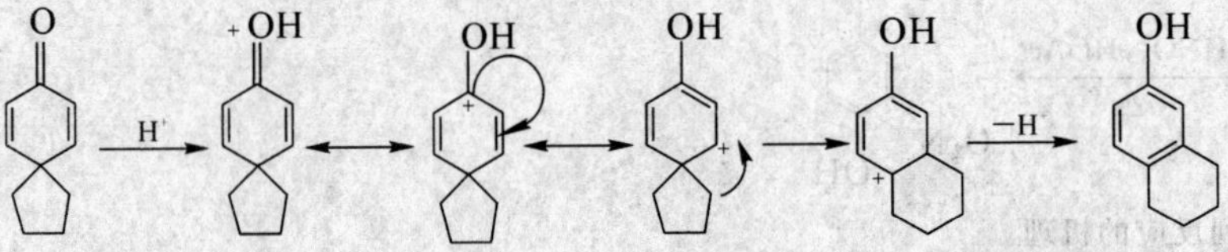

(1) 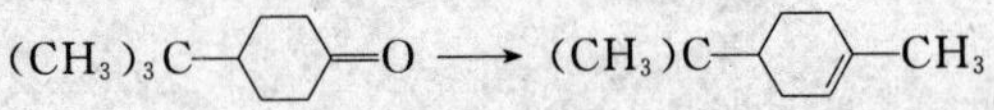 $(CH_3)_3C-\!\!\!\bigcirc\!\!\!-\!\!=\!\!O \longrightarrow (CH_3)_3C-\!\!\!\bigcirc\!\!\!-CH_3$

(2) 环戊基-Br ⟶ 环戊基-CH$_2$Br

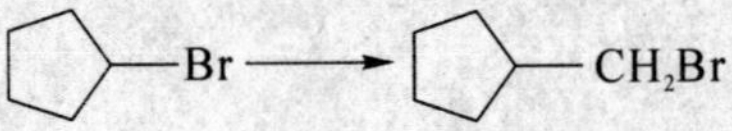

(3) 1-羟甲基环己醇 ⟶ 环己醇

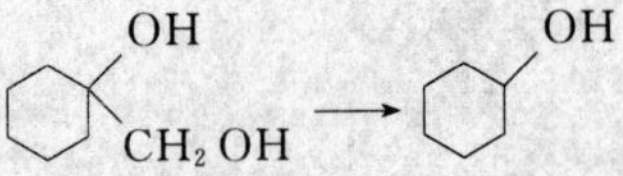

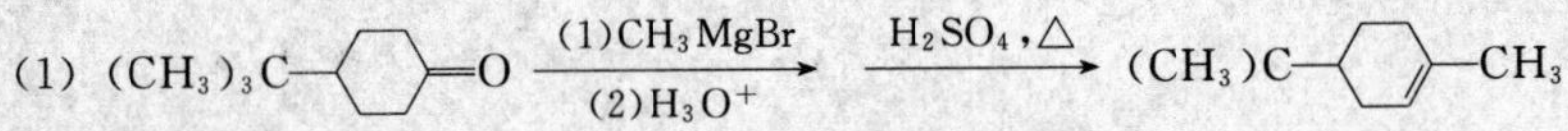

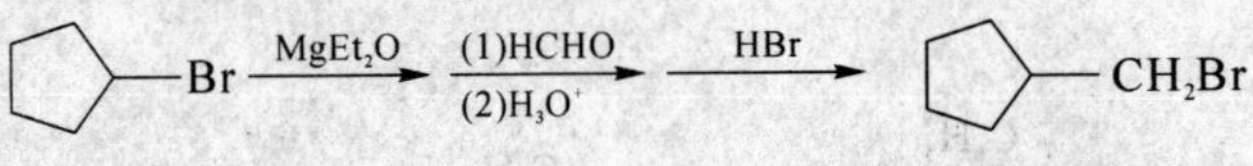

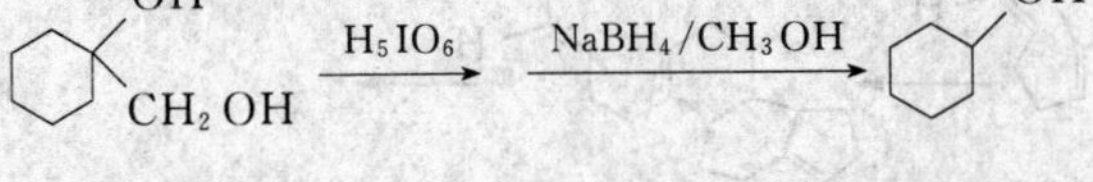

(4) 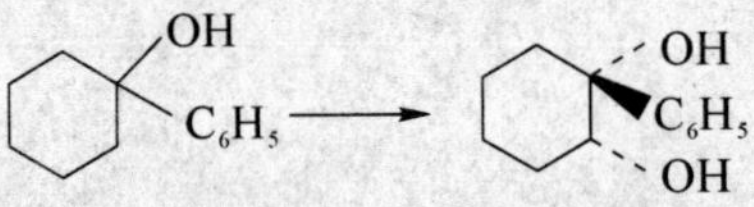 1-苯基环己醇 ⟶ 1-苯基-1,2-环己二醇

解 (1) $(CH_3)_3C-\!\!\!\bigcirc\!\!\!=\!\!O \xrightarrow[(2)H_3O^+]{(1)CH_3MgBr} \xrightarrow{H_2SO_4, \triangle} (CH_3)_3C-\!\!\!\bigcirc\!\!\!-CH_3$

(2) 环戊基-Br $\xrightarrow{MgEt_2O}$ $\xrightarrow[(2)H_3O^+]{(1)HCHO}$ $\xrightarrow{HBr}$ 环戊基-CH$_2$Br

(3) 1-羟甲基环己醇 $\xrightarrow{H_5IO_6}$ $\xrightarrow{NaBH_4/CH_3OH}$ 环己醇

(4) 1-苯基环己醇 $\xrightarrow{H_2SO_4, \triangle}$ $\xrightarrow[OH^-, 30℃]{KMnO_4}$ 1-苯基-1,2-环己二醇

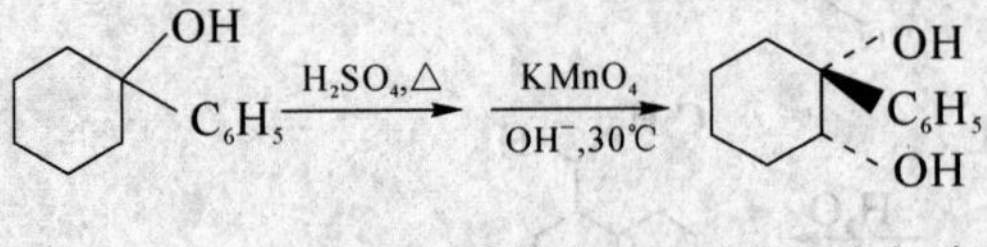

习题 9.11 2,4,6-三叔丁基苯酚在醋酸溶液中与溴反应，生成化合物 A($C_{18}H_{29}BrO$)，产率差不多是定量的。A 的红外光谱图中在 1 630 cm^{-1} 和 1 650 cm^{-1} 处有吸收峰，^{1}H NMR 谱图中有 3 个单峰，$\delta_H=1.19$，1.26 和 6.90，其面积比为 9∶18∶2。试推测 A 的结构。

解 A 的结构为

$(CH_3)_3C$ ─ C(=O) ─ ... (structure at top of page showing 2,6-di-tert-butyl-4-bromo-4-tert-butyl-cyclohexadienone)

习题 9.12 推测下列化合物的结构。

(1) $C_9H_{12}O$,$\sigma_{max}/cm^{-1}=3\,350,3\,070,1\,600,1\,490,1\,240,830$,$\delta_H=0.9(t,3H),1.5(m,2H),2.4(t,2H),5.5(b,1H),6.8(q,4H)$。

(2) $C_{10}H_{14}O$,σ_{max}/cm^{-1}:$3\,350,3\,070,1\,600,1\,490,710,690$,$\delta_H$:$1.1(s,6H),1.4(s,1H),2.7(2,2H),7.2(s,5H)$。

(3) $C_{10}H_{14}O$,σ_{max}/cm^{-1}:$3\,340,1\,600,1\,490,1\,380,1\,230,860$,$\delta_H$:$1.3(b,9H),4.9(b,1H),7.0(q,4H)$。

(4) $C_9H_{11}BrO$,σ_{max}/cm^{-1}:$3\,340,1\,600,1\,500,1\,380,830$,$\delta_H$:$0.9(t,3H),1.6(q,2H),2.7(s,1H),4.4(t,1H),7.2(q,4H)$。

(5) $C_8H_{18}O_2$,σ_{max}/cm^{-1}:$3\,350,1\,390,1\,370$,δ_H:$1.2(2,12H),1.5(s,4H),1.9(s,2H)$,与高碘酸不反应。

(6) σ_{max}/cm^{-1}:$3\,600,1\,500,1\,160,1\,010,760,690$,$\delta_H$:$2.8(s,1H),7.3(s,15H)$,MS,$m/z$,260,183,78。

(7) σ_{max}/cm^{-1}:$3\,600,3\,030,1\,600,1\,500,1\,180,1\,020,826$,$\delta_H$:$5.1(s,1H,加D_2O后消失),6.8(q,4H)$,MS,$m/z$,176(M+4),174(M+2),172(M,B),93(19.5),75(1),65(31)。

(8) σ_{max}/cm^{-1}:$3\,200(b),1\,500,1\,480,820$,$\delta_H$:$6.6(s,4H),7.5(s,2H,加D_2O后消失)$,$m/z$:110(M,B)。

解 (1)不饱和度为4,提示可能有苯环,IR(cm^{-1}):3 350 提示可能有羟基,3 070,1 600,1 490 提示可能有苯环,830 提示可能为对位二取代苯,^1H NMR 中 6.8 与对位二取代苯相符合,其他的峰说明侧链为丙基,5.5 为羟基上的质子。综合以上信息,可以得出化合物的结构为对丙基苯酚。

(2)不饱和度为4,可能含有苯环。综合其他信息可以得出结构为

C_6H_5─C(CH_3)(CH_3)─CH_2OH

(3)不饱和度为4,可能含有苯环,二取代化合物,其结构为

$(CH_3)_3C$─C₆H₄─OH

(4)不饱和度为4,可能含有苯环,二取代化合物,其结构为

CH_3CH_2CHBr─C₆H₄─OH

(5)不饱和度为0,其结构为

HOH_2C─C(CH_3)(CH_3)─C(CH_3)(CH_3)─CH_2OH

(6)$M=260$,从 IR 可看出含有羟基,其结构为

$(C_6H_5)_3C$─OH

(7)$M=172$,其结构为

Br─C₆H₄─OH

(8)$M=110$,其结构为

$$HO-\text{C}_6\text{H}_4-OH$$

习题 9.13 一化合物的质谱数据(m/z)为

28(6),28(39.5),31(100),43(7),45(37.5),59(47),74(30.5)(M)

试推测其结构。

解 根据醚断裂规则,可以推测其结构为 $CH_3CH_2OCH_2CH_3$。

习题 9.14 写出下列反应的产物。

(1) $(CH_3)_3CCH_2OCH_3 + HBr \longrightarrow$

(2) $s\text{-}C_4H_9\text{-}O\text{-}C_4H_9\text{-}t + HI \longrightarrow$

(3) $CH_3O-\text{C}_6\text{H}_4-CH_2OCH_2CH_3 \xrightarrow{H_2, Pd/C}$

(4) 2-苯基四氢吡喃 $\xrightarrow{H_2, Pd/C}$

解 (1) $(CH_3)_3CCH_2OCH_3 + HBr \longrightarrow CH_3Br + (CH_3)_3CCH_2OH$

(2) $s\text{-}C_4H_9\text{-}O\text{-}C_4H_9\text{-}t + HI \longrightarrow s\text{-}C_4H_9OH + t\text{-}C_4H_9I$

(3) $CH_3O-\text{C}_6\text{H}_4-CH_2OCH_2CH_3 \xrightarrow{H_2, Pd/C} CH_3CH_2OH + CH_3O-\text{C}_6\text{H}_4-CH_3$

(4) 2-苯基四氢吡喃 $\xrightarrow{H_2, Pd/C}$ $\text{C}_6\text{H}_5(CH_2)_4CH_2OH$

习题 9.15 甲基丁基醚与氢碘酸反应,最初生成的产物为碘甲烷和丁醇,而甲基叔丁基醚则生成甲醇和叔丁基碘。为什么?

解 反应机理不同,甲基丁基醚的裂解机理为 S_N2;而甲基叔丁基醚中的叔丁基易形成叔丁基正离子,其裂解机理为 S_N1。

$$CH_3OCH_2CH_2CH_2CH_3 \xrightarrow{HI} CH_3\overset{+}{O}(H)CH_2CH_2CH_2CH_3 \xrightarrow{I^-} CH_3I + CH_3CH_2CH_2CH_2OH$$

$$CH_3OC(CH_3)_3 \xrightarrow{HI} CH_3\overset{+}{O}(H)C(CH_3)_3 \longrightarrow (CH_3)_3C^+ + CH_3OH \xrightarrow{I^-} (CH_3)_3CI$$

习题 9.16 下列化合物应如何合成?

(1) 环己基-OCH_2CH_3

(2) $(CH_3)_3CCH_2OCH_3$

(3) $C_6H_5\underset{\underset{CH_3}{|}}{CH}OCH_3$

解 (1) 环己基-ONa $\xrightarrow{CH_3CH_2Br}$ 环己基-OCH_2CH_3

(2) $(CH_3)_3CCH_2ONa \xrightarrow{CH_3Br} (CH_3)_3CCH_2OCH_3$

(3) $C_6H_5\underset{\underset{CH_3}{|}}{CH}OH \xrightarrow[NaOH/H_2O]{(CH_3O)_2SO_2} C_6H_5\underset{\underset{CH_3}{|}}{CH}OCH_3$

习题 9.17 写出以下反应的可能机理。

$$(CH_3)_3COH + C_2H_5OH \xrightarrow[70℃]{150\% H_2SO_4} (CH_3)_3COC_2H_5$$

解

$$(CH_3)_3COH \xrightarrow{H^+} (CH_3)_3\overset{+}{C}OH_2 \xrightarrow{-H_2O} (CH_3)_3\overset{+}{C} \xrightarrow{\overset{\overset{..}{O}H\,C_2H_5}{H}}$$

$$\underset{\overset{|}{H}}{C_2H_5OC(CH_3)_3} \xrightarrow{-H^+} CH_3CH_2OC(CH_3)_3$$

习题 9.18 下列化合物应如何合成?

(1) $(C_6H_5)_2CHOCH(C_6H_5)_2$ (2) $(C_6H_5)_3COCH_2CH_2CH(CH_3)_2$

(3) $CH_2=CHCH_2OCH_2CH=CH_2$

解 (1) 苯 $\xrightarrow[AlCl_3]{COCl}$ 二苯甲酮 $\xrightarrow{NaBH_4/CH_3OH}$ 二苯甲醇 $\xrightarrow[\triangle]{H_2SO_4}$ $(C_6H_5)_2CHOCH(C_6H_5)_2$

(2) 二苯甲酮 $\xrightarrow[(2)H_3O^+]{(1)C_6H_5MgBr}$ $(C_6H_5)_3COH \xrightarrow{Na}$ $\xrightarrow{(CH_3)_2CHCH_2CH_2Br}$ $(C_6H_5)_3CO(CH_2)_2CH(CH_3)_2$

(3) $CH_2=CHCH_3 \xrightarrow{NBS} \xrightarrow{Na_2CO_3} \xrightarrow[\triangle]{H_2SO_4} CH_2=CHCH_2OCH_2CH=CH_2$

习题 9.19 下列化合物应如何合成?

(1) $C_6H_5\underset{\overset{|}{OCH_2CH_3}}{CHCH_3}$ (2) 环己基-OCH₃

(3) $C_6H_5\underset{\overset{|}{OCH_2CH_3}}{C(CH_3)_2}$ (4) $CH_3CH_2\underset{\overset{|}{OCH(CH_3)_2}}{C(CH_3)_2}$

解 (1) 苯 $\xrightarrow[AlCl_3]{CH_3COCl} \xrightarrow{NaBH_4/CH_3OH} \xrightarrow{Na} \xrightarrow{CH_3CH_2Br} C_6H_5\underset{\overset{|}{OCH_2CH_3}}{CHCH_3}$

(2) 环己醇 $\xrightarrow{Na} \xrightarrow{CH_3Br}$ 环己基-OCH₃

(3) 苯 $\xrightarrow[AlCl_3]{CH_3COCl} \xrightarrow[(2)H_3O^+]{(1)CH_3MgBr} \xrightarrow{Na} \xrightarrow{CH_3CH_2Br} C_6H_5\underset{\overset{|}{OCH_2CH_3}}{C(CH_3)_2}$

(4) $CH_3CH_2COOEt \xrightarrow[(2)H_3O^+]{(1)2CH_3MgBr} \xrightarrow{(CH_3)_2C=CH_2}{(CF_3COO)_2Hg} \xrightarrow{NaBF_4/OH^-} CH_3CH_2\underset{\overset{|}{OCH(CH_3)_2}}{C(CH_3)_2}$

习题 9.20 写出下列反应的产物。

(1) 2,2,3-三甲基环氧乙烷 + $CH_3ONa \longrightarrow$

(2) 2,2-二甲基环氧乙烷 + $OH^- \longrightarrow$

(3) $(CH_3)_3C$-[cyclohexane epoxide] + H_2O $\xrightarrow{H^+}$

(4) $(CH_3)_3C$-[cyclohexane epoxide] + H_2O $\xrightarrow{OH^-}$

(5) H_3C-[epoxide] $\xrightarrow{(1)(CH_3)_2CuLi}{(2)H_3O^+}$

(6) [epoxide] + NaCN $\xrightarrow{H_2O}$

(7) $n\text{-}C_4H_9C\equiv CMg$ + [epoxide] $\xrightarrow{(1)Et_2O}{(2)H_3O^+}$

解 (1) $\begin{matrix}H_3C\\H_3C\end{matrix}$[epoxide]$\begin{matrix}CH_3\\\end{matrix}$ + CH_3ONa $\longrightarrow$ $\begin{matrix}H_3C\\H_3C\end{matrix}C\begin{matrix}OCH_3\\CH_3\\OH\end{matrix}$

(2) [1-methyl cyclohexene oxide] + OH^- $\longrightarrow$ [1-methylcyclohexane-1,2-diol]

(3) $(CH_3)_3C$-[epoxide] + H_2O $\xrightarrow{H^+}$ $(CH_3)_3C$-[cyclohexanol with CH_2OH and OH]

(4) $(CH_3)_3C$-[epoxide] + H_2O $\xrightarrow{OH^-}$ $(CH_3)_3C$-[cyclohexanol with OH and CH_2OH]

(5) H_3C-[epoxide] $\xrightarrow{(1)(CH_3)_2CuLi}{(2)H_3O^+}$ $H_3C\text{-}CH(OH)\text{-}CH_2CH_3$

(6) [epoxide] + NaCN $\xrightarrow{H_2O}$ $HOCH_2CH_2CN$

(7) $n\text{-}C_4H_9C\equiv CMg$ + [epoxide] $\xrightarrow{(1)Et_2O}{(2)H_3O^+}$ $n\text{-}C_4H_9C\equiv CCH_2CH_2OH$

习题 9.21 将下列化合物按其沸点升高次序排列。

$\begin{matrix}CH_2OH\\CHOH\\CH_2OH\end{matrix}$ ①, $\begin{matrix}CH_2OH\\CHOCH_3\\CH_2OH\end{matrix}$ ②, $\begin{matrix}CH_2OCH_3\\CHOCH_3\\CH_2OH\end{matrix}$ ③, $\begin{matrix}CH_2OCH_3\\CHOH\\CH_2OCH_3\end{matrix}$ ④, $\begin{matrix}CH_2OCH_3\\CHOCH_3\\CH_2OCH_3\end{matrix}$ ⑤

解 沸点高低次序为①＞②＞③＞④＞⑤。

习题 9.22 推测下列反应的可能机理。

(1) [PhOCH_2CH=CH_2] $\xrightarrow{\triangle}{HBr}$ [2-methyl-2,3-dihydrobenzofuran]

(2) $\text{HOC(CH}_3\text{)}_2\text{CH=CH}_2 + \text{HOBr} \longrightarrow$ 环氧化合物 (2,2-二甲基-3-溴甲基环氧乙烷)

(3) 2,2,3-三甲基环氧乙烷 $\xrightarrow{(CH_3)_3CO^-K^+}{(CH_3)_3COH}$ $\text{CH}_2\text{=CHCH(CH}_3)_2$ + CH_3CHCH_2 (with OH、CH$_3$)
$\quad\quad\quad\quad\quad\quad\quad\quad\quad\quad\quad\quad\quad\quad\quad\quad\quad\quad\quad$ HO CH$_3$

(4) 环己醇衍生物 (OH, Cl, CH$_3$) $\xrightarrow{\text{NaOH}}$ $\xrightarrow{\text{HBr}}$ 产物 (OH, Br) + 产物 (Br, OH)

解 (1) 苯氧丙烯 $\xrightarrow{\Delta}$ 邻烯丙基苯酚 $\xrightarrow{\text{HBr}}$ 中间体 $\longrightarrow$ 2-甲基-2,3-二氢苯并呋喃

(2) $\text{HOC(CH}_3)_2\text{CH=CH}_2 + \text{HOBr} \longrightarrow \text{HOC(CH}_3)_2\text{CH}^+\text{CH}_2\text{Br} \longrightarrow$ 质子化环氧 $\xrightarrow{-H^+}$ 2,2-二甲基-3-溴甲基环氧乙烷

(3) 2,2,3-三甲基环氧乙烷 $\xrightarrow{(CH_3)_3CO^-K^+}{(CH_3)_3COH}$ $\text{CH}_3\text{CH}-\text{C(CH}_3)_2$ + $\text{CH}_3\text{CH}-\text{C(CH}_3)_2$
$\quad\quad\quad\quad\quad\quad\quad\quad\quad\quad\quad\quad$ O$^-$ OC(CH$_3$)$_3$ $\quad$ O$^-$ OC(CH$_3$)$_3$

$\xrightarrow{(CH_3)_3COH}$

$\text{CH}_2=\text{CHCH(CH}_3)_2$ $\xleftarrow{(CH_3)_3CO^-}$ $\text{CH}_2-\text{CH}-\text{C(CH}_3)_2$ (H, OH, OC(CH$_3$)$_3$)
$\quad\quad\quad$ OH

$\xrightarrow{(CH_3)_3COH}$

$\text{CH}_3\text{CH=CH}_2$ $\xleftarrow{(CH_3)_3CO^-}$ $\text{CH}_2-\text{C}-\text{CHCH}_3$ (H, CH$_3$, OH, OC(CH$_3$)$_3$)
HO CH$_3$

(4) 环己醇氯衍生物 $\xrightarrow{\text{NaOH}}$ 双环氧中间体 $\xrightarrow{\text{Br}^-}$ 产物(OH,Br) + 产物(Br,OH)

环背面进攻产物　环正面进攻产物

习题 9.23 下列化合物应如何合成?

(1) $(CH_3)_3COC(CH_3)_3$ (对酸性试剂非常敏感)

(2) $(CH_3)_2CHOCH_2OCH_3$ (由 3-甲基-1-丁烯)

(3) 2-氯-4-硝基-6-烯丙基苯酚 (由苯)

解 (1) $(CH_3)_2C=CH_2 + (CH_3)_3COH \xrightarrow[(2) NaBH_4, OH^-]{(1) Hg(OAc)_2} (CH_3)_3COC(CH_3)_3$

(2) $(CH_3)_2CHCH=CH_2 + CH_3OH \xrightarrow[(2) NaBH_4, OH^-]{(1) Hg(OAc)_2}$

$(CH_3)_2CHCH(OH)CH_2OCH_3 \xrightarrow[OH^-]{KMnO_4} (CH_3)_2CHCOCH_2OCH_3$

(3) 苯 $\xrightarrow{H_2SO_4}$ 苯磺酸 $\xrightarrow[\text{熔融}]{NaOH}$ 苯酚 $\xrightarrow{HNO_3(稀)}$ 对硝基苯酚 $\xrightarrow[NaOH]{CH_2=CHCH_2Cl}$

烯丙基醚 $\xrightarrow{\Delta}$ 2-烯丙基-4-硝基苯酚 $\xrightarrow{Cl_2/FeCl_3}$ 2-氯-6-烯丙基-4-硝基苯酚

习题 9.24 推测下列化合物的结构。

(1) $C_{12}H_{18}O_2$; δ_H: 1.2(t,6H), 3.4(q,4H), 4.4(s,4H), 7.2(s,4H), 用高锰酸钾氧化生成对苯二甲酸。

(2) $C_6H_{14}O$; δ_H: 1.2(d,12H), 3.6(m,2H)。

(3) $C_{14}H_{14}O$; σ_{max}/cm^{-1}: 3 070, 1 100; δ_H: 4.5(s,4H), 7.3(s,10H)。

(4) $C_9H_{10}O$; σ_{max}/cm^{-1}: 3 070, 1 500, 1 120, 750; δ_H: 2.8(t,2H), 3.9(t,2H), 4.7(s,2H), 7.1(m,4H)(提示化合物为邻位二取代苯)。

(5) $C_8H_{10}O$; σ_{max}/cm^{-1}: 1 600, 1 500, 1 380, 1 260, 1 030, 810; δ_H: 2.3(s,3H), 3.8(s,3H), 7.0(q,4H)。

(6) $C_9H_{12}O$; σ_{max}/cm^{-1}: 1 600, 1 500, 1 260, 1 040; δ_H: 1.3(t,3H), 3.9(q,2H), 7.0(m,5H)。

解 (1) 不饱和度为 4, 有苯环, 其结构式为

$$CH_3CH_2OCH_2-C_6H_4-CH_2OCH_2CH_3$$

(2) 不饱和度为 0, 其结构式为

$$(CH_3)_2CHOCH(CH_3)_2$$

(3) 不饱和度为 8, 有两个苯环, 其结构式为

$$C_6H_5CH_2OCH_2C_6H_5$$

(4) 不饱和度为 5, 有一个苯环及一个脂肪环, 其结构式为异色满(isochroman)

(5)不饱和度为4,有苯环,其结构式为

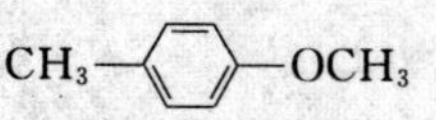

(6)不饱和度为4,有苯环,其结构式为

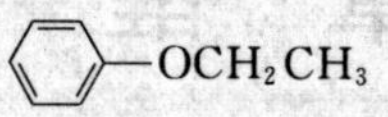

第 10 章 醛 和 酮

10.1 教学建议

(1) 以醛、酮的结构特点,分析醛、酮的物理、化学性质。
(2) 以羰基的结构特点,分析羰基的亲核加成反应的机理及规律。
(3) 以化合物的结构特点,分析 α,β-不饱和醛酮、羟基醛、酮的化学性质。

10.2 主要概念

10.2.1 内容要点精讲

1. 教学基本要求

(1) 掌握醛、酮的结构特点、系统命名法。
(2) 掌握醛、酮的化学性质。
(3) 掌握亲核加成反应的机理及规律。
(4) 掌握 α,β-不饱和醛、酮,羟基醛酮的基本化学性质。
(5) 掌握醛、酮的制备方法。

2. 主要概念

(1) 醛、酮的结构。含有羰基()的一类有机化合物,称为醛或酮,其中醛分子的羰基与一个氢原子和一个烃基相连,其通式为 RCHO;酮分子的羰基与两个烃基相连,其通式为 RCOR'。

(2) 醛、酮的亲核加成反应。醛、酮分子中的羰基是极化的,碳原子上带部分正电荷,因此醛、酮可与亲核试剂起加成反应。根据亲核试剂加在羰基碳原子的一端是氧、硫、氮或碳原子,可以将亲核试剂分为氧亲核试剂、硫亲核试剂、氮亲核试剂、碳亲核试剂等。

$$\diagup\!\!\!\!\diagdown\!\!\text{C}=\text{O} + \text{Nu}^- (\text{或 Nu}) \longrightarrow -\overset{|}{\underset{|}{\text{C}}}-\text{O}^- \xrightarrow[\text{快}]{\text{H}^+} -\overset{|}{\underset{\text{Nu}}{\text{C}}}-\text{OH}$$

(3) 酮—烯醇平衡。羟基连在双键碳上的结构称为烯醇。酮和烯醇互为异构体,它们可以通过共轭碱互变,这种异构现象称为互变异构。

$$\begin{array}{c}\text{CH}_3\\\text{CH}_3\end{array}\!\!\!\!\diagup\!\!\!\!\text{C}=\text{O} \xrightleftharpoons{\text{H}} [\text{:CH}_2-\overset{\text{CH}_3}{\underset{}{\text{C}}}=\ddot{\text{O}}: \longleftrightarrow \text{CH}_2=\overset{\text{CH}_3}{\underset{}{\text{C}}}-\ddot{\text{O}}:^-] \longrightarrow \text{CH}_2=\overset{\text{CH}_3}{\underset{}{\text{C}}}-\text{OH}$$

可以用下列平衡常数衡量上述平衡:

$$K=\frac{[\text{烯醇}]}{[\text{醛或酮}]}$$

K 的大小取决于烯醇和醛或酮的稳定性,如果烯醇稳定则平衡烯醇,分子主要以烯醇式存在;反之主要以酮式存在。一般结构简单的醛、酮主要以酮式存在。

(4) 烯醇盐。烯醇分子中羟基上的氢被金属置换生成的盐称为烯醇盐。醛、酮与强碱作用,可以完全变成烯醇盐。

$$-\underset{X}{\underset{|}{C}}=C-O^- M^+ \quad (X=H,R,OR, M^+=Li^+, Na^+, K^+)$$

不对称的酮可以生成两种烯醇盐,两者的比例与酮的结构、碱的强度等条件有关。

烯醇盐的负离子具有碳负离子的性质。

烯醇盐的稳定性取决于烯醇式自身的结构。如果羰基旁有一个或多个吸电子基以及较小的立体效应,就较易形成烯醇式。

烯醇离子的形成使醛、酮的 α-H 易于被氘代,将羰基化合物在重水和碱作用即可,因此 α-手性取代基的羰基化合物在非中性的条件下放置会发生外消旋化。如果不对称碳原子在羰基的 β 位,则酮-烯醇互变平衡不会引起外消旋化。

(5) 半缩醛、缩醛。在 HCl(干) 的催化下,由醛、酮与醇反应生成:

$$\diagdown C=O + ROH \underset{}{\overset{HCl(干)}{\rightleftharpoons}} -\underset{|}{\overset{OR}{\underset{|}{C}}}-OH \underset{}{\overset{ROH}{\rightleftharpoons}} -\underset{|}{\overset{OR}{\underset{|}{C}}}-OR$$

(6) 叶立德(ylid)试剂。叶立德试剂也称为 Wittig 试剂,其结构如下:

$$Ph_3\overset{+}{P}-\underset{R'}{\overset{R}{\underset{|}{C}}}$$

叶立德试剂可以用三苯膦(Ph_3P)与卤代烃在强碱(苯锂等)作用下制得。

在生成叶立德试剂($Ph_3\overset{+}{P}-\overset{-}{C}HR$)的反应中,当 R 为 CO_2R' 等吸电子基取代基时,CH_2 上 H 的酸性增强,用 NaOH 的水溶液可以将鎓盐变成叶立德试剂,吸电子取代基也使生成的叶立德试剂稳定,因此先制备叶立德试剂再与羰基化合物反应;当 R 为芳基时,CH_2 上的 H 酸性较强,可以用 NaOEt 或 NaOH 使鎓盐转变成半稳定化叶立德试剂,但仍需现场制备,立即使用;当 R 为烷基时,CH_2 上 H 的酸性最弱,需要用强碱如 n-BuLi、$NaNH_2$、t-BuOK 等,将鎓盐转变为未稳定化叶立德试剂并立即用于反应中。未稳定化的叶立德试剂对水和氧敏感,因此要在无水溶剂和氮气保护下反应。

还有一种,通常称为 Horner-Emmons 试剂的 Wittig 试剂:

$$P(OEt)_3 \xrightarrow{BrCH_2CO_2Et} (OEt)_3\overset{+}{P}CH_2CO_2EtBr^- \xrightarrow{-C_2H_5Br} OEt_2\overset{O}{\overset{\|}{P}}CH_2CO_2Et$$

此试剂容易与醛、酮发生反应,立体选择性强,产物主要是反式的,并且产物易分离。

3. 核心内容

(1) 醛、酮的结构特点与分类。醛、酮分子中的羰基碳为 sp^2 杂化,分别与氧原子及其他两原子(碳原子或氢原子)成键,羰碳的三个键角接近 $120°$,碳和氧以及和羰氧连接的另外两个原子在一个平面内,呈平面构型。

由于羰基中氧的吸电子性使羰基碳原子高度缺电子,易受亲核试剂的进攻。羰基有较强的极性,氧原子具有 Lewis 碱的性质,羰基的强 $-I$ 和 $-C$ 效应使羰基化合物的 α-H 有一定的酸性。

醛的结构特点是醛基中含有氢,羰基的化学活性较高,且可被氧化为羧基。

酮的结构特点是羰基碳上有两个烃基,它们的给电子作用($+I$ 和 $+C$)和立体障碍,使羰基的化学活性下降(与醛相比),但环酮的情况有所不同,小环酮(C<8)的活性较高。

按烃基的结构,醛可分为以下4类：

①甲醛：H—CHO

②一般的脂肪族醛：R—CHO（R为饱和烃基）

③α,β-不饱和醛：$\overset{|}{C}=\overset{|}{C}-\overset{O}{\overset{\|}{C}}-H$（π-π共轭体系）

④芳醛：

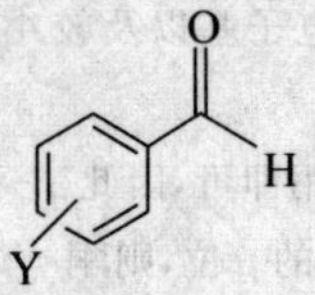

（Y为取代基,它的电子效应对羰基的影响明显）

酮可分为3类：

①脂肪族酮：R′—CO—R（R、R′为饱和烃基）

②α,β-不饱和酮：$\overset{|}{C}=\overset{|}{C}-\overset{O}{\overset{\|}{C}}-R$（π-π共轭体系）

③芳酮：

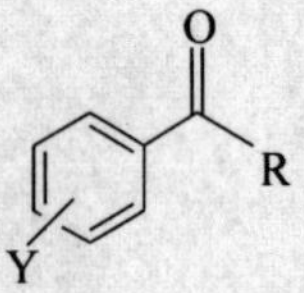

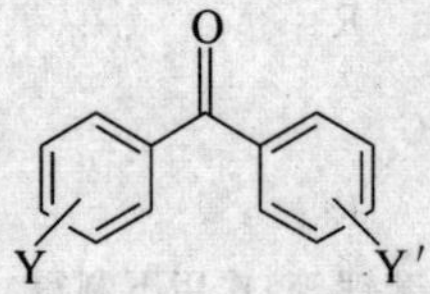

(2) 醛、酮的命名。醛、酮的系统命名法是选择含有羰基的最长链作为主链,称为某醛或某酮。从靠近羰基的一端开始编号,因羰基总是在碳链的始端,不用表明它的位次。酮基则必须用阿拉伯数字标明,放在名称之间,中间用短线相连,支链作为取代基。

醛、酮主链的编号有时也可以用希腊字母来表示,在醛分子中从与羰基相邻的碳原子开始(即官能团的邻位碳),以希腊字母α,β,γ,……依次标出；在酮分子中两个烃基中的编号分别用α,α′表示,其他位置碳的编号类似。

含有芳基或羰基在环外的醛、酮常把芳基或环作为取代基来命名。如果羰基是在环内,则称环某酮。

—CH＝O,—COCH$_3$,—COR 分别称为甲酰基、乙酰基和酰基。

酮还可以用习惯命名法命名,即在酮字前加上与羰基相连的两个烃基的名称。

(3) 碳负离子形成的难易和结构的关系。碳原子旁假若有活化基团,这时碳原子的氢具有活性,如醛、酮的α-H具有酸性。活化基团都是具有重键的吸电子基团,碳碳的重键也具有活化作用。

α-H 的解离度除取决于和它相连的不饱和基团的—I 的诱导作用外,还取决于离解后负碳离子结构的稳定性。各基团活化强弱有如下的次序：

硝基＞羰基＞—SO$_2$—＞—COOR＞—CN＞炔键＞—C$_6$H$_5$＞烯键＞—R

当一个羰基两旁的碳上都有氢但取代基不同时,就有可能产生不同的烯醇负离子,它们产生的比例是受热力学和动力学控制的。受热力学控制的,主要的产物是取代更多的烯醇负离子,动力学控制的是取代最小的烯醇负离子。

$$\text{R}_2\text{CHCCH}_2\text{R}' \xrightarrow{\text{OH}^-} \text{R}_2\text{C}=\text{CCH}_2\text{R}' \quad \text{热力学控制产物}$$
$$\xrightarrow{\text{OH}^-} \text{R}_2\text{CHC}=\text{CHR}' \quad \text{动力学控制产物}$$

(4) 醛、酮的化学性质。醛的结构与性质的对应关系如下：

- 氧原子有Lewis碱性
- 醛氧化生成羧酸
- 亲核加成反应及还原反应
- α-H的酸性反应及卤代反应

酮的性质与醛基本一致，只是由于羰基连着的是两个烃基，因而不易被氧化，只有在强氧化剂（浓硝酸等）作用下发生羰基两边碳链的断裂，生成几个碳原子数目较原来少的羧酸。

α,β-不饱和醛、酮的结构与性质的对应：

- 选择性氧化、还原
- 亲电加成 { 1,2-加成 / 1,4-加成 }
- 亲核加成 { 1,2-加成 / 1,4-加成 }
- α-H的酸性、插烯规则

① 羰基的亲核加成反应。反应通式如下：

$$\text{C}=\text{O} + \text{Nu}^- (\text{或 Nu:}) \longrightarrow \underset{\underset{\text{Nu}}{|}}{-\text{C}}-\text{OH}$$

Ⅰ. 与碳亲核试剂的加成反应。

a. HCN。

$$\text{C}=\text{O} + \text{HCN} \rightleftharpoons -\underset{\underset{\text{CN}}{|}}{\text{C}}-\text{O}^- \xrightarrow{\text{H}_2\text{O}} -\underset{\underset{\text{CN}}{|}}{\text{C}}-\text{OH}$$

氰醇

只有醛、脂肪族甲基酮及碳原子数小于8的环酮可以发生此反应。碱能催化此反应。

b. Grignard 试剂。醛酮与 Grignard 试剂作用后用酸或氯化铵水溶液水解生成醇。

$$\text{C}=\text{O} + \text{RMgX} \longrightarrow -\underset{\underset{\text{R}}{|}}{\text{C}}-\text{OMgX} \xrightarrow{\text{H}_3\text{O}^+} -\underset{\underset{\text{R}}{|}}{\text{C}}-\text{OH}$$

此反应可用于制备各种类型的醇。

c. Wittig 反应。磷叶立德试剂与醛酮的反应称为 Wittig 反应。

$$\underset{\text{R}'(\text{H})}{\overset{\text{R}}{\text{C}}}=\text{O} + \text{Ph}_3\text{P}=\text{CHR}'' \longrightarrow \underset{\text{R}'(\text{H})}{\overset{\text{R}}{\text{C}}}=\text{CHR}''$$

羰基化合物可以是脂肪族、脂环族和芳香族醛酮，其中烃基上可以有双键、叁键、OH、OR、NR$_2$ 等官能团，磷叶立德的碳原子上可以有烃基或含有某些官能团的烃基。

磷叶立德试剂与醛反应最快,酮其次,可用于烯烃的制备,但产物立体化学不能预先判定,然而当 α-C 上有一个羰基时,产物的取向则有一定的立体选择性,往往是含羰基的基团和 β-C 原子上较大的基团成为反式的。

在 Wittig 反应中生成的烯烃的双键在链中间,即

$$ph_3\overset{+}{P}-\overset{-}{C}HR + R'CH=O \longrightarrow R'CH=CHR$$

未稳定化的叶立德反应主要生成顺式烯烃,半稳定化的叶立德反应生成顺式烯烃和反式烯烃的混合物,稳定化的叶立德反应主要生成反式烯烃。

Horner 试剂和醛酮作用生成 α,β-不饱和酸酯,并且与羰基化合物的反应活性较大。

d. 炔烃负离子。

$$\overset{R}{\underset{R'(H)}{>}}C=O + R''C\equiv CNa \longrightarrow R'(H)-\underset{R''}{\overset{R}{\underset{|}{C}}}-ONa \xrightarrow{H_3O^+} R'(H)-\underset{R''}{\overset{R}{\underset{|}{C}}}-OH$$

e. 卤代酸酯(Reformatsky 反应)。

$$\overset{R}{\underset{R'}{>}}C=O + -\underset{Br}{\overset{|}{C}}-CO_2Et \xrightarrow{Zn} \xrightarrow{H_3O^+} R'-\underset{OH}{\overset{R}{\underset{|}{C}}}-\overset{|}{\underset{|}{C}}-CO_2Et$$

Ⅱ. 与氧亲核试剂的加成反应。

a. 加水。

$$>C=O + H_2O \rightleftharpoons -\underset{OH}{\overset{|}{C}}-OH$$

这是一个平衡反应,对于多数的醛、酮,平衡偏向左边。只有当羰基活性较高时,即连有吸电子基团时,反应才能偏向右边,如三氯乙醛、茚三酮等化合物的水合物就比较稳定。

酸和碱对水合物的生成有催化作用。

b. 加醇。

$$>C=O + ROH \rightleftharpoons -\underset{OR}{\overset{|}{C}}-OH$$

半缩醛

这也是一个平衡反应,一般也是偏向左边。酸和碱对半缩醛的生成有催化作用。

在酸催化下,半缩醛(酮)继续与醇反应生成缩醛(酮):

$$-\underset{OR}{\overset{|}{C}}-OH \xrightleftharpoons{H_3O^+} -\underset{OR}{\overset{|}{C}}-OR$$

缩醛(酮)

缩酮的生成一般用 1,2-二醇。

缩醛(酮)为醚类化合物,曝露在空气中生成容易爆炸的过氧化物。对碱稳定,在酸性溶液中容易水解生成原来的醛(酮),在有机合成中可以用来保护羰基。

c. 加亚硫酸氢钠。

$$>C=O + NaHSO_3(过量) \rightleftharpoons -\underset{SO_3Na}{\overset{|}{C}}-OH \xrightarrow[(或 OH^-)]{H_3O^+} >C=O$$

白色晶体

只有醛、脂肪族甲基酮及碳原子数小于 8 的环酮可以发生此反应,并且产物可被酸或碱分解成原子的醛或酮。可以用于醛、酮的鉴定及分离。

d.加硫醇。硫醇能迅速地与醛酮作用,生成硫缩醛(酮):

$$\ce{>C=O + RSH ->[H_3O^+] -\underset{SR}{\underset{|}{C}}-SR ->[Raney镍] -\underset{H}{\overset{H}{\underset{|}{\overset{|}{C}}}}-H}$$

硫缩醛(酮)

Ⅲ.与氮亲核试剂的加成反应。

a.与氨衍生物的反应。

反应通式如下:

$$\ce{>C=O + H_2NB -> >C=NB}$$

式中,B=—OH(羟胺)、—NHC$_6$H$_5$(苯肼)、—NHCONH$_2$(氨基脲)、—Ar(芳香族伯胺),对应的产物分别称为肟、苯腙、缩氨脲和 Schiff 碱。

肟、苯腙和缩氨脲可以用于醛、酮的鉴定或分离。

肟在硫酸的作用下可以发生重排作用,生成酰胺。在重排过程,与羟基处于对位的烃基发生迁移,此反应称为 Beckmann 重排:

$$\ce{R-\underset{R'}{\overset{N-OH}{\underset{\|}{C}}} ->[H_2O] R-\underset{R'}{\overset{N-\overset{+}{O}H_2}{\underset{\|}{C}}} -> R'-\overset{+}{C}=N-R ->[H_2O][-H] ->[异构化] R'-\underset{\|}{\overset{O}{C}}-NHR}$$

Ⅳ.羰基亲核加成反应的机理。

$$\ce{\underset{R}{\overset{R}{C}}=O + Nu^- (或 Nu:) ->[慢] [Nu\cdots\underset{R}{\overset{R'}{C}}\cdots\overset{\delta-}{O}] -> Nu-\underset{R}{\overset{R'}{C}}-O^- ->[快][H_3O^+] Nu-\underset{R}{\overset{R'}{C}}-OH}$$

上述亲核加成反应的容易程度及反应速率与亲核试剂的亲核性和醛、酮的结构有关。亲核试剂亲核性越强、羰基活性越高(羰基碳原子的正电荷高)、位阻效应越小,反应越易进行,反应速率也较快。

上述反应可以被酸、碱催化:

碱催化:H—Nu + B(碱) $\rightleftharpoons$ H—B + :Nu$^-$

$$\ce{\underset{R}{\overset{R'}{C}}=O + Nu^- (或 \overset{..}{N}u:) ->[慢] [Nu\cdots\underset{R}{\overset{R'}{C}}\cdots\overset{\delta-}{O}] -> Nu-\underset{R}{\overset{R'}{C}}-O^- ->[快][H_3O^+] Nu-\underset{R}{\overset{R'}{C}}-OH}$$

酸催化:

$$\ce{>C=O + H^+ <=> [>\overset{+}{C}-OH <-> -\underset{+}{C}-OH] ->[:Nu^-] -\underset{|}{\overset{OH}{C}}-Nu}$$

Ⅴ.羰基亲核加成反应的立体化学。羰基亲核加成反应的立体化学主要与醛、酮中的羰基所在平面的对称性和亲核试剂是否有手性有关。如果羰基所在平面为对映面,则得到的是外消旋体,反之则得到份量不相等的两种对映体,优势产物为亲核试剂向最小原子或基团一侧进攻所得;有对映面的羰基化合物与非手性试剂加成生成外消旋体;与手性试剂加成则生成份量不相等的两种对映异构体,优势产物则由位阻效应决定。

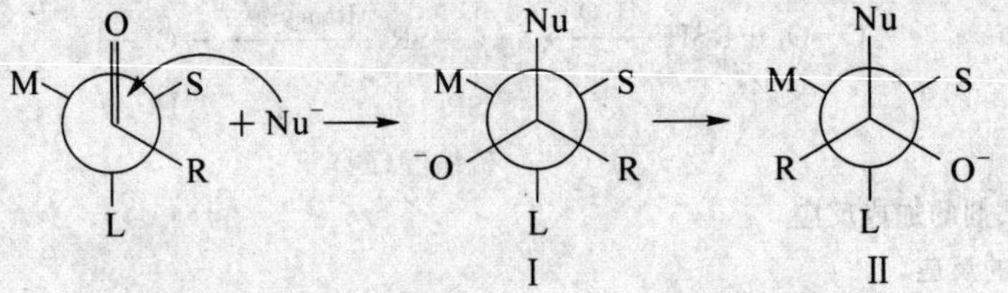

其中,L,M,S 分别为大、中、小(体积)的原子(基)团。

例如:

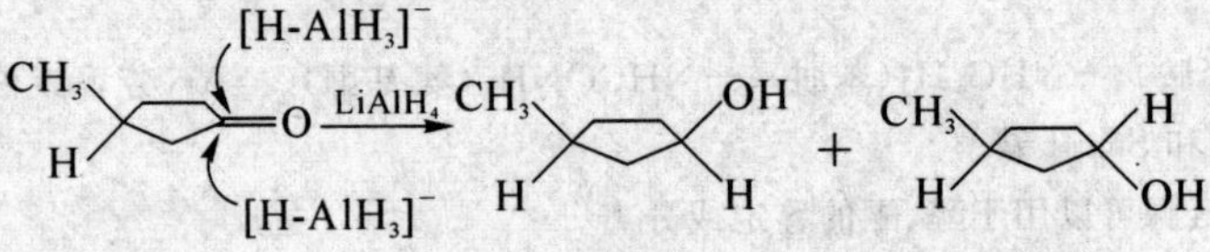

60%　　　　　40%
对试剂接近有利　对产物的稳定性有利

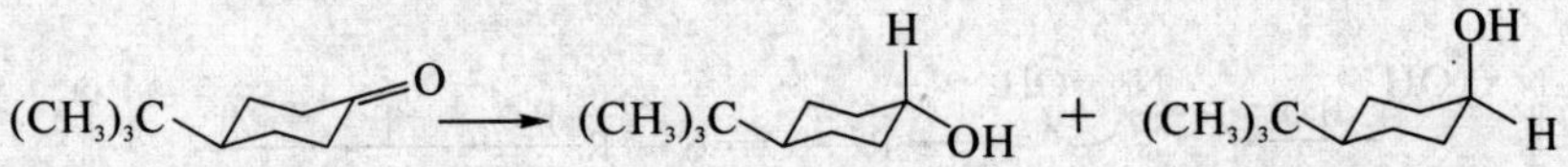

LiAlH$_4$	90%	10%
LiBH(s-Bu)$_3$	12%	88%

LiAlH$_4$ 体积较小,产物由热力学稳定性控制;而 LiBH(s—Bu)$_3$ 体积较大,位阻效应大,产物由反应速率决定。

②α-H 的反应。

Ⅰ.缩合反应。

a.自身缩合(羟醛缩合)。两分子有 α-H 的醛在稀碱或稀酸溶液中互相结合生成 β-羟基醛的反应称为羟醛缩合,β-羟基醛在加热时容易脱水生成 α,β-不饱和醛:

$$2RCH_2CHO \xrightarrow{OH^-} RCH_2\underset{R}{\overset{OH}{\underset{|}{C}H}}CHCHO \xrightarrow{\triangle} RCH_2CH=\underset{R}{\overset{}{\underset{|}{C}}}CHO$$

庚醛以上的醛在碱性溶液中缩合只能得到 α,β-不饱和醛。

酮也可以发生羟醛缩合,但要困难得多,需不断地移去产物,才能得到较好的产率。但二羰基化合物较易起分子内的缩合反应,用于含 5~7 元环的化合物的合成。

碱性溶液中的羟醛缩合机理:

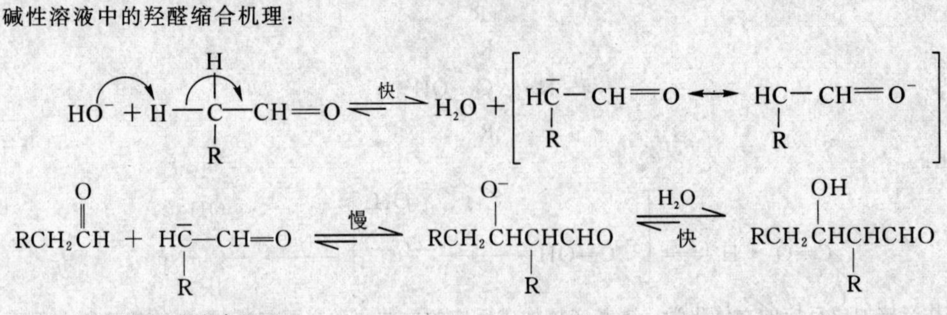

酸性溶液中的羟醛缩合机理:

$$\text{H-}\underset{\underset{R}{|}}{\text{C}}\text{H-CH=O} + \text{H}^+ \rightleftharpoons \text{H-}\underset{\underset{R}{|}}{\text{C}}\text{H-CH=}\overset{+}{\text{OH}} \rightleftharpoons \underset{R}{\text{CH=CH-OH}} + \text{H}^+$$

$$\underset{R}{\text{RCH}_2\overset{+}{\text{CH}}}^{\overset{+}{\text{OH}}} + \underset{R}{\text{CH=CH-OH}} \rightleftharpoons \underset{R}{\text{RCH}_2\text{CHCHCH}}\overset{+}{\overset{\text{OH}}{\text{OH}}} \rightleftharpoons$$

$$\underset{R}{\text{RCH}_2\text{CHCHCH=O}}^{\text{OH}} + \text{H}^+$$

反应都是通过烯醇式进行。碱使醛变成烯醇盐,酸增强碳—氧双键的极化,使它更快地变成烯醇式。

由于醛的 α-H 酸性和羰基的活性都大于酮,因而醛的缩合反应易于酮。通常情况下不同的官能团对 α-H 的活化能力有如下的次序：

$$-\text{CHO} > -\text{COCO}_2\text{CH}_3 > -\text{COC}_6\text{H}_5 > -\text{COCH}_3 > -\text{CO}_2\text{R}$$

一般情况下,α-H 的酸性越强,则醛、酮的烯醇化程度越大。能够使 α-H 酸性增强的官能团除羰基以外,还有 $-\text{X}$,$-\text{CN}$,$-\text{OR}$,$-\text{SO}_2\text{R}$,$-\text{OH}$,$-\text{NO}$,$-\text{NO}_2$ 等。在缩合反应中,反应速率取决于烯醇型平衡的建立及移动的快慢。

b. 交错缩合。有 α-H 的醛或酮与没有 α-H 的醛在碱性溶液中发生羟醛缩合反应,可以得到许多有用的产物。

$$\text{HCHO} + (\text{CH}_3)_3\text{CHCH}_2\text{CHO} \xrightarrow{\text{K}_2\text{CO}_3} (\text{CH}_3)_3\text{CHCHCHO} \atop \underset{\text{CH}_2\text{OH}}{|}$$

当一个脂肪族酮有两个不同的亚甲基时,在强碱的作用下进行缩合时,总是取代基较少的烷基进行缩合,形成一个直链的不饱和酮。但如用酸性催化剂,则结果恰好相反。

$$\text{C}_6\text{H}_5\text{CHO} + \text{CH}_3\text{COCH}_2\text{CH}_3 \xrightarrow[\text{H}_3\text{O}^+]{\text{OH}^-} \begin{array}{l} \text{C}_6\text{H}_5\text{CH=CHCOC}_2\text{H}_5 \\ \text{C}_6\text{H}_5\text{CH=CCOCH}_3 \\ \quad\quad\quad\quad\quad |\\ \quad\quad\quad\quad\text{CH}_3 \end{array}$$

先用强碱使醛、酮完全转变成烯醇盐,然后再与另一种醛、酮起加成反应,可以使羟醛缩合向预期的方向进行。

$$\text{CH}_3\text{CH}_2\text{CH}_2\text{COCH}_3 + \text{LDA} \xrightarrow[-78^\circ\text{C}]{\text{THF}} \text{CH}_3\text{CH}_2\text{CH}_2\overset{\overset{\text{O}^-\text{Li}^+}{|}}{\text{C}}\text{=CH}_2 \xrightarrow{\text{CH}_3\text{CH}_2\text{CH}_2\text{CH=O}}$$

$$\text{CH}_3\text{CH}_2\text{CH}_2\text{CHCH}_2\text{COCH}_2\text{CH}_3 \atop \underset{\text{OH}}{|}$$

II. Mannich 反应。醛、酮和甲醛、胺(二级胺)在水、醇或醋酸溶液中同时反应,可以把一个 α-H 用胺甲基取代,称为胺甲基化反应,为 Mannich 反应：

$$\text{R}'\text{COCH}_3 + \text{HCHO} + \text{HNR}_2 \xrightarrow{\text{H}_3\text{O}^+} \text{R}'\text{COCH}_2\text{CH}_2\text{NR}_2$$

III. 酰基化与烃基化反应。在足够强的碱性溶液中,具有 α-H 的醛、酮可以完全变成负碳离子,然后再与亲核试剂如羧酸衍生物的羰基(例如乙酰乙酸乙脂)等发生亲核加成反应,总的结果是在 α 碳上引入一个酰基,称之为酰基化反应。

$$CH_3COCH_3 + CH_3COOC_2H_5 \xrightarrow{NaOC_2H_5} \xrightarrow{H_3O^+} CH_3COCH_2COCH_3$$

如果羰基衍生物是丙二酸酯,则反应称为 Knoevenagel 反应:

$$RCHO + CH_2(COOC_2H_5)_2 \xrightarrow[\triangle]{NaOC_2H_5} RCH=C(COOC_2H_5)_2$$

如果具有 α-H 的醛、酮与卤化烃作用,则羰基化合物 α-H 被烃基取代,称之为烃基化反应。

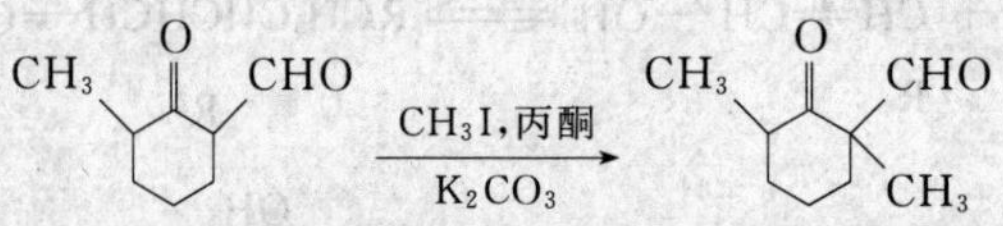

[结构式: 2-甲基环己酮-2-甲醛 + CH₃I,丙酮/K₂CO₃ → 2,2-二甲基环己酮-6-甲醛]

Ⅳ.醛、酮的卤化反应。醛酮与次卤酸盐(即卤素在碱性催化下)反应,α 碳上的氢可以逐步被卤素取代,如果控制卤素的用量及在酸性条件下催化,可使取代停止在一元或二元阶段,因此可利用此反应制备各种卤代醛、酮。

$$CH_3COCH_3 + Br_2 \xrightarrow{OH^-} BrCH_2COCH_3$$

其反应机理仍然是通过烯醇式与卤素加成而得到产物。

当羰基两旁含有两类不同的 α-H 时,碱性条件下的卤代反应优先发生在含氢原子较多的碳上。如果醛酮是乙醛与甲基酮,则甲基上的 3 个氢原子都能被卤素取代,所生成的三卤化物醛、酮在溶液中碱的作用下,生成卤仿和相应的羧酸盐,称为卤仿反应,有

$$CH_3COCH_3 + \frac{1}{2}I_2 \xrightarrow{OH^-} CH_3I + CH_3COO^-$$

碘仿是不溶于水的黄色固体,所以此反应可以用于检验乙醛和甲基酮,也可以用于从甲基酮合成少含一个碳原子的羧酸或卤仿。

乙醇及含 CH_3CHOH- 结构单位的仲醇也可以发生卤仿反应。

α-卤代酮在碱的作用下,脱去卤原子并重排生成羧酸或羧酸衍生物,这个反应称为 Favorskii 重排:

[Favorskii 重排机理图示]

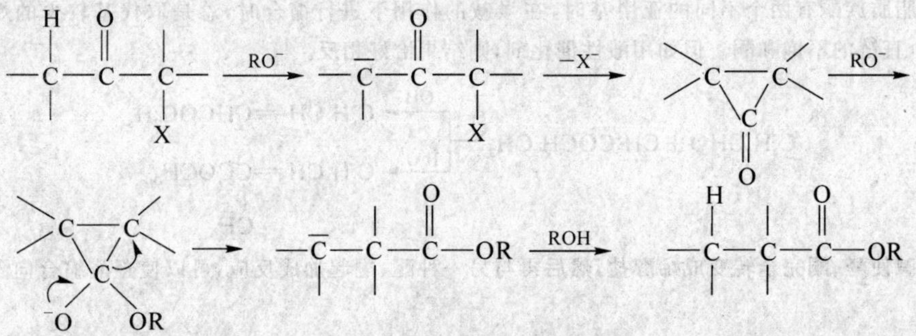

Ⅴ.Cannizzaro 反应。没有 α-H 的醛在强碱(如浓的氢氧化钠溶液)的作用下,发生歧化反应,一分子被氧化了,另一分子被还原:

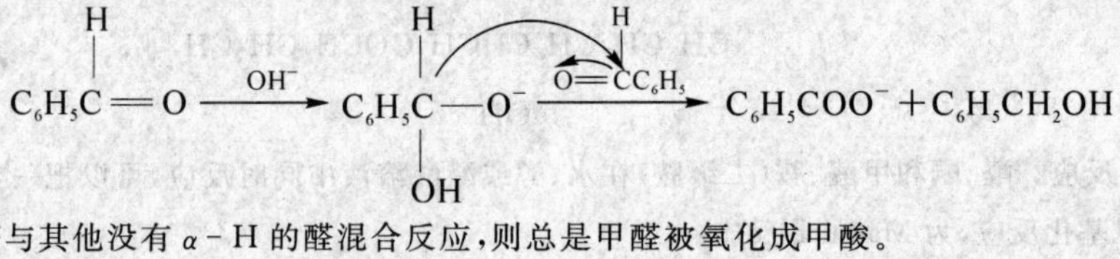

$$C_6H_5CH=O \xrightarrow{OH^-} C_6H_5\overset{H}{\underset{OH}{C}}-O^- \xrightarrow{O=CC_6H_5} C_6H_5COO^- + C_6H_5CH_2OH$$

如果是甲醛与其他没有 α-H 的醛混合反应,则总是甲醛被氧化成甲酸。

③醛、酮的还原和氧化。

Ⅰ.醛、酮的还原。常用的还原剂是金属氢化物及其络合物,如 $NaBH_4$,$LiAlH_4$,LiH,B_2H_6。

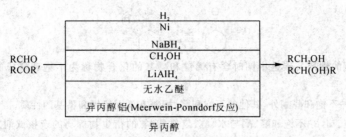

异丙醇铝在还原不饱和羰基化合物时,只还原羰基,不还原碳碳双键与叁键、硝基与卤素。

酮在非质子性溶剂存在下和金属钠(或 Mg-Hg/TiCl$_4$)作用下会生成一种双分子还原偶联产物:

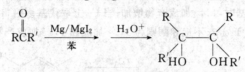

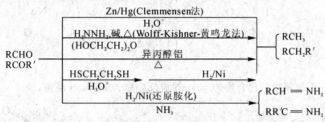

Ⅱ. 醛、酮的氧化。醛很易被氧化成酸,铬酸与高锰酸钾是最常用的氧化剂。酮则比较稳定,通常情况下难以被氧化,即使被强氧化剂氧化,主链多处断裂,得到一个混合酸,因此只有结构对称的酮(如环酮)的强氧化反应才具有合成意义。

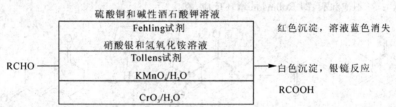

芳香醛在空气中还可以起自动氧化反应,光、微量金属离子(Fe,Co,Ni,Mn 等)有催化作用,亚硫酸盐、对苯二酚等抗氧化剂则起阻止作用。

酮在过氧酸氧化剂的作用下,可以被氧化成酯,即 Baeyer-Villiger 反应:

$$RCOR' \xrightarrow{CH_3COOOH(过氧酸)} RCOOR'$$

对于不对称酮,羰基两边的两个基团均可以迁移,但有一定的选择性,其迁移能力的强弱次序为叔取代基、仲取代基、苯基、苄基、伯取代基和甲基。

$$\text{环己酮} \xrightarrow{HNO_3} HOOC(CH_2)_4COOH$$

利用醛、酮氧化性能的差别,可以很迅速地鉴别醛或酮。

α-羟基醛酮化合物可以被高碘酸氧化裂解:

$$\underset{R'}{\underset{|}{\overset{O}{\overset{\|}{C}}}}-\underset{R}{\underset{|}{\overset{OH}{\overset{|}{C}}}}H \xrightarrow{HIO_4} R'COOH + RCHO$$

在二氧化硒作用下,羰基旁的亚甲基可氧化生成1,2-二羰基化合物:

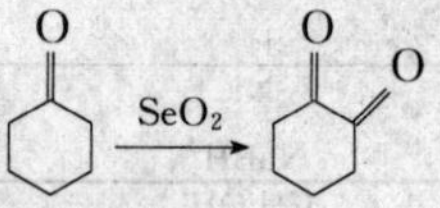

$$\text{环己酮} \xrightarrow{SeO_2} \text{1,2-环己二酮}$$

(5) 不饱和醛、酮的性质。碳链中同时含有烯键和羰基的化合物称为不饱和醛或酮,其中最主要的是 α,β-不饱和醛或酮。

除乙烯酮和 α,β-不饱和醛酮外,其他的不饱和醛、酮兼有孤立烯烃和羰基的性质。

①亲核加成反应。α,β-不饱和醛、酮与水、醇、氢氰酸、氨的衍生物等弱的亲核试剂发生亲核加成时,倾向于得到 1,4-加成产物,而与 Grignard 试剂等反应时可发生 1,2-或 1,4-加成,在大多数情况下,两种的加成产物都可以得到。一般体积小的有机钠和有机锂只生成 1,2-加成产物,体积大的二烃基铜锂则以 1,4-加成为主。当 C_2 和 C_3 上有取代基时,1,4-加成产物增加;当 C_4 上取代基多时,1,2-加成产物增加。对于 α,β-不饱和醛主要是 1,2-加成;对于 α,β-不饱和酮则为 1,2-加成和 1,4-加成产物。

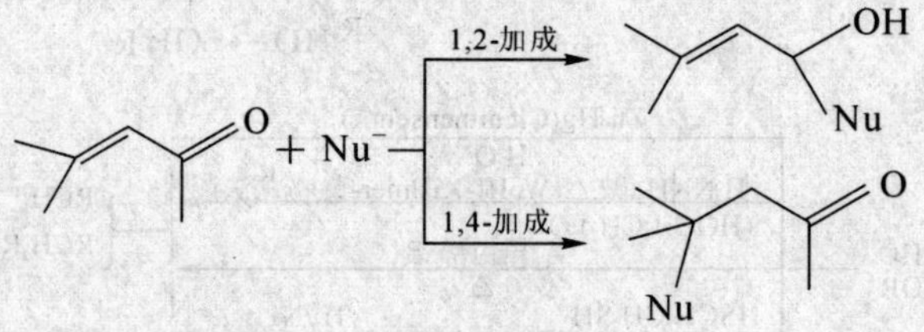

烯醇负离子与 α,β-不饱和羰基化合物的 1,4-加成反应称为 Michael 反应,即

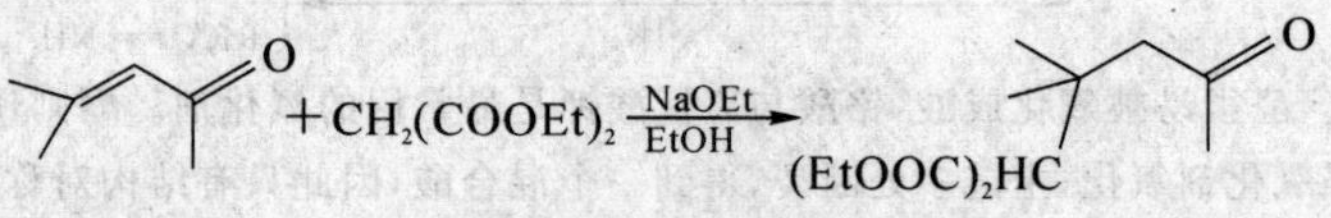

$$\text{(烯酮)} + CH_2(COOEt)_2 \xrightarrow[EtOH]{NaOEt} \text{(产物)}$$

通过 Michael 加成反应得到的 1,5-二羰基化合物在碱的作用下能进一步发生分子内羟醛缩合-脱水反应得到六元环状 α,β-不饱和酮,即 Robinson 增环反应,有

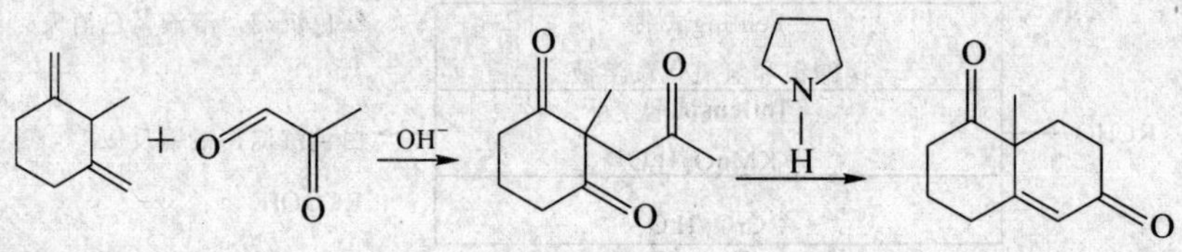

②还原反应:

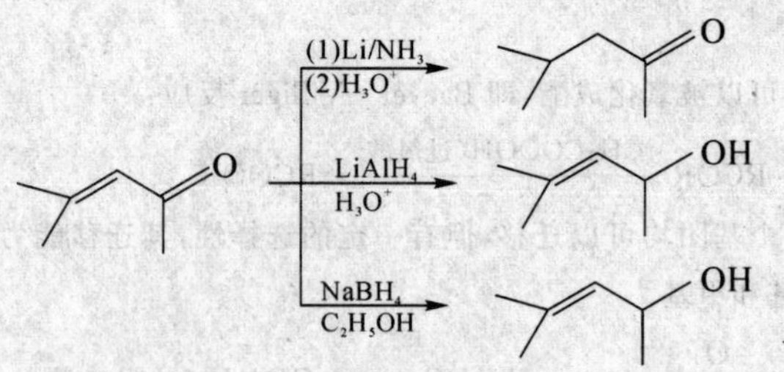

③插烯作用。α,β-不饱和醛酮上的 γ-H 非常活泼,可以发生自身羟醛缩合反应,也可以与其他醛进行羟醛缩合:

$$CH_3CH=CHCHO \xrightarrow{OH^-} CH_3CH=CH-CH=CH-CH=CH-CHO$$

这种在乙醛的甲基和羰基之间插入多个共轭双键,羰基的活化作用仍可非常有效地沿着共轭链传递到共轭端基的甲基上,从而发生羟醛缩合等反应的现象,称为插烯作用。

(6) 羟基醛、酮的化学性质。根据取代羟基在碳链中的不同位次,不同的羟基醛、酮具有一些不同的性质,这些反应的不同可以根据产物的稳定性推测出。

α-羟基醛、酮的反应：

$$CH_3\underset{\underset{OH}{|}}{CH}COCH_3 \xrightarrow{HIO_4} CH_3CHO + CH_3COOH$$

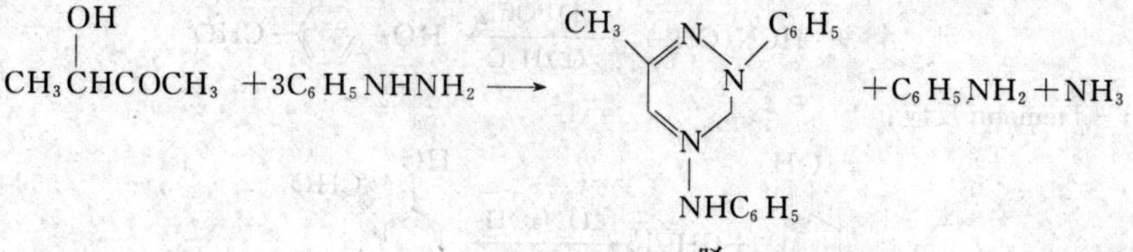

$$CH_3\underset{\underset{OH}{|}}{CH}COCH_3 + 3C_6H_5NHNH_2 \longrightarrow \text{脎} + C_6H_5NH_2 + NH_3$$

β-羟基醛、酮的反应：

$$CH_3\underset{\underset{OH}{|}}{CH}CH_2COCH_3 \xrightarrow[\Delta]{H_2SO_4} CH_3CH=CHCOCH_3 \quad （脱水反应）$$

γ-和δ-羰基醛、酮的反应：

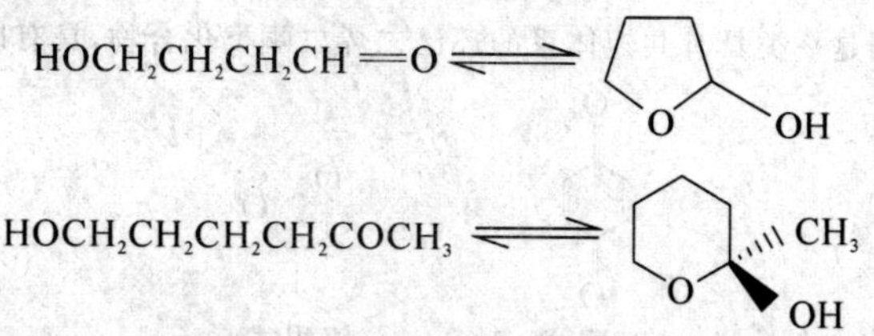

$$HOCH_2CH_2CH_2CH=O \rightleftharpoons \text{（四氢呋喃-2-醇）}$$

$$HOCH_2CH_2CH_2CH_2COCH_3 \rightleftharpoons \text{（2-甲基四氢吡喃-2-醇）}$$

(7) 芳香醛、酮的化学性质。芳香醛、酮的性质与脂肪醛、酮的相似，由于芳环和羰基相连，有 π-π 共轭作用，其结果是羰基使芳环钝化，芳环使羰基活性降低，此外，芳环的体积较大，还存在立体位阻效应。

芳醛没有 α-H，常用来与另外有 α-H 的醛、酮或脂肪族酸酐缩合，产物极易脱水，得到的是 α,β-不饱和醛酮。

如果是与其他的醛、酮反应，称为 Claisen—Schmitdt 反应：

$$PhCHO + RCH_2CHO \xrightarrow{OH^-} PhCH=\underset{\underset{R}{|}}{C}CHO$$

产物中带羰基的大基团总是与另一个大基团成反式。

如果是与脂肪族酸酐反应，得到苯丙烯酸（主要为反式），称为 Perkin 反应：

$$C_5H_6CHO + (CH_3CO)_2O \xrightarrow[170\sim180\text{℃}]{CH_3COOK} \xrightarrow{H^+} C_6H_5CH=CHCOOH$$

芳香醛在氰负离子作用下发生双分子反应而生成 α-羟基酮(偶姻)的反应称为安息香缩合。苯甲醛经此反应后得到二苯羟乙酮，后者称为安息香。

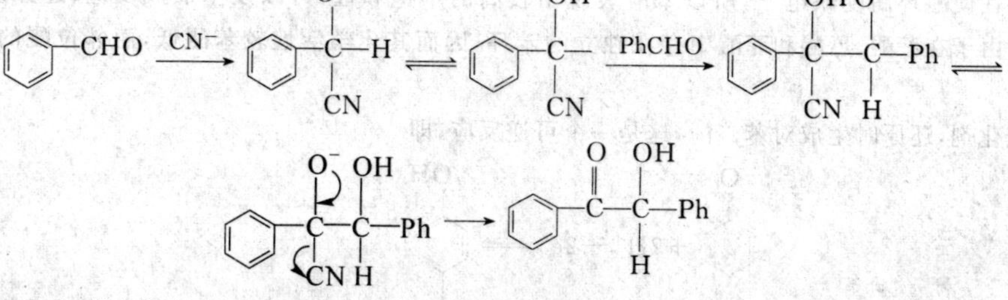

芳香醛、酮中的芳环受到羰基的影响变得很不活跃，它不发生 Friedel-Crafts 反应，也不与卤素在芳环上发生卤代反应。

芳香醛、酮进行硝化和磺化反应也很困难，得到的产物是间位异构体。

(8)酚醛(酮)的化学性质。酚醛(酮)具有酚、醛和酮的性质。

①Vilsmeier 甲酰化反应：

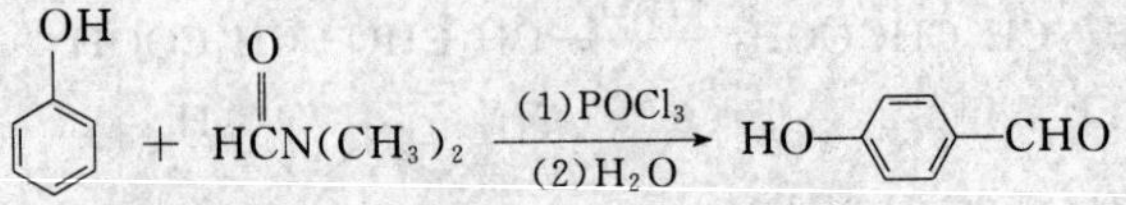

$$\text{C}_6\text{H}_5\text{OH} + \text{HCN(CH}_3)_2 \xrightarrow[(2)\text{H}_2\text{O}]{(1)\text{POCl}_3} \text{HO-C}_6\text{H}_4\text{-CHO}$$

②Reimer - Tiemann 反应：

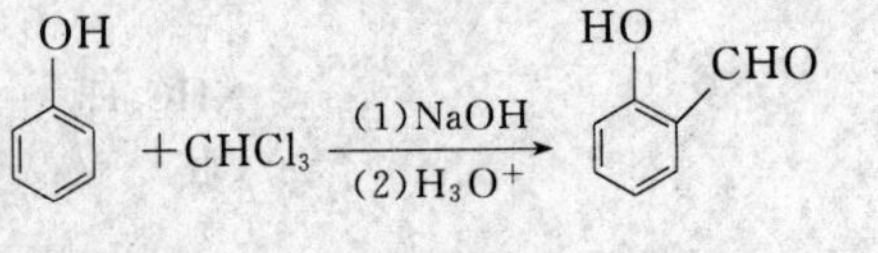

$$\text{C}_6\text{H}_5\text{OH} + \text{CHCl}_3 \xrightarrow[(2)\text{H}_3\text{O}^+]{(1)\text{NaOH}} \text{邻-HOC}_6\text{H}_4\text{CHO}$$

③Fries 重排反应：

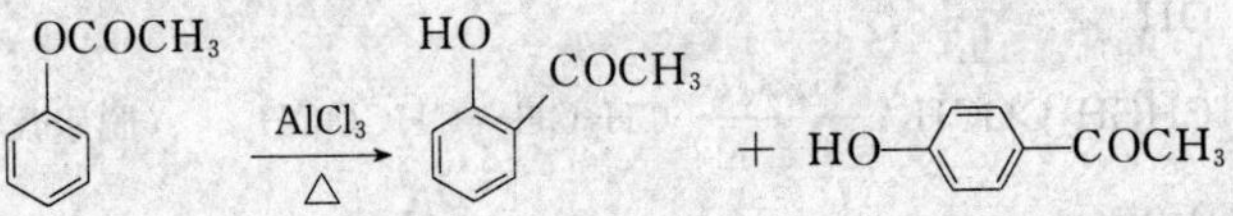

$$\text{C}_6\text{H}_5\text{OCOCH}_3 \xrightarrow[\triangle]{\text{AlCl}_3} \text{邻-HOC}_6\text{H}_4\text{COCH}_3 + \text{对-HOC}_6\text{H}_4\text{COCH}_3$$

(9)醌的化学性质。

①醌的结构和命名。醌是一类具有共轭体系的环己二烯二酮类化合物，具有以下结构：

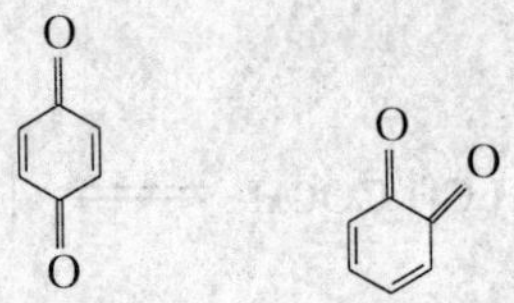

对醌式　　　邻醌式

醌类化合物没有芳香性，不属于芳香族化合物，它一般由芳香族化合物氧化而来。常见的醌有苯醌、萘醌、蒽醌和菲醌。

醌类一般由芳香族化合物的氧化制备。例如对苯二醌由苯胺在酸性重铬酸钾中氧化而得。

醌是作为相应芳香烃的衍生物来命名的。命名时在醌字前加上相应芳香烃的名字，并注明两个羰基的相对位置。环上有取代基时，要在醌字前注明取代基的位次、数目和名称。

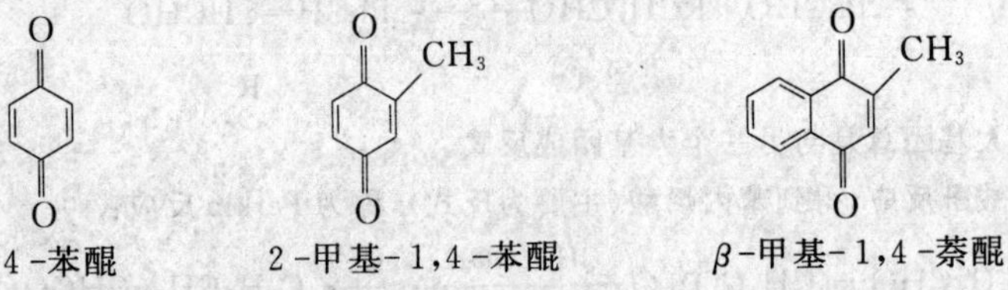

1,4-苯醌　　　2-甲基-1,4-苯醌　　　β-甲基-1,4-萘醌

②苯醌的化学性质。醌环上六个原子都处于同一平面上，有 α,β-不饱和酮的特点，所以可发生羰基的亲核加成反应及烯烃的亲电加成反应。另外在醌类化合物的不饱和二酮结构中具有 1,4-和 1,6-共轭体系，使醌类可发生 1,4-加成和 1,6-加成反应。

两个羰基的存在使醌环高度缺电子，所以苯醌表现出较高的不饱和性，可以发生加成反应、还原反应、Diels-Alder 反应。由于在萘醌、蒽醌和菲醌中存在独立的苯环，因而其化学活性较苯醌低，而邻位醌的化学活性高于对位醌。

苯醌是一个氧化剂，还原时生成对苯二酚，这是一个可逆反应，即

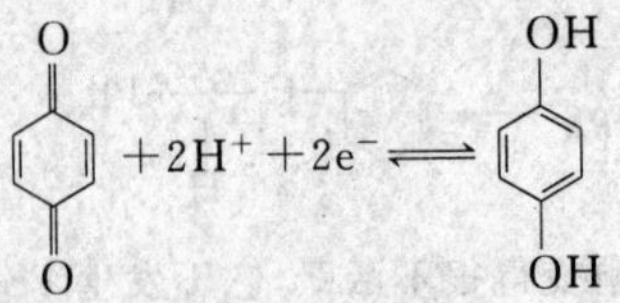

$$\text{对苯醌} + 2\text{H}^+ + 2\text{e}^- \rightleftharpoons \text{对苯二酚}$$

在苯醌的加成反应中，使用的试剂不同，加成方向和产物不同。

Ⅰ.与 Br_2 的加成是亲电加成，发生在碳碳双键上，有

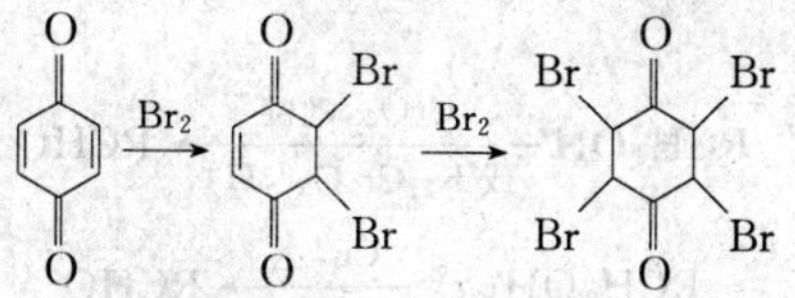

Ⅱ. 与HCl的亲电加成是1,4-共轭加成，即

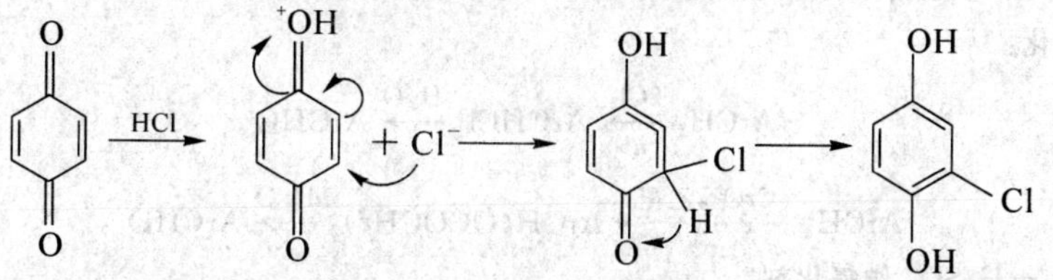

Ⅲ. 与HCN，ROH，RNH$_2$等亲核试剂的加成是1,4-加成反应，与NH$_2$OH的加成则发生在羰基上，得到醌肟，即

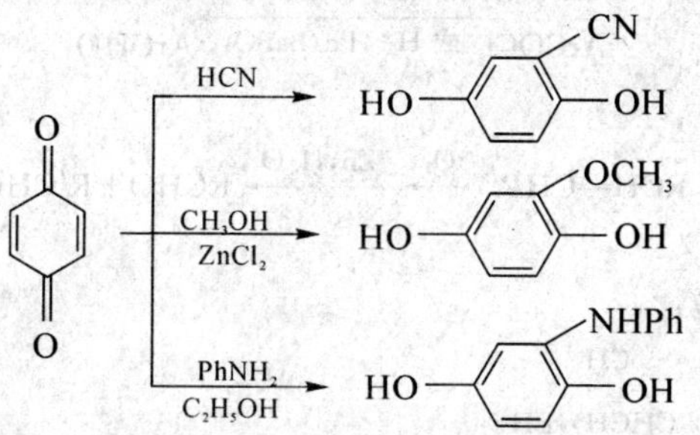

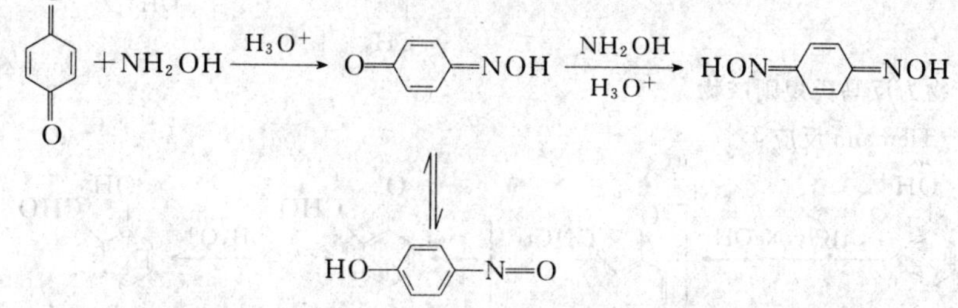

Ⅳ. 与Grignard试剂是羰基上的亲核加成，生成的醌醇在酸性条件下可重排成酚，有

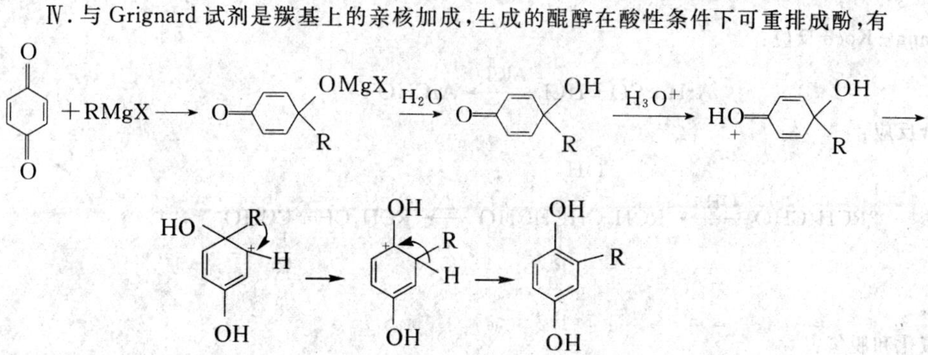

9,10-蒽醌是醌类中最稳定的化合物，具有明显的芳酮性质。羰基可还原为不同的产物，可在环上发生的磺化反应以及磺酸基被取代的反应是重要的性质。

萘醌的热力学稳定性高于苯醌而低于蒽醌，而化学活性却低于苯醌高于蒽醌。萘醌和亲核试剂的反应与苯醌相似。9,10-菲醌具有α-二酮的特性。

(10) 醛、酮的制备。

① 醛的制备。

Ⅰ. 伯醇的氧化和脱氢：

$$RCH_2OH \xrightarrow[\text{或 } K_2Cr_2O_7, H^+]{CrO_3, \text{吡啶}} RCHO$$

$$RCH_2OH(g) \xrightarrow[\text{或 Ag}, \triangle]{Cu, \triangle} RCHO$$

工业中常用方法，一般用来制备低级脂肪族醛，不适用于芳香醛。

Ⅱ. 芳烃的氧化：

$$ArCH_3 \xrightarrow[h\nu]{2Cl_2} ArCHCl_2 \xrightarrow{H_2O} ArCHO$$

$$ArCH_3 \xrightarrow{CrO_3, \text{乙酐}} ArCH(OCOCH_3)_2 \xrightarrow{H_2O} ArCHO$$

也可用 $MnO_2 + H_2SO_4$ 作氧化剂。

Ⅲ. 酰氯的还原：

$$\begin{matrix} RCOCl \\ ArCOCl \end{matrix} \xrightarrow[\text{或 } H_2, Pd/BaSO_4]{LiAlH_4(OBu-t)_3} \begin{matrix} RCHO \\ ArCHO \end{matrix}$$

Ⅳ. 烯烃的臭氧分解：

$$RCH=CHR' \xrightarrow{O_3} \xrightarrow{Zn, H_2O} RCHO + R'CHO$$

只有对称烯烃才有合成意义。

Ⅴ. 炔的硼氢化－氧化反应：

$$RC\equiv CH \xrightarrow{((CH_3)_2CHCH)_2BH} RCH=CHB[CHCH(CH_3)_2]_2 \xrightarrow[OH^-]{H_2O_2} RCH_2CHO$$

烯烃加成产物为反马氏规则产物。

Ⅵ. Reimer－Tiemann 反应：

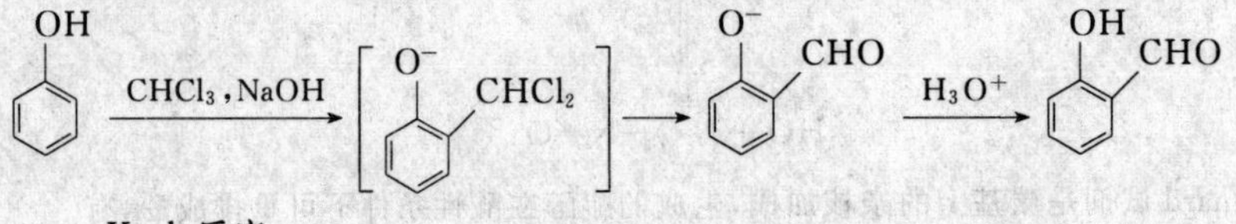

PhOH $\xrightarrow{CHCl_3, NaOH}$ [邻-O^--CHCl_2-苯] $\longrightarrow$ 邻-O^--CHO-苯 $\xrightarrow{H_3O^+}$ 邻-OH-CHO-苯

Ⅶ. Gattermann－Koch 反应：

$$ArH + CO + HCl \xrightarrow{AlCl_3} ArCHO$$

Ⅷ. 羟醛缩合反应：

$$2RCH_2CHO \xrightarrow{OH^-} RCH_2\underset{R}{CH}\underset{OH}{CH}CHO \xrightarrow{\triangle} RCH_2C\underset{R}{=}CCHO$$

②酮的制备。

Ⅰ. 仲醇的氧化和脱氢：

$$RR'CHOH \xrightarrow[\text{或 } K_2Cr_2O_7, H^+]{CrO_3, \text{吡啶}} RCOR'$$

Ⅱ. Friedel－Crafts 反应：

$$ArH \xrightarrow[AlCl_3]{RCOCl} ArCOR$$

Ⅲ. 有机镉和酰氯的反应：

$$RMgX + CdCl_2 \xrightarrow{Et_2O} R_2Cd + MgXCl$$
$$R_2Cd + R'COCl \longrightarrow RCOR' + CdCl_2$$

Ⅳ. Grignard 试剂与腈的反应：

$$RMgX + R'CN \longrightarrow \underset{R}{R'C}=NMgX \xrightarrow{H_2O} \underset{R}{R'C}=O$$

Ⅴ. 烯烃的臭氧分解：

$$R_2C=C_2R \xrightarrow{O_3} \xrightarrow{Zn, H_2O} R_2CO$$

只有对称的烯烃有合成意义。

Ⅵ. 炔的水化。

$$RC\equiv CR \xrightarrow[H_2O]{Hg, H_2SO_4} RCOCH_2R$$

炔烃加成产物符合马氏规则。

Ⅶ. 烯烃的硼氢化－氧化反应：

$$RC\equiv CR \xrightarrow{[(CH_3)_2CHCH]_2BH} RCH=CHB[CHCH(CH_3)_2]_2 \xrightarrow[OH^-]{H_2O_2} RCOCH_2R$$

烯烃加成产物为反马氏规则产物。

Ⅷ. Pinacol 重排，有

$$\underset{HO\;\;OH}{R_2C-CR_2} \xrightarrow{H_3O^+} R_3C-COR$$

Ⅸ. 乙酰乙酸乙酯合成法为

$$CH_3COCH_2COOEt \xrightarrow{EtONa} \xrightarrow{RX} \xrightarrow[\triangle]{H_3O^+} CH_3COCH_2R\ 或\ CH_2COCHR_2$$

此法适用于合成甲基酮。

10.2.2 重点、难点

1. 重点

(1) 醛、酮的化学性质。
(2) 醛、酮的亲核加成反应机理及影响规律。
(3) 醛、酮的制法。

2. 难点

(1) 醛、酮的制法：可以用多种制备醛、酮。应根据目标醛、酮的结构特点及原料要求，选择合适的方法。
(2) 亲核加成反应机理及规律：亲核加成反应是醛酮基本的化学特性，其反应速率、产物和立体化学等受亲核试剂、醛和酮的结构、溶剂等多种因素影响。

10.3 例题

例 10.1 回答下列问题。

(1) 为什么邻羟基苯乙酮可以通过水蒸气蒸馏与对羟基苯乙酮分开？

(2)为什么醛易被高锰酸钾等氧化而酮则难被氧化?

(3)醛很易氧化成酸,在用重铬酸钾氧化伯醇以制备醛时需要采取什么措施?

(4)甲基烷基酮和芳香醛在碱催化时的羟醛缩合发生在甲基处,而在酸催化时是在亚甲基处?

(5)在亲核试剂或碱(B^-)和质子化酮($CH_3CCH_3 \overset{+OH}{\underset{\|}{}}$)反应时,$B^-$总是进攻碳而不是氧?

解 (1)邻羟基苯乙酮的结构决定可以形成分子内的氢键,而对羟基苯乙醛乙酮不能,因此邻羟基苯乙酮的沸点要比对羟基苯乙酮的低,两者可以通过水蒸气蒸馏分离。

(2)醛氧化可能的机理如下,即经过高锰酸酯的消除反应,而酮的高锰酸酯不可能有这样的消除。

$$RCHO + MnO_4^- + H_2O \longrightarrow \left[R-\underset{HO}{\overset{OH}{\underset{|}{C}}}-O-MnO_3 \right] \longrightarrow RCOOH + MnO_3^- + H_2O$$

$$RCOR + MnO_4^- + H_2O \rightleftharpoons R-\underset{R}{\overset{OH}{\underset{|}{C}}}-O-MnO_3 + HO^-$$

(3)必须将生成的醛及时蒸出,但作为原料的醇仍留在反应体系中。沸点低于100℃(作为溶剂的水的沸点)的醛可直接蒸出,相应的醇的沸点总是比醛高得多,因而仍可留在反应液中。

(4)在碱性条件下,反应的是烯醇负离子,$^-CH_2CCH_2CH_3$ 比 $CH_3COCHCH_3$ 稳定,而在酸性条件下,反应的是烯醇,$CH_3\underset{OH}{\overset{|}{C}}=CHCH_3$ 比 $CH_2=\underset{OH}{\overset{|}{C}}CH_2CH_3$ 稳定。

(5)从共振结构 $\overset{+}{C}=OH \rightleftharpoons \overset{+}{C}-OH$ 看,正电荷在氧上比较稳定,而在碳上因不满足八隅体结构,不稳定,易受碱进攻。

例10.2 用化学方法鉴别下列化合物。

(1) A.2-戊酮 B.苯乙酮 C.3-戊酮

(2) A.苯酚 B.苯甲醛 C.苯乙酮

(3) A.乙醛 B.丁醛 C.2-丁酮

(4) A.环己基甲醇 B.苯酚 C.环己酮

(5) A.乙醛水溶液 B.丙醛 C.丙酮 D.环己酮 E.乙醇。

解 (1)与 $I_2/NaOH$ 作用,A,B 均有 CHI_3 黄色沉淀,而 C 没有沉淀;A 与 $NaHSO_3$ 作用生成白色沉淀,而 B 则不能。

(2)A,B 不与 $I_2/NaOH$ 反应,而 C 反应生成 CHI_3 黄色沉淀;向 A,B 中分别加入 Schiff 试剂,A 无色,B 显紫红色。

(3)与 Tollens 试剂作用 A,B 均可以产生银镜,而 C 则不能;A 与 $I_2/NaOH$ 反应生成 CHI_3 黄色沉淀,而 B 不反应。

(4)A 不与 2,4-二硝基苯肼反应,而 B,C 反应均生成黄色沉淀;B 与 Tollens 试剂作用有银镜生成,而 C 不能。

(5)E 能与 Na 反应而产生气体,其余不能。A 和 B 与 Tollens 试剂作用有银镜生成,且乙醛可以与 $I_2/NaOH$ 反应生成 CHI_3 黄色沉淀;C 与 $I_2/NaOH$ 反应生成 CHI_3 黄色沉淀,而 D 不能。

例 10.3 完成下列反应。

(1) 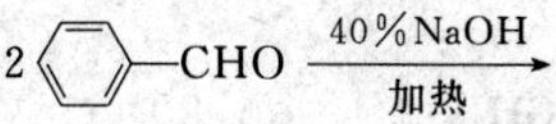 2 PhCHO $\xrightarrow{40\%\text{NaOH}}{\text{加热}}$

(2) $CH_3CH=CHCHO \xrightarrow{NaBH_4}{H_2O}$

(3) 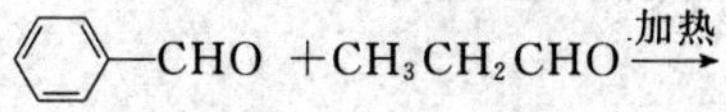 PhCHO + $CH_3CH_2CHO \xrightarrow{\text{加热}}$

(4) 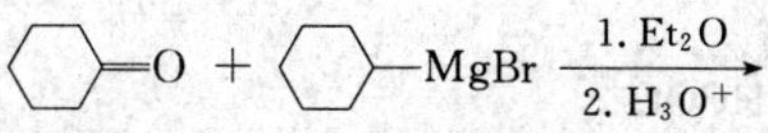 环己酮 + 环己基-MgBr $\xrightarrow{1.\ Et_2O}{2.\ H_3O^+}$

(5) $CH_3COCH_2CH_3 + I_2 + NaOH \longrightarrow$

(6) $CH_3COCH_3 + Ph_3P=CHCH_3$

(7) 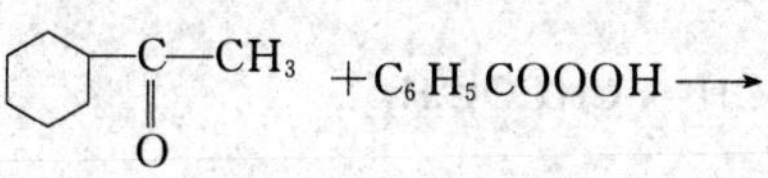 环己基-CO-CH$_3$ + $C_6H_5COOOH \longrightarrow$

(8) 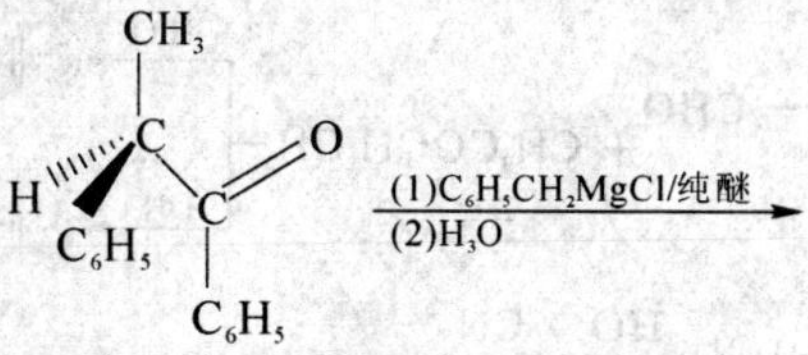 (CH$_3$)(H)(C$_6$H$_5$)C—COC$_6$H$_5$ $\xrightarrow{(1)C_6H_5CH_2MgCl/\text{纯醚}}{(2)H_2O}$

(9) 环己酮 $\xrightarrow{LiAlH_4}$

(10) 2-甲基环己酮 $\xrightarrow{NH_2OH}$? $\xrightarrow{PCl_5}$?

(11) 3-甲基-2-环己烯酮 $\xrightarrow{LiNH_3(l)}$

(12) 2-甲基-1,3-环己二酮 + $CH_2=CHCOCH_3 \xrightarrow{HAc}$

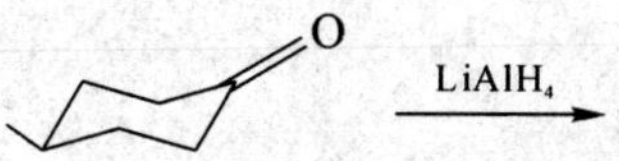

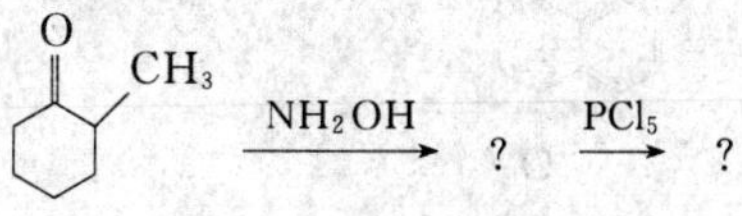

(13) PhCOCHO $\xrightarrow{NaOH}{H_2O}$

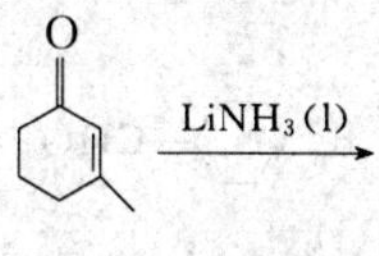

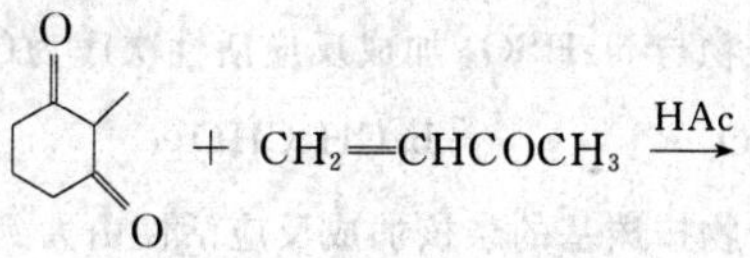

(14) 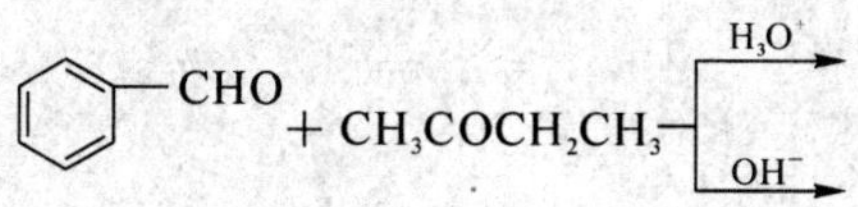 PhCHO + $CH_3COCH_2CH_3 \xrightarrow{H_2O}{OH^-}$

(15) 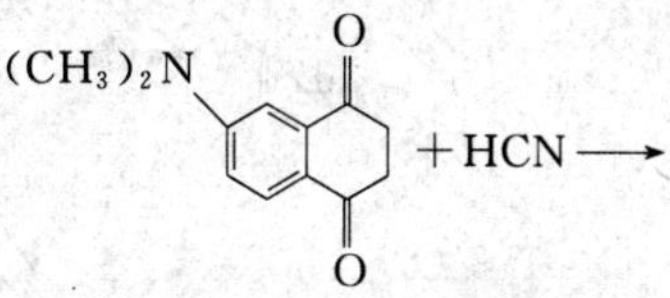 6-(二甲氨基)-1,4-萘二酮的二氢衍生物 + HCN $\longrightarrow$

解
(1) 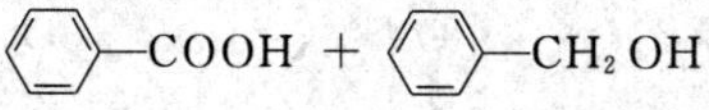 PhCOOH + PhCH$_2$OH
(2) $CH_3CH=CHCH_2OH$

(3) 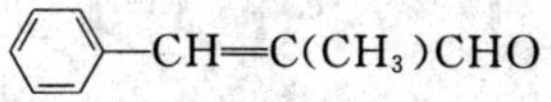 Ph—CH=C(CH$_3$)CHO
(4) 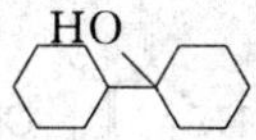 1-环己基环己醇

(5) $CHI_3 + CH_3CH_2COONa$
(6) $(CH_3)_2C=CHCH_3$

(7) 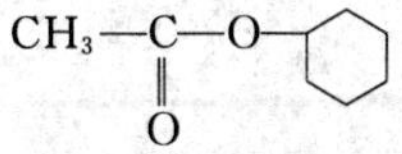 CH_3COO-环己基

(8) 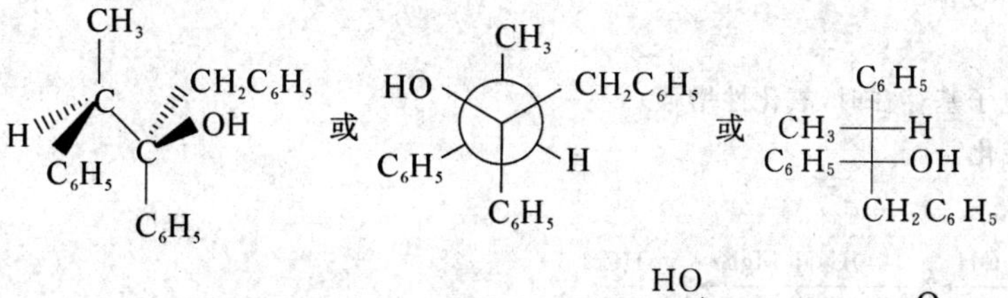 三种立体异构表示：CH$_3$、CH$_2$C$_6$H$_5$、OH、C$_6$H$_5$、H 构型 (或 Newman 投影式 或 Fischer 投影式)

(9) 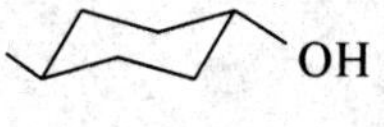 环己醇

(10) 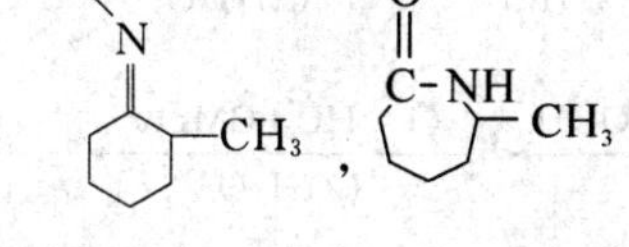 2-甲基环己酮肟, 及其Beckmann重排产物 (N-甲基-内酰胺)

(11)

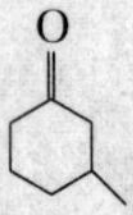

(12)

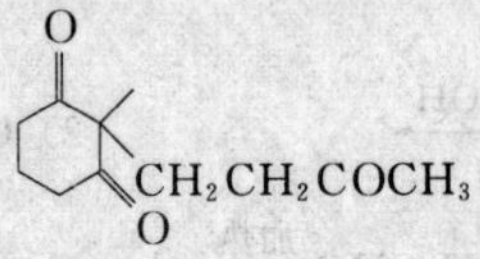

(13) PhCHOHCOO⁻

(14)

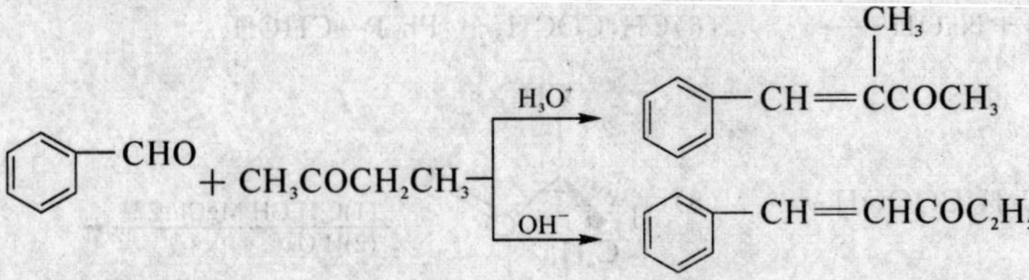

(15)

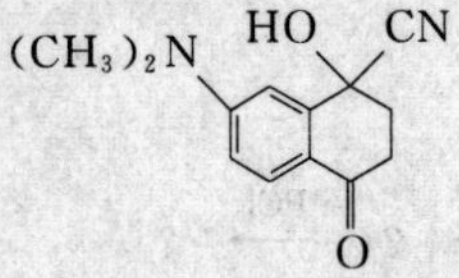

例 10.4 按要求完成下列各题。

(1) 下列化合物与 $NaHSO_3$ 加成反应活性次序为（　　）。

a. $ClCH_2CHO$ b. CH_3CHO c. F_2CHCHO d. 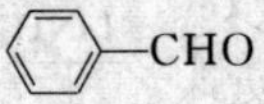 PhCHO

(2) 下列化合物按羰基的亲核加成反应活性由大到小顺序为（　　）。

a. $(CH_3)_3CC(CH_3)_3$ b. CH_3CCHO c. $CH_3COCH_2CH_3$ d. CH_3CHO
     ‖   ‖
     O   O

(3) 环丁酮、环戊酮、环己酮与硼氢化钠反应的活性次序（　　）。

(4) 下列各化合物的烯醇化程度大小次序（　　）。

a. 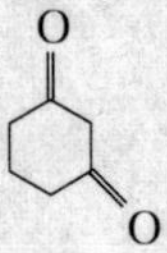 1,3-环己二酮   b. 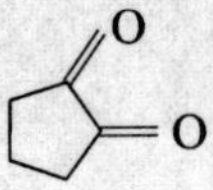 1,2-环戊二酮   c. 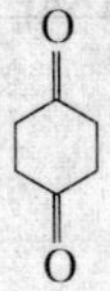 1,4-环己二酮   d. 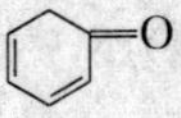 2,4-环己二烯酮

(5) 下列化合物的氧化性强弱次序（　　）。

a. 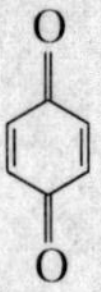 对苯醌   b. 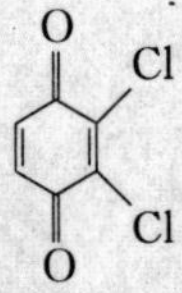 2,3-二氯对苯醌   c. 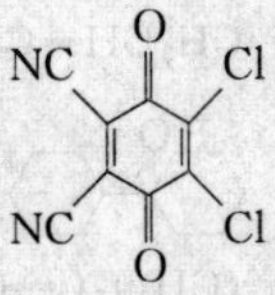 2,3-二氰基-5,6-二氯对苯醌 (DDQ)   d. 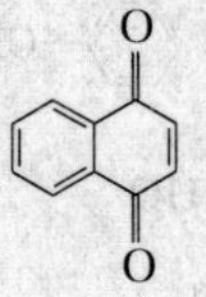 1,4-萘醌   e. 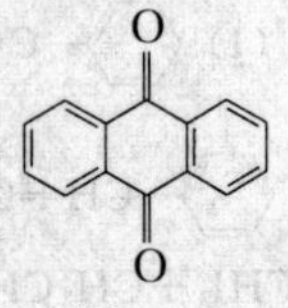 9,10-蒽醌

解　(1) c＞a＞b＞d

(2) b＞d＞c＞a

(3) 环丁酮＞环己酮＞环戊酮

(4) d＞b＞a＞c

(5) c＞b＞a＞d＞e（吸电子基存在时，氧化性增强）

例 10.5 完成下列各转化。

(1) 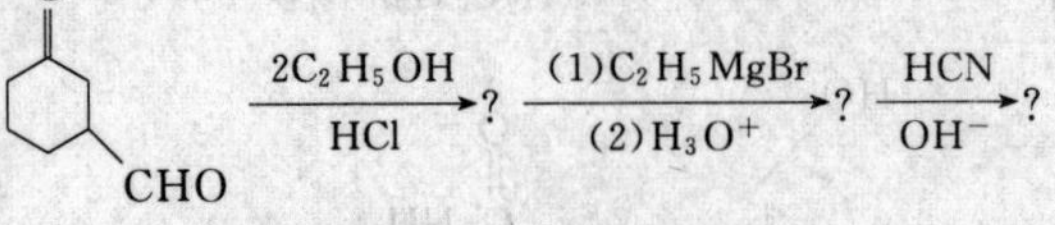 3-甲酰基环己酮 $\xrightarrow[HCl]{2C_2H_5OH}$? $\xrightarrow[(2)H_3O^+]{(1)C_2H_5MgBr}$? $\xrightarrow[OH^-]{HCN}$?

(2) 环己烯 $\xrightarrow[(2)H_3O^+]{CH_3COOOH}$? $\xrightarrow{HC\equiv CMgBr}$? $\xrightarrow[(2)H_2O_2,OH^-]{(1)BH_3}$

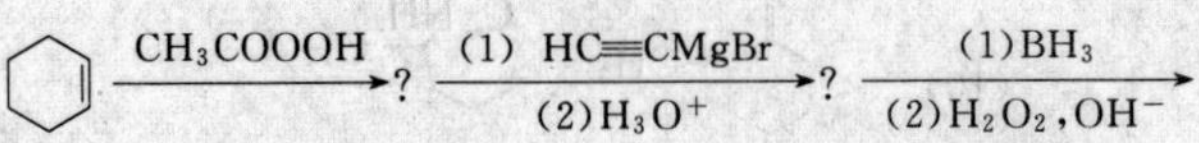

(3) $CH_2=CHCHO \xrightarrow{HCl} ? \xrightarrow[HCl]{2C_2H_5OH} ? \xrightarrow[Et_2O]{Mg} ? \xrightarrow{CH_3CHO} ? \xrightarrow{H_3O^+} ?$

(4) 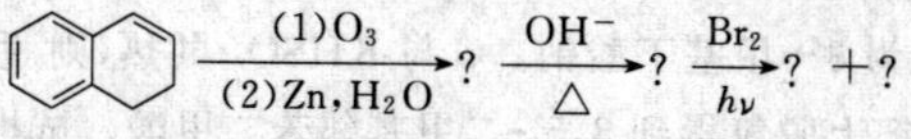 [四氢萘] $\xrightarrow[(2)Zn,H_2O]{(1)O_3} ? \xrightarrow[\Delta]{OH^-} ? \xrightarrow[h\nu]{Br_2} ? + ?$

(5) 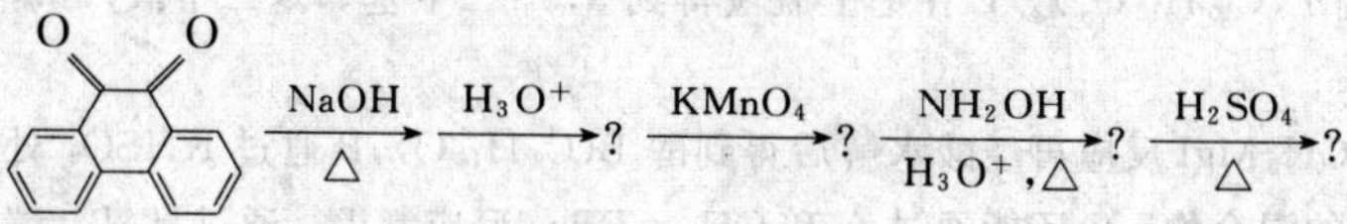 [菲醌] $\xrightarrow[\Delta]{NaOH} ? \xrightarrow{H_3O^+} ? \xrightarrow{KMnO_4} ? \xrightarrow[H_3O^+,\Delta]{NH_2OH} ? \xrightarrow[\Delta]{H_2SO_4} ?$

(6) 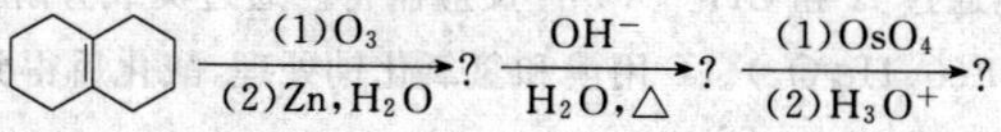 [十氢萘] $\xrightarrow[(2)Zn,H_2O]{(1)O_3} ? \xrightarrow[H_2O,\Delta]{OH^-} ? \xrightarrow[(2)H_3O^+]{(1)OsO_4} ?$

(7) 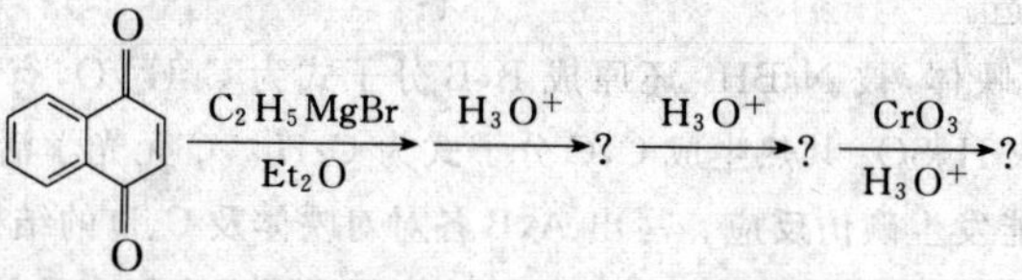 [萘醌] $\xrightarrow[Et_2O]{C_2H_5MgBr} ? \xrightarrow{H_3O^+} ? \xrightarrow{H_3O^+} ? \xrightarrow[H_3O^+]{CrO_3} ?$

解 各步反应产物分别为：

(1) 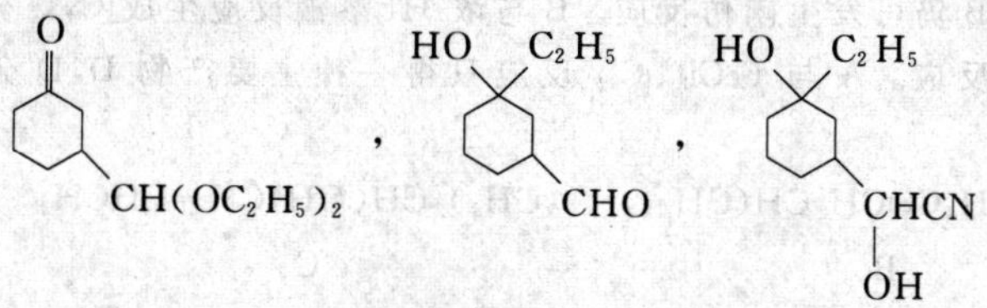 [产物结构式略]

(2) 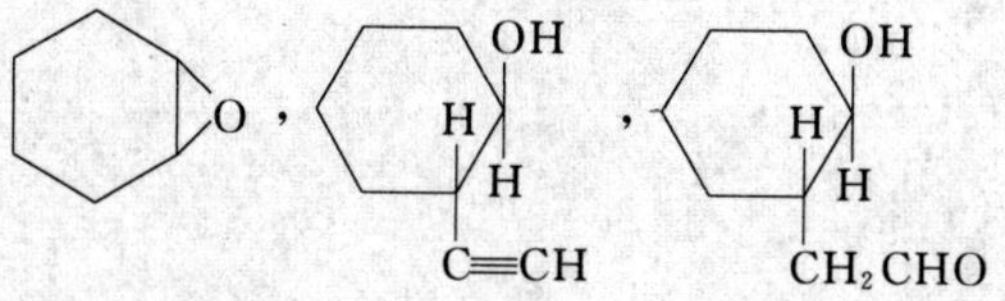 [产物结构式略]

(3) $ClCH_2CH_2CHO$, $ClCH_2CH_2CH(OEt)_2$, $CH_3CH(OH)(CH_2)_2CHO$

(4) 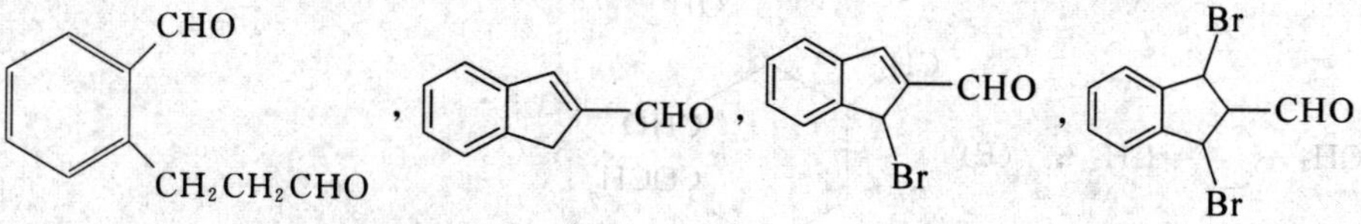 [产物结构式略]

(5) 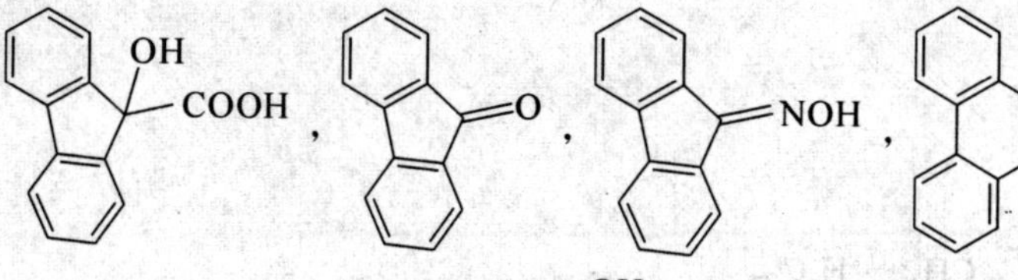 [产物结构式略]

(6) 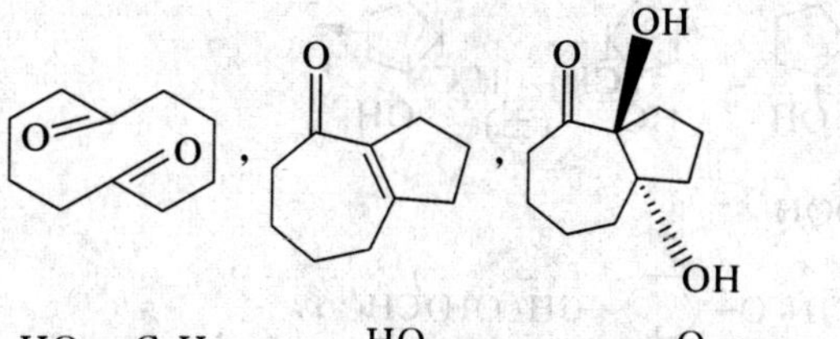 [产物结构式略]

(7) 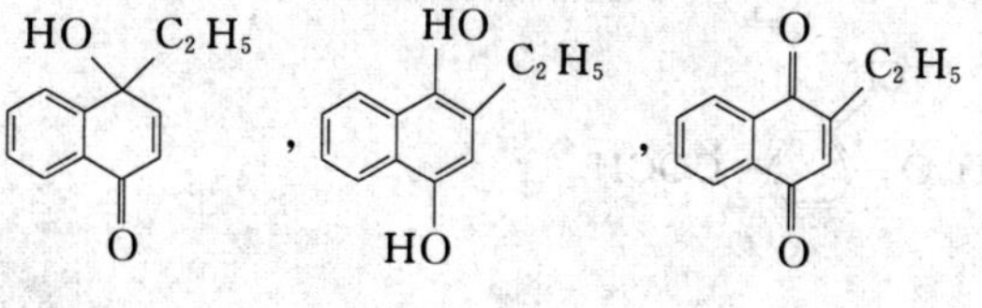 [产物结构式略]

例 10.6 推测下列各化合物结构。

(1) 不饱和酮 A(C_5H_8O)，与 CH_3MgI 反应，经酸化水解后得到饱和酮 B($C_6H_{12}O$) 和不饱和醇 C($C_6H_{12}O$) 的混合物。B 经溴的氢氧化钠溶液处理转化为 3-甲基丁酸钠。C 与 $KHSO_4$ 共热，则脱水生成 D(C_6H_{10})，D 与丁炔二酸反应得到 E($C_{10}H_{12}O_4$)。E 在钯上脱氢得到 3,5-二甲基邻苯二甲酸。试推导 A，B，C，D 和 E 的构造。

(2) 饱和酮 A($C_7H_{12}O$)，与 CH_3MgI 反应再经酸水解后得到醇 B($C_8H_{16}O$)，B 通过 $KHSO_4$ 处理脱水得到两个异构烯烃 C 和 D(C_8H_{14}) 的混合物。C 还能通过 A 和 $CH_2=PPh_3$ 反应制得。通过臭氧分解 D 转化为酮醛 E($C_8H_{14}O_2$)，E 用湿的氧化银氧化变为酮酸 F($C_8H_{14}O_3$)。F 用溴和氢氧化钠处理，酸化后得到 3-甲基-1,6-己二酸。试推导 A，B，C，D，E 和 F 的构造。

(3) 化合物 A 分子式为 $C_6H_{10}O$，有一对对映体，被 $NaBH_4$ 还原成 B，B 分子式为 $C_6H_{12}O$，有两对对映体，B 既不与 Br_2 反应也不能催化加 H_2，但与浓 H_2SO_4 共热生成 C，C 分子式为 C_6H_{10}，C 无光学活性。C 被 $KMnO_4$ 氧化生成 D，D 分子式为 $C_6H_{10}O_3$，D 能发生碘仿反应。写出 A，B 各对对映体及 C，D 的结构式。

(4) 化合物 A，分子式为 $C_{10}H_{12}O$，不溶于 NaOH 溶液，但能与氨基脲反应，无银镜反应但有碘仿反应。A 部分加 H_2 得 B，B 分子式为 $C_{10}H_{14}O$，B 仍可发生碘仿反应。B 与浓 HI 溶液反应生成 C，C 分子式为 C_8H_7IO，C 无碘仿反应但可与 NaOH 反应。A 与 $FeCl_3$、Cl_2 反应只得一种主要产物 D，D 分子式为 $C_{10}H_{11}ClO_2$。写出 A~D 的结构式。

解 (1) $CH_3COCH=CHCH_3$ $CH_3COCH_2CH(CH_3)_2$ $(CH_3)_2CH(OH)CH=CHCH_3$
              A   B   C

(D: 2-methyl-5-methylene-... structure; E: 3,5-dimethylphthalic acid derivative structure)

(2) (A) 4-甲基环己酮；(B) 1,4-二甲基环己醇；(C) 4-甲基亚甲基环己烷；

(D) 1,4-二甲基环己烯；(E) 酮醛结构；

(F) 含 CH_3、COOH、$COCH_3$ 的环己烷结构

(3) (A) 2-甲基环戊酮；(B) 2-甲基环戊醇 对映体两对；

(C) 1-甲基环戊烯；(D) $CH_3CO(CH_2)_3COOH$

(4) (A) $C_2H_5O-\langle\rangle-COCH_3$；(B) $C_2H_5O-\langle\rangle-CH(OH)CH_3$；

(C) $C_2H_5O-\langle\rangle-CHICH_3$；(D) $C_2H_5O-\langle\rangle(Cl)-COCH_3$

例 10.7 合成下列各化合物。

(1) 以乙烯、丙烯为原料合成 $(CH_3)_2CHCH_2CH=\underset{\underset{CH(CH_3)_2}{|}}{C}CHO$。

(2) 以乙醇为唯一碳源合成 $CH_3CH=CHCH_2Br$。

(3) 以甲醇和2-氯丁烷为原料合成 $CH_3CH_2CH(CH_3)CHO$。

(4) 以 $Br(CH_2)_3CHO$ 为原料合成 $(CH_3)_2\underset{\underset{OH}{|}}{C}(CH_2)_4OH$。

(5) 以乙烯和丙酮为原料合成 $CH_2=CHCH_2OC(CH_3)_2CH_2CH_3$。

(6) 由环戊酮合成 [螺环化合物，含CH₃取代基]。

(7) 用 $^{14}CH_3OH, D_2O, H_2O^{18}$ 及其它原料合成 $^{14}CH_3CH_2CHO$。

(8) 从 $HC\equiv CH_2CH_2CH_2OH$ 合成 $CH_3COCH_2CO(CH_2)_4CH_3$。

(9) 从甲醛和乙醛合成季戊四醇。

(10) 从苯合成环戊基甲醛。

解 (1) $CH_2=CH_2 \xrightarrow{O_2}{Ag,\triangle} \underset{O}{\overset{}{CH_2-CH_2}}$ (环氧乙烷)

$CH_3CH=CH_2 \xrightarrow{HBr} CH_3CHBrCH_3 \xrightarrow{Mg}{Et_2O} (CH_3)_2CHMgBr \xrightarrow{1.\overset{O}{\triangle}}{2.H_3O^+}$

$(CH_3)_2CHCH_2CH_2OH \xrightarrow{Cu,O_2}{\triangle} (CH_3)_2CHCH_2CHO \xrightarrow{稀 OH^-}{\triangle}$

$(CH_3)_2CHCH_2CH=\underset{\underset{CH(CH_3)_2}{|}}{C}CHO$

(2) $C_2H_5OH \xrightarrow{Cu,300℃} CH_3CHO \xrightarrow{稀 OH^-}{\triangle} CH_3CH=CHCHO \xrightarrow{LiAlH_4}$

$CH_3CH=CHCH_2OH \xrightarrow{PBr_3}{0℃} CH_3CH=CHCH_2Br$

(3) $CH_3OH \xrightarrow{K_2Cr_2O_7}{H_3O^+,\triangle} HCHO$

$\underset{\underset{Cl}{|}}{CH_3CHCH_2CH_3} \xrightarrow{Mg}{Et_2O} \underset{\underset{MgCl}{|}}{CH_3CHCH_2CH_3} \xrightarrow{1.HCHO}{2.H_3O^+}$

$\underset{\underset{CH_2OH}{|}}{CH_3CHCH_2CH_3} \xrightarrow{K_2Cr_2O_7}{H_3O^+,\triangle} \underset{\underset{CH_3}{|}}{CH_3CH_2CHCHO}$

(4) $Br(CH_2)_3CHO \xrightarrow{EtOH}{H^+} Br(CH_2)_3CH\underset{OC_2H_5}{\overset{OC_2H_5}{\diagup}} \xrightarrow{Mg}{Et_2O} BrMg(CH_2)_3CH\underset{OC_2H_5}{\overset{OC_2H_5}{\diagup}} \xrightarrow{1.CH_3COCH_3}{2.H_3O^+}$

$(CH_3)_2\underset{\underset{OH}{|}}{C}(CH_2)_3CHO \xrightarrow{NaBH_4} (CH_3)_2\underset{\underset{OH}{|}}{C}(CH_2)_4OH$

(5) $CH_3CH=CH_2 \xrightarrow{NBS}{CCl_4} BrCH_2CH=CH_2$

155

$CH_3CH=CH_2 + HBr \xrightarrow{H_2O_2} CH_3CH_2CH_2Br \xrightarrow[Et_2O]{Mg} CH_3CH_2CH_2MgBr \xrightarrow[2. H_3O^+]{1. CH_3COCH_3}$

$CH_3\underset{CH_3}{\overset{OH}{\underset{|}{\overset{|}{C}}}}CH_2CH_2CH_3 \xrightarrow{Na} CH_3\underset{CH_3}{\overset{ONa}{\underset{|}{\overset{|}{C}}}}CH_2CH_2CH_3 \xrightarrow{BrCH_2CH=CH_2}$

$CH_2=CHCH_2OC(CH_3)_2CH_2CH_2CH_3$

(6) 2 [cyclopentanone] $\xrightarrow[2.H_2O]{1.Mg, 苯}$ [1,1'-bi(cyclopentyl)-1,1'-diol] $\xrightarrow{H^+}$ [spiro ketone] $\xrightarrow[2.H_3O^+]{1.CH_3MgBr}$

[methyl spiro alcohol] $\xrightarrow[\Delta]{H^+}$ [methyl spiroalkene]

(7) $^{14}CH_3OH \xrightarrow{HBr} {^{14}CH_3Br} \xrightarrow{Mg}{(CH_3CH_2)_2O} {^{14}CH_3MgBr} \xrightarrow{\triangle\!\!\!\!/\!O} \xrightarrow{H_3O^+}$

$^{14}CH_3CH_2CH_2OH \xrightarrow[\Delta]{Cu} TM$

(8) $HC{\equiv}CH_2CH_2CH_2OH \xrightarrow[H_2O]{H_2SO_4, HgSO_4} CH_3COCH_2CH_2CH_2OH \xrightarrow[H^+]{(CH_2OH)_2}$

$CH_3C(OCH_2CH_2O)CH_2CH_2CH_2OH \xrightarrow{CrO_3} CH_3C(OCH_2CH_2O)CH_2CH_2CHO \xrightarrow[(2)H_3O^+]{(1)CH_3(CH_2)_4MgBr}$

$CH_3COCH_2CH_2CH(OH)(CH_2)_4CH_3 \xrightarrow{KMnO_4, OH^-} TM$

(9) $CH_3CHO + 3CH_2O \xrightarrow{OH^-} HOCH_2\underset{CH_2OH}{\overset{CH_2OH}{\underset{|}{\overset{|}{C}}}}CHO \xrightarrow{HCHO} TM$

(10) [benzene] $\xrightarrow{H_2}{Ni}$ [cyclohexane] $\xrightarrow{Cl_2}{h\nu}$ [chlorocyclohexane] $\xrightarrow{EtONa}{EtOH}$ [cyclohexene] $\xrightarrow[(2)Zn, H_2O]{(1)O_3}$

[cyclohexane-1,2-dicarbaldehyde] $\xrightarrow[(2)H_3O^+, \Delta]{(1)EtONa}$ [cyclopentene-CHO] $\xrightarrow{H_2}{Pd-BaSO_4}$ [cyclopentane-CHO]

例 10.8 写出下列反应的机理。

(1) $C_6H_5OCH=CHCOCH_3 \xrightarrow{OH^-, H_2O} O=CHCH_2COCH_3$

(2) [3-ethoxycyclohex-2-enone] $\xrightarrow[(2)H_3O^+]{(1)LiAlH_4}$ [cyclohex-2-enone]

(3) [2-oxocyclohexanecarbaldehyde] $\xrightarrow[(2)H_3O^+]{(1)LiAlH_4}$ [2-(hydroxymethyl)cyclohexanone] + [2-methylenecyclohexanol] + [cyclohex-1-enyl-CH_2OH]

解 (1)

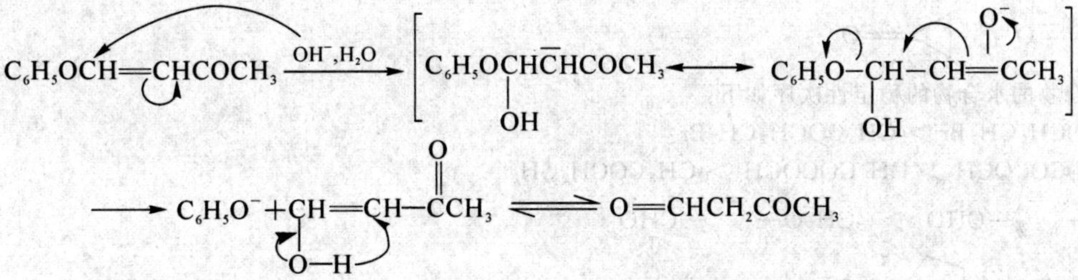

[reaction scheme showing base-catalyzed hydrolysis of C₆H₅OCH=CHCOCH₃ with OH⁻, H₂O, going through enol intermediates to yield C₆H₅O⁻ + CH₂=CHCOCH₃ ⇌ O=CHCH₂COCH₃]

(2)

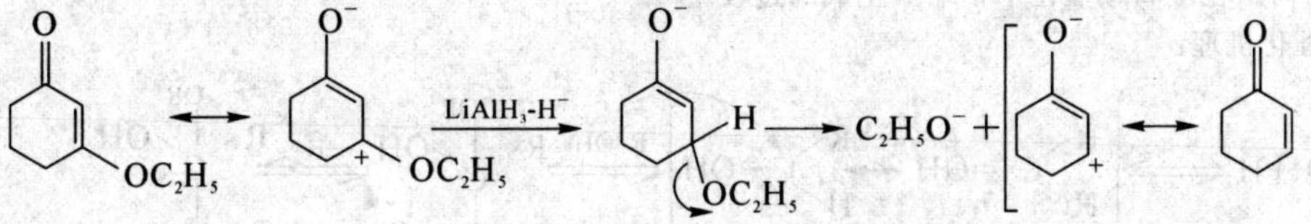

[reaction scheme: 3-ethoxycyclohex-2-enone resonance structure, reduction with LiAlH₄-H⁻, loss of C₂H₅O⁻, giving cyclohex-2-enone]

(3)

[reaction scheme: 2-formylcyclohexanone → LiAlH₄ → 2-(hydroxymethyl)cyclohexanone → LiAlH₄ → diol; then H⁺ dehydration pathways giving 1-(hydroxymethyl)cyclohexene and 2-methylenecyclohexanol]

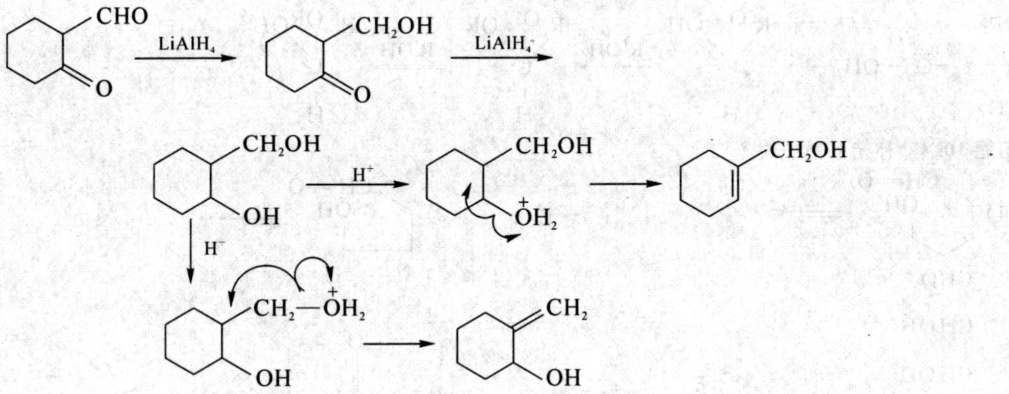

10.4 习题精选详解

习题 10.1 写出下列化合物的名称。

(1) $CH_3(CH_2)_7CHO$（存在于玫瑰油中，合成产品用于香料）。
(2) $CH_3(CH_2)_4COCH_3$（存在于香油中，合成产品用作香料）。
(3) $C_6H_5CH_2CH_2COCH_3$（有素馨花香，是一种合成香料）。
(4) $CH_3CHCH_2C=O$ （是麝香的主要成分）
    $(CH_2)_{14}$

解 (1) 壬醛
(2) 2-庚酮
(3) 4-苯-2-丁酮
(4) 3-甲基环十七酮

习题 10.2 比较下列各组化合物的水合物的稳定性。

(1) $CH_3COCH_2CH_2Br$， CH_3COCH_2Br
(2) $CH_3COCOCOCH_3$， $CH_3COCOCH_3$， $CH_3COCH_2CH_3$

(3) 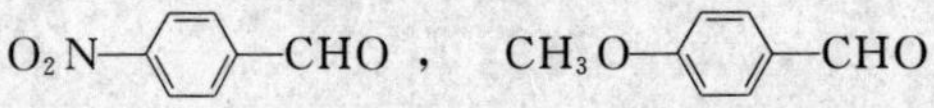 $O_2N-C_6H_4-CHO$, $CH_3O-C_6H_4-CHO$

(4) 环戊酮, 环丙酮

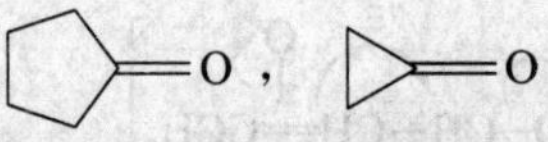

解 各化合物的水合物的稳定性次序如下：

(1) $CH_3COCH_2CH_2Br > CH_3COCH_2CH_2Br$

(2) $CH_3COCOCOCH_3 > CH_3COCOCH_3 > CH_3COCH_2CH_3$

(3) 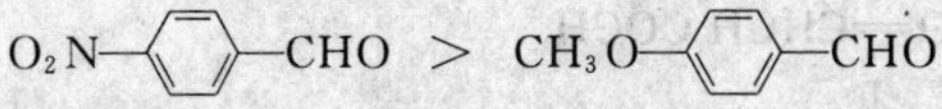 $O_2N-C_6H_4-CHO > CH_3O-C_6H_4-CHO$

(4) 环丙酮 > 环戊酮

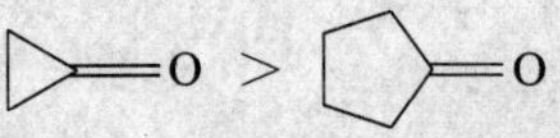

习题 10.3 写出在酸和碱催化下半缩醛生成的过程。

解 (1) 酸催化机理：

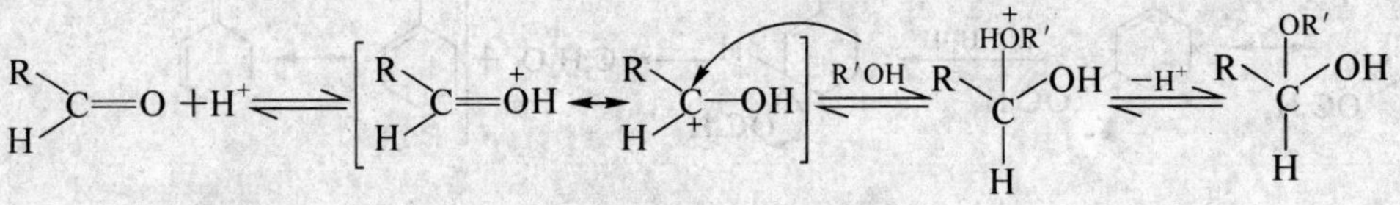

$$\underset{H}{\overset{R}{C}}=O + H^+ \rightleftharpoons \left[\underset{H}{\overset{R}{C}}=\overset{+}{O}H \leftrightarrow \underset{H}{\overset{R}{\overset{+}{C}}}-OH\right] \xrightarrow{R'OH} \underset{H}{\overset{R}{C}}\underset{OH}{\overset{\overset{+}{H}OR'}{}} \xrightarrow{-H^+} \underset{H}{\overset{R}{C}}\underset{OH}{\overset{OR'}{}}$$

(2) 碱催化机理：

$$\underset{H}{\overset{R}{C}}=O + OH^- \longrightarrow \underset{H}{\overset{R}{C}}\underset{OH}{\overset{O^-}{}} \xrightarrow{R'OH} \underset{H}{\overset{R}{C}}\underset{OH}{\overset{OR'}{}} \rightleftharpoons \underset{H}{\overset{R}{C}}\underset{OH}{\overset{OR'}{}}$$

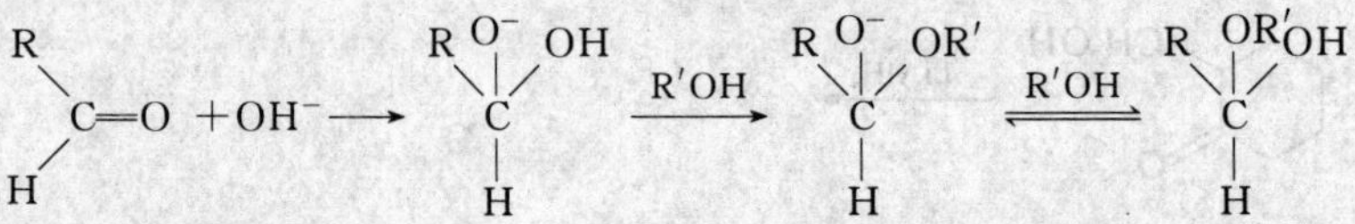

习题 10.4 补充下列平衡。

(1) 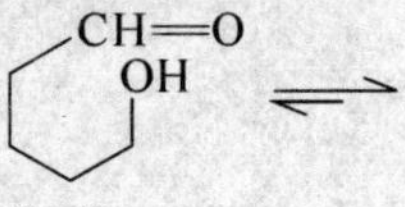 5-羟基戊醛 $\rightleftharpoons$

(2) 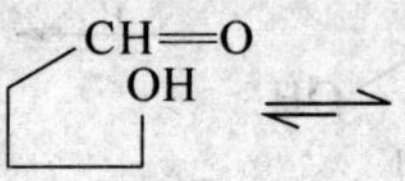 4-羟基丁醛 $\rightleftharpoons$

(3) 己糖(CHO-CHOH-CHOH-CHOH-CHOH-CH₂OH) $\rightleftharpoons$

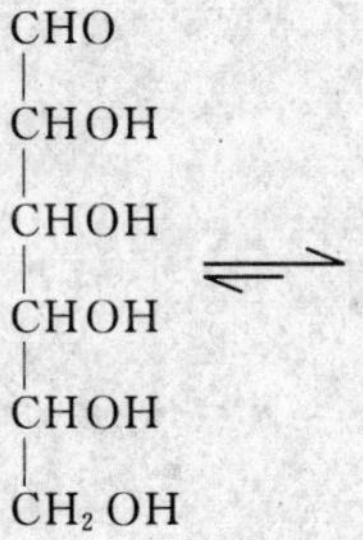

(4) 2,2-二甲基环丙酮 + $CH_3OH \rightleftharpoons$

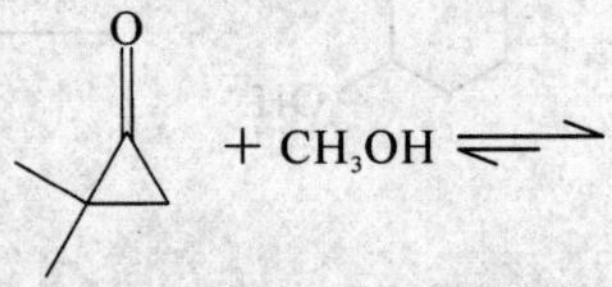

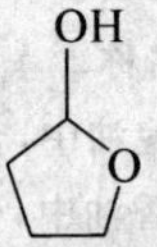

解 (1) 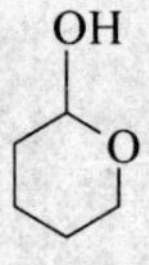 2-羟基四氢吡喃

(2) 2-羟基四氢呋喃

(3) 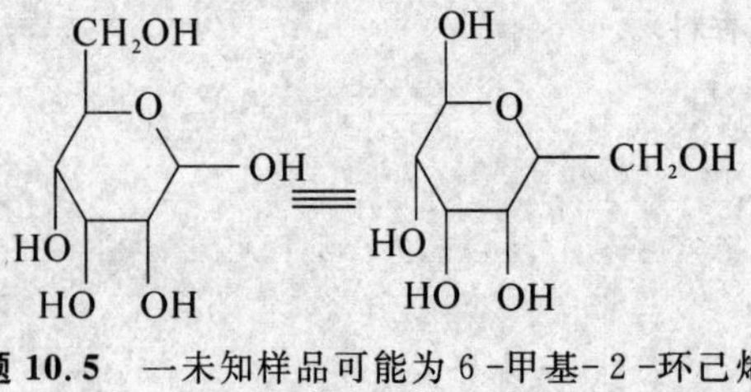 葡萄糖吡喃型两种构型

(4) 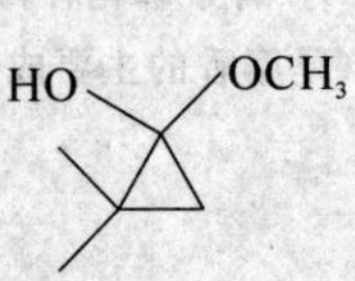 2,2-二甲基-1-甲氧基环丙醇

习题 10.5 一未知样品可能为 6-甲基-2-环己烯-1-酮或 2-甲基-2-环己烯-1-酮：

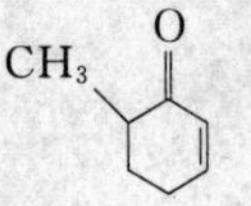

(Ⅰ) 6-甲基-2-环己烯-1-酮 69~71℃(2.4 kPa)

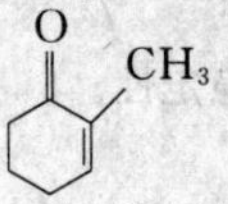

(Ⅱ) 2-甲基-2-环己烯-1-酮 69~70℃(2.1 kPa)

用什么方法确定是哪一种产物？

解 可以用波谱方法确定：

IR：(Ⅰ)的羰基吸收峰 1 680～1 705 cm^{-1}，烯键 900～1 000 cm^{-1}。(Ⅱ)的羰基吸收峰 1 665～1 685 cm^{-1}，烯键 675～975 cm^{-1}。

^{1}H NMR：(Ⅰ)有 6 组吸收峰，而(Ⅱ)只有 5 组峰。

UV：(Ⅱ)的紫外最大吸收波长比(Ⅰ)的要大。

习题 10.6 写出下列反应的产物：

$$CH_3CHO + CH_3C(CN)C_2H_5 \xrightarrow{Na_2CO_3}$$
$$\qquad\qquad\qquad\quad\; |$$
$$\qquad\qquad\qquad\; OH$$

解 产物分别为 CH_3CHOH，$CH_3COC_2H_5$
$\qquad\qquad\qquad\quad\;\; |$
$\qquad\qquad\qquad\; CN$

习题 10.7 写出下列反应的产物：

(1) 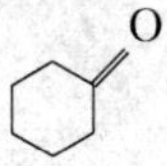 环己酮 + HC≡CNa $\xrightarrow{(1) NH_3(l), -33℃}{(2) H_3O^+}$

(2) $C_6H_5COCH_3$ + CH≡CMgBr $\xrightarrow{(1) Et_2O}{(2) H_3O^+}$

(3) 环氧乙烷 + $C_6H_5C≡CMgBr$ $\xrightarrow{(1) Et_2O, -15℃}{(2) H_3O^+}$

解 (1) 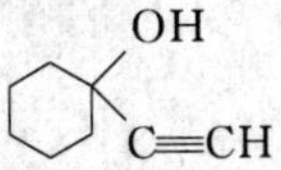 1-乙炔基环己醇 (2) $C_6H_5C(OH)(CH_3)C≡CH$ (3) $HOCH_2CH_2C≡CC_2H_5$

习题 10.8 下列化合物中哪些在碱性溶液中会发生外消旋化？

(1) (R)-2-甲基丁醛   (2) (S)-3-甲基-2-庚酮
(3) (S)-3-甲基环己酮   (4) (R)-1,2,3-三苯基-1-丙酮

解 α 位具有不对称碳原子的醛、酮可以发生外消旋化，所以能发生外消旋化的化合物为(1),(2),(4)。

习题 10.9 下列化合物中哪些可以起卤仿反应？

CH_3CH_2CHO $CH_3CH(OH)CH_2CH_3$ CH_3CH_2OH $CH_3CH_2COCH_3$
$C_6H_5COCH_3$ $CH_3COCH_2COCH_3$ $C_6H_5CHOHCH_3$ $C_6H_5CH_2OH$

解 可以起卤仿反应的化合物有：$CH_3CH(OH)CH_2CH_3$，$CH_3CH_2COCH_3$，$C_6H_5COCH_3$，$CH_3COCH_2COCH_3$，$C_6H_5CHOHCH_3$。

习题 10.10 写出下列化合物的羟醛缩合产物。

(1) 丙醛   (2) 3-甲基丁醛   (3) $O=HCH_2CH_2CH_2CH=O$

解 (1) $CH_3CH_2C=CHCHO$ (2) $(CH_3)_2CHCH=CHCHO$
$\qquad\qquad\;\; |$ $\qquad\qquad\qquad\qquad |$
$\qquad\qquad\; CH_3$ $\qquad\qquad\qquad CH(CH_3)_2$

(3) 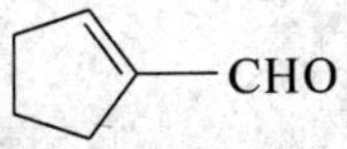 环戊烯基甲醛

习题 10.11 下列化合物可以由什么原料合成？

(1) 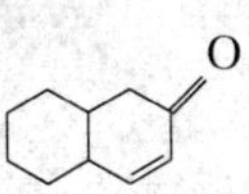 八氢萘酮   (2) $CH_3COCH_2CH(OH)CH_3$ (3) $CH_3CH(OH)CH_2COCH_3$

(4) 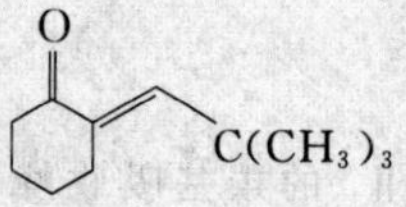　(5) $CH_3CH_2COCH(CH_3)CH(OH)CH_2CH_3$

(6) $(CH_3)_2CHCH(OH)C(CH_3)_2CHO$

解　用逆推法可以得出各化合物的合成原料：

(1) 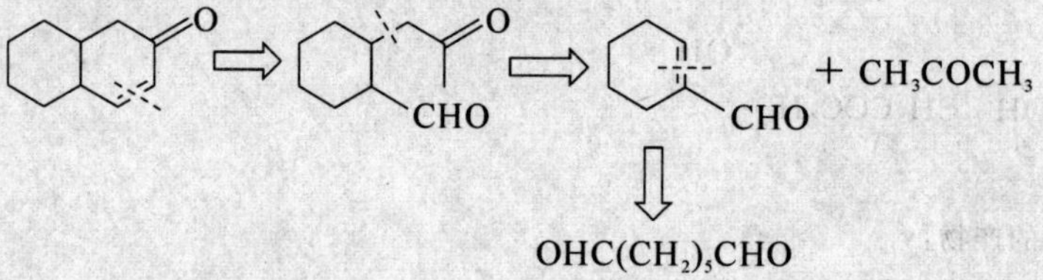

(2) $CH_3COCH_2CH(OH)CH_2CH_3 \Longrightarrow CH_3COCH_3 + CH_3CH_2CHO$

需导向：$CH_3COCH_2COOC_2H_5$

(3) $CH_3CH(OH)CH_2COCH_2CH_3 \Longrightarrow CH_3CHO + CH_3COCH_2CH_3$

需导向：$CH_3CH_2COCH_2COOC_2H_5$

(4) 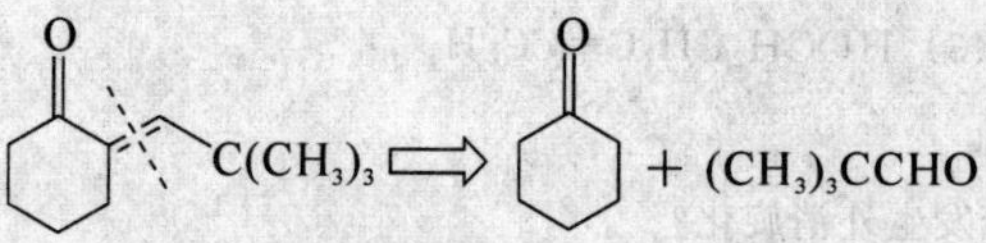

(5) $CH_3CH_2COCH(CH_3)CH(OH)CH_2CH_3 \Longrightarrow CH_3CH_2CHO + CH_3CH_2COCH_2CH_3$

需导向：$CH_3CH_2COCH(CH_3)COOC_2H_5$

$CH_3CH_2COCH_2COOC_2H_5 + CH_3Br \Longleftarrow CH_3CH_2COCH(CH_3)COOC_2H_5$

(6) $(CH_3)_2CHCH(OH)C(CH_3)_2CHO \Longrightarrow 2(CH_3)_2CHCHO$

习题 10.12　写出下列合成的中间产物或试剂。

(1) 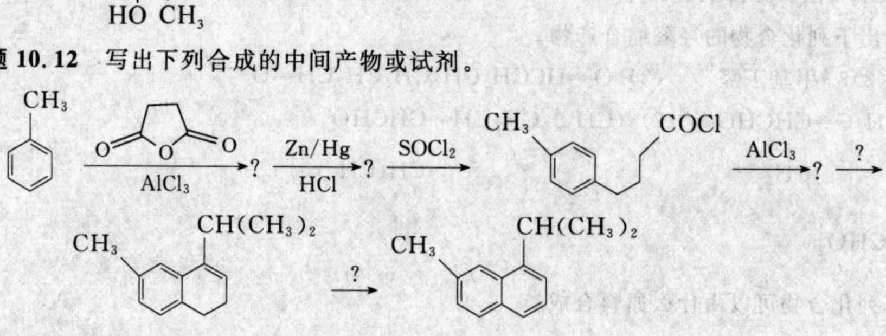

(2) 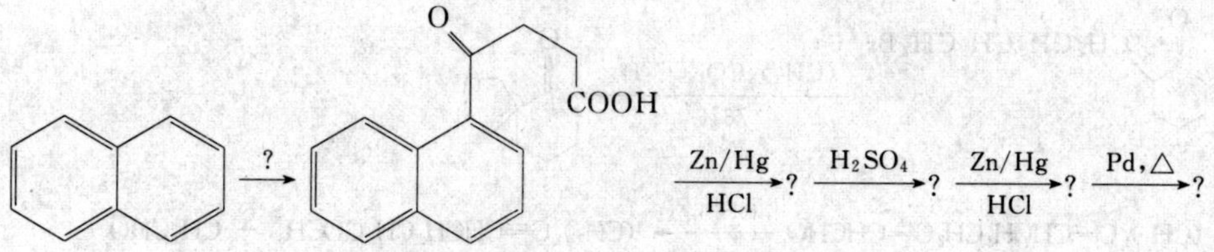 [reaction scheme: naphthalene → acylated naphthalene with -COCH₂CH₂COOH group] $\xrightarrow{?}$ [intermediate] $\xrightarrow{\text{Zn/Hg, HCl}}$? $\xrightarrow{\text{H}_2\text{SO}_4}$? $\xrightarrow{\text{Zn/Hg, HCl}}$? $\xrightarrow{\text{Pd}, \triangle}$?

(3) $CH_3COCH_3 \xrightarrow{?} (CH_3)_2C{=}CHCOCH_3 \xrightarrow{} $ [PhC(CH₃)₂CH₂COCH₃] $\xrightarrow{?}$

[PhC(CH₃)₂CH₂COOH] $\xrightarrow{?}$ [(CH₃)₃C-C₆H₄-C(CH₃)₂CH₂COOH] $\xrightarrow{?}$ [final indane product with (CH₃)₃C group]

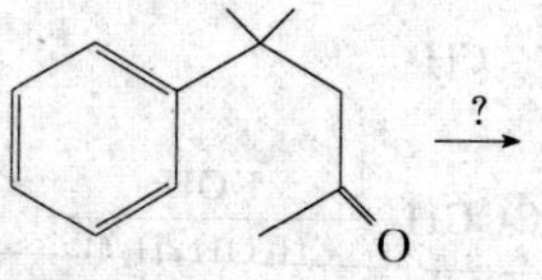

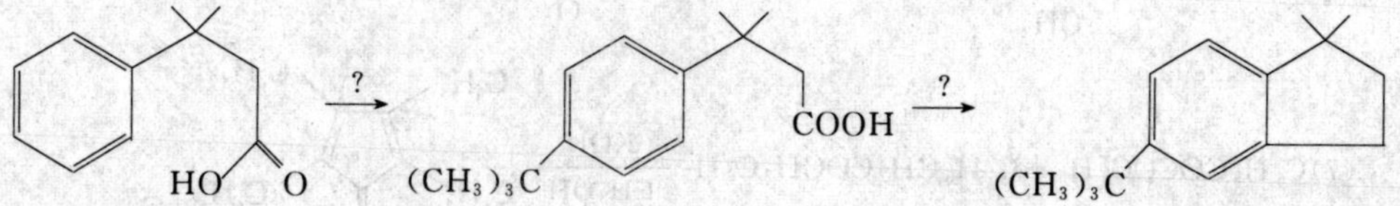

解 各中间产物或试剂如下：

(1) 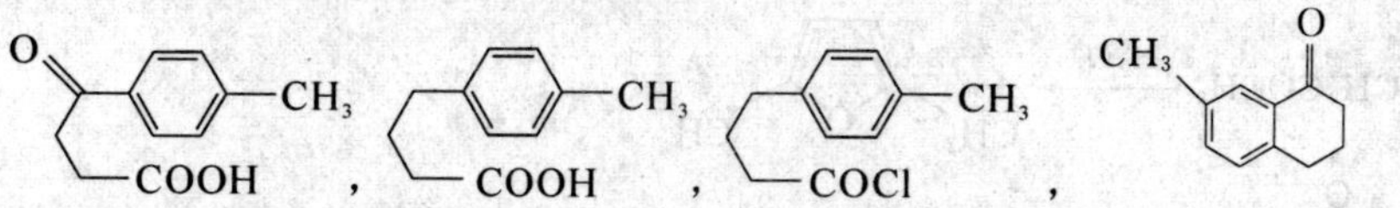 [p-CH₃-C₆H₄-COCH₂CH₂COOH], [p-CH₃-C₆H₄-CH₂CH₂CH₂COOH], [p-CH₃-C₆H₄-CH₂CH₂CH₂COCl], [7-methyl-1-tetralone],

$(CH_3)_2CHMgBr$, H_3O^+, $\triangle$, Se

(2) 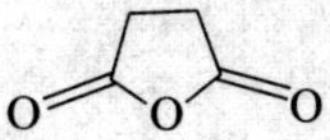 [succinic anhydride], $AlCl_3$, [1-naphthyl-CH₂CH₂CH₂COOH], [phenanthrenone],

[dihydrophenanthrene], [phenanthrene]

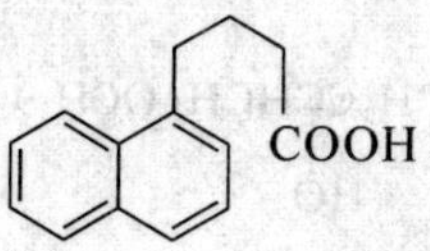

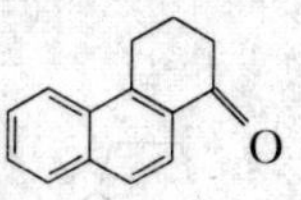

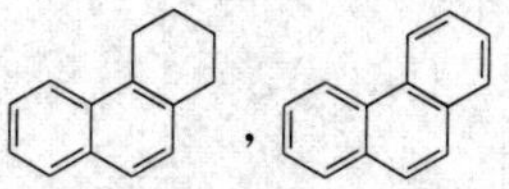

(3) ① 稀 OH^-, $\triangle$, [benzene], PPA, NaOBr, $(CH_3)_2{=}CH_2$, PPA, H_2SO_4

习题 10.13 推测下列反应的可能机理。

(1) $CH_3COCH_2CH_2CH_2Cl \xrightarrow{KOH, H_2O}$ [cyclopropyl-COCH₃]

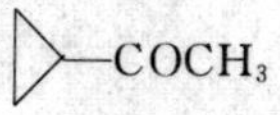

(2) 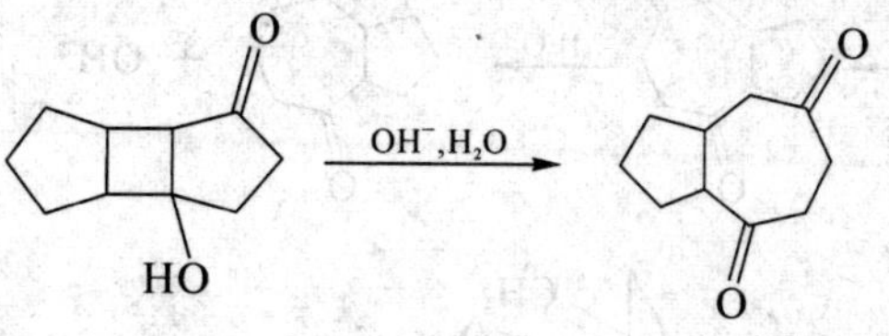 [bicyclic ketone with OH] $\xrightarrow{OH^-, H_2O}$ [bicyclic diketone]

(3) 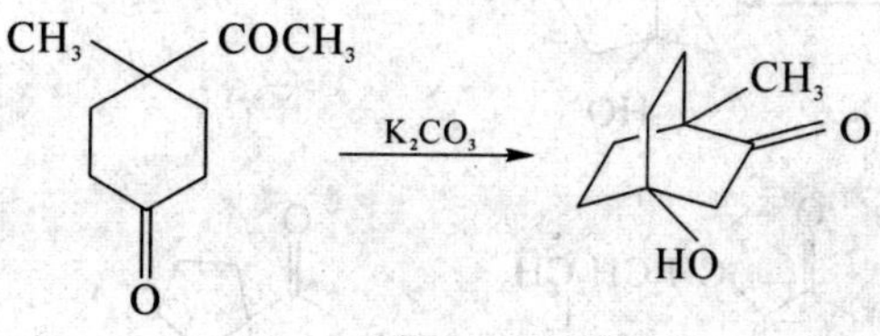 [1-methyl-1-acetyl-4-cyclohexanone] $\xrightarrow{K_2CO_3}$ [bicyclic hydroxy ketone with CH₃]

(4) [cyclohexanone with -CH$_2$CH$_2$CH$_2$CH$_2$Br side chain] $\xrightarrow[76\%]{(CH_3)_3COK, C_6H_6}$ [spiro bicyclic ketone]

(5) $(CH_3)_2C=CHCH_2CH_2\underset{\underset{CH_3}{|}}{C}HCHO \xrightarrow{OH^-, \Delta} (CH_3)_2C=CHCH_2CH_2COCH_3 + CH_3CHO$

(6) $OHCCH_2CH_2\underset{\underset{CH_3}{|}}{C}HCOCH_3 \xrightarrow{KOH, CH_3OH, H_2O}$ [3-methylcyclohex-2-enone]

(7) $C_6H_5COCOC_6H_5 + C_6H_5CH_2COCH_2C_6H_5 \xrightarrow{KOH, CH_3OH}$ [tetraphenylcyclopentadienone]

(8) $CH_3COCH_2CH_2COCH_3 \xrightarrow{H_3O^+}$ [2,5-dimethylfuran]

(9) [(CH$_3$)$_3$C-epoxide with Cl] $\xrightarrow{NaOCH_3, CH_3OH}$ $(CH_3)_3CCOCH_2OCH_3$

(10) $(CH_3)_3\underset{\underset{Cl}{|}}{C}CHCH=O \xrightarrow{NaOCH_3, CH_3OH} (CH_3)_3\underset{\underset{HO}{|}}{C}CHCH(OCH_3)_3$

(11) [cyclohexanone ethylene ketal] + $Br_2 \xrightarrow[\text{(痕量)}]{H_3O^+}$ [brominated ketal]

解 (1) $CH_3COCH_2CH_2CH_2Cl \xrightarrow{KOH, H_2O} CH_3CO\overset{-}{C}HCH_2CH_2Cl \longrightarrow$ [cyclopropyl]$-COCH_3$

(2) [tricyclic ketone with HO] $\xrightarrow{OH^-}$ [intermediate] $\longrightarrow$ [enolate] $\xrightarrow{H_2O}$ [bicyclic diketone] $+ OH^-$

(3) [methylcyclohexanone with COCH$_3$] $\xrightarrow{K_2CO_3}$ [enolate CH$_2^-$] $\longrightarrow$ [bicyclic product with CH$_3$, HO]

(4) [cyclohexanone with CH$_2$CH$_2$CH$_2$CHBr] $\xrightarrow[76\%]{(CH_3)_3COK, C_6H_5}$ [enolate intermediate] $\longrightarrow$ [spiro product]

(5)
$(CH_3)_2C=CHCH_2CH_2C(CH_3)=CHCHO \xrightarrow{OH^-, \Delta} (CH_3)_2C=CHCH_2CH_2\underset{CH_3}{\overset{|}{C}}-\overset{HO}{\underset{|}{C}}=\overset{H}{\underset{|}{C}}-O^-$

$\longrightarrow (CH_3)_2C=CHCH_2CH_2\underset{CH_3}{\overset{|}{C}}=O + CH_2=\overset{H}{\underset{|}{C}}-O^- \longrightarrow CH_3CHO$

(6)
$OHCCH_2CH_2\underset{CH_3}{\overset{|}{C}}HCOCH_3 \xrightarrow[CH_3OH, H_2O]{KOH}$ [intermediate] $\longrightarrow$ [cyclohexanone with OH and CH_3]

$\xrightarrow{-H_2O}$ [methylcyclohexenone]

(7)
$C_6H_5CH_2COCH_2C_6H_5 \xrightarrow[CH_3OH]{KOH} C_6H_5CH_2COCHC_6H_5 \xrightarrow{C_6H_5COCOC_6H_5}$

$C_6H_5CHCOCH_2C_6H_5$
$\underset{O^-}{\overset{|}{C_6H_5CCOC_6H_5}} \xrightarrow{H_2O}$ $C_6H_5CHCOCH_2C_6H_5$ $\underset{OH}{\overset{|}{C_6H_5CCOC_6H_5}} \xrightarrow[CH_3OH]{KOH}$ $C_6H_5CHCO\bar{C}H_2C_6H_5$ $\underset{OH}{\overset{|}{C_6H_5CCOC_6H_5}}$

$\longrightarrow$ [cyclopentanone with HO, O−, C_6H_5 groups] $\xrightarrow{H_2O}$ [cyclopentanone with HO, OH, C_6H_5] $\xrightarrow{\Delta}$ [tetraphenylcyclopentadienone]

(8)
$CH_3COCH_2CH_2COCH_3 \xrightarrow[H_2O]{H^+} CH_3\overset{+OH}{\underset{}{C}}CH_2CH_2\overset{:O}{\underset{}{C}}CH_3 \longrightarrow$ [furan cation resonance structures]

$\longrightarrow$ [resonance forms] $\xrightarrow{-H^+}$ [2,5-dimethylfuran]

(9)
$(CH_3)_3C$—[epoxide]—$CH_3 \xrightarrow{NaOCH_3, CH_3OH} (CH_3)_3C-\underset{Cl}{\overset{O^-}{\underset{|}{C}}}-CH_2OCH_3 \longrightarrow (CH_3)_3CCOCH_2OCH_3$

(10)
$(CH_3)_3CCHCH=O \xrightarrow{NaOCH_3, CH_3OH} (CH_3)_3C-\underset{Cl}{\overset{H}{\underset{|}{C}}}\overset{O^-}{\underset{|}{-}}CHOCH_3 \longrightarrow$ [epoxide $(CH_3)_3C$, H, H, OCH_3]
$\overset{|}{Cl}$
$\xrightarrow{NaOCH_3} (CH_3)_3CCHCH(OCH_3)_2$
$ \overset{|}{OH}$

(11)

$$\underset{}{\text{[spiro-dioxolane cyclohexane]}} \xrightarrow{H^+} \underset{}{\text{[protonated]}} \longrightarrow \left[\underset{}{\text{[oxocarbenium]}} \longleftrightarrow \underset{}{\text{[enol ether]}} \right] \longrightarrow$$

$$\underset{}{\text{—OCH}_2\text{CH}_2\text{OH}} \xrightarrow{Br_2} \underset{Br}{\text{—OCH}_2\text{CH}_2\text{OH}} \longrightarrow$$

$$\underset{Br}{\text{[oxocarbenium Br]}} \longrightarrow \underset{Br}{\text{[dioxolane Br product]}}$$

习题 10.14 如何实现下列转变？

(1) $CH_3CH_2CH_2CHO \longrightarrow CH_3CH_2CH_2\underset{\underset{CH_2OH}{|}}{\overset{\overset{OH}{|}}{C}H}CH_2CH_2CH_3$

(2) $CH_3CH_2CH_2COCH_3 \longrightarrow (CH_3)_2C=\underset{\underset{CH_3}{|}}{C}CH_2CH_3$

(3) $CH_3(CH_2)_2CHO \longrightarrow CH_3(CH_2)_4CHO$

(4) $HC\equiv CH_2CH_2OH \longrightarrow CH_3COCH_2CH_2CO(CH_2)_4CH_3$

解 (1)

$2CH_3CH_2CH_2CHO \xrightarrow{OH^-} CH_3CH_2CH_2\underset{\underset{CHO}{|}}{\overset{\overset{OH}{|}}{C}H}CH_2CH_3 \xrightarrow{NaBH_4} CH_3CH_2CH_2\underset{\underset{CH_2OH}{|}}{\overset{\overset{OH}{|}}{C}H}CH_2CH_3$

(2) $CH_3CH_2CH_2COCH_3 \xrightarrow[(2)H_3O^+]{(1)(CH_3)_2CHMgBr} (CH_3)_2C=\underset{\underset{CH_3}{|}}{C}CH_2CH_3$

(3) $CH_3(CH_2)_2CHO \xrightarrow{NaBH_4} CH_3(CH_2)_2CH_2OH \xrightarrow{PBr_3} CH_3(CH_2)_2CH_2Br \xrightarrow{Mg, Et_2O}$

$CH_3(CH_2)_2CH_2MgBr \xrightarrow[(2)H_3O^+]{(1)\text{环氧乙烷}} CH_3(CH_2)_2CH_2CH_2OH \xrightarrow[\text{吡啶}]{CrO_3}$

$CH_3(CH_2)_4CHO$

(4) $HC\equiv CCH_2CH_2OH \xrightarrow[H_2O]{HgSO_4,H_2SO_4} CH_3COCH_2CH_2OH \xrightarrow[H^+]{HOCH_2CH_2OH}$

$\underset{}{\text{[dioxolane]}}CH_3CCH_2CH_2OH \xrightarrow[\text{吡啶}]{CrO_3} \underset{}{\text{[dioxolane]}}CH_3CCH_2CH_2CHO \xrightarrow[(2)H_3O^+]{(1)CH_3(CH_2)_4MgBr}$

$CH_3COCH_2CH_2\underset{\underset{OH}{|}}{C}(CH_2)_4CH_3 \xrightarrow{KMnO_4, OH^-} CH_3COCH_2CH_2CO(CH_2)_4CH_3$

习题 10.15 推测下列化合物的结构。

(1) C_4H_8O，含有羰基，δ_H: 1.0(t,3H), 1.5(m,2H), 2.4(t,2H), 9.9(s,1H)

(2) $C_7H_{14}O$，σ_{max}/cm^{-1}: 1 750, 1 380; δ_H: 1.0(s,9H), 2.1(s,3H), 2.3(s,2H)

(3) $C_8H_{10}O_2$，σ_{max}/cm^{-1}: 1 700, 1 380; δ_H: 2.2(s,6H), 2.7(s,4H)

(4) $C_6H_{12}O_3$, σ_{max}/cm^{-1}: 1 700, 1 380; δ_H: 2.2(s,3H), 2.7(d,2H), 3.4(s,6H), 4.75(t,1H)

(5) $C_9H_{10}O$, σ_{max}/cm^{-1}: 1 700, 1 600, 1 500, 1 380, 740, 690; δ_H: 2.1(s,3H), 3.6(s,2H), 7.2(s,5H)

(6) C_9H_9ClO, σ_{max}/cm^{-1}: 1 695, 1 600, 1 500, 830; δ_H: 1.2(t,3H), 3.0(q,2H), 7.7(q,4H)

解 首先可以根据 ^1H NMR,确定各化合物的结构,再用 IR 佐证。

(1) $CH_3CH_2CH_2CHO$

(2) $(CH_3)_3CCH_2COCH_3$

(3) $CH_3COCH_2CH_2COCH_3$

(4) $CH_3COCH_2CH(OCH_3)_2$

(5) 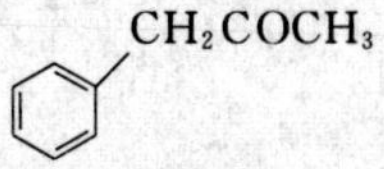 C6H5-CH2COCH3

(6) 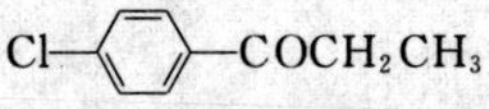 Cl-C6H4-COCH2CH3

第 11 章　羧酸和取代羧酸

11.1　教学建议

(1) 根据羧酸的结构讲解羧酸的化学性质。
(2) 根据取代羧酸取代基的电子效应讲解取代羧酸的化学性质。

11.2　主要概念

11.2.1　内容要点精讲

1. 教学基本要求

(1) 掌握羧酸的结构、系统命名法。
(2) 掌握羧酸及取代羧酸的化学性质。
(3) 掌握羧酸的常用制备方法。

2. 主要概念

(1) 羧酸。羧酸的官能团为羧基(—COOH)，其分子简式为 RCOOH。
(2) 脂化反应。羧酸与醇在酸性催化剂存在下生成酯的反应：

$$RCOOH + HOR' \underset{}{\overset{H^+}{\rightleftharpoons}} RCOOR' + H_2O$$

一般用硫酸、氯化氢或对甲苯磺酸作催化剂，甲酸等较强的羧酸酯化时可以不加催化剂。

(3) 表面活性剂。含 12 个碳原子以上的饱和一元羧酸的钠盐或钾盐，其分子的一端为亲水的极性基团（—CO_2^- Na^+），另一端为疏水的长链烷基。当它们加到水中时，可以使水的表面张力显著降低。这种能使水的表面张力显著降低的化合物称为表面活性剂。

(4) 脱羧反应。羧酸失去羧基的反应称为脱羧反应。例如，饱和一元羧酸在加热条件下放出 CO_2，生成复杂的烃类混合物。

(5) 亲核加成－消去反应。羧酸官能团（羧基）中的羟基可以被 —X，—OR，—OCOR，—NH_2 等基团取代，生成相应的羧酸衍生物，其反应机理为亲核加成－消去：

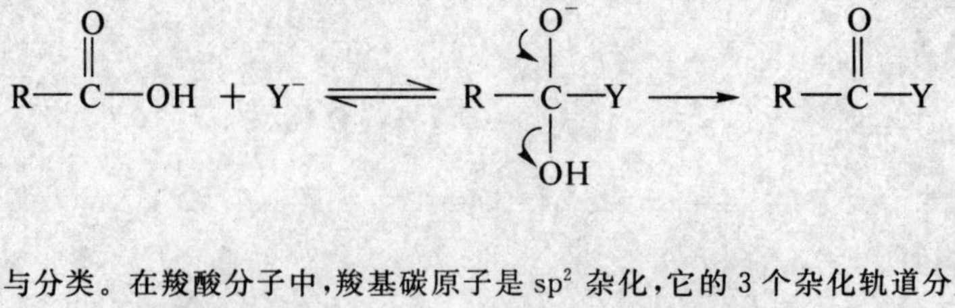

$$R-\overset{\overset{O}{\|}}{C}-OH + Y^- \rightleftharpoons R-\overset{\overset{O^-}{|}}{\underset{\underset{OH}{|}}{C}}-Y \longrightarrow R-\overset{\overset{O}{\|}}{C}-Y$$

3. 核心内容

(1) 羧酸的结构与分类。在羧酸分子中，羧基碳原子是 sp^2 杂化，它的 3 个杂化轨道分别与 2 个氧、1 个碳原子形成 3 个 σ 键，余下一个 p 轨道与一个氧原子的 p 轨道平行重叠形成键，又与羟基中的氧原子上的 p 轨道形成 p—π 共轭体系，其结构可用共振式表示为

$$\left[R-\overset{\overset{\ddot{O}:}{\|}}{\underset{:OH}{C}} \leftrightarrow R-\overset{\overset{:\ddot{O}:^{-}}{|}}{\underset{:\ddot{O}H}{\overset{+}{C}}} \leftrightarrow R-\overset{\overset{:\ddot{O}:^{-}}{|}}{\underset{:\ddot{O}H}{\overset{+}{C}}} \right]$$

可根据 R 的不同或羧基的数目进行分类,如一元脂肪族羧酸、二元芳香族羧酸等。

羧酸分子中的烃基可以被基团取代,得到取代羧酸,主要有 α-羟基酸、α-卤代酸、α-氨基酸等。

(2)羧酸的命名。羧酸的系统命名法是以含有羧基的最长碳链作为主链,根据主链碳原子数目称为"某酸"(母体),如果是多元酸,则称"某几酸"。若主链上有取代基,则用阿拉伯数字(编号从羧基开始)或希腊字母(α,β……)标明取代基的位置,再在"某酸"前加上取代基的名称。

含脂肪环烃或芳香烃羧酸的命名一般是将环或芳香烃作为取代基。

从许多天然产物中得到的羧酸,常根据来源采用俗名,如醋酸、草酸等。

(3)羧酸的化学性质。在脂肪酸和芳香酸的羧基中,存在着羰基的吸电子作用(-I,-C)和羟基氧原子对羰基的共轭作用(+C)及其对烃基诱导作用(-I),使得羧基中的氢有酸性。当脂肪酸的 α-C 上或芳香酸的苯环上存在吸电子官能团时,会使羧基负离子稳定性增加而使酸性增加。羧基中的 p-π 共轭体系使羰基的缺电子性质下降,导致其亲核加成反应的活性大大低于醛或酮;在芳香酸中由于共轭作用的增强,羰基的活性更为下降;在脂肪酸中,α-H 的活性仍然存在但不及醛、酮的活性高;在一定的反应条件下,羧基中的羟基可被取代,生成酰卤、酸酐、酰胺等。

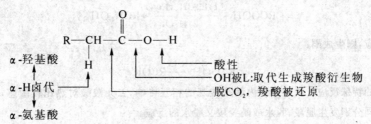

①酸性。羧酸具有酸性,其酸性比一般无机酸弱而比碳酸和苯酚强。如为多元酸,则第一级酸电解离常数比相应的一元羧酸的要大,但随羧酸之间碳链的加长差别越来越小;而第二级解离常数比一元羧酸的要小。各类羧酸酸性的强弱可以用诱导效应、共轭效应、空间效应、位阻效应、场效应及氢键等因素加以解释。

脂肪族羧酸的酸性取决于羧酸中烃基的结构,羟基酸和羰基酸的酸性大于羧酸,α-C 连有吸电子基团时羧酸酸性增强,反之如连有斥电子基团时酸性减弱。

取代苯甲酸的酸性大小与取代基的性质和取代基在苯环上的位置有关。一般情况下,邻位取代(氨基除外)苯甲酸的酸性较苯甲酸的酸性强,有吸电子作用(-I,-C)的取代苯甲酸酸性较强。

利用羧酸的酸性可以将它从混合物与中性或碱性的化合物中分离出来;也可以用于外消旋体的拆分。

②羧酸衍生物的生成。羧基中的羟基被亲核试剂 -X、-OR、-OCOR、-NH₂ 等取代,生成酰卤、酐、酯和酰胺羧酸衍生物。

$$RCOOH \begin{cases} \xrightarrow{PCl_3(或PCl_5,SOCl_2)} RCOCl \\ \xrightarrow[Ac_2O]{P_2O_5,\Delta} (RCO)_2O \\ \xrightarrow[H^+]{R'OH} RCOOR' \\ \xrightarrow{NH_3} RCO_2NH_4 \xrightarrow[-H_2O]{\Delta} RCONH_2 \xrightarrow{P_2O_5,\Delta} RCN \\ \xrightarrow{R'NH_2} RCOR'NH_2 \xrightarrow[-H_2O]{\Delta} RCONHR' \end{cases}$$

其中酯化是可逆反应,其反应速率决定于醇和羧酸的结构。对于同一羧酸,不同醇的酯化速率有:伯醇

＞仲醇＞叔醇；同一类型的醇,相对分子质量加大,酯化速率减慢。羧酸的 α 位如有支链,其酯化速率减慢。芳香酸的酯化速率小于直链羧酸。

可以通过平衡移动的原理如除去反应中生成的水或酯等方法提高原料的转化率。

③脱羧反应。饱和一元羧酸在一般的条件下不易发生脱羧反应,需用无水碱与碱石灰共热。

$$RCOOH + NaOH \xrightarrow[\triangle]{CaO} RCH_3 + CO_2$$

$$RCOOAg + Br_2 \longrightarrow RBr + CO_2 + AgBr \quad \text{Hunsdiecker 反应}$$

$$2RCOOH \xrightarrow{\text{电解}} R—R \quad \text{Kolbe 反应}$$

$$2RCOOH \xrightarrow{ThO_2, \triangle} R_2C=O$$

④$\alpha-H$ 的反应。与醛、酮相似,酸的 $\alpha-H$ 也能被卤素取代生成卤代酸,但反应比醛、酮困难,需要少量红磷作催化剂,称为 Hell-Volhard-Zelinsky 反应：

$$RCH_2COOH + X_2 \xrightarrow{P} RCHXCOOH \xrightarrow{P} RCX_2COOH$$

反应是通过烯醇进行的,PX_3 的作用是生成酰卤。

⑤还原。羧酸中的羰基在羟基的影响下,其活性降低,在一般情况下不起醛、酮中羰基特有的加成反应。羧酸只能用还原能力特别强的试剂如 $LiAlH_4$ 还原。

$$RCOOH \xrightarrow[(2)H_2O]{(1)LiAlH_4, Et_2O} RCH_2OH$$

与有机锂反应,则生成酮：

$$RCOOH \xrightarrow{R'Li} RCOR'$$

⑥二元羧酸的特殊反应。由于分子内两个羧基的相互影响,二元羧酸对热比较敏感,受热时,随着两个羧基间位置的不同分别发生脱羧、脱水或既脱羧又脱水的反应。

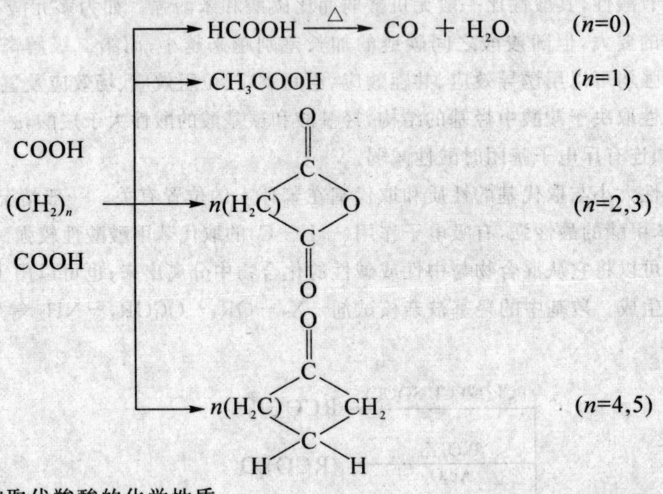

$$\text{(CH}_2)_n \begin{pmatrix} COOH \\ COOH \end{pmatrix} \longrightarrow \begin{cases} HCOOH \xrightarrow{\triangle} CO + H_2O & (n=0) \\ CH_3COOH & (n=1) \\ n(H_2C) \underset{\underset{O}{\|}}{\overset{\overset{O}{\|}}{\underset{C}{\overset{C}{<}}}} O & (n=2,3) \\ n(H_2C) \underset{H}{\overset{}{\underset{C}{<}}} \underset{}{\overset{CH_2}{\underset{}{}}} & (n=4,5) \end{cases}$$

(4) 不饱和羧酸和取代羧酸的化学性质。

①羟基(酚)酸、羰基酸的反应。羟基酸中,随羟基所在位置不同而有不同的反应性能。

Ⅰ. 羟基酸的反应。

$$
\begin{array}{ll}
(n=0) \quad \text{交酯} \xleftarrow{-H_2O} & \\
(n=1)\alpha,\beta\text{-不饱和酸} \xleftarrow{-H_2O} & \\
(n=2,3) \quad \text{内酯} \xleftarrow{-H_2O} & R\text{-}CH\text{-}(CH_2)_n COOH \\
(n\geqslant 5) \quad \text{聚酯} \xleftarrow{} & \phantom{R\text{-}CH\text{-}}OH \\
\end{array}
\xrightarrow{\begin{array}{l}KMnO_4\\ KMnO_4\\ \text{浓}H_2SO_4,\Delta\\ \text{稀}H_2SO_4,\Delta\end{array}}
\begin{array}{ll}
RCOOH & (n=0)\\
RCOCH_2COOH & (n=1)\\
RCHO+CO & (n=0)\\
RCHO+HCOOH & (n=1)
\end{array}
$$

酚酸同时具有酚和酸的性质，羟基在羧基的邻、对位时加热易脱羧。

邻羟基苯甲酸 $\xrightarrow{220℃}$ 苯酚

Ⅱ. 羰基酸的反应。羰基酸可根据羰基的位置分为 α-、β-和 γ-等酮酸，主要是 α-和 β-酮酸。β-酮酸及其衍生物因其中的亚甲基具有酸性，也具有很高的活性，可以烃基化和酰基化（即亲核取代反应）。

$$
R\text{-}\overset{O}{\underset{\|}{C}}\text{-}(CH_2)_n COOH
\longrightarrow
\begin{cases}
\xrightarrow{HNO_3 \text{或Tollens试剂}} RCOOH+CO_2 \\
\xrightarrow{\text{稀}H_2SO_4,\Delta} RCHO+CO_2 \quad (n=0)\\
\xrightarrow{\text{浓}H_2SO_4,\Delta} RCOOH+CO \\
\xrightarrow{\Delta} RCOCH_3+CO_2 \\
\xrightarrow{} RCOCNa+CH_3COONa \quad (n=1)\\
\xrightarrow{H_2O,\Delta} \text{内酯} \quad (n=2)
\end{cases}
$$

② α,β-不饱和羧酸和卤代酸的反应。

Ⅰ. α,β-不饱和羧酸的反应。与 α,β-不饱和醛、酮相似，易发生 1,4-加成反应：

$$CH_2=CHCOOH + HL \longrightarrow LCH_2CH_2COOH \quad (HL=HX, H_2O, HCN, NH_3)$$

α,β-不饱和羧酸及其衍生物可以作为亲二烯体，与共轭二烯起 Diels-Alder 反应：

丁二烯 + CH$_2$=CHCOOCH$_3$ $\xrightarrow{\Delta}$ 环己烯甲酸甲酯

Ⅱ. 卤代酸的反应。α-卤代酸及其衍生物中的卤原子在羰基的影响下，活性增强，易起亲核取代反应：

$$ClCH_2COOR + Nu^- \longrightarrow NuCH_2COOR \quad (Nu^-=OH^-, CN^-, R'HN^-)$$

γ-、δ-和 ε-卤代酸在碱的作用下，易生成内酯，即

$$ClCH_2CH_2CH_2COOR \xrightarrow[\Delta]{OH^-} \text{内酯}$$

(5) 酯化反应的机理。羧酸与一级、二级醇酯化时，基本上是通过下列机理完成酯化，即由羧酸提供羟基。

$$
RC\overset{O}{\underset{OH}{\diagdown}} \xrightleftharpoons{H^+} RC\overset{\overset{+}{OH}}{\underset{OH}{\diagdown}} \xrightleftharpoons{HOCH_2R'} R\overset{OH}{\underset{\underset{+}{HOCH_2R'}}{\overset{|}{C}}}OH \xrightleftharpoons{} R\overset{OH}{\underset{OCH_2R'}{\overset{|}{C}}}\overset{+}{O}H_2 \xrightleftharpoons{}
$$

$$
R\overset{\overset{+}{OH}}{\underset{OCH_2R'}{\diagdown}}C \xrightleftharpoons{} RC\overset{O}{\underset{OCH_2R'}{\diagdown}}
$$

与三级醇酯化时，机理则与此不同。

对于羧基旁有侧链的脂肪酸或有空间位阻的芳香酸,反应比较困难,反应很慢。

当羧酸的位阻效应较大时,应将羧酸先溶于浓硫酸中,然后再倒入希望酯化的醇中,就能很顺利反应成酯。其反应机理是羧酸先形成酰基正离子,然后再与醇反应。

(6)一元羧酸的制法。

①氧化法。可以通过烃类、伯醇、醛、环酮氧化及酮的卤代反应得到相应的羧酸:

$$RCH=CH_2 \xrightarrow[H_2O]{KMnO_4} RCOOH + CO_2$$

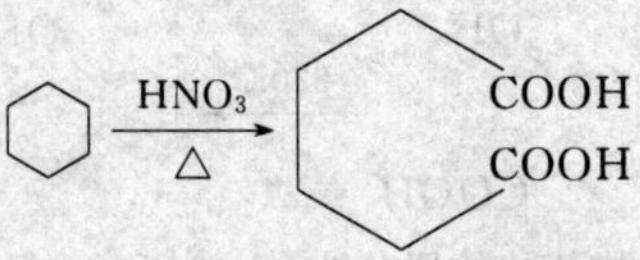

$$\text{环己烷} \xrightarrow[\triangle]{HNO_3} \text{邻苯二甲酸(COOH, COOH)}$$

$$ArCH_2R \xrightarrow[H_3O^+]{KMnO_4} ArCOOH$$

$$RCH_2OH \xrightarrow[\text{或} Cr_2O_7^{2-}, H_3O^+]{KMnO_4, H_3O^+} RCOOH$$

$$RCHO \xrightarrow{Ag(NH_3)_2^+} RCOOH$$

$$\text{环己酮} \xrightarrow[\triangle]{HNO_3} \text{己二酸(COOH, COOH)}$$

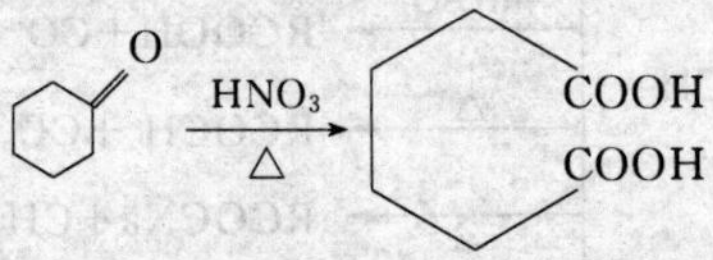

$$\begin{matrix} RCOCH_3 \\ RCHCH_3 \\ | \\ OH \end{matrix} \xrightarrow[(2)H_3O^+]{(1)Br_2, NaOH} RCOOH + CHBr_3$$

②水解法。可通过油酯、腈、羧酸衍生物等的水解得到羧酸:

$$\begin{matrix} RCN \\ RCONH_2 \\ RCOOR' \\ (RCO)_2O \\ RCOX \end{matrix} \xrightarrow{H^+ \text{ or } OH^-} RCOOH$$

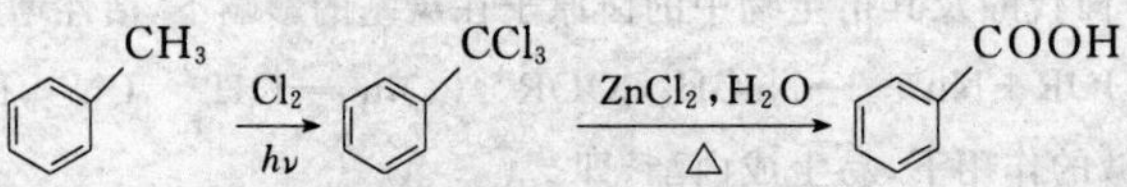

$$\text{PhCH}_3 \xrightarrow[h\nu]{Cl_2} \text{PhCCl}_3 \xrightarrow[\triangle]{ZnCl_2, H_2O} \text{PhCOOH}$$

③由有机金属化合物制备。可以通过 Grignard 试剂等有机金属化合物与 CO_2 的反应制备羧酸:

$$RMgBr + CO_2 \xrightarrow{H^+} RCOOH$$

④丙二酸酯合成法。

$$CH_2(COOC_2H_5)_2 + RX \xrightarrow{NaOCH_3} RCH(COOC_2H_5)_2 \xrightarrow{R'X} RR'C(COOC_2H_5)_2 \xrightarrow[\triangle]{\text{稀}OH^- \text{或} H^+} \begin{matrix} RCH_2COOH \\ RR'CHCOOH \end{matrix}$$

对于取代羧酸,可以根据取代基以及与羧基相对位置的不同,而采用合适的方法。

$$BrCH_2COOEt + C_6H_5COCH_3 \xrightarrow{(1)Zn}{(2)H_2O} C_6H_5\underset{OH}{\overset{CH_3}{\overset{|}{C}}}CH_2COOEt \quad (\text{Reformatsky 反应})$$

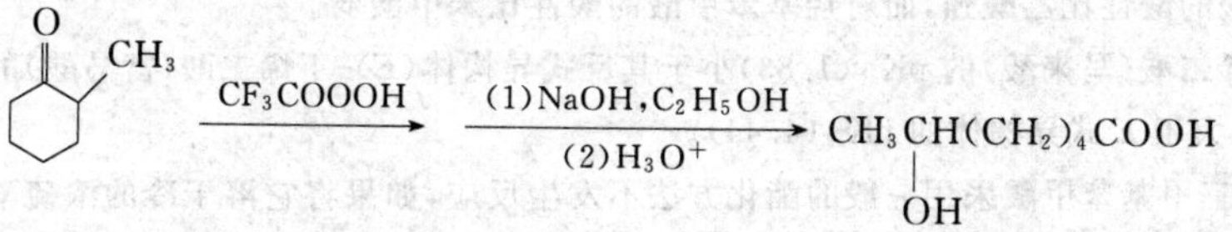

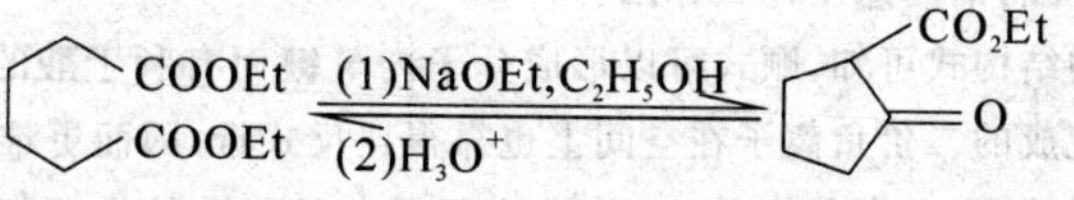

[2-甲基环己酮] $\xrightarrow{CF_3COOOH}$ [内酯] $\xrightarrow{(1)NaOH, C_2H_5OH}{(2)H_3O^+}$ $CH_3\underset{OH}{\overset{|}{C}H}(CH_2)_4COOH$

[环己烷-1,1-二甲酸乙酯] $\xrightarrow{(1)NaOEt, C_2H_5OH}{(2)H_3O^+}$ [2-氧代环戊烷甲酸乙酯]

$$C_6H_5CH_2COCl \xrightarrow{HBr, NBS} C_6H_5CHBrCOCl \xrightarrow{R'OH} C_6H_5CHBrCOOR$$
（Hell–Volhard–Zelinsky 反应）

11.2.2 重点、难点

1．重点
(1) 羧酸的结构特点和命名。
(2) 羧酸的化学性质。
(3) 羧酸的制备。

2．难点
(1) 不同羧酸酸性强弱的比较。应根据羧酸的结构特点，应用诱导效应、共轭效应、空间效应、场效应和氢键等因素，比较酸根的稳定性，进而判断羧酸的酸性强弱。
(2) 羧酸的制备。应根据羧酸结构的特点及原料要求，选择合适的方法制备羧酸。

11.3 例题

例 11.1 回答下列问题。
(1) 下列各组化合物酸性由强到弱的顺序是（　　）。
A. 2-氯丙酸　　B. 2-溴丙酸　　C. 2-氟丙酸　　D. 2-碘丙酸
A. 3-羟基丁酸　B. 4-羟基丁酸　C. 2-羟基丁酸　D. 2-丁酮酸
A. 对氰基苯甲酸　B. 对氟基苯甲酸　C. 对氯基苯甲酸　D. 对甲氧基苯甲酸
(2) 下列化合物发生酯化反应的速率顺序是（　　）。
A. 乙酸　B. 丙酸　C. 2,2-二甲基丙酸　D. 2,2-二乙基丁酸
(3) 下列化合物与溴的四氯化碳溶液反应的速率大小顺序是（　　）。
A. 4-戊烯酸　B. 丙烯酸　C. 2-丁烯酸　D. 丁烯二酸
(4) 下列化合物脱羧反应活性大小的顺序是（　　）。
A. 丁酸　　B. β-丁酮酸　C. α-丁酮酸　D. 丁二酸

解　(1) C>A>B>D，D>C>A>B，A>B>C>D
(2) A>B>C>D
(3) A>C>B>D
(4) C>B>D>A

例 11.2 解释下列现象。

(1)顺1,2-环丙烷二甲酸的pK_{a1}比反式异构体小,而pK_{a2}比反式异构体大。
(2)3个甲氧基取代的苯甲酸酸性是间位最强,对位最弱,对位取代物比母体苯甲酸还要弱。
(3)为什么羧酸的沸点及在水中的溶解度较相应分子量的其他有机物高得多?
(4)羟基乙酸的酸性比乙酸强,而对羟基苯甲酸的酸性比苯甲酸弱。
(5)(Z)-丁烯二酸(马来酸)的pK_{a1}(1.83)小于其反式异构体(E)-丁烯二酸(富马酸)的pK_{a1}(2.03),但它的pK_{a2}(6.07)则大于E式异构体的pK_{a2}(4.44)。
(6)2,4,6-三甲基苯甲酸采用一般的酯化方法不发生反应,如果将它溶于冷的浓硫酸,而后倒入冷的甲醇中,可以得到高产率的甲酯,请问这是什么原因?

解 (1)根据化合物的结构式可知,顺式可以形成分子内氢键而有利于酸的一级电离,但二级电离时,顺式的不仅要断裂氢键,且生成的二价负离子在空间上也靠得比反式近,因而更难离解。

(2)甲氧基既有吸电子效应,也有共轭效应,并且这两者电子移动的方向相反。在间位时只有吸电子效应而没有共轭效应,所以间位的最强,而对位共轭效应最强,所以酸性最弱。

(3)羧酸能通过氢键缔合成二聚体,这种分子间的氢键比醇分子间的更稳定,所以沸点及在水中的溶解度都要大。

(4)在羟基乙酸中,羟基只产生吸电子效应,而使酸性增强,而在羟基苯甲酸中,羟基可以产生共轭效应,它起供电子的效果,所以酸性减弱。

(5)由于顺丁烯二酸通过形成分子内氢键来稳定一级解离生成的羧酸根负离子,因而顺式的pK_{a1}较反式的小,但又由于氢键的形成使第二个质子不易解离,其pK_{a2}较反式的大。

(6)该化合物的位阻非常大,不能用一般的方法酯化,但溶于浓硫酸后脱水,可克服这一不利的影响,其机理如下:

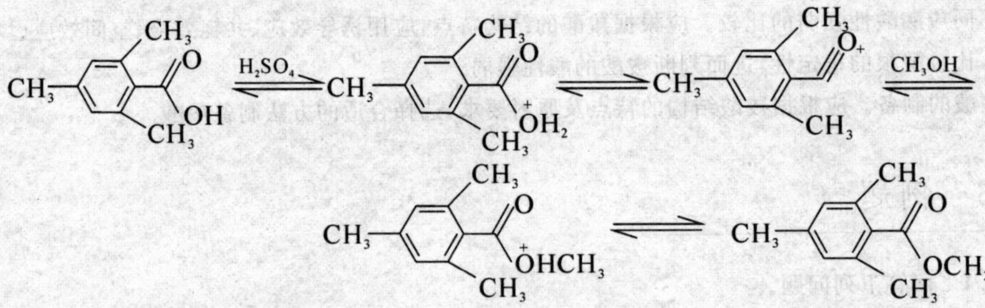

例11.3 提纯下列各组化合物。
(1)提纯含有少量苯甲酸的苯甲醛。
(2)醋酸和环己酮。
(3)分离苯甲酸、对-甲苯酚和环己醇。
(4)在一个含有醋酸、丁醇、醋酸丁酯、水和硫酸的混合物中,如何提纯醋酸丁酯及醋酸?

解 (1)苯甲酸和碳酸钠溶液作用生成它的钠盐而溶于水,苯甲醛不溶于水,分离后,经干燥、蒸馏即得纯的苯甲醛。

(2)将混合物溶于NaOH溶液后,用水蒸气蒸馏,馏出液为环己酮,而母液为醋酸的钠盐,酸化后进行水蒸气蒸馏,就可以得到较纯的醋酸。

(3)在三者的乙醚溶液中,加入碳酸钠溶液,然后将水层酸化、重结晶便得到较纯的苯甲酸;对醚层再加入NaOH溶液,将水层酸化得到对甲苯酚,对醚层蒸出乙醚便得到环己醇。

(4)首先将混合物蒸馏,除去残液硫酸,对蒸出液加入饱和的碳酸钠溶液,分层。对得到的下层液体,酸化后进行水蒸气蒸馏,得到较纯的醋酸。对上层液体中再加入饱和$CaCl_2$溶液,使酯游离出来,分层,$MgSO_4$干燥除去水,蒸馏得纯的醋酸丁酯。

例11.4 (1)已知在用$R^{18}OH$和羧酸进行催化酯化时,^{18}O全部在酯中,但用$CH_2=C$进行酯化时,发

现有一些生成 H_2O^{18}，试为这两种酯化各写出一种可能的机理。

(2)$C_6H_5COOCH_3$ 在 H_2O^{18}，H^+ 中水解后得到的醇中无 O^{18}。若反应中途停止，发现在未反应的酯中有 O^{18}。

(3)写出可能的机理来解释下列产物的形成：

CH_3CH_2COOH 在含有 H^+ 的 H_2O^{18} 中可得到 $CH_3CH_2CO^{18}OH$。

(4)(*R*)-2-溴丙酸在碱性条件下水解生成(*R*)-2-羟基丙酸，反应前后手性碳原子构型保持不变。

(5)写出下列反应的机理：

$$CH_2{=}CHCH(CH_3)COOAg \xrightarrow[-AgBr]{Br_2/CCl_4} CH_2{=}CHCH(CH_3)Br + BrCH_2CH{=}CHCH_3$$

解　(1)反应机理：

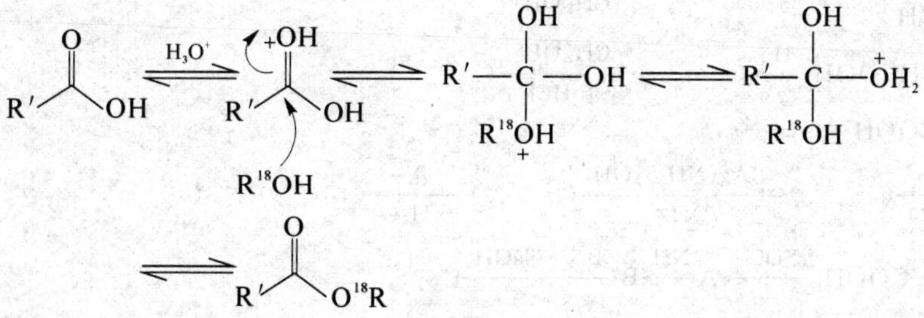

H_2O^{18}生成的机理：

$$CH_2{=}CHCH_2O^{18}H \xrightleftharpoons{H_3O^+} CH_2{=}CHCH_2\overset{+}{O}{}^{18}H_2 \rightleftharpoons CH_2{=}CH\overset{+}{C}H_2 + {}^{18}OH_2 \xrightarrow{RCOOH} RCO\overset{+}{O}(H)CH_2CH{=}CH_2 \rightleftharpoons RCOOCH_2CH{=}CH_2$$

(2)与(1)类似的机理，有反应中间体 $C_6H_5-C(OH)(^{18}\overset{+}{O}H_2)-OCH_3$ 生成，它可以使 H^+ 得以转移到另一个 OH 上，从而可失去 H_2O 或 H_2O^{18} 而成为含有 O^{18} 的酯，水解时发生酰氧键断裂，醇中无 O^{18}。

(3)可能的反应机理：

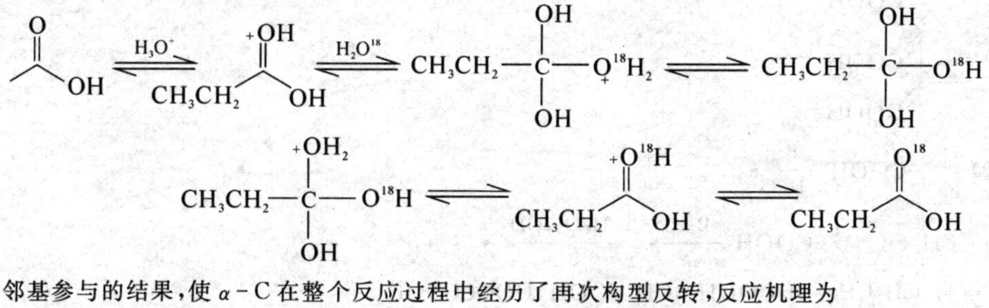

(4)邻基参与的结果，使 α-C 在整个反应过程中经历了再次构型反转，反应机理为

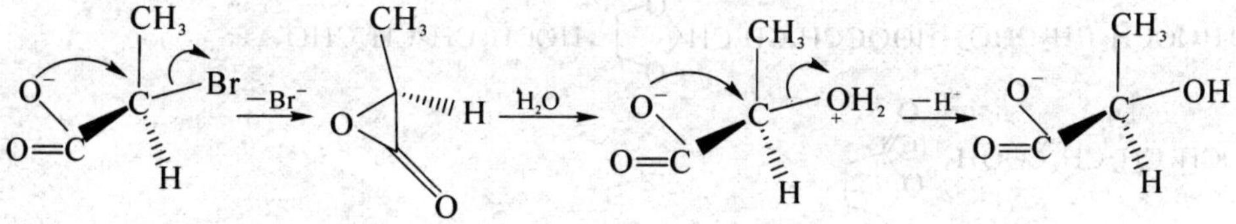

(5) $CH_2=CHCHCOOAg \xrightarrow[-AgBr]{Br_2/CCl_4} CH_2=CHCHCOOBr \longrightarrow CH_2=CHCHCOO \cdot + Br \cdot$
        | | |
        CH_3 CH_3 CH_3

$\xrightarrow{-CO_2} \left[CH_2=\overset{\cdot}{C}HCH_3 \longleftrightarrow \overset{\cdot}{C}H_2-CH=CH_2 \right] \xrightarrow{Br_2}$
                              | |
                              CH_3 CH_3

$CH_2=CHCHBr + BrCH_2CH=CHCH_3$
            |
            CH_3

例 11.5 完成下列反应方程式。

(1) $CH_3CH(NH_2)CH_2COOH \xrightarrow{\Delta} \xrightarrow[H^+]{KMnO_4}$

(2) $\underset{\underset{CH_2COOH}{|}}{\overset{\overset{OH}{|}}{CH_2CHCOOH}} \xrightarrow[\Delta]{H^+} ( ) \xrightarrow[\text{干 HCl}]{\overset{CH_2OH}{\underset{CH_2OH}{|}}} ( )$

$\xrightarrow[\text{②}H^+,H_2O]{\text{①}LiAlH_4} ( ) \xrightarrow[\text{②}H^+]{\text{①}Ag(NH_3)_2OH} ( ) \xrightarrow[-H_2O]{\Delta} ( )$

(3) $\text{C}_6\text{H}_5-COOH \xrightarrow{SOCl_2} A \xrightarrow{NH_3} B \xrightarrow{Br_2+NaOH} C$

(4) $C_6H_5CH_2CH_2COOH \xrightarrow{SOCl_2} \xrightarrow{AlCl_3} \xrightarrow[H^+]{Zn/Hg}$

(5) 邻-OH-苯-COOH $\xrightarrow{NaHCO_3}$

(6) $(CH_3)_2C=CHCOOH \xrightarrow{LiAlH_4}$

(7) $HCOOH + SOCl_2 \longrightarrow$

(8) 环己烷-1,1-二COOH $\xrightarrow{\Delta}$

(9) 环丁烷-1,1,2-三COOH $\xrightarrow{\Delta}$

(10) 环丙基-COOH $\xrightarrow[HgO]{Br_2}$

(11) $CH_2=$环己基$-COOH \xrightarrow{B_2H_6} \xrightarrow{H_2O_2, OH^-}$

解 (1) $CH_3CH=CHCOOH$, CH_3COOH, $HOOCCOOH$

(2) $HOOCH_2CH_2CHO$, $HOOCCH_2CH_2\text{(二氧杂环戊烷)}$, $HOCH_2CH_2CH_2CHO$,

$HOCH_2CH_2CH_2COOH$, γ-丁内酯,

(3) 苯-$COCl$, 苯-$CONH_2$, 苯-NH_2

(4) $C_6H_5CH_2CH_2COCl$, [indanone], [indane]

(5) [2-hydroxybenzoate sodium: benzene ring with OH and COONa]

(6) $(CH_3)_2C=CHCH_2OH$

(7) $CO + HCl$ ($HCOCl$)

(8) [cyclohexane-1,2-dicarboxylic anhydride]

(9) [cyclobutane with H, COOH, COOH, H (cis)], [cyclobutane-dicarboxylic anhydride]

(10) [cyclopropyl-Br]

(11) $HOCH_2$—[cyclohexane]—CH_2OH

例 11.6 完成下列转化。

(1) $CH_3COOH \longrightarrow H_5C_2OOCCH_2COOCH_2H_5$

(2) [cyclohexanol] $\longrightarrow$ [1-ethylcyclohexane-1-carboxylic acid]

(3) $CH_3CH_2OH \longrightarrow CH_3CH(CH_2COOH)_2$

(4) $CH_3CH_2OH \longrightarrow CH_3CH_2CH_2COOH$

(5) $CH_2=CH_2 \longrightarrow CH_2=CHCOOH$

解 (1) $CH_3COOH \xrightarrow[P]{Br_2} BrCH_2COOH \xrightarrow{NaOH} BrCH_2COONa \xrightarrow{NaCN}$

$NCCH_2COONa \xrightarrow{H_3O^+} HOOCCH_2COOH \xrightarrow[H_3O^+]{C_2H_5OH} H_5C_2OOCCH_2COOC_2H_5$

(2) [cyclohexanol] $\xrightarrow{CrO_3, H^+}$ [cyclohexanone] $\xrightarrow[(2)H_3O^+]{(1)C_2H_5MgBr}$ [1-ethylcyclohexanol] $\xrightarrow{PBr_3}$

[1-bromo-1-ethylcyclohexane] $\xrightarrow[Et_2O]{Mg}$ $\xrightarrow[(2)H_3O^+]{(1)CO_2}$ [1-ethylcyclohexane-1-carboxylic acid]

(3) $CH_3CH_2OH \xrightarrow{MnO_2} CH_3CHO \xrightarrow[\Delta]{OH^-} CH_3CH=CHCHO \xrightarrow[NaOC_2H_5]{CH_3CHO}$

$\underset{\underset{CH_2CHO}{|}}{CH_3CHCH_2CHO} \xrightarrow{CrO_3, H^+} \underset{\underset{CH_2COOH}{|}}{CH_3CHCH_2COOH}$

(4) $CH_3CH_2OH \xrightarrow{MnO_2} CH_3CHO \xrightarrow[\Delta]{OH^-} CH_3CH=CHCHO \xrightarrow[H_2O]{Na/Hg}$

$CH_3CH_2CH_2CHO \xrightarrow{CrO_3, H^+} CH_3CH_2CH_2COOH$

(5) $CH_2=CH_2 \xrightarrow{Br_2} BrCH_2CH_2Br \xrightarrow{KOH,\triangle}_{C_2H_5OH} CH_2=CHBr \xrightarrow{Mg}_{Et_2O}$

$\xrightarrow{(1)CO_2}_{(2)H_3O^+} CH_2=CHCOOH$

例 11.7 合成下列各化合物。

(1) 由乙烯合成丙酮酸。
(2) 由乙炔合成丙烯酸。
(3) 由环己酮合成 α-羟基环己甲酸。
(4) 由 1-丙醇合成 2-甲基丙酸。
(5) 由乙醛合成丙二酸。
(6) 由丙酮合成 3,3-二甲基丁酸。
(7) 由乙醇合成 3-甲基戊二酸。
(8) 由苯和丁二酸二乙酯合成 γ-苯戊酸。
(9) 由甲苯和 1-丁醇合成 γ-(对甲苯基)-丁酸。
(10) 由菲合成芴酮。

解 (1) $H_2C=CH_2 \xrightarrow{H_2O}_{H_2SO_4} \xrightarrow{[O]} \xrightarrow{SOCl_2} CH_3COCl \xrightarrow{NaCN} \xrightarrow{H^+} TM$

(2) $HC\equiv CH \xrightarrow{HBr} H_2C=CHBr \xrightarrow{Mg}_{THF} H_2C=CHMgBr \xrightarrow{CO_2} \xrightarrow{H^+} TM$

(3) 环己酮 $\xrightarrow{NaCN}_{H^+} \xrightarrow{H_2O}_{H^+} TM$

(4) $CH_3CH_2CH_2OH \xrightarrow{H^+}_{\triangle} CH_3CH=CH_2 \xrightarrow{HBr} \xrightarrow{Mg}_{Et_2O} \xrightarrow{CO_2} \xrightarrow{H_3O^+} TM$

(5) $CH_3CHO \xrightarrow{Ag(NH_3)_2^+}_{H^+} CH_3COOH \xrightarrow{Br_2}_{P} \xrightarrow{NaOH} BrCH_2COONa \xrightarrow{NaCN} \xrightarrow{H_3O^+}_{\triangle} TM$

(6) $CH_3COCH_3 \xrightarrow{OH^-}_{\triangle} (CH_3)_2C=CHCOCH_3 \xrightarrow{(CH_3)_2CuLi}$

$(CH_3)_3CCH_2COCH_3 \xrightarrow{Br_2}_{NaOH} TM$

(7) $CH_3CH_2OH \xrightarrow{[O]} CH_3CHO \xrightarrow{CH_3MgBr} \xrightarrow{H_3O^+} \xrightarrow{[O]} CH_3COCH_3 \xrightarrow{CH_3MgBr}$

$\xrightarrow{H_3O^+} (CH_3)_3COH \xrightarrow{H_2SO_4}_{\triangle} \xrightarrow{NBS} CH_2Br(CH_3)C=CH_2 \xrightarrow{HBr}_{ROOR}$

$CH_2Br(CH_3)CCH_2Br \xrightarrow{NaCN} \xrightarrow{H_3O^+} TM$

(8) $H_5C_2OOCCH_2CH_2COOC_2H_5 \xrightarrow{Br_2}_{h\nu} H_5C_2OOCCHBrCH_2COOC_2H_5$

苯 $\xrightarrow{(CH_3CO)_2O}_{AlCl_3}$ 苯-$COCH_3 \xrightarrow{H_5C_2OOCCHBrCH_2COOC_2H_5}_{C_2H_5ONa} \xrightarrow{(1)OH^-}_{(2)H_3O^+}$

$CH_3CH(C_6H_5)COCH_2COOH \xrightarrow{Zn/Hg}_{H^+} TM$

(9) 甲苯 $\xrightarrow{Br_2}_{Fe}$ CH_3-苯-Br

$CH_3CH_2CH_2OH \xrightarrow{H_2SO_4}_{\triangle} \xrightarrow{V_2O_5}_{\triangle} CH_2=CHCH=CH_2 \xrightarrow{HBr} \xrightarrow{OH^-}_{H_2O}$

$CH_3CH=CHCH_2OH \xrightarrow{NBS} CH_2BrCH=CHCH_2OH \xrightarrow{H_2}_{Ni}$

$$CH_2BrCH_2CH_2CH_2OH \xrightarrow[H^+]{K_2Cr_2O_7} CH_2BrCH_2CH_2COOH$$

$$CH_3\text{—}\langle\text{—}\rangle\text{—}Br + CH_2BrCH_2CH_2COOH \xrightarrow{Na} TM$$

(10) [菲] $\xrightarrow[\Delta]{CrO_3,H^+}$ [菲醌] $\xrightarrow{KOH}$ $\xrightarrow{H^+}$ [HO—C(COOH)芴] $\xrightarrow[\Delta]{\text{稀}H_2SO_4}$ TM

例 11.8 推测化合物结构。

(1) 分子式为 $C_3H_6O_2$ 的化合物,有 3 个异构体 A,B,C,其中 A 可与 $NaHCO_3$ 反应放出 CO_2,而 B 和 C 不可。B 和 C 可在 NaOH 的水溶液中水解,B 的水解产物的馏出液可发生碘仿反应。推测 A,B,C 的结构式。

(2) 某化合物 A,分子式为 $C_6H_8O_2$,能和 2,4 -硝基苯肼反应,能使溴的四氯化碳溶液褪色,但不能和 $NaHCO_3$ 反应。A 与碘的 NaOH 溶液反应后生成 B,B 的分子式为 $C_4H_4O_4$。B 受热后可分子内失水生成分子式为 $C_4H_2O_3$ 的酸酐 C。推测 A,B,C 的结构式。

(3) 化合物 A,B 的分子式都是 $C_4H_6O_2$,它们都不溶于 NaOH 溶液,也不与 Na_2CO_3 作用,但可使溴水褪色,有类似乙酸乙酯的香味。它们与 NaOH 共热后,A 生成 CH_3COONa 和 CH_3CHO,B 生成一个甲醇和一个羧酸钠盐。该钠盐用硫酸中和后蒸馏出的有机物可使溴水褪色。写出 A,B 的构造式及有关反应式。

(4) 有一含 C,H,O 的有机物 A,经实验有以下性质:①A 呈中性,且在酸性溶液中水解得 B 和 C;②将 B 在稀硫酸中加热得到丁酮;③C 是甲乙醚的同分异构体,并且有碘仿反应。试推导出 A,B,C 的结构式。

(5) 二元酸 $A(C_5H_8O_4)$ 与乙酐作用后得到 $B(C_5H_6O_3)$。B 经水解后又转变成原来的化合物 A。A 的乙酯用 $LiAlH_4$ 还原后得 $C(C_5H_{12}O_2)$。C 变为溴化合物 $(C_5H_{12}Br_2)$ 后,与氰化钠作用可得到一个二元酸 D $(C_7H_{12}O_4)$,D 与乙酐作用却得到能与苯肼作用的化合物 $E(C_6H_{10}O)$,最后用锌及盐酸还原 E 得 $F(C_6H_{12})$。写出各化合物的结构式。

解 (1) A. CH_3CH_2COOH B. $HCOOCH_2CH_3$ C. CH_3COOCH_3

(2) A. $CH_3COCH\text{=}CHCOCH_3$ B. $HOOCCH\text{=}CHCOOH$ C. [马来酸酐]

(3) A. $CH_3COCH\text{=}CH_2$ B. $CH_2\text{=}CHCOOCH_3$

(4) A. $CH_3COCH_2COOCH(CH_3)_2$ B. CH_3COCH_2COOH C. $HOCH(CH_3)_2$

(5) A. $HOOC(CH_2)_3COOH$ B. [戊二酸酐] C. $HOCH_2(CH_2)_3CH_2OH$

D. $HOOCCH_2(CH_2)_3CH_2COOH$ E. [环己酮] F. [环己烷]

11.4 习题精选详解

习题 11.1 写出分子式为 $C_6H_{12}O_2$ 的各种羧酸的名称,并用系统命名法命名。

解 有以下 8 种异构体:

[结构式] 己酸 [结构式] 2-甲基戊酸

[结构式] 3-甲基戊酸 [结构式] 4-甲基戊酸

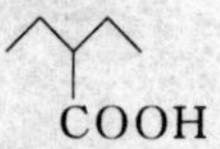

有机化学 导教 导学 导考

2-乙基丁酸 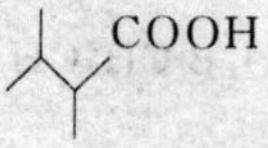   2,3-二甲基丁酸

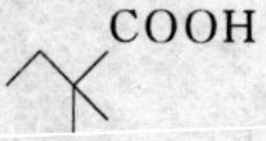

2,2-二甲基丁酸 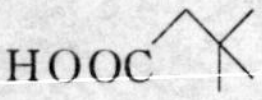   3,3-二甲基丁酸

习题 11.2 在上述化合物中哪些有对映异构体。

解 有对映异构体的化合物有：

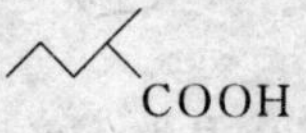

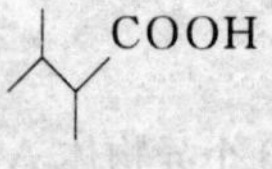

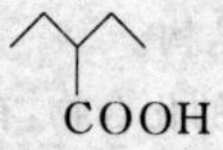

习题 11.3 将下列化合物按酸性强弱次序排列。

(1) $CF_3CH_2CH_2COOH$，CF_3COOH，CF_3CH_2COOH

(2) 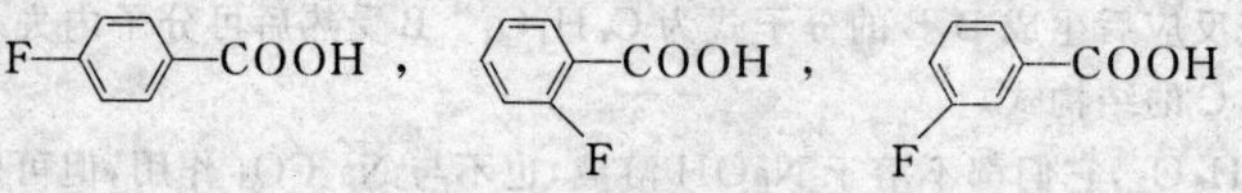 F—C$_6$H$_4$—COOH， o-F-C$_6$H$_4$-COOH， m-F-C$_6$H$_4$-COOH

(3) 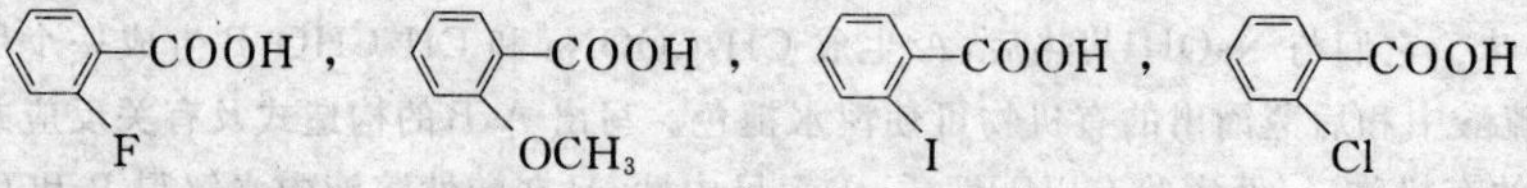 o-F-C$_6$H$_4$-COOH， o-CH$_3$O-C$_6$H$_4$-COOH， o-I-C$_6$H$_4$-COOH， o-Cl-C$_6$H$_4$-COOH

(4) CH_3CH_2COOH，$CH_2=CHCOOH$，$CH\equiv CCOOH$

(5) 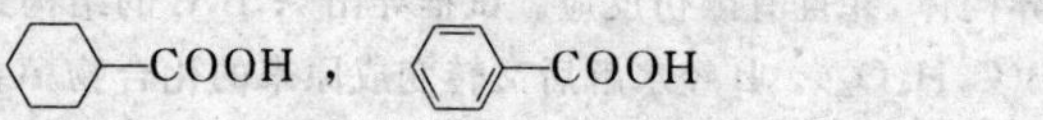 环己基-COOH， C$_6$H$_5$-COOH

(6) C$_6$F$_5$-COOH， C$_6$F$_5$-C$_6$H$_4$-COOH

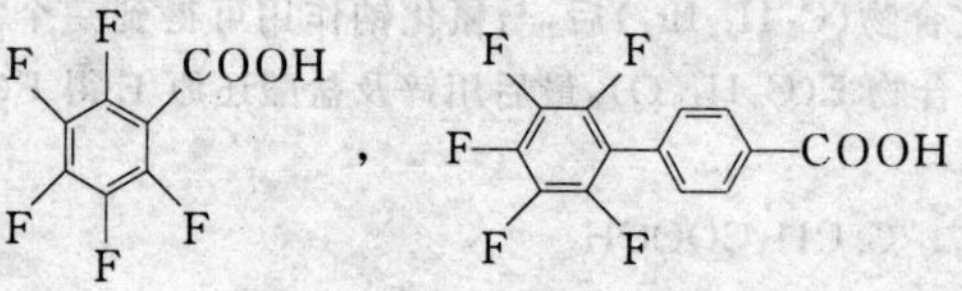

解 各组化合物按次序用 A,B,C,D 表示，则有

(1) B>A>C

(2) B>C>A （F 在对位诱导效应较弱，主要是推电子共轭效应）

(3) A>D>C>B

(4) C>B>A

(5) B>A

(6) A>B

习题 11.4 如何将 3-甲基丁酸转变成下列化合物？

(1) 3-甲基丁酸丁酯   (2) 3-甲基丁腈
(3) 3-甲基丁酰胺   (4) 3-甲基-1-丁醇
(5) 3-甲基丁酰氯   (6) 2-溴-3-甲基丁酸

解 $(CH_3)_2CHCH_2COOH$

$\xrightarrow{C_2H_5OH, H_2O}$ $(CH_3)_2CHCH_2COOC_2H_5$

$\xrightarrow[(2)P_2O_5, \Delta]{(1)NH_3, \Delta}$ $(CH_3)_2CHCH_2CN$

$\xrightarrow{NH_3, \Delta}$ $(CH_3)_2CHCH_2CONH_2$

$\xrightarrow{LiAlH_4, H_2O}$ $(CH_3)_2CHCH_2CH_2OH$

$\xrightarrow{PCl_3 \text{ or } SOCl_2}$ $(CH_3)_2CHCH_2COCl$

$\xrightarrow{Br_2/P}$ $(CH_3)_2CHCHBrCOOH$

习题 11.5 写出下列反应的产物。

178

(1) ▷—COOH $\xrightarrow[(2)H_2O]{(1)LiAlD_4}$ (2) C₆H₁₁COOH $\xrightarrow{Br_2/P}$

(3) $EtOCOCH_2CH_2COOH \xrightarrow[\text{电解}]{NaOMe, MeOH}$ (4) $EtOCO(CH_2)_4COOAg + Br_2 \longrightarrow$

解 (1) ▷—CD₂OH   (2) 1-bromocyclohexanecarboxylic acid (COOH, Br on same C of cyclohexane)

(3) $EtOCOCH_2CH_2CH_2CH_2COOEt$ (4) $EtOCO(CH_2)_4Br$

习题 11.6 如何实现下列转变？

(1) $C_6H_5Br \longrightarrow C_6H_5COOH$

(2) $p\text{-}O_2NC_6H_4CH_2Cl \longrightarrow p\text{-}O_2NC_6H_4CH_2COOH$

(3) $(CH_3)_3CCH_2Br \longrightarrow (CH_3)_3CCH_2COOH$

(4) $CH_3COCH_2CH_2CH_2Br \longrightarrow CH_3COCH_2CH_2CH_2COOH$

解 (1) $C_6H_5Br \xrightarrow[Et_2O]{Mg} \xrightarrow{CO_2} \xrightarrow{H_3O^+} C_6H_5COOH$

(2) $p\text{-}O_2NC_6H_4CH_2Cl \xrightarrow{NaCN} \xrightarrow{H_3O^+} p\text{-}O_2NC_6H_4CH_2COOH$

(3) $(CH_3)_3CCH_2Br \xrightarrow[Et_2O]{Mg} \xrightarrow{CO_2} \xrightarrow{H_3O^+} (CH_3)_3CCH_2COOH$

(4) $CH_3COCH_2CH_2CH_2Br \xrightarrow[H_3O^+]{HOCH_2CH_2OH}$ (dioxolane)$CH_3\overset{O\quad O}{\underset{\diagup\,\diagdown}{C}}CH_2CH_2CH_2Br \xrightarrow[Et_2O]{Mg} \xrightarrow{CO_2} \xrightarrow{H_3O^+}$

$CH_3COCH_2CH_2CH_2COOH$

习题 11.7 如何实现下列转变？

(1) 环己基=CH₂ ⟶ 环己基—CH₂COOH

(2) $CH_3CH_2CH_2COOH \longrightarrow CH_3CH_2COOH$

(3) $CH_3CH_2COOH \longrightarrow CH_3CH_2CH_2COOH$

(4) [烯烃结构] ⟶ [环丁烷结构：CH₂COOH, CH₃, CH₃, HOOC]

解 (1) 环己基=CH₂ $\xrightarrow[ROOR]{HBr}$ 环己基—CH₂Br $\xrightarrow[Et_2O]{Mg} \xrightarrow{CO_2} \xrightarrow{H_3O^+}$ 环己基—CH₂COOH

(2) $CH_3CH_2CH_2COOH \xrightarrow{AgNO_3} \xrightarrow{Br_2} CH_3CH_2Br \xrightarrow{NaOH} CH_3CH_2OH$

$\xrightarrow{CrO_3, H^+} CH_3CH_2COOH$

(3) $CH_3CH_2COOH \xrightarrow{LiAlH_4/H_2O} CH_3CH_2CH_2OH \xrightarrow{PBr_3} CH_3CH_2CH_2Br \xrightarrow[Et_2O]{Mg} \xrightarrow{CO_2}$

$\xrightarrow{H_3O^+} CH_3CH_2CH_2COOH$

(4) [烯烃] $\xrightarrow[(2)Zn/H_2O]{(1)O_3}$ [CH₂CHO, CH₃, CH₃, H₃OC 环丁烷] $\xrightarrow{NaOBr}$ [CH₂COOH, CH₃, CH₃, HOOC 环丁烷]

179

习题 11.8 由指定原料合成下列化合物。

(1) $(CH_3)_3CCH_2COOH$ (CH_3COCH_3)

(2) $p-O_2NC_6H_4CH_2COOH$ $(C_6H_5CH_3)$

(3) 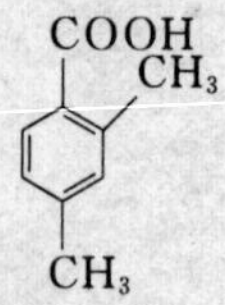 2-甲基-4-甲基苯甲酸 （间二甲苯）

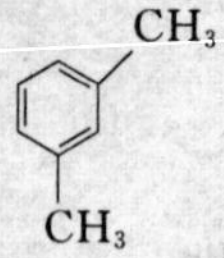

(4) 环戊烷四甲酸（全顺式） （环戊二烯）

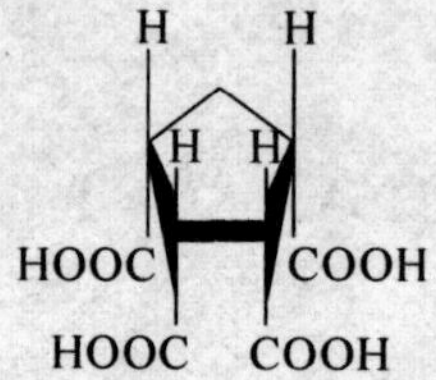

解 (1) $2CH_3COCH_3 \xrightarrow[\triangle]{OH^-} (CH_3)_2C=CHCOCH_3 \xrightarrow{(CH_3)_2CuLi} (CH_3)_3CCH_2COCH_3$

$\xrightarrow{NaOBr} (CH_3)_3CCH_2COOH$

(2) 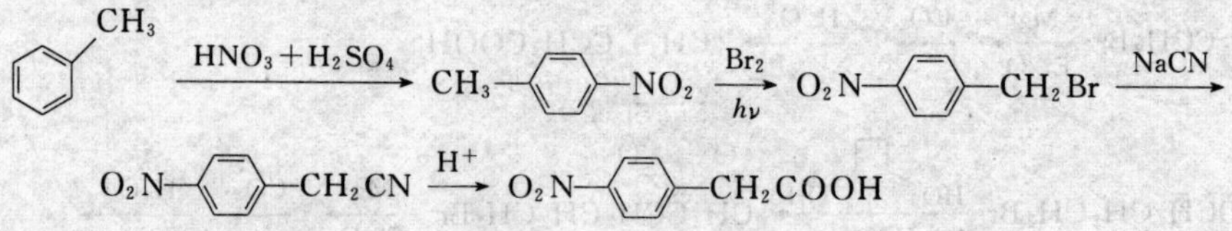 甲苯 $\xrightarrow{HNO_3+H_2SO_4}$ $CH_3-C_6H_4-NO_2$ $\xrightarrow[h\nu]{Br_2}$ $O_2N-C_6H_4-CH_2Br$ $\xrightarrow{NaCN}$

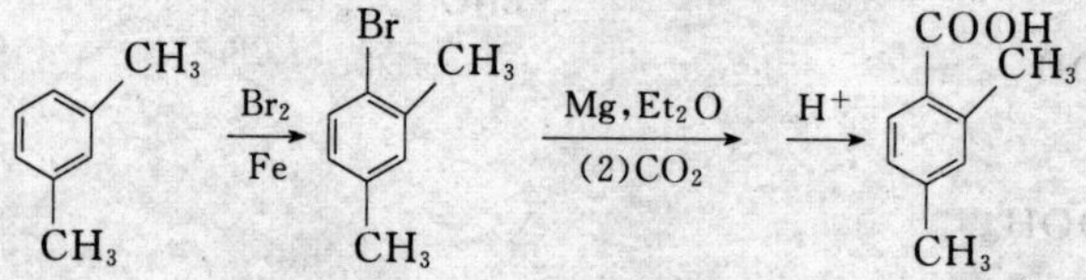

$O_2N-C_6H_4-CH_2CN \xrightarrow{H^+} O_2N-C_6H_4-CH_2COOH$

(3) 间二甲苯 $\xrightarrow[Fe]{Br_2}$ 2-溴-1,4-二甲苯 $\xrightarrow[(2)CO_2]{Mg,Et_2O}$ $\xrightarrow{H^+}$ 2,4-二甲基苯甲酸

(4) 环戊二烯 + 马来酸酐 $\xrightarrow{\triangle}$ 双环加成物 $\xrightarrow{H}$ 二羧酸 $\xrightarrow{KMnO_4}$ 四羧酸（全顺式）

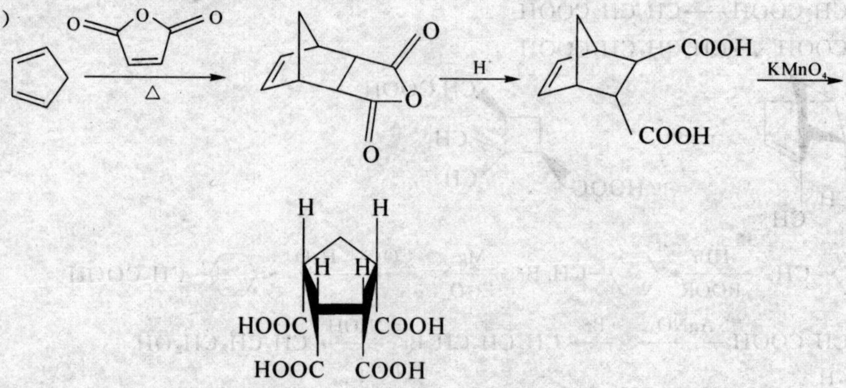

习题 11.9 推测下列化合物的结构。

(1) $C_3H_4O_4$, δ_H: 3.2, 12.1。

(2) $C_5H_8O_2$, δ_H: 2.0(s,3H), 2.2(s,3H), 5.8(s,1H), 9.1(s,1H)。

(3) $C_{15}H_{14}O_2$, δ_H: 3.0(d,2H), 4.5(t,3H), 7.3(s,10H), 10.0(b,1H)。

(4) $C_9H_{10}O_3$, σ_{max}/cm^{-1}: 3400−2500(b.), 1700, 1600, 860; δ_H: 1.6(t,3H), 4.3(q,2H), 7.1(d,2H), 8.2(d,2H), 10.0(b,1H)。

解 (1) 不饱和度为 2，其结构式为 $HOOCCH_2COOH$

(2) 不饱和度为 2，其结构式为 $(CH_3)_2C=CHCOOH$

(3) 不饱和度为 3,其结构式为 [结构式：二苯基CHCH₂COOH]

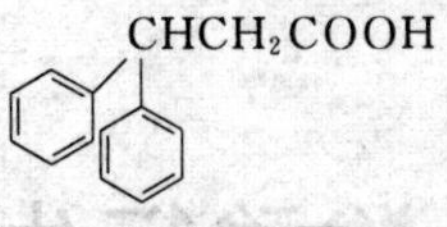

(4) 不饱和度为 5,其结构式为 CH₃CH₂O—⌬—COOH

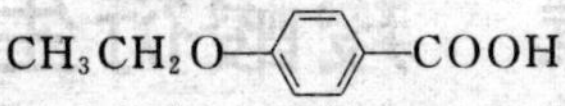

受取代基的影响,苯环上的 4 个氢分成 2 组,每组各有 2 个 H。

习题 11.10 2,5-二甲基-1,1-环戊烷二甲酸有两个顺反异构体 A 和 B,A 在加热时脱羧生成两种可以用重结晶法分离的化合物 C 和 D,B 脱羧时生成一个能拆分成对映体的化合物。试推测 A~E 的结构。

解 根据题意,可推测各化合物的结构为

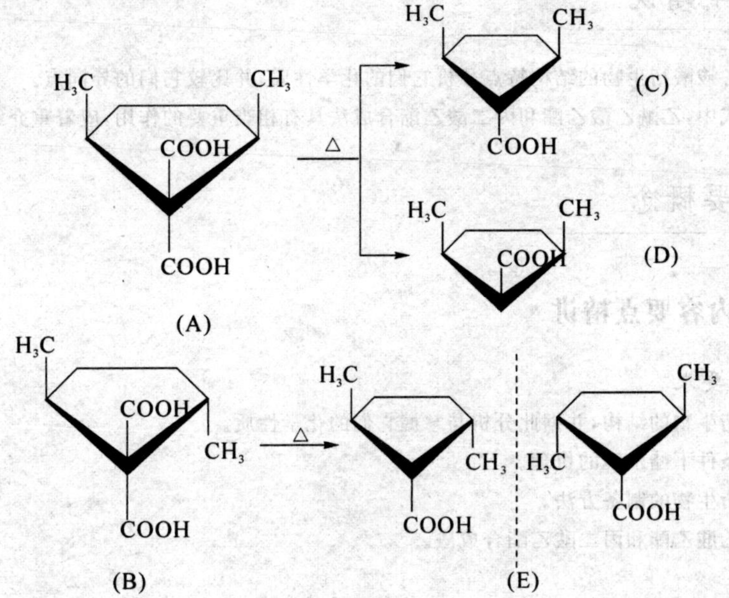

[结构图：化合物 A、B、C、D、E 的立体结构式]

第 12 章　羧酸衍生物

12.1　教学建议

(1) 通过分析各羧酸衍生物的结构特点分析它们的化学性质,并比较它们的异同点。

(2) 在有机合成中,乙酰乙酸乙酯和丙二酸乙酯合成法具有相当重要的作用,应着重介绍。

12.2　主要概念

12.2.1　内容要点精讲

1. 教学基本要求

(1) 掌握羧酸衍生物的结构,并据此分析与掌握它们的化学性质。
(2) 掌握不同条件下酯水解的机理。
(3) 掌握羧酸衍生物的制备方法。
(4) 掌握乙酰乙酸乙酯和丙二酸乙酯合成法。

2. 主要概念

(1) 羧酸衍生物。羧酸分子的羧基中的羟基换成其他原子团而生成的化合物,并能水解成羧酸的,称为羧酸衍生物。

羧酸衍生物主要指酯、酰卤、酐、酰胺和腈,其结构分别为

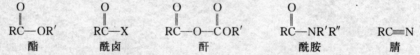

$$\underset{\text{酯}}{\text{RC}\overset{\text{O}}{\|}-\text{OR}'} \quad \underset{\text{酰卤}}{\text{RC}\overset{\text{O}}{\|}-\text{X}} \quad \underset{\text{酐}}{\text{RC}\overset{\text{O}}{\|}-\text{O}-\text{COR}'} \quad \underset{\text{酰胺}}{\text{RC}\overset{\text{O}}{\|}-\text{NR}'\text{R}''} \quad \underset{\text{腈}}{\text{RC}\equiv\text{N}}$$

(2) 酯的水解反应。酯的水解是酯化的逆化反应,可以用酸或碱催化。其机理较为复杂,不同结构的酯可以有不同的反应机理,主要有下列不同的断裂方式:

$$\underset{\text{酰氧断裂(Ac)}}{\text{RC}\overset{\text{O}}{\|}-\!\!\mid\!\!-\text{O}-\text{R}'} \qquad \underset{\text{烷氧断裂(Al)}}{\text{RC}\overset{\text{O}}{\|}-\text{O}-\!\!\mid\!\!-\text{R}'}$$

(3) 乙酰乙酸乙酯合成法与丙二酸酯合成法。乙酰乙酸乙酯的烃化、水解和脱羧结合进行,可以得到各种甲基酮(CH_3COCH_2R' 和 $CH_3COCHR'R''$)的合成方法,称为乙酰乙酸乙酯合成法。

丙二酸酯在碱性试剂存在下,经过烃化、水解和脱羧后生成 RCH_2COOH 和 $RR'CHCOOH$ 型羧酸的合成方法,称为丙二酸酯合成法。

(4) 烯酮。烯酮是结构与累积二烯烃相似的羰基化合物,可以看作是羧酸的内酐。乙烯酮的结构为

$$CH_2=C=O$$

(5) 原酸酯。原酸酯是不稳定的原酸($RC(OH)_3$)的三烷基或三芳基衍生物,其通式为

$$\begin{matrix} & OR^1 \\ & | \\ R-C-OR^2 \\ & | \\ & OR^3 \end{matrix} \quad R,R^1,R^2,R^3=\text{烷基或芳基}$$

(6) 过氧酸和二酰基过氧化物。过氧酸和二酰基过氧化物是过氧化氢的一酰基和二酰基衍生物,即

$$\underset{\text{过氧酸}}{RC\overset{O}{\underset{\|}{-}}O-O-H} \qquad \underset{\text{二酰基过氧酸}}{RC\overset{O}{\underset{\|}{-}}O-O-\overset{O}{\underset{\|}{C}}R}$$

(7) 异腈。异腈不是羧酸的衍生物,而是腈的异构体,是一种比较稳定的化合物,其结构式为

$$[R-\overset{..}{N}=C: \longleftrightarrow R-\overset{+}{N}\equiv C:^-]$$

3. 核心内容

(1) 羧酸衍生物的命名。

① 酰卤和酰胺:酰卤和酰胺是根据酰基的名称而命名为"某酰卤"和"某酰胺"。

② 酯:酯是按生成酯的酸和醇的名称而命名为"某酸某酯"。

③ 酸酐:酸酐是按水解得到的酸而命名为"某(酸)酐"(酸字可去除)。酸酐中含有两个相同或不同的酰基时分别称为单酐和混酐。混酐的命名与混醚相似,称"某酸某酸酐"。

命名时,羧酸衍生物一般都是作为母体化合物。

(2) 羧酸衍生物的化学性质。羧酸衍生物的基本反应有水解、醇解、氨(胺)解等,各衍生物之间在一定条件下可以相互转变。酰卤、酯、酰胺等还有各自的特征反应。

① 羧酸衍生物的基本反应:

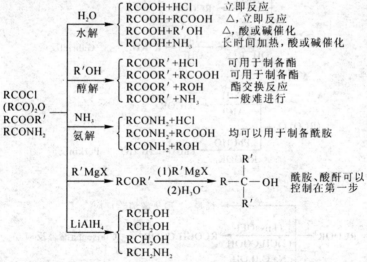

酯交换反应可用于二酯化合物的选择性水解。这是一个可逆反应,常用过量地所希望形成酯的醇,或将反应产生的醇除掉。

羧酸衍生物与 Grignard 试剂反应中,如有较大的空间阻碍,则反应就停留在酮阶段。这种空间因素可以是酰氯(脂肪或芳香的)或者是 Grignard 试剂,特别是三级直接连在 MgX 基团上。

用羧酸经过酰氯再与醇反应成酯,效果比直接酯化要好。对于反应性较弱的芳香酰氯或有阻碍的脂肪酰卤,或对于三级醇或酚,促进反应进行的方法是在氢氧化钠或有机碱如吡啶、三乙胺、二甲苯胺等存在下进行反应,能得到较好的结果。

如氢化锂铝用各种醇处理,则分子中的氢可以被一个、两个、三个烷氧基置换,这种试剂由于空间体积大而降低了反应活性,同时由于烷氧基大小不同以及置换程度不同而提供了在一定范围内反应程度不同的还

原剂。如三(三级丁氧基)氢化锂铝,它与醛酮反应很慢而与腈、硝基和酰基不反应,所以当它与酰卤反应时可得到产率很高的醛,有

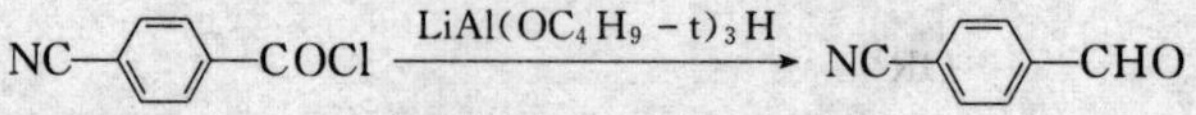

$$NC-\text{C}_6\text{H}_4-COCl \xrightarrow{LiAl(OC_4H_9-t)_3H} NC-\text{C}_6\text{H}_4-CHO$$

②羧酸衍生物的特征反应。

Ⅰ.酰氯的反应:

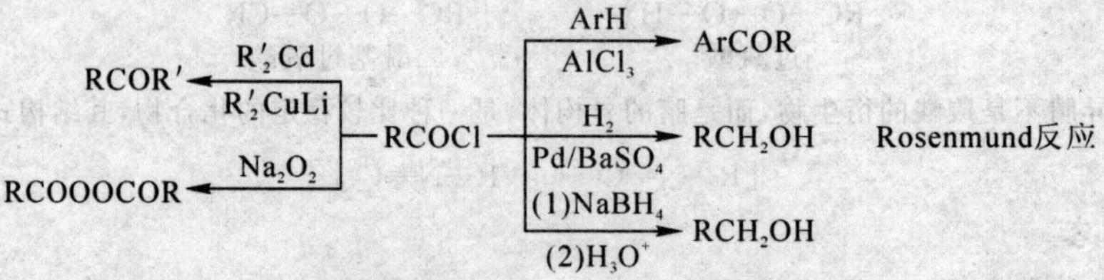

$$RCOCl \begin{cases} \xrightarrow{R'_2Cd} RCOR' \\ \xrightarrow{R'_2CuLi} \\ \xrightarrow{Na_2O_2} RCOOOCR \\ \xrightarrow{ArH,AlCl_3} ArCOR \\ \xrightarrow{H_2, Pd/BaSO_4} RCH_2OH \quad \text{Rosenmund反应} \\ \xrightarrow{(1)NaBH_4}{(2)H_3O^+} RCH_2OH \end{cases}$$

有机镉化合物易与酰氯作用,但难与酮、酯基等反应。二烷基铜锂比Grignard试剂反应性能低,可以与醛、酰卤反应,与酮反应很慢,很多官能团如卤素、酯基、腈等在低温下不与它反应。

Rosenmund反应中的催化剂不能还原硝基、卤素、酯基等。

Ⅱ.酰胺的反应:

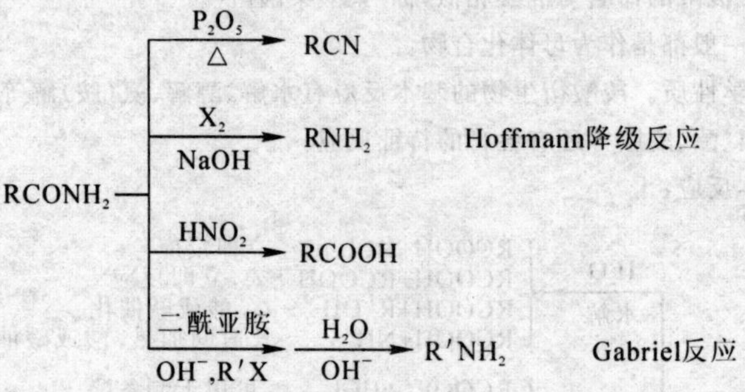

$$RCONH_2 \begin{cases} \xrightarrow{P_2O_5,\Delta} RCN \\ \xrightarrow{X_2,NaOH} RNH_2 \quad \text{Hoffmann降级反应} \\ \xrightarrow{HNO_2} RCOOH \\ \text{二酰亚胺} \xrightarrow{OH^-,R'X} \xrightarrow{H_2O,OH^-} R'NH_2 \quad \text{Gabriel反应} \end{cases}$$

Ⅲ.酸酐的反应。

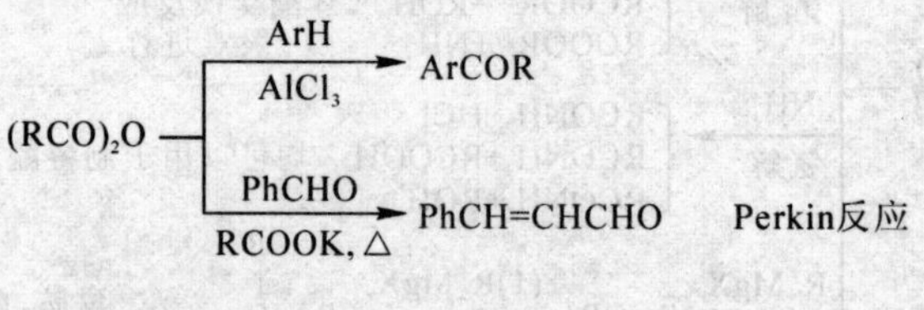

$$(RCO)_2O \begin{cases} \xrightarrow{ArH,AlCl_3} ArCOR \\ \xrightarrow{PhCHO,RCOOK,\Delta} PhCH=CHCHO \quad \text{Perkin反应} \end{cases}$$

Ⅳ.酯的反应:

$$RCOOR' \begin{cases} \xrightarrow{\Delta} \text{烯烃} \quad \text{酯热解消除反应} \\ \xrightarrow{(1)NaOEt}{(2)CH_3COOH} RCOCH_2COOR' \quad \text{Claisen酯缩合反应} \\ \xrightarrow{Na,C_2H_5OH} RCH_2OH \quad \text{Bouveault-Blanc反应} \end{cases}$$

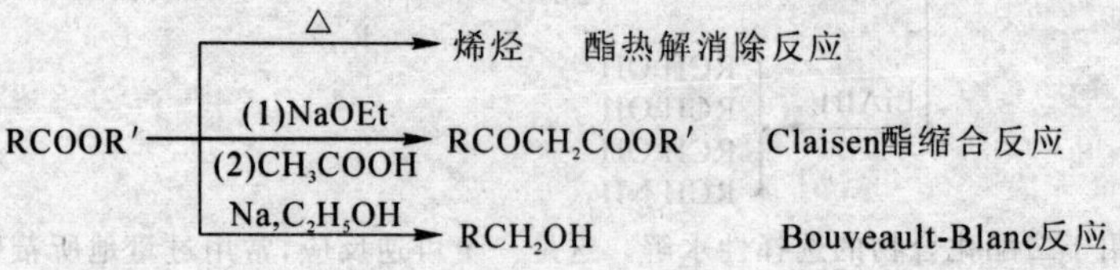

Ⅴ.腈的反应:

Ritter反应:在强酸溶液中,由叔醇生成的R^+,可以进攻氰基氮原子,生成的正离子立即加水生成N-烃基取代酰胺,水解后生成胺:

$$(CH_3)_3COH \xrightarrow{H_3O^+}{-H_2O} (CH_3)_3C^+ \xrightarrow{RCN} R\overset{+}{C}=N-C(CH_3)_3 \xrightarrow{H_2O}{-H^+}$$

$$RCONHC(CH_3)_3 \xrightarrow{H_2O} RCOOH + (CH_3)_3CNH_2$$

异腈具有以下性质:

水解：$RNC \xrightarrow[H_2O]{H_3O^+} RNH_2 + HCOOH$

还原：$RNC \xrightarrow{Ni, H_2} RNHCH_3$

③羧酸及其衍生物之间的转化。羧酸及其衍生物的相互转化既是它们各自的重要化学性质，又是相应的制备方法。

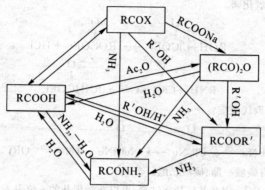

(3) 其他羧酸衍生物的化学性质。

①烯酮的化学性质。烯酮是一类高效的酰化剂，特别是乙烯酮作为乙酰化剂与水、醇、羧酸和氨反应，分别生成羧酸、酯、酐和酰胺，有

$$CH_2=C=O \begin{cases} \xrightarrow{H_2O} CH_3COOH \\ \xrightarrow{ROH} CH_3COOR \\ \xrightarrow{CH_3COOH} (CH_3CO)_2O \\ \xrightarrow{NH_3} CH_3CONH_2 \\ \xrightarrow{HCl} CH_3COCl \\ \xrightarrow{CH_3COCH_3} CH_3COOC=CH_2 \\ \quad\quad\quad\quad\quad\quad\quad\quad | \\ \quad\quad\quad\quad\quad\quad\quad\quad CH_3 \end{cases}$$

②原酸酯的化学性质。原酸酯的性质与缩醛相似，对碱稳定，对酸不稳定，有

$$RC(OR')_3 + H_2O \xrightarrow{H_3O^+} RCOOR' + 2R'OH$$

$$HC(OC_2H_5)_3 + RCOR' \xrightarrow{H_3O^+} HCOOC_2H_5 + RC(OC_2H_5)R'$$

③过酸的化学性质。过酸是一类强氧化剂，常用于氧化反应中，有

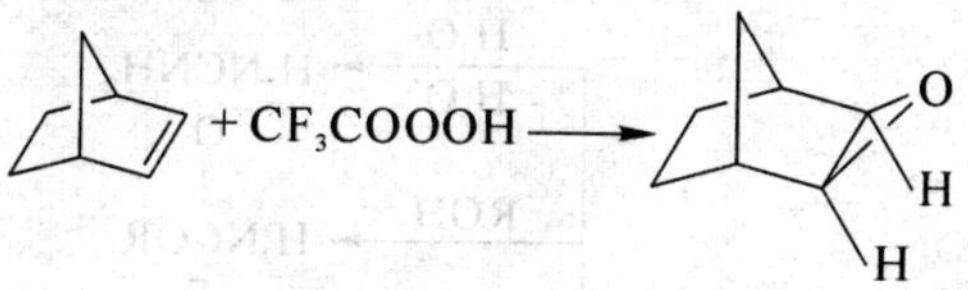

$$\begin{matrix}\text{（双环烯烃）}\end{matrix} + CF_3COOOH \longrightarrow \begin{matrix}\text{（环氧化物）}\end{matrix}$$

该反应为顺式加成，试剂易从位阻小的一边接近双键，有

$$R-\overset{O}{\underset{\|}{C}}-R' + CF_3COOOH \longrightarrow R-\overset{O}{\underset{\|}{C}}-OR' \quad \text{Baeyer-Villiger 反应}$$

④碳酸衍生物。碳酸是二元酸，它的一元衍生物不稳定，易分解放出 CO_2，而二元衍生物则是重要的有机合成原料，具有与相应的羧酸衍生物相似的性质。

Ⅰ. 碳酸的酰氯。碳酸可以有两种形式的酰氯，即一酰氯和二酰氯：

$$\underset{\text{氯甲酸}}{\text{ClCOH}}\overset{\text{O}}{\|} \qquad \underset{\text{光气}}{\text{ClCCl}}\overset{\text{O}}{\|}$$

氯甲酸不稳定，但它的酯是稳定的化合物，容易与含活泼氢的化合物反应，结果是在其上引入烷氧羰基；加热时则分解成卤代烃和二氧化碳。

$$\text{ROH} + \text{ClCOEt}\overset{\text{O}}{\|} \longrightarrow \text{ROCOEt}\overset{\text{O}}{\|} + \text{HCl}$$

$$\text{RNH}_2 + \text{ClCOEt}\overset{\text{O}}{\|} \longrightarrow \text{RNHCOEt}\overset{\text{O}}{\|}$$

光气非常容易发生亲核取代反应：

$$\text{ClCCl}\overset{\text{O}}{\|} + \text{Nu}^- \longrightarrow \text{ClCNu}\overset{\text{O}}{\|} \longrightarrow \text{NuCNu}\overset{\text{O}}{\|} \quad (\text{Nu}^- = {}^-\text{OR}, {}^-\text{NHR} \text{ 等})$$

Ⅱ. 碳酸酯。碳酯可以有碳酸一酯、碳酸二酯。

碳酸一酯酸化时分解成 CO_2，因此其镁盐作试剂，可以在酮羰基的 α 位引入一个羧基：

$$\text{CH}_3\text{COCH}_2\text{CH}_3 \xrightarrow[\text{EtONa}]{(\text{EtOCOO})_2\text{Mg}} \text{HOOCCH}_2\text{COCH}_2\text{CH}_3$$

碳酸二酯容易起酯基转移反应：

$$\text{EtOCOEt}\overset{\text{O}}{\|} \xrightarrow{\text{HOCHRCHROH}} \begin{array}{c}\text{R}\\\text{R}\end{array}\!\!\!\!\!\!\!\!\diagdown\!\!\!\!\!\text{O}\!\!\!\diagup\!\!\!\text{C}=\text{O}$$

Ⅲ. 碳酸的酰胺。碳酸二酯与氨或胺反应，生成碳酸一酰胺化合物——氨基甲酸酯 $\text{H}_2\text{NCOR}\overset{\text{O}}{\|}$。

氨基甲酸酯分子中的烷氧基容易被亲核试剂所取代：

$$\text{H}_2\text{NCOR}\overset{\text{O}}{\|} \xrightarrow{\text{NH}_3} \text{H}_2\text{NCNH}_2\overset{\text{O}}{\|} \quad (\text{尿素})$$

碳酸二酰胺化合物（尿素）易水解成氨与 CO_2；迅速加热时，分解成异氰酸和氨，异氰酸可聚合成三聚氰酸：

$$\text{H}_2\text{NCNH}_2\overset{\text{O}}{\|} \xrightarrow{\triangle} \text{HN}=\text{C}=\text{O} + \text{NH}_3$$

⑤氨基氰。氨基氰（H_2NCN）可以看作是氨基甲酸的腈，它易与水、醇、硫化氢和氨等起加成反应，即

$$\text{H}_2\text{NCN}\begin{cases}\xrightarrow[\text{H}_3\text{O}^+]{\text{H}_2\text{O}} \text{H}_2\text{NCNH}_2\overset{\text{O}}{\|}\\ \xrightarrow{\text{ROH}} \text{H}_2\text{NCOR}\overset{\text{O}}{\|}\\ \xrightarrow{\text{H}_2\text{S}} \text{H}_2\text{NCNH}_2\overset{\text{S}}{\|}\\ \xrightarrow{\text{NH}_3} \text{H}_2\text{NCNH}_2\overset{\text{NH}}{\|}\end{cases}$$

⑥硫代碳酸的衍生物。碳酸分子中的一个氧原子用硫置换生成的化合物称为硫代碳酸。硫代碳酸有如

下的一系列衍生物：

$$\underset{\text{硫代碳酸}}{HOCSH} \quad \underset{\text{硫代氨基甲酸}}{H_2NCSH} \quad \underset{\text{硫代碳酸}}{HOCOH} \quad \underset{\text{硫脲}}{H_2NCNH_2} \quad \underset{\text{黄原酸}}{ROCSH} \quad \underset{\text{硫氰酸}}{NCSH}$$

（均带有 C=O 或 C=S）

硫代碳酸衍生物中，异硫氰酸酯容易与亲核试剂加成：

$$\underset{\text{硫氰酸酯}}{RSCN} \xrightarrow{\triangle} \underset{\text{异硫氰酸酯}}{S=C=NR} \xrightarrow{NH_3} RHNC(=S)NH_2$$

硫脲与卤代烷反应，生成 S-烷基化产物：

$$H_2NC(=S)NH_2 \longleftrightarrow H_2NC(SH)=NH \xrightarrow{RX} H_2NC(SR)=NH \cdot HX^-$$

黄原酸极不稳定，可以由醇、二硫化碳和氢氧化钠反应生成其盐：

$$ROH + CS_2 + NaOH \longrightarrow ROC(=S)S^- Na^+ + H_2O$$

黄原酸盐与卤代烃作用生成黄原酸酯，后者加热时经顺式消去而生成双键上烃基较少的烯烃。

$$ROCS^- Na^+ \xrightarrow{RX} ROC(=S)SR \xrightarrow{\triangle} RCH=CH_2$$

醇通过黄原酸酯而生成烯烃可以避免直接消去时重排产物的产生。

（4）羧酸衍生物亲核取代反应历程及反应活性。羧酸衍生物亲核取代反应的机理主要是亲核加成-消除反应（碱催化）：

$$R-C(=O)-L + Nu^- \longrightarrow [R-C(O^{\delta-})(Nu^{\delta-})-L] \longrightarrow [R-C(O^-)(Nu)-L]$$

$$\longrightarrow R-C(O^{\delta-})(Nu)\cdots L \longrightarrow R-C(=O)-Nu + L^-$$

（$L=X, OR, OCOR, NH_2$；$Nu^- = OH^-, OR'^-, RCOO^-, NH_3$。）

也可以在酸催化条件下进行，有

$$R-C(=O)-L + H^+ \rightleftharpoons R-C(=O^+H)-L \xrightarrow{Nu^-} R-C(OH)(Nu)-L \longrightarrow R-C(=O)-Nu$$

亲核试剂 Nu^- 对羰基的亲核加成活性及离去基团（L）对羰基碳原子的电子效应和离去相对能力是影响反应活性的重要因素。

①离去基团的相对能力。L^- 愈稳定，碱性愈小，则离去性愈强。离去基团离去次序为 $Cl^- > RCOO^- > RO^- > {}^-NH_2 > {}^-NR_2$。

②离去基团对羰基碳原子的电子效应。在 RCOL 中，C—L 键极性越强，羰基碳原子越缺电子，对 Nu^- 的加成越易进行；$\ddot{L}$ 与羰基的给电子共轭效应越明显，羰基的共轭稳定化程度就越大，因此与 Nu^- 反应的活性就越低。

L 的+C 效应强弱次序为 $\overset{-}{O}^{-} > \overset{..}{N}H_2 > \overset{..}{O}R > \overset{..}{O}COR > \overset{..}{C}l$。

对一定的 Nu^- 而言，RCOL 的反应活性次序为

$$RCOX > RCOOCOR > RCOOR' > RCONH_2 > RCOO^-$$

(5) 碳负离子及相关反应的应用。碳负离子是强碱，也是强亲核性试剂。当它作为亲核性试剂进攻缺电子碳，可形成新的 C—C 键，可用于合成众多的有机化合物。

碳负离子一般有两大类：一类是多金属有机化合物（如 Grignard 试剂、有机锂、铬化合物、有机铜锂化合物等）；另一类是烯醇负离子（如醛、酮、酯、β-二羰基化合物等的 α-H 在碱的作用下的 α-碳负离子）。当用醛、酮或酯形成负离子时，需用足够强的碱如氨基钠、氢化物、三苯甲基钠等才能将反应物全部变为负离子，否则易发生羟醛或酯缩合反应。

① 碳负离子的稳定性。碳负离子的稳定性取决于其结构对负电荷的分散性，一般存在着以下的规律：

碳负离子的中心碳上 s 轨道成分愈多，愈稳定；连有的吸电子效应基团愈多，愈稳定；如其未共用电子对参与共轭体系时，愈稳定；如其具有芳香性，稳定性增加。

② 碳负离子反应的应用。碳负离子的化学活性很高，可以起多种反应。根据反应种类和相应产物看，碳负离子有三大方面的应用：缩合反应、亲核取代反应和亲核加成反应。

Ⅰ. 缩合反应。

a. 羟醛缩合。酮、羧酸酯、酰胺等生成的烯醇盐与脂肪醛缩合，生成 β-羟基酮、β-羟基酸酯、β-羟基酰胺的反应统称为羟醛缩合反应：

$$RCH_2COR' \xrightarrow[-H_2O]{OH^-} RCH_2C{=}\underset{R'}{\overset{R}{C}}COR' \quad (R'=H \text{ 或烷基})$$

b. Wittig 反应。由醛或酮制备烯烃：

$$RCH_2COR' + Ph_3P{=}CR_1R_2 \longrightarrow \underset{R'}{\overset{R}{C}}{=}\underset{R_2}{\overset{R_1}{C}}$$

c. Knoevenagel 反应。由醛制备 α,β-不饱和酯、酸：

$$RCHO + CH_2(COOEt)_2 \xrightarrow{\text{哌啶}} RCH{=}C(CO_2Et)_2 \xrightarrow{H_3O^+}$$

$$RCH{=}C(COOH)_2 \xrightarrow[-CO_2]{\triangle} RCH{=}CHCOOH$$

d. Perkin 反应。由苯甲醛制备肉桂酸及其同系物：

$$C_6H_5CHO + (CH_3CO)_2O \xrightarrow[\triangle]{CH_3CO_2Na} \xrightarrow{H_3O^+} C_6H_5CH{=}CHCOOH$$

e. Mannich 反应。由含 α-H 的酮制备 β-氨基酮：

$$RCOCH_3 + HCHO + (C_2H_5)_2NH \cdot HCl \xrightarrow{-H_2O} RCOCH_2N(C_2H_5)_2 \cdot HCl$$

Ⅱ. 亲核取代反应。

a. Claisen 酯缩合反应。用来制备一系列的 1,3-双官能团的链状或脂环状化合物：

$$2RCH_2CO_2Et \xrightarrow[(2)H_3O^+]{(1)NaOC_2H_5} RCH_2COCHCO_2Et \quad \text{（Claisen 酯缩合反应）}$$ 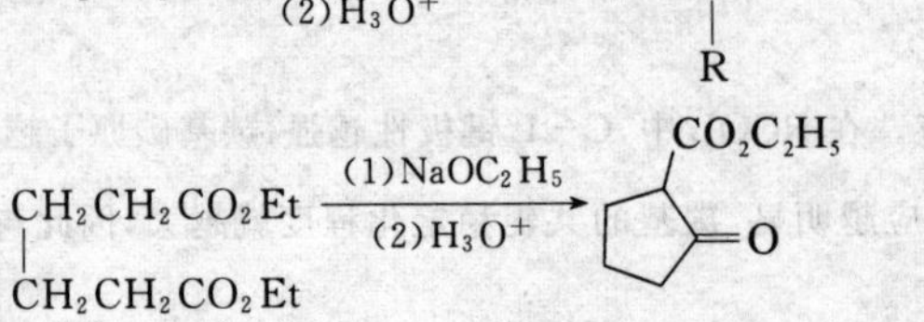
$$\phantom{2RCH_2CO_2Et \xrightarrow[(2)H_3O^+]{(1)NaOC_2H_5} RCH_2COCHCO_2Et}|$$
$$\phantom{2RCH_2CO_2Et \xrightarrow[(2)H_3O^+]{(1)NaOC_2H_5} RCH_2COCHCO_2Et}R$$

$$\begin{matrix}CH_2CH_2CO_2Et\\|\\CH_2CH_2CO_2Et\end{matrix} \xrightarrow[(2)H_3O^+]{(1)NaOC_2H_5} \text{环戊酮酯} \quad \text{（Dieckman 酯缩合反应）}$$

第12章 羧酸衍生物

两种不同的羧酸酯的缩合称为交错 Claisen 缩合。要使其成功进行,首先要选择适当的原料,一种是生成烯醇盐的酯,另一种是没有 α-H,不能生成烯醇盐,而羰基反应活性更高的酯,如草酸酯、甲酸酯或碳酸酯。其次要控制反应条件,即将不能烯醇化的酯与计算量的碱混合,然后滴加能生成烯醇盐的酯,以保证后者能转变成烯醇盐后,与过量的不能烯醇化的酯反应,最大限度地减少与自身反应的可能性。

b. 酰氯的烷基化反应。用来合成酮类化合物:

$$RCOCl + R'_2Cd \longrightarrow RCOR'$$

c. 炔钠的烷基化反应。用来制备较高级的炔烃:

$$RC\equiv CNa + R'X \longrightarrow RC\equiv CR'$$

d. Grignard 试剂或有机铜锂试剂与卤代烃的反应。用来合成烃类化合物:

$$RMgX + R'CH=CHCH_2X \longrightarrow R'CH=CHCH_2R$$

$$R'_2CuLi + RCH=CHX \longrightarrow RCH=CHR'$$

e. 乙酰乙酸乙酯亚甲基上的烃基化和酰基化反应。用来合成链状或环状的一取代丙酮、二取代丙酮、α-酮酸、1,3-二酮、1,4-二酮等化合物,即

$$CH_3COCH_2CO_2Et + R'X \xrightarrow{CH_3ONa} \xrightarrow{H_3O^+} \xrightarrow{\triangle} CH_3COCHCOOH$$
$$\phantom{CH_3COCH_2CO_2Et + R'X \xrightarrow{CH_3ONa} \xrightarrow{H_3O^+} \xrightarrow{\triangle} CH_3COCH}|$$
$$\phantom{CH_3COCH_2CO_2Et + R'X \xrightarrow{CH_3ONa} \xrightarrow{H_3O^+} \xrightarrow{\triangle} CH_3COCH}R'$$

$$CH_3COCH_2CO_2Et + R'COCl \xrightarrow{CH_3ONa} \xrightarrow{H_3O^+} \xrightarrow{\triangle} CH_3COCH_2COR'$$

f. 丙二酸酯的亚甲基上烃基化反应。用来合成链状或环状的一、二取代乙酸或二元羧酸,即

$$CH_2(COOEt)_2 + R'X \xrightarrow{CH_3ONa} \xrightarrow{H_3O^+} \xrightarrow{\triangle} R'CH_2COOH$$

乙酰乙酸乙酯及丙二酸酯的亚甲基反应都是通过烯醇负离子进行的。烯醇负离子是一个典型的两位负离子,具有双位反应性,它可以在氧上发生反应,也可以在碳上发生反应:

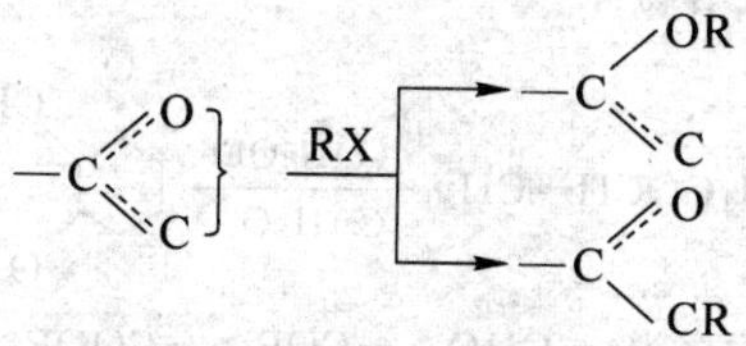

用卤代烃进行烷基化时,在质子溶剂中烷基一般进入到碳上;当烯醇负离子和很活泼的烷基化试剂反应时,如碘代烷、氯甲基甲醚、卤代苄等,得出产量很高的氧烷基化物:

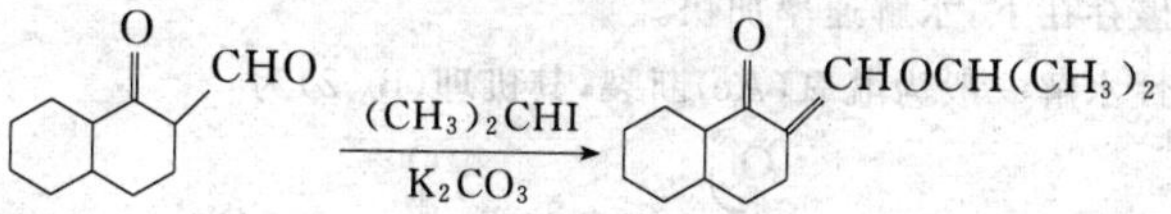

这是由于烯醇负离子的氧上的高电子密度,更容易和活泼的烷基化发生亲核取代反应。

溶剂的性质及离子的浓度也对亲核取代方向有影响。在非质子或弱质子但具有偶极矩的溶剂中,如二甲基酰胺、二甲亚砜、醚等溶剂中,主要是产生氧烷基化产物,而在强质子溶剂中,如酚、三氟乙醇等,由于溶剂与负离子电子密度高的氧形成氢键,降低了氧的亲核性,所以得到的是碳烷基化的产物。溶液越稀,对离子的自由越有利,烃基在电负性强的原子上(电子密度最高,亲核性最强)结合的倾向性越大。例如乙酰乙酸乙酯的盐(烯醇负离子)可以有以下两种构象(U型和W型),即

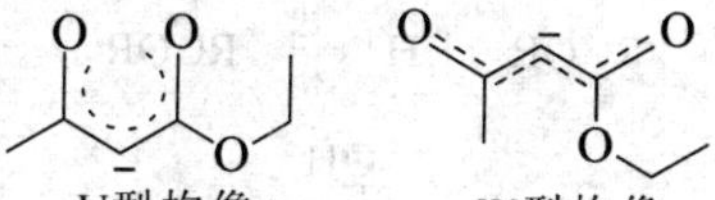

U型构像　　　W型构像

当盐以低浓度(0.01 M)溶于 DMF 内,用对甲苯磺酸乙酯进行乙基化时,氧乙基化与碳乙基化的比约为8,氧乙基化产物几乎全部是反式的。当把浓度升高,直到7.5 M时,则碳乙基化产物变为主要的,同时氧乙

基化产物变成顺式异构体,即

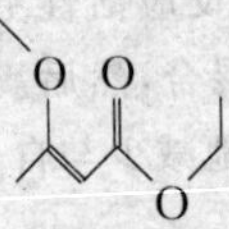

反式氧乙基化产物 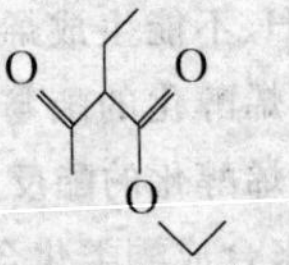　　　碳乙基化产物

烯醇盐的烃化也可以在分子内进行,但必须满足 S_N2 反应的空间要求,即进攻原子、中心碳原子和离去原子排列成直线,即

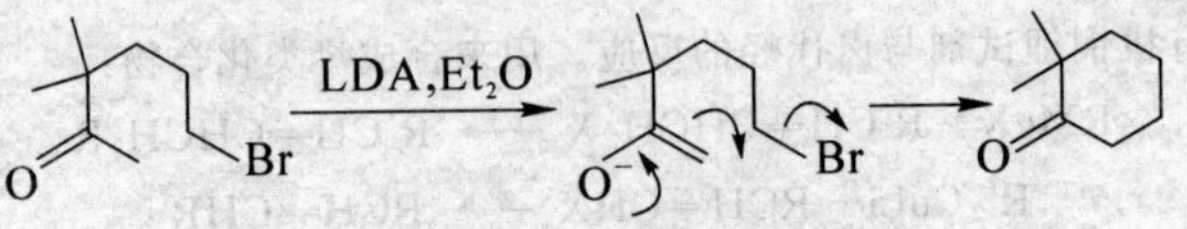

Ⅲ. 亲核加成反应。

a. Grignard 试剂或有机铜锂试剂度试与羰基加成。用来合成醇或羧酸:

$$RCHO + R'MgX \xrightarrow{H_3O^+} RCHR'\text{(OH)}$$

$$RMgX + CO_2 \xrightarrow{H_3O^+} RCOOH$$

b. Reformatsky 反应。用来制备 β-羟基酸酯:

$$RCHO + BrCH_2CO_2Et \xrightarrow[(2)H_3O^+]{(1)Zn/乙醚} RCHCH_2CO_2Et\text{(OH)}$$

c. Michael 反应。含活泼亚甲基化合物在碱存在下与 α,β-不饱和化合物(活性双键化合物)进行 1,4-加成反应,可用来制备 1,5-双官能团化合物:

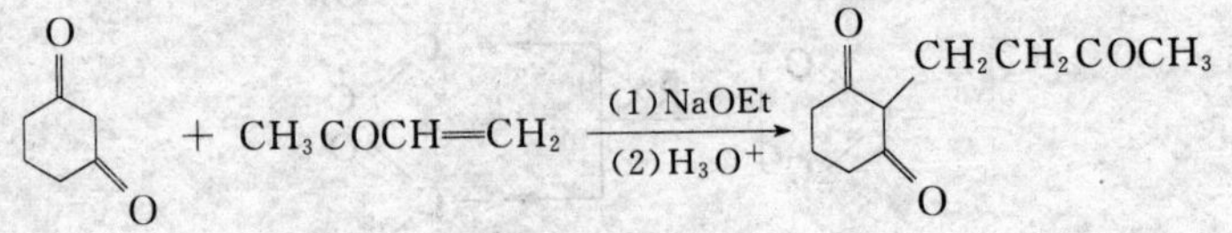

取代基对双键活化能力的大小次序为:$-CHO > -COR > -COOR > -CN > -NO_2$

(6)酯水解反应机理。酯的水解是酯化反应逆反应。低相对原子质量的酯在没有催化剂存在下也能缓慢水解,升高温度或在酸、碱存在下,水解速率加快。

①碱性水解。酯的碱性水解一般为酰氧(Ac)断裂,其机理($B_{Ac}2$)为

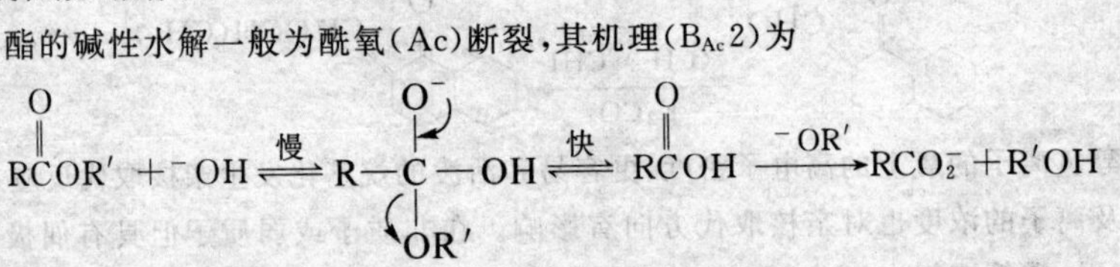

$$RCOR' + {}^-OH \underset{}{\overset{慢}{\rightleftharpoons}} R-C(O^-)(OH)(OR') \overset{快}{\rightleftharpoons} RCOH + {}^-OR' \rightarrow RCO_2^- + R'OH$$

酯分子中与羟基直接相连的基团中有吸引电子的基团,使四面体中间体更稳定,反应速率快;而体积大的基团使中间体不稳定,反应速率减慢。

②酸性水解。一般的一元羧酸与伯醇或仲醇生成的酯在酸催化下的水解为 $A_{Ac}2$ 机理为

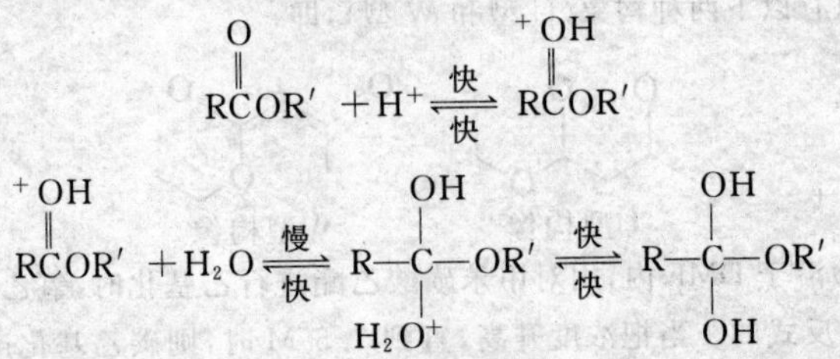

$$RCOR' + H^+ \overset{快}{\underset{快}{\rightleftharpoons}} RCOR'(^+OH)$$

$$RCOR'(^+OH) + H_2O \overset{慢}{\underset{快}{\rightleftharpoons}} R-C(OH)(OR')(H_2O^+) \overset{快}{\underset{快}{\rightleftharpoons}} R-C(OH)(OR')(OH)$$

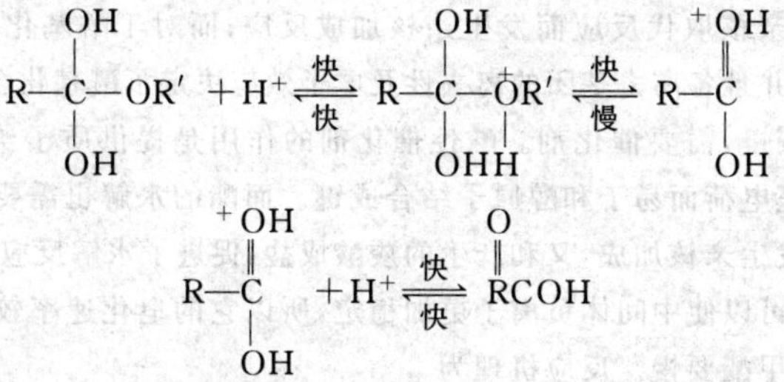

第12章 羧酸衍生物

$$RC(OH)_2OR' + H^+ \underset{快}{\overset{快}{\rightleftharpoons}} RC(OH)(OHH^+)OR' \underset{慢}{\overset{快}{\rightleftharpoons}} RC(OH)=\overset{+}{O}H + R'OH$$

$$RC(\overset{+}{O}H)OH + H^+ \underset{快}{\overset{快}{\rightleftharpoons}} RCOOH$$

位阻对酯的酸性水解或酯化反应的速率影响较大。

对于能形成稳定的正碳离子的三级醇的酯,在酸催化条件下水解是烷氧断裂,其反应机理为

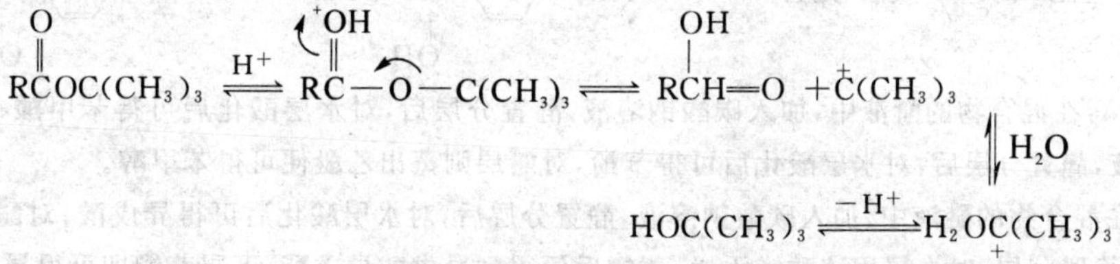

$$RCOOC(CH_3)_3 \overset{H^+}{\rightleftharpoons} RC(\overset{+}{O}H)\text{—}O\text{—}C(CH_3)_3 \rightleftharpoons RCHO + \overset{+}{C}(CH_3)_3$$

$$\Updownarrow H_2O$$

$$HOC(CH_3)_3 \overset{-H^+}{\rightleftharpoons} H_2\overset{+}{O}C(CH_3)_3$$

(7) 羧酸衍生物的制备。羧酸衍生物可以由相应的酸来制备,并且羧酸衍生物在一定的条件下也可以互相转变。

12.2.2 重点、难点

1. 重点

(1) 羧酸衍生物的结构特点。
(2) 羧酸衍生物的化学性质。
(3) 羧酸衍生物的亲核取代反应及反应机理。
(4) 乙酰乙酸乙酯及丙二酸酯合成的应用。

2. 难点

(1) 羧酸衍生物的亲核取代反应及其机理。在酸性、碱性条件下,羧酸衍生物通过不同的反应历程进行反应。
(2) 活性亚甲基的反应。由于受双官能团的影响,活性亚甲基的氢具有酸性,在不同强度碱的作用下生成烯醇盐,后者易起亲核取代反应而生成各类化合物,这在有机合成上具有重要的意义。

12.3 例题

例 12.1 解释下列事实。

(1) 羰基化合物和酰基化合物都含有羰基,当其受到亲核试剂进攻时,为什么前者发生亲核加成反应,而后者发生亲核取代反应?并且酰基化合物的活性有酰卤>酸酐>酯>酰胺的次序?
(2) 酯水解,酸、碱催化皆可以;而酯化,为什么只能酸催化,却不能碱催化?
(3) 对硝基苯甲酸甲酯的皂化速度比苯甲酸甲酯快,为什么?写出该反应的机理,并预测对甲氧基苯甲酸甲酯皂化反应速度比苯甲酸甲酯快还是慢?
(4) 分离提纯下列各组混合物。

A:苯甲醇,苯甲酸,苯酚。
B:异戊酸,异戊醇,异戊酸异戊酯。
C:提纯乙酸苯酯(含有少量乙酸酐和苯酚)。

解 (1) 根据反应机理,对于羰基化合物,如果发生亲核取代反应,则消除的是 H^- 和 R^-,它们都是极强

有机化学 导教 导学 导考

的碱,很难离去,所以不发生亲核取代反应而发生亲核加成反应;而对于酰基化合物,则存在较易离去的基团,所以发生亲核取代反应,并且各离去基团的离去性及电子效应决定了酰基化合物的反应活性。

(2)酯化反应速度一般较慢,需要催化剂。酸性催化剂的作用是提供质子给羧酸中的羰基氧原子形成盐,使羰基中的碳原子带有正电荷而易于和醇原子结合成键。而酯的水解也需要用酸或碱催化,一般用碱的情况更多,因为碱既和羰基发生亲核加成,又和产生的羧酸成盐,促进了水解反应的完全进行。

(3)硝基是吸电子基团,可以使中间体负离子更加稳定,所以它的皂化速率较快;很明显对甲氧基苯甲酸甲酯的皂化速率要比苯甲酸甲酯要慢。反应机理为

$$NO_2-\bigcirc-COOCH_3 \xrightleftharpoons{OH^-} NO_2-\bigcirc-\overset{O^-}{\underset{OH}{C}}-OCH_3 \rightleftharpoons NO_2-\bigcirc-\overset{OH}{\underset{O^-}{C}}-OCH_3$$

(4)A:在混合物的醚液中,加入碳酸钠溶液,静置分层后,对水层酸化后可得苯甲酸;对醚层再加入氢氧化钠溶液,静置分层后,对水层酸化后可得苯酚,对醚层则蒸出乙醚便可得苯甲醇。

B:在混合物的醚液中,加入碳酸钠溶液,静置分层后,对水层酸化后可得异戊酸;对醚层中加入饱和氯化钙溶液,静置分层,对上层用硫酸镁干燥、蒸馏后便得到异戊酸异戊酯,下层蒸馏即可得异戊醇。

C:加入氢氧化钠溶液,则乙酸酐和苯酚则反应生成乙酸苯酯。

例 12.2 回答下列问题。

(1)下列化合物水解反应速率大小次序为(　　)。
A:CH_3COCl 　　　　　　　　　B:$CH_3COOC_2H_5$
C:$CH_3CONHCHNH_3$ 　　　　　D:$(CH_3CO)_2O$

(2)下列酯类水解反应的活性大小是(　　)。
A:苯甲酸乙酯　　　　　　　　　B:对甲基苯甲酸乙酯
C:对硝基苯甲酸乙酯　　　　　　D:对氯苯甲酸乙酯

(3)下列酯类水解反应的活性大小是(　　)。
A:乙酸苯(酚)酯　　　　　　　　B:乙酸对硝基苯(酚)酯
C:乙酸对甲基苯(酚)酯　　　　　D:乙酸对甲氧基苯(酚)酯

(4)欲除去下列物质中混入的少量杂质(括号内物质为杂质),不能达到目的的是(　　)。
A:乙酸乙酯(乙酸):加饱和氯化钙溶液,蒸馏
B:乙醇(水):加入新制生石灰,蒸馏
C:丁醇(醋酸丁酯):加入饱和氯化钙溶液,蒸馏
D:乙酸(乙醇):加入金属钠,蒸馏

(5)下列化合物碱性大小的顺序是(　　)。
A:乙酰胺　　　B:氨　　　C:N,N-二甲基丙酰胺　　　D:丁二酰亚胺

(6)与格氏试剂作用,可以停留在酮阶段是(　　)。
A:乙酸乙酯　　　　　　　　　　B:2,2-二甲基丙酸乙酯
C:2-甲基丙酸乙酯　　　　　　　D:4,4-二甲基戊酸乙酯

(7)下列化合物中能与有机镉试剂作用的是(　　)。
A:丙酮　　　B:乙酸乙酯　　　C:乙酸酐　　　D:乙酰卤

解 (1)A>B>D>C
(2)C>D>A>B
(3)B>A>C>D
(4)D
(5)B>C>A>D

(6) B

(7) D

例 12.3 用化学方法鉴别下列各组化合物。

(1) A：乙酰氯 B：乙酸乙酯 C：乙酸酐

(2) A：甲酸乙酯 B：乙酸乙酯 C：甲酸甲酯

(3) A：邻-羟基苯甲酸 B：邻-羟基苯甲酸甲酯 C：邻-甲氧基苯甲酸

(4) A：乙酰氯 B：乙酸乙酯 C：乙酸酐 D：乙酰胺

解 (1) A 可与 $AgNO_3/C_2H_5OH$ 溶液反应很快产生白色沉淀；B 显中性且有香味；C 容易水解生成乙酸显酸性。

(2) A，C 均可发生银镜反应，而 B 不能；A 水解后产物可发生碘仿反应而 C 水解后无碘仿反应。

(3) A，B 均可以与 $FeCl_3$ 溶液反应而呈现颜色，但 A 可以与 $NaHCO_3$ 反应而 B 不能。

(4) 滴加蒸馏水，A 立即水解(不分层)，同时放热，放出卤化氢；再加硝酸银溶液，有沉淀(卤化银)生成。C 先下沉，片刻后水解(不分层)。酯、酰胺在室温下加蒸馏水，分层，无明显现象。在 B 和 D 中，加 NaOH 溶液，B 与其分层，加热后成均相(不分层)。D 加热数分钟后成均相，同时有 NH_3 产生(用红色石蕊试纸检验)。

例 12.4 完成下列反应式。

(1) 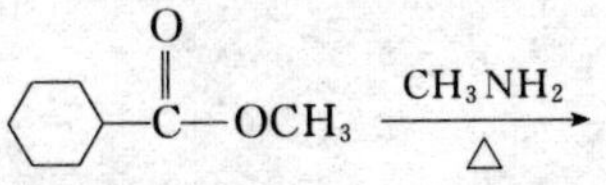 环己基-C(=O)-OCH$_3$ $\xrightarrow{CH_3NH_2}{\triangle}$

(2) Ph-C(=O)-OCH$_2$CH$_3$ $\xrightarrow{①LiAlH_4}{②H_3O^+}$

(3) 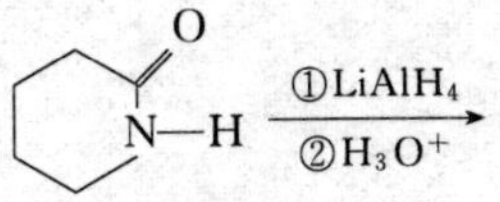 δ-戊内酰胺 $\xrightarrow{①LiAlH_4}{②H_3O^+}$

(4) PhCH(CH$_3$)C(=O)-NH$_2$ $\xrightarrow{Br_2, NaOH}$

(5) 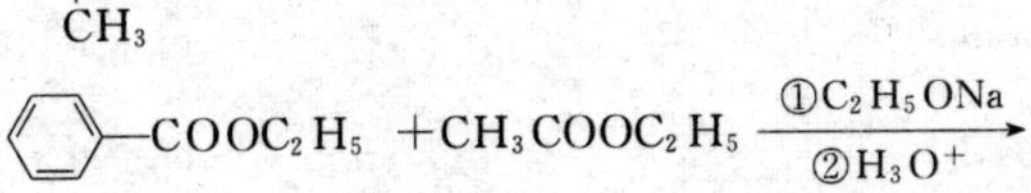 PhCOOC$_2$H$_5$ + CH$_3$COOC$_2$H$_5$ $\xrightarrow{①C_2H_5ONa}{②H_3O^+}$

(6) NH_2-CH(CH$_3$)-C(=O)-NH-CH(CH$_3$)-COOH $\xrightarrow{OH^-/H_2O}{\triangle}$

(7) I(CH$_2$)$_{10}$COCl + (CH$_3$)$_2$CuLi $\xrightarrow{Et_2O}{-78℃}$

(8) 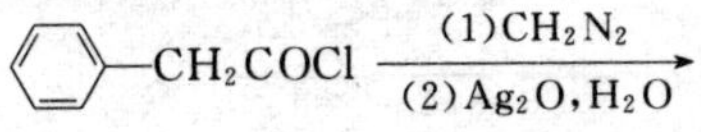 PhCH$_2$COCl $\xrightarrow{(1)CH_2N_2}{(2)Ag_2O, H_2O}$

(9) 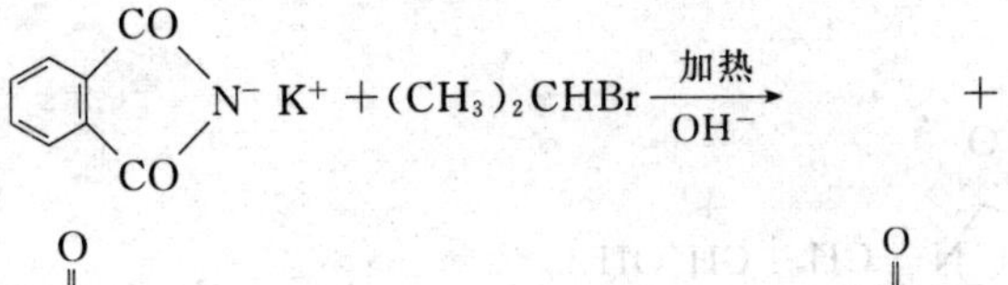 邻苯二甲酰亚胺钾 + (CH$_3$)$_2$CHBr $\xrightarrow{加热}{OH^-}$ +

(10) 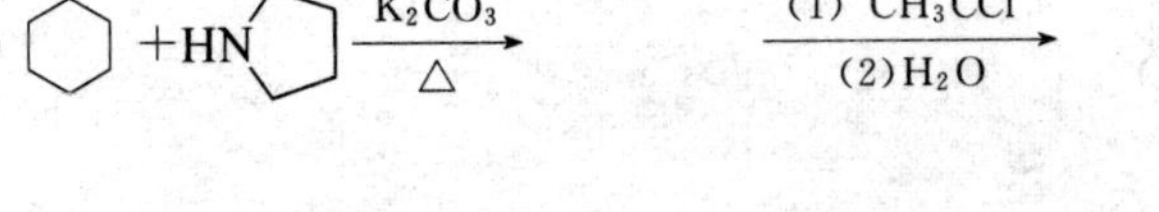 环己酮 + HN(吡咯烷) $\xrightarrow{K_2CO_3}{\triangle}$ $\xrightarrow{(1) CH_3COCl}{(2) H_2O}$

(11) 环己酮 + ClCH$_2$COOC$_2$H$_5$ $\xrightarrow[\text{HOC(CH}_3)_3]{\text{KOC(CH}_3)_3}$

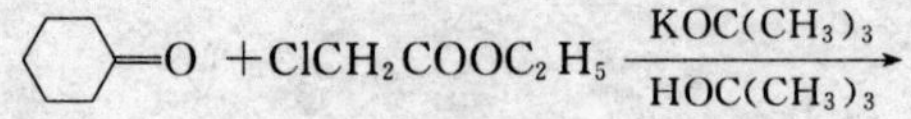

(12) C$_2$H$_5$OCO(CH$_2$)$_8$COCl + (CH$_3$CH$_2$)$_2$Cd $\xrightarrow{\text{苯}}$

(13) HOCH$_2$CH$_2$CH$_2$COOH $\xrightarrow{\triangle}$ $\xrightarrow[\text{CH}_3\text{CH}_2\text{OH}]{\text{Na}}$

(14) PhCO^{18}C(CH$_3$)$_3$ $\xrightarrow[\triangle]{\text{H}_3\text{O}^+}$

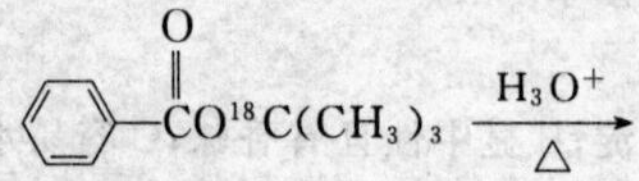

解 (1) C$_6$H$_{11}$CONHCH$_3$ (环己基甲酰胺结构)

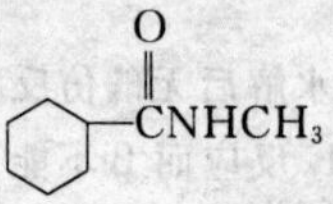

(2) PhCH$_2$OH   CH$_3$CH$_2$OH

(3) 哌啶 (六元环含NH)

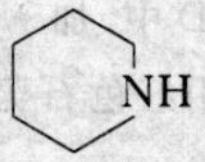

(4) PhCH(CH$_3$)CH$_2$NH$_2$

(5) C$_6$H$_5$COCH$_2$COOH

(6) H$_2$NCH(CH$_3$)COOCH(CH$_3$)NH$_2$

(7) CH$_3$(CH$_2$)$_{10}$COCH$_3$

(8) C$_6$H$_5$CH$_2$CH$_2$COOH

(9) 邻苯二甲酸二钾盐 (两个COOK)

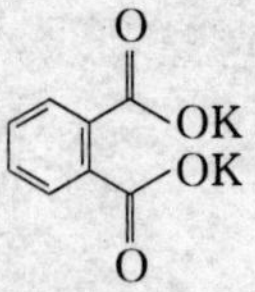

(10) N-环己亚基哌啶鎓盐, 2-乙酰基环己酮

(11) 环己烷螺环氧乙烷-2-甲酸乙酯

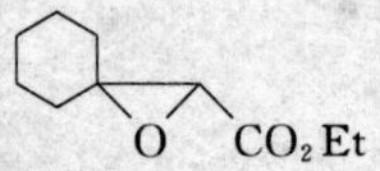

(12) C$_2$H$_5$OCO(CH$_2$)$_8$COCH$_2$CH$_3$

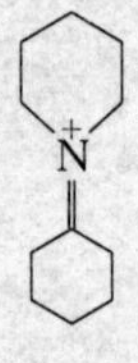

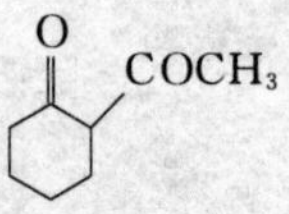

(13) δ-戊内酯, 四氢呋喃

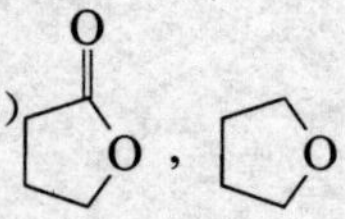

(14) PhCOOH + CH$_3$O^{18}H

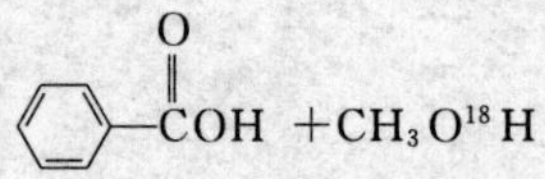

例 12.5 写出下列反应的机理。

(1) CH$_3$COC(=CH$_2$)COOCH$_3$ + CH$_3$NH$_2$ $\xrightarrow{\triangle}$ 1-甲基-4-乙酰基-2-吡咯烷酮 + CH$_3$OH

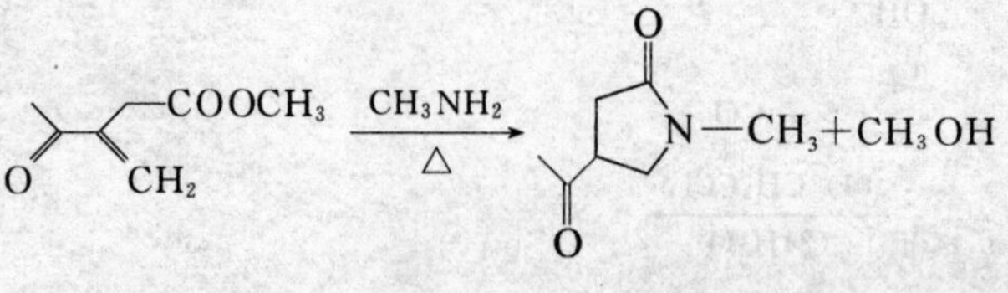

(2) 酯和弱的亲核试剂(如 H_2O，ROH 等)反应时要用酸或碱催化，和强的亲核试剂(如胺等)则可不必。试为下列反应写出一种可能的机理：

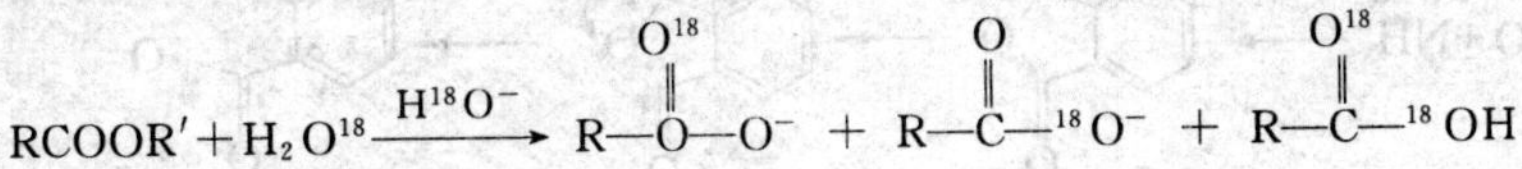

$$RCOOR' + H_2O^{18} \xrightarrow{H^{18}O^-} R-\overset{O^{18}}{\underset{\|}{C}}-O^- + R-\overset{O}{\underset{\|}{C}}-^{18}O^- + R-\overset{O^{18}}{\underset{\|}{C}}-^{18}OH$$

(3) 写出下列反应的机理：

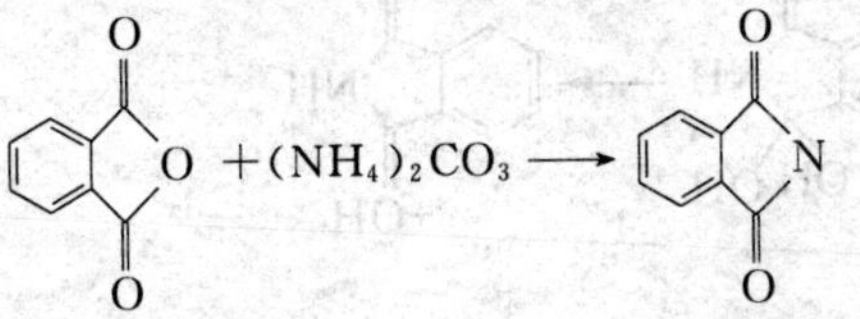

邻苯二甲酸酐 + $(NH_4)_2CO_3 \longrightarrow$ 邻苯二甲酰亚胺

(4) $H_2NCOCH_2CH_2CONH_2 \xrightarrow{Br_2, NaOH}$ 二氢尿嘧啶(六元环，两个 C=O，两个 NH)

(5) 2-甲基环己烯基乙酸 $\xrightarrow{(1)(CF_3CO_2)_2Hg}{(2)NaBH_4}$ 双环内酯产物

解 (1) 机理图示：1,4-加成，转移，互变异构，分子内亲核加成，$-H^+$，$-OCH_3$ 等步骤，最终得到吡咯烷酮产物。

(2) 机理：

$$R-\overset{O}{\underset{\|}{C}}-OR + H^{18}O^- \rightleftharpoons [R-\overset{O^-}{\underset{|}{\underset{^{18}OH}{C}}}-OR] \rightleftharpoons R-\overset{O}{\underset{\|}{C}}-^{18}O^- \longleftrightarrow R-\overset{O^{18}}{\underset{\|}{C}}-O^-$$

$$\Updownarrow R'OH$$

$$R-\overset{O}{\underset{\|}{C}}-^{18}OH \quad\quad R-\overset{O^{18}}{\underset{\|}{C}}-OH$$

$$R-\overset{O}{\underset{\|}{C}}-^{18}OH \text{ 或 } R-\overset{O^{18}}{\underset{\|}{C}}-OH \xrightleftharpoons{H_2O^{18}} \left[R-\overset{OH}{\underset{\underset{^{18}OH}{|}}{\overset{|}{C}}}-^{18}OH\right] \rightleftharpoons R-\overset{O^{18}}{\underset{\|}{C}}-^{18}OH$$

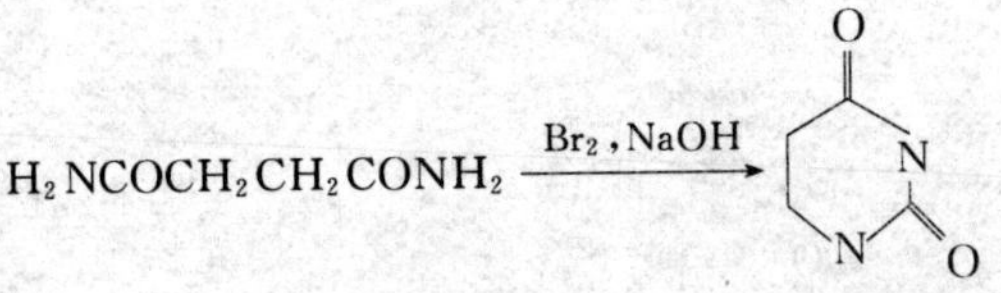

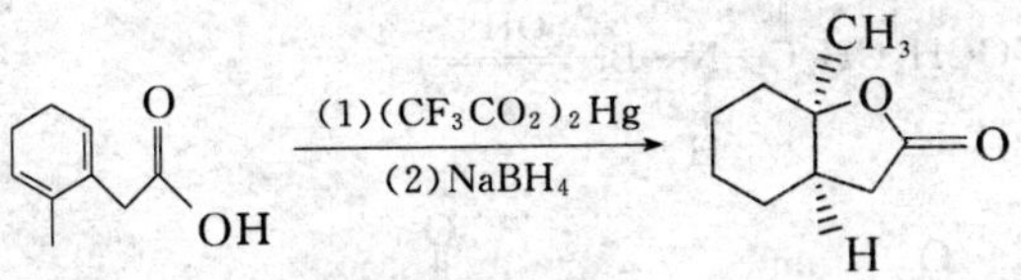

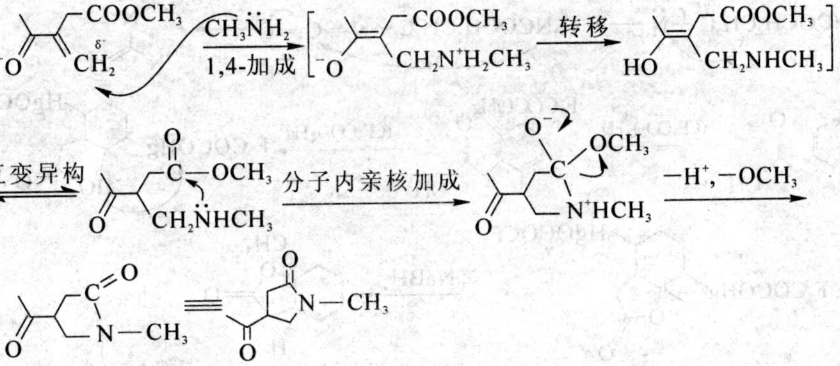

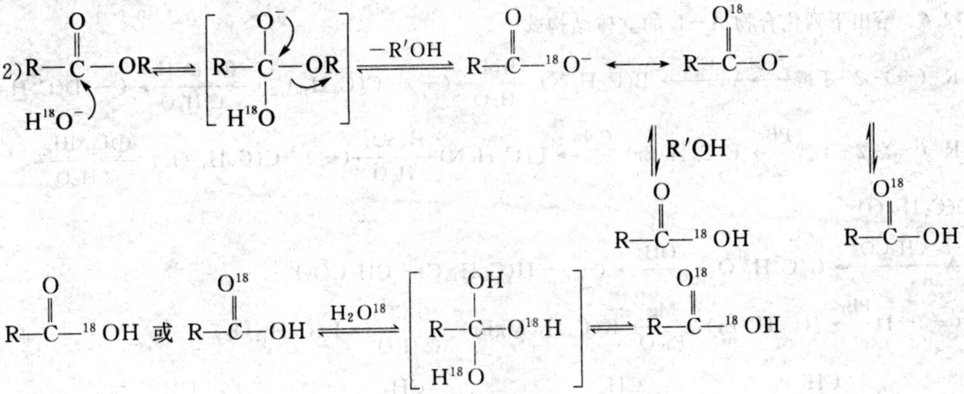

(3) [反应机理图：邻苯二甲酸酐 + NH₃ 经多步反应生成邻苯二甲酰亚胺]

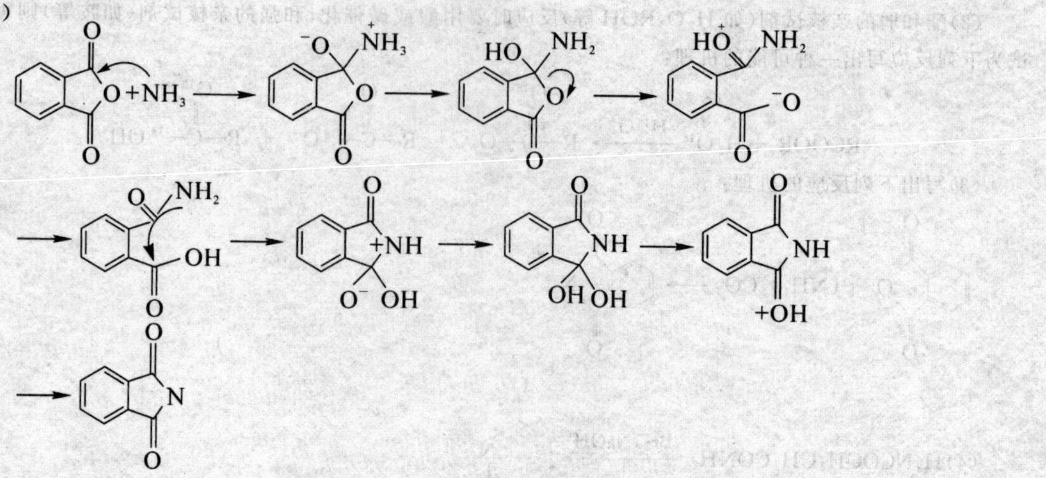

(4) $H_2NCOCH_2CH_2CONH_2 \xrightarrow{NaOBr} H_2NCOCH_2CH_2CO-N(H)-Br \xrightleftharpoons{OH^-}$

$H_2NCOCH_2CH_2C\ddot{N}^- \longrightarrow H_2NCOCH_2CH_2C-N=C=O \longrightarrow$ [环状脲二酮结构]

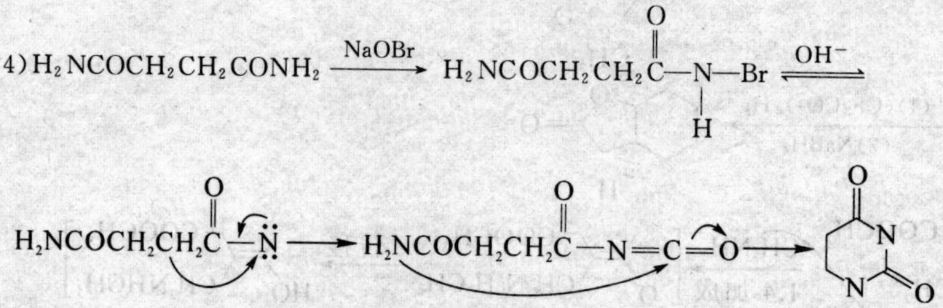

(5) [邻甲基苯乙酸 经 $(CF_3CO_2)_2Hg$ 两次反应，再经 $NaBH_4$ 还原得到双环内酯产物]

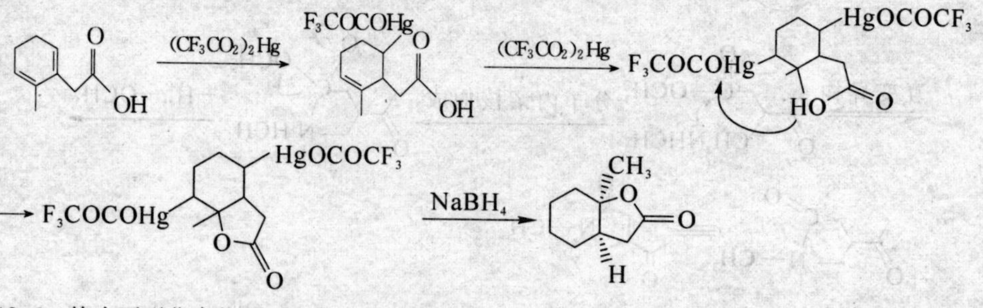

例 12.6 给出下列化合物 A—L 的立体结构式。

(1) $R-(-)-2-$丁醇 $\xrightarrow{TsCl}$ A $\xrightarrow{CN^-}$ B(C_5H_9N) $\xrightarrow[H_2O]{H_2SO_4}$ $(+)-C(C_5H_{10}O_2)$ $\xrightarrow[②H_2O]{①LiAlH_4}$ $(-)D(C_5H_{12}O)$

(2) $R-(-)-2-$丁醇 $\xrightarrow[吡啶]{PBr_3}$ E(C_4H_9Br) $\xrightarrow{CN^-}$ F(C_5H_9N) $\xrightarrow[H_2O]{H_2SO_4}$ $(-)-C(C_5H_{10}O_2)$ $\xrightarrow[②H_2O]{①LiAlH_4}$ $(+)-D(C_5H_{12}O)$

(3) A $\xrightarrow{CH_3CO_2^-}$ G($C_6H_{12}O_2$) $\xrightarrow{OH^-}$ $(+)-H(C_4H_{10}O)+CH_3COO^-$

(4) $(-)-D \xrightarrow{PBr_3}$ J($C_5H_{11}Br$) $\xrightarrow[Et_2O]{Mg}$ K($C_5H_{11}MgBr$) $\xrightarrow[②H_3O^+]{①CO_2}$ L($C_6H_{12}O_2$)

解 (1) A: H—C(CH₃)(C₂H₅)—OTs   B: CN—C(CH₃)(C₂H₅)—H   C: HOOC—C(CH₃)(C₂H₅)—H   D: HOH₂C—C(CH₃)(C₂H₅)—H

(2) E: Br—C(CH₃)(C₂H₅)—H   F: H—C(CH₃)(C₂H₅)—CN   C2: H—C(CH₃)(C₂H₅)—COOH   D2: H—C(CH₃)(C₂H₅)—CH₂OH

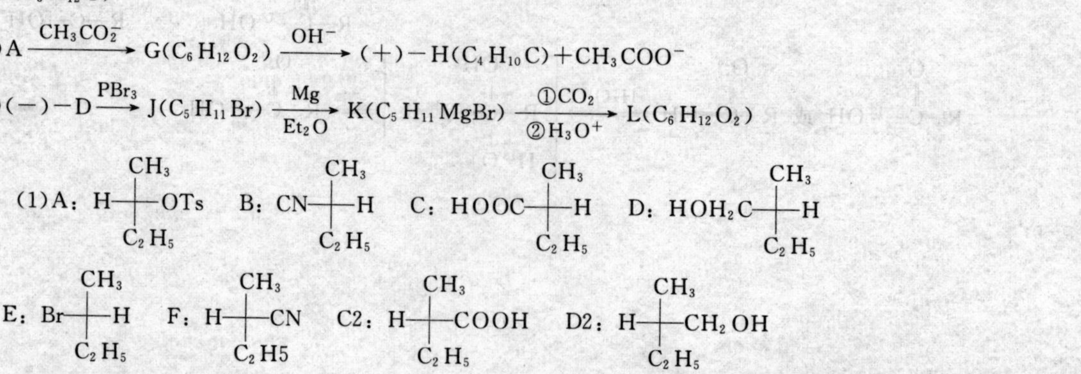

(3) G: $CH_3COO-\overset{CH_3}{\underset{C_2H_5}{\overset{|}{C}}}-H$　　H: $HO-\overset{CH_3}{\underset{C_2H_5}{\overset{|}{C}}}-H$

(4) J: $BrH_2C-\overset{CH_3}{\underset{C_2H_5}{\overset{|}{C}}}-H$　　K: $BrMgH_2C-\overset{CH_3}{\underset{C_2H_5}{\overset{|}{C}}}-H$　　L: $HOOCH_2C-\overset{CH_3}{\underset{C_2H_5}{\overset{|}{C}}}-H$

例 12.7 完成下列转化。

(1) $CH_3COCH_3 \longrightarrow (CH_3)_3CCOOCHC_2H_5$
　　　　　　　　　　　　　　　　　　　　$|$
　　　　　　　　　　　　　　　　　　　　CH_3

(2) $CH_3COOH \longrightarrow C_2H_5OCOCH_2COOC_2H_5$

(3) [δ-valerolactone] $\longrightarrow$ [N-methylglutarimide]

(4) $C_6H_5CH_3 \longrightarrow C_6H_5NH_2$

(5) [cyclohexanone] $\longrightarrow$ [2-formylcyclohexanone]

(6) $CH_3COCH_2CO_2Et \longrightarrow CH_3COCH_2CH(CH_3)COOH$

(7) $CH_3COCH_2CO_2Et \longrightarrow Ph_2C=CH-$[cyclohexenone]

(8) $C_6H_5CH_3 \longrightarrow C_6H_5CH(CO_2Et)_2$

(9) $CH_2COCH_2CO_2Et \longrightarrow$ [1,3-cyclohexanedione]

(10) [cyclohexene] $\longrightarrow$ [N-acetylcyclohexylamine, NHCOCH_3]

解 (1) $CH_3COCH_3 \xrightarrow[(2)H_3O^+,\Delta]{(1)CH_3MgBr} CH_2=C(CH_3)_2 \xrightarrow{HBr} (CH_3)_3Br \xrightarrow[Et_2O]{Mg} \xrightarrow[(2)H_3O^+]{(1)CO_2}$

$(CH_3)_3CCOOH \xrightarrow{AgOH} C_2H_5CHBrCH_3 \longrightarrow (CH_3)_3CCOOCHC_2H_5$
　　　　　　　　　　　　　　　　　　　　　　　　　　　　　　　　$|$
　　　　　　　　　　　　　　　　　　　　　　　　　　　　　　　　CH_3

(2) $CH_3COOH \xrightarrow{Br_2+P} BrCH_2COOH \xrightarrow{NaCN} NCCH_2COOH \xrightarrow{H_3O^+}$

$CH_2(COOH)_2 \xrightarrow[H_3O^+]{C_2H_5OH} C_2H_5OCOCH_2COOC_2H_5$

(3) [glutaric anhydride] $\xrightarrow{CH_3OH}$ $\overset{COOH}{\underset{COOCH_3}{}}$ $\xrightarrow{SOCl_2}$ $\overset{COCl}{\underset{COOCH_3}{}}$ $\xrightarrow{CH_3NH_2}$

(4) $C_6H_5CH_3 \xrightarrow{CrO_3, H^+} C_6H_5COOH \xrightarrow{NH_3}{\triangle} C_6H_5CONH_2 \xrightarrow{Br_2, NaOH} C_6H_5NH_2$

(5) 环己酮 $\xrightarrow{HCOO_2Et}{NaH} \xrightarrow{H_3O^+}$ 2-甲酰基环己酮

(6) $CH_3COCH_2CO_2Et \xrightarrow{NaOH, C_2H_5OH} \xrightarrow{CH_3CHClCO_2Et} CH_3COCH(CO_2Et)CH(CH_3)CO_2Et$

$\xrightarrow{(1)稀OH^-}{(2)H_3O^+, \triangle} CH_3COCH_2CH(CH_3)COOH$

(7) $CH_3COCH_2CO_2Et \xrightarrow{HO(CH_2)_4OH}{干HCl}$ 缩酮 $\xrightarrow{(1)C_6H_5MgBr}{(2)H_3O^+} CH_3COCH_2C(C_6H_5)_2OH$

$\xrightarrow{CH_2=CHCOCH_3}{KOC(CH_3)_3} CH_3COCH_2CH_2CH_2COCH_2C(C_6H_5)_2OH \xrightarrow{(1)NaOH, H_2O}{(2)H_3O^+, \triangle}$

$Ph_2C=CH$-环己烯酮

(8) $C_6H_5CH_3 \xrightarrow{Cl_2}{h\nu} C_6H_5CH_2Cl \xrightarrow{NaCN} C_6H_5CH_2CN \xrightarrow{H_3O^+} C_6H_5CH_2COOH \xrightarrow{C_2H_5OH}{H_3O^+}$

$C_6H_5CH_2COOC_2H_5 \xrightarrow{CO(OC_2H_5)_2}{C_2H_5ONa, C_2H_5OH} C_6H_5CH(COOC_2H_5)_2$

(9) $CH_3COCH_2CO_2Et \xrightarrow{CH_2=CHCO_2Et}{NaOC_2H_5, C_2H_5OH} CH_3COCH(CO_2Et)CH_2CH_2COOEt \xrightarrow{NaOC_2H_5, C_2H_5OH}$

环己烷-1,3-二酮-2-甲酸乙酯 $\xrightarrow{\triangle}$ 1,3-环己二酮

(10) 环己烯 $\xrightarrow{HBr} \xrightarrow{Mg, Et_2O} \xrightarrow{(1)CO_2}{(2)H_3O^+}$ 环己基COOH $\xrightarrow{NH_3}{\triangle} \xrightarrow{Br_2, NaOH}$ 环己基NH_2

$\xrightarrow{CH_3COCl}$ 环己基NHCOCH$_3$

例 12.8 推测化合物结构。

(1) 某化合物 A,分子式为 $C_5H_6ONH_3$,可与乙醇作用得到互为异构体的化合物 B 和 C。B 和 C 分别与亚硫酰氯($SOCl_2$)作用后,再与乙醇反应,得到相同的化合物 D。推测 A、B、C、D 的结构式。

(2) 某一直链二元酸酯 A 的分子式为 $C_{10}H_{18}O_4$。发生 Dieckmann 成环反应后得到 $C_8H_{12}ONH_3$ 的化合

第12章 羧酸衍生物

物 B,B 水解及去羧后得到 C(C_5H_8O)。C 可以被还原为 D($C_5H_{10}O$),D 也可被还原成 E(C_9H_{10}),写出各化合物的结构式。

(3)某化合物分子式为 $C_{10}H_{12}ONH_3$,不溶于水、稀酸和碳酸氢钠溶液,溶于稀 NaOH。A 与稀 NaOH 长时间加热再经水蒸气蒸馏,馏出物中可分离出化合物 B。B 可起碘仿反应。残留液酸化后得沉淀 C($C_7H_6ONH_3$)。C 与碳酸氢钠作用放出 CO_2,与 $FeClNH_3$ 作用显紫色,C 硝化时只得到一种主产物,试写出各化合物结构式。

(4)某化合物 A 分子式为(CNH_8O_2),不溶于碳酸氢钠溶液,也不与溴水反应。A 用 $NaOC_2H_5$ 处理得 B($C_8H_8O_2$),B 可以使溴水褪色,B 用乙醇钠处理后加碘甲烷,如此两次得 C($C_7H_{12}ONH_3$)。C 不能使溴水褪色,C 用稀 NaOH 溶液处理后酸化,加热得 D($C_5H_{10}O_2$)。D 既能与 $NaHSONH_3$ 反应,也能发生碘仿反应,写出各化合物的结构式。

解 (1) A: [甲基丁二酸酐结构]   B: [CH(CH₃)COOH-CH₂COOEt]   C: [乙酰基环戊酮类结构]

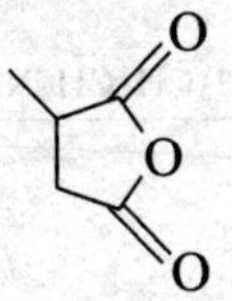

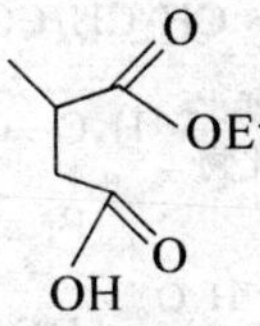

(2) A: $H_5C_2OOC(CH_2)_4COOC_2H_5$ B: [2-乙氧羰基环戊酮]   C: [环戊酮]

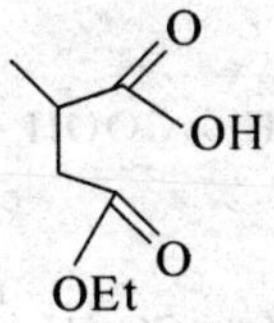

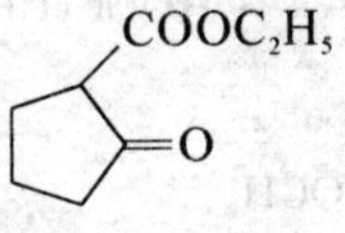

D: [环戊醇]   E: [环戊烷]

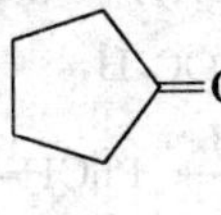

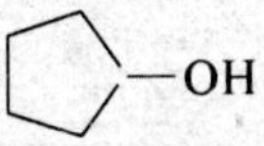

(3) A: HO—⟨⟩—COOCH(CH_3)$_2$ B: HOCH(CH_3)$_2$ C: HO—⟨⟩—COOH

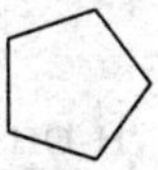

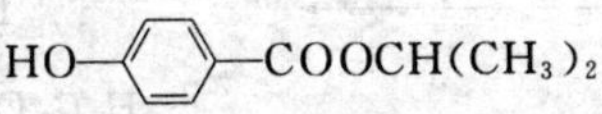

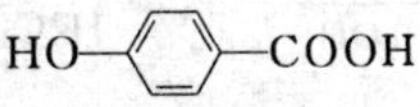

(4) A: CH_3COOCH_3 B: $CH_3COCH_2COOCH_3$
C: $CH_3COC(CH_3)_2COOCH_3$ D: $CH_3COCH(CH_3)_2$

例 12.9 由合适的或指定的原料合成下列化合物。

(1)由乙烯合成丁二酸二乙酯。

(2)由乙炔合成丙烯酸乙酯。

(3)由 C_4 以下的原料合成 $CH_3CH_2\underset{CH_3}{\overset{O}{\overset{\|}{C}H}}-C-NHCH_2CH_2CH_3$。

(4)由乙醇合成丙酸丁酯。

(5)由 $H_2C=CH(CH_2)_8COOH$ 合成 $H_5C_2OOC(CH_2)_{13}COOC_2H_5$。

(6) 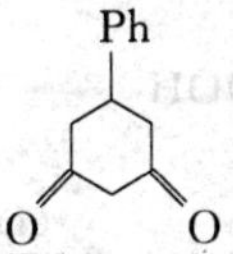 [3-苯基-1,5-环己二酮结构]

(7) 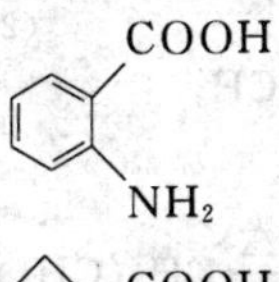 [邻氨基苯甲酸结构]

(8) 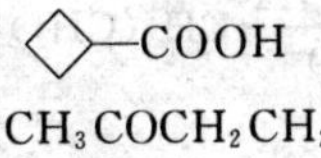 [环丙基甲酸 ⟨⟩—COOH]

(9) $CH_3COCH_2CH_2COCH_3$

(10) $CH_3(CH_2)_5COOH$

解 (1) $H_2C=CH_2 \xrightarrow{Br_2} \xrightarrow{NaCN} NCCH_2CH_2CN \xrightarrow{H_3O^+} \xrightarrow[H_2SO_4]{CH_3CH_2OH} TM$

(2) $HC\equiv CH \xrightarrow{HBr} \xrightarrow[THF]{Mg} H_2C=CHMgBr \xrightarrow[H_3O^+]{CO_2} \xrightarrow[H_2SO_4]{CH_3CH_2OH} TM$

(3) $CH_3CH_2CH_2OH \xrightarrow{CrO_3} CH_3CH_2CHO \xrightarrow[H_3O^+]{CH_3MgBr} CH_3CH_2CH(CH_3)OH$

$\xrightarrow{SOCl_2} \xrightarrow{NaCN} \xrightarrow{H_3O^+} CH_3CH_2CH(CH_3)COOH \Big\} \xrightarrow{OH^-} TM$

$CH_3CH_2CH_2OH \xrightarrow{SOCl_2} \xrightarrow{NaCl} \xrightarrow[Ni]{H_2} CH_3CH_2CH_2CH_2NH_2$

(4) $CH_3CH_2OH \xrightarrow[Et_2O]{HBr,Mg} \xrightarrow[H_3O^+]{\triangle O} CH_3CH_2CH_2CH_2OH \Big\} \xrightarrow{H_2SO_4} TM$

$CH_3CH_2OH \xrightarrow{HBr} \xrightarrow{NaCN} \xrightarrow{H_3O^+} CH_3CH_2COOH$

(5) $H_2C=CH(CH_2)_8COOH \xrightarrow[\text{过氧化物}]{HBr} H_2C-CH_2(CH_2)_8COOH \xrightarrow{NCCH_2CH_2CH_2Na}$
$\quad\quad\quad\quad\quad\quad\quad\quad\quad\quad\quad\quad\quad\quad\quad\quad\quad\quad\quad |$
$\quad\quad\quad\quad\quad\quad\quad\quad\quad\quad\quad\quad\quad\quad\quad\quad\quad\quad\quad Br$

$NC-CH_2CH_2CH_2(CH_2)_{10}COOH \xrightarrow{H_3O^+} HOOC(CH_2)_{13}COOH \xrightarrow{C_2H_5OH}$

$H_5C_2OOC(CH_2)_{13}COOC_2H_5$

(6) $PhCHO \xrightarrow[NaOEt,\triangle]{CH_3COCH_3} PhCH=CHCOCH_3$

$\xrightarrow[NaOC_2H_5,C_2H_5OH]{CH_2(COOEt)_2} \begin{array}{c} H_5C_2OOC \\ H_5C_2OOC \end{array}\!\!\!\!\begin{array}{c} \\ Ph \end{array}\!\!\!\!\begin{array}{c} O \\ \end{array} \xrightarrow{NaOC_2H_5,C_2H_5OH} \begin{array}{c} Ph \\ H_5C_2OOC \end{array}\!\!\!\!\begin{array}{c} O \\ O \end{array}$

$\xrightarrow[(2)H_3O^+,\triangle]{(1)NaOH} \begin{array}{c} Ph \\ O \quad O \end{array}$

(7) Naphthalene $\xrightarrow[V_2O_5,\triangle]{O_2}$ phthalic anhydride $\xrightarrow[\text{加压},\triangle]{NH_3}$ phthalimide $\xrightarrow{NaOH} \begin{array}{c} COONa \\ CONH_2 \end{array}$

$\xrightarrow{Br_2+NaOH} \begin{array}{c} COONa \\ NH_2 \end{array} \xrightarrow{H_3O^+} \begin{array}{c} COOH \\ NH_2 \end{array}$

(8) $CH_2(CO_2Et)_2 \xrightarrow[EtOH]{NaOEt} \xrightarrow{BrCH_2CH_2CH_2Br} \square\!\!\!\begin{array}{c} CO_2Et \\ CO_2Et \end{array} \xrightarrow[(2)H_3O^+]{(1)OH^-,\triangle} \square\!\!-COOH$

(9) $CH_3COCH_2COOEt \xrightarrow[EtOH]{NaOEt} \xrightarrow{CH_3COCH_2Br} CH_3COCHCO_2Et \xrightarrow[(2)H_3O^+]{(1)OH^-,\triangle}$
$\quad\quad\quad\quad\quad\quad\quad\quad\quad\quad\quad\quad\quad\quad\quad\quad\quad\quad | $
$\quad\quad\quad\quad\quad\quad\quad\quad\quad\quad\quad\quad\quad\quad\quad\quad\quad\quad CH_2COCH_3$

$CH_3COCH_2CH_2COCH_3$

(10) $CH_2(CO_2Et)_2 \xrightarrow[EtOH]{NaOEt} \xrightarrow{CH_3(CH_2)_4Br} CH_3(CH_2)_4CH(COOEt)_2 \xrightarrow[(2)H_3O^+]{(1)OH^-,\triangle} CH_3(CH_2)_5COOH$

12.4 习题精选详解

习题 12.1 将下列化合物命名。

(1) 环己基-COOCH$_3$

(2) CH$_3$CH$_2$CONHCH$_3$

(3) (CH$_3$CH$_2$CH$_2$CO)$_2$O

(4) C$_6$H$_5$CH$_2$COCl

(5) C$_6$H$_5$CH$_2$CH$_2$CN

(6) 环己基-OCOCH$_3$

解 (1) 苯甲酸甲酯 (2) N-甲基丁酰胺

(3) 丁酸酐 (4) 苯乙酰氯

(5) 3-苯丙腈 (6) 乙酸环己酯

习题 12.2 写出下列化合物的结构式。

(1) 丁酸丙酯 (2) N-甲基苯甲酰胺 (3) N,N-二乙基乙酰胺

(4) 乙酸苯酯 (5) 苯甲酸苄酯 (6) 对苯二甲酰氯

解 (1) CH$_3$CH$_2$CH$_2$COOCH$_2$CH$_2$CH$_3$ (2) C$_6$H$_5$CONHCH$_3$

(3) CH$_3$CON(C$_2$H$_5$)$_2$ (4) CH$_3$COOC$_6$H$_5$

(5) C$_6$H$_5$COOCH$_2$C$_6$H$_5$ (6) ClOC—C$_6$H$_4$—COCl

习题 12.3 推测下列反应的机理。

(1) C$_6$H$_5$COOC(CH$_3$)$_3$ + CH$_3$CH$_2$OH $\xrightarrow{H_3O^+}$ C$_6$H$_5$COOH + CH$_3$CH$_2$OC(CH$_3$)$_3$

(2) CH$_3$COOC(C$_6$H$_5$)$_3$ + CH$_3$OH $\xrightarrow{H_3O^+}$ CH$_3$COOH + CH$_3$OC(C$_6$H$_5$)$_3$

(3) 2,4,6-三苯基苯甲酸甲酯 $\xrightarrow{H_2SO_4(浓)}$ 芴酮产物

(4) C$_6$H$_5$COOC(CH$_3$)$_3$ + H$_3$O$^+$ ⟶ C$_6$H$_5$COOH + (CH$_3$)$_2$C=CH$_2$

解 (1) C$_6$H$_5$COOC(CH$_3$)$_3$ $\xrightleftharpoons{H^+}$ C$_6$H$_5$C(OH)OC(CH$_3$)$_3$ $\xrightleftharpoons{}$ C$_6$H$_5$COOH + $^+$C(CH$_3$)$_3$

$\Updownarrow$ C$_2$H$_5$OH

C$_2$H$_5$OC(CH$_3$)$_3$ $\xrightleftharpoons{-H^+}$ C$_2$H$_5$O$^+$(H)C(CH$_3$)$_3$

(2) CH$_3$COOC(C$_6$H$_5$)$_3$ $\xrightleftharpoons{H^+}$ CH$_3$C(OH)OC(C$_6$H$_5$)$_3$ ⟶ CH$_3$COOH + $^+$C(C$_6$H$_5$)$_3$

$\Updownarrow$ CH$_3$OH

CH$_3$OC(C$_6$H$_5$)$_3$ $\xrightleftharpoons{-H^+}$ CH$_3$O$^+$(H)C(C$_6$H$_5$)$_3$

(3) 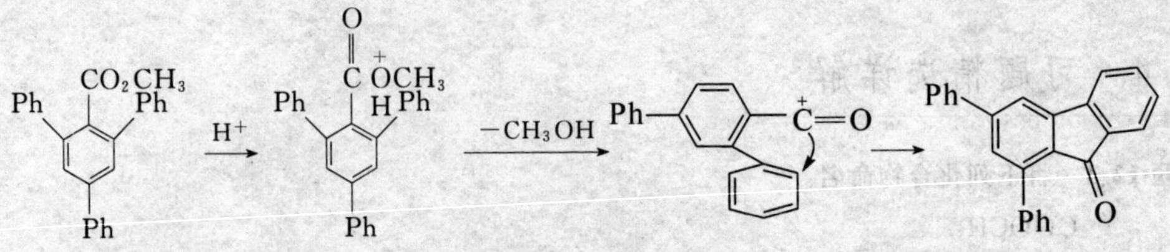 反应机理图示：2,6-二苯基苯甲酸甲酯在 H^+ 作用下质子化，失去 CH_3OH 生成酰基正离子，再进行分子内环化生成芴酮衍生物。

(4) $C_6H_5COOC(CH_3)_3 \xrightleftharpoons{H^+} C_6H_5\overset{+OH}{C}OC(CH_3)_3 \rightleftharpoons C_6H_5\overset{+}{C}OH + \overset{+}{C}(CH_3)_3$

$\downarrow\uparrow -H^+$

$(CH_3)_2C=CH_2$

习题 12.4 写出下列反应的产物。

(1) $CH_3COCl + CH_3{}^{18}OH \xrightarrow{C_5H_5N}$

(2) 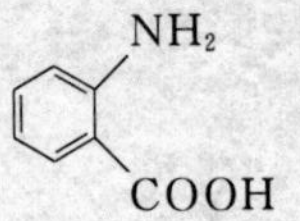 邻氨基苯甲酸 $+ ClCOCl \longrightarrow$

(3) $(CH_3)_2CCH_2CH_2CO_2CH_3 \xrightarrow{CH_3OH}$
   $|$
   NH_2

(4) $CH_3COOCCH_2CH_2CH_2CH(CH_3)_2 \xrightarrow[CH_3OH]{H^+}$
   $|$
   CH_3
   $|$
   CH_3

解 (1) $CH_3CO^{18}OCH_3 + C_5H_5N \cdot HCl$
(2) 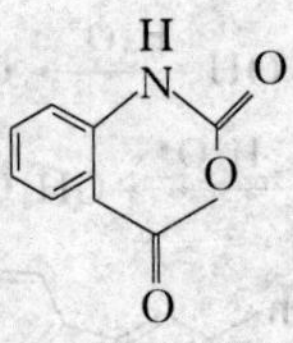 苯并[d][1,3]噁嗪-2,4(1H)-二酮

(3) 5,5-二甲基-2-吡咯烷酮
(4) $CH_3COOCH_3 + (CH_3)_2CHCH_2CH_2CH_2C(CH_3)_2$
   $|$
   OH

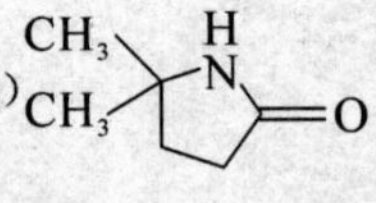

习题 12.5 二苯乙烯酮可以由二苯乙酰氯与三乙胺一起加热得到：

$$(C_6H_5)_2CHCOCl + (C_2H_5)_3N \xrightarrow{\triangle} (C_6H_5)_2C=C=O$$

试写出它与乙醇、苯酚和氨的反应式。

解 $(C_6H_5)_2C=C=O$
- $\xrightarrow{C_2H_5OH} (C_6H_5)_2CHCOOC_2H_5$
- $\xrightarrow{NH_3} (C_6H_5)_2CHCONH_2$
- $\xrightarrow{C_6H_5OH} (C_6H_5)_2CHCOOC_6H_5$

习题 12.6 推测下列化合物的结构。

(1) C_4H_7, $\sigma_{max} = 2\ 260\ cm^{-1}$, $\delta_H = 1.3(d, 6H), 2.7(七重峰, 1H)$。

(2) $C_8H_{14}O_4$, $\sigma_{max} = 1\ 750/cm^{-1}$, $\delta_H: 1.2(t, 6H), 2.5(s, 4H), 4.1(q, 4H)$。

(3) $C_xH_yO_z$, $\sigma_{max} = 1\ 725/cm^{-1}$, $\delta_H: 1.3(t, 3H), 4.3(q, 2H), 8.1(s, 1H), m/z: 74(M^+)$。

(4) $C_{12}H_{14}O_4$，σ_{max}/cm^{-1}：1 720，1 500，840，δ_H：1.4(t)，4.4(q)，8.1(s)，积分曲线高度比为 3∶2∶2。
(5) $C_{12}H_{14}O_4$，σ_{max}/cm^{-1}：1 725，1 600，1 580，760，δ_H：1.4(t)，4.4(q)，7.7(m)，积分曲线高度比为 3∶2∶2。
(6) $C_7H_{10}O_3$，σ_{max}/cm^{-1}：1 816，1 768，δ_H：1.1(s)，2.6(s)，积分曲线高度比为 3∶2。

提示：$C_7H_{10}O_3 + H_2O \xrightarrow{H^+} C_7H_{12}O_4 \xrightarrow{\triangle} C_7H_{10}O_3$

解 (1)不饱和度为 2，提示有叁重键，其结构为 $(CH_3)_2CHCN$
(2)不饱和度为 2，为对称酯类，其结构为 $CH_3CH_2OCOCH_2CH_2COOCH_2CH_3$
(3)不饱和度为 2，其结构为 CH_3CH_2COOH
(4)不饱和度为 2，含有苯环，二取代化合物，其结构为

$CH_3CH_2OOC—\bigcirc—COOCH_2CH_3$

(5)不饱和度为 6，含有苯环，二取代化合物，其结构为

（间位二取代苯，$COOCH_2CH_3$ 两个取代基）

(6)不饱和度为 3，从提示中看为酐，其结构为

（环状酸酐结构）

习题 12.7 分离下列化合物。
(1)丁酸和丁酸乙酯
(2)苯甲醚、苯甲酸和苯酚
(3)丁酸、苯酚、环己酮和丁醚
(4)苯甲醇、苯甲酸和苯甲醛

解 提纯一个化合物是在去掉其中的杂质。分离一个混合物，则是要把其中各个组分一一分离，并使其达到一定的纯度。

(1) $\begin{Bmatrix}丁酸\\丁酸乙酯\end{Bmatrix} \xrightarrow{乙醚溶解} \xrightarrow{NaOH 溶液提取} \begin{Bmatrix}水层\\有机层\end{Bmatrix}$

水层：丁酸纳 $\xrightarrow{H^+} \xrightarrow{乙醚提取} \begin{Bmatrix}水层\\有机层\end{Bmatrix} \xrightarrow{干燥\ 蒸馏} 丁酸$

有机层：丁酸乙酯 $\xrightarrow{加水洗涤\ 干燥\ 蒸馏} 丁酸乙酯$

(2) $\begin{Bmatrix}甲醚\\苯甲酸\\苯酚\end{Bmatrix} \xrightarrow{NaHCO_3/H_2O} \begin{Bmatrix}水层(苯甲酸钠)\\有机层(苯甲醚,苯酚)\end{Bmatrix}$

水层：苯甲酸钠 $\xrightarrow{H^+}$ 有机层 $\xrightarrow{重结晶}$ 苯甲酸

有机层：有机层(苯甲醚、苯酚) $\xrightarrow{NaOH} \begin{Bmatrix}水层(苯酚钠) \xrightarrow{H^+} \xrightarrow{干燥\ 蒸馏} 苯酚\\有机层 \xrightarrow{干燥\ 蒸馏} 苯甲醚\end{Bmatrix}$

(3) $\begin{Bmatrix}丁酸、环己酮\\苯酚、丁醚\end{Bmatrix} \xrightarrow{NaHCO_3/H_2O} \begin{Bmatrix}水层(丁酸钠)\\有机层(苯酚、环己酮、丁醚)\end{Bmatrix}$

水层：丁酸钠 $\xrightarrow{H^+} \xrightarrow{乙醚提取} \xrightarrow{干燥\ 蒸馏}$ 丁酸

有机层:有机层(环己酮、丁醚、苯酚) $\xrightarrow{NaOH}$ 水层(苯酚钠),提纯见第(2)
有机层(环己酮、丁醚)

有机层(环己酮、丁醚) $\xrightarrow{H_2SO_4}$ 水层(丁醚盐) $\xrightarrow{NaOH}$ $\xrightarrow{蒸馏}$ 丁醚
有机层(环己酮) $\xrightarrow{干燥}$ $\xrightarrow{蒸馏}$ 环己酮

(4) 苯甲醇、苯甲醛 $\xrightarrow{NaHSO_3}$ 沉淀(苯甲醛的加成物)
溶液(苯酚、环己酮、丁醚)

沉淀(苯甲醛的加成物) $\xrightarrow{H^+}$ 乙醚提供 $\xrightarrow{干燥}$ $\xrightarrow{蒸馏}$ 苯甲醛

溶液(苯甲醇、苯甲酸) $\xrightarrow{NaOH}$ 水层(苯甲酸钠) $\xrightarrow{H^+}$ 乙醚提取 $\xrightarrow{干燥}$ $\xrightarrow{蒸馏}$ 苯甲酸
有机层(苯甲醇) $\xrightarrow{干燥}$ $\xrightarrow{蒸馏}$ 苯甲醇

习题 12.8 推测下列反应的机理。

(1) 环己烷-1,1-二甲酸二乙酯 $\xrightarrow{NaOEt,EtOH}$ 2-乙氧羰基环戊酮 $\longrightarrow$ 1-甲基-2-氧代-环戊烷甲酸 $\xrightarrow[(2)HCl]{(1)NaOEt,EtOH}$ 2-甲基-5-乙氧羰基环戊酮

(2) $CH_3COCH_2CO_2Et + C_6H_5CO_2Et \xrightarrow[蒸馏]{NaOEt,EtOH} C_6H_5COCH_2CO_2Et + CH_3COOEt$

(3) $CH_2(CO_2Et)_2 \xrightarrow[(2) \triangle O]{(1)NaOEt,EtOH}$ 3-乙氧羰基-γ-丁内酯

解 (1)

环己烷-1,1-二甲酸二乙酯 $\xrightarrow{EtO^-}$ [碳负离子中间体] $\longrightarrow$ [四面体中间体,OEt离去] $\longrightarrow$ 2-乙氧羰基环戊酮

$\xrightarrow{EtO^-}$ 烯醇负离子 $\xrightarrow{CH_3Br}$ 1-甲基-2-乙氧羰基环戊酮 $\xrightarrow{EtO^-}$ [开环中间体]

$\longrightarrow$ 开环产物 $\xrightarrow{EtO^-}$ [闭环中间体] $\longrightarrow$ 2-甲基-5-乙氧羰基环戊酮

(2) $CH_3COCH_2CO_2Et \xrightarrow{EtO^-} CH_3CO\overset{-}{C}HCO_2Et \xrightarrow{C_6H_5COOEt} C_6H_5COCHCO_2Et$
$\quad\quad\quad\quad\quad\quad\quad\quad\quad\quad\quad\quad\quad\quad\quad\quad\quad\quad\quad\quad\quad\quad\quad\quad\quad\quad |$
$\quad\quad\quad\quad\quad\quad\quad\quad\quad\quad\quad\quad\quad\quad\quad\quad\quad\quad\quad\quad\quad\quad\quad\quad\quad\quad COCH_3$

$\xrightarrow{EtO^-} CH_3\overset{O^-}{\underset{COC_6H_5}{\overset{|}{\underset{|}{C}}}}\overset{OEt}{\underset{}{-}}CHCOOEt \rightleftharpoons CH_3COOEt + C_6H_5CO\overset{-}{C}HCO_2Et$

$\quad\quad\quad\quad\quad\quad\quad\quad\quad\quad\quad\quad\quad\quad\quad\quad\quad\quad\quad\quad\quad\quad\quad\quad\quad\quad\quad\quad\quad\quad\quad\quad \downarrow C_2H_5OH$

$\quad\quad\quad\quad\quad\quad\quad\quad\quad\quad\quad\quad\quad\quad\quad\quad\quad\quad\quad\quad\quad\quad\quad\quad\quad\quad\quad\quad\quad\quad\quad C_6H_5COCH_2CO_2Et$

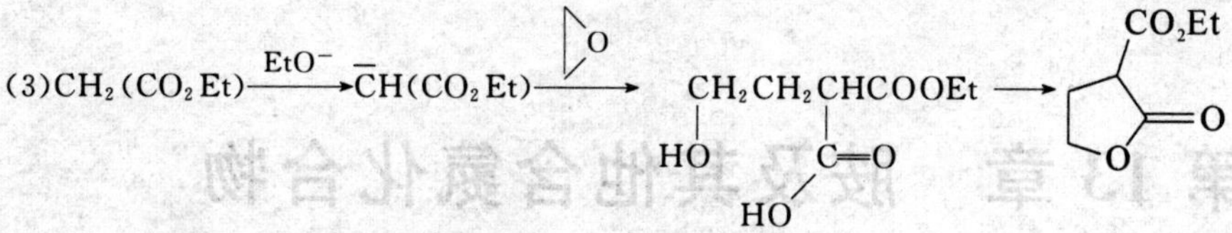

第12章 羧酸衍生物

(3) $CH_2(CO_2Et)_2 \xrightarrow{EtO^-} \bar{C}H(CO_2Et)_2 \xrightarrow{\triangle O} \underset{HO}{CH_2CH}\underset{HO}{CHCOOEt} \longrightarrow$ [γ-丁内酯结构，环上带 CO_2Et 和 =O]

习题 12.9 下列化合物应如何合成？

(1) 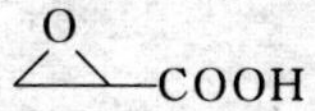 [环氧乙烷基]—COOH

(2) $CH_3COCH_2CH_2COOH$

(3) 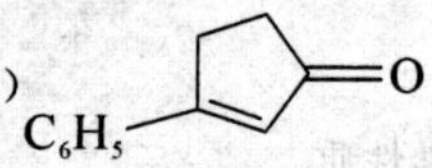 [3-苯基-2-环戊烯酮] ($C_6H_5COCH_2Br$ 作原料)

解 (1) $CH_2(CO_2Et)_2 \xrightarrow{HCHO}{EtONa, EtOH} \underset{HO}{CH_2CH(COOEt)_2} \xrightarrow{(1)NaOH, H_2O}{(2)HCl, \triangle} CH_2=CHCOOH$

$\xrightarrow{CF_3COOOH}$ [环氧乙烷基]—COOH

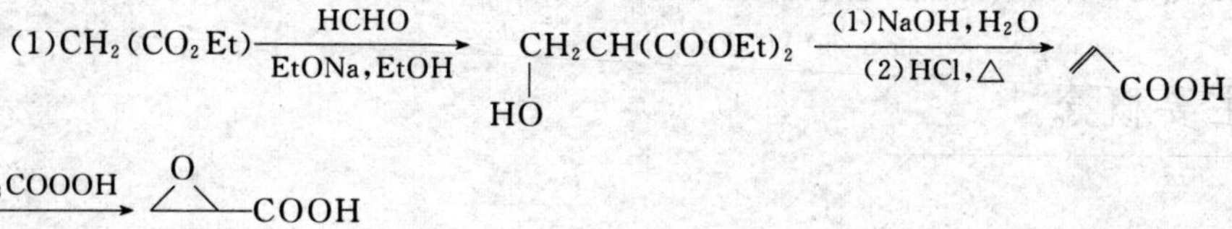

(2) $CH_2(CO_2Et)_2 \xrightarrow{CH_3COCH_2Br}{EtONa, EtOH} CH_3COCH_2CH(COOEt)_2$

$\xrightarrow{(1)NaOH, H_2O}{(2)HCl, \triangle} CH_3COCH_2CH_2COOH$

(3) $CH_3COCH_2CO_2Et \xrightarrow{C_6H_5COCH_2Br}{EtONa, EtOH} \underset{CH_2COC_6H_5}{CH_3COCHCO_2Et} \xrightarrow{(1)NaOH, H_2O}{(2)HCl, \triangle}$

$CH_3COCH_2CH_2COC_6H_5 \xrightarrow{EtONa, EtOH}{\triangle}$ [3-苯基-2-环戊烯酮]

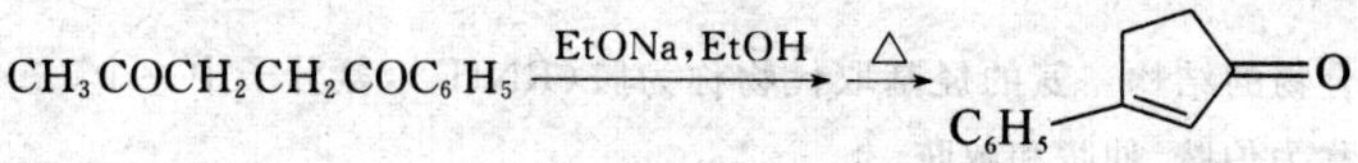

第13章 胺及其他含氮化合物

13.1 教学建议

以胺及其他含氮化合物的结构特点,分析胺、硝基化合物等含氮化合物的化学性质。

13.2 主要概念

13.2.1 内容要点精讲

1. 教学基本要求

(1) 掌握胺的结构特点、系统命名法。

(2) 掌握胺的化学性质。

(3) 掌握硝基化合物、重氮等化合物的化学性质。

2. 主要概念

(1) 胺、硝基、重氮、偶氮及腈类化合物的结构。氨的烃基取代物称为胺(RNH_2),氨分子中一个、二个或三个氢被烃基取代生成的化合物分别称为伯胺、仲胺和叔胺。

含有硝基($-NO_2$)的有机化合物称为硝基化合物。

含有重氮键($-N_2^+$)的有机化合物称为重氮化合物。

含有偶氮键($-N=N-$)的有机化合物称为偶氮化合物。

含有腈基($-CN$)的有机化合物称为腈类化合物。

(2) 季铵盐和氢氧化四烃基铵。铵盐分子中的四个氢原子都被烃基取代的化合物称为季铵盐。

季铵盐用水和 Ag_2O 处理,便可以得到氢氧化四烃基铵。

(3) 叠氮化合物。叠氮化合物的通式为 $RNNH_3$,其结构式可用下列共振式表示为

$$[R-\ddot{N}-\overset{+}{N}=N: \longleftrightarrow R-\ddot{N}=N=\ddot{N}:]$$

(4) 碳烯和类碳烯。碳烯是中性的活性中间体,它有一对非键电子对,可以用通式 $R_2C:$ 表示。它有强烈的亲电性,可以与烯烃起加成反应而生成环状化合物。

(5) 烯胺。烯胺即为 α,β-不饱和胺,可以通过醛或酮与仲胺的缩合而得,即

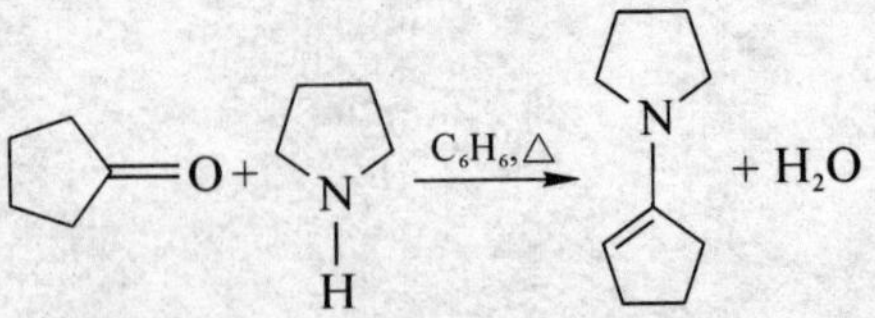

当烯胺分子中氮原子上有氢原子时,易转变成亚胺;如氮原子上的两个氢都被烃基取代,则得到的是一个稳定的化合物:

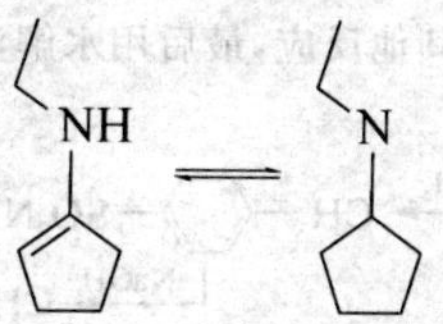

第13章 胺及其他含氮化合物

3. 核心内容

(1) 胺。

① 胺的结构特点与分类。胺的结构与氨相似,其中氮原子以不等性 sp^3 杂化轨道与 3 个氢的原子轨道重叠,形成 3 个 $sp^3-s\sigma$ 键,氮上的一对孤对电子占据另一个 sp^3 杂化轨道,形成具有棱锥形结构的分子。

在芳香胺中,氮上的孤对电子占据的不等性 sp^3 轨道与苯环 π 电子轨道重叠,原来属于氮原子的一对孤对电子分布在由氮原子与苯环组成的的共轭体系中。

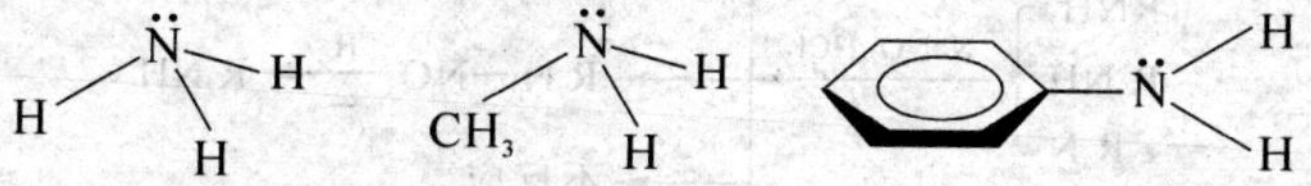

氨　　甲胺

按氨分子中氢被取代的个数,胺可分为伯胺、仲胺和叔胺。

根据胺中烃基的结构,可将胺分为脂肪胺和芳香胺。

根据胺中氨基的数目,可将胺称为一元胺、二元胺等。

胺用系统命名法命名时,用含氨基的最长碳链作母体,命名为某胺;需要时再加上取代基的名称及位置。有时需在取代基的前面加 N-或 N,N-以表明取代基的位置。

结构复杂的胺,也可以按烃基的氨基衍生物命名,也即将氨基作为取代基来命名。

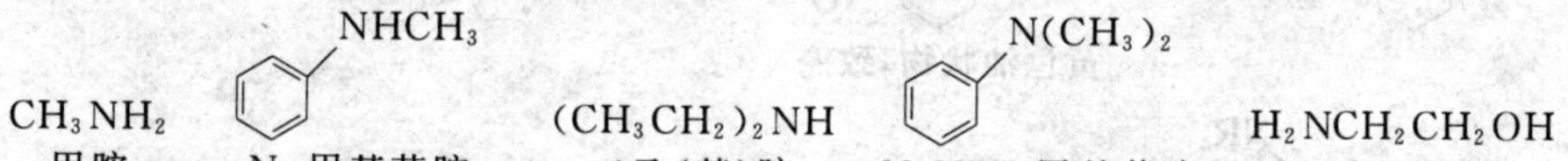

CH_3NH_2　　　　　　　　　　　　　　　　　　　　　　　　　　$H_2NCH_2CH_2OH$
甲胺　　　N-甲基苯胺　　二乙(基)胺　　N,N-二甲基苯胺　　2-氨基乙醇

季胺盐的命名与铵相似。

② 胺的化学性质。

Ⅰ. 酸碱性。胺的孤对电子可以接受质子,所以胺具有碱性,其碱性大小与孤对电子对的电子云密度有关。密度愈大,则碱性愈强。

在非水溶液或气相中,脂肪胺的碱性通常是叔胺＞仲胺＞伯胺＞NH_3。在水溶液中,由于溶剂化作用,通常是仲胺＞伯胺＞叔胺＞NH_3。

芳香胺的碱性比脂肪胺弱,芳环上连有吸电子基使芳胺的碱性降低,连有供电子基团时使碱性增强。

氨、伯胺和仲胺分子中 N—H 键可以电离,所以具有很弱的酸性,而其共轭碱具有很强的碱性。

Ⅱ. 胺的烃基化及酰基化。

a. 烃基化。

$RNH_2 \xrightarrow{R'X} RNH_2^+ R'X^- \xrightarrow{OH^-} RNHR' \xrightarrow[(2)OH^-]{(1)R'X} RNR'_2 \xrightarrow{R'X} RN^+R'_3 X^-$

在一般条件下,难以使反应停留在只生成仲胺或叔胺的一步。在位阻的影响下,有时可以使主要产物为某一种胺。

胺与叔卤代烷作用主要生成消除产物。

b. 酰基化。

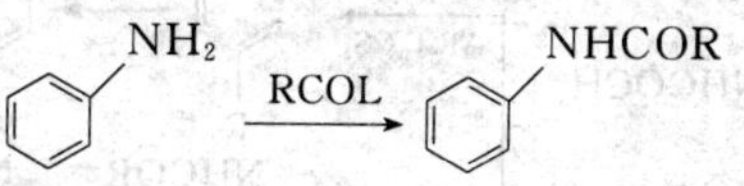

PhNH$_2$ $\xrightarrow{RCOL}$ PhNHCOR　　(L=Cl, OCOR, OR)

叔胺不能起此类反应。

可以通过测定生成产物酰胺的熔点,鉴别胺。

在有机合成中常将胺基酰化后再进行其他反应,最后用水解法除去酰基,这样可以保护氨基。

c. 磺酰化反应(Hinsberg 反应)。

$$CH_3-C_6H_4-SO_2Cl \begin{cases} \xrightarrow{RNH_2} CH_3-C_6H_4-SO_2NHR + HCl \xrightarrow{NaOH} CH_3-C_6H_4-SO_2NRNa^+ + H_2O \\ \xrightarrow{R_2NH} CH_3-C_6H_4-SO_2NR_2 \longrightarrow 不反应 \\ \xrightarrow{R_3N} 不反应 \end{cases}$$

可用于鉴别和分离伯胺、仲胺和叔胺。

Ⅲ. 与亚硝酸反应。

a. 脂肪族胺。

$$\left.\begin{matrix} RNH_2 \\ R_2NH \\ R_3N \end{matrix}\right\} \xrightarrow{NaNO_2, HCl} \begin{cases} ROH 等混合物 + N_2 \\ R_2N-NO \xrightarrow{H^-}{\Delta} R_2NH \\ 不反应 \end{cases}$$

中间产物为碳正离子(由烷基重氮盐得到),可用于鉴别脂肪族伯胺。

b. 芳香族胺。

芳香伯胺 + NaNO$_2$, HCl $\xrightarrow{0\sim5℃}$ 重氮盐 $C_6H_5N_2^+Cl^-$

芳香仲胺 (PhNHR) + NaNO$_2$, HCl → Ph-N(R)-NO (黄色油状物,致癌) $\xrightarrow{H^+}$ ON-C$_6$H$_4$-NHR

芳香叔胺 (PhNR$_2$) + NaNO$_2$, HCl → ON-C$_6$H$_4$-NR$_2$ (绿色固体)

Ⅳ. 苯环上的反应。—NH$_2$ 是第一类取代基,增加了芳环上的亲电取代反应活性。所以如果要生成一取代产物或硝化产物,需要将氨基酰基化或将芳环上的其他位置保护起来。

PhNH$_2$ 的反应:

- $\xrightarrow{Br_2/H_2O}$ 2,4,6-三溴苯胺
- $\xrightarrow{RCOCl}$ PhNHCOR $\xrightarrow{Br_2/CH_3COOH}$ 对位-Br-C$_6$H$_4$-NHCOR $\xrightarrow{OH^-}$ 对位-Br-C$_6$H$_4$-NH$_2$
  - $\xrightarrow{混酸}$ 对位-NO$_2$-C$_6$H$_4$-NHCOR $\xrightarrow{OH^-}$ 对位-NO$_2$-C$_6$H$_4$-NH$_2$
- $\xrightarrow{浓H_2SO_4}$ PhNH$_3$HSO$_4^-$ (钝化苯环) $\xrightarrow{烘焙}$ H$_2$N-C$_6$H$_4$-SO$_3$H
- $\xrightarrow{CH_3COCl}$ PhNHCOCH$_3$
  - $\xrightarrow{RX, AlCl_3, CS_2}$ 对位-R-C$_6$H$_4$-NHCOR $\xrightarrow{OH^-}$ 对位-R-C$_6$H$_4$-NH$_2$
  - $\xrightarrow{RCOCl, AlCl_3, CS_2}$ 对位-COR-C$_6$H$_4$-NHCOR $\xrightarrow{OH^-}$ 对位-COR-C$_6$H$_4$-NH$_2$

V. 胺的氧化。胺容易被氧化，用不同的氧化剂可以得到多种氧化产物。
a. 叔胺的氧化
叔胺易被过氧化物氧化，氧化产物加热后分解，顺式消除 β-H 后得烯烃（Copel 消除反应）。

$$\text{环己基-CH}_2\text{N(CH}_3)_2 \xrightarrow{H_2O_2, CH_3OH-H_2O} \text{环己基-CH}_2\overset{+}{N}(CH_3)_2 O^- \longrightarrow \text{环己基=CH}_2 + (CH_3)_2NOH$$

$$\underset{C_6H_5}{\overset{CH_3}{\underset{H}{\rightthreetimes}}}\!\!\!\!\underset{H}{\overset{CH_3}{\rightthreetimes}}\!\!N(CH_3)_3 \xrightarrow{\Delta} \underset{C_6H_5}{\overset{CH_3}{\rightthreetimes}}C=C\underset{H}{\overset{CH_3}{\rightthreetimes}} \quad \text{主要反应}$$

β-H 消除的难易次序：—CHNH$_3$＞RCH$_2$—＞—R$_2$CH。

b. 芳胺的氧化。芳胺的氧化经过下列阶段：

$$ArNH_2 \xrightarrow{[O]} ArNHOH \xrightarrow{[O]} ArNO \xrightarrow{[O]} ArNO_2$$

苯胺用 MnO$_2$ 和硫酸氧化，主要产物为对苯醌。
芳胺的盐较难氧化。

Ⅵ. 季铵碱的 Hofmann 消除。季铵碱分子中如烃基中有 β-H，则加热时生成叔胺和双键上烷基取代基最少的烯烃，称为 Hofmann 消除反应：

<化学结构图：甲基环己基三甲基铵 $\xrightarrow{\Delta}$ 甲基环己烯>

在多数情况下，Hofmann 消除为反式消除。当反式消除不可能时，也可能发生顺式消去，但速度很慢。
β-H 消除的难易次序：—CH$_3$＞—RCH$_2$＞—R$_2$CH。
根据 β-H 消除的难易次序，Hoffmann 消除反应的主要产物为烃基最小的烯烃。
伯胺、仲胺、叔胺用过量的 CH$_3$I，湿 Ag$_2$O 处理，再热消除生成烯烃和叔胺，利用此反应可回推出原来胺的结构。

Ⅶ. 烯胺和亚胺负离子的反应。烯胺可以用酰胺或酸酐酰化，产物水解后生成 β-二酮。

<化学结构图：吗啉基环己烯 $\xrightarrow{n-C_6H_{13}COCl}$ 酰化产物 $\xrightarrow{H_2O}$ 2-酰基环己酮>

如与甲酸的混酐反应，则可导入醛基，与氯甲酸酯反应，则得到 β-酮酸酯。
烯胺与活性高的烃化剂，如碘甲烷、烯丙基氯、苄氯、α-卤代酸酯、α-卤代醚、α-卤代酮等反应，生成烃化产物，水解后生成 α-烃化的醛或酮。

$$\text{环己酮} \xrightarrow[\substack{(2)CH_2=CHCH_2Br \\ (3)H_2O,H_3O^+}]{(1)\text{四氢呋喃}} \text{2-烯丙基环己酮}$$

醛或酮与伯胺反应，生成亚胺，有 β-H 的亚胺用 Grignard 试剂或 LDA 处理，脱去一个 β-质子，转变成亚胺负离子。亚胺负离子是烯醇盐的类似物，它的亲核性比烯醇盐更强，容易进行烃基化反应，产物水解得到 α-烃基化的羰基化合物。

$$\text{Me}_2\text{CHCH}=\text{O} \xrightarrow{t\text{-BuNH}_2} \text{MeCHCH}=\text{NBu-}t \xrightarrow{\text{EtMgBr}} \text{MeC}=\text{CHN}\begin{smallmatrix}\text{MgBr}\\\text{Bu-}t\end{smallmatrix} \xrightarrow{\text{PhCH}_2\text{Cl}}$$

$$\underset{\text{CH}_2\text{Ph}}{\text{MeC}=\text{CHNBu-}t} \xrightarrow{\text{H}_2\text{O, H}_3\text{O}^+} \underset{\text{CH}_2\text{Ph}}{\text{MeCCHO}}$$

用这种方法比直接烃化更好,可以避免醛在碱性试剂作用下发生羟醛缩合,并且用手性胺生成亚胺后烃化可以得到有手性的化合物。

$$\text{环己酮} \xrightarrow[\text{(3)CH}_2=\text{CHCH}_2\text{Br} \quad \text{(4)H}_2\text{O, H}_3\text{O}^+]{(1)\ \text{PhCH}_2\text{—H—C(CH}_2\text{OMe)NH}_2\ \ (2)\text{LDA}} \text{环己酮-CH}_2\text{CH}=\text{CH}_2$$

③胺和胺盐的立体化学。

Ⅰ.胺的立体化学。当三级胺的三个取代基互不相同时,分子中没有对称面或对称中心,是手性分子。但是由于这两种异构体之间的能垒很低,可以通过氮原子的杂化状态的变化而迅速转变,因此不能拆分成旋光的异构体。

$$R_2 \overset{R_1}{\underset{R_3}{\text{N}}} \ \rightleftharpoons \ \overset{R_2}{\underset{R_3}{\text{N}}} \overset{R_1}{} \ \rightleftharpoons \ \overset{R_1}{\underset{R_3}{\text{N}}} R_2$$

Ⅱ.季胺盐的立体化学。当季胺分子中的四个取代基互不相同时,分子中没有对称面或对称中心,是手性分子,可以拆分。

$$R_2 \overset{R_1}{\underset{R_3}{\overset{+}{\text{N}}}} - R_4 \quad \Big| \quad R_4 - \overset{R_1}{\underset{R_3}{\overset{+}{\text{N}}}} R_2$$

④胺的制备。

Ⅰ.氨或胺的烃基化。

$$\text{RNH}_2 \xrightarrow{R'X} \overset{+}{\text{RNH}_2\text{R}'}X^- \xrightarrow{\text{OH}^-} \text{RNHR}' \xrightarrow[(2)\text{OH}^-]{(1)R'X} \text{RNR}'_2 \xrightarrow{R'X} \overset{+}{\text{RNR}'_3}X^-$$

产物为各种胺的混合物,不适合实验室制备,但在工业上有一定的意义。

$$\underset{\text{NO}_2}{\overset{\text{Cl}}{\underset{\text{NO}_2}{\bigcirc}}} \xrightarrow[\text{NaNH}_2]{\text{CH}_3\text{NH}_2} \underset{\text{NO}_2}{\overset{\text{NHCH}_3}{\underset{\text{NO}_2}{\bigcirc}}}$$

苯环上有强烈的吸电子基才可。

Ⅱ.硝基有机物及其他含氮有机物的还原。

含碳—氮单键、双键和三键的化合物还原都可以得到胺。

第13章 胺及其他含氮化合物

![反应1]
4-氯-2-硝基甲苯 $\xrightarrow{(1)Fe,HCl \;\; (2)OH^-}$ 4-氯-2-氨基甲苯

4-氯-2-硝基苯甲醛 $\xrightarrow{Fe^{2+},NH_3,H_2O}$ 4-氯-2-氨基苯甲醛　　当同时含有羰基时，需要用温和的还原剂

2,6-二硝基苯 $\xrightarrow[\triangle]{NaSH, EtOH}$ 邻硝基苯胺

对硝基苯甲酸乙酯 $\xrightarrow{H_2, P_2O_5 \atop EtOH}$ 对氨基苯甲酸乙酯　　镍、钯和铂等都可用作催化剂

$$\left.\begin{array}{l} RCN(或\;ArCN) \\ RCH=NOH(或\;ArCH=NOH) \\ RCONHR'(或\;RCONH_2) \end{array}\right\} \xrightarrow{LiAlH_4} \left\{\begin{array}{l} RCH_2NH_2(或\;ArCH_2NH_2) \\ \\ RCH_2NHR'(RCH_2NH_2) \end{array}\right.$$

Ⅲ．醛、酮的还原胺化。

$$\begin{array}{c} \\ \diagdown \\ \diagup \end{array}C=O + \begin{array}{c} NH_3 \\ \xrightarrow{H_2/Ni} \\ RNH_2 \\ \xrightarrow{H_2/Ni} \\ R_2NH \\ \xrightarrow{H_2/Ni} \end{array} \begin{array}{c} -NH_2 \\ \\ -NHR \\ \\ -NR_2 \end{array}$$

还可用 $NaBH_3CN/CH_3OH$ 作还原剂。

Ⅳ．卤代烃、醇、酚等的氨解。

$$\left.\begin{array}{l} RX(或\;ArX) \\ ROH \end{array}\right\} \xrightarrow{NH_3} RNH_2(或\;ArNH_2)$$

$ArOH + (NH_4)_2SO_3 \longrightarrow ArNH_3 + NH_3 + H_2SO_3 + H_2O$　　Bucherer 反应

Ⅴ．由羧酸衍生物制备。

Hoffmann 降级反应：

$$RCONH_2 \xrightarrow{Br_2 + NaOH} RNH_2$$

Lossen 反应：

$$RCONHOH \xrightarrow{-H_2O} RCON: \longrightarrow RN=C=O \xrightarrow[-CO_2]{H_2O} RNH_2$$

Schmidt 反应：

$$RCOOH + HN_3 \xrightarrow{H^+} RCON_3 \xrightarrow{\triangle} \xrightarrow{H_2O} RNH_2$$

Crutius 反应：

$$RCO\overset{+}{H}=\overset{-}{N}_2 \xrightarrow{-N_2} RCON: \longrightarrow RN=C=O \xrightarrow[-CO_2]{H_2O} RNH_2$$

Ⅵ. Gabriel 反应。

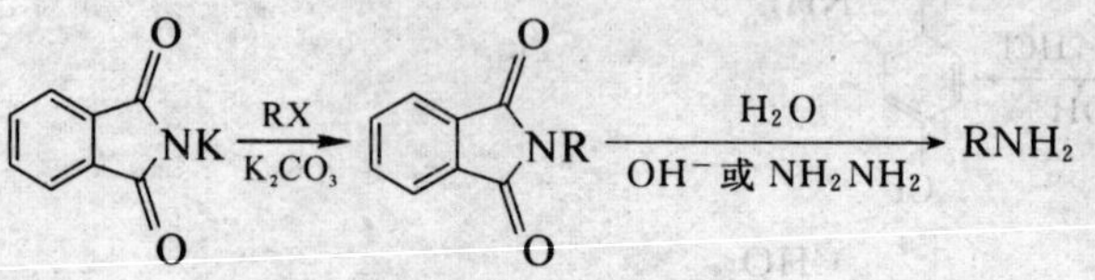

$$\text{邻苯二甲酰亚胺钾} \xrightarrow[K_2CO_3]{RX} \text{N-R 取代邻苯二甲酰亚胺} \xrightarrow[OH^- \text{或} NH_2NH_2]{H_2O} RNH_2$$

(2)硝基化合物。

①硝基化合物的结构。

硝基化合物具有以下的结构：

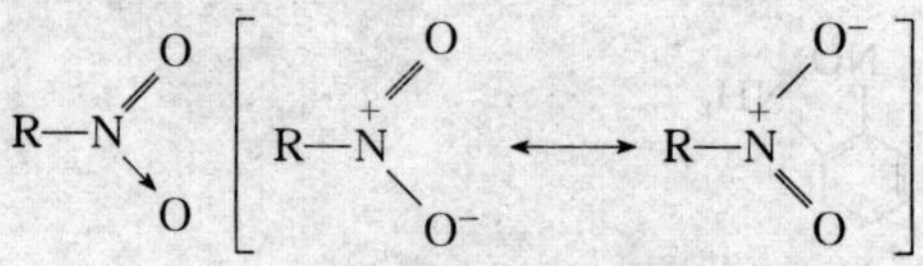

$$R-N\begin{matrix}O\\ \\O\end{matrix} \longleftrightarrow \left[R-\overset{+}{N}\begin{matrix}O\\ \\O^-\end{matrix} \longleftrightarrow R-\overset{+}{N}\begin{matrix}O^-\\ \\O\end{matrix}\right]$$

在硝基中，氮原子和氧原子上的 p 轨道重叠，形成包括 3 个原子在内的 π_3^4 键，由于键的平均化，硝基中的两个 N—O 键是等长的。

硝基是强极性基团，α-H 较为活泼，能发生缩合反应；硝基能被还原；由于硝基的强吸电子效应（-I,-C），使其对苯环以及环上的其他基团都有一定的影响，如增加酚羟基和羧基的酸性，减弱芳胺的碱性。

②硝基化合物的化学性质。

Ⅰ.脂肪族硝基化合物。

a. 还原反应：

$$RNO_2 \xrightarrow[\text{或 Fe/HCl}]{H_2/Ni} RNH_2$$

b. 缩合反应（Henry 反应）：

$$CH_3NO_2 + C_6H_5CHO \xrightarrow{NaOEt, EtOH} C_6H_5CH=CHNO_2$$

有 α-H 的脂肪族硝基化合物均可以发生此反应。

c. 亲核取代反应：

$$RX + NaNO_2 \longrightarrow RNO_2 + NaX$$

d. Michael 反应：

$$NC-CH=CH_2 + CH_3NO_2 \xrightarrow{(NaOEt, EtOH)} NC(CH_2)_3NO_2$$

Ⅱ.芳香族硝基化合物。

a. 还原反应。硝基苯还原反应在不同的反应条件下得到不同的产物。

酸性还原产物为苯胺：

$$C_6H_5NO_2 \xrightarrow{Fe, HCl} C_6H_5NH_2$$

中性还原产物为 N-羟基苯胺或亚硝基化合物：

$$C_6H_5NO_2 \xrightarrow{Zn, NH_4Cl} C_6H_5NHOH$$

$$C_6H_5NO_2 \xrightarrow{Zn, H_2O} C_6H_5NO$$

碱性还原产物为氧化偶氮苯、偶氮苯、氢化偶氮苯等。

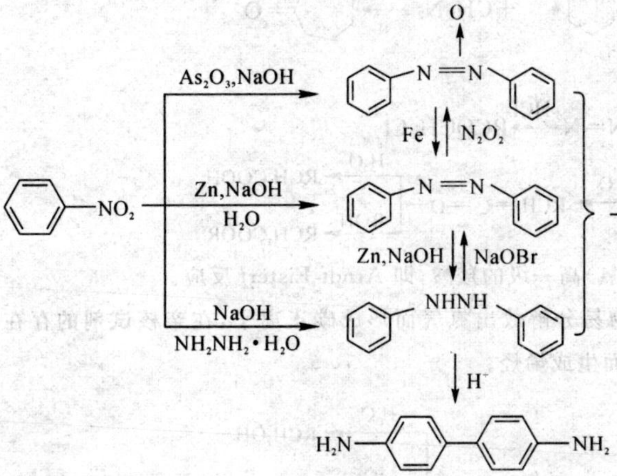

多硝基化合物可以部分还原：

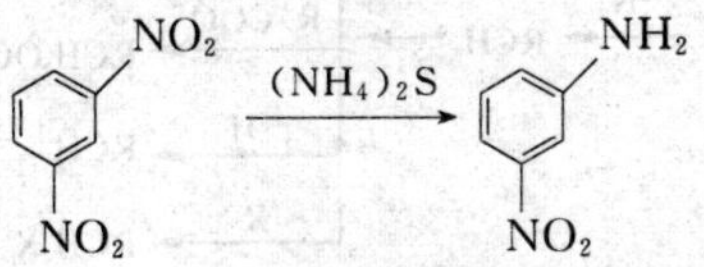

还原剂还可以有 Na_2S_x，NH_4HS 等。

b. 亲核取代反应。硝基邻位或对位上的氯原子（或其他基团）易被亲核试剂所取代。

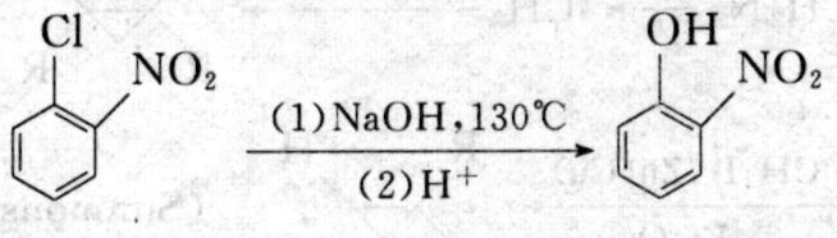

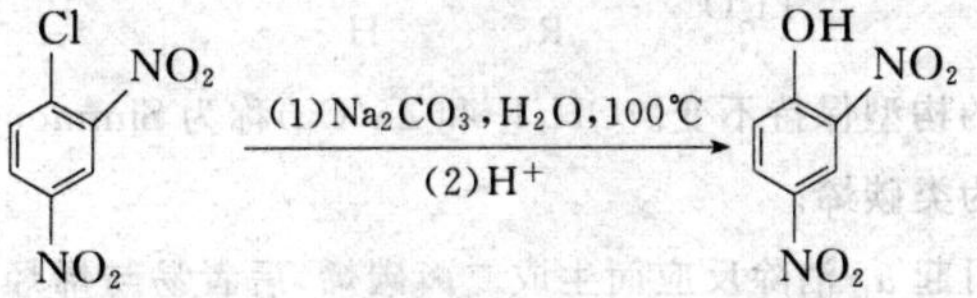

c. 亲电取代反应。硝基是第二类取代基，亲电取代反应发生在间位。但由于硝基使苯环钝化，因而硝基苯不能发生酰基化反应。

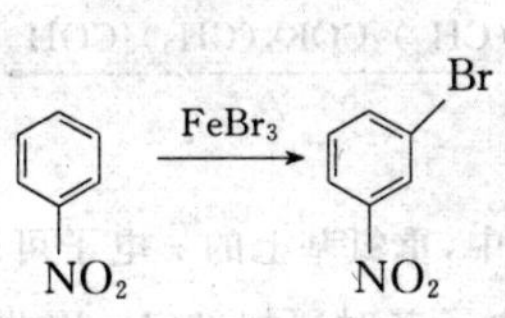

(3) 重氮化合物。

① 重氮化合物的化学性质。

重氮化合物的通式为 $R_2C=N_2$，最简单的重氮化合物是重氮甲烷 CH_2N_2。

Ⅰ. 甲基化反应。重氮甲烷是很好的甲基化剂，可以与含活性氢的化合物反应生成各种甲基化合物：

$$\left.\begin{array}{l} RCOOH \\ RSO_3H \\ ArOH \\ ROH \end{array}\right] \xrightarrow{CH_2N_2} \left[\begin{array}{l} RCOOCH_3 \\ RSO_3CH_3 \\ ArOCH_3 \\ ROCH_3 \end{array}\right.$$

Ⅱ 与醛酮的反应。

$$RCOR' + CH_2N_2 \longrightarrow RCOCH_2R'$$

$$\text{cyclohexanone} + CH_2N_2 \longrightarrow \text{cycloheptanone}$$

Ⅲ. Wolff 重排反应。

$$RCOCl + CH_2N_2 \longrightarrow RCOCH=\overset{+}{N}=\overset{-}{N} \xrightarrow{HCl} RCOCH_2Cl$$

$$\xrightarrow{Ag_2O} RCH=C=O \begin{array}{c} \xrightarrow{H_2O} RCH_2COOH \\ \xrightarrow{ROH} RCH_2COOR \end{array}$$

利用此反应,可以合成较原料(酰氯)高一级的羧酸,即 Arndt-Eistert 反应。

Ⅳ. 放氮反应。脂肪族重氮化合物易分解放出氮气而形成碳正离子,在亲核试剂的存在下,可生成醇、醚、卤代烃等化合物,还可以消除 H^+ 而生成烯烃。

$$RCH\overset{+}{N_2} \xrightarrow{-N_2} R\overset{+}{CH_2} \begin{array}{c} \xrightarrow{H_2O} RCH_2OH \\ \xrightarrow{ArO^-} RCH_2OAr \\ \xrightarrow{R'COO^-} RCH_2OCOR' \\ \xrightarrow{-H^+} RCH=CH_2 \\ \xrightarrow{X^-} RCH_2X \end{array}$$

②碳烯和类碳烯。碳烯有强烈的亲电性,可以与烯烃起加成反应生成环状化合物。

$$CH_2N_2 \xrightarrow{\triangle} :CH_2 \xrightarrow{R_2C=CR_2} \text{环丙烷衍生物}$$

$$\begin{array}{c} R \\ R_1 \end{array}C=CH_2 \xrightarrow[Et_2O]{CH_2I_2, Zn(Cu)} \text{环丙烷} \quad (\text{Simmons-Smith 反应})$$

此反应为顺式加成,烯烃的构型保持不变。CH_2I_2 和 $Zn(Cu)$ 称为 Simmons-Smith 试剂,它在反应中并没有产生游离的碳烯,因此被称为类碳烯。

三卤甲烷在碱的作用下,可起 α-消除反应而生成二卤碳烯,后者易与烯烃起顺式加成反应,生成环状化合物,烯烃的构型保持不变。

$$\begin{array}{c} CH_3 \\ H \end{array}C=C\begin{array}{c} Y \\ CH_2CH_3 \end{array} \xrightarrow[\triangle]{(CH_3)_3COK, (CH_3)_3COH} \text{二氯环丙烷衍生物}$$

③芳香族重氮盐的反应。芳香重氮盐中,重氮基上的 π 电子可以与苯环上的 π 电子重叠,共轭作用使重氮盐的稳定性增加,特别是当苯环上有吸电子基时更加稳定。因此芳香重氮盐能在冰浴温度下制备和进行反应,可以作为中间体来合成多类有机物。

芳香族伯胺在强酸存在下与亚硝酸反应,生成重氮盐,称为重氮化。重氮化得到的重氮盐水溶液,一般直接用于合成而不需要分离出重氮盐。

$$ArNO_2 + NaNO_2 + HCl \xrightarrow{0\sim5℃} Ar\overset{+}{N_2}Cl^- + 2H_2O + NaCl$$

进行此反应时,无机酸应稍过量以避免生成的重氮盐与未反应的苯胺进行偶联。

当苯环上有吸电子基时,此反应可在室温下进行。

Ⅰ. 取代反应：

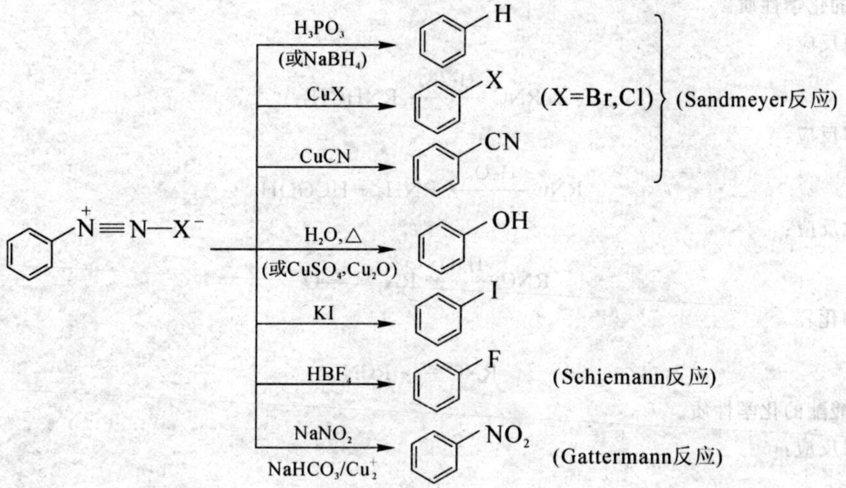

$$\text{Ph-N}_2^+X^- \xrightarrow{\begin{array}{c}H_3PO_2\\(\text{或NaBH}_4)\end{array}} \text{Ph-H}$$

$$\xrightarrow{CuX} \text{Ph-X} \quad (X=Br, Cl)$$

$$\xrightarrow{CuCN} \text{Ph-CN} \quad \Big\} \text{(Sandmeyer反应)}$$

$$\xrightarrow[\text{(或CuSO}_4, Cu_2O)]{H_2O, \Delta} \text{Ph-OH}$$

$$\xrightarrow{KI} \text{Ph-I}$$

$$\xrightarrow{HBF_4} \text{Ph-F} \quad \text{(Schiemann反应)}$$

$$\xrightarrow[\text{NaHCO}_3/Cu_2^+]{NaNO_2} \text{Ph-NO}_2 \quad \text{(Gattermann反应)}$$

Ⅱ. 还原反应：

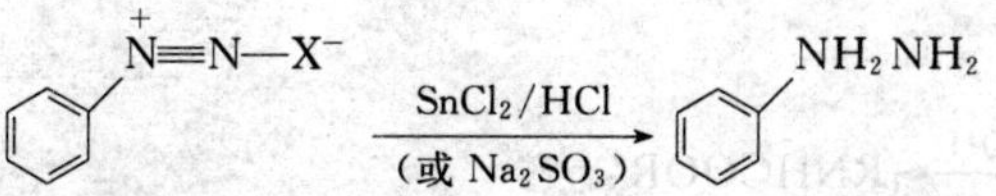

$$\text{Ph-N}_2^+X^- \xrightarrow[\text{(或 Na}_2SO_3)]{SnCl_2/HCl} \text{Ph-NHNH}_2$$

Ⅲ. 偶联反应：

$$\text{Ph-N}_2^+X^- + \text{Ph-G} \longrightarrow \text{Ph-N=N-Ph}$$

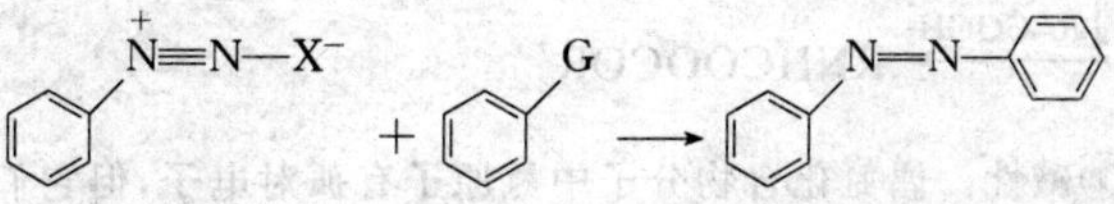

(G=-OH, -NH₂, -NR₂, -NHR, 一般在 G 的对位偶联, 对位被占, 则进入邻位)。

酚类作偶联组分时，pH 为 8～10；芳胺为偶联组分时，pH 为 3～6；G=OR，NHCOR 时也能发生偶联反应。

(4) 腈类化合物。

① 腈的性质。

Ⅰ. 还原反应：

$$\text{Ph-CN} \xrightarrow{LiAlH_4} \text{Ph-CH}_2NH_2$$

Ⅱ. 水解：

$$RCN \xrightarrow{H_3O^+} RCOOH$$

Ⅲ. 与 Grignard 试剂作用：

$$RCN \xrightarrow[\text{(2)}H_3O^+]{\text{(1)}R'MgX} R-\underset{\underset{R'}{|}}{\overset{\overset{OH}{|}}{C}}-R'$$

Ⅳ. 缩合反应：

$$RCH_2CN \xrightarrow[NaOEt]{HCOOEt} HCOCHCN \\ \qquad\qquad\qquad\qquad\quad |\\ \qquad\qquad\qquad\qquad\quad R$$

$$2CH_3CH_2CN \xrightarrow{Na} CH_3CH_2\underset{\underset{CH_3}{|}}{\overset{\overset{NH}{\|}}{C}}CN$$

含有 α-H 的腈发生自身的缩合反应,称为 Thorpe 反应。
②异腈的化学性质。
Ⅰ.还原反应:

$$RNC \xrightarrow{H_2/Ni} RNHCH_3$$

Ⅱ.水解反应:

$$RNC \xrightarrow{H_3O^+} RNH_2 + HCOOH$$

Ⅲ.氧化反应:

$$RNC \xrightarrow{HgO} RN=C=O$$

Ⅳ.异构化:

$$RNC \xrightarrow{\triangle} RCN$$

③异氰酸酯的化学性质。
Ⅰ.水解反应:

$$RN=C=O \xrightarrow[\triangle]{H_2O} RNH_2 + CO_2$$

Ⅱ.与醇、胺、酸的作用。

$$RN=C=O \begin{array}{c} \xrightarrow{R'OH} RNHCOOR' \\ \xrightarrow{R'NH_2} RNHCONHR' \\ \xrightarrow{R'COOH} RNHCOOCOR' \end{array}$$

(5)偶氮化合物。偶氮化合物有以下性质。①碱性。偶氮化合物分子中氮原子有孤对电子,但它们的碱性很弱,在强酸中才能接受质子而呈现碱性:

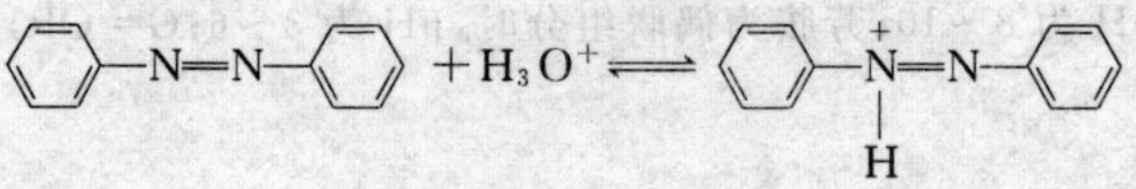

$$Ph-N=N-Ph + H_3O^+ \rightleftharpoons Ph-\overset{+}{N}=N-Ph \atop H$$

②还原反应:

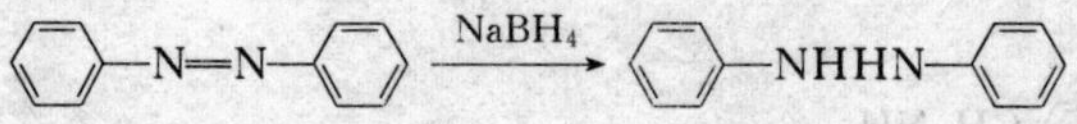

$$Ph-N=N-Ph \xrightarrow{NaBH_4} Ph-NHHN-Ph$$

③氧化反应:

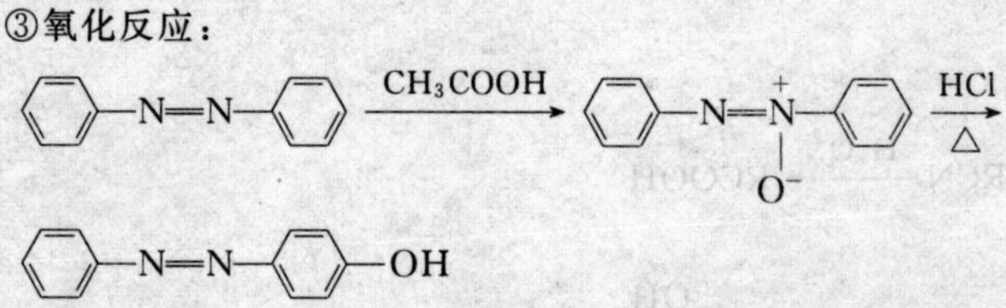

$$Ph-N=N-Ph \xrightarrow{CH_3COOH} Ph-\overset{+}{N}=N-Ph \atop O^- \xrightarrow[\triangle]{HCl}$$

$$Ph-N=N-\text{C}_6\text{H}_4-OH$$

④苯胺重排:

$$Ph-NHHN-Ph \xrightarrow{H_3O^+} H_2N-\text{C}_6\text{H}_4-\text{C}_6\text{H}_4-NH_2$$

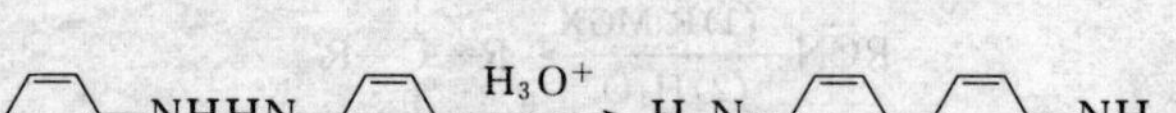

⑤脂肪族偶氮化合物。脂肪族偶氮化合物在加热时分解,生成氮气和自由基。有的脂肪族偶氮化合物可以作为自由基反应的引发剂,例如下列自由基的引发反应:

$$(CH_3)_2\underset{CN}{C}-N=N-\underset{CN}{C}(CH_3)_2 \xrightarrow{\triangle} 2(CH_3)_2\underset{CN}{C}\cdot + N_2$$

⑥叠氮化合物。叠氮化合物可以通过下列制备:

$$RX \xrightarrow[CH_3OH]{NaN_3} RN_3$$

$$RCOCl \xrightarrow{NaN_3} RCON_3$$

$$ArNH_2 \xrightarrow[(2)NaN_3]{(1)NaNO_2,HCl} ArN_3$$

叠氮化合物的化学性质。

Ⅰ. 还原反应。

$$RCH_2N_3 \xrightarrow[(2)H_2O]{(1)LiAlH_4, Et_2O} RCH_2NH_2$$

Ⅱ. 亲核取代反应。

$$RX \xrightarrow[EtOH, H_2O]{NaN_3} RN_3$$

Ⅲ. Curtius 重排反应。

$$RCO\overset{+}{N}=\overset{}{N}=N \xrightarrow{-N_2} RCO\ddot{N}: \longrightarrow RN=C=O \xrightarrow[-CO_2]{H_2O} RNH_2$$

Ⅳ. Schmmidt 重排反应。

$$RCOOH + HN_3 \xrightarrow{H^+} RCON_3 \xrightarrow{\triangle} \xrightarrow{H_2O} RNH_2$$

13.2.2 重点、难点

1. 重点

(1)胺、重氮盐和偶氮化合物的化学性质。

(2)重氮盐的反应。

(3)胺的制法。

2. 难点

(1)胺的化学性质:胺具有弱酸性,因此它的共轭碱碱性大,具有亲核性,可以发生亲核取代反应。

(2)胺的制法:特别是一些特殊的胺制备方法。

(3)重氮盐的反应:重氮盐在不同的条件下与不同的试剂反应而生成各种化合物,在合成上具有重要的意义。

(4)各类重排反应:本章中有不少的重排反应,应根据反应物的结构和反应条件,确定重排的机理。

13.3 例题

例 13.1 解释进行偶合反应时需要的下列各种条件。

(1)芳胺重氮化时需要过量的矿酸。

(2)和 $ArNH_2$ 偶合时需要在弱酸性介质中进行。

(3)和 $ArOH$ 偶合需要在弱碱性溶液中进行。

解 (1)为了防止发生反应:$Ar\overset{+}{N}\equiv N + H_2NAr \longrightarrow ArN=NNHAr$,在过量的酸中,苯胺生成 $Ar\overset{+}{N}H_3X^-$。

(2)强碱性时不发生偶合,而是重氮盐与 OH^- 反应,生成 $ArN=NOH$,后者又可以进一步反应成 $ArN=NO^-$,二者均不起偶合反应。强酸性时,苯胺转变成 $Ar\overset{+}{N}H_3X^-$,降低芳环活性,也不起偶合反应。

(3)高酸度将抑制苯酚的离解,从而降低活性的 ArO^- 的浓度。在弱碱性溶液中,ArO^- 可形成但 $ArN=NOH$ 不会生成。

例 13.2 回答下列问题。

(1) 下列化合物中碱性最强的是（　　）。
A：苯胺　　　　B：2,4-二硝基苯胺　　　C：对硝基苯胺　　　D：对甲氧基苯胺

(2) 下列化合物中碱性最强的是（　　）。
A：$CH_3CH_2NH_2$　　　　　　　　B：CH_3NHCH_3
C：NH_3　　　　　　　　　　　　D：$C_6H_5NH_2$

(3) 下列化合物酸性最弱的是（　　）。
A：乙醇　　　B：苯酚　　　C：对甲苯酚　　　D：对硝基苯酚

(4) 下列物质碱性最弱的是（　　）。
A：氨　　　B：乙胺　　　C：乙酰胺　　　D：二乙胺

(5) 与 HNO_2 作用没有 N_2 生成的是（　　）。
A：H_2NCONH_2　　　　　　　　B：$CH_3CH(NH_2)COOH$
C：$C_6H_5NHCH_3$　　　　　　　　D：$C_6H_5NH_2$

(6) 要清除乙腈（CH_3CN）中微量的丙烯腈（$CH_2=CHCN$）杂质，下列试剂中最适宜的是（　　）。
A：催化加氢　　B：加溴的 CCl_4 溶液　　C：加 $KMnO_4$ 溶液　　D：加 1,3-丁二烯

(7) 下列化合物与 $CHNH_3O^-$ 在 50℃时反应速度大小顺序是（　　）。

A：对硝基氯苯　　B：对溴氯苯　　C：邻硝基氯苯（另含一NO₂）　　D：2,6-二硝基氯苯

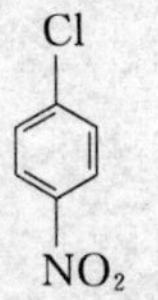

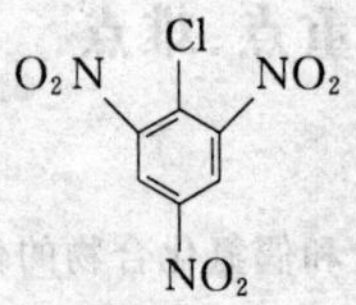

(8) 下列各化合物能与重氮盐能起偶联反应的是（　　）。
A：乙酰苯胺　　　　　　　　B：N,N-二甲基苯胺
C：邻硝基苯磺酸　　　　　　D：2,6-二甲基-N,N-二甲基苯胺

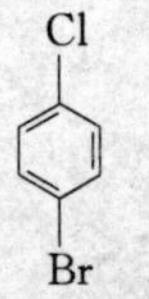

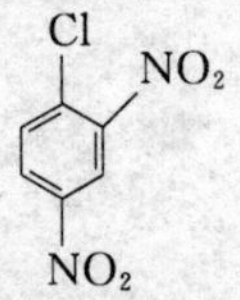

(9) 将下列化合物的沸点由高到低排列（　　）。
A：丙酸　　　B：丙醇　　　C：丙酰胺　　　D：丙醛

解 (1) D　(2) B　(3) A　(4) C　(5) C　(6) D　(7) D>C>A>B　(8) B　(9) C>A>B>D

例 13.3 试分离或提纯下列各组化合物。

(1) (Ⅰ)$PhNH_2$、(Ⅱ)$PhNHCH_3$ 和 (Ⅲ)$PhN(CH_3)_2$。

(2) 三乙胺，混有微量的乙胺和二乙胺。

(3) 乙胺的混合物，混有微量的二乙胺和三乙胺。

解 (1) 将混合物用苯磺酰氯处理。分层后对油状物蒸馏便可得到纯的Ⅲ；对溶液层加碱，分层后对油状的Ⅱ蒸馏可得到纯的Ⅱ，用酸中和溶液层然后蒸馏可得到纯的Ⅰ。

(2) 在混合物的乙醚液中加入乙酐溶液并加热，然后用稀 HCl 多次提取反应液，得到三乙胺的盐酸盐。对三乙胺的盐酸盐溶液碱化，再用乙醚提取，对提取液进行蒸馏，蒸出乙醚便得到纯的三乙胺。

(3) 乙胺混合物的乙醚液 —→(PhSO₂Cl)→ { PhSO₂NHC₂H₅ / PhSO₂N(C₂H₅)₂ / 不反应 } —(NaOH)→ 分离→碱液 —(H₃O⁺中和)→ 乙胺游离物 —(加乙醚提取)→ 蒸出乙醚 → 蒸出乙胺

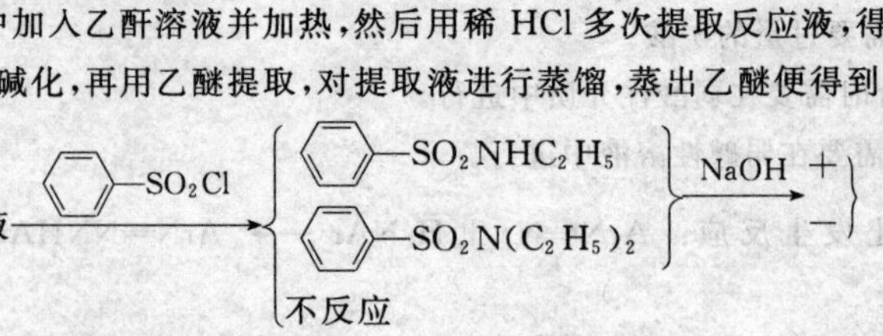

例 13.4 完成下列反应式。

(1) Ph—NHCH₂CH₃ —(CH₃I)→

(2) H_3CO-C$_6H_4$-NHCH$_3$ $\xrightarrow{CH_3COCl}$

(3) $C_6H_5NH_2$ $\xrightarrow[-5℃]{HCl+NaNO_2}$ $\xrightarrow[CH_3COONa]{C_6H_5N(CH_3)_2}$

(4) $C_6H_5CONH_2$ $\xrightarrow[\Delta]{Br_2+NaOH}$ $\xrightarrow[-5℃]{HCl+NaNO_2}$ $\xrightarrow{CuCN/KCN}$ $\xrightarrow[H_3O^+]{H_2O}$

(5) [3-methyl-1,1-dimethyl azacycloheptane cation] $+ OH^- \xrightarrow{\Delta}$?

(6) 2,2'-dibromohydrazobenzene $\xrightarrow[\Delta]{H^+}$

(7) cyclohexyl-CH(H)-CH$_2$N(CH$_3$)$_2$ $\xrightarrow{H_2O_2}$ $\xrightarrow{加热}$

(8) 1,3-dinitrobenzene $\xrightarrow{NH_4HS}$ $\xrightarrow[2. KI, \Delta]{1. NaNO_2/HCl}$

(9) cyclopentanone + pyrrolidine $\xrightarrow{苯,加热}$ $\xrightarrow[2) H_2O]{1) CH_3CH_2Br}$

(10) $CH_3CH_2NH_2$ $\xrightarrow[KOH]{CHCl_3}$

(11) phthalimide-N-K$^+$ $\xrightarrow{BrCH(CO_2C_2H_5)_2}$ $\xrightarrow[2) C_6H_5CH_2Cl]{1) C_2H_5ONa}$ $\xrightarrow[2) H^+]{1) H_2O, OH^-}$ $\xrightarrow{\Delta}$

(12) cyclohexanone $\xrightarrow{CH_2N_2}$

(13) (CH$_3$)$_3$C-cyclohexane with OH and NH$_2$ $\xrightarrow{HNO_2}$

(14) 2,3-dinitrotoluene $\xrightarrow[H_2O]{NH_3}$

(15) $C_6H_5NH_2$ $\xrightarrow[HCl,<5℃]{NaNO_2}$ resorcinol $\longrightarrow$

(16) O_2N-C$_6H_4$-CHO + 2,4-dinitrotoluene $\xrightarrow{C_2H_5ONa}$

(17) O_2N-C$_6H_5$ $\xrightarrow{Zn+NaOH}$ $\xrightarrow{H^+}$ $\xrightarrow[HCl,<5℃]{NaNO_2}$ $\xrightarrow[H_2O]{H_3PO_2}$

(18) 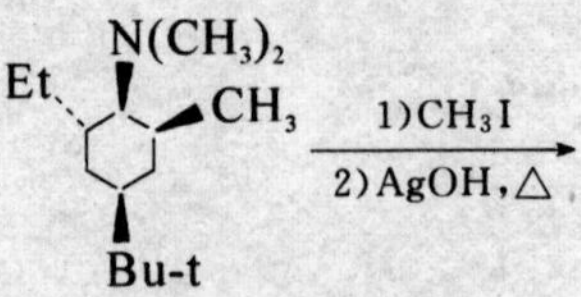 [structure: cyclohexane with Et, N(CH$_3$)$_2$, CH$_3$, Bu-t substituents] $\xrightarrow{\text{1) CH}_3\text{I}}_{\text{2) AgOH, }\Delta}$

(19) 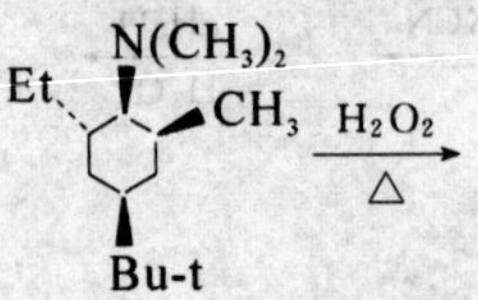 [structure: cyclohexane with Et, N(CH$_3$)$_2$, CH$_3$, Bu-t substituents] $\xrightarrow{\text{H}_2\text{O}_2}_{\Delta}$

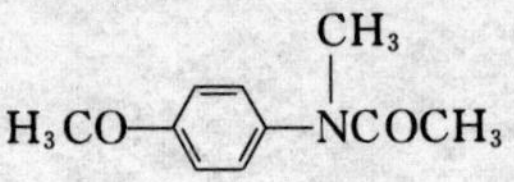

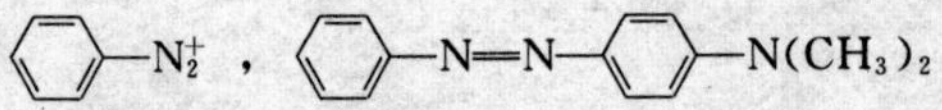

解 (1) 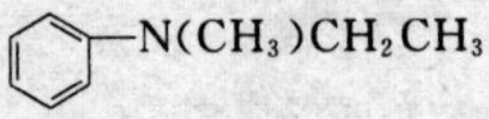 C$_6$H$_5$N(CH$_3$)CH$_2$CH$_3$

(2) H$_3$CO—C$_6$H$_4$—N(CH$_3$)COCH$_3$

(3) C$_6$H$_5$—N$_2^+$, C$_6$H$_5$—N=N—C$_6$H$_4$—N(CH$_3$)$_2$

(4) C$_6$H$_5$NH$_2$, C$_6$H$_5$—N$_2^+$, C$_6$H$_5$CN , C$_6$H$_5$COOH

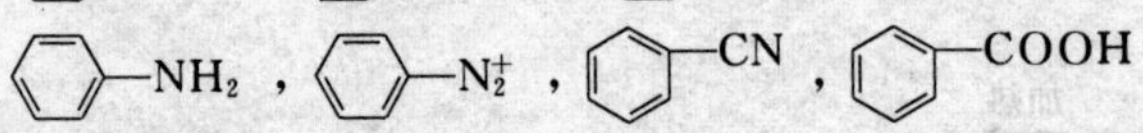

(5) CH$_2$=CHCH$_2$CH(CH$_3$)CH$_2$N(CH$_3$)$_2$

(6) 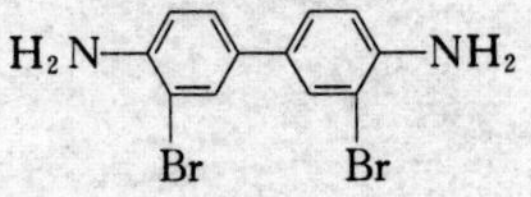 H$_2$N—C$_6$H$_3$(Br)—C$_6$H$_3$(Br)—NH$_2$ (biphenyl with 2 NH$_2$ and 2 Br)

(7) 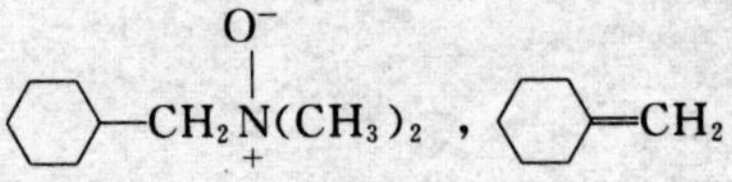 C$_6$H$_{11}$—CH$_2$—N$^+$(CH$_3$)$_2$—O$^-$, C$_6$H$_{10}$=CH$_2$

(8) 3-nitroaniline , 3-nitroiodobenzene

(9) N-cyclohexylpiperidine , 2-ethylcyclohexanone

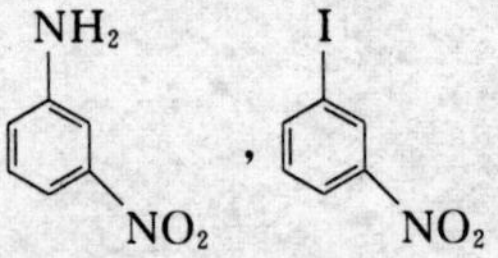

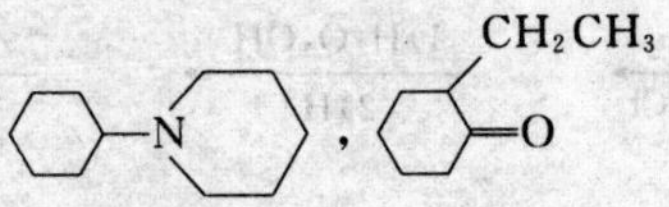

(10) CH$_3$CH$_2$—N$^+$≡C$^-$

(11) 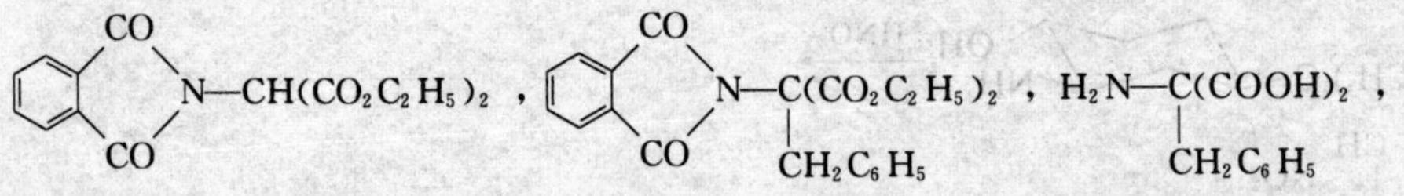 phthalimide-N-CH(CO$_2$C$_2$H$_5$)$_2$, phthalimide-N-C(CO$_2$C$_2$H$_5$)$_2$(CH$_2$C$_6$H$_5$) , H$_2$N—C(COOH)$_2$(CH$_2$C$_6$H$_5$) ,

H$_2$N—CHCOOH
          |
          CH$_2$C$_6$H$_5$

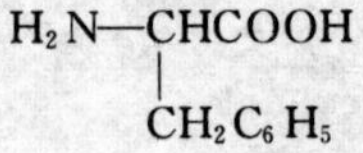

(12) 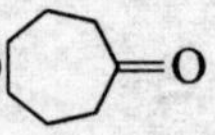 cycloheptanone

(13) 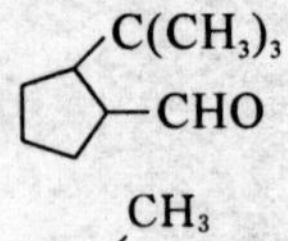 cyclopentane with C(CH$_3$)$_3$ and CHO

(14) 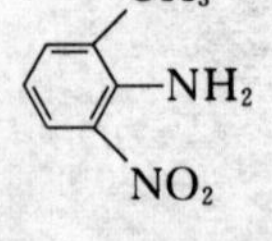 2-methyl-3-nitroaniline

220

(15) ![phenyl diazonium], ![phenylazo-2,4-dihydroxybenzene]

(16) O_2N-C₆H₄-CH=CH-C₆H₃(NO₂)(NO₂)

(17) C₆H₅-NHNH-C₆H₅, H₂N-C₆H₄-C₆H₄-NH₂, ⁺N₂-C₆H₄-C₆H₄-N₂⁺, 联苯

(18) 环己烯衍生物 (Et, CH₃, Bu-t)

(19) 环己烯衍生物 (Et, CH₃, Bu-t)

例 13.5 完成下列转变。
(1) 甲苯 → 邻硝基苯胺。
(2) 甲苯 → 苄胺。
(3) 甲苯 → 2-碘-1,4-二溴苯。
(4) 苯 → 间氟苯酚。
(5) 苯 → 对-氨基苯酚。

解 (1) 苯 $\xrightarrow{HNO_3}{H_2SO_4}$ $\xrightarrow{Fe+HCl}$ $\xrightarrow{(CH_3CO)_2O}{\triangle}$ $\xrightarrow{H_2SO_4}$ $\xrightarrow{HNO_3}{H_2SO_4}$ $\xrightarrow{H_2O}{H_3O^+}$ TM

(2) 甲苯 $\xrightarrow{NBS}$ $\xrightarrow{邻苯二甲酰亚胺}{K_2CO_3}$ $\xrightarrow{KOH}$ TM

(3) 甲苯 $\xrightarrow{KMnO_4}$ $\xrightarrow{Br_2}{Fe}$ $\xrightarrow{NH_3}$ $\xrightarrow{Br_2+NaOH}$ $\xrightarrow{(CH_3CO)_2O}$ $\xrightarrow{Br_2}{Fe}$ $\xrightarrow{H_2O}$ $\xrightarrow{HCl+NaNO_2}{<5℃}$ $\xrightarrow{KI}{\triangle}$ TM

(4) 苯 $\xrightarrow{HNO_3}{H_2SO_4,\triangle}$ $\xrightarrow{NH_4SH}$ $\xrightarrow{HCl+NaNO_2}{<5℃}$ $\xrightarrow{HBF_4}{\triangle}$ $\xrightarrow{Fe+HCl}$ $\xrightarrow{HCl+NaNO_2}{<5℃}$ $\xrightarrow{H_2O}{\triangle}$ TM

(5) 苯 $\xrightarrow{Br_2}{Fe}$ $\xrightarrow{HNO_3}{H_2SO_4}$ $\xrightarrow{NaOH}{\triangle}$ $\xrightarrow{Fe+HCl}$ TM

例 13.6 按要求合成下列化合物。
(1) 由苯等合成 1,3,5-三溴苯。
(2) 从环戊酮和 HCN 等制备环己酮。
(3) 由苯甲腈等合成苯胺。
(4) 由乙醇、甲苯及其他无机试剂合成普鲁卡因 H_2N-C₆H₄-CO₂C₂H₅N(C₂H₅)₂。
(5) 由合适的原料合成 2,2′-二甲基-4-硝基-4′-氨基偶氮苯。
(6) 从甲苯或苯合成 1,2,3-三溴苯。
(7) 由苯等合成 4,4′-二碘联苯。
(8) 由苯胺、苯酚等合成 C₆H₅-N=N-C₆H₄-N=N-C₆H₄-OH。
(9) 由苯、甲苯等合成 邻硝基-N=CH-苯基 化合物。

221

解 (1) C₆H₆ →[HNO₃/H₂SO₄] →[Fe+HCl] →[Br₂/H₂O] →[HCl+NaNO₂, <5℃] →[H₃PO₂] TM

(2) 环戊酮 →[HCN] →[LiAlH₄] →[HNO₂] TM

(3) C₆H₅CN →[H₂O/H₃O⁺] →[NH₃, Δ] →[Br₂+NaOH] TM

(4) CH₃CH₂OH →[NH₃, Δ] CH₃CH₂NH₂ →[CH₃CH₂OH] NH(C₂H₅)₂

CH₃CH₂OH →[RCO₃H] →[NH(C₂H₅)₂] HOCH₂CH₂N(C₂H₅)₂

C₆H₅CH₃ →[HNO₃/H₂SO₄] →[KMnO₄/H₃O⁺] →[SOCl₂] →[HOCH₂CH₂N(C₂H₅)₂] →[OH⁻] →[Fe+HCl] TM

(5) C₆H₅CH₃ →[HNO₃/H₂SO₄] 邻硝基甲苯 →[Fe+HCl] →[(CH₃CO)₂O] →[HNO₃/H₂SO₄] →[H₂O/H⁺] 2-氨基-5-硝基甲苯

2-氨基-5-硝基甲苯 →[HCl+NaNO₂, <5℃] →[H₃PO₂] →[Fe+HCl] → TM

(6) C₆H₆ →[HNO₃/H₂SO₄] →[Fe+HCl] →[H₂SO₄, Δ] →[Br₂/H₂O] →[H₃O⁺] →[H₂SO₄+NaNO₂, <5℃] →[CuBr] TM

(7) C₆H₆ →[HNO₃/H₂SO₄] →[Fe+HCl] →[Zn+NaOH] →[H⁺] →[HCl+NaNO₂, <5℃] →[KI, Δ] TM

(8) C₆H₅NH₂ →[HCl+NaNO₂, <5℃] →[苯胺/CH₃COONa] C₆H₅N₂⁺Cl⁻ →[Δ] →[HCl+NaNO₂, <5℃] →[C₆H₅OH] TM

(9) C₆H₅CH₃ →[MnO₂+H₂SO₄] C₆H₅CHO

C₆H₆ →[(1)硝化 (2)还原] C₆H₅NH₂ →[(CH₃CO)₂O] C₆H₅NHCOCH₃ →[H₂SO₄] p-(SO₃H)C₆H₄NHCOCH₃ →[HNO₃/H₂SO₄]

(NHCOCH₃, NO₂, SO₃H取代的苯) →[H₂O, 180℃] (NH₂, NO₂取代的苯) → C₆H₅CHO → TM

例 13.7 推测下列各化合物结构。

(1) 有一分子式为 $C_{12}H_{10}N_2O$ 的染料,用 Sn+HCl 还原后,得到两个无色的化合物 A 和 B,A 与 FeCl₃NH₃ 能发生颜色反应,B 不含氧。A,B 分别用酸性 $K_2Cr_2O_7$ 溶液氧化都得对苯醌。试写出 A,B 和原染料的构造式。

(2) 某化合物 $C_8H_9NO_2$(A)在 NaOH 中被 Zn 还原产生 B,在强酸性下 B 重排生成芳香胺 C,C 用 HNO₂ 处理,再与 HNH₃PO₂ 反应生成 3,3′-二乙基联苯 (D)。试写出 A,B,C 和 D 的结构式。

(3) 某化合物 A,分子式为 $C_8H_{17}N$,其核磁共振谱无双重峰,它与 2 mol 碘甲烷反应,然后与 Ag₂O(湿)作用,接着加热,则生成一个中间体 B,其分子式为 $C_{10}H_{21}N$。B 进一步甲基化后与湿的 Ag₂O 作用转变为氢氧化物,加热则生成三甲胺、1,5-辛二烯和 1,4-辛二烯混合物。写出化合物 A 和 B 的结构式。

(4) 分子式为 $C_7H_7NO_2$ 的化合物 (A),与 Fe+HCl 反应生成分子式为 C_7H_9N 的化合物(B);(B)和 NaNO₂+HCl 在 0~5℃反应生成分子式为 $C_7H_7N_2Cl$ 的 (C);在稀盐酸中(C)与 CuCN 反应生成化合物

C_8H_7N (D);(D)在稀酸中水解得到一个酸 $C_8H_8O_2$(E);(E)用高锰酸钾氧化得到另一种酸(F);(F)受热时生成分子式为 $C_8H_4ONH_3$ 的酸酐。试推测(A)(B)(C)(D)(E)(F)的构造式。并写出各步反应式。

解 (1) 原染料：HO—C₆H₄—N=N—C₆H₅ A：HO—C₆H₄— B：H₂N—C₆H₅

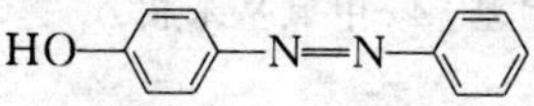

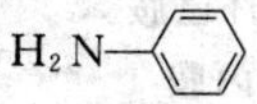

(2) A：邻硝基乙苯 B：邻Et-C₆H₄—NHNH—C₆H₄-邻Et C：H₂N—(3-Et-C₆H₃)—(3-Et-C₆H₃)—NH₂

(3) A：2-正丙基哌啶 B：1-甲基-2-正丙基-Δ-四氢吡啶

(4) A：邻甲基硝基苯 B：邻甲苯胺 C：邻甲基重氮盐 D：邻甲基苯腈
E：邻甲基苯甲酸 F：邻苯二甲酸

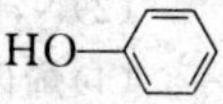

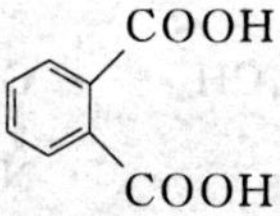

例 13.8 对下列反应提出可能的反应机理。

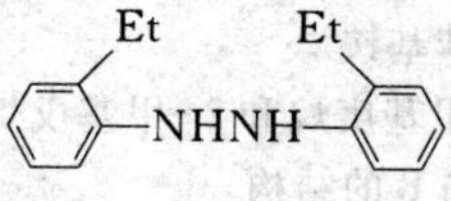

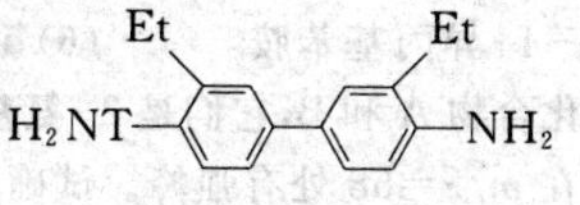

(1) 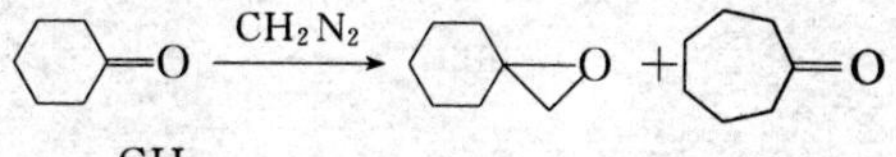 环己酮 + CH_2N_2 → 螺环氧化物 + 环庚酮

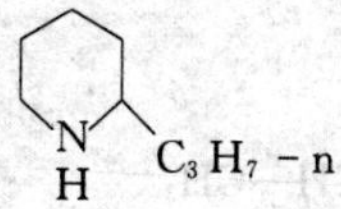

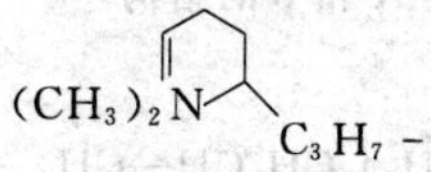

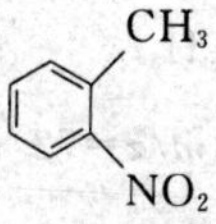

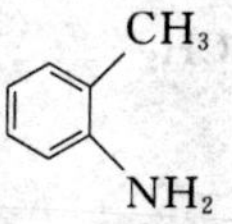

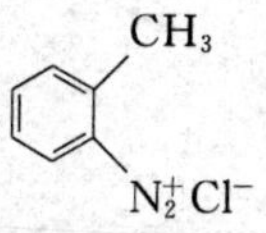

(2) 2-甲基环己酮 + NaN₃/H₂SO₄ → 7-甲基-己内酰胺

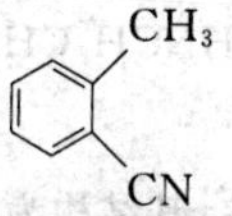

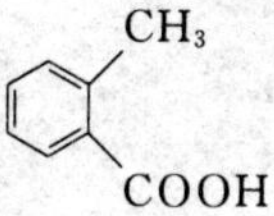

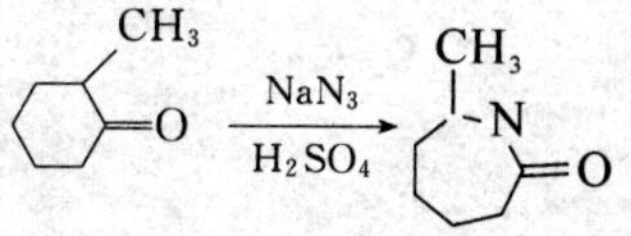

解 (1) 机理如图所示（涉及 $\overset{-}{C}H_2\overset{+}{N}\equiv N$ 进攻羰基，迁移得到环庚酮或环氧化物）

(2) 机理：质子化 → N_3^- 进攻 → 迁移失去 N_2 → 水解得内酰胺

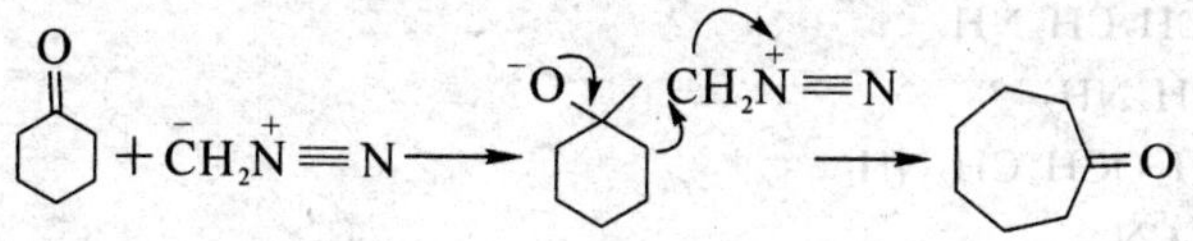

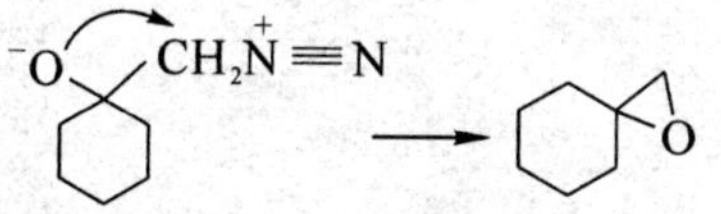

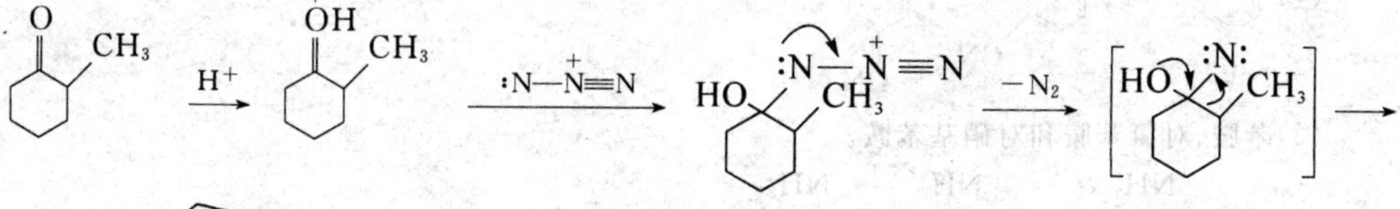

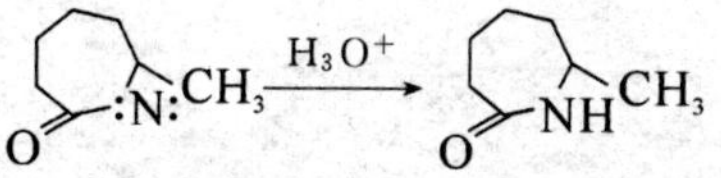

13.4 习题精选详解

习题 13.1 对下列化合物命名。

(1) 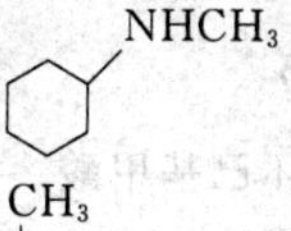 环己基-NHCH₃

(2) $CH_3O-C_6H_4-N(CH_3)_2$

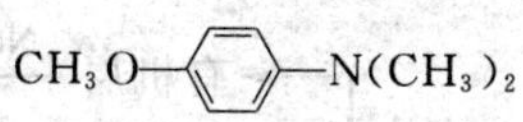

(3) 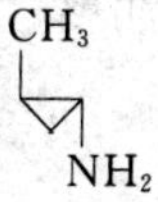 2-氨基丙烯（甲基环丙胺结构，含 NH_2）

(4) $CH_2=CHCH_2NH_2$

(5) 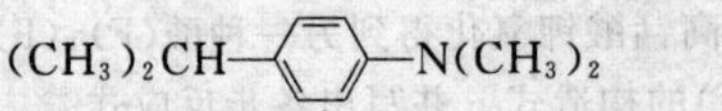 $(CH_3)_2CH-\underset{}{\bigcirc}-N(CH_3)_2$ (6)  $(\bigcirc-CH_2)_4\overset{+}{N}Cl^-$

解 (1) N-甲基环己胺 (2) N,N-二甲基-4-甲氧基苯胺
(3) 反-2-甲基环丙胺 (4) 烯丙基胺
(5) N,N-二甲基-4-异丙基苯胺 (6) 氯化甲苄基铵

习题 13.2 两个化合物 A 和 B,它们是 2-氨基-2-甲基庚烷和 2-甲基戊烷-4-乙胺基。质谱图中 A 在 $m/z=72$ 处有强峰,B 在 $m/z=58$ 处有强峰。试确定 A 和 B 的结构。

解 A 为 2-甲基戊烷-4-乙胺,其结构为

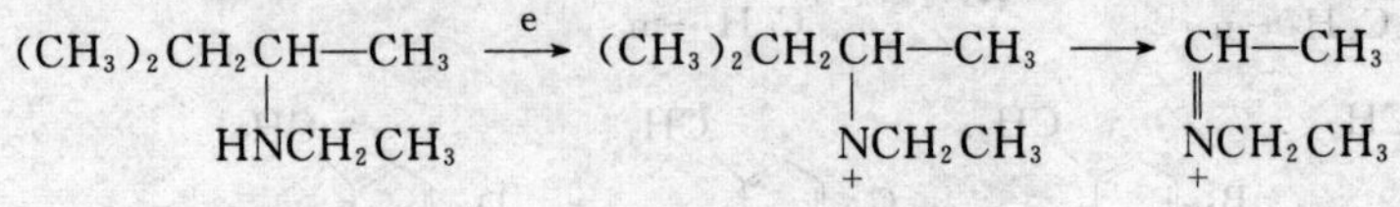

$$(CH_3)_2CH_2CH-CH_3 \xrightarrow{e} (CH_3)_2CH_2CH-CH_3 \longrightarrow CH-CH_3$$
$$\underset{HNCH_2CH_3}{|} \quad \underset{\overset{+}{N}CH_2CH_3}{|} \quad \underset{\overset{+}{N}CH_2CH_3}{|}$$
$$m/z=72$$

B 为 2-氨基-2-甲基庚烷,其结构为

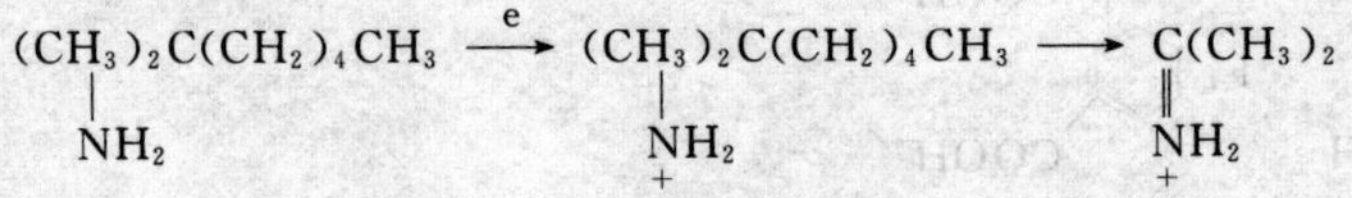

$$(CH_3)_2C(CH_2)_4CH_3 \xrightarrow{e} (CH_3)_2C(CH_2)_4CH_3 \longrightarrow C(CH_3)_2$$
$$\underset{NH_2}{|} \quad \underset{\overset{+}{N}H_2}{|} \quad \underset{\overset{+}{N}H_2}{|}$$
$$m/z=58$$

习题 13.3 比较下列化合物的碱性强弱。
(1) $FCH_2CH_2CH_2NH_2$, $CH_3CH_2NH_2$
(2) $FCH_2CH_2CH_2NH_2$, $F_3CCH_2NH_2$
(3) $CH_3OCH_2CH_2NH_2$, $CH_3CH_2CH_2CH_2NH_2$
(4) $(C_2H_5)_2NCH_2CN$, $(C_2H_5)_3N$

解 (1) $CH_3CH_2NH_2 > FCH_2CH_2CH_2NH_2$
(2) $FCH_2CH_2CH_2NH_2 > F_3CCH_2NH_2$
(3) $CH_3CH_2CH_2CH_2NH_2 > CH_3OCH_2CH_2NH_2$
(4) $(C_2H_5)_3N > (C_2H_5)_2NCH_2CN$

习题 13.4 比较下列化合物的碱性强弱。

(1) 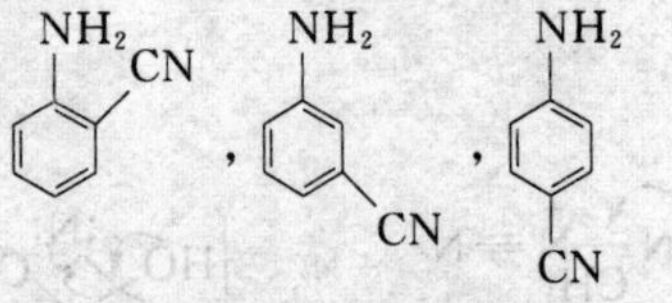 邻-氨基苯甲腈, 间-氨基苯甲腈, 对-氨基苯甲腈

(2) 苯胺、对氯苯胺和对硝基苯胺。

解 (1) 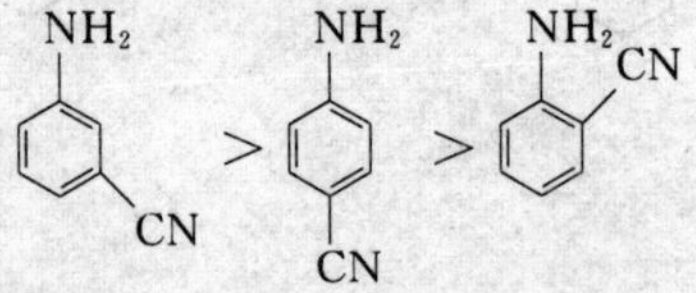 间 > 对 > 邻

(2) 苯胺 > 对氯苯胺 > 对硝基苯胺。

习题 13.5 如何分离下列混合物。
(1) 癸烷、三丁胺和环己基甲酸。
(2) 苯甲酸、苯乙酮和 N,N-二甲基苯胺。

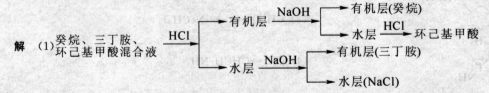

(2)

苯甲酸、苯乙酮、N,N-二甲基苯胺混合液 →NaHSO₃→ 沉淀 →HCl→ 苯甲醛

水层 →HCl→ 有机层(苯乙酮)

水层 →NaOH→ 有机层(N,N-二甲基苯胺)

水层(NaCl)

习题 13.6 醇与邻苯二甲酐反应,生成邻苯二甲酸一酯:

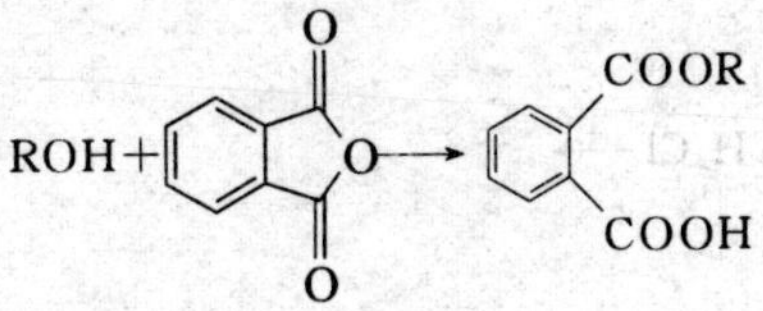

ROH + (邻苯二甲酐) → (邻苯二甲酸一酯 COOR/COOH)

醇的外消旋体应如何拆开?

解 醇的外消旋体可用下述过程来拆分,其中$(-)R'NH_2$为旋光碱,如$(-)$-奎宁等。

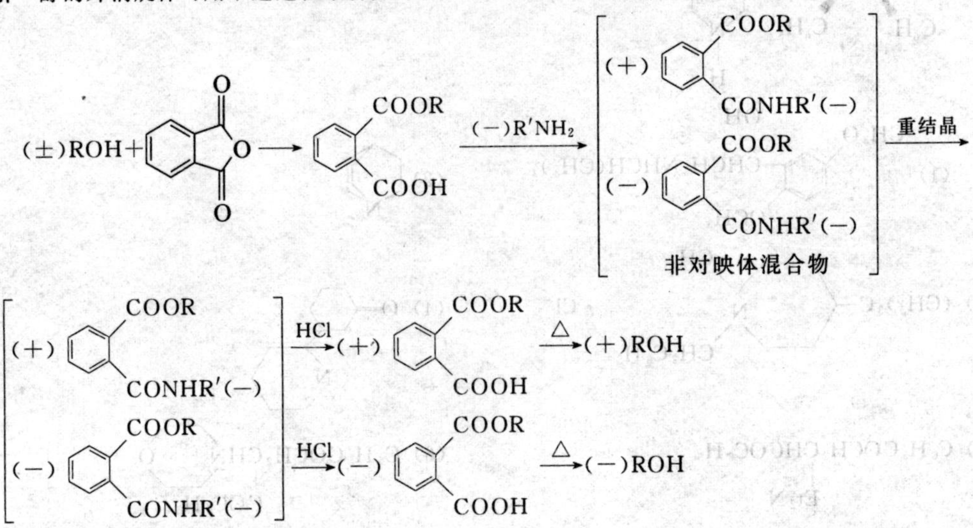

$(\pm)$ROH + (邻苯二甲酐) → (COOR/COOH) →$(-)R'NH_2$→ [(+)(COOR/CONHR'(−)) + (−)(COOR/CONHR'(−))] 非对映体混合物 →重结晶→

[(+)(COOR/CONHR'(−))] →HCl→ (+)(COOR/COOH) →Δ→ (+)ROH

[(−)(COOR/CONHR'(−))] →HCl→ (−)(COOR/COOH) →Δ→ (−)ROH

习题 13.7 写出下列反应的产物。

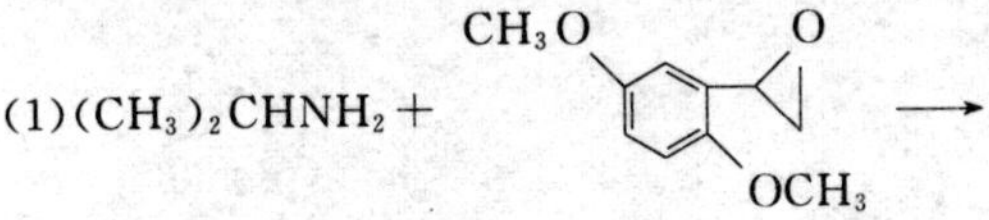

(1) $(CH_3)_2CHNH_2$ + (2,5-二甲氧基苯基环氧乙烷) →

(2) (4-(2-溴乙基)哌啶) →NaOH→

(3) (1-甲基-4-叔丁基哌啶) →$C_6H_5CH_2Cl$→ ? + ?

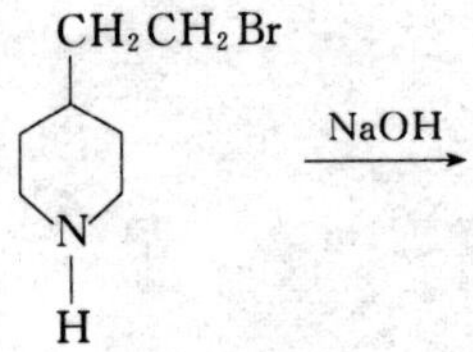

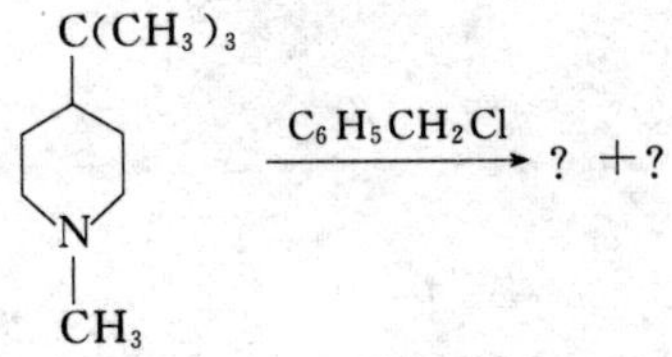

(4) 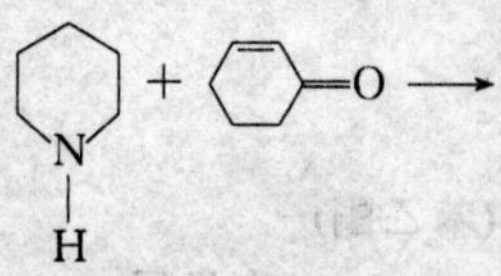 ![piperidine] + ![cyclohexenone] ⟶

(5) $Et_2NH + C_6H_5COCH=CHCOC_6H_5 \longrightarrow$

(6) 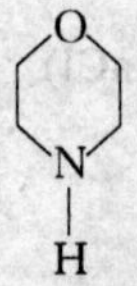 ![morpholine] $+ C_6H_5COCH=CHCOC_6H_5 \longrightarrow$

(7) $(C_6H_5CH_2)_2NH + CH_3COCH_2Cl \longrightarrow$

(8) $n-C_4H_9NH_2 +$![epoxide] $\longrightarrow$

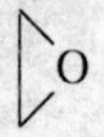

(9) 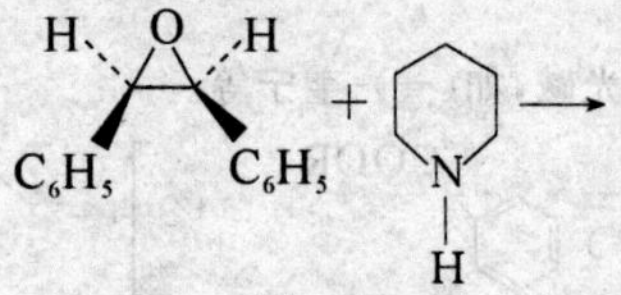 ![trans-stilbene oxide with C6H5 groups] + ![piperidine] ⟶

解 (1) 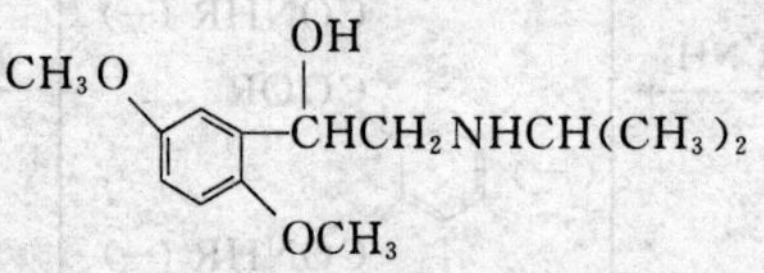 2,5-dimethoxy-α-[(isopropylamino)methyl]benzyl alcohol structure with OH, CHCH$_2$NHCH(CH$_3$)$_2$, OCH$_3$ groups

(2) ![quinuclidine structure]

(3) $(CH_3)_3C$—![N-methyl-N-benzyl piperidinium]—Cl^- with CH_3 and $CH_2C_6H_5$ on N

(4) ![2-(2-piperidyl)cyclohexanone]

(5) $C_6H_5COCH_2CHCOC_6H_5$
          $\quad\quad\quad\quad\quad|$
          $\quad\quad\quad\quad Et_2N$

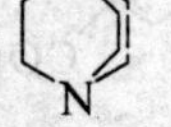

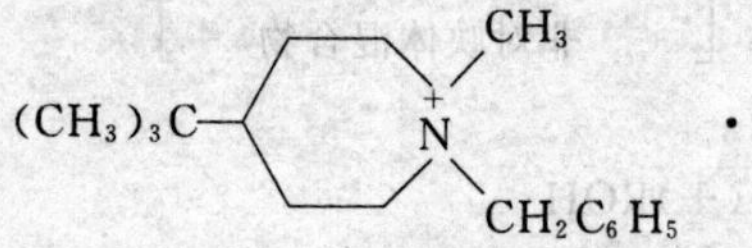

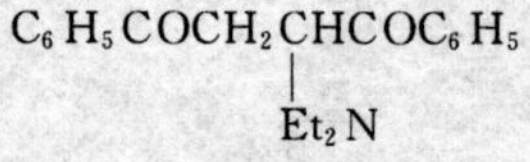

(6) 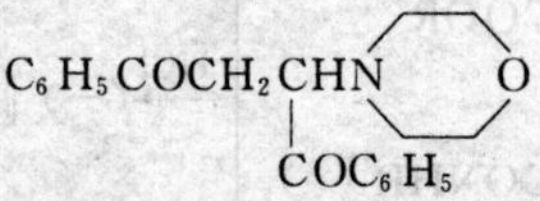 $C_6H_5COCH_2CHN$—![morpholine]
                $\quad\quad\quad\quad|$
                $\quad\quad\quad\quad COC_6H_5$

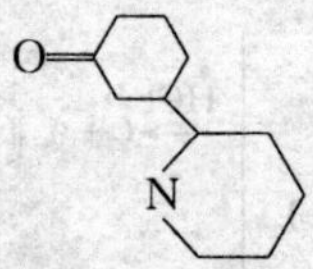

(7) $CH_3COCH_2N(CH_2C_6H_5)_2$

(8) $(HOCH_2CH_2)_2NC_4H_9-n$

(9) 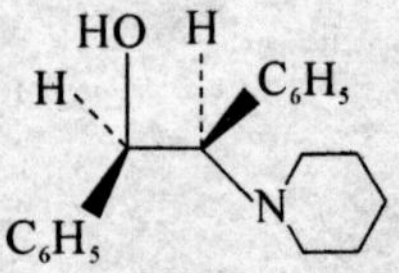 ![stereochemistry: HO and C6H5 on adjacent carbons, with piperidinyl N, C6H5 groups]

习题 13.8 下列化合物应如何合成？

(1) 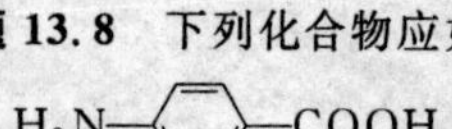 H_2N—⟨benzene⟩—$COOH$ （由 CH_3—⟨benzene⟩—NH_2）

(2) ![2,6-dichloro-4-nitroaniline] （由 H_2N—⟨benzene⟩）

(3) ![1-nitro-2-aminonaphthalene] （由 ![2-aminonaphthalene]）

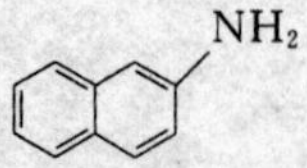

解 (1) 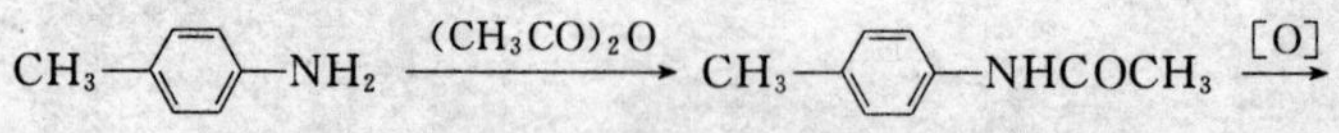 CH_3—⟨benzene⟩—NH_2 $\xrightarrow{(CH_3CO)_2O}$ CH_3—⟨benzene⟩—$NHCOCH_3$ $\xrightarrow{[O]}$

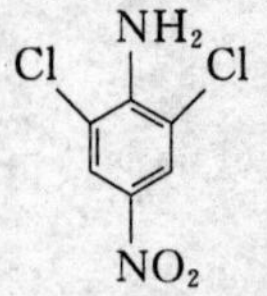

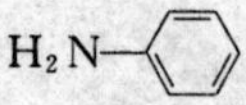

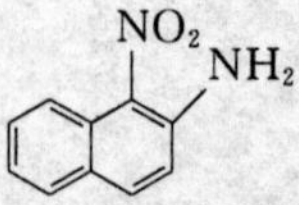

第13章 胺及其他含氮化合物

$$\text{HOOC-C}_6\text{H}_4\text{-NHCOCH}_3 \xrightarrow[\Delta]{H_3O^+} \text{HOOC-C}_6\text{H}_4\text{-NH}_2$$

(2) $\text{C}_6\text{H}_5\text{-NH}_2 \xrightarrow{(CH_3CO)_2O} \text{C}_6\text{H}_5\text{-NHCOCH}_3 \xrightarrow{HNO_3} \text{O}_2\text{N-C}_6\text{H}_4\text{-NHCOCH}_3 \xrightarrow[\Delta]{H_2O, OH^-}$

$\text{O}_2\text{N-C}_6\text{H}_4\text{-NH}_2 \xrightarrow{Cl_2, CH_3COOH}$ 2,6-二氯-4-硝基苯胺

(3) 2-萘胺 $\xrightarrow{(CH_3CO)_2O}$ 2-NHCOCH$_3$-萘 $\xrightarrow{HNO_3}$ 1-NO$_2$-2-NHCOCH$_3$-萘

$\xrightarrow[\Delta]{H_2O, OH^-}$ 1-NO$_2$-2-NH$_2$-萘

习题 13.9 如何实现下列转变？

(1) 间二甲苯 $\longrightarrow$ 2,4,5-三甲基苯胺

(2) $(CH_3)_2CHCH_2CH_2Br \longrightarrow (CH_3)_2CHCH_2CH_2CH_2NH_2$

(3) $(CH_3)_2CHCHO \longrightarrow (CH_3)_2CHCH_2NHCH_2CH_2CH_2CH_3$

(4) $(CH_3)_2CHNH_2 \longrightarrow (CH_3)_2CHNCH_2CH_2CH_3$
                                              $\quad\quad\quad\quad\quad\quad\quad\quad\quad\quad\quad$ |
                                              $\quad\quad\quad\quad\quad\quad\quad\quad\quad\quad\quad$ CH$_3$

解 (1) 间二甲苯 $\xrightarrow[AlBr_3]{CH_3Br}$ 1,2,4-三甲苯 $\xrightarrow{HNO_3, H_2SO_4}$ 5-硝基-1,2,4-三甲苯 $\xrightarrow[(2)NaOH]{(1)Fe+HCl}$

2,4,5-三甲基苯胺

(2) $(CH_3)_2CHCH_2CH_2Br \xrightarrow{NaCN} (CH_3)_2CHCH_2CH_2CN \xrightarrow[(2)H_2O]{(1)LiAlH_4}$

$(CH_3)_2CHCH_2CH_2CH_2NH_2$

(3) $(CH_3)_2CHCHO \xrightarrow{CH_3(CH_2)_3NH_2} (CH_3)_2CHCH=N(CH_2)_3CH_3 \xrightarrow[EtOH]{H_2/Pt}$

$(CH_3)_2CHCH_2NH(CH_2)_3CH_3$

(4) $(CH_3)_2CHNH_2 \xrightarrow{HCHO} (CH_3)_2CHN=CH_2 \xrightarrow[EtOH]{H_2/Pt} (CH_3)_2CHNHCH_3 \xrightarrow{CH_3CH_2CH_2COCl}$

$(CH_3)_2CHN(COCH_2CH_2CH_3)CH_3 \xrightarrow[(2)H_2O]{(1)LiAlH_4} (CH_3)_2CHNCH_2CH_2CH_2CH_3$
$\quad\quad\quad\quad\quad\quad\quad\quad\quad\quad\quad\quad\quad\quad\quad\quad\quad\quad\quad\quad\quad\quad\quad\quad$ |
$\quad\quad\quad\quad\quad\quad\quad\quad\quad\quad\quad\quad\quad\quad\quad\quad\quad\quad\quad\quad\quad\quad\quad\quad$ CH$_3$

习题 13.10 下列化合物应如何合成?

(1) $C_6H_5CH_2N(CH_3)_2$

(2) $C_6H_5CH_2N\bigcirc$ (piperidine ring)

(3) $C_6H_5\overset{CH_3}{\underset{CH_3}{\overset{|}{N}}}(CH_2)_{11}CH_2Cl^-$

(4) $C_6H_5NHCH(C_2H_5)_2$

解 (1) $C_6H_5CHO + (CH_3)_2NH \xrightarrow[\text{EtOH}]{H_2/Pt} C_6H_5CH_2N(CH_3)_2$

(2) $C_6H_5CHO + HN\bigcirc \xrightarrow[\text{EtOH}]{H_2/Pt} C_6H_5CH_2N\bigcirc$

(3) $C_6H_5NH_2 \xrightarrow[\text{(月桂酸)}]{CH_3(CH_2)_{10}COOH} CH_3(CH_2)_{10}CONHC_6H_5 \xrightarrow[\text{(2)H}_2\text{O}]{\text{(1)LiAlH}_4} CH_3(CH_2)_{11}NHC_6H_5$

$\xrightarrow{CH_3Cl(\text{过量})} C_6H_5\overset{CH_3}{\underset{CH_3}{\overset{|}{N}}}(CH_2)_{11}CH_2Cl^-$

(4) $C_6H_5NH_2 + C_2H_5COC_2H_5 \xrightarrow[\text{C}_2\text{H}_5\text{OH}]{\text{NaBH}_3\text{CN}} C_6H_5NHCH(C_2H_5)_2$

习题 13.11 从指定的原料合成下列化合物。

(1) 2-氯苯甲腈 (从氯苯)

(2) 4-氟苯甲醚 (从苯酚)

(3) 2-氟苯甲醚 (从苯酚)

(4) 3-硝基异丙苯 (从异丙苯)

(5) 对叔丁基苯酚 $HO-C_6H_4-C(CH_3)_3$ (从苯)

(6) 3-硝基甲苯 (从甲苯)

解 (1) 氯苯 $\xrightarrow{H_2SO_4}$ 对氯苯磺酸 $\xrightarrow[\text{H}_2\text{SO}_4]{\text{HNO}_3}$ 2-硝基-4-氯苯磺酸 $\xrightarrow{H_2O, \Delta}$ 邻硝基氯苯 $\xrightarrow{\text{Fe+HCl}}$ 邻氯苯胺

$\xrightarrow[0℃]{\text{NaNO}_2+\text{HCl}} \xrightarrow[\Delta]{\text{CuCN}}$ 2-氯苯甲腈

(2) 苯酚 $\xrightarrow{(CH_3)_2SO_4}$ 苯甲醚 $\xrightarrow[\text{H}_2\text{SO}_4]{\text{HNO}_3}$ 对硝基苯甲醚 $\xrightarrow{\text{Fe+HCl}}$ 对氨基苯甲醚 $\xrightarrow[0℃]{\text{NaNO}_2+\text{HBF}_4} \xrightarrow{\Delta}$ 对氟苯甲醚

习题 13.12 完成下列反应式。

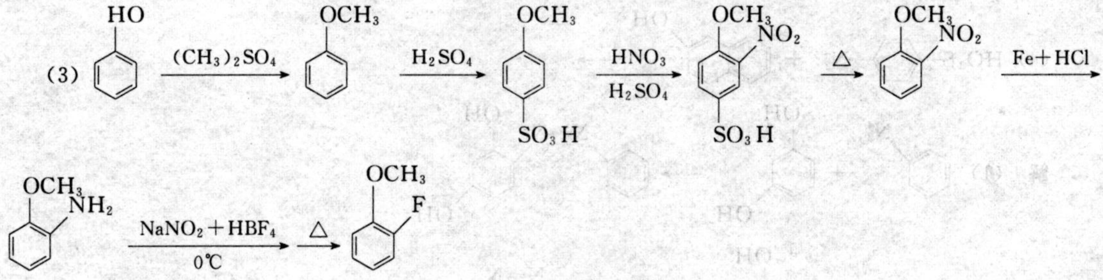

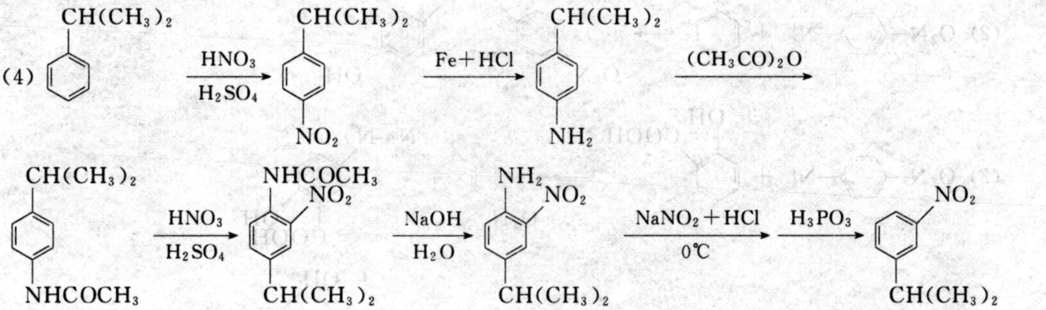

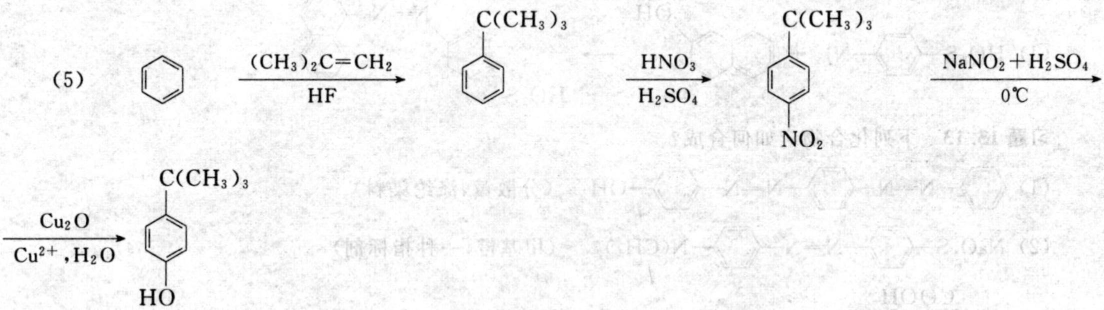

(1) 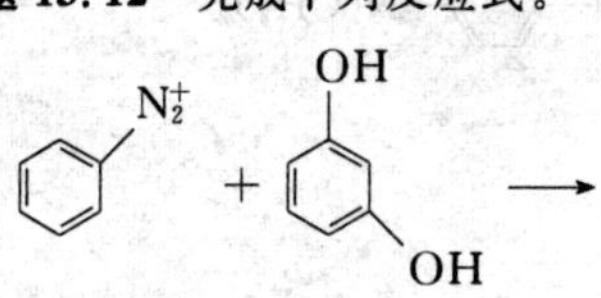 ![phenyldiazonium + resorcinol]

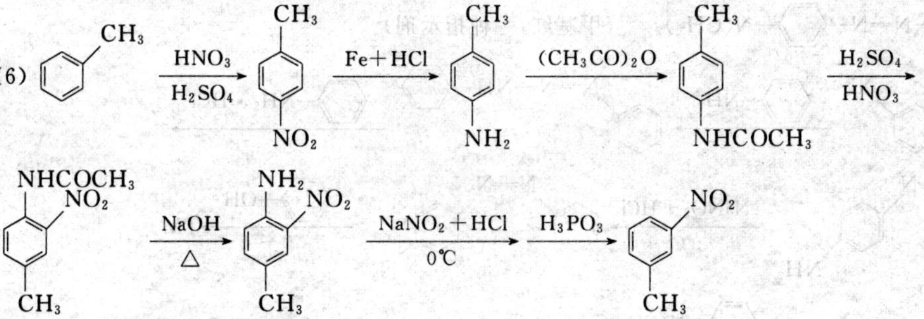

(2) 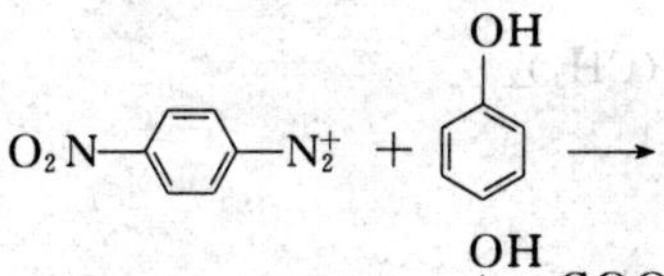 O_2N-C$_6$H$_4$-N_2^+ + phenol →

(3) 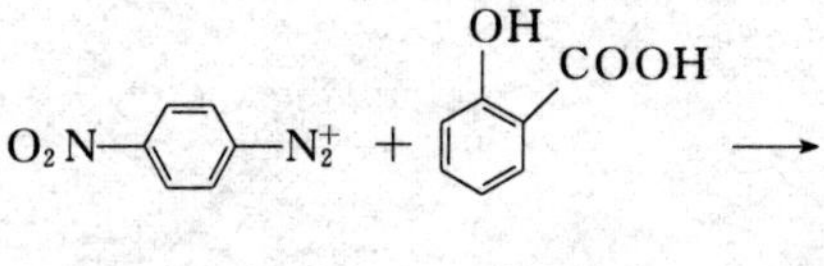 O_2N-C$_6$H$_4$-N_2^+ + salicylic acid →

(4) 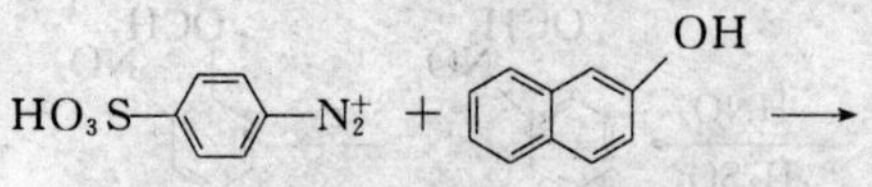 $HO_3S-C_6H_4-N_2^+$ + 2-naphthol →

解 (1) 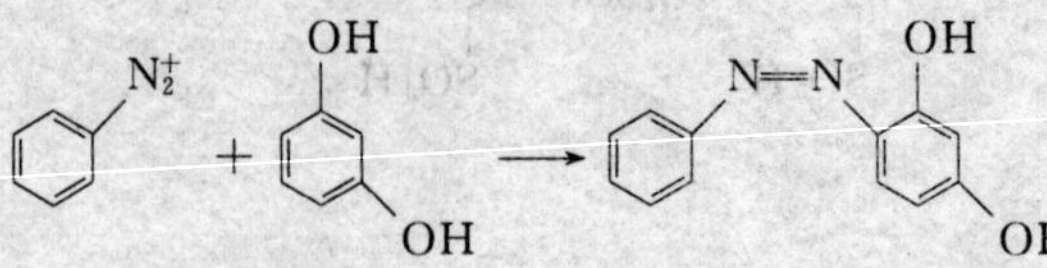 $C_6H_5-N_2^+$ + resorcinol → phenyl-azo-(2,4-dihydroxybenzene)

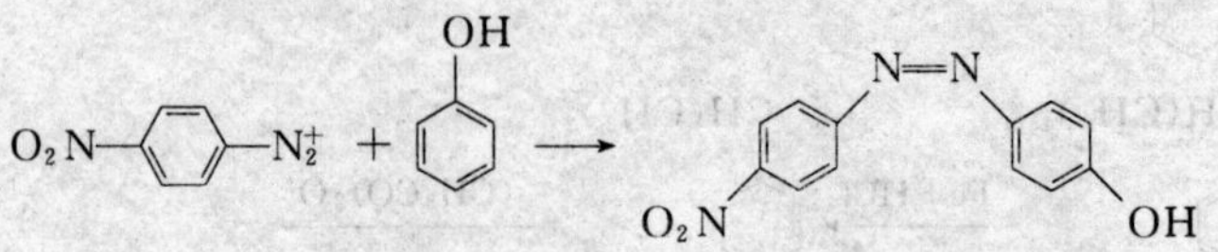

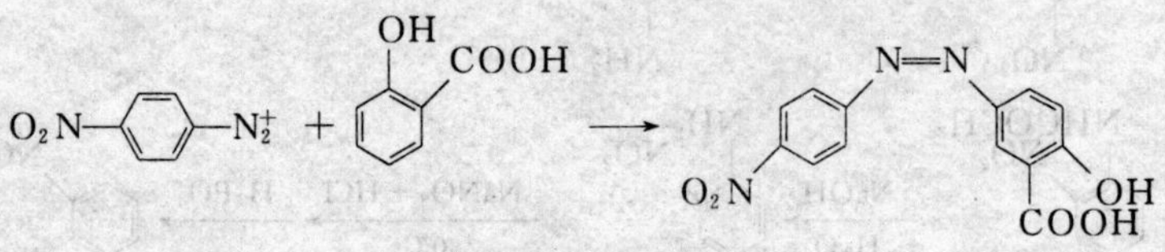

(2) $O_2N-C_6H_4-N_2^+$ + phenol → 4-nitrophenyl-azo-4'-hydroxybenzene

(3) $O_2N-C_6H_4-N_2^+$ + salicylic acid → 4-nitrophenyl-azo-(2-hydroxy-5-carboxybenzene)

(4) $HO_3S-C_6H_4-N_2^+$ + 2-naphthol → 4-sulfophenyl-azo-(1-(2-hydroxynaphthyl))

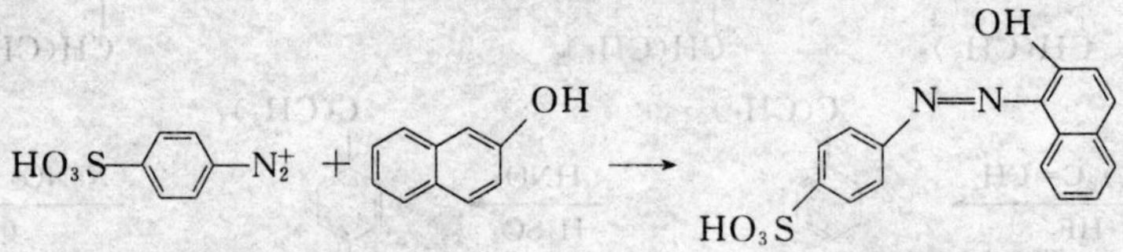

习题 13.13 下列化合物应如何合成？

(1) 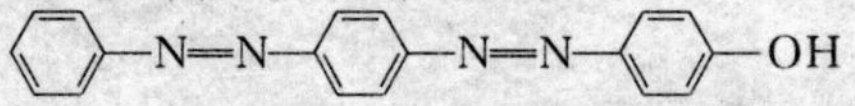 $C_6H_5-N=N-C_6H_4-N=N-C_6H_4-OH$ （分散黄，涤纶染料）

(2) $NaO_3S-C_6H_4-N=N-C_6H_4-N(CH_3)_2$ 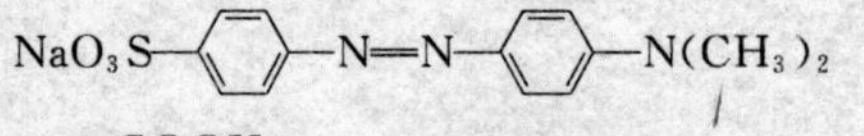 （甲基橙，一种指标剂）

(3) 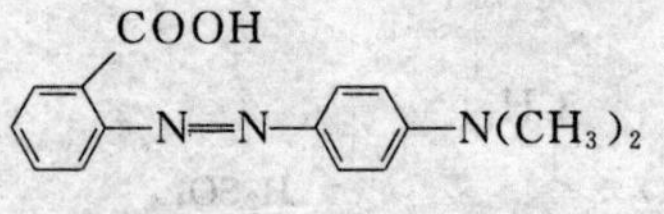 2-$HOOC-C_6H_4-N=N-C_6H_4-N(CH_3)_2$ （甲基红，一种指示剂）

解 (1) 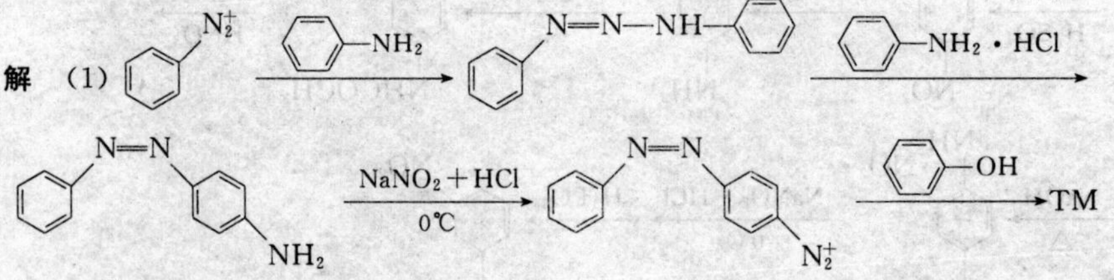 $C_6H_5-N_2^+ \xrightarrow{C_6H_5NH_2} C_6H_5-N=N-NH-C_6H_5 \xrightarrow{C_6H_5NH_2 \cdot HCl}$

$C_6H_5-N=N-C_6H_4-NH_2 \xrightarrow[0°C]{NaNO_2+HCl} C_6H_5-N=N-C_6H_4-N_2^+ \xrightarrow{C_6H_5OH} TM$

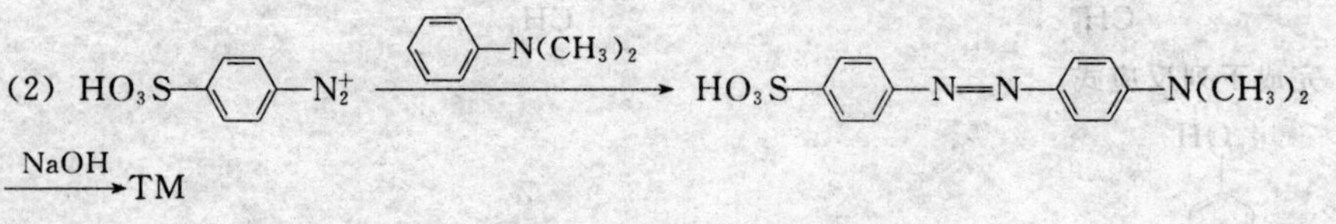

(2) $HO_3S-C_6H_4-N_2^+ \xrightarrow{C_6H_5N(CH_3)_2} HO_3S-C_6H_4-N=N-C_6H_4-N(CH_3)_2$

$\xrightarrow{NaOH} TM$

(3) 2-$HOOC-C_6H_4-N_2^+ \xrightarrow{C_6H_5N(CH_3)_2}$ 2-$HOOC-C_6H_4-N=N-C_6H_4-N(CH_3)_2$

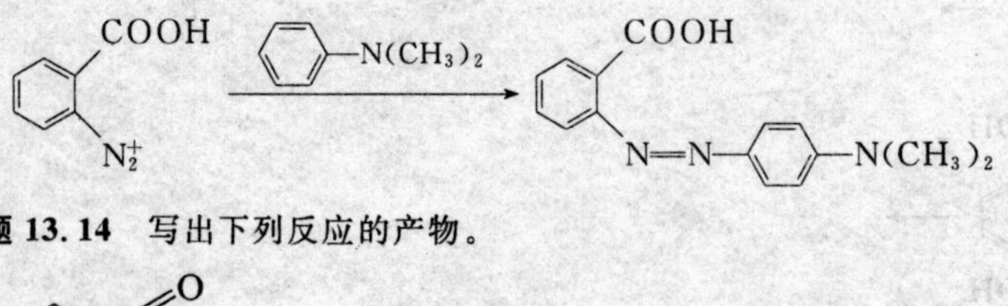

习题 13.14 写出下列反应的产物。

(1) 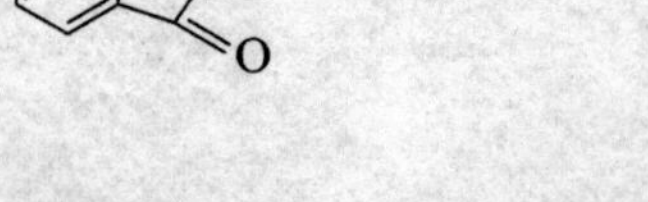 phthalimide-NK + $(CH_3)_3CCl$ →

(2) 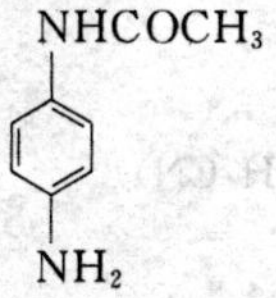 结构式:对位 NHCOCH₃,NH₂ 苯 + Cl₂, HCl, H₂O →

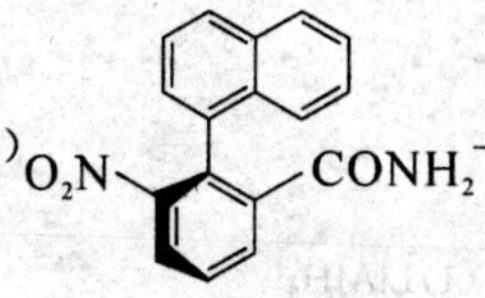

(3) 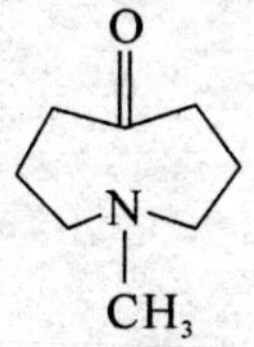 环状结构(含N-CH₃,C=O) + HClO₄ →

(4) 联萘结构,邻位 O₂N 和 CONH₂ + Br₂, NaOH, CH₃OH →

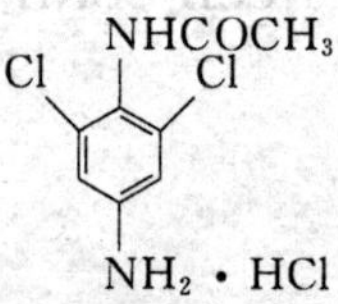

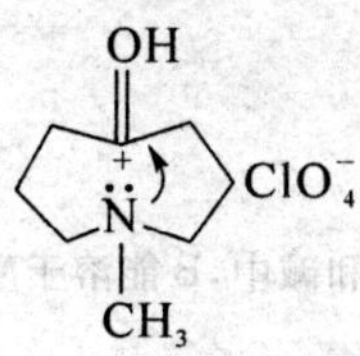

解 (1) 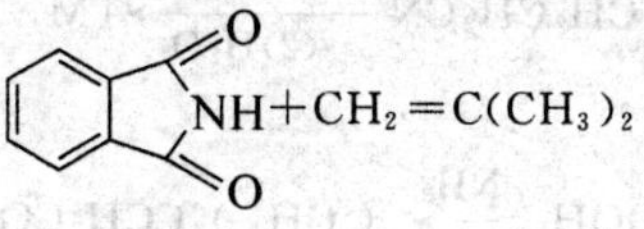 邻苯二甲酰亚胺 NH + CH₂=C(CH₃)₂

(2) 2,6-二氯-4-氨基苯乙酰胺·HCl

(3) 含OH, N⁺-CH₃, ClO₄⁻ 的环状季铵盐

(4) O₂N 和 NH₂ 取代的联萘 （位阻变小,便得所有基团在同一平面上）

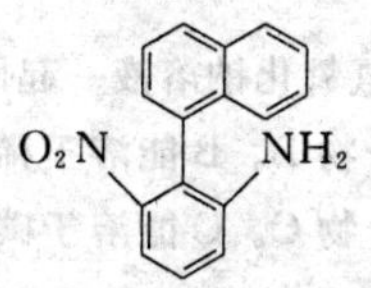

习题 13.15 推测下列化合物的结构。

(1) $C_8H_{11}N$, δ_H: 1.3(d,3H), 1.4(s,2H), 4.0(q,1H), 7.2(s,5H)。

(2) $C_8H_{11}N$, δ_H: 1.0(s,2H), 2.5~3.0(m,4H), 7.3(s,5H)。

(3) $C_{12}H_{11}N$, σ_{max}/cm^{-1}: 3 500, 1 600, 1 500, 730, 690; δ_H: 5.5(b,1H), 7.0(m,10H)。

(4) $C_8H_{11}N$, σ_{max}/cm^{-1}: 3 400, 1 500, 740, 690; δ_H: 1.4(s,1H), 2.5(s,3H), 3.8(s,2H), 7.3(s,5H)。

解 (1) 不饱和度为4,有苯环,其结构式为 C₆H₅—CH(CH₃)—NH₂

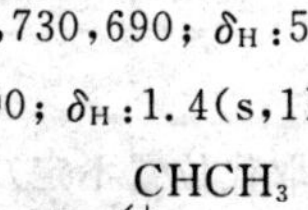

(2) 不饱和度为4,有苯环,其结构式为 C₆H₅—CH₂CH₂NH₂

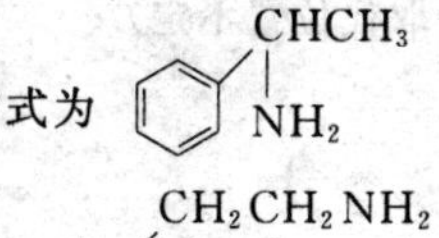

(3) 不饱和度为8,有二个苯环,其结构式为 C₆H₅—NH—C₆H₅

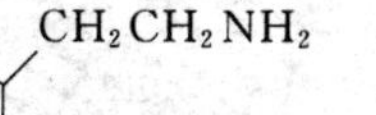

(4) 不饱和度为4,有苯环,其结构式为 C₆H₅—CH₂NHCH₃

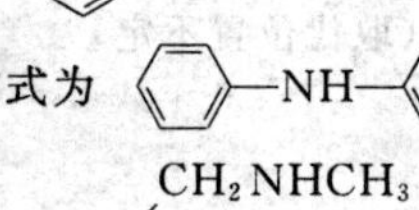

习题 13.16 由指定原料合成下列化合物。

(1) CH$_2$=CH(CH$_2$)$_8$CH$_2$-N⟨pyrrolidine⟩ (由 CH$_2$=CH(CH$_2$)$_8$COOH)

(2) C$_6$H$_5$CH$_2$NCH$_2$CH$_2$CH$_2$NH$_2$ (由 C$_6$H$_5$CH$_2$NHCH$_3$ 和 BrCH$_2$CH$_2$CN)
        |
        CH$_3$

(3) (CH$_3$)$_3$CCH$_2$CH$_2$NH$_2$ (由 (CH$_3$)$_3$CCH$_2$Br)

(4) [环己基-OH, CH$_2$NH$_2$] (由环己酮)

解 (1) CH$_2$=CH(CH$_2$)$_8$COOH $\xrightarrow{PCl_5}$ CH$_2$=CH(CH$_2$)$_8$COCl $\xrightarrow{pyrrolidine-NH}$

CH$_2$=CH(CH$_2$)$_8$CON⟨⟩ $\xrightarrow[(2)H_2O]{(1)LiAlH_4}$ TM

(2) C$_6$H$_5$CH$_2$NHCH$_3$ $\xrightarrow[NaOH]{BrCH_2CH_2CH_2CN}$ C$_6$H$_5$CH$_2$NCH$_2$CH$_2$CH$_2$CN $\xrightarrow[(2)H_2O]{(1)LiAlH_4}$ TM
                                                          |
                                                          CH$_3$

(3) (CH$_3$)$_3$CCH$_2$Br $\xrightarrow[(2)CO_2]{(1)Mg,Et_2O}$ (CH$_3$)$_3$CCH$_2$COOH $\xrightarrow[\Delta]{NH_3}$ (CH$_3$)$_3$CCH$_2$CONH$_2$ $\xrightarrow{P_2O_5}$
                      (3)H$_3$O$^+$

(CH$_3$)$_3$CCH$_2$CN $\xrightarrow[(2)H_2O]{(1)LiAlH_4}$ TM

(4) 环己酮 $\xrightarrow[NaOEt,EtOH]{CH_3NO_2}$ [环己基-OH, CH$_2$NO$_2$] $\xrightarrow[H_2O]{Fe,HCl}$ TM

习题 13.17 推测下列各化合物可能的结构。

(1) 分子式为 C$_7$H$_7$NO$_2$ 的化合物 A,B,C 和 D,它们都含有苯环。A 能溶于酸和碱中,B 能溶于酸而不能溶于碱,C 能溶于碱而不溶于酸,D 不能溶于酸和碱中。

(2) 分子式为 C$_{15}$H$_{15}$NO 的化合物 A,不溶于水、稀盐酸和稀氢氧化钠。A 与氢氧化钠溶液一起回流时慢慢溶解,同时有油状化合物浮在液面上。用水蒸气蒸馏法将油状产物分出,得化合物 B。B 能溶于稀盐酸,与对甲苯磺酰氯作用,生成不溶于碱的沉淀。把去掉 B 以后的碱性溶液酸化,有化合物 C。C 能溶于碳酸氢钠,其熔点为 182℃。

解 (1) A: 苯环-NH$_2$, COOH (两个基团的相对位置不定)

B: 苯环-OCONH$_2$ 或 苯环-NH$_2$, OCHO (取代位置不定)

C: 苯环-CH$_2$NO$_2$ 或 苯环-OH, CONH$_2$ (取代位置不定)

D: 苯环-NO$_2$, CH$_3$ (取代位置不定)

第 13 章 胺及其他含氮化合物

(2)不饱和度为 8,说明有苯环。

A：CH₃-C₆H₄-CON(CH₃)(C₆H₅)

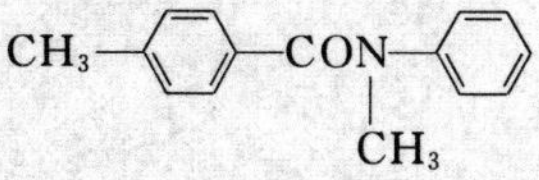

B：CH₃NH-C₆H₅

C：CH₃-C₆H₄-COOH

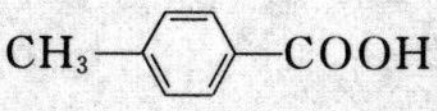

习题 13.18 如何完成下列转变?

(1) 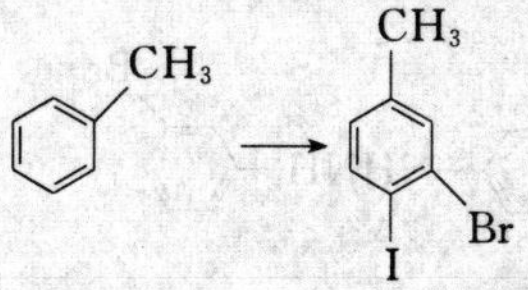 甲苯 → 3-甲基-4-溴-碘苯

(2) 甲苯 → 3,5-二溴甲苯

(3) 邻硝基甲苯 → 3,3'-二甲基联苯

(4) 苯胺 → 2,3,5-三氯硝基苯

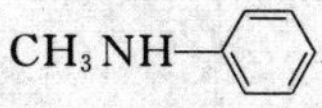

(5) 硝基苯 → 2,2',4,4'-四溴联苯

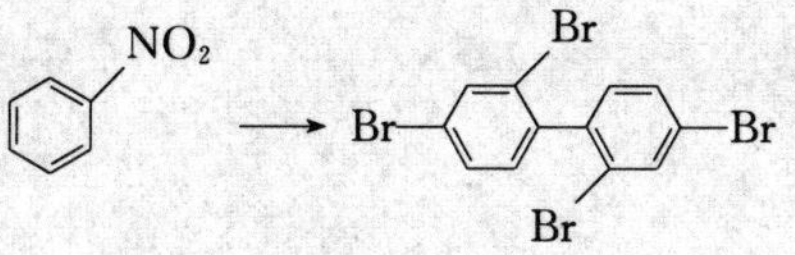

(6) 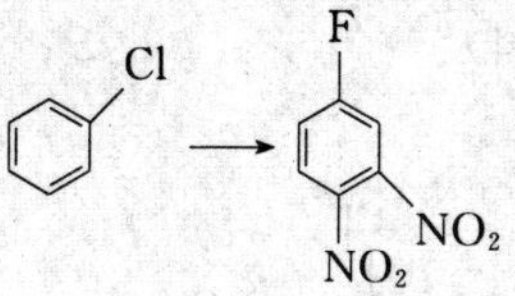 氯苯 → 2,4-二硝基氟苯

解 (1) 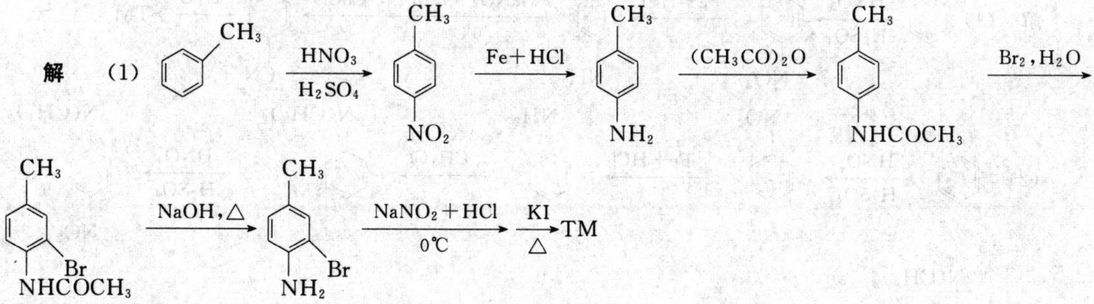 甲苯 $\xrightarrow{HNO_3/H_2SO_4}$ 对硝基甲苯 $\xrightarrow{Fe+HCl}$ 对甲苯胺 $\xrightarrow{(CH_3CO)_2O}$ 对甲基乙酰苯胺 $\xrightarrow{Br_2,H_2O}$ 3-甲基-4-乙酰氨基溴苯 $\xrightarrow{NaOH,\triangle}$ 3-甲基-4-氨基溴苯 $\xrightarrow{NaNO_2+HCl, 0℃}$ $\xrightarrow{KI,\triangle}$ TM

(2) 甲苯 $\xrightarrow{HNO_3/H_2SO_4}$ 对硝基甲苯 $\xrightarrow{Fe+HCl}$ 对甲苯胺 $\xrightarrow{Br_2,H_2O}$ 2,6-二溴-4-甲基苯胺 $\xrightarrow{NaNO_2+HCl, 0℃}$ $\xrightarrow{H_3PO_2,\triangle}$ TM

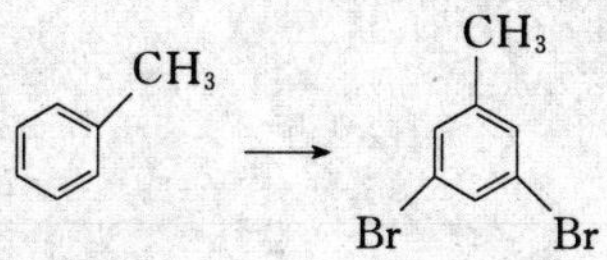

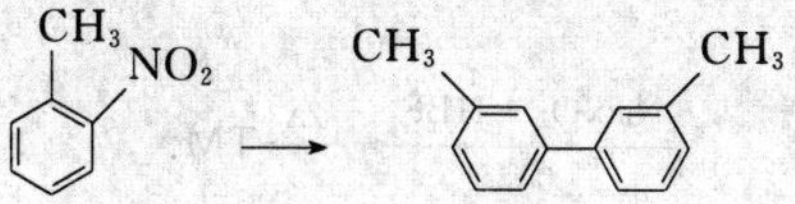

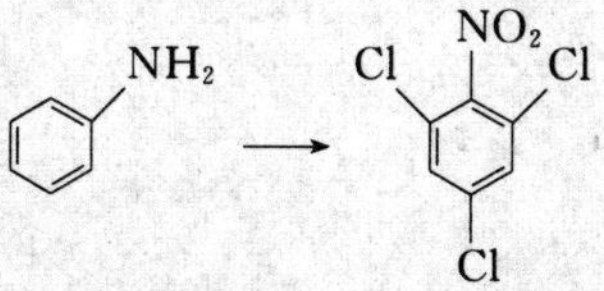

(3) 邻硝基甲苯 $\xrightarrow{Zn/NaOH}$ 2,2'-二甲基氢化偶氮苯 $\xrightarrow{H_3O^+}$ 3,3'-二甲基联苯胺 $\xrightarrow{NaNO_2+HCl, 0℃}$

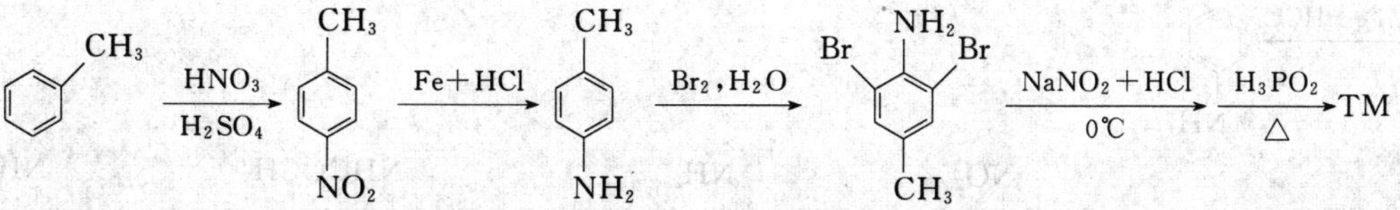

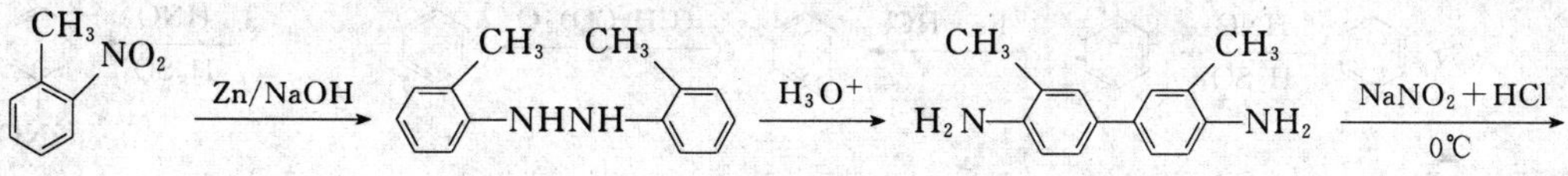

(4)
$$\text{PhNH}_2 \xrightarrow{\text{Cl}_2, \text{H}_2\text{O}} \text{2,4,6-trichloroaniline} \xrightarrow[0°\text{C}]{\text{NaNO}_2 + \text{HCl}} \xrightarrow{\text{NaNO}_2}_{\text{NaHCO}_3, \text{Cu}^{2+}} \text{TM}$$

前一步: $\xrightarrow[\triangle]{\text{H}_3\text{PO}_2}$ TM

(5)
$$\text{PhNO}_2 \xrightarrow{\text{Br}_2/\text{FeBr}_3} \text{3-Br-nitrobenzene} \xrightarrow{\text{Zn/NaOH}} \text{3,3'-dibromohydrazobenzene} \xrightarrow{\text{H}_3\text{O}^+}$$

$$\text{2,2'-dibromo-4,4'-diaminobiphenyl} \xrightarrow[0°\text{C}]{\text{NaNO}_2+\text{HCl}} \xrightarrow[\triangle]{\text{CuBr}} \text{TM}$$

(6)
$$\text{PhCl} \xrightarrow{\text{HNO}_3/\text{H}_2\text{SO}_4} \text{2,4-dinitrochlorobenzene} \xrightarrow{\text{NaNH}_2, \text{NH}_3} \text{2,4-dinitroaniline} \xrightarrow[0°\text{C}]{\text{NaNO}_2+\text{HBF}_4} \xrightarrow{\triangle} \text{TM}$$

习题 13.19 由适当的原料合成下列化合物。

(1) 4-氯苯甲酸 (对-Cl-C$_6$H$_4$-COOH)

(2) 4-(N,N-二甲氨基)苯胺

(3) 2,6-二溴-4-硝基碘苯

(4) 3,3',5,5'-四溴联苯 （用联苯胺 H$_2$N-C$_6$H$_4$-C$_6$H$_4$-NH$_2$ 作原料）

解

(1)
$$\text{PhCl} \xrightarrow{\text{HNO}_3/\text{H}_2\text{SO}_4} \text{4-Cl-nitrobenzene} \xrightarrow{\text{Fe+HCl}} \text{4-Cl-aniline} \xrightarrow[0°\text{C}]{\text{NaNO}_2+\text{HBF}_4} \xrightarrow[\triangle]{\text{CuCN}} \text{4-Cl-benzonitrile} \xrightarrow{\text{H}_3\text{O}^+} \text{TM}$$

(2)
$$\text{PhH} \xrightarrow{\text{HNO}_3/\text{H}_2\text{SO}_4} \text{PhNO}_2 \xrightarrow{\text{Fe+HCl}} \text{PhNH}_2 \xrightarrow{\text{CH}_3\text{Cl}} \text{PhN(CH}_3)_2 \xrightarrow{\text{HNO}_3/\text{H}_2\text{SO}_4} \text{4-NO}_2\text{-C}_6\text{H}_4\text{-N(CH}_3)_2$$

$$\xrightarrow{\text{Fe+HCl}} \text{4-(N,N-dimethylamino)aniline}$$

(3)
$$\text{PhH} \xrightarrow{\text{HNO}_3/\text{H}_2\text{SO}_4} \text{PhNO}_2 \xrightarrow{\text{Fe+HCl}} \text{PhNH}_2 \xrightarrow{(\text{CH}_3\text{CO})_2\text{O}} \text{PhNHCOCH}_3 \xrightarrow{\text{HNO}_3/\text{H}_2\text{SO}_4} \text{4-NO}_2\text{-C}_6\text{H}_4\text{-NHCOCH}_3$$

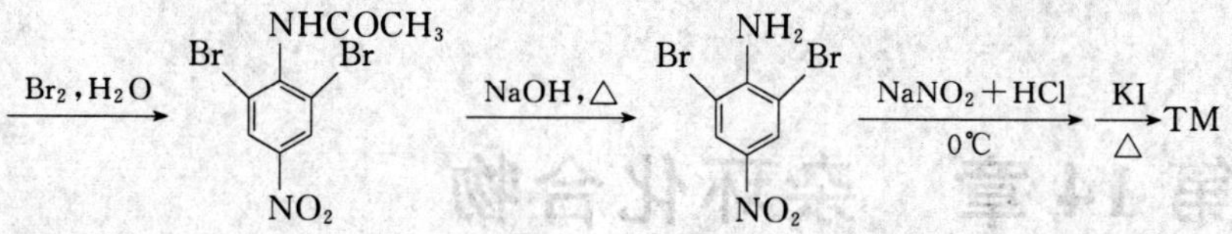

$$\xrightarrow{Br_2, H_2O} \underset{NO_2}{\underset{|}{\overset{NHCOCH_3}{\underset{Br}{\bigcirc}}}} \xrightarrow{NaOH, \triangle} \underset{NO_2}{\underset{Br}{\overset{NH_2}{\bigcirc}}} \xrightarrow[0°C]{NaNO_2 + HCl} \xrightarrow[\triangle]{KI} TM$$

(4) $\bigcirc \xrightarrow[H_2SO_4]{HNO_3} \bigcirc\text{-}NO_2 \xrightarrow{Zn/NaOH} \bigcirc\text{-}NHNH\text{-}\bigcirc \xrightarrow[\triangle]{H_3O^+}$

$H_2N\text{-}\bigcirc\text{-}\bigcirc\text{-}NH_2 \xrightarrow{Br_2, H_2O} H_2N\text{-}\underset{Br}{\overset{Br}{\bigcirc}}\text{-}\underset{Br}{\overset{Br}{\bigcirc}}\text{-}NH_2 \xrightarrow[0°C]{NaNO_2 + HCl} \xrightarrow[\triangle]{H_3PO_2} TM$

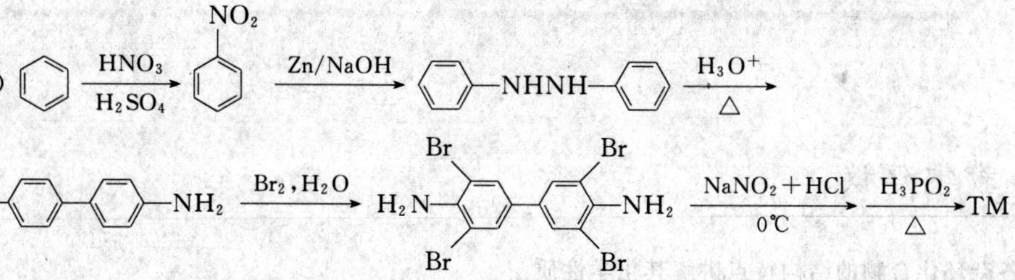

第 14 章 杂环化合物

14.1 教学建议

(1) 根据各杂环化合物的结构特点讲解其化学性质。
(2) 根据共轭结构讲解 Hückel 规则。

14.2 主要概念

14.2.1 内容要点精讲

1. 教学基本要求

(1) 掌握杂环化合物命名。
(2) 掌握五元环、六元环和稠环化合物的结构和化学性质。
(3) 掌握杂环化合物合成方法。

2. 主要概念

(1) 杂环化合物。由碳原子和至少一个其他原子所组成的环称为杂环,环内碳以外的原子称为杂原子。含有杂环的有机化合物称为杂环化合物。最常见的杂原子有氮、硫和氧等。内酯、内酸酐、内酰胺、环醚等化合物,其性质和其同类的开环化合物相似,不属于杂环化合物。

(2) 单杂环和稠杂环。根据杂环母体所含的环的数目,杂环可分为单杂环和稠杂环。单杂环分五元环、六元环。根据单杂环中杂原子的数目不同有含一个、两个或多个杂原子的杂环。稠杂环为多个环稠合(共用一条边)而成,有芳环并杂环和杂环并杂环。

(3) 芳杂性。杂环化合物的芳香性称为杂芳性。具有芳香性的杂环化合物具有与芳香族化合物类似的共振式。

例如呋喃的共振式如下式所示,其中第一个共振式因无电荷,所以被认为是最重要的结构形式。

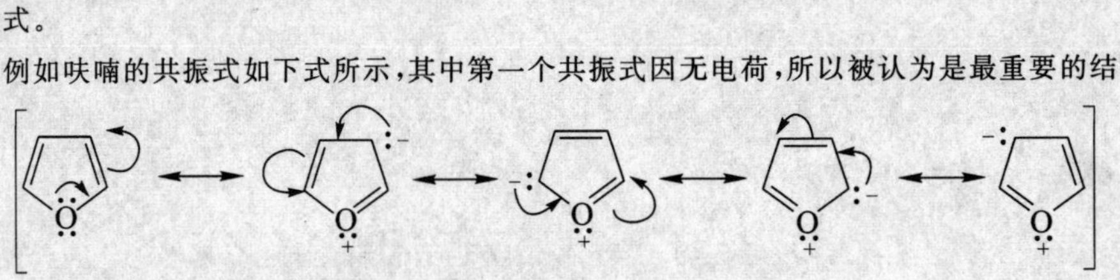

(4) Hückel 规则。一个分子要有芳香性,必须同时满足以下两个条件:
① 分子必须具有平面单环共轭结构。
② 共振体系必须具有 $4n+2$(n 为整数,即 $n=0,1,2,3,\cdots$)个 π 电子数。

(5) 反芳香性分子。若一个分子具有平面单环共轭结构,但其共轭体系的 π 电子数为 $4n$ 个(n 为整数,即 $n=0,1,2,3,\cdots$),其 π 电子离域造成的结果与芳香性分子正好相反,使分子更不稳定,这样的分子被称为反芳香性分子。

3. 核心内容

(1) 杂环化合物的命名。杂环化合物的命名比较复杂,对于杂环母核我国目前采用外文音译的方法命名。

音译法就是按英文名称的音译,选用同音汉字,再加上"口"字旁表示杂环的名称。当杂环上有取代基时,以杂环为母体化合物,对环上的原子编号,杂原子的编号为"1",或从杂原子旁的碳原子开始,依次用 α, β, γ …(希腊字母)编号,当环上有两个或两个以上相同的杂原子时,把连有氢原子的杂原子编号为"1",并使其余杂原子的位次尽可能小,当环上有多个不同的杂原子时,按 O,S,N 的顺序编号。稠杂环的编号一般与稠环芳烃相同,但有少数杂环有特殊的编号顺序。下面是一些常见杂环化合物的名称及编号。

① 五元杂环化合物。

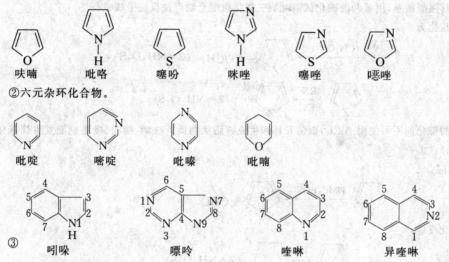

② 六元杂环化合物。

③

(2) 杂环化合物的化学性质。

① 五元杂环化合物。

Ⅰ.结构。五元杂环化合物如呋喃、吡咯、噻吩环上一个原子位于同一平面,碳原子和杂原子均为 sp² 杂化,彼此以 σ 键相连;同时,四个碳原子各有一个电子在 p 轨道上,杂原子有两个电子在 p 轨道上,由此组成含 6 个电子的大 π 键(Π_5^6),符合 Hückel 规则,有芳香性。环上电子密度比苯环高,亲电取代反应活性比苯高(吡咯>呋喃>噻吩>苯),但芳香性比苯差。

芳香性:噻吩>吡咯>呋喃。

Ⅱ.化学性质。

a. 亲电取代反应(α-位取代)。亲电取代反应的活性次序为:吡咯>呋喃>噻吩>苯。取代基多进入 α 位,只有当两个 α 位都有取代基时,才进入 β 位。总的来说,噻唑有与苯相似的反应,但活泼得多;吡咯环的活性与苯胺相似,极易发生卤代反应,生成四卤代物;呋喃的共轭二烯性质比较显著,可发生 Diels-Alder 反应。当这些环上有了吸电子基后,它们就更稳定。

卤代反应:

$$\underset{Z}{\text{[环]}} \xrightarrow{X_2} \underset{Z}{\text{[环]}}-X \quad (Z=O, S, NH; X_2=Cl_2, Br_2, I_2)$$

吡咯极易卤代,通常生成四卤代吡咯,如果分子中有吸电子基团存在,可得一卤代吡咯。噻吩用溴进行溴化时生成多溴化物,但 NBS 溴化时得到一溴化物。

硝化反应:

$$\underset{Z}{\text{[环]}} \xrightarrow[\text{低温}]{CH_3COONO_2} \underset{Z}{\text{[环]}}-NO_2 \quad (Z=O, S, NH)$$

呋喃和吡咯在强酸作用下容易开环,失去芳香性;噻唑用混酸硝化,放热剧烈,易发生爆炸,所以选用缓和的硝化试剂硝酸乙酸酐。

磺化反应：

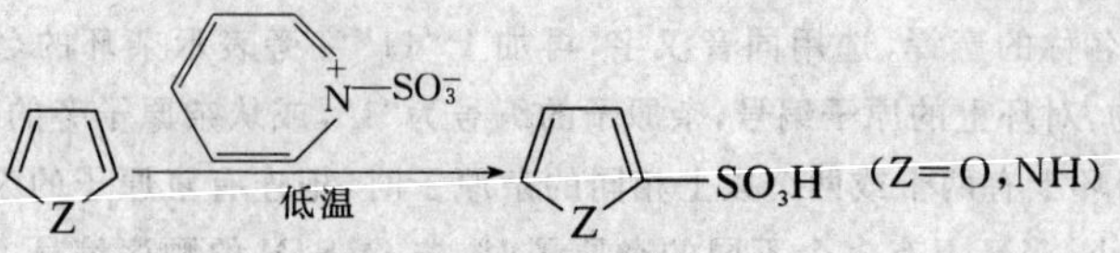

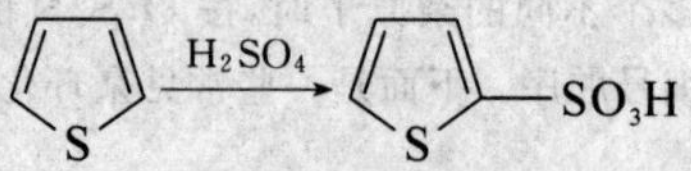

$$\underset{Z}{\bigcirc} \xrightarrow[\text{低温}]{\underset{N^+-SO_3^-}{\bigcirc}} \underset{Z}{\bigcirc}-SO_3H \quad (Z=O, NH)$$

$$\underset{S}{\bigcirc} \xrightarrow{H_2SO_4} \underset{S}{\bigcirc}-SO_3H$$

呋喃和吡咯对强酸敏感，用缓和的磺化试剂吡啶三氧化硫配合物可使反应平缓进行。

酰基化和烷基化为

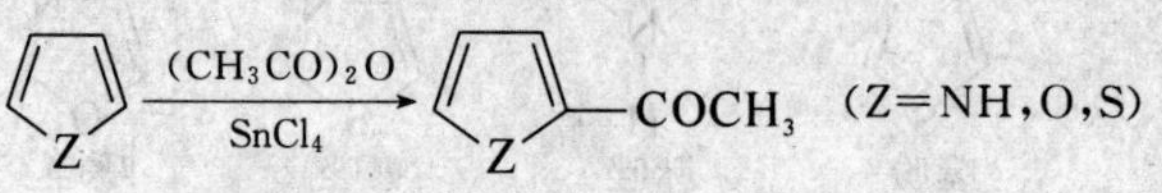

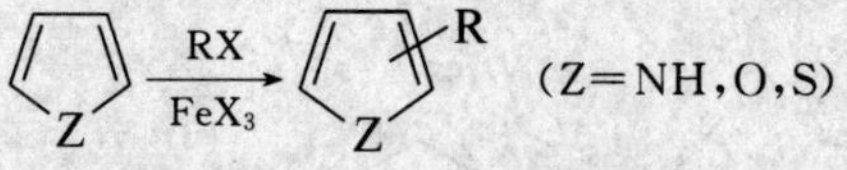

$$\underset{Z}{\bigcirc} \xrightarrow[\text{SnCl}_4]{(CH_3CO)_2O} \underset{Z}{\bigcirc}-COCH_3 \quad (Z=NH, O, S)$$

$$\underset{Z}{\bigcirc} \xrightarrow[\text{FeX}_3]{RX} \underset{Z}{\bigcirc}-R \quad (Z=NH, O, S)$$

酰基化反应的催化剂不可使用 $AlCl_3$，以防开环和生成树脂状物质。呋喃、噻吩、吡咯也能发生烷基化反应，但产率低，选择性差。

Vilsmeier 反应：

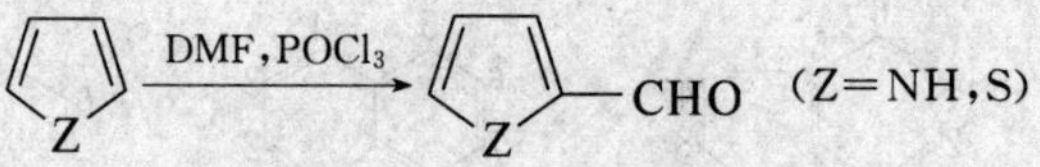

$$\underset{Z}{\bigcirc} \xrightarrow{DMF, POCl_3} \underset{Z}{\bigcirc}-CHO \quad (Z=NH, S)$$

b. 加氢和氧化反应：

$$\underset{Z}{\bigcirc} \xrightarrow[\text{Ni}]{H_2} \underset{Z}{\bigcirc} \quad (Z=NH, O, S)$$

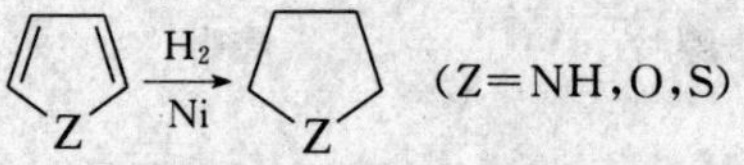

吡咯是富电子杂环，不容易被 $LiAlH_4$、B_2H_6、Na 加 EtOH、高压催化加氢等还原，但在酸性溶液中易被还原。

吡咯容易氧化，在光照条件下空气中的氧容易使其分解变质，用过氧化氢可以氧化成吡咯酮。

c. 吡咯的弱酸性和偶合反应：

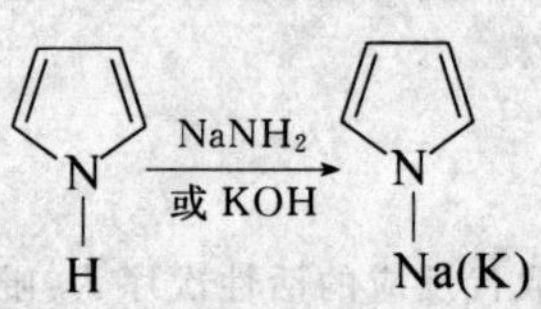

$$\underset{\underset{H}{|}}{\underset{N}{\bigcirc}} \xrightarrow[\text{或 KOH}]{NaNH_2} \underset{\underset{Na(K)}{|}}{\underset{N}{\bigcirc}}$$

吡咯负离子与烷基化或酰基化试剂反应，生成 N－烷基吡咯或 N－酰基吡咯，即

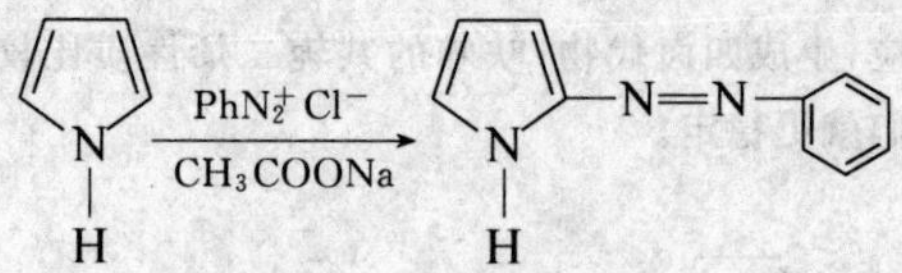

$$\underset{\underset{H}{|}}{\underset{N}{\bigcirc}} \xrightarrow[\text{CH}_3\text{COONa}]{PhN_2^+ Cl^-} \underset{\underset{H}{|}}{\underset{N}{\bigcirc}}-N=N-\bigcirc$$

d. 呋喃的双烯合成反应：

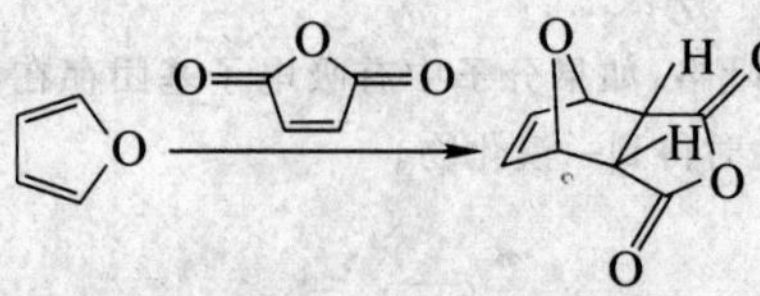

e. 开环反应。呋喃在酸性溶液中容易开环生成 1,4－二羰基化合物，即

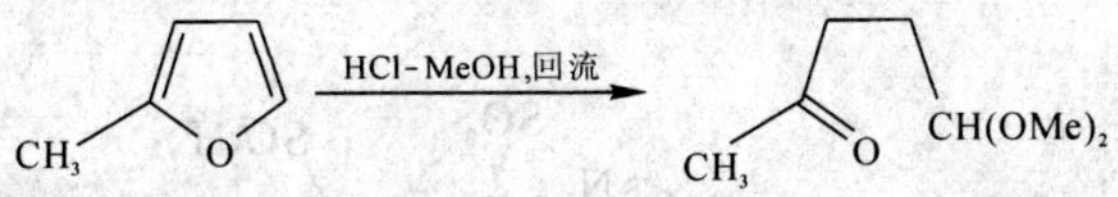

$$\underset{CH_3}{\text{furan-CH}_3} \xrightarrow{\text{HCl-MeOH, 回流}} CH_3-\underset{O}{C}-CH_2CH_2-CH(OMe)_2$$

利用此反应,可以合成 1,4-二羰基化合物。

噻吩环可以在镍催化剂存在下,加氢脱去硫原子生成饱和开链化合物,这一性质也可以用于合成,有

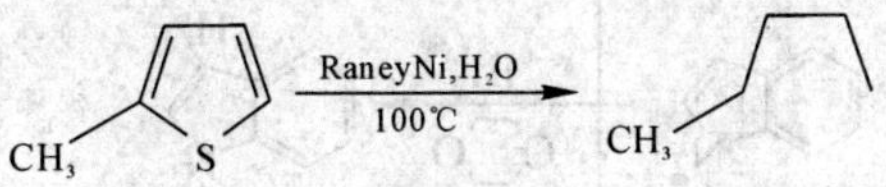

$$\underset{CH_3}{\text{thiophene-CH}_3} \xrightarrow[100℃]{\text{RaneyNi, H}_2O} CH_3-CH_2CH_2CH_2CH_3$$

Ⅲ. 五元杂环化合物的制法。五元杂环化合物可以采用 Paal-Knorr 法来制备。

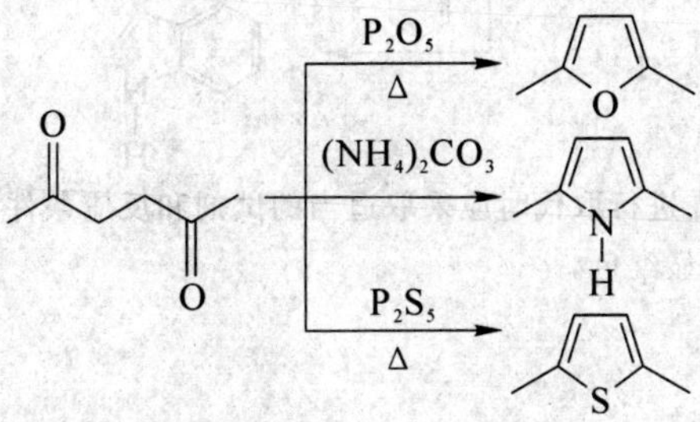

$$\underset{O \quad\quad O}{CH_3COCH_2CH_2COCH_3} \begin{cases} \xrightarrow{P_2O_5, \Delta} \text{2,5-二甲基呋喃} \\ \xrightarrow{(NH_4)_2CO_3} \text{2,5-二甲基吡咯} \\ \xrightarrow{P_2S_5, \Delta} \text{2,5-二甲基噻吩} \end{cases}$$

吡咯还可以用 Knorr 及 Hantxsch 合成法合成。

Knorr 合成法:

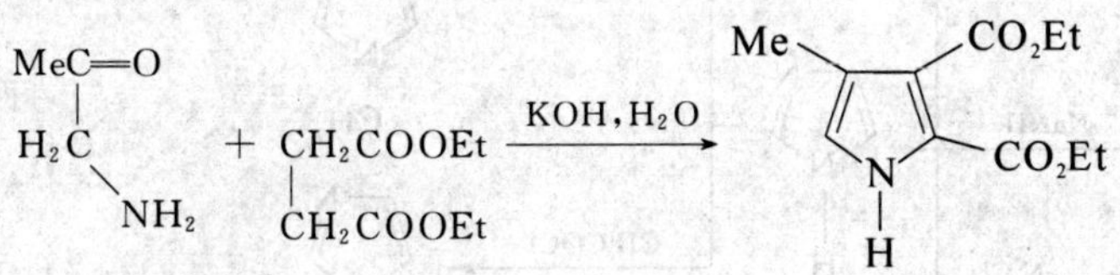

$$\underset{\underset{NH_2}{|}}{\overset{MeC=O}{H_2C}} + \underset{CH_2COOEt}{CH_2COOEt} \xrightarrow{KOH, H_2O} \text{吡咯衍生物 (Me, CO_2Et, CO_2Et)}$$

Hantxsch 合成法:

$$CH_3COCH_2CO_2Et + RNH_2 \longrightarrow \underset{\underset{NHR}{|}}{CH_3C=CHCO_2Et} \xrightarrow{CH_3COCH_2Cl} \text{吡咯衍生物 (EtO_2C, Me, Me)}$$

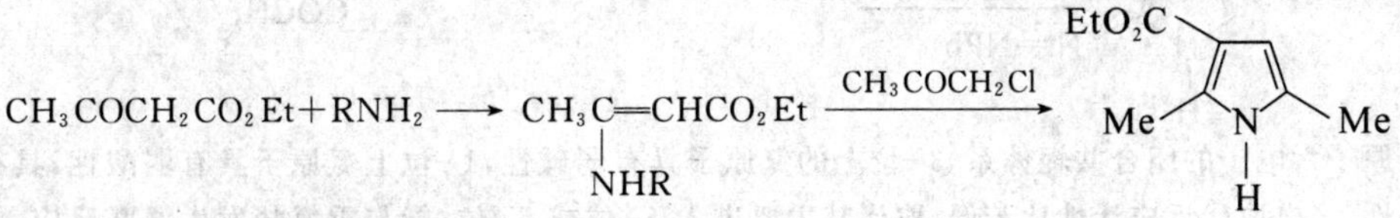

Ⅳ. 五元杂环化合物的检验。

a. 吡咯的检验:浓盐酸浸过的松木片遇吡咯的蒸气呈红色。

b. 呋喃的检验:用浓盐酸浸过的松木片试验呈绿色。

c. 噻吩的检验:在浓硫酸的作用下,噻吩与靛红作用,呈蓝色。

Ⅴ. 其他五元杂环化合物。

a. 糠醛(无 α-H 的醛)。

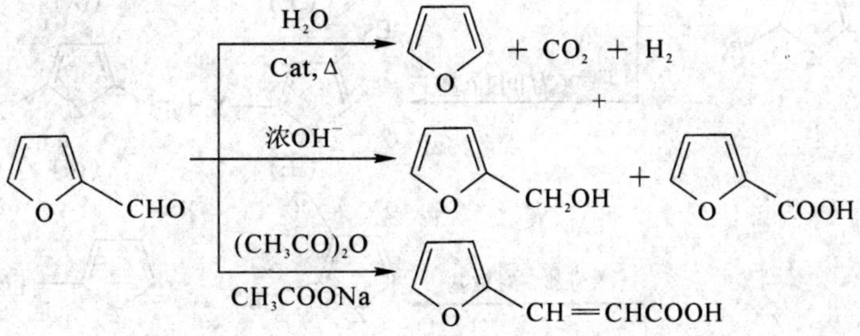

$$\underset{\text{furan-CHO}}{} \begin{cases} \xrightarrow[Cat, \Delta]{H_2O} \text{furan} + CO_2 + H_2 \\ \xrightarrow{\text{浓 OH}^-} \text{furan-CH}_2OH + \text{furan-COOH} \\ \xrightarrow[CH_3COONa]{(CH_3CO)_2O} \text{furan-CH=CHCOOH} \end{cases}$$

b. 吲哚。

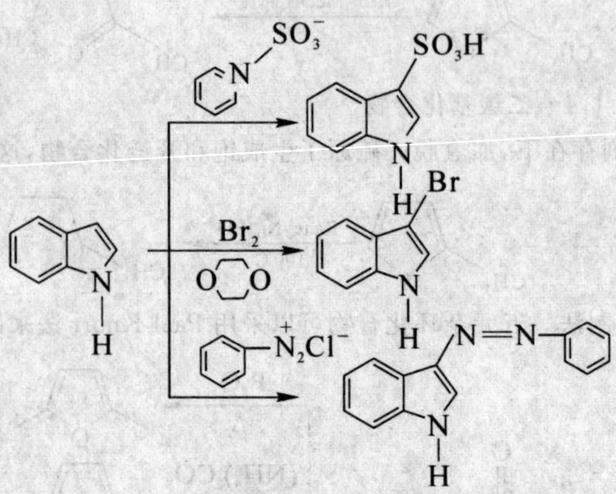

吲哚环对酸和氧化剂敏感，在进行取代时应采取适当的试剂和反应条件。
吲哚可使浸有盐酸的松木片显红色。

c. 咪唑。

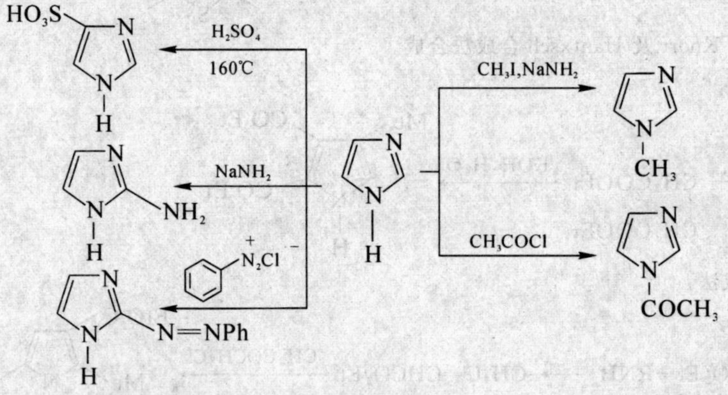

咪唑为五原子六电子的闭合共轭体系，3-位上的氮原子具有弱碱性，1-位上氮原子具有弱酸性，具有一定程度的芳香性，亲电取代反应活性比苯低，取代基主要进入 4-位或 5-位，能与重氮盐发生偶联反应，也能发生亲核取代反应，取代基主要进入 2-位。

Ⅵ. 亲电取代反应的定位规律。

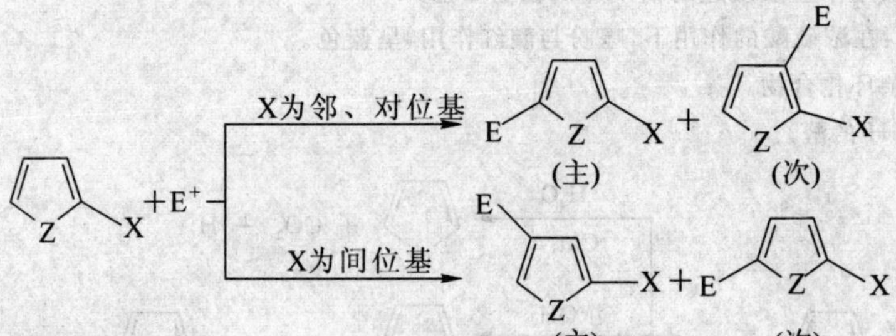

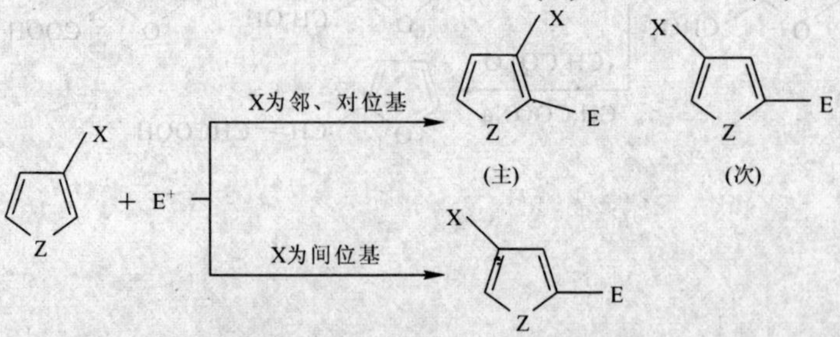

②六元杂环化合物。

Ⅰ.结构。以吡啶为例,吡啶分子中的 5 个碳原子和 1 个氮原子均为 sp^2 杂化,6 个原子在同一平面,通过 sp^2 杂化轨道形成 6 个 σ 键,同时每个原子的 p 轨道上均有一个 p 电子,从而组成 π_6^6 大 π 键,符合 Hückel 规则,有芳香性。但吡啶环中氮上的一对未共享电子不参与共轭,而氮原子上的吸电子效应,使环上电子云密度降低,因此,吡啶发生亲电取代反应(发生在 β-位)比苯要难,而发生亲核取代(发生在 α-位)比苯容易,氮原子的作用相当于硝基。

吡啶中氮原子上的一对 sp^2 电子,使吡啶呈碱性,其碱性与其他含氮化合物相比,次序为:脂肪胺>吡啶>苯胺>吡咯。

Ⅱ.化学性质。

a.碱性和亲核性。

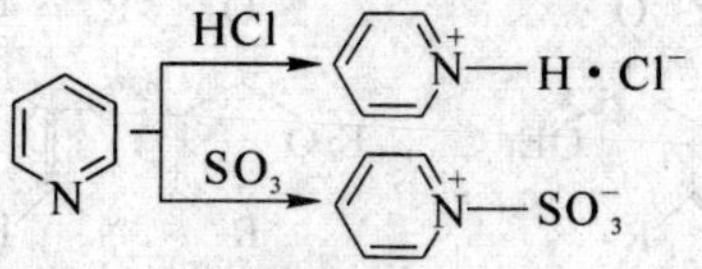

(碱性)

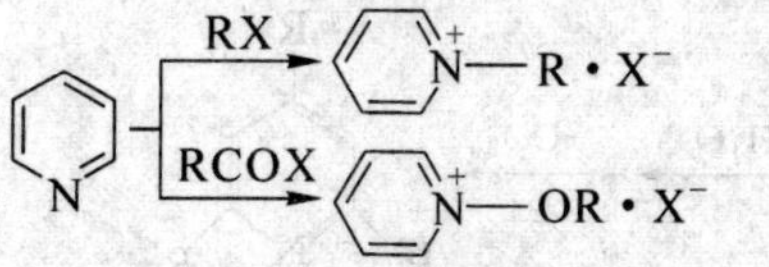

(亲核性)

b.亲电取代反应(β-位)。

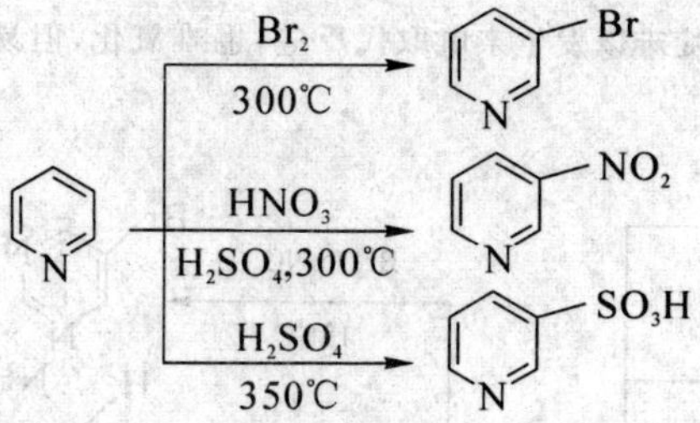

吡啶环上氮原子的吸电子效应使环上电子云云密度降低,所以吡啶环不发生 Friedel-Crafts 反应,且吡啶环上发生亲电取代反应的活性较差,主要在 β-位取代。

c.亲核取代反应(α-位)。

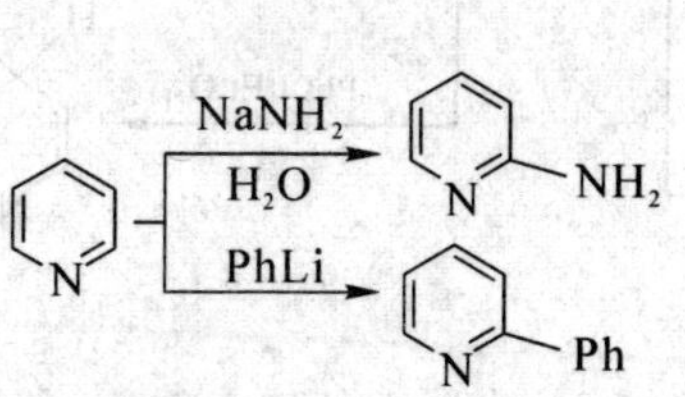

d.氧化与还原。

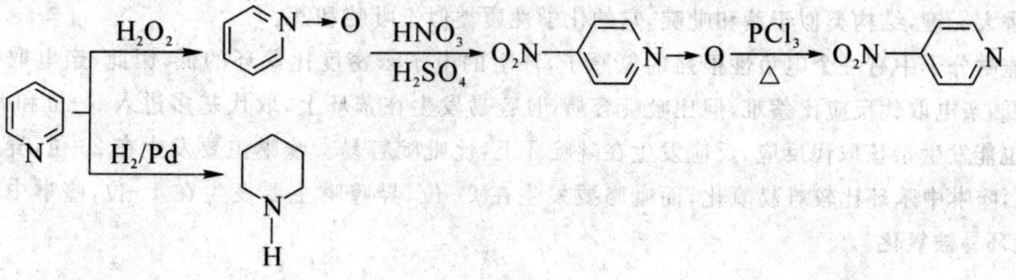

e. 侧链上的反应。

氧化：

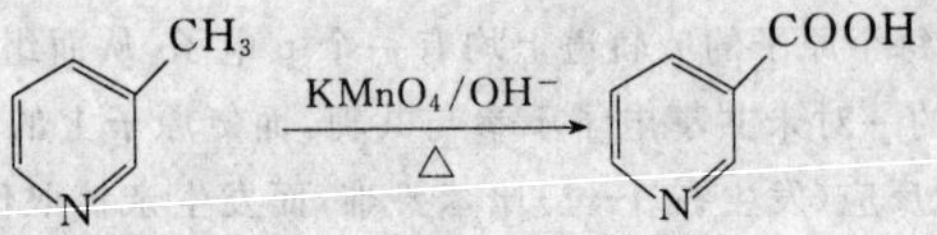

$$\underset{N}{\text{3-甲基吡啶}} \xrightarrow[\Delta]{KMnO_4/OH^-} \underset{N}{\text{烟酸(COOH)}}$$

缩合反应：

$$\underset{N}{\text{4-甲基吡啶}} \xrightarrow[OH^-]{PhCHO} \underset{N}{\text{4-苯乙烯基吡啶}}$$

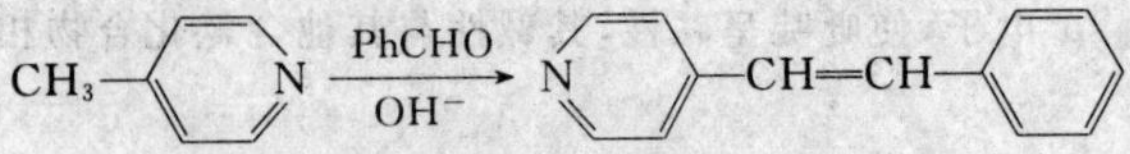

（甲基在吡啶环的2-位、4-位均有活性氢的反应。）

Ⅲ. 吡啶环的制备。

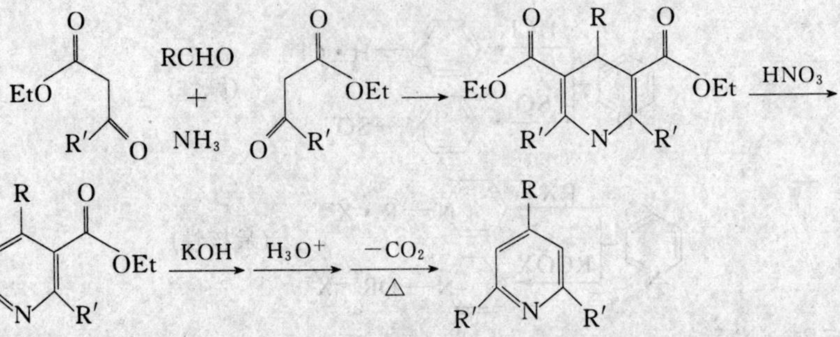

$$\begin{array}{c} EtO\underset{O}{\overset{O}{\|}}\underset{O}{\overset{\|}{C}}\text{—CH}_2\text{—}\underset{O}{\overset{\|}{C}}\text{—R'} \end{array} + \begin{array}{c} RCHO \\ NH_3 \end{array} + \begin{array}{c} \underset{O}{\overset{\|}{C}}\text{—CH}_2\text{—}\underset{O}{\overset{\|}{C}}\text{OEt} \\ R' \end{array} \longrightarrow \text{(二氢吡啶)} \xrightarrow{HNO_3}$$

$$\text{(吡啶二甲酸酯)} \xrightarrow{KOH} \xrightarrow{H_3O^+} \xrightarrow[\Delta]{-CO_2} \text{(2,4,6-三取代吡啶)}$$

Ⅳ. 其他六元杂环化合物。嘧啶为六原子六电子的闭合共轭体系，显弱碱性，但其碱性比吡啶弱，由于两个氮原子的强吸电子作用，因而嘧啶难以发生亲电取代反应，也难氧化，但易发生亲核取代反应，啶环比苯环难氧化，但它很易被氢化。

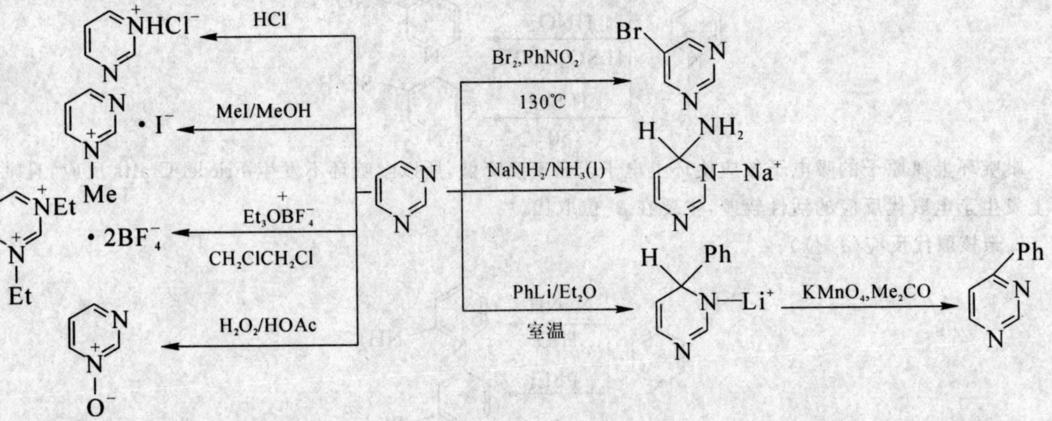

<!-- 嘧啶反应网络图 -->

③ 稠环杂环化合物。

Ⅰ. 喹啉和异喹啉的化学性质。喹啉和异喹啉可以看作是吡啶环与苯环稠合而成，平面型分子，含有10电子的芳香大π键，结构类似于萘和吡啶，它的化学性质类似于吡啶和萘。

由于喹啉分子中有一个电负性很强的氮原子，环上的电子云密度比苯环的低，因此，亲电取代反应活性比萘环的低，亲电取代反应比萘难，但比吡啶容易，且容易发生在苯环上，取代基多进入5-位和8-位。喹啉和异喹啉也能发生亲核取代反应，反应发生在吡啶环上，比吡啶容易。喹啉主要发生在2-位，异喹啉主要发生在1-位，喹啉中苯环比较难易氧化，而吡咯要发生在2-位，异喹啉主要发生在1-位，喹啉中苯环较易氧化，而吡啶环易被氧化。

a. 喹啉的亲核取代反应。

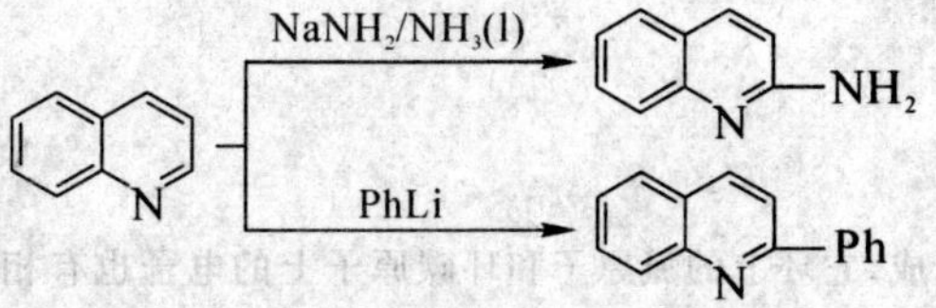

b. 喹啉的亲电取代反应。喹啉的亲电取代反应比吡咯容易进行,亲电试剂主要进入喹啉分子中的苯环部分。

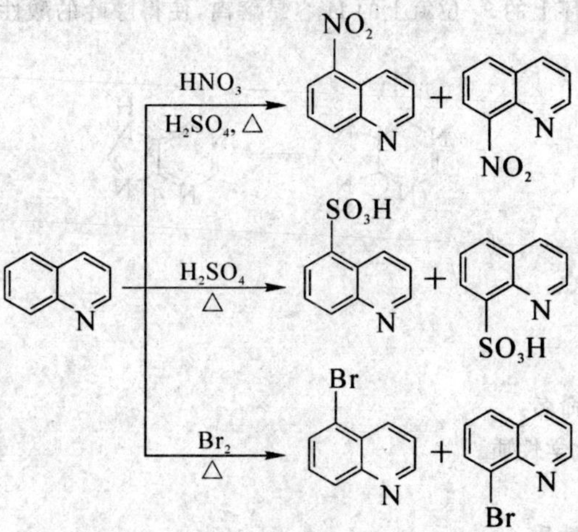

c. 氧化与还原反应。

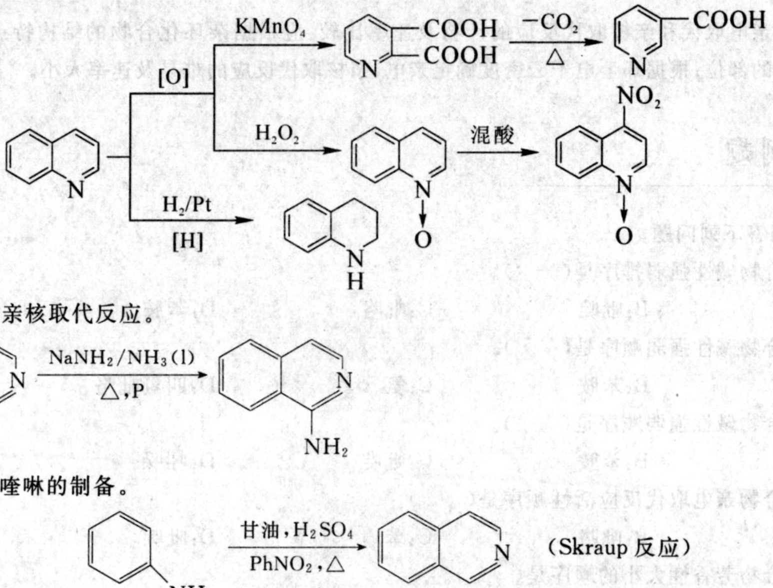

d. 异喹啉的亲核取代反应。

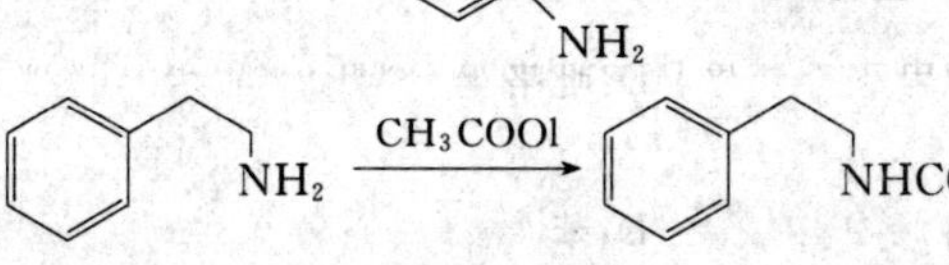

e. 喹啉和异喹啉的制备。

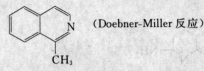(Doebner-Miller 反应)

②嘌呤的结构和化学性质。

嘌呤由咪唑与嘧啶稠合而成,它环上的氮原子和环碳原子上的电子也有相当大的离域性,是具有芳香性和稠杂环。由于嘌呤环中含有 4 个电负性大的氮原子,因而碳原子很难与亲电试剂发生反应;而且由于氮原子的吸电子诱导作用,使咪唑环上的 9-位氮上的 H 容易解离,使得嘌呤的酸性比咪唑强,碱性比咪唑弱,但比嘧啶强。

14.2.2 重点、难点

1. 重点
(1)杂环化合物的结构和命名。
(2)吡啶、呋喃和噻吩的化学性质。
(3)吡咯的化学性质。
(4)喹啉和异喹啉的化学性质。

2. 难点
杂环化合物亲电取代和亲核取代反应的产物及速率比较:应根据杂环化合物的结构特点决定亲电和亲核取代反应发生的部位;根据环上电子云密度确定亲电、亲核取代反应的难易及速率大小。

14.3 例题

例 14.1 回答下列问题。
(1)下列化合物碱性强弱排序是(　　)。
A:六氢吡啶　　B:吡啶　　C:吡咯　　D:苯胺
(2)下列化合物碱性强弱顺序是(　　)。
A:甲胺　　B:苯胺　　C:氨　　D:四氢吡咯
(3)下列化合物碱性强弱顺序是(　　)。
A:己胺　　B:苯胺　　C:吡啶　　D:吲哚
(4)下列化合物亲电取代反应活性顺序是(　　)。
A:呋喃　　B:吡咯　　C:苯　　D:吡啶
(5)下列化合物芳香性大小的顺序是(　　)。
A:呋喃　　B:噻吩　　C:苯　　D:吡咯
(6)下列化合物稳定性的顺序是(　　)。
A:呋喃　　B:噻吩　　C:吡咯　　D:苯
(7)下列化合物中双烯特征的强弱顺序是(　　)。
A:呋喃　　B:吡咯　　C:噻吩　　D:苯

解(1)A>B>D>C　　　(2)D>A>C>B
(3)C>A>B>D　　　(4)B>A>C>D

(5) C＞B＞D＞A (6) D＞B＞C＞A
(7) A＞B＞C＞D

例14.2 完成下列反应。

(1) 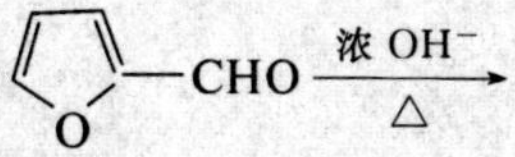 呋喃-2-CHO $\xrightarrow{\text{浓 OH}^-}{\Delta}$

(2) 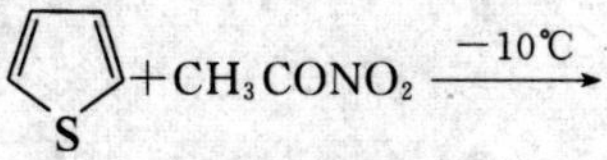 噻吩 + CH₃CONO₂ $\xrightarrow{-10℃}$

(3) 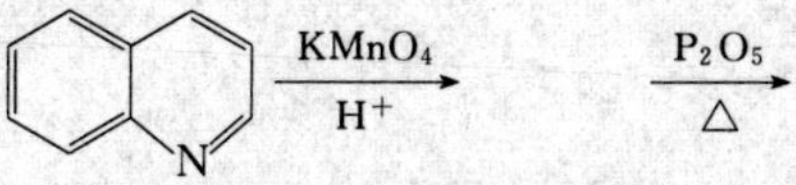 喹啉 $\xrightarrow[H^+]{KMnO_4}$ $\xrightarrow[\Delta]{P_2O_5}$

(4) 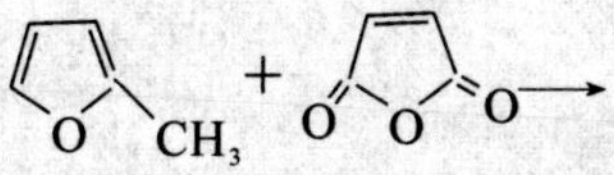 2-甲基呋喃 + 马来酸酐 →

(5) 2-溴呋喃 $\xrightarrow[\text{二氧六环}]{Mg}$ $\xrightarrow{\text{环己酮}}$

(6) 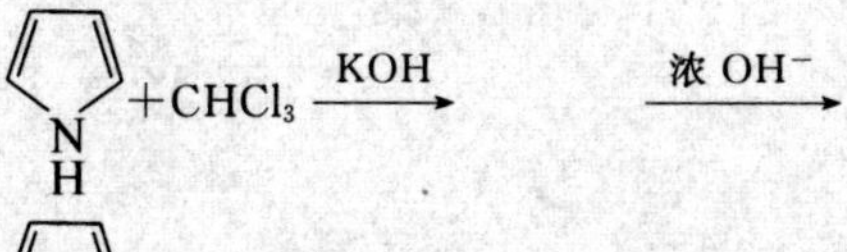 吡咯 + CHCl₃ $\xrightarrow{KOH}$ $\xrightarrow{\text{浓 OH}^-}$

(7) 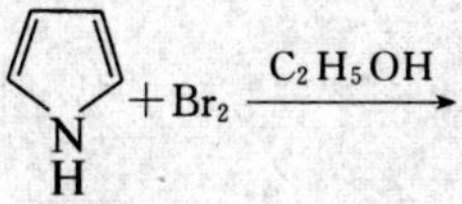 吡咯 + Br₂ $\xrightarrow{C_2H_5OH}$

(8) 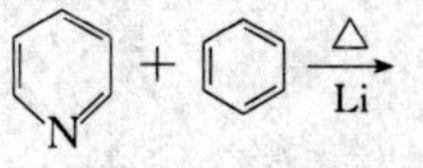 吡啶 + 苯 $\xrightarrow[Li]{\Delta}$

(9) 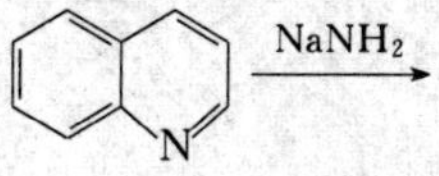 喹啉 $\xrightarrow{NaNH_2}$

(10) 2-溴吡啶 $\xrightarrow[\Delta]{OH^-}$

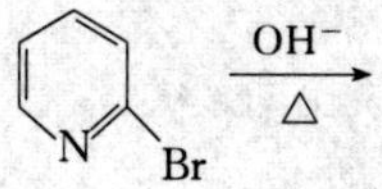

(11) 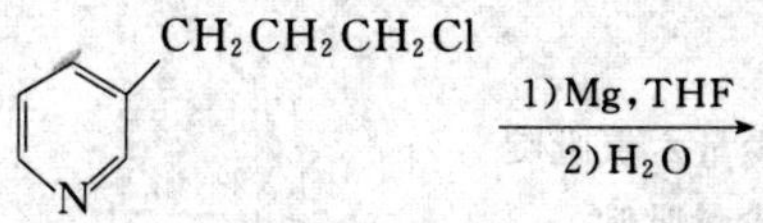 3-(3-氯丙基)吡啶 $\xrightarrow{1) Mg, THF}{2) H_2O}$

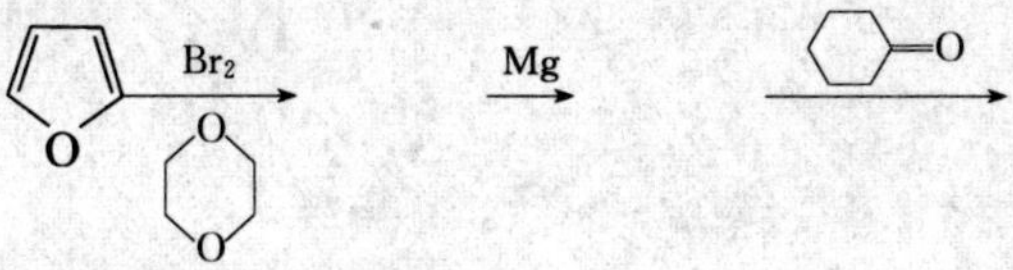

(12) 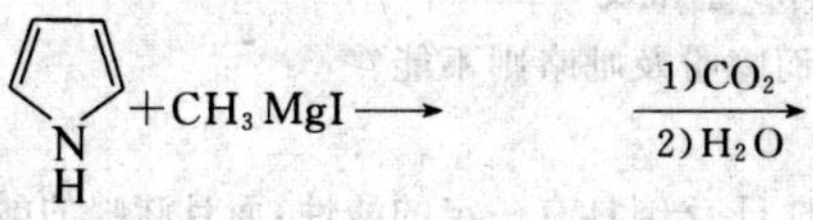 吡咯 + CH₃MgI → $\xrightarrow{1) CO_2}{2) H_2O}$

解 (1) 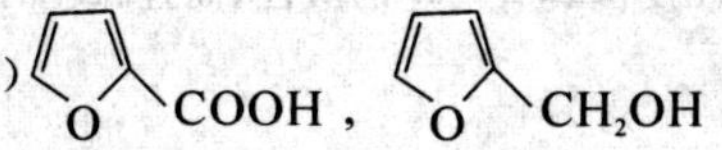 呋喃-2-COOH , 呋喃-2-CH₂OH

(2) 2-硝基噻吩

(3) 吡啶-2,3-二甲酸 , 吡啶-2,3-二甲酸酐

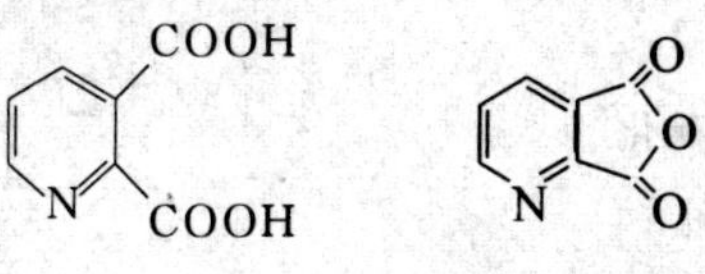

(4) [structure: methyl-substituted oxabicyclic anhydride]

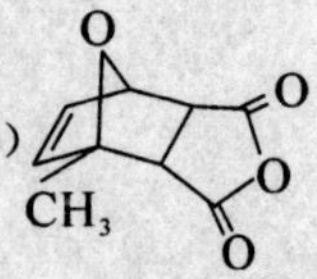

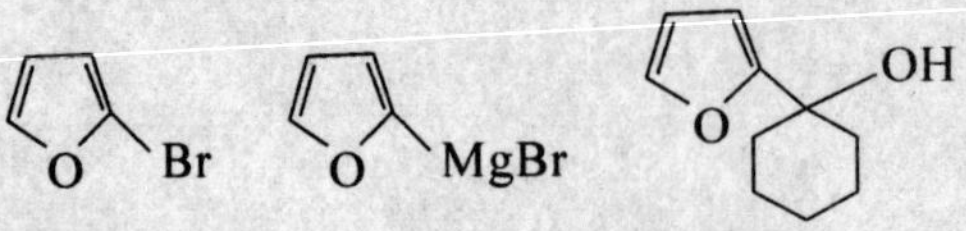

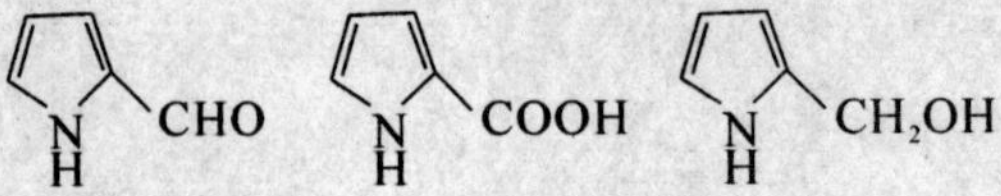

(5) [furan-2-Br] [furan-2-MgBr] [2-(1-hydroxycyclohexyl)furan]

(6) [pyrrole-2-CHO] [pyrrole-2-COOH] [pyrrole-2-CH₂OH]

(7) [2,3,4,5-tetrabromopyrrole... actually 2,3,5-tribromo with Br at positions shown]

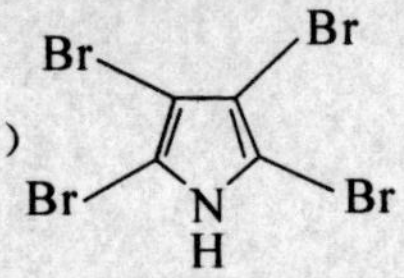

(8) 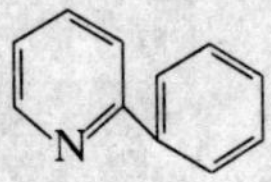 [2-phenylpyridine]

(9) 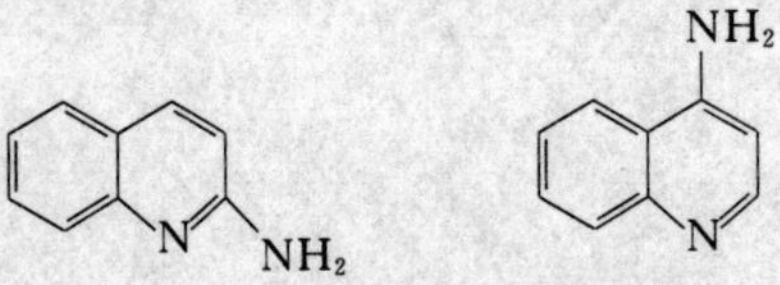 [2-aminoquinoline] [4-aminoquinoline]

(10) 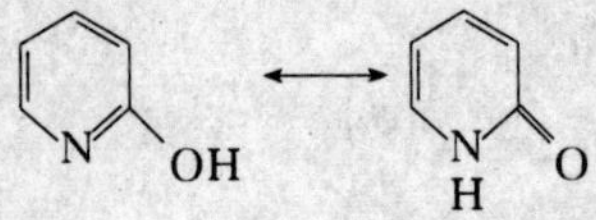 [2-hydroxypyridine] ↔ [2-pyridone]

(11) 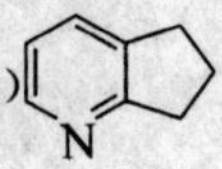 [cyclopenta-fused pyridine]

(12) 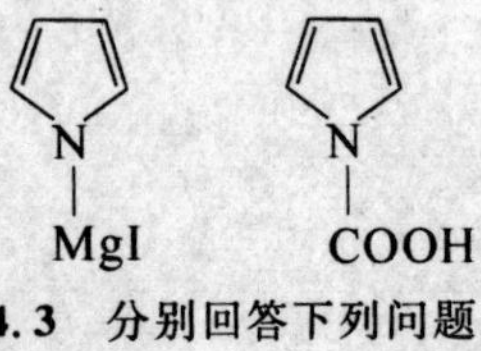 [N-MgI pyrrole] [N-COOH pyrrole]

例 14.3 分别回答下列问题。

(1)使用简单的化学方法将下列混合物中的杂质除去。

A:苯中混有少量噻吩　　　　　　　B:吡啶中混有少量六氢吡啶

C:α-吡啶乙酸乙酯中混有少量吡啶　　D:甲苯中混有少量吡啶

(2)为什么呋喃能与顺丁烯二酸酐进行双烯合成反应,而噻吩及吡咯则不能?

(3)为什么呋喃、噻吩及吡咯容易进行亲电取代反应?

(4)吡咯中的 N 有仲胺的结构,可是它没有碱性,N 上的 H 反倒具有一定的酸性,而且咪唑的酸性比吡咯还要强。

(5)用箭头表示下列化合物发生反应时的位置。

A: [2-phenylthiophene] 的溴化　　　B: [thiophene-3-COOH] 的溴化

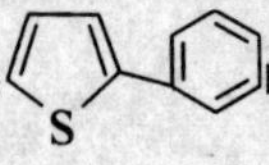

C: [2-amino-6-methylpyridine] 的氨基化　　D: [3-(1-methylpyrrol-...)pyridine] 的碘化

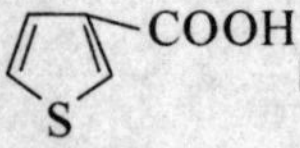

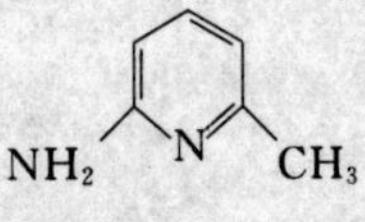

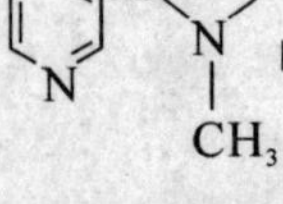

246

E: [3-乙基吡啶] 与苯基锂作用   F: [2-(3-吡啶基)吡咯] 与碘甲烷作用

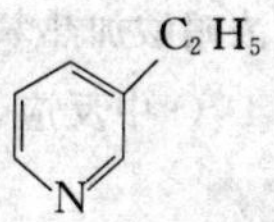

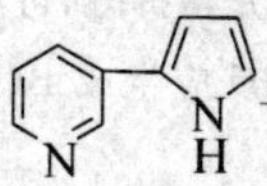

解 (1) A：噻吩溶于浓 H_2SO_4，苯不溶。

B：苯磺酰氯与六氢吡啶生成酰胺，蒸出吡啶。

C：加入 HCl 后，除去水层。

D：水溶解吡啶，甲苯不溶。

(2) 五元杂环的芳香性比较是：苯＞噻吩＞吡咯＞呋喃。

由于杂原子的电负性不同，呋喃分子中氧原子的电负性（3.5）较大，π 电子共扼减弱，而显现出共扼二烯的性质，易发生双烯合成反应，而噻吩和吡咯中由于硫和氮原子的电负性较小（分别为 2.5 和 3），芳香性较强，是闭合共扼体系，难显现共扼二烯的性质，不能发生双烯合成反应。

(3) 呋喃、噻吩和吡咯的环状结构是闭合共扼体系，同时在杂原子的 P 轨道上有一对电子参加共扼，属富电子芳环，使整个环的 π 电子密度比苯大，因此，它们比苯容易进行亲电取代反应。

(4) 吡咯分子中 N 上的一对 p 电子是环上 6 个 π 电子的一部分，所以不可能生成盐或生成季铵盐，因为这需要破坏原来的共轭体系。N 上的 H 有酸性是因为生成的吡咯负离子因共轭而稳定，咪唑的负离子有两个等价的共振体系，因而更加稳定。

(5) 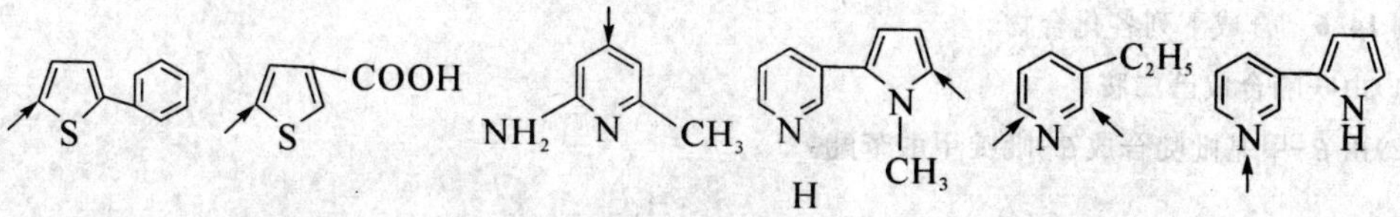 [结构式略]

例 14.4 试用反应机理解释下列反应。

(1) 4-氯吡啶和 $NaOCH_3$ 反应可生成 4-甲氧基吡啶，而 3-氯吡啶则不能。

(2) α-甲基吡啶在 $NaOC_2H_5$ 的作用下可和呋喃甲醛反应生成 [2-(2-呋喃基乙烯基)吡啶]。

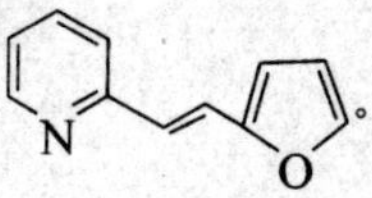

解 (1) 中间体较稳定，而在 3-氯吡啶的情况下，不可能产生 N 上带负电荷的中间体。

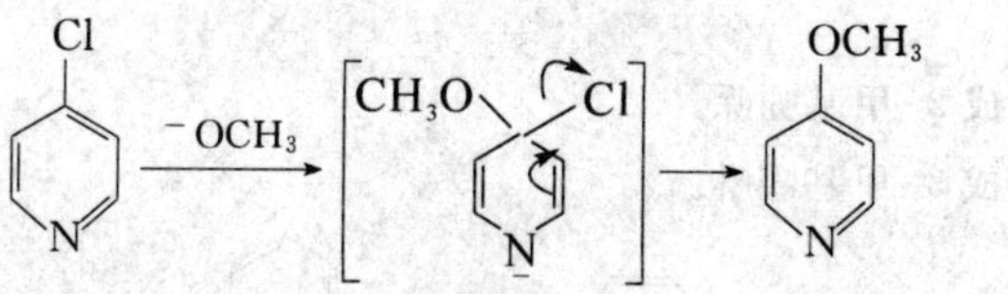

[反应机理示意图]

(2) 由于吡啶环的吸电子性，使得 α—CH_3 中 H 的酸性较甲苯中的大得多，因而能发生以下的反应。

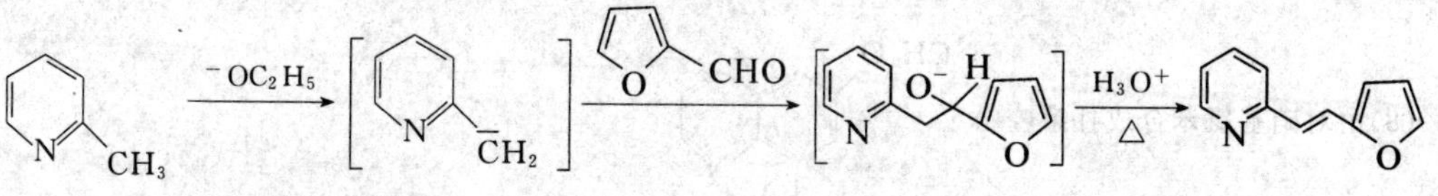

[反应机理示意图]

例 14.5 推测各化合物结构。

(1) 化合物(A)的分子式为 $C_{12}H_{13}NO_2$，经稀酸水解得到产物(B)和(C)。可发生碘仿反应而(C)不能，(C)能与 $NaHCO_3$ 作用放出气体而(B)不能。(C)为一种吲哚类植物生长激素，可与盐酸松木片反应呈红色。试推导(A)，(B)，(C)的结构式。

(2) 某生物碱的分子式为 $C_8H_{17}N$。已知它是吡啶类生物碱，且具有一丙基。为测定此丙基的结构应用 CH_3I 和 $AgOH$ 进行彻底甲基化反应，将反应产物进行还原则生成正辛烷，求原来物质的结构式。

(3) 喹啉的同系物($C_{11}H_{13}N$)，系用苯胺为原料通过斯克劳普法反应合成。当它部分氧化时，可得到组成为 $C_{11}H_9O_2$ 的一元酸，此酸与钠石灰共热则转变成 β-甲基喹啉。求原来化合物的结构式。

(4) 化合物 A($C_8H_{11}NO$) 具有臭味，可进行光学拆分，可溶于5%的盐酸溶液中。用浓硝酸加热氧化可得烟酸(3-吡啶甲酸)。A 与 CrO_3 在吡啶溶液中反应生成 B(C_8H_9NO)。B 与 NaOD 在 D_2O 中反应，生成的产物含有五个氘原子。确定 A 和 B 的结构。

解

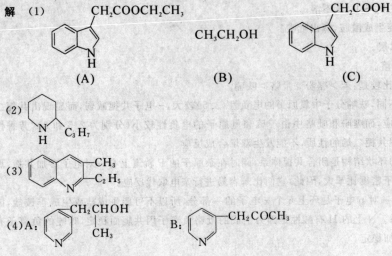

例 14.6 合成下列各化合物。

(1) 由呋喃合成己二胺。

(2) 由 β-甲基吡啶合成 β-吡啶甲酸苄酯。

(3) 以对-硝基甲苯等为原料利用斯克洛浦法合成

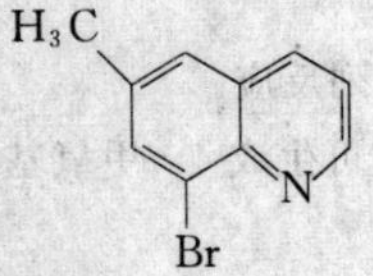

(4) 以对-硝基苯酚和丙烯醛等为原料合成

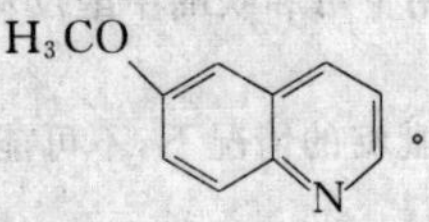

(5) 用适当的化合物合成 2-甲基吲哚。

(6) 用适当的化合物合成 3-甲基喹啉。

(7) 由苯和吡啶合成磺胺吡啶 H_2N—⟨ ⟩—SO_2NH—⟨pyridine⟩。

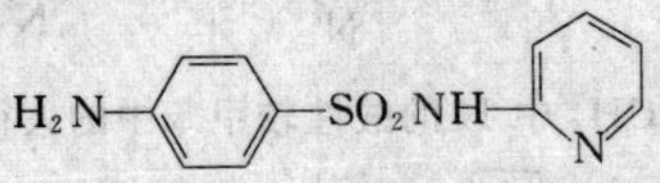

(8) 由对硝基氯苯合成扑疟喹啉

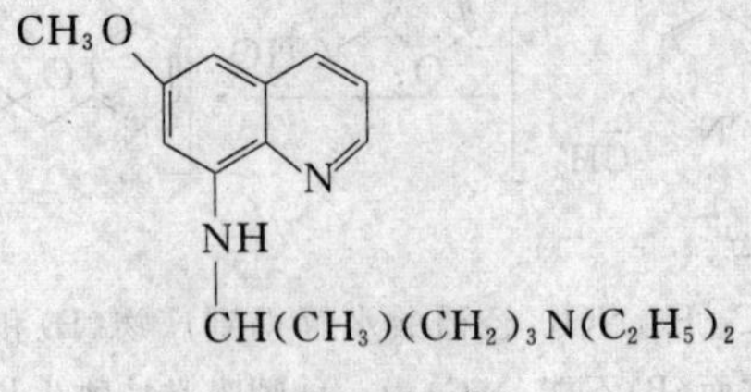

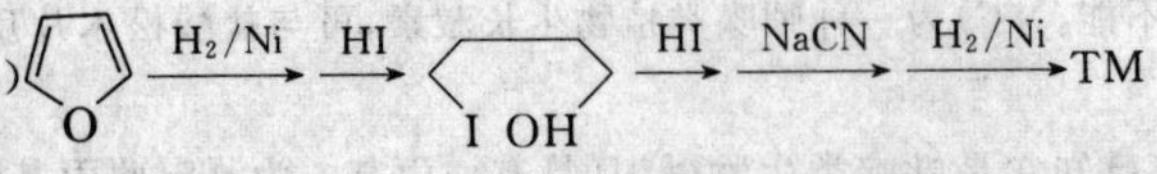

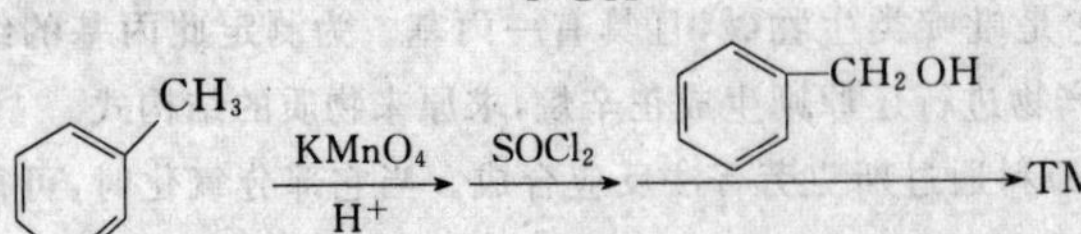

(3) 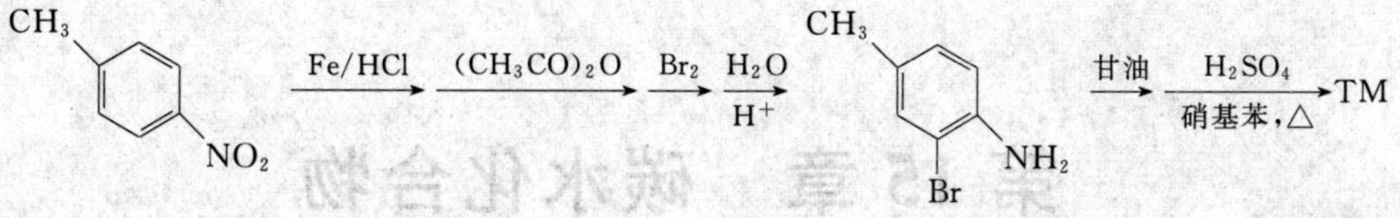 4-CH₃-C₆H₄-NO₂ →[Fe/HCl] →[(CH₃CO)₂O] →[Br₂ H₂O/H⁺] 2-Br-4-CH₃-C₆H₃-NH₂ →[甘油, H₂SO₄ / 硝基苯, △] TM

(4) 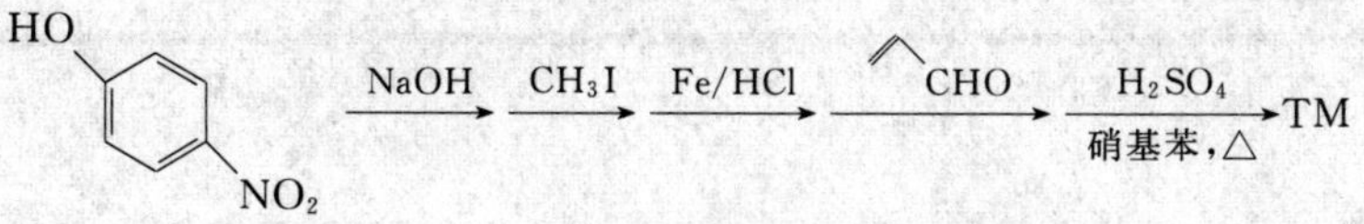 4-HO-C₆H₄-NO₂ →[NaOH] →[CH₃I] →[Fe/HCl] →[CH₂=CH-CHO] →[H₂SO₄ / 硝基苯, △] TM

(5) 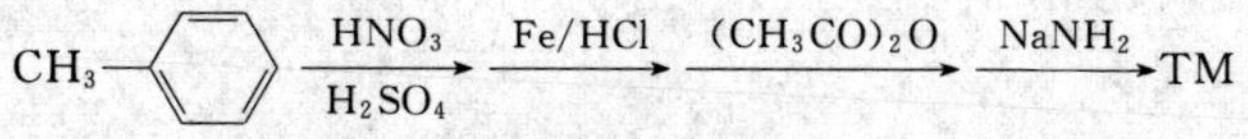 CH₃-C₆H₅ →[HNO₃ / H₂SO₄] →[Fe/HCl] →[(CH₃CO)₂O] →[NaNH₂] TM

(6) 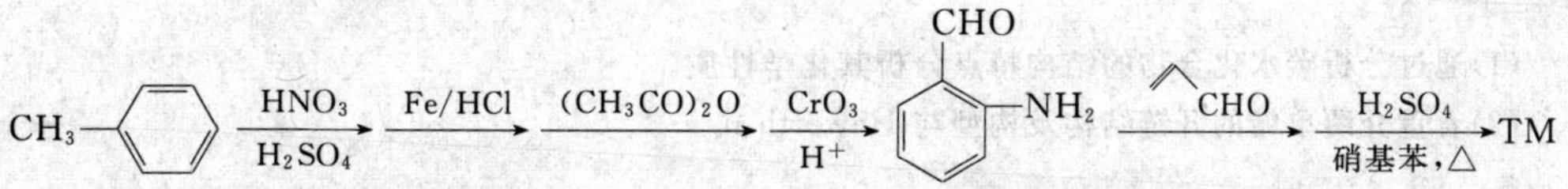 CH₃-C₆H₅ →[HNO₃ / H₂SO₄] →[Fe/HCl] →[(CH₃CO)₂O] →[CrO₃ / H⁺] 2-CHO-C₆H₄-NH₂ →[CH₂=CH-CHO] →[H₂SO₄ / 硝基苯, △] TM

(7) 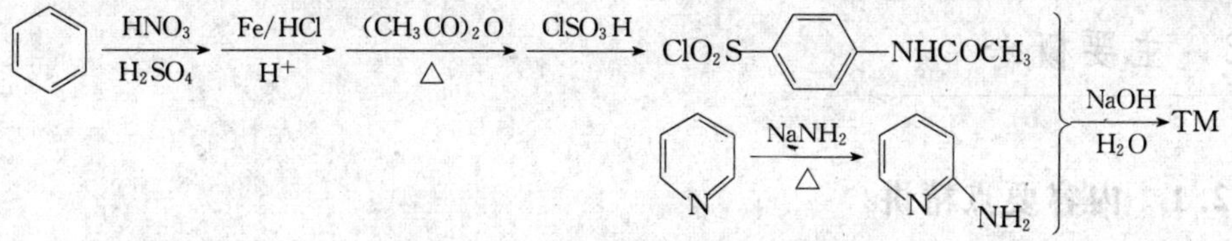 C₆H₆ →[HNO₃/H₂SO₄] →[Fe/HCl, H⁺] →[(CH₃CO)₂O, △] →[ClSO₃H] 4-ClO₂S-C₆H₄-NHCOCH₃

吡啶 →[NaNH₂, △] 2-氨基吡啶

合并 →[NaOH / H₂O] TM

(8) 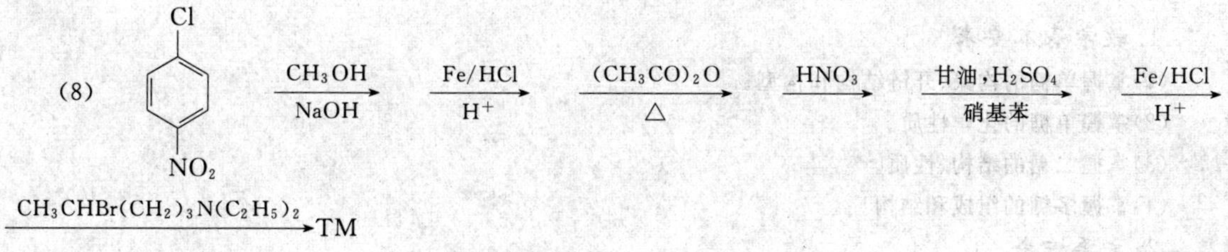 4-Cl-C₆H₄-NO₂ →[CH₃OH / NaOH] →[Fe/HCl / H⁺] →[(CH₃CO)₂O, △] →[HNO₃] →[甘油, H₂SO₄ / 硝基苯] →[Fe/HCl / H⁺] →[CH₃CHBr(CH₂)₃N(C₂H₅)₂] TM

第 15 章 碳水化合物

15.1 教学建议

(1) 通过分析碳水化合物的结构特点分析其化学性质。
(2) 着重介绍单糖的开链结构及构型与 Haworth 式。

15.2 主要概念

15.2.1 内容要点精讲

1. 教学基本要求
(1) 掌握单糖的构象、开链结构和构型。
(2) 掌握单糖的化学性质。
(3) 掌握二糖的结构、性质。
(4) 掌握多糖的组成和结构。

2. 主要概念
(1) 碳水化合物。碳水化合物(即糖)是指脂肪族多羟基醛、酮,或者是能水解成为多羟基醛、酮的化合物。因它们中的绝大多数的经验式都符合 $C_m H_{2n} O_n$,即 $C_m(H_2O)_n$,故称为碳水化合物。

在少数单糖中可以有一个或两个氧原子的情况,此为脱氧糖。

(2) 苷、糖苷。糖的半缩醛羟基与其他羟基的化合物所形成的缩醛称为苷,它在碱溶液中较为稳定,但在酸或酶的作用下可以水解生成原来的糖和非糖部分。

单糖的苷羟基与另一个分子醇中的羟基作用脱水形成糖苷键(C—O—C 型),产物为糖苷(具有缩醛或缩酮的结构)。在低聚糖和多糖中,糖苷键是连接单糖的纽带。

糖苷键还可以是 C—N—C 型或 C—S—C 型。

(3) 差向异构体。除有一个而且是同一个序号的手性碳原子构型不同之外,其他手性碳原子的构型相同的异构体称为差向异构体,但醛糖和酮糖之间应属于同分异构体。

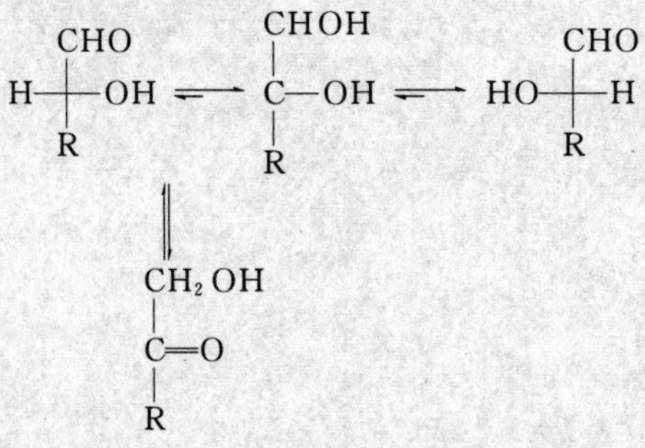

糖的差向异构化是糖的转化和糖脲的生成及酮糖的还原性的根本所在。

(4)开链与氧环式结构。以长链的形式表示的单糖结构称为单糖的开链结构,其 Fisher 投影式的构型标记采用相对法,即 D/L 法。

在 Fisher 投影式中,可以不表示出 H 原子,中间的羟基只用一横线表示。

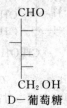
D-葡萄糖

单糖的氧环式(也称 Haworth 氧环式)结构是己醛糖、戊醛糖或己酮糖的半缩醛、半缩酮形态,原来开链式单糖的羰基碳(sp^2 杂化)转变为饱和碳(sp^3 杂化)且有手性,新生成的手性碳原子称为苷原子,苷原子上的羟基为苷羟基。

(5)α-异构体与β-异构体。在己醛糖吡喃环式结构中,苷羟基与 C_5 上的 CH_2OH 在同侧为β-型,在异侧为α-型。在葡萄糖的水溶液中α-异构体和β-异构体(也称异头物,属差向异构体)通过开链式结构达到互变平衡,而且有变旋光现象。

3. 核心内容

(1)碳水化合物的分类。根据碳水化合物的结构和性质可分为:

①单糖:不能水解成更小分子的多羟基醛、酮。单糖中除了按羰基的不同分为醛糖和酮糖,还可以按碳原子数分为戊糖、己糖、庚糖等。两种分类法常合并使用。

②低聚糖:由几个单糖分子缩合而成。按分解生成的单糖数,可分为二糖、三糖等。

③多糖:由许多单糖分子缩合而成,能水解为许多单糖,如淀粉、纤维素等。

(2)单糖的结构(以葡萄糖为例)。单糖有开链式和氧环式两种结构,通常情况下是以氧环式结构存在。

①开链式结构。在开链结构中,其 Fisher 投影式的构型标记采用 D/L 法。编号最大的手性碳原子上的羟基在右侧为 D 型,反之为 L 型。天然的单糖多属于 D-系列。D-系列的醛糖开链式结构是由 D-甘油醛导出。结构式中的氢原子可以不写出。

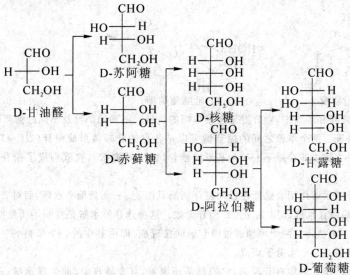

②氧环式结构(Howorth 式)。在由糖的 Fisher 投影式(开链式)改写成氧环式(Howorth 式)时,原来在开链式右边的原子或基团写在环的下方,左边的原子或基团则写在环的上方,即"右下左上"。

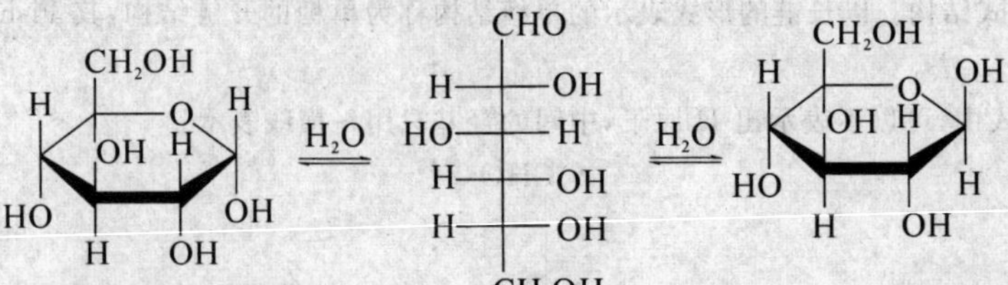

α-D-(+)葡萄糖　　　　　　　　　　　　β-D-(+)葡萄糖

α-异构体和β-异构体有各自固定的熔点和比旋光度。在六元的氧环式D-型己醛糖结构中，具有稳定构象的异构体在平衡体系中的有较多的含量。单糖在固态时是以稳定的环氧式存在，但在溶液中，两种氧环式结构可以通过开链式结构互变，所以在溶液中，单糖会发生变旋光现象。

在D-型己醛糖的氧环式中，苷羟基的化学活性高于其他羟基，容易进一步醚化（生成缩醛或缩酮）成苷（形成糖苷键）或酰化（生成酯），并因此使氧环式糖的变旋光活性消失。

D-型己酮糖也有氧环式，而且在平衡体系中，既有吡喃环也有呋喃环型。

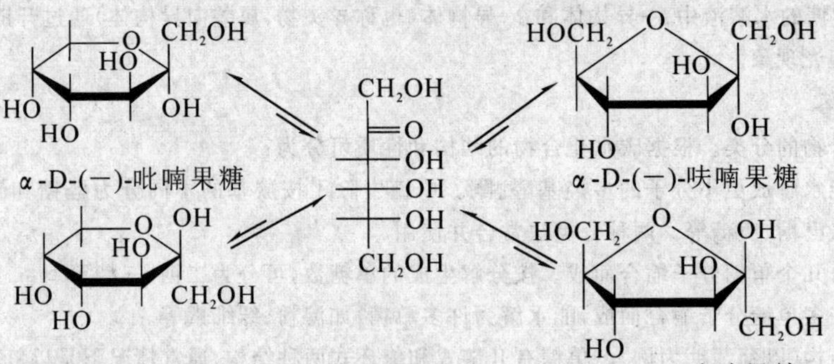

α-D-(−)-吡喃果糖　　　　　　　　　α-D-(−)-呋喃果糖

β-D-(−)-吡喃果糖　　　　　　　　　β-D-(−)-呋喃果糖

③单糖的构象。吡喃型半缩醛具有椅式构象，通常对D系单糖用 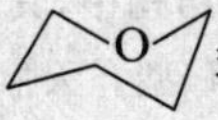 式，对L系单糖用 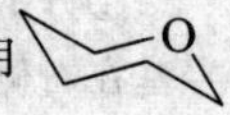 式。环中体积大的基团尽可能多地处在e键位置，这样才能成为最稳定的构象。

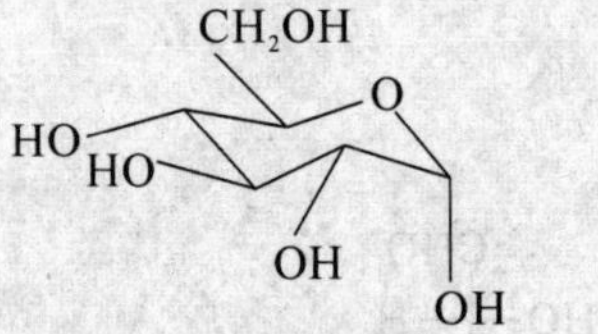

α-D-吡喃葡萄糖　　　　　　　α-L-吡喃葡萄糖

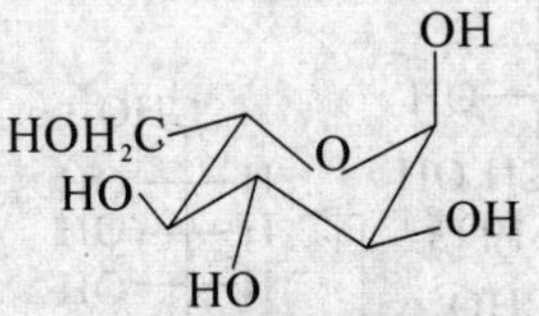

(3) 糖苷。在低聚糖和多糖中，糖苷键是连接单糖的纽带。不同的单糖及不同的糖苷键，使得不同的低聚糖或多糖有不同的特征。两个单糖之间的糖苷键可以是各自的苷羟基形成糖苷（以"↔"表示），也可以是一方提供苷羟基而另一方提供非苷原子上的羟基形成糖苷（以"→"表示），这就构成了糖苷键的多样性和不同糖的结构特异性。

酶对不同的糖苷的水解作用有选择性。如麦芽糖酶只能使α-葡萄糖苷水解，而对β-葡萄糖苷无效；苦杏仁酶只能使β-葡萄糖苷水解，而对α-葡萄糖苷无效。这种选择性水解是判断不同类型糖苷键的基础。

(4) 二糖的结构。二糖是由两个单糖通过糖苷键联接现成，即由其中的一个单糖的一个羟基和另一个单糖的半缩醛羟基之间脱去一个水分子而成。

在麦芽糖、乳糖、纤维二糖中有苷羟基，它们都是还原糖，有变旋现象，能生成糖脎；蔗糖无苷羟基，是非还原性糖，无变旋光现象，不能生成糖脎。

①蔗糖:

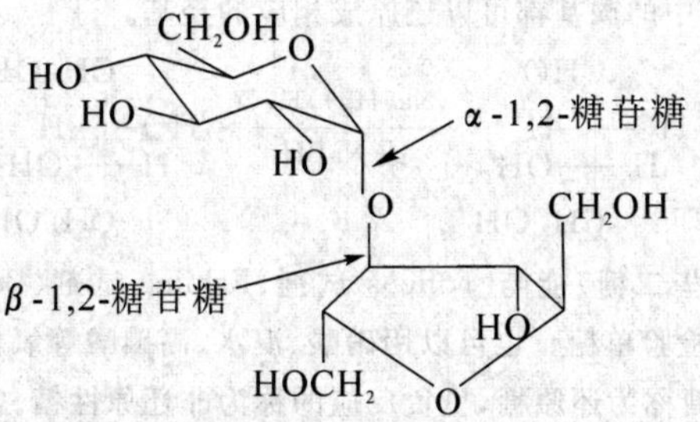

②麦芽糖:

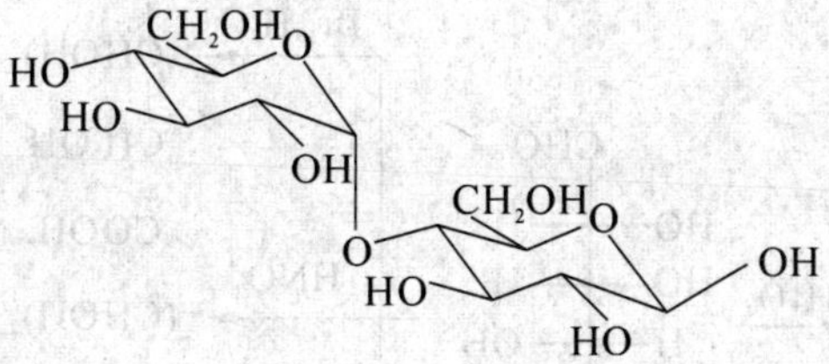

③乳糖:

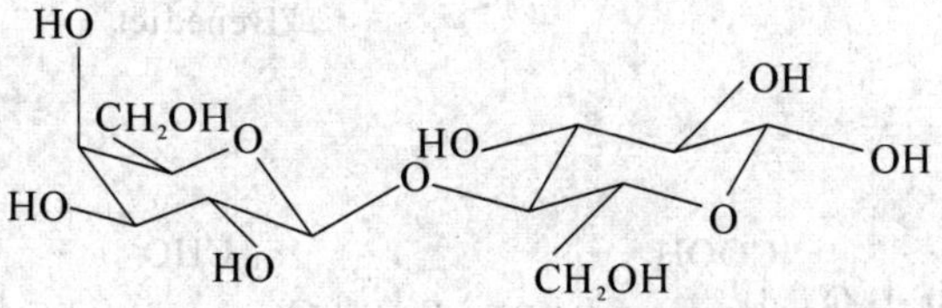

④纤维二糖:

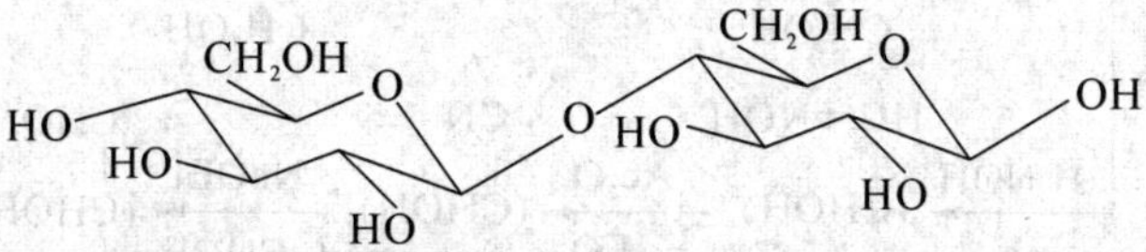

(5)多糖的组成与结构。多糖是高分子化合物,无甜味,无还原性及变旋现象,若完全水解可得到组成它们的各种单糖及衍生物。常见多糖的结构组成见表15.1。

表15.1 常见多糖的结构组成

多糖种类	多糖名称	结构单元	苷键类型	分子形状
淀粉	直链淀粉	D-葡萄糖	α-1,4	螺旋链状
	支链淀粉	D-葡萄糖	α-1,4;α-1,6	分支链状
	糖原	D-葡萄糖	α-1,4;α-1,6	分支链状
	纤维素	D-葡萄糖	β-1,4	绳索链状
杂多酸	透明质酸	N-乙酰氨基-D-葡萄糖	β-1,3	直链状
		D-葡萄糖醛酸	β-1,4	

(6)单糖的化学性质。单糖是多羟基醛、酮类化合物,它既有羟基的性质又有羰基的性质,还有半缩醛的特征。由于官能团的相互影响,单糖还表现出一定的特殊性。

①羰基的反应。

Ⅰ.还原反应。醛糖或酮糖中的羰基都可以还原成相应的羟基。

$$\begin{array}{c}\text{CHO}\\ \text{HO}{-}\text{H}\\ \text{H}{-}\text{OH}\\ \text{CH}_2\text{OH}\end{array} \xrightarrow[\text{或 NaBH}_4]{\text{Na(Hg),H}_2\text{O}} \begin{array}{c}\text{CH}_2\text{OH}\\ \text{HO}{-}\text{H}\\ \text{H}{-}\text{OH}\\ \text{CH}_2\text{OH}\end{array}$$

Ⅱ.氧化反应。单糖(和某些二糖)能与 Tollens 试剂、Fehling 试剂、Benedict 试剂作用,分别有银镜或 Cu_2O 砖红色沉淀产生,可用于检验单糖。也可以用硝酸、溴水、高碘酸等氧化。

能与这些试剂呈正反应的糖称为还原糖,呈负反应的称为非还原性糖。

Ⅲ.醛糖的降级。

Ⅳ.糖的升级。

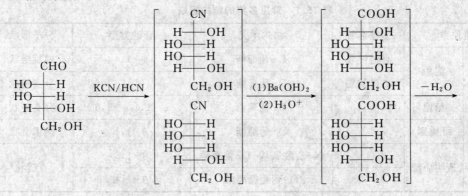

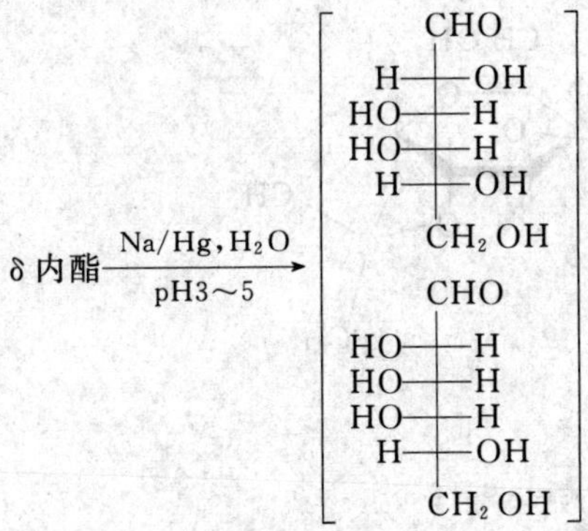

δ 内酯 $\xrightarrow[pH3\sim5]{Na/Hg, H_2O}$

[结构式：上方为 CHO—H—OH—HO—H—HO—H—H—OH—CH₂OH；下方为 CHO—HO—H—HO—H—HO—H—H—OH—CH₂OH]

Ⅴ. 成脎反应。具有 —C—CH— 结构的化合物在酸性溶液中与过量苯肼反应所生成的产物称为脎。
               ‖ │
               O OH

脎为不溶于水的黄色晶体，不同糖的成脎时间及脎的晶形可用来鉴定糖。

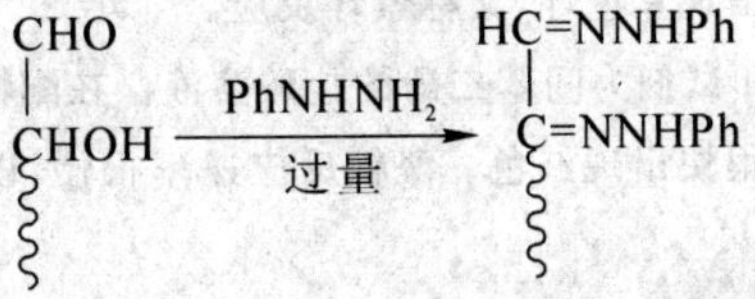

$$\begin{matrix} CHO \\ CHOH \end{matrix} \xrightarrow[\text{过量}]{PhNHNH_2} \begin{matrix} HC=NNHPh \\ C=NNHPh \end{matrix}$$

Ⅵ. 苷的生成。

[吡喃糖结构] $\xrightarrow{CH_3OH, HCl(干)}$ [C-1位为 OCH₃ 的糖苷结构]

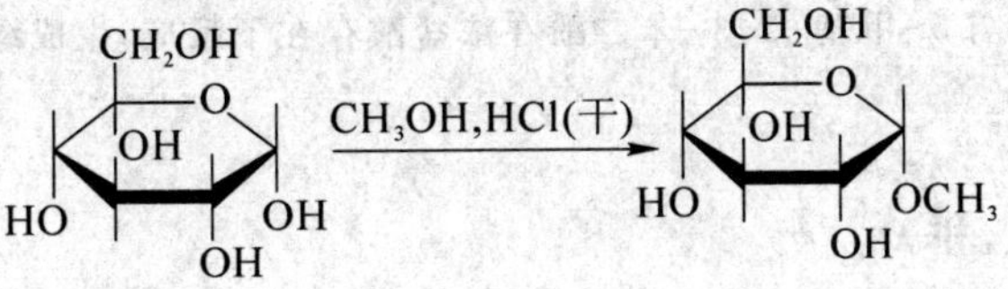

②羟基的反应。

Ⅰ. 成醚反应。

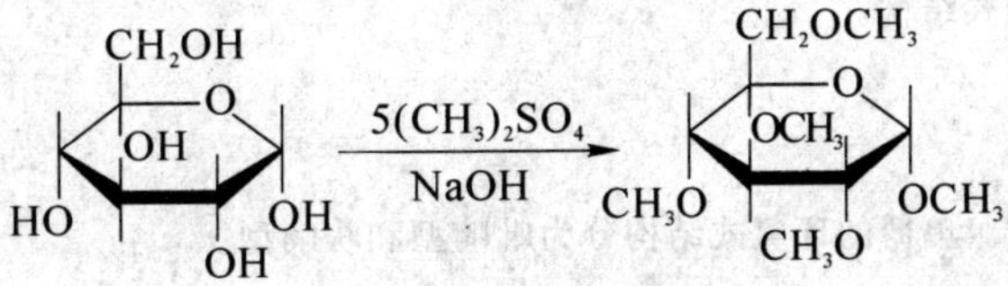

[吡喃糖结构] $\xrightarrow[NaOH]{5(CH_3)_2SO_4}$ [全甲基化产物]

Ⅱ. 成酯反应。

[吡喃糖] $\xrightarrow{Ac_2O}$ [全乙酰化产物] $\xrightarrow{HBr}$ [C-1 为 Br 的乙酰化产物]

$\xrightarrow[Ag_2O]{CH_3OH}$ [C-1 为 OCH₃ 的乙酰化产物]

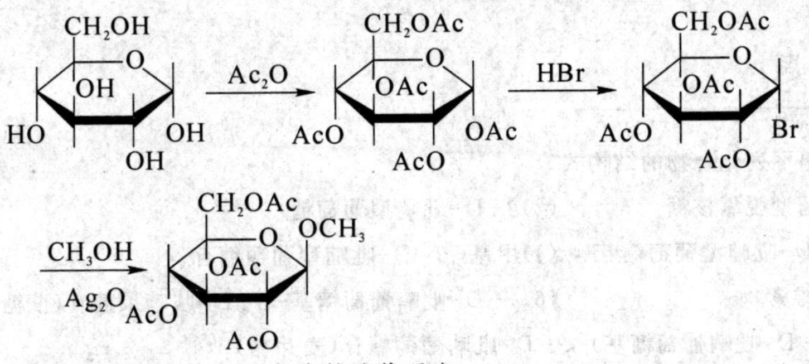

成酯后，c—1 的乙酰基比较活泼，可以起亲核取代反应。

Ⅲ. 和丙酮生成异丙叉衍生物。

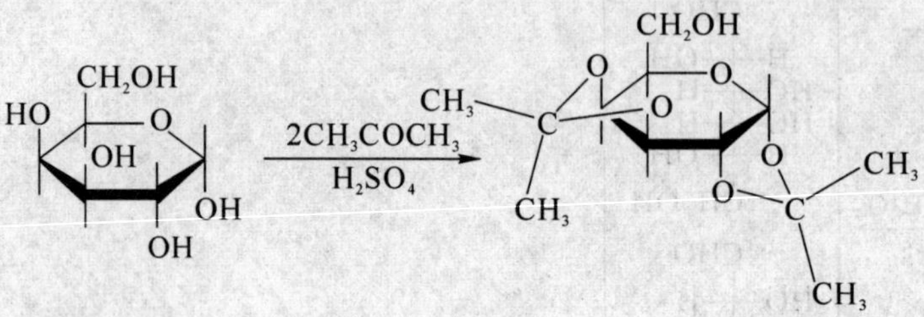

两个糖羟基应处于顺位。

Ⅳ. 还原。

$$己醛糖酸 \xrightarrow[\Delta]{HI, P} 正己酸$$

(7)糖的颜色反应。

Ⅰ. Molisch反应。在糖类水溶液中加入含α-萘酚的酒精溶液,然后沿容器壁缓慢加入浓 H_2SO_4,不振荡,在浓 H_2SO_4 和糖溶液的交界处出现紫色环,又称紫环反应。

Ⅱ. Seliwanoff实验。Seliwanoff试剂为间苯二酚的盐酸溶液。在酮糖(或能水解出酮糖的低聚糖、多糖)溶液中加入 Seliwanoff 试剂,加热,很快出现红色。醛糖反应速率很慢,以至于观察不到变化,或区分醛糖和酮糖。

Ⅲ. 蒽酮反应。糖类化合物与蒽酮的浓 H_2SO_4 溶液作用,生成绿色物质,可定性(量)测定糖类。

Ⅳ. Bial反应。戊糖与5-甲基-1,3-苯二酚在浓盐酸存在下反应,生成绿色物质,是鉴定戊糖的一种方法。

15.2.2 重点、难点

1. 重点
(1)单糖的开链及环氧式结构。
(2)单糖的化学性质。

2. 难点
(1)单糖的环氧式结构。单糖的环氧式结构分为吡喃型和呋喃型。
(2)单糖的化学性质。

15.3 例题

例15.1 写出下列化合物的结构式。

(1)α-D-呋喃型脱氧核糖　　　　(2)β-D-吡喃型葡萄糖

(3)甲基-α-D-吡喃型葡萄糖苷　　(4)甲基-β-D-吡喃型葡萄糖苷

(5)一醋酸纤维素　　　　　　　　(6)α-D-吡喃葡萄糖基-β-D-呋喃果糖苷(蔗糖)

(7)4-O-(α-D-吡喃葡萄糖基)-β-D-吡喃葡萄糖苷(麦芽糖)

(8)对羟基苯基-β-吡喃葡萄糖

解 (1) (2)

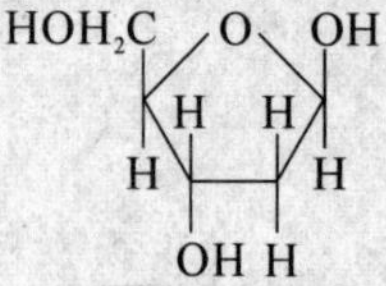

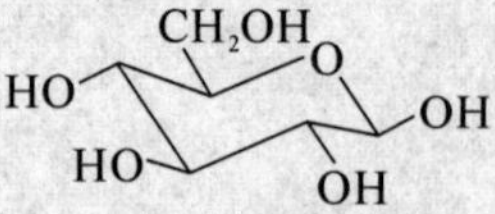

第 15 章 碳水化合物

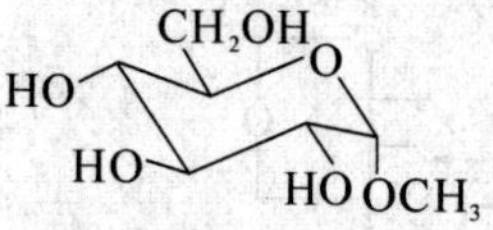

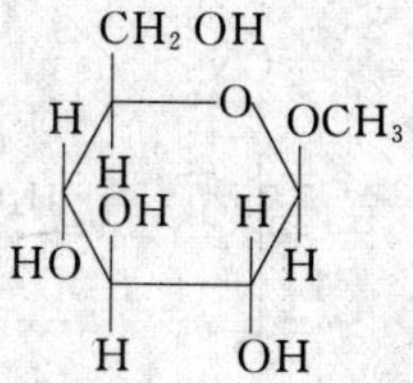

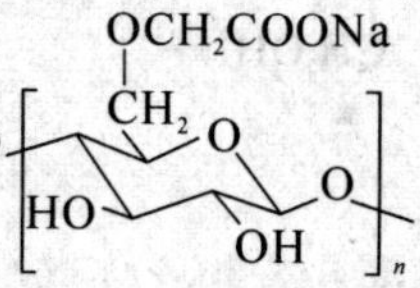

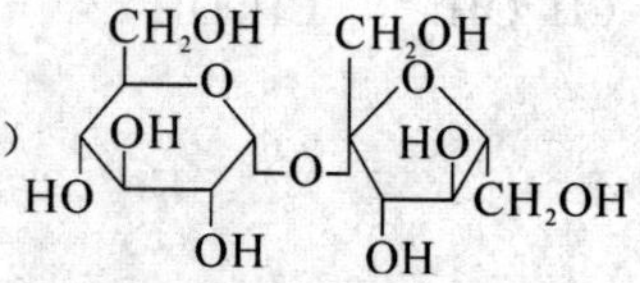

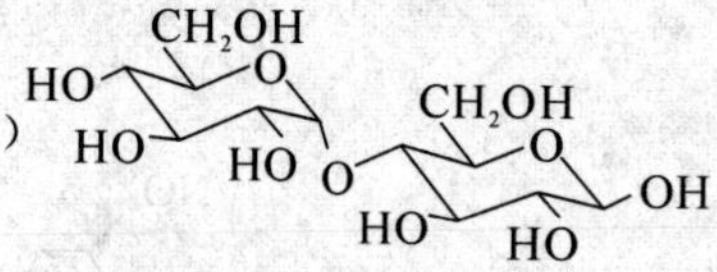

(3)～(8) 结构式（略）

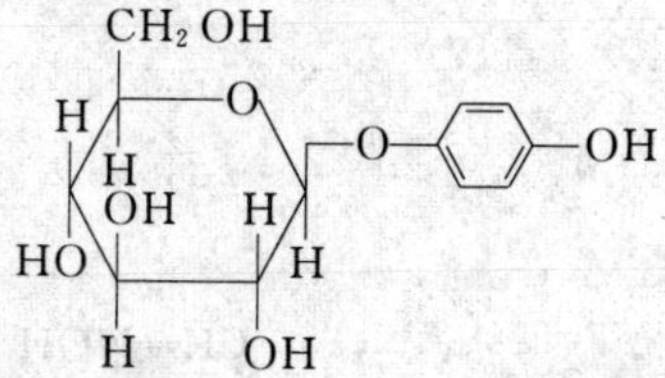

例 15.2 完成下列反应式。

(1) D-(+)-甘露糖先与羟胺，再与乙酐、NaOCH$_3$/CHCl$_3$ 反应。
(2) D-(+)-甘露糖先与 CH$_3$OH、HCl，然后与 (CH$_3$)$_2$SO$_4$，NaOH 反应。
(3) D-(+)-甘露糖与溴水反应。
(4) D-(+)-甘露糖先与醋酸酐，后与 HBr，最后与甲醇/氧化银的溶液反应。
(5) D-(+)-甘露糖与 HCN 反应，然后水解，最终用 Na-Hg 还原，并通入 CO$_2$。
(6) D-(+)-甘露糖先后与羟胺、2,4-二硝基氟苯/NaHCO$_3$ 反应，最后加热。

解 （反应式图示略）

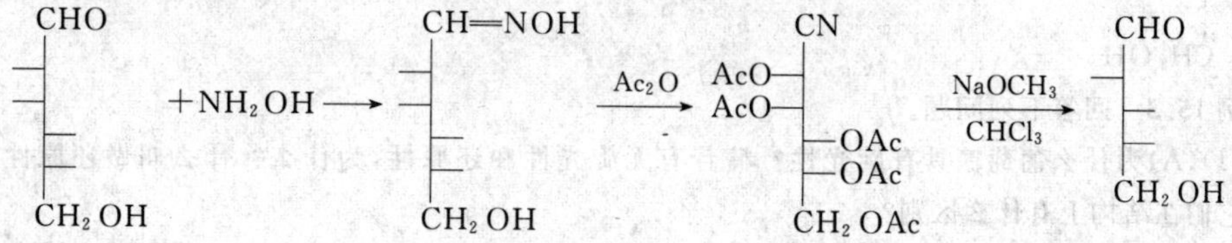

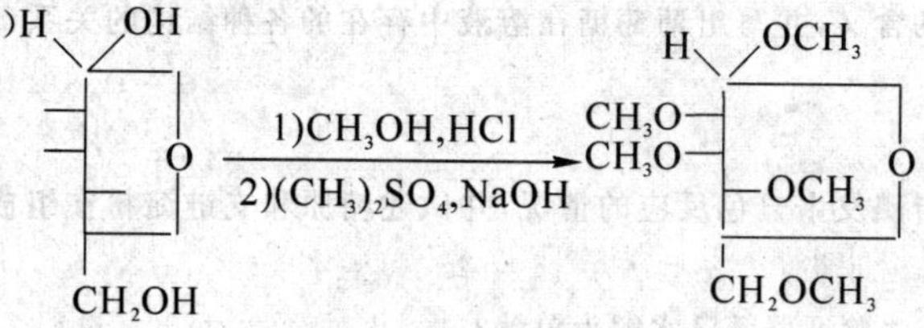

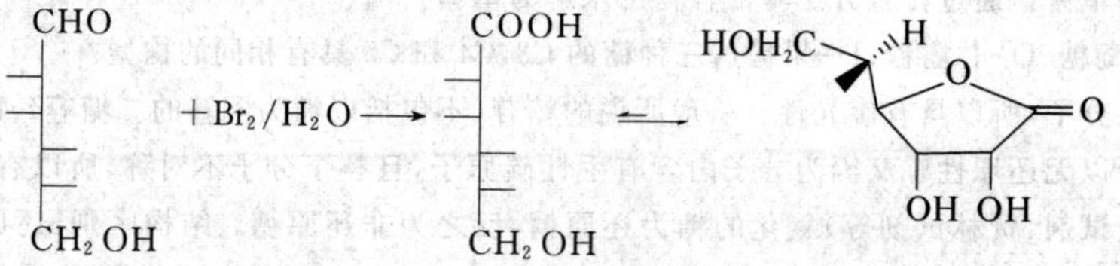

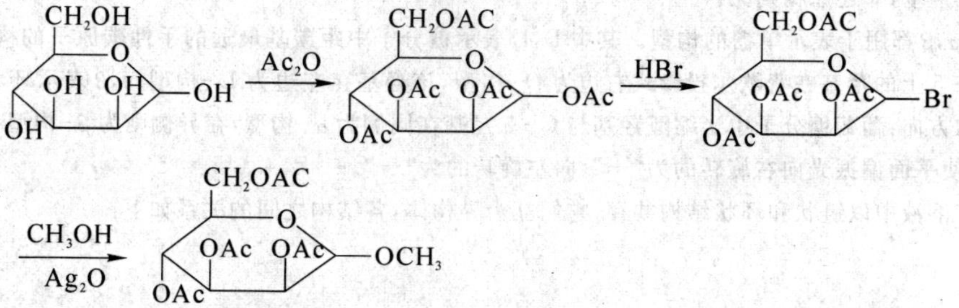

有机化学 导教 导学 导考

(5) 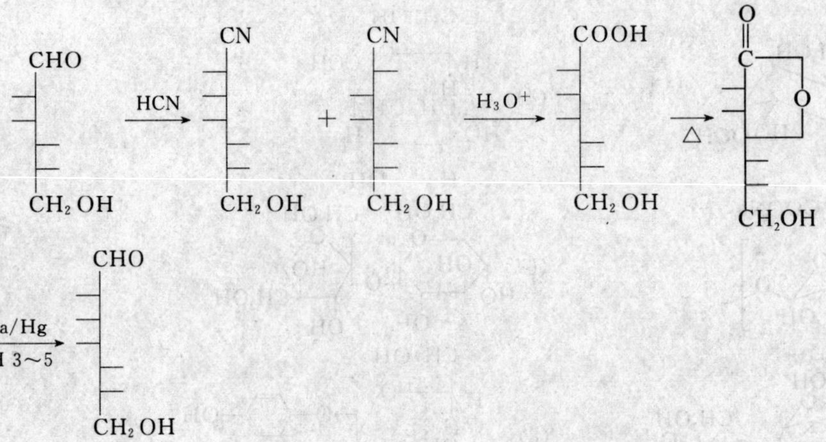 反应式（略，见图）

(6) 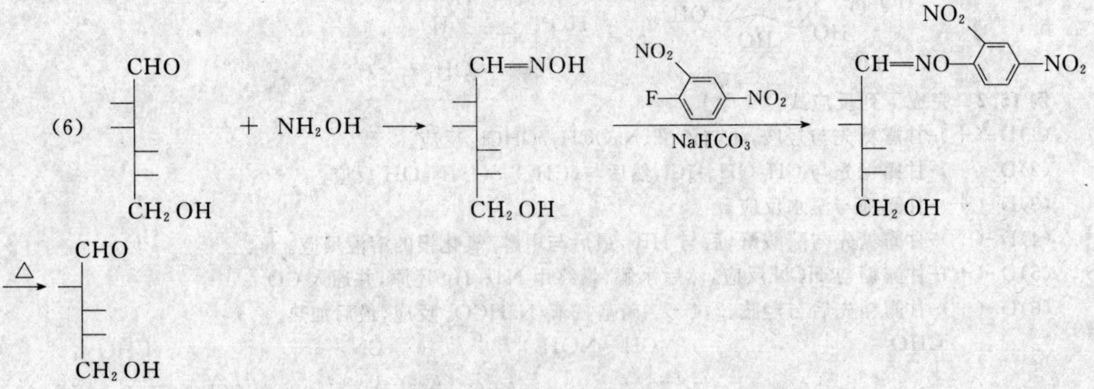 反应式（略，见图）

例 15.3 回答下列问题。

(1)(A)为什么葡萄糖具有旋光性？糖苷有无旋光性和还原性，为什么？什么叫做还原性糖、非还原性糖？它们在结构上有什么区别？

(2)以葡萄糖为例说明 D, L, ＋, －, α, β 的含义，并写出葡萄糖在溶液中存在的各种结构的关系（环状结构用哈沃斯透视式表示）。

(3)人体能否水解纤维素，为什么？

(4)简述淀粉及其水解过程中各生成物与碘发生显色反应的情况，并试述糖原和支链淀粉在组成、结构及性质上有什么异同？

(5)如何将二糖水解为单糖？通过什么方法验证蔗糖已水解为单糖？

(6)怎样能证明 D-葡萄糖、D-甘露糖、D-果糖这三种糖的 C3, C4 和 C5 具有相同的构型？

解 (1)葡萄糖是手性分子，所以具有旋光性。一般所说的糖苷（不包括以糖为配基的二糖等），因为分子中无游离的半缩醛羟基，所以无还原性。又因为分子内含有手性碳原子，且整个分子不对称，所以有旋光性。能被碱性弱氧化剂（如班氏试剂、费林试剂等）氧化的糖为还原糖，反之为非还原糖。结构区别：还原糖含有游离的半缩醛羟基，非还原糖则无。

(2)D, L, α, β 都用于表示单糖的构型。其中 D, L 表示糖分子中距羰基最远的手性碳原子的构型：以葡萄糖为例，若 C-5 上的羟基在费歇尔投影式右边为 D-构型，该羟基在左边为 L-构型；α, β 表示环状糖分子中半缩醛羟基的方向：葡萄糖分子中半缩醛羟基与 C-5 羟基在同侧为 α-构型，在异侧则为 β-构型；＋, － 表示旋光方向：能使平面偏振光向右旋转的为"＋"，向左旋转的为"－"。

葡萄糖在溶液中以链状和环状结构共存，它们互为异构体，各结构之间的关系如下：

258

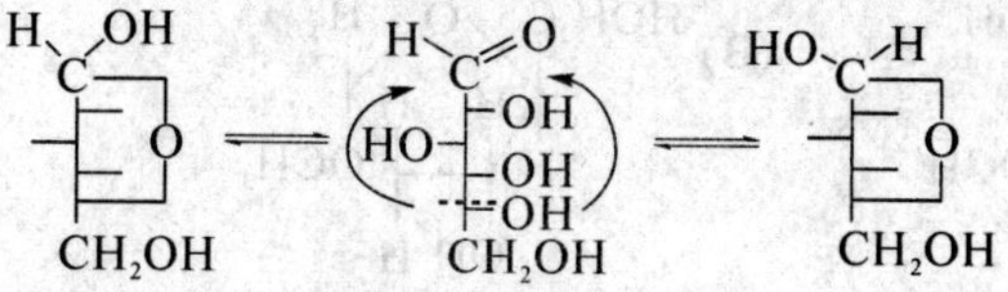

α-型   开链式   β-型
37%   0.1%   63%
112°   19°
52°

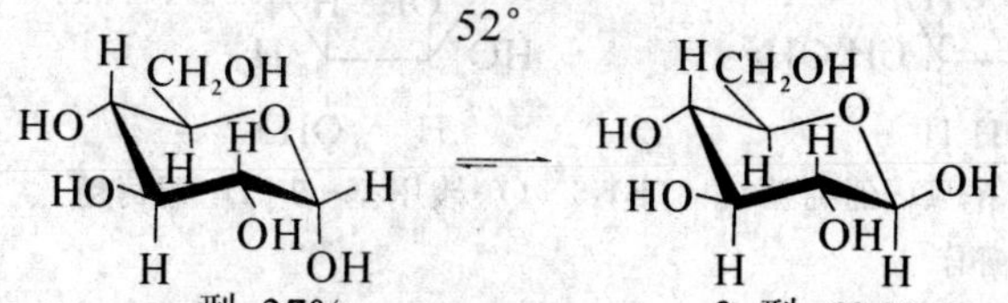

α-型 37%   β-型 63%

(3) 纤维素是由葡萄糖通过 β-1,4-糖苷键连接而成的多糖,人体内无水解此糖苷键的酶,所以人体不能消化水解纤维素。

(4) 淀粉遇碘呈蓝色。淀粉的水解程度不同,可产生一系列分子量大小不同的中间产物,即各种糊精和麦芽糖。它们与碘反应呈不同颜色。

支链淀粉和糖原都是以葡萄糖为结构单位,通过 α-1,4-糖苷键连接成短链,短链之间再以 α-1,6-糖苷键相连而成的支链多糖。所不同的是:支链淀粉的分支长而疏(约 20~30 个葡萄糖单位 1 个分支),糖原的分支短而密(约 6~8 个葡萄糖单位 1 个分支)。在性质上,它们都是非还原糖,能水解为葡萄糖。

(5) 通过酸、碱或酶催化可使二糖水解为单糖。蔗糖是非还原糖,不与班氏试剂反应。而水解后生成葡萄糖和果糖两种单糖,它们均为还原糖,能与班氏试剂反应而产生砖红色沉淀。由此可验证蔗糖已水解为单糖。

(6) 成脎反应发生在 C_1 和 C_2 上,这三种糖都能生成同一种脎:D-葡萄糖脎,则可证明它们的 C_3,C_4,C_5 具有相同的构型:

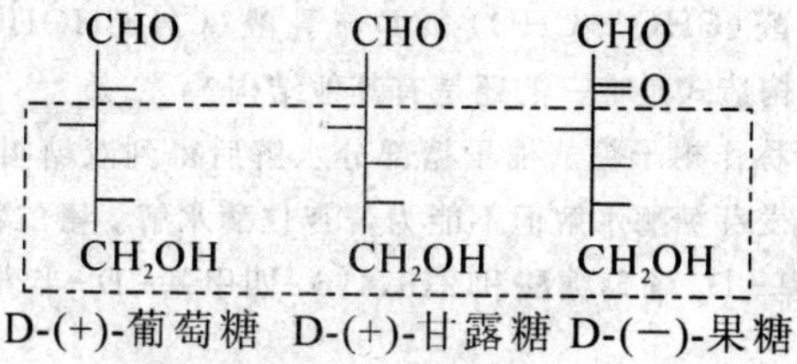

D-(+)-葡萄糖   D-(+)-甘露糖   D-(−)-果糖

例 15.4 用化学方法鉴别下列各组化合物。

(1) (A)   (B) 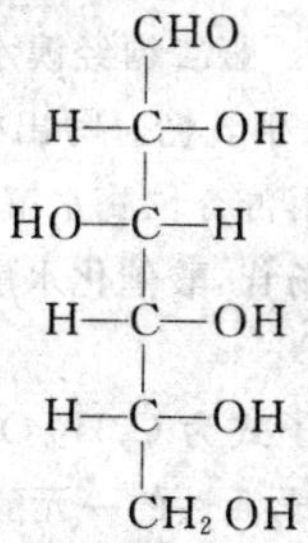   (C)

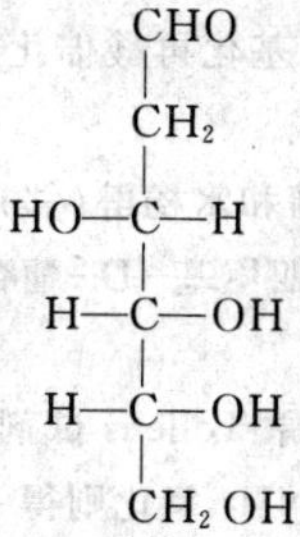

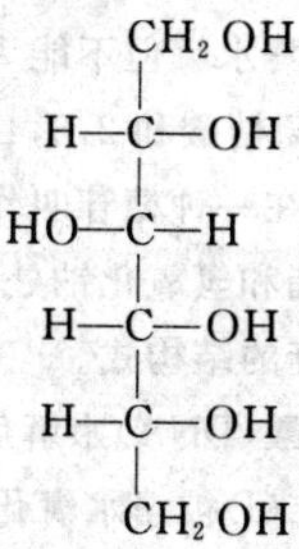

(2) (A) 葡萄糖   (B) 甲基葡萄糖苷   (C) 山梨醇

(3) (A)   (B) 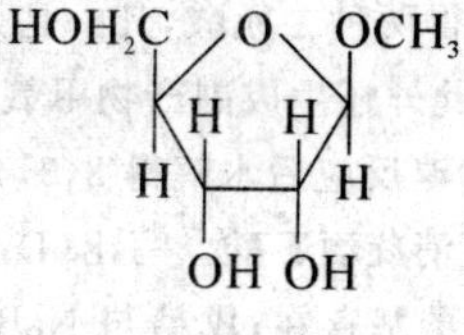   (C)

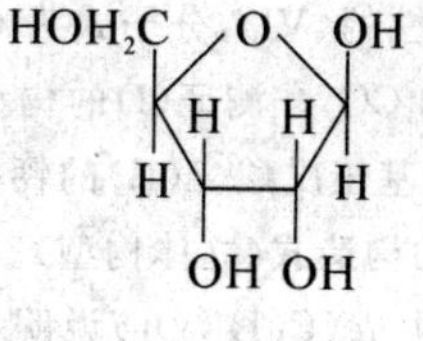

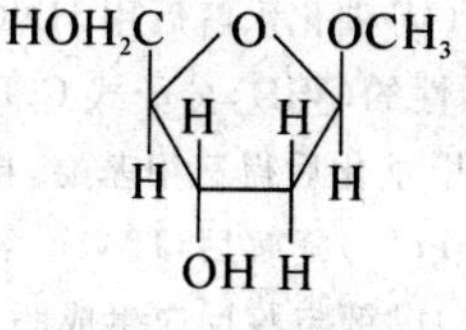

(4) (A) [结构式: HOH₂C-O, H,H, H,OCH₃, OH,OH] (B) [结构式: HOH₂C-O, H,H, H,OCH₃, OH,H, CH₂OH]

(C) [结构式: HOH₂C-O, H,OH, H,CH₂OH, OH,H] (D) [结构式: H,OH, HO,H, H,OH, CH₂OH环状]

(5) (A) 6-O-甲基-β-D-葡萄糖 (B) 6-O-羧甲基-β-D-葡萄糖
(C) β-D-甲基葡萄糖苷
(6) (A) 葡萄糖 (B) 甲基葡萄糖苷 (C) 葡萄糖二酸
(7) (A) 麦芽糖 (B) 蔗糖 (C) 麦芽糖酸

解 (1) 先用 Tollens 试剂，C 不反应；然后用苯肼试剂，A 形成脎，B 形成脒。
(2) 先用 Tollens 试剂，A 不反应；再酸性水解后，用 Tollens 试剂，B 有反应。
(3) 先用 Tollens 试剂，A 有反应；酸性水解后，再用苯肼试剂，B 形成脎，C 生成脒。
(4) 先用 Tollens 试剂，C 反应；酸性水解后，再用 Tollend 试剂，D 不反应；用苯肼试剂，B 形成脎，A 为脒。
(5) 先用 Tollens 试剂，C 不反应；酸化后，再与 Na₂CO₃ 反应，B 有反应。
(6) 先用 Na₂CO₃ 溶液，C 有反应；再用 Tollens 试剂，A 有反应。
(7) 先用 Tollens 试剂，A 有反应；再用 Na₂CO₃ 溶液，C 有反应。

例 15.5 推测下列各化合物结构。

(1) 有一戊糖 $C_5H_{10}O_4$ 与胼反应生成朊，与硼氢化钠反应生成 $C_5H_{12}O_4$。后者有光学活性，与乙酐反应得四乙酸酯。戊糖($C_5H_{10}O_4$) 与 CH_3OH, HCl 反应得 $C_6H_{12}O_4$，再与 HIO_4 反应得 $C_6H_{10}O_4$。它($C_6H_{10}O_4$)在酸催化下水解，得等量乙二醛 ($CHO-CHO$) 和 D-乳醛 ($CH_3CHOHCHO$)。从以上实验导出戊糖 $C_5H_{10}O_4$ 的构造式，试问导出的构造式是唯一的还是有其他结构？

(2) 在甜菜糖蜜中有一三糖称作棉子糖。棉子糖部分水解后得到双糖叫作蜜二糖。蜜二糖是还原性双糖，是(+)-乳糖的异构物，能被麦芽糖酶水解但不能为苦杏仁酶水解。蜜二糖经溴水氧化后彻底甲基化，再酸催化水解，得 2,3,4,5-四甲基-D-葡萄糖酸和 2,3,4,6-四甲基-D-半乳糖。写出蜜二糖的构造式及其反应。

(3) 棉子糖是非还原糖，它部分水解后除得蜜二糖外，还生成蔗糖。蜜二糖是还原性双糖，是(+)-乳糖的异构物，能被麦芽糖酶水解但不能为苦杏仁酶水解。蜜二糖经溴水氧化后彻底甲基化再酸催化水解，得 2,3,4,5-四甲基-D-葡萄糖酸和 2,3,4,6-四甲基-D-半乳糖。写出棉子糖的结构式。

(4) 柳树皮中存在一种糖苷叫作水杨苷，当用苦杏仁酶水解时得 D-葡萄糖和水杨醇（邻羟基甲苯醇）。水杨苷用硫酸二甲酯和氢氧化钠处理得五甲基水杨苷，酸催化水解得 2,3,4,6-四甲基-D-葡萄糖和邻甲氧基甲酚。写出水杨苷的结构式。

(5) 去氧核糖核酸(DNA)水解后得一单糖，分子式为 $C_5H_{10}O_4$ (I)。(I)能还原 Tollens 试剂，并有变旋现象。但不能生成脒。(I)被溴水氧化后得一具有光学活性的一元酸(II)；被 $HNONH_3$ 氧化则得一具有光学活性的二元酸(III)。(I)被 $CH_3OH-HCl$ 处理后得 α 和 β 型苷的混合物(IV)，彻底甲基化后得(V)，分子式 $C_8H_{16}O_4$。(V)催化水解后用 HNO_3 氧化得两种二元酸，其一是无光学活性的(VI)，分子式为 $C_3H_4O_4$，另一是有光学活性的(VII)，分子式 $C_5H_8O_5$。此外还生成副产物甲氧基乙酸和 CO_2。测证(I)的构型是属于 D 系列的。(II)甲基化后得三甲基醚，再与磷和溴反应后水解得 2,3,4,5-四羟基正戊酸。(II)的钙盐用勒夫降解法($H_2O_2+Fe^{3+}$)降解后，HNO_3 氧化得内消旋酒石酸。写出(I)~(VII)的构造式（立体构型）。

解 (1) 戊糖与胼反应生成朊，说明有羰基存在；戊糖与 $NaBH_4$ 反应生成($C_5H_{12}O_4$)说明是一个手性分

260

子;$C_5H_{12}O_4$ 与乙酐反应得四乙酸酯说明是四元醇(有一个碳原子上不连有羟基);$C_5H_{10}O_4$ 与 CH_3OH,HCl 反应得糖苷 $C_6H_{12}O_4$,说明有一个半缩醛羟基与之反应。糖苷被 HIO_4 氧化得 $C_6H_{10}O_4$,碳数不变,只氧化断链,说明糖苷中只有两个相邻的羟基,为环状化合物,水解得乙二醛和 D-乳醛,说明甲基在分子末端,氧环式是呋喃型。

递推反应:

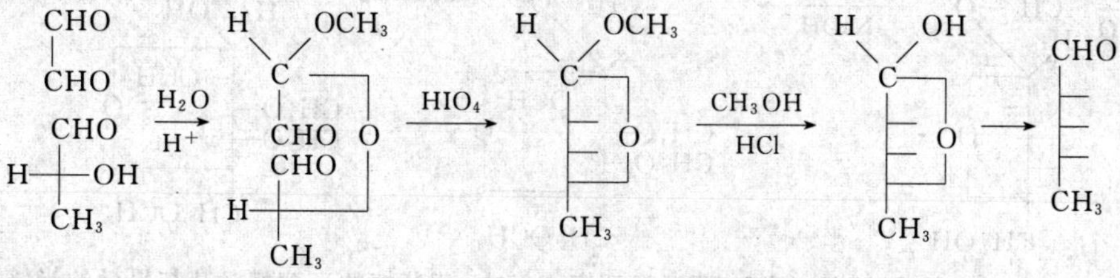

$C_5H_{10}O_4$ 可能的结构式为

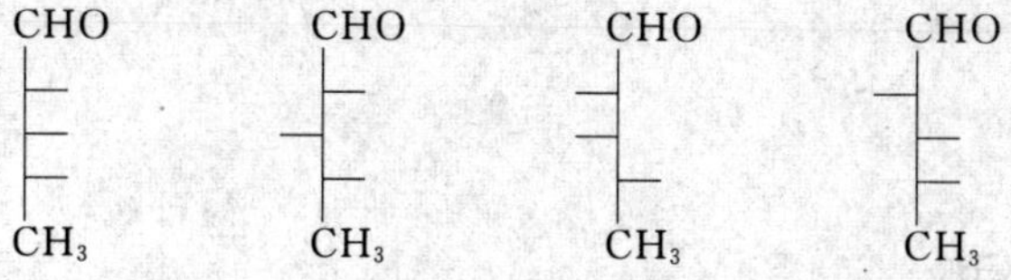

(2)蜜二糖是还原性双糖,说明它有游离的半缩醛羟基;

蜜二糖是(+)-乳糖的异构物,能被麦芽糖酶水解,说明它是由半乳糖和葡萄糖以 α-苷键结合的双糖。

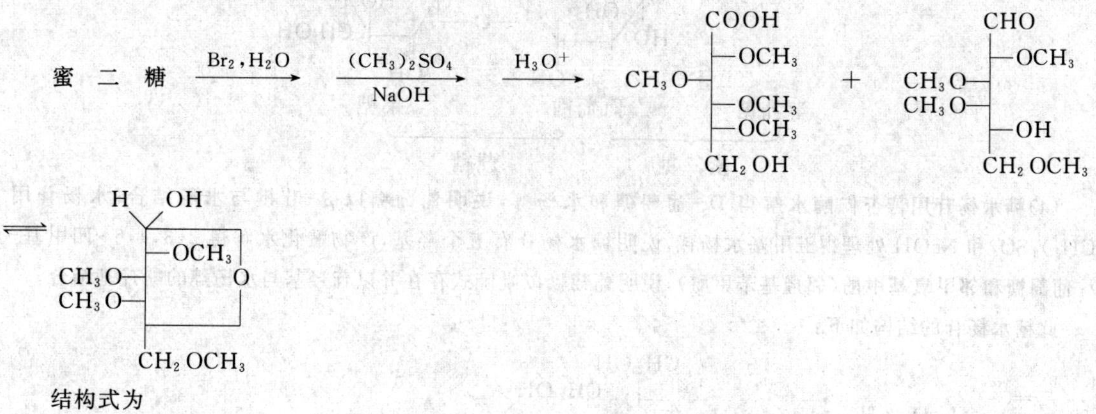

结构式为

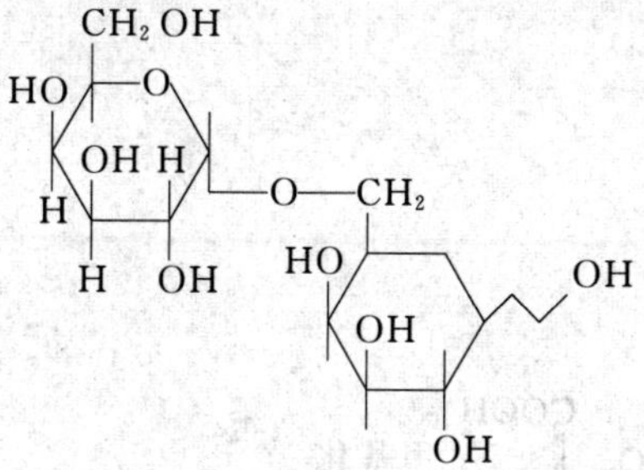

以 A 表示反应式,有

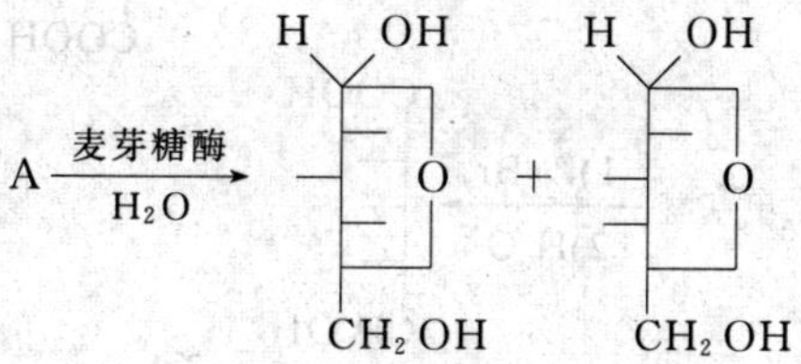

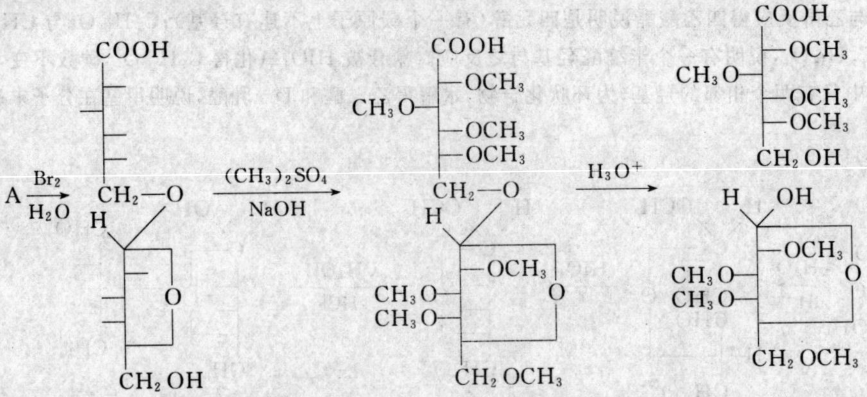

(3) 棉子糖是非还原性糖，水解得蜜二糖和蔗糖，说明蜜二糖中，葡萄糖的半缩醛羟基与果糖的半缩醛羟基相结合，故棉子糖结构式为

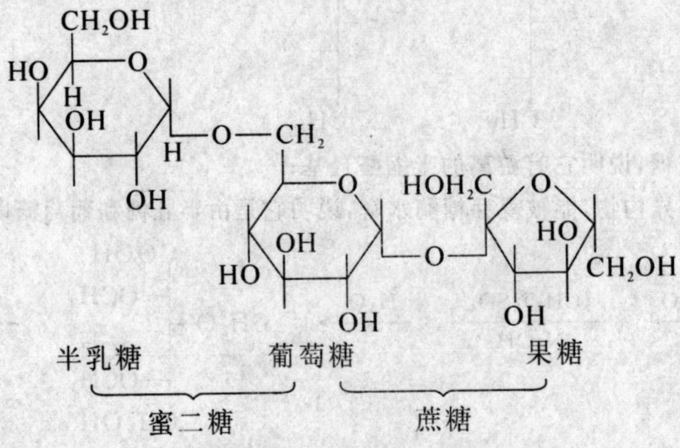

(4) 糖水杨苷用苦杏仁酶水解得 D-葡萄糖和水杨醇，说明葡萄糖以 β-苷键与水醇结合；水杨苷用 $(CH_3)_2SO_4$ 和 NaOH 处理得五甲基水杨苷，说明糖水杨苷有五个羟基，产物酸化水解得 2,3,4,6-四甲基-D-葡萄糖和邻甲氧基甲酚（邻羟基苄甲醚），说明葡萄糖以吡喃式存在并以苷羟基与水杨醇的酚羟基结合。

此糖水杨苷的结构如下：

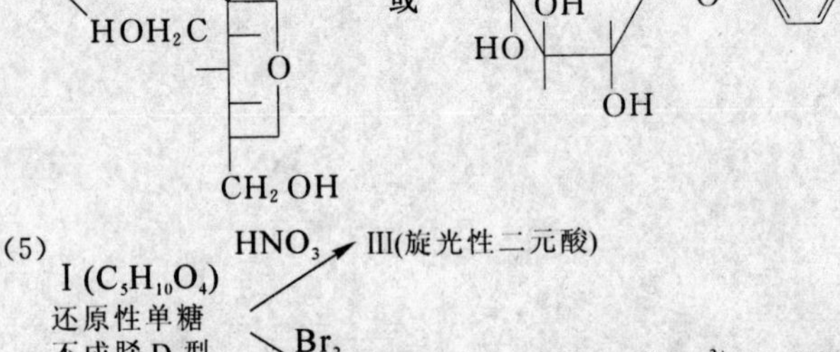

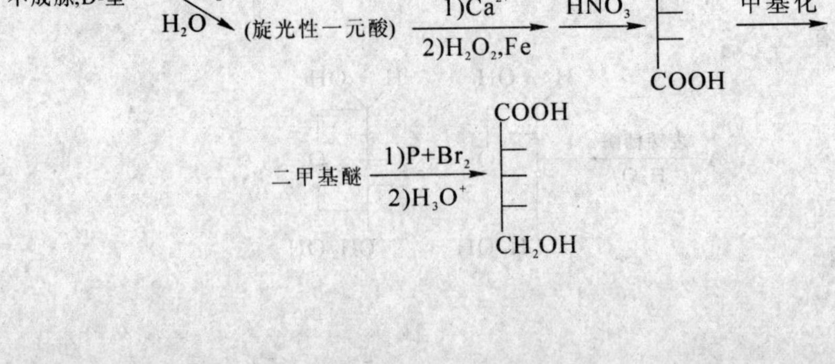

$$\text{I}\xrightarrow[\text{HCl}]{CH_3OH}\text{IV}(\alpha\text{-型},\beta\text{-型混合物})\xrightarrow[\text{NaOH}]{(CH_3)_2SO_4}\text{V}(C_8H_{16}O_4)\xrightarrow{H_3O^+}$$

$$\text{VI}(C_3H_4O_4)+\text{VII}(C_5H_8O_5)+CH_3OCH_2COOH+CO_2$$

无旋光二元酸　　旋光二元酸

可见，I 是 D-型还原性单糖，不成脎说明 α-位上无羟基，I 经氧化、甲基化、酸的 α-溴代、水解生成四羟基正戊酸说明了此点，I 经 Ruff 降解得内消旋的酒石酸，证明 3，4-位上羟基同侧，由题意，可推出 Ⅱ～Ⅶ 的结构：

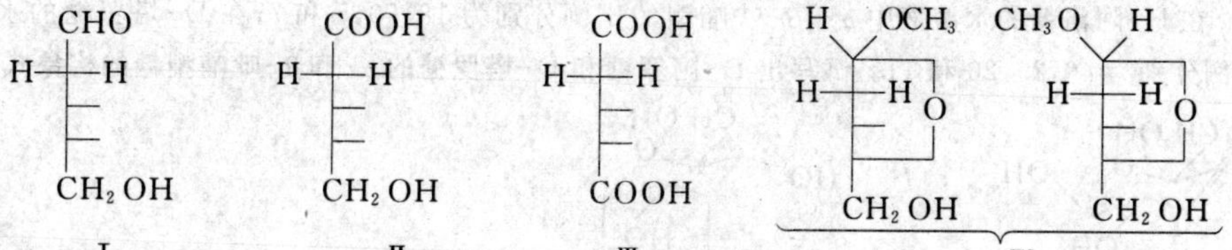

I　　Ⅱ　　Ⅲ　　Ⅳ

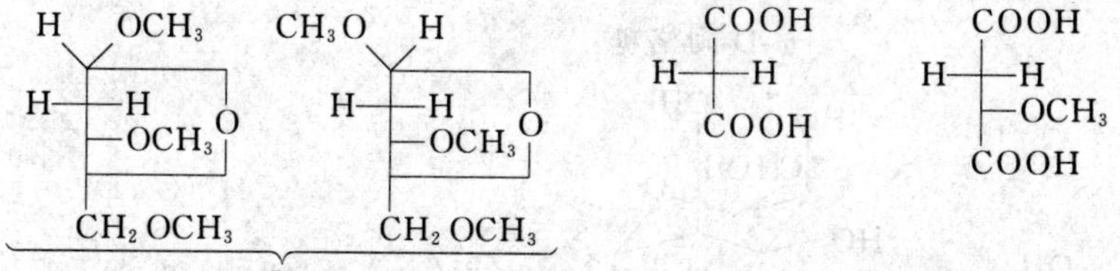

Ⅴ　　Ⅵ　　Ⅶ

例 15.6　D-葡萄糖，D-果糖，D-甘露糖三者在碱性溶液中可建立起互变平衡，试写出这一平衡反应式。

解　α-羟基酮(D-果糖)在碱性水溶液中，可以形成烯二醇结构(互变平衡)，而不同构型的烯二醇可重排为不同的醛糖。

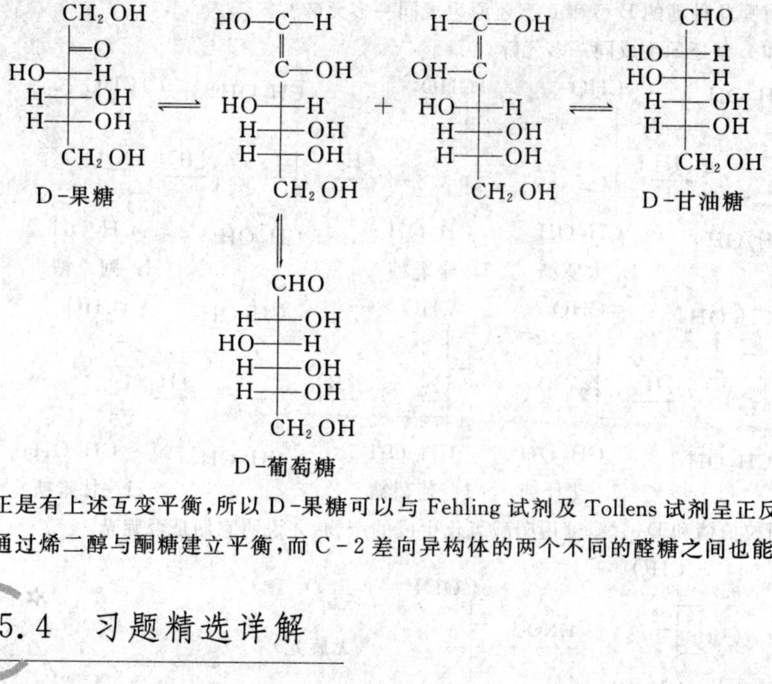

D-果糖　　D-甘油糖　　D-葡萄糖

正是有上述互变平衡，所以 D-果糖可以与 Fehling 试剂及 Tollens 试剂呈正反应。上述平衡也表明醛糖可以通过烯二醇与酮糖建立平衡，而 C-2 差向异构体的两个不同的醛糖之间也能建立平衡。

15.4　习题精选详解

习题 15.1　为什么苷在酸性溶液中也有变旋现象？

解　苷在酸性溶液中会水解，生成糖和醇，而单糖有变旋现象，所以苷在酸性溶液中也有变旋现象。

习题 15.2　写出下列单糖的 Haworth 式。

(1) α-D-甘露糖（吡喃型）
(2) β-D-阿洛糖（吡喃型）
(3) α-D-艾杜糖（吡喃型）

解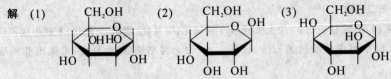

习题 15.3 在 D-阿洛糖的水溶液中 α-,β-呋喃型的比例分别为 18,70,5 和 7，在 D-塔罗糖的水溶液中，四种糖的比例分别为 40,29,20 和 11。试写出 D-阿罗糖和 D-塔罗糖的 α-和 β-吡喃型糖的构象式。

解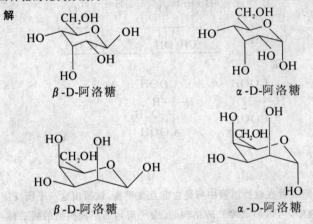

习题 15.4 己醛糖中有哪几种糖的 D 型和 L 型还原生成同一多元醇？

解 有四对糖的 D 型和 L 型还原生成同一多元醇。

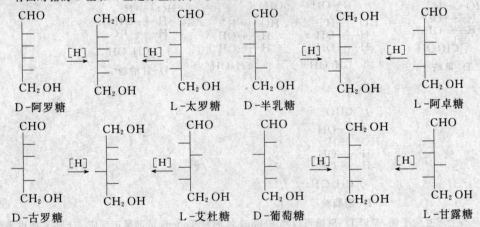

习题 15.5 写出 L-阿拉伯糖和 D-甘露糖用硝酸氧化生成的产物，并说明它们是否旋光。

解

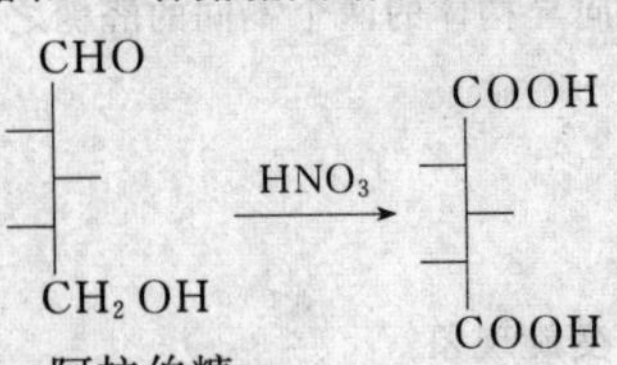

$$\underset{\text{D-甘露糖}}{\begin{array}{c}\text{CHO}\\|\\|\\|\\|\\\text{CH}_2\text{OH}\end{array}} \xrightarrow{\text{HNO}_3} \begin{array}{c}\text{COOH}\\|\\|\\|\\|\\\text{COOH}\end{array} \quad (\text{有旋光})$$

习题 15.6 写出下列反应的产物。

$$\underset{\text{L-古落糖}}{\begin{array}{c}\text{CHO}\\\text{HO}-|-\text{H}\\\text{HO}-|-\text{H}\\\text{H}-|-\text{OH}\\\text{H}-|-\text{OH}\\\text{CH}_2\text{OH}\end{array}} \xrightarrow{\text{HNO}_3} \text{将它与 D-葡萄糖的氧化产物相比较,并说明是否旋光。}$$

解

$$\underset{\text{L-古落糖}}{\begin{array}{c}\text{CHO}\\\text{HO}-|-\text{H}\\\text{HO}-|-\text{H}\\\text{H}-|-\text{OH}\\\text{HO}-|-\text{H}\\\text{CH}_2\text{OH}\end{array}} \xrightarrow{\text{HNO}_3} \begin{array}{c}\text{COOH}\\\text{HO}-|-\text{H}\\\text{HO}-|-\text{H}\\\text{H}-|-\text{OH}\\\text{HO}-|-\text{H}\\\text{COOH}\end{array} \quad (\text{有旋光})$$

$$\underset{\text{D-葡萄糖}}{\begin{array}{c}\text{CHO}\\\text{H}-|-\text{OH}\\\text{HO}-|-\text{H}\\\text{H}-|-\text{OH}\\\text{H}-|-\text{OH}\\\text{CH}_2\text{OH}\end{array}} \xrightarrow{\text{HNO}_3} \begin{array}{c}\text{COOH}\\\text{H}-|-\text{OH}\\\text{HO}-|-\text{H}\\\text{H}-|-\text{OH}\\\text{H}-|-\text{OH}\\\text{COOH}\end{array} \quad (\text{有旋光})$$

两者氧化得到同一产物,都有旋光性。

习题 15.7 D-山梨糖、D-塔罗糖和 D-阿洛糖是 3 种 D-己酮糖,它们生成的脎分别与 D-古罗糖脎、D-半乳糖脎和 D-阿洛糖脎的结构相同。试写出它们的开链结构式和 Haworth 式。

解

D-山梨糖   D-塔罗糖

D-阿洛糖

习题 15.8 D-(+)-甘油醛经递升后得到 D-(-)赤藓糖和 D-(-)-苏糖,试写出有关的反应式。

解

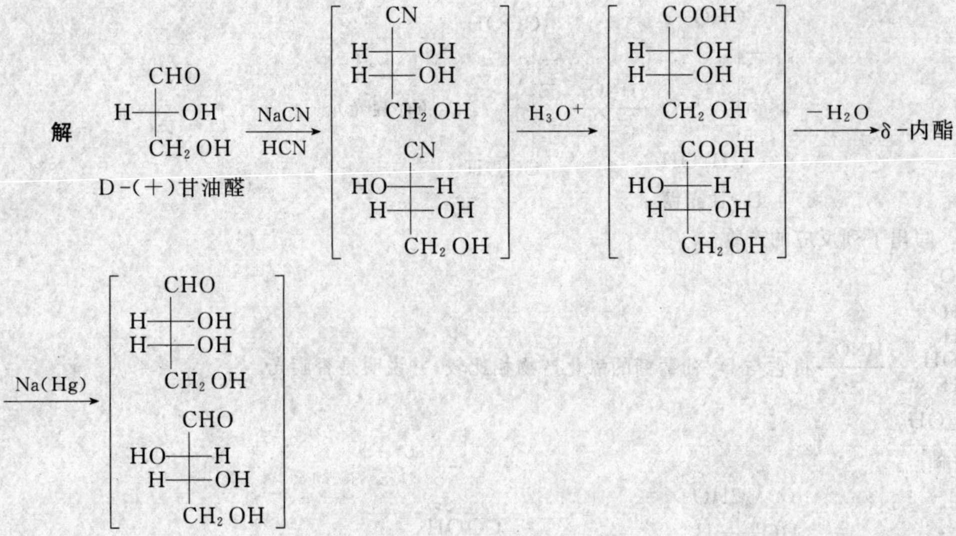

D-(+)甘油醛 $\xrightarrow[\text{HCN}]{\text{NaCN}}$
[中间体腈化合物(2种非对映体)]
$\xrightarrow{H_3O^+}$ [二酸中间体] $\xrightarrow{-H_2O}$ δ-内酯

$\xrightarrow{Na(Hg)}$
两种D-丁醛糖（赤藓糖和苏糖）

习题 15.9 D-(−)-赤藓糖氧化得到的二酸-没有旋光性，D-(−)-苏糖氧化得到的二酸有旋光性。试说明习题 15.8 中的产物哪一个是 D-(−)-赤藓糖，哪一个是 D-(−)-苏糖?

解

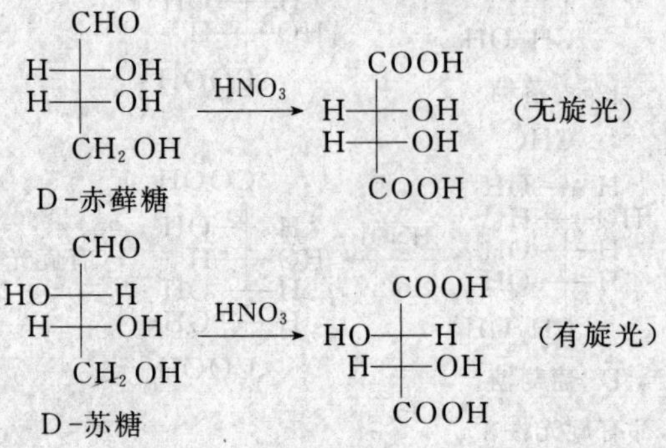

D-赤藓糖 $\xrightarrow{HNO_3}$ （无旋光）

D-苏糖 $\xrightarrow{HNO_3}$ （有旋光）

习题 15.10 D-(−)-苏糖经递升后得到 D-(+)-木糖和 D-(−)-来苏糖。D-(+)-木糖氧化生成的二酸不旋光，D-(−)-来苏糖氧化则生成旋光的二酸，试写出 D-(+)-木糖和 D-(−)-来苏糖的构型。

解

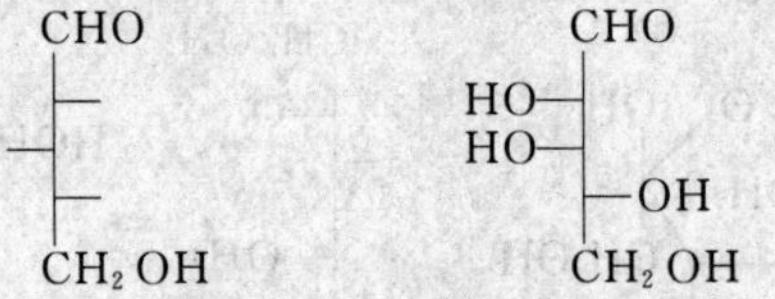

D-(+)-木糖   D-(−)-来苏糖

习题 15.11 D-(+)-半乳糖经硝酸氧化后得到不旋光的二酸，经递降后得到 D-(−)-来苏糖。试写出 D-(+)-半乳糖的构型。

解

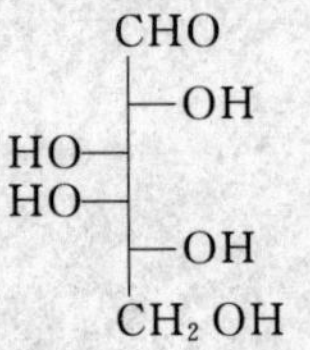

D-(+)-半乳糖

习题 15.12 海藻糖广泛存在于真菌、酵母、地衣、海藻和昆虫体中。在昆虫的代谢过程中葡萄糖以海藻糖的形式依存起来，需要时再转化成葡萄糖。海藻糖是两分子葡萄糖都在 1-位形成的苷，并且都是 α-苷，都是吡喃型环。写出海藻糖的构象式。

解

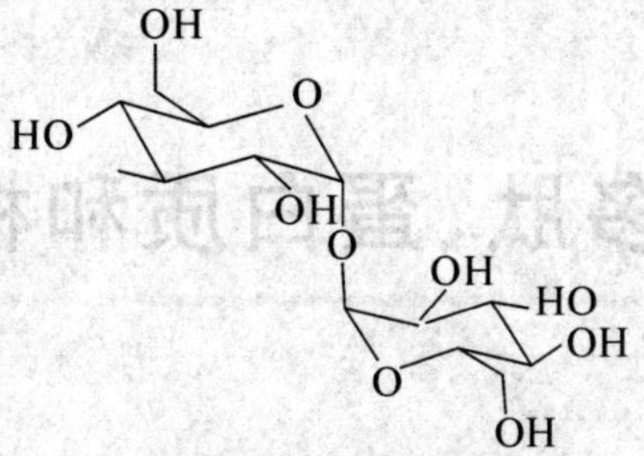

习题 15.13 纤维二糖是纤维素的水解产物,是一种还原糖。它由葡萄糖(吡喃型)和另一分子葡萄糖的4位羟基形成的 β-苷。写出纤维二素的构象式。

解

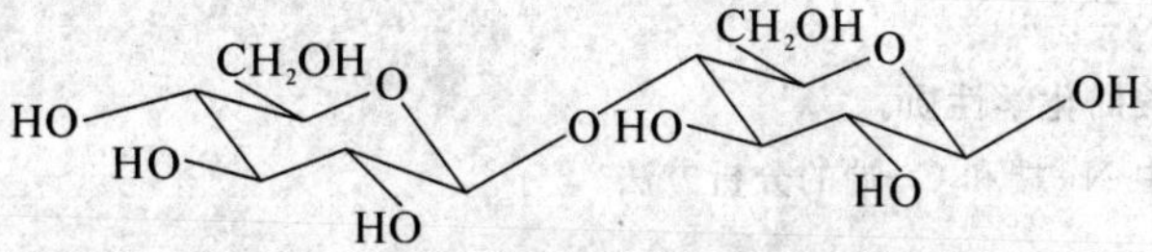

习题 15.14 三糖以上的碳水化合物,其结构常用简式表示。例如,广泛存在于植物中的棉籽糖(raffinose)是由甜菜生产蔗糖过程中的副产物,为非还原糖,其结构式为

$$aGal_p(1 \longrightarrow 6)aGlc_p(1 \longrightarrow 2)\beta Fru_f$$

Gal,Glc 和 Fru 分别表示半乳糖、葡萄糖和果糖,p 和 f 分别表示吡喃型和呋喃型,$(1 \longrightarrow 6)$ 表示前一个单元的 1 位与下一个单元的 6 位相连。如单糖为 L 型,还要在糖的简写前加 L,常见的单糖为 D 型,所以省去。试写出棉籽糖的构象式。

解 棉籽糖的结构式与构象式分别为

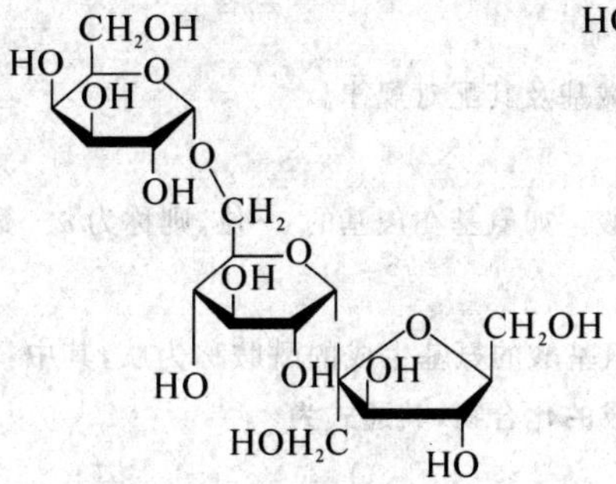

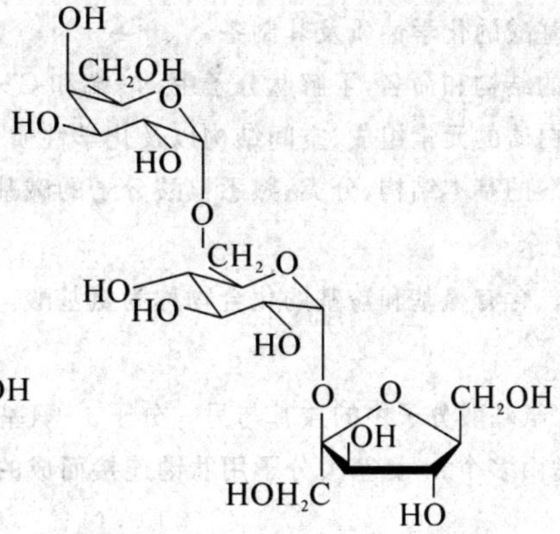

第 16 章　氨基酸、多肽、蛋白质和核酸

16.1 教学建议

(1) 以氨基酸的结构特点,讲解氨基酸的化学性质。
(2) 根据肽的结构特点,讲解肽分子中 N-端和 C-端的分析方法。

16.2 主要概念

16.2.1 内容要点精讲

1. 教学基本要求

(1) 掌握氨基酸的结构,常见氨基酸的命名及中英文缩写。
(2) 掌握氨基酸的化学性质及其制备。
(3) 掌握肽的结构和命名,了解肽分子中 N-端和 C-端的分析方法。
(4) 熟悉蛋白质的元素组成、空间结构以及化学性质。
(5) 了解核酸的基本结构、分类;熟悉核酸分子的碱基及其配对规律。

2. 主要概念

(1) 氨基酸。含有氨基和羧基的化合物称为氨基酸。如氨基在羧基的 α-位,则称为 α-氨基酸。

(2) 肽。α-氨基酸分子中的羧基与另一分子 α-氨基酸的氨基生成的酰胺称为肽,其中 $-\overset{}{N}-\overset{O}{C}-$ 称为肽键。多肽则是由多个 α-氨基酸分子用肽键连接而成的化合物,其通式为

$$H_2N-\underset{R}{CH}-\left[\overset{O}{\underset{}{C}}-NH-\underset{R}{CH}-\overset{O}{\underset{}{C}}\right]_n-OH$$

(3) 蛋白质。蛋白质是由多种 α-氨基酸用肽键连接起来的,相对分子质量很大的多肽。水解时生成 α-氨基酸的混合物。蛋白质是生物体内一切组织的基本组分,在生命现象和生命过程中起着决定性的作用。

(4) 核酸。核酸包括两大类:核糖核酸(RNA)和脱氧核糖核酸(DNA)。核酸是由核苷酸以 3,5-磷酸二酯键连接起来的生物大分子物质,又称为核苷酸。核苷酸由碱基、核糖和磷酸组成,杂环的碱与戊糖相连形成核苷,核苷上的糖基再与磷酸相连。

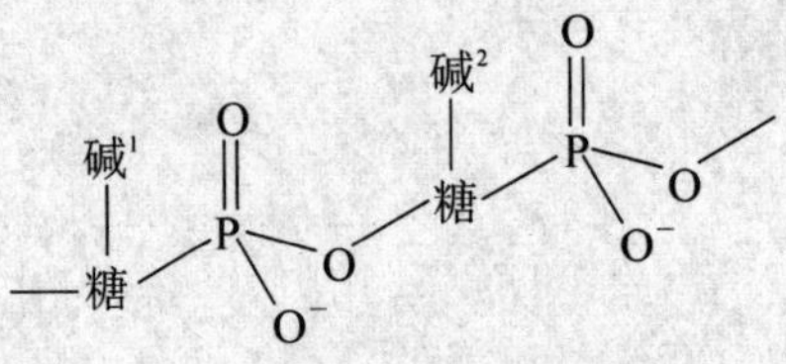

(5)两性分子和等电点。分子中同时具有酸基和碱基,使得其既有酸性又有碱性的性质。当酸基和碱基的电离程度相同时,这时溶液的 pH 值就称为该两性离子的等电点,用 pI 表示。在等电点时,分子主要以两性离子存在,分子的净电荷为零,在电场中它不向任一极移动,这时溶解度最小。

(6)甲醛滴定法。氨基酸与甲醛作用后氨基转化为亚胺或醇胺,碱性消失,可以用碱来测定羧基的量,此方法即为甲醛滴定法。

(7)多肽和蛋白质的多级结构。多肽和蛋白质中氨基的品种及其排列顺序称为它们的一级结构,多肽链中互相靠近的氨基酸基的构象关系则称为它们的二级结构。多肽链的折叠状况称为三级结构。

蛋白质中由一条或几条多肽链组成的最小单位称为亚基。由于亚基之间的副键作用而继续构成独特的空间结构称为四级结构。如血红蛋白则 4 个相当于肌红蛋白三级形状的来基组成,其中两条是 α-链,两条是 β-链,每条肽链就是一个亚基,其四级结构近似椭球形状。

3. 核心内容

(1)氨基酸。

①氨基酸的结构与构型。氨基酸是高熔点且易溶于极性溶剂的晶形固体。自然界存在的氨基酸有几百种,但是存在于生物内,能合成蛋白质的氨基酸(即蛋白质水解氨基酸)只有 20 种,其中 19 种为 α-氨基酸,一种为亚胺基酸,具有以下的结构:

$$R-\underset{\underset{NH_2}{|}}{CH}-COOH$$

这 20 种氨基酸,除甘氨酸外,羧基的 α-碳都是不对称碳,有旋光性,而且主要是 L 型(以丝氨酸为参照标准)。如用 R/S 命名法,这些氨基酸大多是 S 型,即

$$H_2N-\overset{COOH}{\underset{R}{C}}-H$$

由于氨基酸是两性分子,在生理 pH 值条件下,一般都以偶极离子形式存在:

$$R-\underset{\underset{^+NH_3}{|}}{CH}-COO^-$$

②氨基酸的分类和命名。按氨基酸中烃基的不同,氨基酸可分为脂肪族氨基酸、芳香族氨基酸和杂环氨基酸。按氨基酸中羧基和氨基的数目不同,氨基酸可分为中性氨基酸(氨基和羧基数目相等,4.0<pI<7.0)、酸性氨基酸(羧基数目多于氨基,pI<4.0)、碱性氨基酸(羧基数目少于氨基,pI>7.0)。

20 种 α-氨基酸多按其来源或性质来命名,下面为它们的国际通用符号:

Ala 丙氨酸	Arg 精氨酸	Asn 天冬酰胺	Asp 天冬氨酸	Cys 半胱氨酸
Glu 谷氨酸	Gln 谷氨酰胺	Gly 甘氨酸	His 组氨酸	Ile 异亮氨酸
Leu 亮氨酸	Lys 赖氨酸	Met 蛋氨酸	Phe 苯丙氨酸	Pro 脯氨酸
Ser 丝氨酸	Thr 苏氨酸	Trp 色氨酸	Tyr 酪氨酸	Val 缬氨酸

③氨基酸的化学性质。氨基酸具有胺和羧酸的典型反应。α-氨基酸分子中,由于羧基与氨基处于相邻位置,它们之间相互影响而表现出一些特殊的性质。

Ⅰ.α-氨基酸的酸、碱性与等电点。α-氨基酸为两性分子,在水中存在如下的平衡:

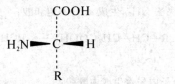

在等电点,氨基酸以内盐形式(两性离子)存在,在电场中不向任一极移动。因而可以通过调节溶液 pH 值,使其达到等电点,而分离氨基酸的混合物。在一个含有多种氨基酸的混合溶液中,将 pH 值调到某个氨基酸的 pI 值,该氨基酸就有可能沉淀下来。在某一个 pH 值下,混合溶液中各种氨基酸的存在形式不同,在电场作用下的迁移速率不等,利用这一点或将它们通过阴离子和阳离子交换树脂都可以达到分离各处氨基酸的目的。

Ⅱ.配位反应。氨基酸中的羧基及氨基可以作为配位体与金属离子配合成配位物。不同的氨基酸和不同的金属以特有的比例形成各种分子配合物,利用这个性质,可以沉淀和鉴定某些氨基酸和蛋白质。

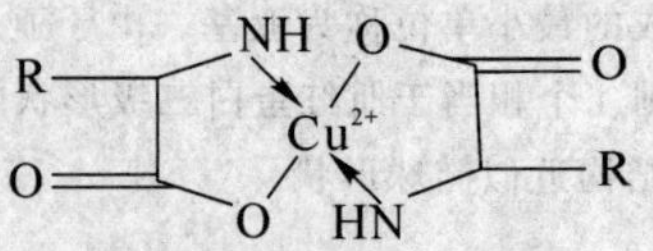

Ⅲ.受热分解反应。氨基酸受热时,根据氨基与羧基的相对位置有不同的反应。

α-氨基酸受热时,两分子间失水生成哌嗪二酮衍生物:

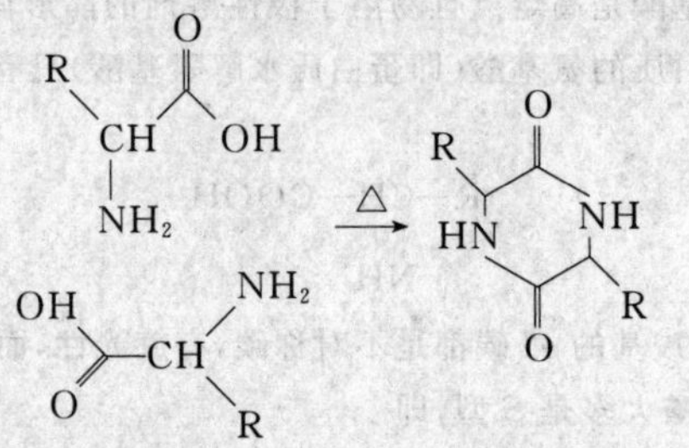

β-氨基酸受热时,分子内失去 NH_3,生成 α,β-不饱和酸:

$$R-CH-CH_2COOH \xrightarrow{\triangle} RCH=CHCOOH$$
$$\quad\;\;|$$
$$\;NH_2$$

γ-和 δ-氨基酸受热时,分子内失水生成内酰胺:

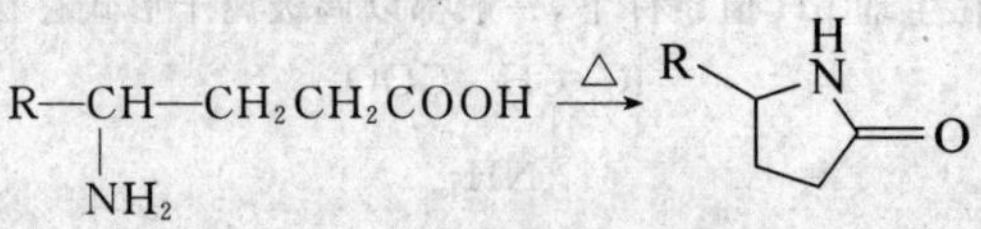

$$R-CH-CH_2CH_2COOH \xrightarrow{\triangle}$$
$$\quad\;\;|$$
$$\;NH_2$$

氨基与羧基相距较远时,受热可使多个分子间失水而成为聚酰胺:

$$nNH_2-(CH_2)_mCOOH \xrightarrow{\triangle} H_2N-(CH_2)_m-C-[NH-(CH_2)_m-C-]_{n-2}HN-(CH_2)_m-C-OH$$

Ⅳ.茚三酮反应。氨基酸与水合茚三酮反应能形成蓝色或紫色化合物,可用于 α-氨基酸的比色测定或纸上层析,N-取代的 α-氨基酸、β-氨基酸和 γ-氨基酸均无此反应。

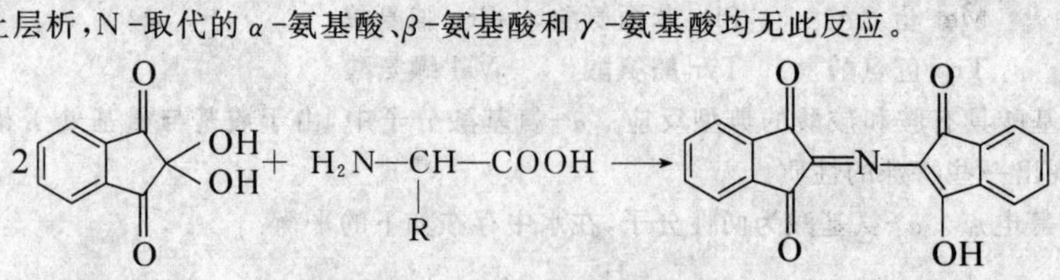

Ⅴ.氨基酰化反应。氨基酸分子中的氨基能酰化成酰胺。乙酰氯、醋酸酐、苯甲酰氯、邻苯二甲酸酐等都可以作为酰化剂,此时反应在碱性溶液中进行:

$$H_2N-CH-COOH + R'COCl \xrightarrow[(2)HCl]{(1)OH^-} RCONHCHCOOH$$
$$\quad\;\;|\qquad\qquad\qquad\qquad\qquad\qquad\qquad\quad\;|$$
$$\;R\qquad\qquad\qquad\qquad\qquad\qquad\qquad\qquad R$$

Ⅵ．氨基的烃化反应。氨基酸与卤代烃作用生成 N-烃基氨基酸：

$$H_2N-\underset{R}{CH}-COOH + R'X \longrightarrow R'NH\underset{R}{CH}COOH$$

Ⅶ．与亚硝酸的反应。除亚氨基酸（脯氨酸）外，α-氨基酸都能与亚硝酸反应：

$$H_2N-\underset{R}{CH}-COOH + HNO_2 \longrightarrow R\underset{OH}{CH}COOH + N_2\uparrow + H_2O$$

Ⅷ．与 α-酮酸的反应。氨基酸与 α-酮酸发生转氨反应分解为醛，α-酮酸则转变成为新的 α-氨基酸：

$$H_2N-\underset{R}{CH}-COOH \xrightarrow{R'COCOOH} RCHO + H_2N-\underset{R'}{CH}COOH$$

Ⅸ．氨基酸羧基的反应。氨基酸中的羧基可以发生羧基的一般反应，如酰化、酰胺化及还原到醇等反应，例如：

$$H_2N-\underset{R}{CH}-COOH \xrightarrow{R'OH} H_2N-\underset{R}{CH}-COOR' \xrightarrow{NH_2NH_2} H_2N-\underset{R}{CH}-CONHNH_2 \xrightarrow{HNO_2}$$

$$H_2N-\underset{R}{CH}-CON_3 \xrightarrow{H_2N-\underset{R'}{CH}-COOR''} H_2N-\underset{R}{CH}-CONH\underset{R'}{CH}COOR''$$

④氨基酸的制备。通过蛋白质的水解可以获得多种 α-氨基酸，也可以利用下述制备方法。

Ⅰ．Strecker 氨基酸合成法。

利用羰基同时引入氨基和羧基：

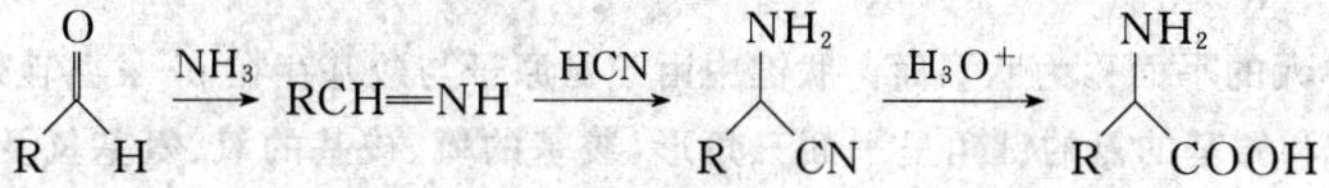

$$\underset{H}{\overset{O}{R-C}} \xrightarrow{NH_3} RCH=NH \xrightarrow{HCN} \underset{CN}{\overset{NH_2}{R-CH}} \xrightarrow{H_3O^+} \underset{COOH}{\overset{NH_2}{R-CH}}$$

HCN 可以用氯化铵和氰化钾代替。

Ⅱ．用已含有羧基的化合物作为原料，再引入氨基。

a. α-卤代酸的氨解。

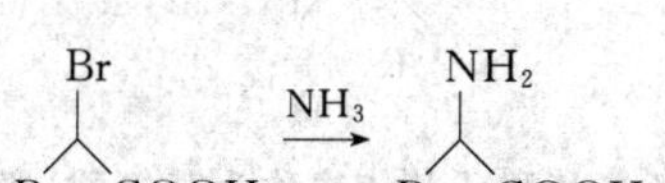

$$\underset{COOH}{\overset{Br}{R-CH}} \xrightarrow{NH_3} \underset{COOH}{\overset{NH_2}{R-CH}}$$

b. Gabriel 反应。

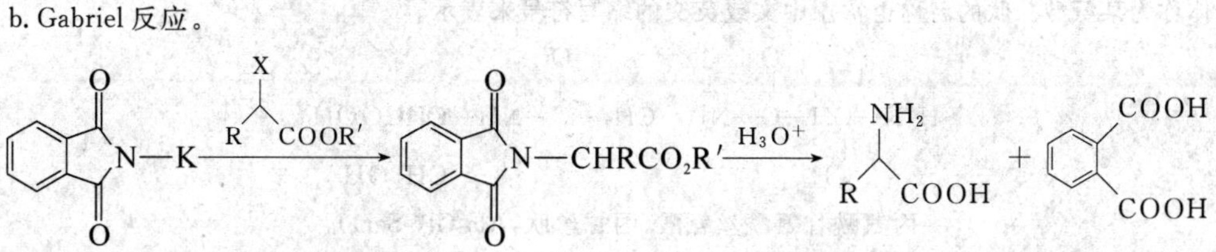

可以得到更纯的伯胺取代的氨基酸。

c. 邻苯二甲酰亚胺丙二酸酯法。

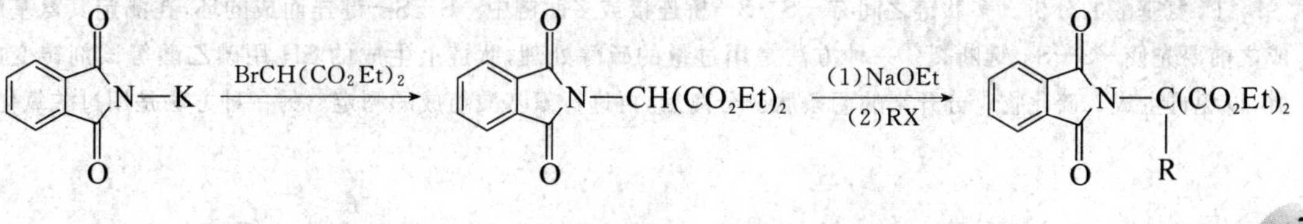

$$\xrightarrow[(2) H_3O^+]{(1) NaOH} \underset{R}{\overset{NH_2}{\underset{|}{C}}}\text{—COOH}$$

d. 乙酰胺基丙二酸酯合成法。

$$CH_2(CO_2Et)_2 \xrightarrow{HNO_2} [O=N-CH(CO_2Et)_2] \longrightarrow HON=C(CO_2Et)_2 \xrightarrow{Ac_2O, H_2/Pt}$$

$$CH_3CONHCH(CO_2Et)_2 \xrightarrow[(2) RX]{(1) NaOEt} CH_3CONHC(CO_2Et)_2 \xrightarrow[(2) H_3O^+, \triangle]{(1) NaOH, H_2O} \underset{R}{\overset{NH_2}{\underset{|}{C}}}\text{—COOH}$$

e. α-羰基酸的还原氨化法。

$$RCCOOH \xrightarrow{NH_3, H_2/Pt} \underset{R}{\overset{NH_2}{\underset{|}{C}}}\text{—COOH}$$

$$RCCOOH \xrightarrow{PhNHNH_2} RCCOOH \xrightarrow{H_2, Ni} \underset{R}{\overset{NH_2}{\underset{|}{C}}}\text{—COOH}$$

(2)多肽。

①多肽的结构和命名。由多个氨基酸缩合而成的肽称为多肽,其中游离氨基的一端称为 N 端,游离羧基的一端称为 C 端。多肽与蛋白质之间没有明显的界限,蛋白质是相对分子质量大的肽。

书写多肽化学式时,一般把 N 端写在左边,而把 C 端写在右边。

$$H_2N-\underset{R}{\overset{|}{C}}H-\left[\overset{O}{\underset{||}{C}}-NH-\underset{R}{\overset{|}{C}}H-\overset{O}{\underset{||}{C}}\right]_n-OH$$

多肽的整个肽链是平面结构,肽单元的平面称为肽平面。肽键中由于氮原子与羧基存在 p-π 共轭效应,限制了 C—N 键的自由旋转,使羧基碳和氨基的氮的键角呈平面三角形,羧基的氮、羧基的氧、氨基氢及两边的 α-碳原子形成较稳定的反式构型。

肽的命名从 N 端开始,将分子中各氨基酸残基依次称为某氨酸,置于母体名称之前,最后以 C 端的氨基酸为母体称为某氨酸。肽的名称也常用中文或英文的缩写符号来表示。

$$H_2N-\underset{CH_3}{\overset{|}{C}}H-\overset{O}{\underset{||}{C}}-NH-CH_2-\overset{O}{\underset{||}{C}}-NH-\underset{CH_2OH}{\overset{|}{C}}HCOOH$$

丙氨酰甘氨酰丝氨酸(丙甘丝肽,Ala-Gly-Ser)

②肽结构的测定。天然多肽和蛋白质是由多种氨基酸组成,测定多肽和蛋白质的结构首先要知道它由哪些氨基酸组成,以及这些氨基酸的连接顺序。

Ⅰ.氨基酸的分析。多肽链之间有—S—S—桥连接或多肽链中—S—S—键连而成的环,在测定其氨基酸组成之前要先使—S—S—键断裂。一种方法是用过量的硫醇处理,肽链上生成的 SH 用碘乙酸等试剂转变成硫醚,以免再生成二硫化物。分开的两条肽链分离后,再进行氨基酸组成的测定。另一种方法是用过酸氧化。

第16章 氨基酸、多肽、蛋白质和核酸

$$\begin{array}{c}\cdots\text{—NHCHCO—}\cdots\\|\\CH_2\\|\\S\\|\\S\\|\\CH_2\\|\cdots\text{—NHCHCO—}\cdots\end{array}\xrightarrow{2HSCH_2CH_2OH}\begin{array}{c}\cdots\text{—NHCHCO—}\cdots\\|\\CH_2SH\\\\CH_2SH\\|\\\cdots\text{—NHCHCO—}\cdots\\+\\SCH_2CH_3OH\\|\\SCH_2CH_2OH\end{array}\xrightarrow{ICH_2COOH}\begin{array}{c}\cdots\text{—NHCHCO—}\cdots\\|\\CH_2SCH_2COOH\end{array}$$

$$\xrightarrow{HCO_3H}\begin{array}{c}\cdots\text{—NHCHCO—}\cdots\\|\\CH_2SO_3H\\\\CH_2SO_3H\\|\\\cdots\text{—NHCHCO—}\cdots\end{array}$$

用酸或酶将肽彻底水解成游离的氨基酸,用层析法分离确定氨基酸的种类及相对含量,再根据测得的肽的相对分子质量,可求出肽中各氨基酸的数目。

Ⅱ.N 端氨基酸的测定。

a.2,4-二硝基氟苯(Sanger 试剂)法(DNFB)。

$$H_3\overset{+}{N}CHCONHCHCONH-\cdots\xrightarrow{\begin{array}{c}O_2N\\\diagup\\NO_2\end{array}F}$$
$$\quad\quad\quad|\quad\quad|\\\quad\quad R\quad\quad R'$$

$$O_2N-\underset{NO_2}{\diagup}-NHCHCONHCHCONH-\cdots\xrightarrow{HCl}$$
$$\quad\quad\quad\quad\quad\quad\quad|\quad\quad\quad|\\\quad\quad\quad\quad\quad\quad R\quad\quad\quad R'$$

$$O_2N-\underset{NO_2}{\diagup}-NHCHCOOH+H_3\overset{+}{N}CHCOOH+\cdots\cdots\quad N-(2,4-二硝基苯基)氨基酸$$
$$\quad\quad\quad\quad\quad\quad|\quad\quad\quad\quad\quad|\\\quad\quad\quad\quad\quad R\quad\quad\quad\quad\quad R'$$

N 端氨基酸生成的黄色的 N-(2,4-二硝基苯基)氨基酸容易与其他的氨基酸分开,用层析法与标准样品比较,即可鉴定 N 端是哪一种氨基酸。

b.5-二甲胺基-1-萘磺酰氯(丹酰氯试剂)法(DNS-Cl)。

$$H_3\overset{+}{N}CHCONHCHCONH-\cdots\xrightarrow[OH^-]{(CH_3)_2N-\text{萘}-SO_2Cl}$$
$$\quad|\quad\quad|\\\quad R\quad\quad R'$$

$$(CH_3)_2N-\text{萘}-SO_2NHCHCONHCHCONH-\cdots\xrightarrow{HCl}$$
$$\quad\quad\quad\quad\quad\quad\quad\quad|\quad\quad\quad|\\\quad\quad\quad\quad\quad\quad\quad R\quad\quad\quad R'$$

$$(CH_3)_2N-\text{萘}-SO_2NHCHCOOH+H_3\overset{+}{N}CHCOOH+\cdots\cdots N-丹酰氨基酸$$
$$\quad\quad\quad\quad\quad\quad\quad\quad|\quad\quad\quad\quad\quad|\\\quad\quad\quad\quad\quad\quad\quad R\quad\quad\quad\quad\quad R'$$

c.异硫氰酸苯酯法(Edman 降解)。

$$H_3\overset{+}{N}CHCONHCHCONH-\cdots\xrightarrow{C_6H_5N=C=S}C_6H_5NHCNHCHCONHCHCONH-\cdots$$
$$\quad|\quad\quad|\quad\quad\quad\quad\quad\quad\quad\quad\quad\quad\quad\quad\quad\|\quad|\quad\quad|\\\quad R\quad\quad R'\quad\quad\quad\quad\quad\quad\quad\quad\quad\quad\quad\quad\quad S\quad R\quad\quad R'$$

$$\xrightarrow{HCl(干)} \overset{+}{H_3}NCHCONH\cdots \underset{R'}{|} + \underset{\text{取代二氢噻唑酮}}{C_6H_5HN-\overset{S}{\underset{N}{\diagup}}\overset{}{\underset{R}{=}}O} \xrightarrow{H_3O^+} \underset{\text{PTH衍生物}}{HN-\overset{S}{\underset{}{\diagup}}\overset{NC_6H_5}{\underset{R}{=}}O} \quad \text{PTC衍生物}$$

此法的优点是肽键的其余部分可不受作用而保留下来。理论上可重复进行直至测出全部氨基酸的次序,但实际上在大约测定了 40 个端基后,由于用酸处理而缓慢水解所形成的氨基酸的积累会对鉴定产生干扰。

Ⅲ. C 端氨基酸的测定。

a. 羧肽酶法。在羧肽酶催化下,多肽链中只有 C 端的氨基酸才能断裂下来。去掉一个 C 端氨基酸后剩下的多肽可以继续水解。

$$\cdots HNCHCONHCHCOOH \xrightarrow[\text{羧肽酶}]{H_2O} \cdots HNCHCOOH + H_2NCHCOOH$$
$$\quad\quad |R \quad\quad\quad |R' \quad\quad\quad\quad\quad\quad\quad\quad |R \quad\quad\quad\quad |R'$$

b. 还原法。
$$\cdots HNCHCONHCHCOOH \xrightarrow[HCl]{CH_3OH} \cdots HNCHCONHCHCOOCH_3 \xrightarrow{(1)NaBH_4}{(2)H_3O^+}$$
$$\cdots HNCHCOOH + H_2NCHCOOH$$

c. 部分水解法。将多肽用特定的蛋白质水解酶催化水解,得到各种长度的肽碎片,然后再对各肽碎片进行末端分析鉴定,从各肽碎片中的氨基酸排列顺序可以推断出整个肽链中氨基酸的排列顺序。

③多肽的合成。为了使指定的氨基与羧基相互作用形成肽键,就需要将其他的氨基保护起来,再将羧基活化,使之与另一个氨基酸或短肽链的 N 端反应生成更长链的肽链,重复进行,待需要的肽构成后,再用不影响肽键的试剂将产物的保护基除去。

合成肽时,也有将羧基保护的情况。表 16.1 为常用的保护氨基及羧基及除去保护的方法。

表 16.1 常用的保护氨基及羧基及除去保护的方法

保护基	除去保护基的方法
保护氨基的试剂	
苄氧羰基氯 Z(或 CBZ),$C_6H_5CH_2OCOCl$	H_2/Pt
叔丁氧羰基氯 BOC:$(CH_3)COCOCl$	冷 HBr/HOAc
对甲基苯磺酰氯:$p-CH_3C_6H_4SO_2Cl$	NaOH
$(C_6H_5)CCl$	HBr/CH_3COOH
$o-O_2NC_6H_4SCl$	HBr/CH_3COOH
$(CFCO)_2O$	NaOH
保护羧基的试剂	H_2/Pt
苄醇($C_6H_5CH_2OH$)	HBr/CH_3COOH
$(CH_3)_2C=CH_2$	CF_3COOH
CH_3OH	H_3O^+
$PhCH_2OCONHNH_2$	NaOH
$p-O_2NC_6H_4CH_2Cl$	NaOH

肽键的生成,一般要将游离的羧基转变成酰氯、酸酐、酯、叠氮等,或加入偶联剂 N,N'-二环己基碳二亚胺 ⟨ ⟩—N=C=N—⟨ ⟩ (DCC 或 DCCI),然后于温和条件下和游离的氨基作用,发生氨解反应生成相应的肽键。

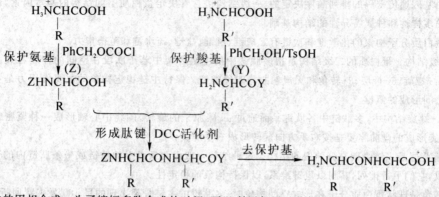

④多肽的固相合成。为了缩短多肽合成的时间,可以利用氯甲基化树脂(用 ClCH$_2$——Ⓟ表示)的性能进行固相合成。固相合成的步骤如下:

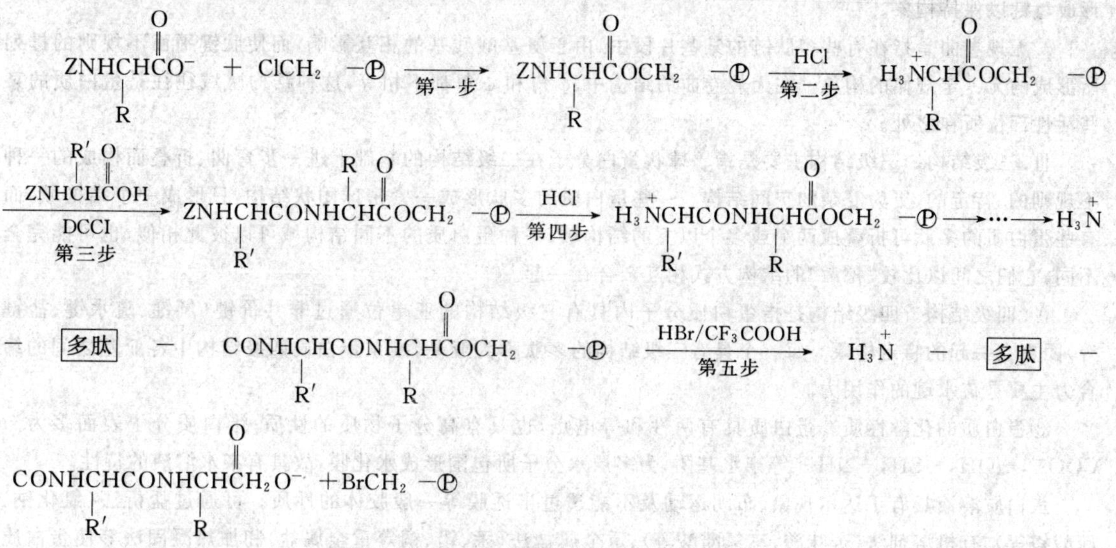

固相合成的优点是可以用过量的试剂,使偶联反应更快和更有效地进行,多余的试剂、副产物和溶剂容易洗涤除去,只有产物留在树脂上,省去了重结晶或层析,使操作简化,并可以自动化,其缺点是生成的多肽在最后一步完成后才进行提纯,给最终合成产物(多种肽的混合物)的提纯带来了很大的困难。

(3)蛋白质。

①蛋白质的分类、组成。蛋白质分为简单蛋白质和结合蛋白质。简单蛋白质水解后生成 α-氨基酸,结合蛋白质水解后除生成 α-氨基酸外还生成非蛋白物质,如糖类、脂类、核酸有各种辅助基团,这些非蛋白物质又称为辅基。

结合蛋白又常分为糖蛋白、脂蛋白、核蛋白、色蛋白、磷蛋白等。按分子形状又可分为纤维状蛋白和球蛋白质。

组成蛋白质主要元素的含量为

C	O	H	N	S
50%~55%	20%~23%	6.0%~7.0%	15%~17%	0.2%~3.0%

②蛋白质的结构。蛋白质是由结构复杂的多肽构成,一种蛋白质的结构特征是构成蛋白质的肽链(一条或几条多肽链)在构造、构型、构象及相互亲合方式和聚集状态的特征。蛋白质的结构分为以下四级:

Ⅰ.一级结构。蛋白质的一级结构是指多肽中氨基酸残基的连接次序和方式,肽键和二硫键是其主要的连接方式。不同的蛋白质,其一级结构不同,具有同一功能的蛋白质,其一级结构也可能不同。蛋白质的一级结构是由基因遗传密码的排列顺序决定的,一级结构包含着决定蛋白质空间结构的基本因素,也是蛋白质生物功能的多样性和种属特异性的结构基础。

维持蛋白质分子构象的化学键和次键有二硫键、氢键、盐键、疏水键和范德华力。

Ⅱ.二级结构。蛋白质的二级结构是指多肽链中的主链骨架中若干肽段在空间的伸展方式。二级结构主要包括:α-螺旋、β-折层、β-转角和无规卷曲等四种类型。保持主链稳定构象的主要作用力是主链中羰基和亚氨基之间形成的氢键。

  a. 在 α-螺旋结构中,多肽链中各肽键平面通过 α-碳原子的旋转,围绕中心轴形成一种紧密螺旋盘曲构象,这种螺旋形成的盘曲主要是按右手方向旋转形成右手螺旋。

  b. β-折叠层是主链骨架充分伸展的结构。这种结构一般由两条以上的肽链或一条肽链内的若干肽段共同参与形成,它们平行排列,其间以氢键维系,以保持构象的稳定性。

  c. β-转角是球状蛋白质分子在形成空间构象时,多肽键的主链骨架出现的呈180°发夹状回折。它是由4个连续的氨基酸残基构成的,其特征是由第一个氨基酸残基的 C=O 基与第四个氨基酸残基的 N-H 之间的形成氢键以保持构象。

  d. 无规卷曲是指在有些多肽链的某些片段中,由于氨基酸残基的相互影响,而使肽键平面不规则的排列所形成的无一定规律的构象。在无规卷曲的结构中,φ 角和 ψ 角都不相等,这种结构区域往往是蛋白质的某些活性部位所在之处。

Ⅲ.三级结构。三级结构主要是指于球状蛋白分子在二级结构的基础上进一步弯曲、折叠而构成的一种不规则的、特定的、更为复杂的空间结构。一些蛋白质的多肽形成一紧密球团状结构,只形成一个结构域,而有些蛋白质的多肽可折叠成两个或多个以上的结构域;一种蛋白质的不同结构域可以彼此相似,也可能完全不同,它们之间以比较"松散"的结构方式相互亲合在一起。

Ⅳ.四级结构。四级结构是指蛋白质分子内具有三级结构的亚单位通过非共价键(氢键、疏水键、盐键等)团聚在一起的特定构象。每一个具有三级结构的多肽称为亚基,维系蛋白质四级结构中各亚基之间的缔合力主要是疏水键的作用力。

③蛋白质的化学性质。蛋白质具有两性和等电点,也具有高分子物质的性质;蛋白质分子表面多为 $-COO^-$、$-OH$、$-SH$、$-NH_3^+$ 等亲水基团,为多层水分子所包围形成水化膜,故具有亲水溶液的特性。

蛋白质溶液具有丁达尔现象、布朗运动及不能透过半透膜等一般胶体的性质。可通过盐析法(氯化钠、硫酸铵等)、有机溶剂法(苦味酸、三氯醋酸等)、重金属盐法(汞、铅、铜等重金属盐)和加热凝固法等使蛋白质从其水溶液中沉淀析出。

在某些物理(加热、加压、光照等)或化学因素(强酸、强碱、重金属离子、有机溶剂等)的作用下,会导致蛋白质的理化性质和生化性质发生改变,即蛋白质的变性。变性有可逆变性和不可逆变性。一般认为变性作用在最初阶段是可逆的,但继可逆过程之后,就产生不可逆的变化。

蛋白质中含有不同氨基酸构成的肽键,可发生多种变色反应,如缩二脲反应(蛋白质与强碱和稀的硫酸铜溶液反应,呈紫色)、茚三酮反应(蛋白质与茚三酮作用生成蓝紫色化合物)、黄色反应、米隆反应(蛋白质与硝酸汞的硝酸溶液作用后变成红色)、醋酸铅反应等。

(4)核酸。核酸是由核苷酸以 3,5-磷酸二酯连接起来的生物大分子,主要包括两大类,即核糖核酸(RNA)和脱氧核糖核酸(DNA)。两者在组成、空间结构以及功能上有差别。DNA 主要存在于细胞核中,它们是遗传信息的携带者,它的结构决定生物合成蛋白质的特定结构,并保证把这种特性遗传给下一代。RNA 主要存在于细胞质中,它们是以 DNA 为模板而形成的,并且参加蛋白质的生物合成过程。

核酸链中,含不同碱基的各种核苷酸是按一定的排列次序互相连接的,这就形成了核酸的一级结构。这些长链在空间还有一定的排列次序,并且还要进一步盘绕成一定的形态,从而形成核酸的更高级结构。

在稀碱中,RNA 可水解成四种含不同碱基的核糖核苷酸;用酶法可以将 DNA 水解成 4 种含不同碱基的脱氧核糖核苷酸。每一种核苷酸都由等分子的核糖(或脱氧核糖)、磷酸和某一种碱基组成。

核苷酸进一步水解得到核苷和磷酸,核苷由戊糖(核糖或 α-脱氧核糖)和碱基组成。

核糖(或α-脱氧核糖)的1位碳原子与嘧啶类碱基的第1位氮原子连接构成嘧啶核苷(或嘧啶脱氧核苷),而与嘌呤类碱基的第9位氮原子连接构成嘌呤核苷(或嘌呤脱氧核苷),这些核苷中的糖苷键(C—N)都是β-型。

从 RNA 的水解可以得到的核苷主要有:腺嘌呤核苷(以 A 表示)、鸟嘌呤核苷(以 G 表示)、胞嘧啶核苷(以 C 表示)、尿嘧啶核苷(以 U 表示)。从 DNA 的水解主要可得:腺嘌呤脱氧核苷、鸟嘌呤脱氧核苷、胞嘧啶脱氧核苷、胸腺嘧啶脱氧核苷(分别以 dA,dG,dC,dT 表示)。

核苷酸是核苷与磷酸缩合所生成的磷酸酯,即为核糖核苷酸和脱氧核糖核苷酸。在核苷酸中磷酸酯基通常在戊糖的3,5位上,磷酸酯基的存在形式也可不同。

16.2.2 重点、难点

1. 重点
(1)氨基酸的化学性质。
(2)α-氨基酸的制备。
(3)肽的结构、鉴定及合成。
(4)蛋白质的四级结构。

2. 难点
(1)氨基酸的化学性质:氨基酸具有氨基及羧基的一般性质。
(2)α-氨基酸的制法:根据α-氨基酸的结构特点及原料要求,选择合适的制备方法。
(3)肽的鉴定:根据肽的 N 端和 C 端分析方法,鉴定肽的一级结构。

16.3 例题

例 16.1 简要回答下列问题。
(1)为什么含一个氨基和一个羧基的α-氨基酸的水溶液呈酸性($pK_a=4\sim5$),而且酸性较相应的羧酸大?
(2)α-氨基酸和乙酐或乙酰氯反应比简单的胺要慢得多,其酰化反应也较简单的酸慢得多? 怎样能加快反应速率?
(3)如何用化学方法测定氨基酸中的氨基和羧基?
(4)某中性氨基酸可完全溶于 pH=7 的纯水中,所得氨基酸的溶液 pH=6。这个氨基酸的等电点是大于6,小于6,还是等于6?

解 (1)以甘氨酸为例,溶液中有如下的平衡:

$$H_3O^+ + H_2NCH_2COO^- \underset{k_{a2}=1.1\times10^{-10}}{\rightleftharpoons} \boxed{\overset{+}{H_3N}CH_2COO^- + H_2O} \underset{k_b=2.5\times10^{-12}}{\overset{k_{a1}=10^{-2.4}}{\rightleftharpoons}} \overset{+}{H_3N}CH_2COOH + OH^-$$

$\overset{+}{H_3N}-$ 的吸电子诱导效应使 $\overset{+}{H_3N}CH_2COOH$ 的酸性较 H_2NCH_2COOH 大,反应偏向左方,即溶液显较大的酸性。

(2)因其中 $\overset{..}{N}H_2$ 上的未共享电子对已和 H^+ 成 $\overset{+}{N}H_3$,失去了和乙酐等发生亲核反应的能力,因此反应比简单的胺要慢。加入相当于游离 NH_2 的碱可加速反应速率。

酯化反应中,氨基酸的羧基是以 $-COO^-$ 的形式存在,故羧基上的亲电性减弱。加 H^+ 可使反应加速,也可使氨基酰化成为 $CH_3CONHCH_2COOH$ 再酯化。

(3)氨基酸的氨基与亚硝酸作用可定量放出氮气(亚胺基、胍基不放出氮气),测定氮气的量即可计算出分子中氨基的含量。此法即为 Van Slyke 氨基测定法。

氨基酸能和甲醛反应,使氨基的碱性消失,再用碱来滴定以测定羧基的含量。

(4)氨基酸溶于 pH=7 的纯水中形成的溶液 pH=6,表明氨基酸的偶极离子在水中生成相应的负离子略多于相应的正离子,所以只有加入酸才能调节到等电点,因此该氨基酸的等电点应小于 6。

例 16.2 预期下列氨基酸水溶液在等电点时是酸性还是酸性,为什么?
(1)丙氨酸 (2)赖氨酸 (3)精氨酸
(4)天冬氨酸 (5)胱氨酸 (6)酪氨酸

解 (1)含一个氨基和一个羧基的丙氨酸本身显微酸性,要加 H^+ 利用同离子效应以抑制羧基的电离,方可使羧基的电离和氨基的电离相等,故等电点时为酸性。

(2)赖氨酸含两个氨基和一个羧基,要加 OH^- 以抑制氨基的离子化,等电点为碱性。

(3)精氨酸含有胍基 $H_2N-\overset{O}{\overset{\|}{C}}-NH-$,可接受 H^+ 成为比 $\overset{+}{H_3N}$ 更强的吸电子基 $\left[\begin{matrix}H_2N\\H_2N\end{matrix}\!\!>\!\!C\!\!=\!\!=\!\!NH\sim\right]^+$,因而等电点时的碱性更强。

(4)天冬氨酸含一个氨基和两个羧基,要加 H^+ 以抑制羧基电离,故等电点时为强酸性。

(5)胱氨酸含有两个氨基和两个羧基,行为与含有一个氨基一个羧基相似,等电点时为酸性。

(6)酪氨酸含有一个酚基、一个羧基和一个氨基。酚羟基的酸性太弱,无显著的离子化发生,等电点时为微酸性。

例 16.3 一个三肽用酸水解后生成 3 种 α-氨基酸:丙氨酸、缬氨酸和甘氨酸。试写出这个三肽的可能结构式并加以命名。

解 根据 3 种 α-氨基的排列组合,可知共有 6 种可能的结构。

(1)丙氨酸-缬氨酸-甘氨酸:
$$H_2NCHCONHCHCONHCH_2COOH$$
$$\quad\;\;\;|\qquad\qquad\;\;|$$
$$\quad\;\;CH_3\qquad\;\;CH(CH_3)_2$$

(2)丙氨酸-甘氨酸-缬氨酸:
$$H_2NCHCONHCH_2CONHCHCOOH$$
$$\quad\;\;\;|\qquad\qquad\qquad\;\;|$$
$$\quad\;\;CH_3\qquad\qquad\;\;CH(CH_3)_2$$

(3)缬氨酸-丙氨酸-甘氨酸:
$$H_2NCHCONHCHCONHCH_2COOH$$
$$\quad\;\;\;|\qquad\qquad\;\;|$$
$$\;\;CH(CH_3)_2\qquad CH_3$$

(4)缬氨酸-甘氨酸-丙氨酸:
$$H_2NCHCONHCH_2CONHCHCOOH$$
$$\quad\;\;\;|\qquad\qquad\qquad\;\;|$$
$$\;\;CH(CH_3)_2\qquad\qquad CH_3$$

(5)甘氨酸-缬氨酸-丙氨酸:
$$\qquad\qquad\qquad\qquad CH_3$$
$$\qquad\qquad\qquad\qquad |$$
$$H_2NCH_2CONHCHCONHCH_2COOH$$
$$\qquad\qquad\;\;|$$
$$\qquad\;\;CH(CH_3)_2$$

(6)甘氨酸-丙氨酸-缬氨酸:
$$\qquad\qquad\qquad\qquad CH(CH_3)_2$$
$$\qquad\qquad\qquad\qquad |$$
$$H_2NCH_2CONHCHCONHCHCOOH$$
$$\qquad\qquad\;\;|$$
$$\qquad\;\;CH_3$$

第16章 氨基酸、多肽、蛋白质和核酸

例 16.4 一多肽的组分为亮$_2$,丙$_2$,酪$_2$,甘(亮$_2$ 表示有2个亮氨基,其余相同)。和 DNFB 反应后水解得到 N-DNP-酪,用羧肽酶水解后得到丙氨酸。部分水解得到四种二肽和一种三肽:亮-丙、酪-丙、丙-酪,酪-甘和甘-亮-亮。试由此推测这多肽中氨基酸的可能顺序。

解 此多肽为七肽,第一个氨基酸为酪氨酸,末端为丙氨酸。因此可能的顺序为:
酪—丙+丙—酪+酪—甘+甘—亮—亮+亮—丙=酪—丙—酪—甘—亮—亮—丙,或为
酪—甘+甘—亮—亮+亮—丙+丙—酪+酪—丙=酪—甘—亮—亮—丙—酪—丙

例 16.5 给出下列各步反应中的中间体和产物的结构式。

(1) $CH_3CO_2C_2H_5 + (CO_2C_2H_5)_2 \xrightarrow{NaOEt} A \xrightarrow{稀 H_2SO_4} B \xrightarrow[H_2/Pt]{NH_3} C$

(2) $CH_2=CHCHO \xrightarrow[HCN]{CH_3SH} A \xrightarrow{NH_3} B \xrightarrow{H_3O^+} CH_3SCH_2CH_2CH(NH_2)COOH$

(3) $PhCH_2OCOCl + H_2NCH_2COOH \longrightarrow A \xrightarrow[DCC]{对硝基酚} B \xrightarrow{CH_3CH(NH_2)COOH} C \xrightarrow{H_2/Pt} D$

(4) $CH_3CONHCH(CO_2C_2H_5)_2 + CH_2=CHCHO \longrightarrow A \xrightarrow[HAc]{KCN} (C_{13}H_{20}O_6N_2)B \xrightarrow{H_3O^+} C \xrightarrow{H_2} D \xrightarrow{Ac_2O}$

$E \xrightarrow[(2)H_3O^+]{(1)OH^-} (\pm)$-赖氨酸

解 (1) A: $\underset{\underset{COCO_2Et}{|}}{CH_2CO_2Et}$, B:

[丁二酰亚胺结构] , C: $\underset{\underset{CH_2CONH_2}{|}}{HOOCCHNH_2}$

(2) A: $CH_3SCH_2CH_2CHO$, B: $CH_3SCH_2CH_2\underset{\underset{NH_2}{|}}{CH}CN$

(3) A: $PhCH_2OCONHCH_2COOH$, B: $PhCH_2OCONHCH_2COO-\underset{}{\bigcirc}-NO_2$

C: $PhCH_2OCONHCH_2CONH\underset{\underset{CH_3}{|}}{CH}COOH$,D: 甘-丙

(4) A: $\underset{\underset{CH_2CH_2CHO}{|}}{CH_3CONHC(CO_2C_2H_5)_2}$, B: $\underset{\underset{\underset{CN}{|}}{CH_2CH_2CHOH}}{CH_3CONHC(CO_2C_2H_5)_2}$,

C: $\underset{\underset{CH_2CH_2CH_2CN}{|}}{H_2NCHCOOH}$, D: $\underset{\underset{CH_2CH_2CH_2CH_2NH_2}{|}}{H_2NCHCOOH}$,

E: [噁唑啉酮环结构,侧链为 $CH_2CH_2CH_2CH_2NH_2$,2-位为 CH_3]

例 16.6 完成下列转变。

(1) 乙酰胺基丙二酸脂——丙氨酸。

(2) 异丁醇——缬氨酸。

(3) 对甲基苯甲醚——酪氨酸。

(4) 溴乙烷——2-氨基丁酸。

(5) 苯丙氨酸——苯基丙酮酸。

解 (1) $CH_3CONHCH(CO_2Et)_2 \xrightarrow[(2)PhCH_2Cl]{(1)NaOEt} CH_3CONHC(CO_2Et)_2(CH_2C_6H_5) \xrightarrow[(2)H_3O^+]{(1)OH^-} \overset{+}{H_3N}CH(CH_2C_6H_5)COOH$

(2) $CH_3CH(CH_3)CH_2OH \xrightarrow[\triangle]{Cu} CH_3CH(CH_3)CHO \xrightarrow[NaCN]{NH_4Cl} CH_3CH(CH_3)CH(NH_2)CN \xrightarrow{H_3O^+} CH_3CH(CH_3)CH(NH_2)COOH$

(3) $CH_3O\text{-}C_6H_4\text{-}CH_3 \xrightarrow[h\nu]{Br_2} CH_3O\text{-}C_6H_4\text{-}CH_2Cl \xrightarrow{NaCH(CO_2Et)_2} CH_3O\text{-}C_6H_4\text{-}CH_2CH(CO_2Et)_2$

$\xrightarrow[(2)H_3O^+]{(1)OH^-} CH_3O\text{-}C_6H_4\text{-}CH_2CH_2COOH \xrightarrow[(2)\text{过量}NH_3]{(1)Br_2,P} CH_3O\text{-}C_6H_4\text{-}CH_2CH(NH_2)COOH \xrightarrow{HBr,\triangle}$

$HO\text{-}C_6H_4\text{-}CH_2CH(\overset{+}{NH_3}Br)COOH \xrightarrow{OH^-} HO\text{-}C_6H_4\text{-}CH_2CH(\overset{+}{NH_3})COO^-$

(4) $CH_3CHBrCH_3 \xrightarrow{NaCH(CO_2Et)_2} CH_3CH(CH_3)CH(CO_2Et)_2 \xrightarrow[(2)H_3O^+]{(1)OH^-} CH_3CH(CH_3)CHCOOH$

$\xrightarrow[(2)\text{过量}NH_3]{(1)Br_2,P} CH_3CH(CH_3)CH(\overset{+}{NH_3})COO^-$

(5) $PhCH_2CH(\overset{+}{NH_3})COO^- \xrightarrow{CH_3OH/HCl} PhCH_2CH(NH_2)COOCH_3 \xrightarrow[H_3O^+]{PhCHO} PhCH_2CH(N=CHPh)COOCH_3 \xrightarrow{CH_3ONa}$

$PhCH_2C(NCH_2Ph)COOCH_3 \xrightarrow{H_3O^+} PhCH_2C(O)COOH$

例 16.7 多肽可以通过下列方法来合成，试写出合成的反应式。
(1) 用邻苯二甲酰氯保护氨基的方法来合成缬—丙。
(2) 用"固态合成法"制亮—缬—丙—甘。

解 (1) 邻-C_6H_4(COCl)_2 + $H_3\overset{+}{N}CH(i\text{-}Pr)COO^-$ → 邻苯二甲酰亚胺-N-CH(i-Pr)COOH $\xrightarrow{SOCl_2}$ 邻苯二甲酰亚胺-N-CH(i-Pr)COCl

$\xrightarrow[NaOH]{H_3\overset{+}{N}CH(CH_3)COO^-}$ 邻苯二甲酰亚胺-N-CH(i-Pr)CONHCH(CH_3)COOH $\xrightarrow{NH_2NH_2}$ 邻苯二甲酰肼 +

$H_3\overset{+}{N}CH(i\text{-}Pr)CONHCH(CH_3)COO^-$

(2)

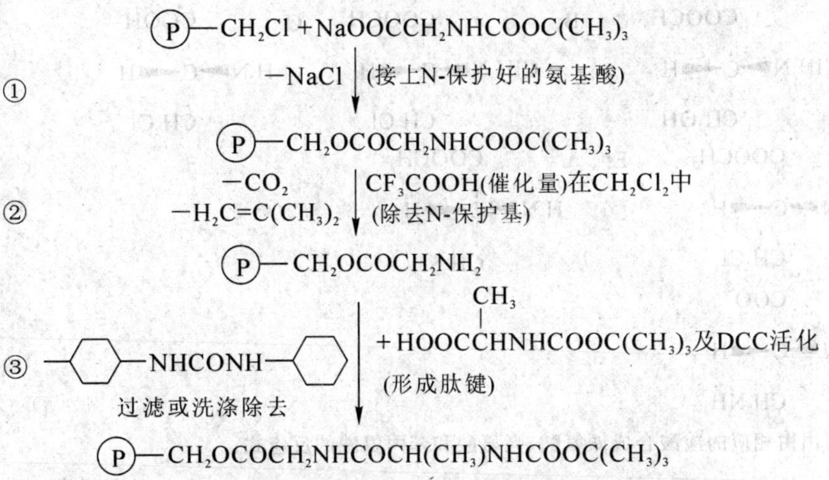

① ⓅCH₂Cl + NaOOCCH₂NHCOOC(CH₃)₃
　　　$\xrightarrow{-NaCl}$ (接上N-保护好的氨基酸)

ⓅCH₂OCOCH₂NHCOOC(CH₃)₃

② $\xrightarrow[-H_2C=C(CH_3)_2]{-CO_2}$ $\Big|$ CF₃COOH(催化量)在CH₂Cl₂中
　　　　　　　　　(除去N-保护基)

ⓅCH₂OCOCH₂NH₂

　　　　　　　　CH₃
　　　　　　　　｜
　　　　　＋HOOCCHNHCOOC(CH₃)₃及DCC活化
③ ⟨ ⟩—NHCONH—⟨ ⟩　　(形成肽键)
　　　过滤或洗涤除去

ⓅCH₂OCOCH₂NHCOCH(CH₃)NHCOOC(CH₃)₃

然后除去氨基保护基,即重复②,再用氨基保护好的缬氨酸来重复③以形成第二个肽键。再次重复②和用 N 保护好的亮氨酸来重复③以形成第三个肽键,最后用 HBr 处理即可得到:

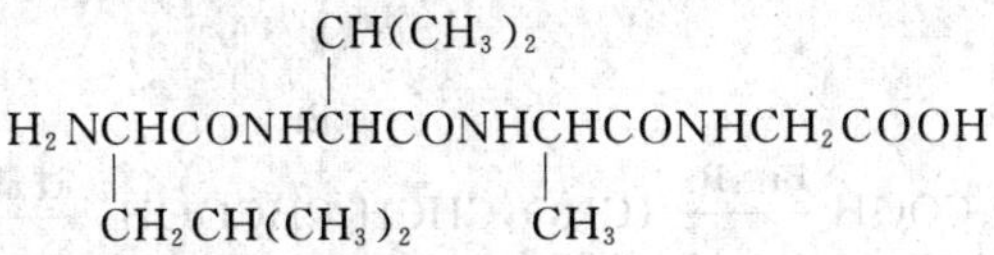

　　　　　　　　　CH(CH₃)
　　　　　　　　　｜
H₂NCHCONHCHCONHCHCONHCH₂COOH
　｜　　　　｜
CH₂CH(CH₃)₂　CH₃

例 16.8 如何用化学方法区别下列各组化合物。
(1)天冬氨酸和苹果酸　　　(2)丝氨酸和苏氨酸
(3)甘氨酸乙酯和缬氨酸　　(4)苯丙-丙和乙酰基苯丙-丙

解 (1)用 HNO₂ 处理,天冬氨酸有 N₂ 放出。
(2)苏氨酸发生碘仿反应。
(3)甘氨酸乙酯对石蕊显碱性。
(4)苯丙-丙有氨基 NH₂,可溶于稀 HCl 溶液中。

16.4　习题精选详解

习题 16.1　用 R 或 S 表示 L-丙氨酸、L-丝氨酸和 L-半胱氨酸的构型。

解

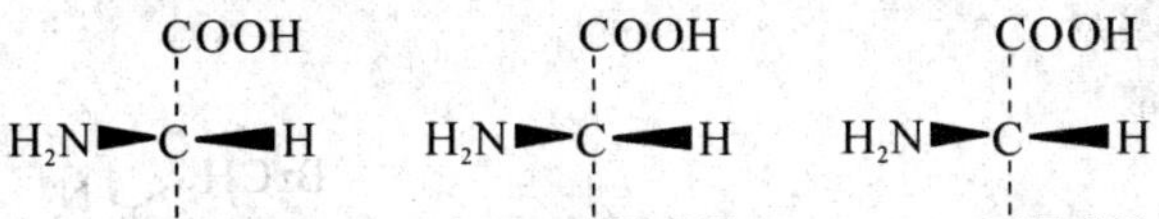

　　COOH　　　　COOH　　　　COOH
　　　｜　　　　　　｜　　　　　　｜
H₂N—C—H　　H₂N—C—H　　H₂N—C—H
　　　｜　　　　　　｜　　　　　　｜
　　CH₃　　　　CH₂OH　　　CH₂SH
　L-丙氨酸　　　L-丝氨酸　　　L-半胱氨酸

这三种氨基酸均为 S 型。

习题 16.2　写出下列反应中中间产物的构型。

(1)(−)-丝氨酸 $\xrightarrow[CH_3OH]{HCl}$ A, C₄H₁₀ClNO₃ $\xrightarrow{PCl_5}$ B, C₄H₉Cl₂NO₂ $\xrightarrow[(2)OH^-]{(1)H_3O^+,\Delta}$ C, C₃H₉ClNO₂

$\xrightarrow{Na-Hg,H_2O}$ L-(+)-丙氨酸

(2)上题中的 B $\xrightarrow{OH^-}$ D,C₄H₈ClNO₂ $\xrightarrow{NaSH}$ E,C₄H₉NO₂S $\xrightarrow[(2)OH^-]{(1)H_3O^+,\Delta}$ L-(−)-半胱氨酸

(3)L-(−)-天冬氨酸 $\xrightarrow{NaOH,Br_2}$ F,C₃H₈N₂O₂ $\xleftarrow{NH_3}$ C

解 (1) A:

$$\text{ClH}_3\overset{+}{\text{N}}-\underset{\text{CH}_2\text{OH}}{\overset{\text{COOCH}_3}{\text{C}}}-\text{H}$$

B:
$$\text{ClH}_3\overset{+}{\text{N}}-\underset{\text{CH}_2\text{Cl}}{\overset{\text{COOCH}_3}{\text{C}}}-\text{H}$$

C:
$$\text{H}_2\text{N}-\underset{\text{CH}_2\text{Cl}}{\overset{\text{COOH}}{\text{C}}}-\text{H}$$

(2) D:
$$\text{H}_2\text{N}-\underset{\text{CH}_2\text{Cl}}{\overset{\text{COOCH}_3}{\text{C}}}-\text{H}$$

E:
$$\text{H}_2\text{N}-\underset{\text{CH}_2\text{SH}}{\overset{\text{COOCH}_3}{\text{C}}}-\text{H}$$

(3) F:
$$\text{H}_2\text{N}-\underset{\text{CH}_2\text{NH}_2}{\overset{\text{COO}^-}{\text{C}}}-\text{H}$$

习题 16.3 写出由相应的羧酸合成缬氨酸、亮氨酸和苯丙氨酸的反应式。

解 (1) $(CH_3)_2CHCH_2COOH \xrightarrow{Br_2, P} (CH_3)_2CHCHCOOH \xrightarrow{\text{过量 } NH_3} (CH_3)_2CHCHCOO^-$
  （Br 在 α-碳上）
  $\overset{+}{NH_3}$
  缬氨酸

(2) $(CH_3)_2CHCH_2CH_2COOH \xrightarrow{Br_2, P} (CH_3)_2CHCH_2CHCOOH \xrightarrow{\text{过量 } NH_3}$
  （Br 在 α-碳上）

$(CH_3)_2CHCH_2CHCOO^-$
  $\overset{+}{H_3N}$
  亮氨酸

(3) $C_6H_5CH_2CH_2COOH \xrightarrow{Br_2, P} C_6H_5CH_2CHCOOH \xrightarrow{\text{过量 } NH_3} C_6H_5CH_2CHCOO^-$
  （Br 在 α-碳上） $\overset{+}{H_3N}$
  苯丙氨酸

习题 16.4 写出由乙酰氨基丙二酸酯法合成缬氨酸、组氨酸和丝氨酸的方程式。

解 (1) $CH_2(CO_2Et)_2 \xrightarrow{HNO_2} \xrightarrow{Ac_2O, H_2/Pt} CH_3CONHCH(CO_2Et)_2$

$\xrightarrow{(1)\,NaOEt, (CH_3)_2CHBr}_{(2)\,H_3O^+, \triangle} (CH_3)_2CHCHCOO^-$
  $\overset{+}{H_3N}$
  缬氨酸

(2) $CH_2(CO_2Et)_2 \xrightarrow{HNO_2} \xrightarrow{Ac_2O, H_2/Pt} CH_3CONHCH(CO_2Et)_2 \xrightarrow[\,(2)\,H_3O^+, \triangle\,]{(1)\,NaOEt,\, BrCH_2\text{-imidazole}}$

(咪唑基)CH_2CHCOO^-
  $\overset{+}{H_3N}$
  组氨酸

(3) $CH_2(CO_2Et)_2 \xrightarrow{HNO_2} \xrightarrow{Ac_2O, H_2/Pt} CH_3CONHCH(CO_2Et)_2 \xrightarrow[(2)\,H_3O^+, \triangle]{(1)\,NaOEt, BrCH_2OH} HOCH_2CHCOO^-$
  $\overset{+}{H_2N}$
  丝氨酸

第16章 氨基酸、多肽、蛋白质和核酸

习题 16.5 写出用 Strecker 法合成酪氨酸的反应式。

解 HO—C$_6$H$_4$—CH$_2$CHO $\xrightarrow{\text{NH}_3,\text{HCN}}$ HO—C$_6$H$_4$—CH$_2$CH(NH$_2$)CN $\xrightarrow[(2)\text{H}_3\text{O}^+]{(1)\text{NaOH},\text{H}_2\text{O}}$

HO—C$_6$H$_4$—CH$_2$CH(N$^+$H$_3$)COO$^-$

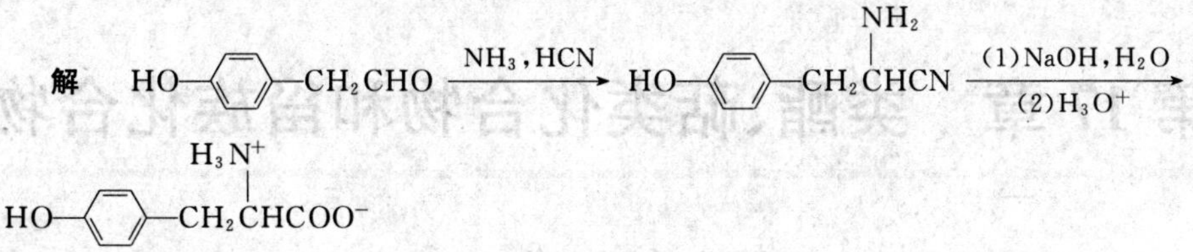

第17章 类酯、萜类化合物和甾族化合物

17.1 教学建议

根据各类化合物的结构特点讲解其化学性质。

17.2 主要概念

17.2.1 内容要点精讲

1. 教学基本要求
(1) 掌握类酯化合物的结构特点。
(2) 掌握萜类化合物的结构特点。
(3) 掌握甾族化合物的结构特点。

2. 主要概念
(1) 类酯化合物。水解时能生成脂肪酸的天然产物称为类酯,其中包括油脂、蜡、磷脂等。
(2) 脂肪酸。大多数脂肪酸为含偶数碳原子的直链羧酸,最常见的链长为 C(16),C(18),C(20) 和 C(22)。
(3) 油脂。油脂包括脂肪和油两部分。习惯上把常温下为固态或半固态的称为脂,液态的称为油。油脂是最为广泛存在的天然类酯。从结构上看,它是一分子甘油和三分子高级脂肪酸组成的脂,即甘油三酯,其结构式可表示为

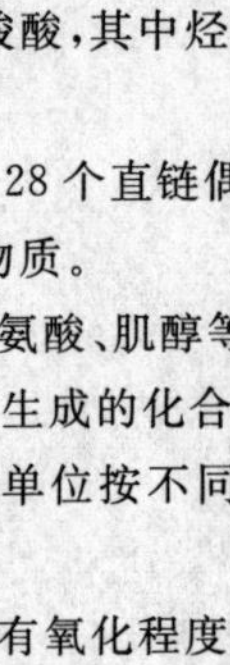

$$\begin{array}{l} CH_2OCR \\ \| \\ O \\ CHOCR' \\ \| \\ O \\ CH_2OCR'' \\ \| \\ O \end{array}$$

结构式中的脂肪酸绝大多数均为含偶数的直链羧酸,其中烃基完全相同者称为单甘同酸酯,不完全相同者称为甘油酸酯。
(4) 蜡。蜡是含有16个碳以上(一般为20~28个直链偶数碳原子)脂肪酸和16个碳以上直链脂肪醇(一般为16~36个直链碳的一元醇)所形成的酯类物质。
(5) 磷脂。磷脂是磷脂酸与乙醇胺、胆碱、丝氨酸、肌醇等反应生成的磷脂酸二酯类化合物。
磷脂酸是 L-甘油磷酸与两分子脂肪酸反应生成的化合物。
(6) 萜类化合物。由两个或两个以上异戊烯单位按不同的方式头尾相连形成的聚合物及其含氧衍生物称为萜类化合物。
(7) 甾族化合物。甾族化合物的分子中都含有氧化程度不同的 1,2-环戊烷并全氢菲母核,并且一般含有3个支链。根据甾族化合物的存在形式和结构特征,可以将它们分为甾醇、胆汁酸、甾族激素、甾族生物碱等。

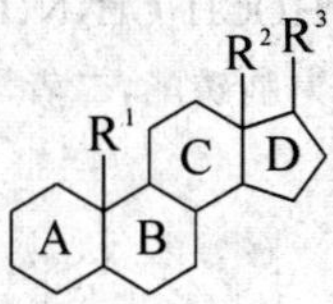

(8) 甾醇。甾醇具有下列的结构：

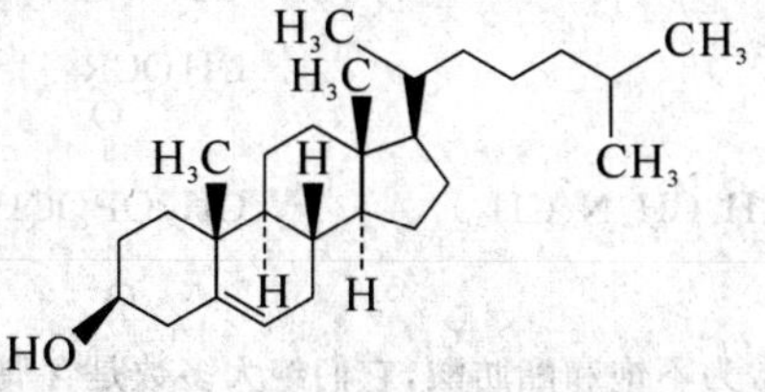

(9) 胆酸。胆酸具有以下的结构：

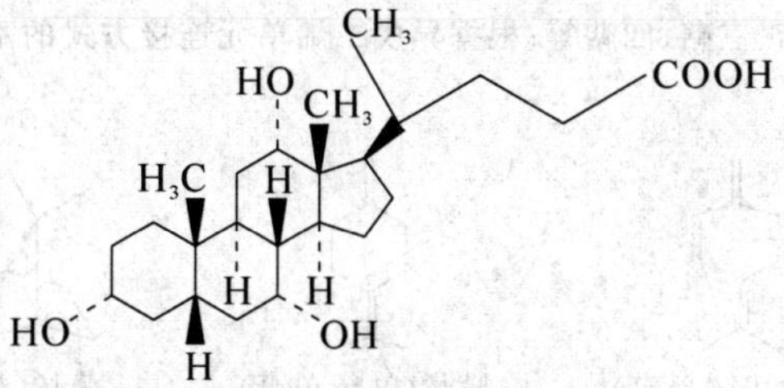

(10) 甾族激素。甾族激素是由各种内分泌腺分泌的一类具有生理活性的化合物。激素可根据化学结构分为两大类：一类为含氮激素，它包括胺、氨基酸、多肽及蛋白质；另一类为甾族化合物，它包括性激素和皮质甾类。

3. 核心内容

(1) 油脂的分类。甘油同两种不同的脂肪酸可以生成 8 种甘油三酸酯，其中有 4 种组成两对对映体。如甘油同 3 种不同的脂肪酸反应生成甘油混酸酯，则可能有 27 种异构体，其中 18 种组成 9 对对映体。

(2) 油脂的化学性质。油脂的特性有：油脂的水解、皂化和酯交换，油脂的硬化和干燥，油脂的氧化等。以下几个指标可以衡量油脂的化学性质：

① 皂化和皂化值。油脂有碱性溶液中的水解反应称为皂化。使 1 g 油脂完全皂化所需要氢氧化钾毫克数称为皂化值。根据皂化值可以判断油脂的平均分子质量大小。

② 加成和碘值。含不饱和脂肪酸的油酯要以碳碳双键上与氢或碘（常用 ICl，IBr 代替）发生加成反应。100 g 油酯所吸收碘的克数称为碘值。碘值越大，油酯的不饱和程度越大。

③ 酸败和酸值。油酯在空气中久置变质后产生异味的现象称为酸败。油酯酸败是一个包括氧化、水解等一系列反应的复杂程度，其重要标志是油酯游离脂肪酸的增大。中和 1g 油酯中游离酯肪酸所需要氢氧化钾的毫克数称为酸值。酸值越大，油酯酸败程度越大。酸值大于 6.0 的油酯不宜食用。

(3) 甘油磷酯。甘油磷酯是磷酸与二酯酰甘油酯化的产物。

① 组成和结构。甘油磷酯由甘油、脂肪酸、磷酸及含氮有机碱组成，自然甘油磷酯的结构可表示为

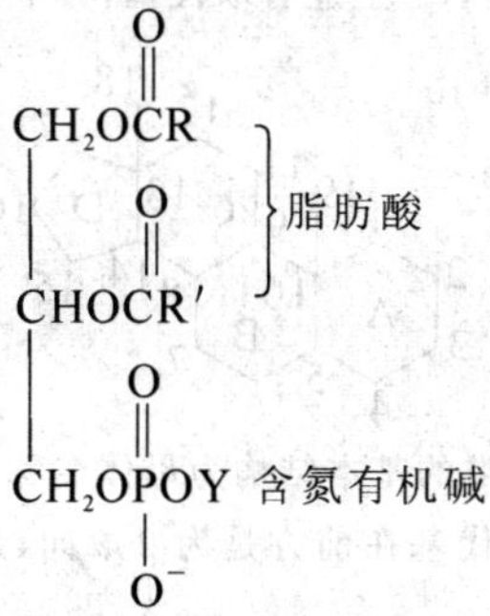

②卵磷酸和脑磷酯。含氮有机碱是胆碱($HOCH_2CH_2N(CH_3)_3OH^-$)的甘油磷酯称为卵磷酯。含氮有机碱是胆胺($HOCH_2CH_2NH_2$)的甘油磷酯称为脑磷酯,二者均为常用的重要甘油磷酯,其结构式可分别表示为

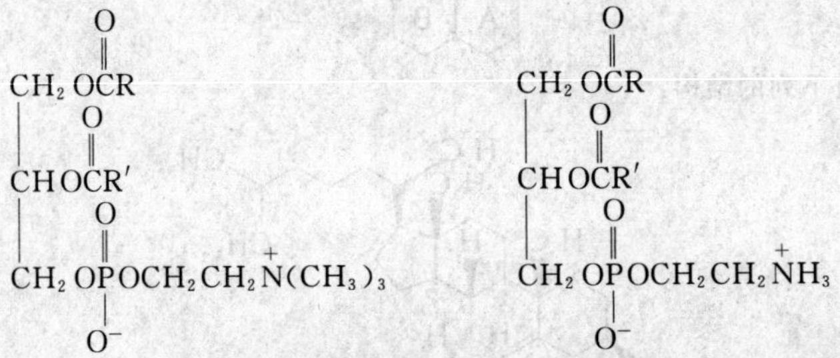

$$\begin{array}{c} O \\ \parallel \\ CH_2OCR \\ O \\ \parallel \\ CHOCR' \\ O \\ \parallel \\ CH_2OPOCH_2CH_2\overset{+}{N}(CH_3)_3 \\ | \\ O^- \end{array} \qquad \begin{array}{c} O \\ \parallel \\ CH_2OCR \\ O \\ \parallel \\ CHOCR' \\ O \\ \parallel \\ CH_2OPOCH_2CH_2\overset{+}{N}H_3 \\ | \\ O^- \end{array}$$

式中,C_1上常为饱和酯肪酸,C_2上常为不饱和酯肪酸,它们绝大多数是含偶数碳的直链脂肪酸。

(4) 类萜化合物的结构和性质。类萜化合物包含异戊二烯结构单元。根据异戊二烯单位数目的不同,萜类化合物有单萜、倍半萜、二萜、三萜、四萜等;根据异戊二烯单元连接方式的不同,萜类化合物又可分为开链萜、单环萜、双环萜等,即

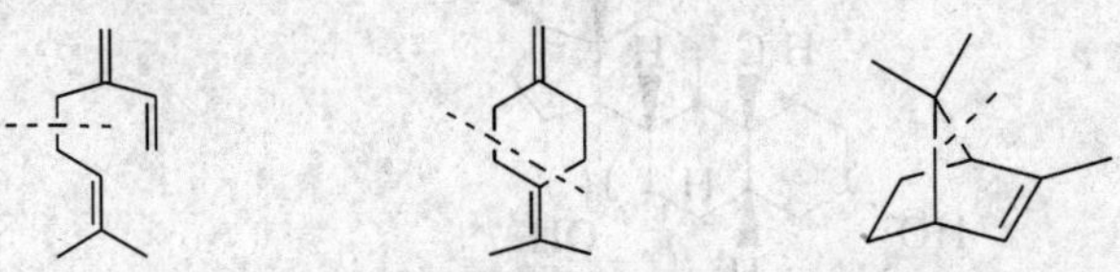

月桂烯(开链单萜)   柠檬烯(单环单萜)   α-蒎烯(双环单萜)

许多萜类化合物会相互转化,特别是双环单萜类化合物在酸性条件下能发生各种重排反应:

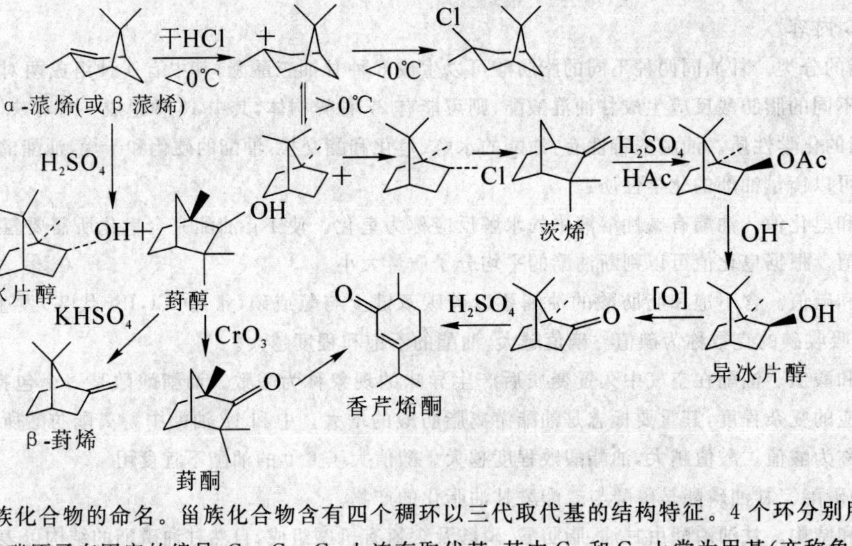

(5) 甾族化合物的命名。甾族化合物含有四个稠环以三代取代基的结构特征。4个环分别用A,B,C和D标记,环上碳原子有固定的编号,C_{10},C_{13},C_{17}上连有取代基,其中C_{10}和C_{13}上常为甲基(亦称角甲基)。

甾族化合物一般多以来源而定,以烃类的基本结构为母体名称并加上前后缀表明取代基的位次和名称。其母核碳原子位置有一定的标号规则,取代基在前方是为β取向,用实线相连;反之称α构型,用虚线表示。

波纹线表示模型尚未确定的取代基取向,称为 ξ。双链的位置也需准确标出,有时可用希腊字母 Δ 来表明烯键位次。

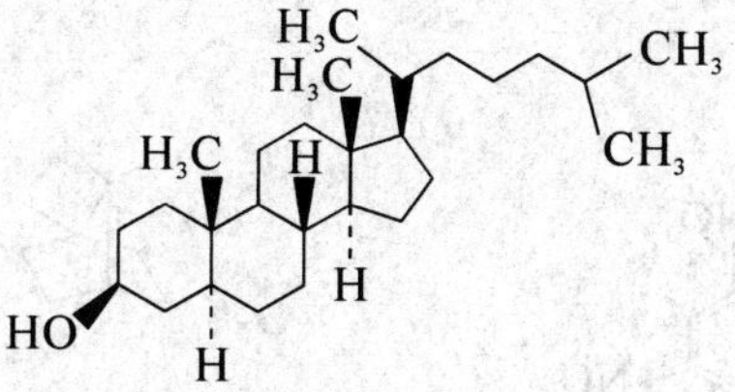

胆甾烷-3β-醇

(6)甾族化合物的构型和构象。甾族化合物环上含有多个手性碳原子,理论上可产生许多对映体,但自然界中的甾族化合物结构中的 A,B 二环稠合方式有顺式和反式两种,而 B,C 二环及 C,D 二环的稠合方式一般为反式,故其母核只有 α,β 两种构型。

甾族化合物母核的构象以环己烷反式稠合的全椅式最为稳定。

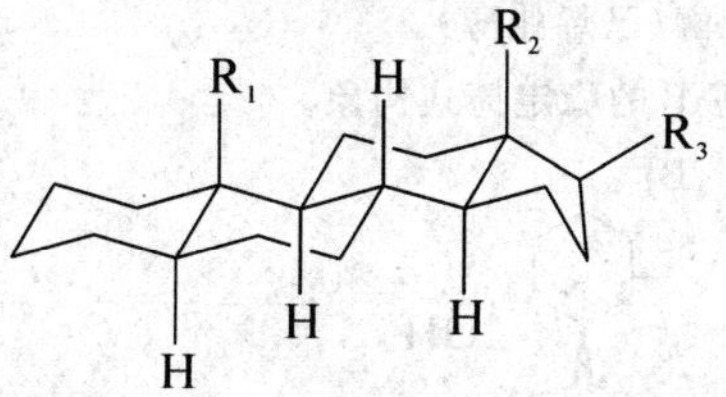

17.2.2 重点、难点

1. 重点

(1)类酯化合物的组成、结构和基本化学性质。

(2)萜类化合物的结构与分类。

(3)甾族化合物的结构。

2. 难点

甾族化合物的构象分析。

17.3 例题

例 17.1 写出下列化合物的结构,并指出其中的异戊二烯单位。

(1)柠檬醛　　(2)薄荷醇　　(3)苧

(4)樟脑　　　(5)山道年　　(6)植醇

解 (1) 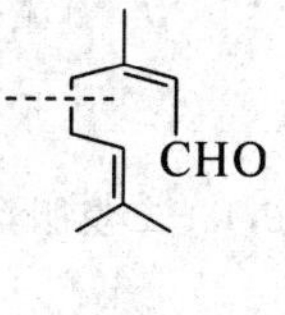 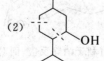 (2) (3)

(4) (5) 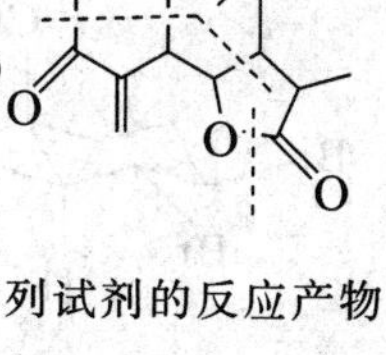 (6)

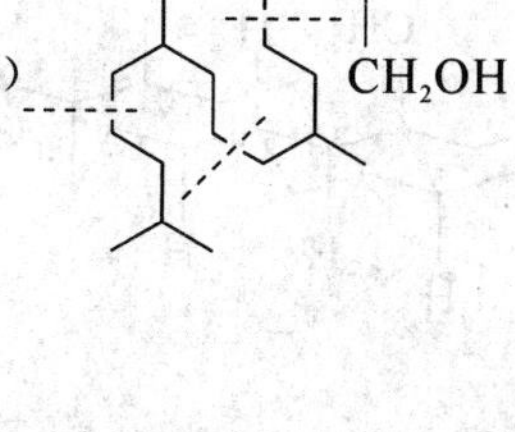

例 17.2 用反应式表示樟脑与下列试剂的反应产物。

(1) 2,4-二硝基苯肼醇溶液

(2) 盐酸羟胺

(3) Na+C$_2$H$_5$OH

(4) Ac$_2$O+H$_2$SO$_4$

解 (1) [樟脑 2,4-二硝基苯腙结构式] (2) [樟脑肟结构式, =NOH]

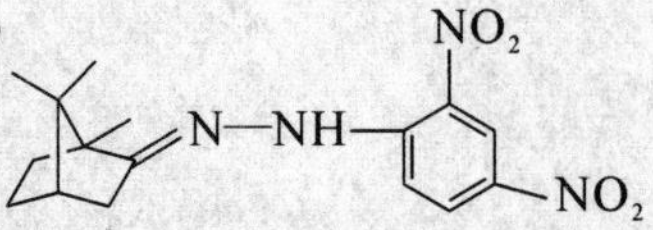

(3) [异冰片醇结构式, OH] (4) [含CH$_2$SO$_3$Na的结构]

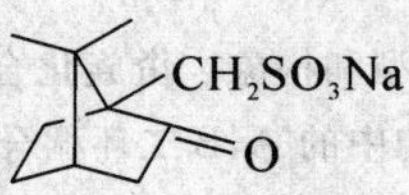

例 17.3 完成下列问题。

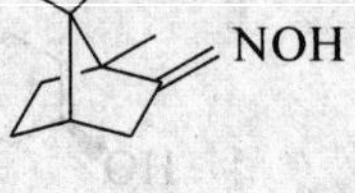

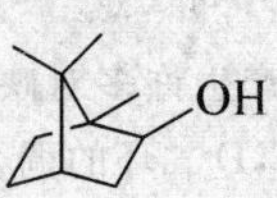

(1) 莰烯可以由异冰片醇用稀 H$_2$SO$_4$ 处理产生，写出这个反应过程。

(2) 以苯酚为原料制备二乙基雌醇（己烯雌醇）。

(3) 给出二氢香芹酮 A 和薄荷醇 B 的稳定椅式构象。

A: [二氢香芹酮结构式]   B: [薄荷醇结构式]

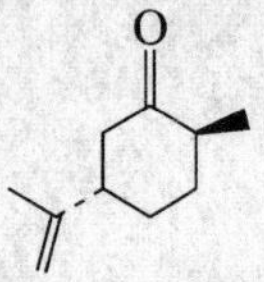

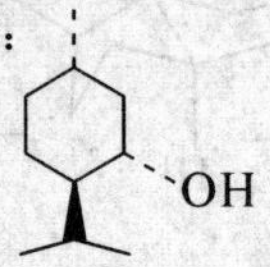

(4) 2β,3α-二溴胆甾烷易于脱溴成烯，而 3β,4α-二溴胆甾烷却不发生脱溴反应。

解 (1)
[异冰片醇] $\xrightarrow{H_2SO_4}$ [碳正离子] $+$ → [重排碳正离子] $\xrightarrow{-H^+}$ [莰烯]

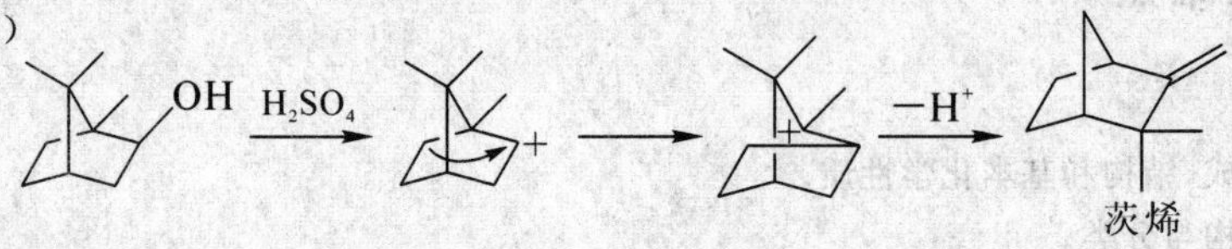

(2)
[苯酚] $\xrightarrow{(CH_3)_2SO_4}$ [苯甲醚] $\xrightarrow[AlCl_3]{C_2H_5COCl}$ CH$_3$O-C$_6$H$_4$-COC$_2$H$_5$ $\xrightarrow{NaBH_4}$

CH$_3$O-C$_6$H$_4$-CH(OH)C$_2$H$_5$ $\xrightarrow{PCl_5}$ CH$_3$O-C$_6$H$_4$-CHClC$_2$H$_5$ $\xrightarrow[Et_2O]{Mg}$ CH$_3$O-C$_6$H$_4$-CH(MgCl)C$_2$H$_5$

CH$_3$O-C$_6$H$_4$-COC$_2$H$_5$ $\xrightarrow{H_3O^+}$ HO-C$_6$H$_4$-C(OH)(Et)-C(Et)-C$_6$H$_4$-OH $\xrightarrow[\Delta]{H_3O^+}$ HO-C$_6$H$_4$-C(Et)=C(Et)-C$_6$H$_4$-OH

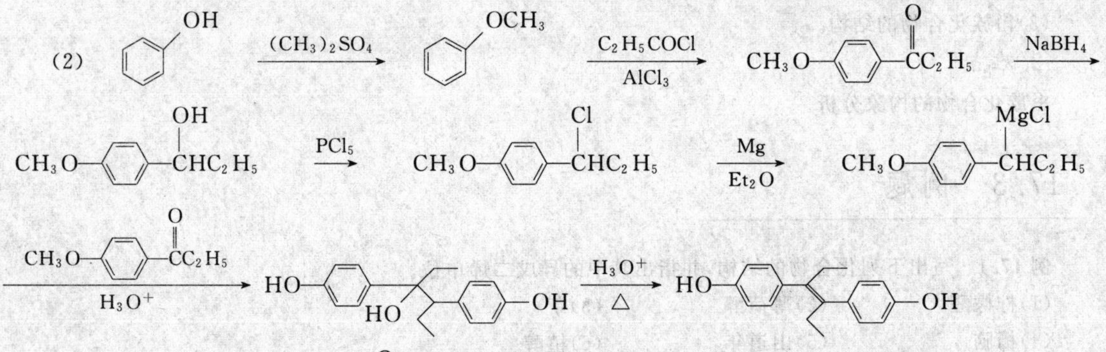

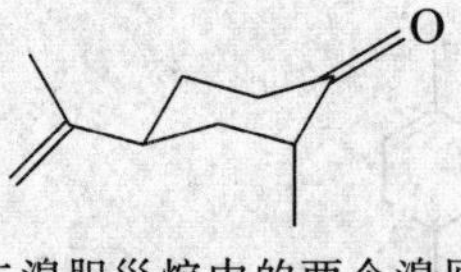

(3) A: [二氢香芹酮椅式构象]   B: [薄荷醇椅式构象]

(4) 2β,3α-二溴胆甾烷中的两个溴原子处于反位，有利于消除反应；而对于 3β,4α-二溴胆甾烷，两个溴原子不处于反位，并且由于其稳定构象不能翻转，因而不能发生脱溴反应。

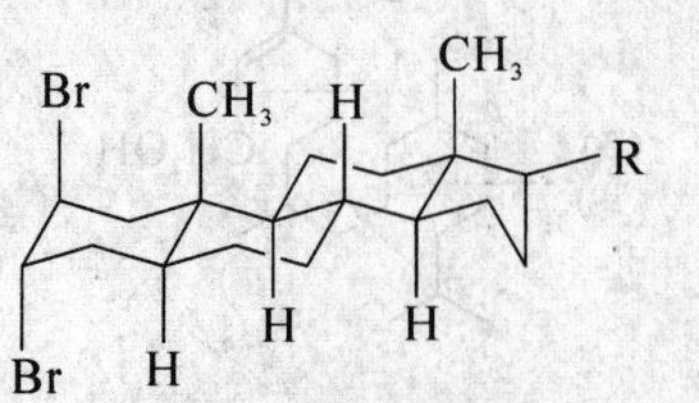

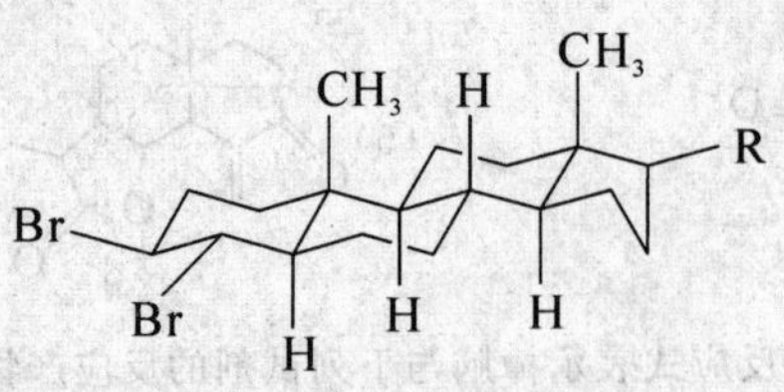

[2β,3α-二溴胆甾烷结构式]   [3β,4α-二溴胆甾烷结构式]

第18章 有机反应

18.1 教学建议

(1) 此章包含第 22～30 章的内容。
(2) 着重介绍周环反应、氧化还原反应、重排反应,其余反应在相应章节化合物的化学性质中介绍。

18.2 主要概念

18.2.1 内容要点精讲

1. 教学基本要求

(1) 掌握环加成反应和 Woodward-Hoffmann 规则。
(2) 掌握电环化反应及其选择规律。
(3) 掌握 σ-迁移反应。
(4) 归纳总结氧化还原反应、重排反应。

2. 主要概念

(1) 电环化反应。在线型共轭体系的两端,由两个 π 电子生成一个新的 σ 键或其逆反应都称为电环化反应。电环化反应的立体化学与共轭体系中 π 电子的数目有关。

(2) 环加成反应。在两个 π 电子共轭体系中的两端同时生成两个 σ 键而闭合成环的反应称为环加成反应。环加成反应的逆反应称为裂环反应。

(3) σ 迁移反应。反应中碳链中的一个 σ 键迁移到碳链中新的位置,称为 σ 迁移反应。碳碳键或碳氧键都可以发生 σ 迁移。

(4) 分子轨道对称守恒原理。反应物分子轨道的对称性和反应产物分子轨道的对称性必须一致,这样反应才能容易进行。在电环化反应中,对称性守恒表现为轨道的相位性质保持不变。

(5) Woodward-Hoffmann 规则。只有当一个反应物的最高已占 π 分子轨道(HOMO)和另一个反应物的最低未占 π 分子轨道(LUMO)以且只以一个正瓣与一个正瓣、一个负瓣与一个负瓣进行交叠时,反应才能进行。在应用此规则时,只考虑组成分子轨道的端部原子轨道的相位,并且热反应只与分子的基态有关,光反应则与激发态有关。

3. 核心内容

(1) 周环反应。

① 环加成反应。环加成反应可以根据两个电子体系中参与反应的 π 电子的数目分类,即两分子乙烯生成环丁烷的[2+2]环加成反应和一分子乙烯和一分子丁二烯生成环己烯的[2+4]环加成反应。

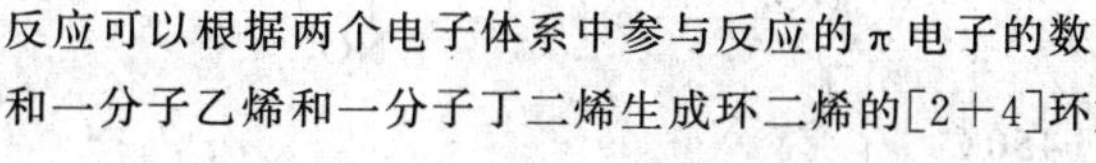

Ⅰ.[2+2]环加成反应。[2+2]环加成反应可分为同面和异面加成。对于同面(两个乙烯分子面对面互相接近),热反应是轨道对称性禁阻的,而光反应则是允许的。

热反应禁阻　　　　光反应允许

异面加成是指一个 π 轨道在同一面,而另一个 π 轨道在相反的两个面互相重叠成键,这种环加成反应称为[ₚ2ₛ+ₚ2ₐ]环加成反应。它的热反应是轨道对称性允许的。

同面　异面

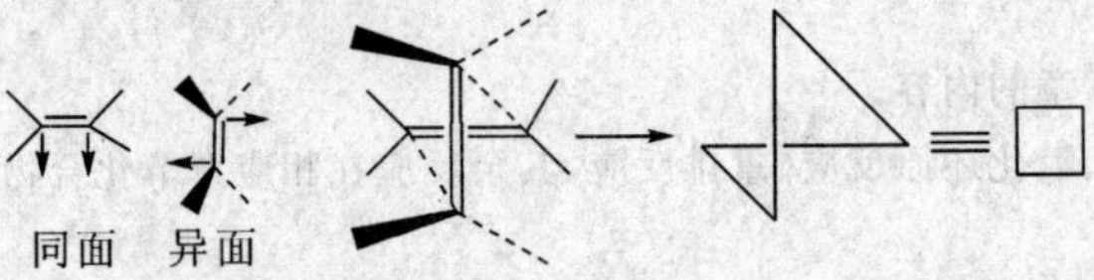

乙烯酮与烯烃的反应是[ₚ2ₛ+ₚ2ₐ]环加成的代表。

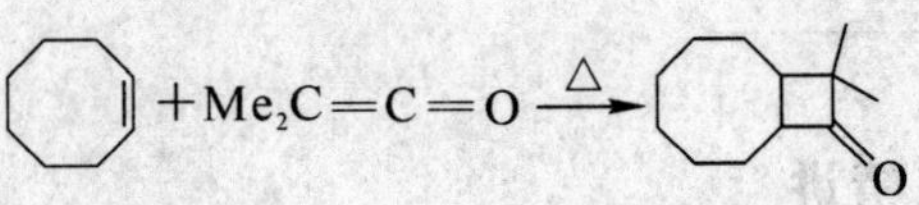

[2+2]环加成反应是合成四元环的重要方法。简单的烯烃在加热时不能生成环丁烷衍生物,而丙烯腈、苯乙烯、多氟代乙烯等在加热时容易生成环丁烷衍生物。这些反应的特点是没有立体选择性,它们是自由基反应。

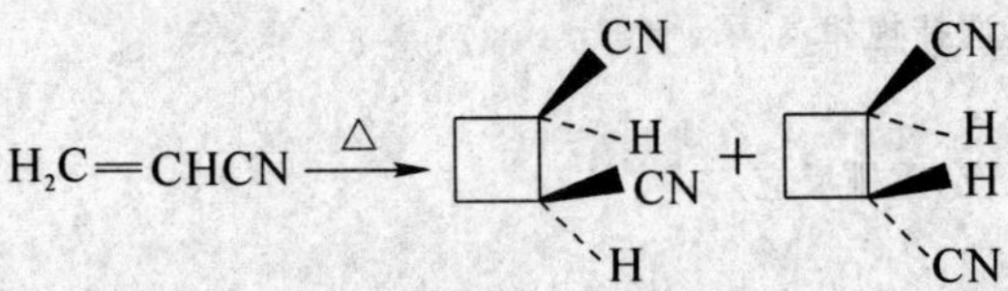

有给电子取代基的烯键也容易与有吸电子取代基的烯键起环加成反应。

Ⅱ.[2+4]环加成反应。[2+4]环加成热反应是轨道对称性允许的,光反应则是禁阻的。

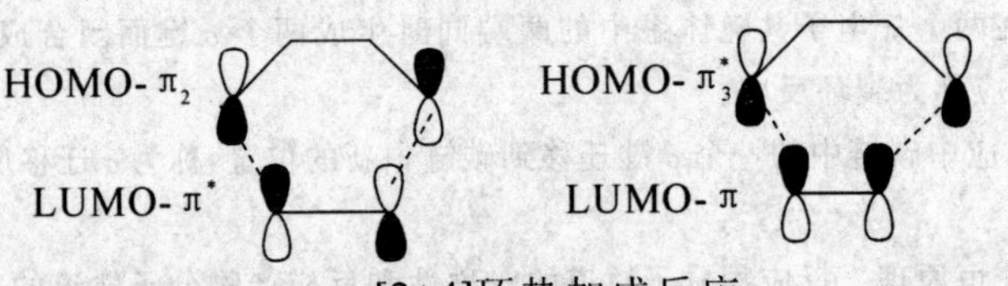

HOMO-π_2　　　　HOMO-π_3^*
LUMO-π^*　　　　LUMO-π

[2+4]环热加成反应

Diels-Alder 反应是典型的[2+4]环加成反应。

[2+4]环加成反应在有机合成有着重要的作用。如含有 —NO_2,—SO_2Ph 和 —PPh_3^+ 等取代基的亲双烯体与双烯起加成反应后可以把它们转变成别的取代基或氢原子;利用 Diels-Alder 反应的逆反应可以合成一些不容易得到的烯类化合物。

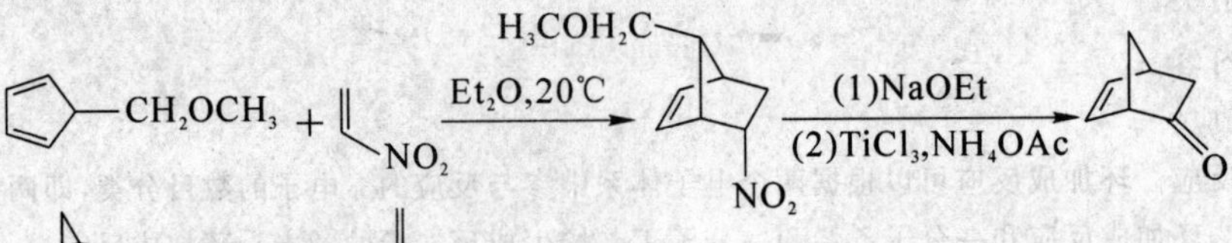

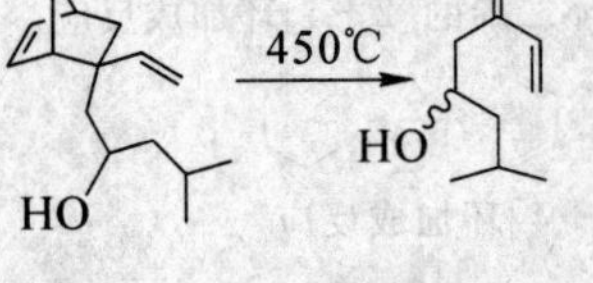

Ⅲ. 1,3-偶极环加成反应。重氮甲烷的共振式结构中有一个为1,3-偶极,因此重氮甲烷与含烯键的化合物反应生成五元杂环的反应称为1,3-偶极环加成反应。

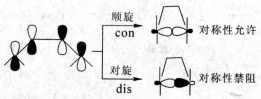

许多化合物能够起1,3-偶极环加成反应,因此该反应在杂环化合物的合成中有广泛用途。

氧化腈　　$R-\overset{-}{C}=\overset{+}{N}=O \longleftrightarrow R-\overset{+}{C}=\overset{-}{N}-\overset{-}{O}$

叠氮化物　　$R-\overset{-}{N}=\overset{+}{N}=N \longleftrightarrow R-\overset{+}{N}=\overset{-}{N}-\overset{-}{N}$

腈亚胺　　$R-\overset{-}{C}=\overset{+}{N}=NR \longleftrightarrow R-\overset{+}{C}=\overset{-}{N}-\overset{-}{N}R$

硝酮　　$R_2\overset{-}{C}-\overset{+}{N}=O \longleftrightarrow R_2\overset{+}{C}=\overset{-}{N}-\overset{-}{O}$
　　　　　　　　$|$　　　　　　　　　　$|$
　　　　　　　R'　　　　　　　　　　R'

②电环化反应。在电环化反应中,二烯烃中的π键变成σ键,这就要求二烯烃两个共轭体系的端末p轨道围绕端末π键旋转,以使p轨道逐渐变成sp^3杂化轨道,然后再互相重叠成σ键。旋转方式有两种,即顺旋(con.)和对旋(dis.)。只有对称性允许的旋转才能反应闭合。

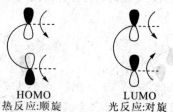

电环化反应的立体化学与共轭体系中的π电子的数目有关。

Ⅰ. 含$4n$个π电子的体系。含$4n$个π电子的共轭体系,其最高已占轨道和最低未占轨道两端的位相与对应的旋转方式如下:

Ⅱ. 含$4n+2$个π电子的体系。含$4n+2$个π电子的共轭体系,其最高已占轨道和最低未占轨道两端的位相与对应的旋转方式如下:

以上Ⅰ与Ⅱ点的结论也适用于开环反应。

Ⅲ. 带电荷的共轭体系。Woodward-Hoffmann规则也适用于带电荷的共轭体系,选择性为:

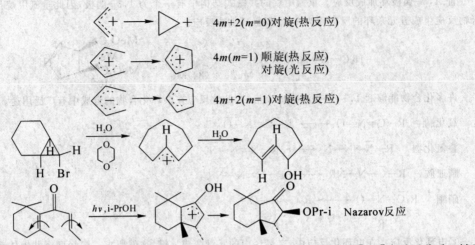

③σ迁移反应的命名。σ迁移反应的系统命名法如下式表示。方括号中的数字[i,j]表示迁移后σ键所连接的两个原子的位置,i,j 的编号分别从作用物中以σ键连接的两个原子开始进行。

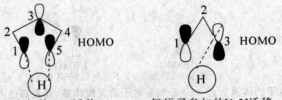

Ⅰ.氢原子参加的[$1,j$]迁移。从共轭烯烃的结构分析,氢原子参加的[1,5]迁移是对称性允许的,而[1,3]迁移是对称禁阻的。

氢原子参加的[1,5]迁移 　　氢原子参加的[1,3]迁移

Ⅱ.碳参加的[$1,j$]迁移。在热反应中,[1,3]迁移同面是对称性允许的,迁移后,碳原子的构型反转;而[1,5]迁移同面也是对称性允许的,但碳原子的构型保持不变。

Ⅲ. [1,2]迁移。碳正离子中的 1,2-重排是对称性允许的,碳原子的构型保持不变。

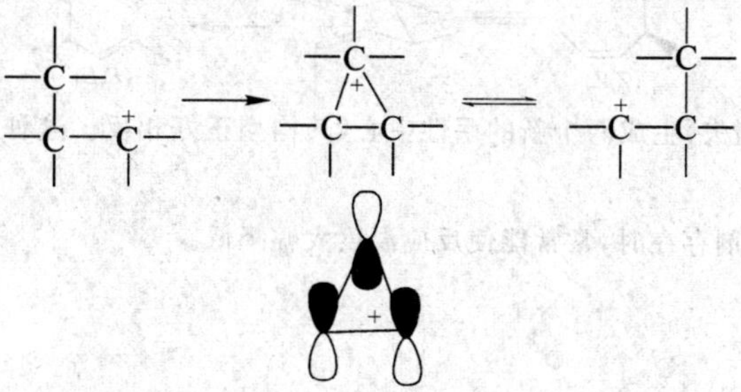

Ⅳ. [3,3]迁移。最简单的[3,3]迁移为

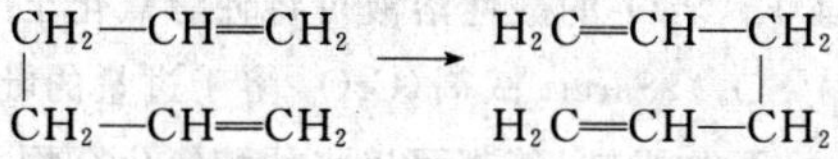

反应的过渡态为椅型:

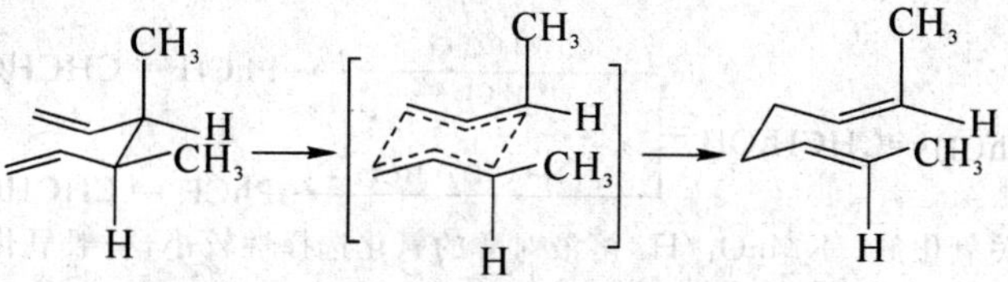

典型的[3,3]迁移为 Claisen 重排:

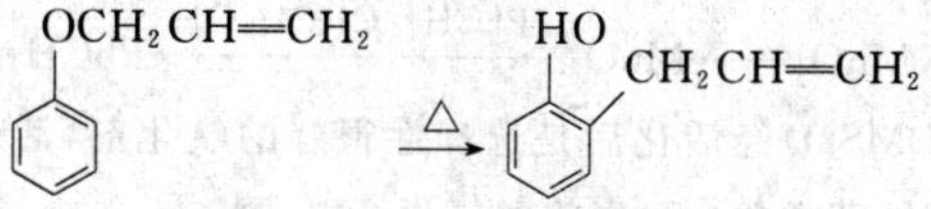

反应的立体化学为

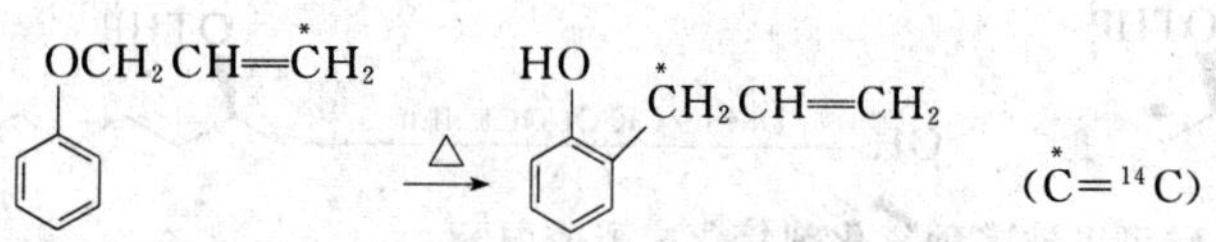

$(\overset{*}{C}={}^{14}C)$

如两个邻位都被占据,则烯丙基迁移到对位上,此时反应是分步进行,烯丙基先迁移到邻位,再迁移到对位。

乙烯醇的烯丙醚也可以起 Claisen 重排反应:

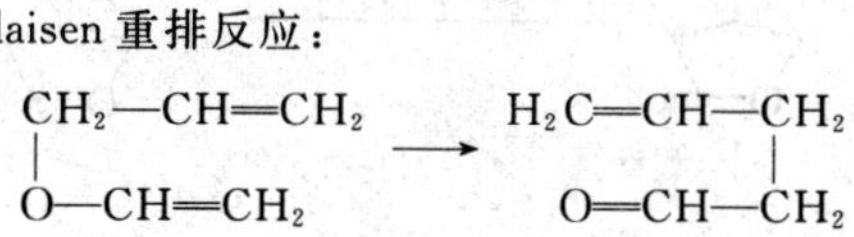

[3,3]迁移在有机化学合成中有着广泛的应用,其基础是 Cope 重排:

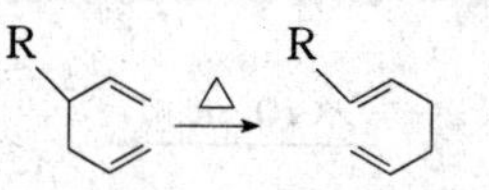

Cope 重排是构建新的 C—C 键的有效方法,重排生成的 1,5-二烯,两个双键的位置完全可以确定,不仅可以用于开链的 1,5-二烯,还可以用于环状的二烯,以及构建七元环以上的中级环状化合物等。

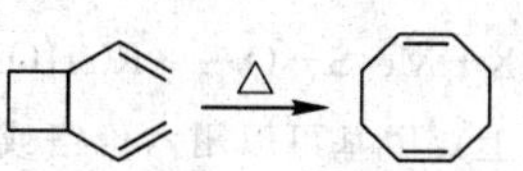

Cope 重排是立体特异反应:

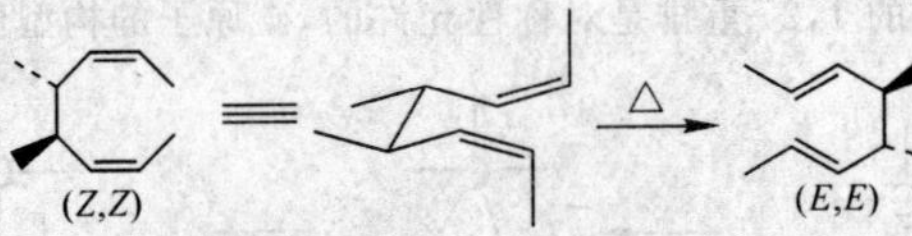

原来的两个手性中心消失，生成两个新的手性中心，其构型正好相反。这种手性转移在有机合成中具有重要的意义。

在 Cope 重排中有催化剂存在时，常常能使反应温度大幅降低。

(2) 氧化还原反应。

① 氧化反应。

Ⅰ. 醇的氧化。

a. CrO_3 或 $K_2Cr_2O_7$ 的酸性溶液以及相关氧化剂。CrO_3 或 $K_2Cr_2O_7$ 的酸性溶液可将仲醇氧化至酮、伯醇氧化至酸。其他相关试剂如 Jones 试剂（CrO_3 溶于稀 H_2SO_4）、Sarett 试剂（CrO_3 溶于过量的吡啶）、PDC（CrO_3 溶于少量的水中，再加吡啶）、PCC（CrO_3 溶于 HCl 中，再加吡啶）等都可以将仲醇氧化至酮，伯醇氧化至醛或酸。

$$PhCH=CHCH_2OH \xrightarrow[CH_2Cl_2]{C_5H_5N \cdot CrO_3} PhCH=CHCHO$$
$$PhCH=CHCH_2OH \xrightarrow{C_5H_5N \cdot CrO_3 \cdot HCl} PhCH=CHCHO$$

b. $KMnO_4$ 及其相关氧化剂。$KMnO_4/H^+$ 溶液对醇的氧化选择性较小，一般氧化到酮或酸，且破坏分子中的碳碳双键。活性 MnO_2 氧化性则要弱一些，可用于烯丙型醇及苄醇，饱和醇则不被氧化。

$$MnSO_4 + KMnO_4 \longrightarrow MnO_2 \xrightarrow{PhCH=CHCH_2OH} PhCH=CHCHO$$

c. 其他氧化剂。二甲亚砜（DMSO）经活化后是选择性很好的氧化剂，活化剂有乙酐、三氟乙酐、三氧化硫、DCC、NCS、草酰氯等，最常用的草酰氯。可以将醇氧化至醛、酮。

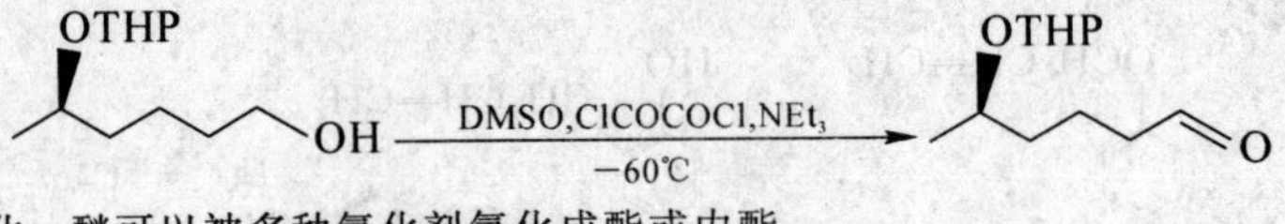

Ⅱ. 醚和胺的氧化。醚可以被多种氧化剂氧化成酯或内酯。

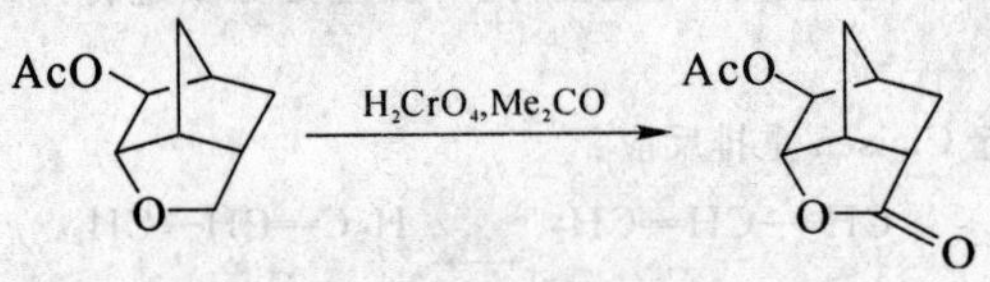

胺可以氧化成酰胺：

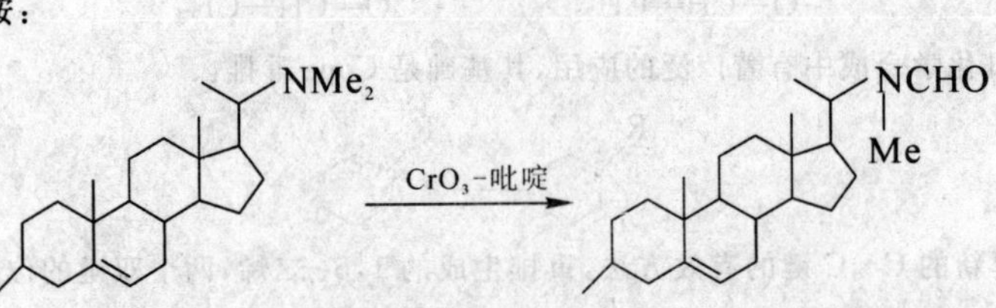

Ⅲ. 卤代烃的氧化。烯丙型卤代烃或苄氯式卤代烃或 α-卤代酮，可以直接用 DMSO 氧化成醛或酮：

$$RCH_2X + Me_2\overset{+}{S}-\overset{-}{O} \longrightarrow RCHO + Me_2S$$

Ⅳ. 烯丙位上亚甲基的氧化。烯丙位上亚甲基可以用六价铬或二氧化硒氧化成羰基，酮基 α 位上的亚甲基也可以用二氧化硒氧化成羰基。

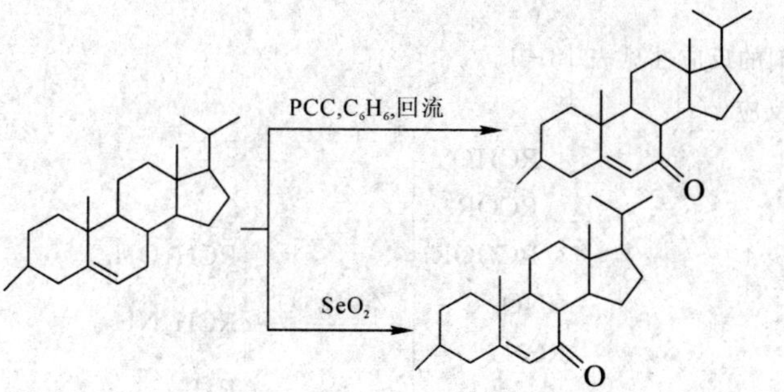

第18章 有机反应

V. 芳烃侧链上的氧化。

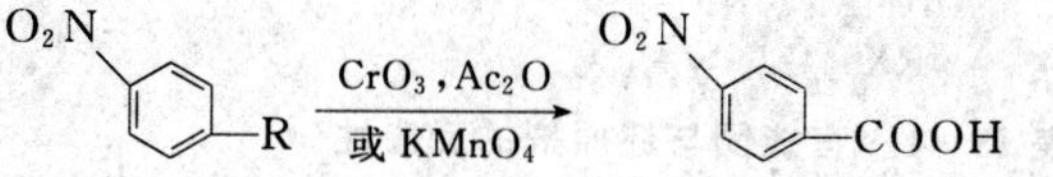

$$\text{O}_2\text{N-C}_6\text{H}_4\text{-R} \xrightarrow[\text{或 KMnO}_4]{\text{CrO}_3, \text{Ac}_2\text{O}} \text{O}_2\text{N-C}_6\text{H}_4\text{-COOH}$$ （无论 R 的大小）

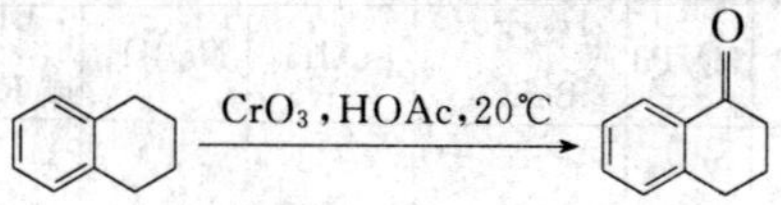

四氢萘 $\xrightarrow{\text{CrO}_3, \text{HOAc}, 20℃}$ α-四氢萘酮

VI. 碳碳双键的氧化。

$$\text{C=C}$$

- $\text{KMnO}_4/\text{OH}^-$ → 邻二醇(HO-C-C-OH) $\xrightarrow[\text{或 Pb(OAc)}_4]{\text{HIO}_4}$ C=O + O=C 醛或酮
- KMnO_4/H^+ → C=O 或 RCOOH
- RCOOOH → 环氧化物 （双键上有吸电子基时,需用 CF_3COOOH 或在碱性溶液中用 H_2O_2 氧化）
- OsO_4 / H_2O_2 或 Na_2SO_3 → 顺式邻二醇
- $\text{I}_2, 2\text{PhCO}_2\text{Ag}$ → 反式邻二醇 （如用 1:1 的 I_2 和乙酸银,则为顺式加成）
- 空气, $\text{PdCl}_2, \text{CuCl}_2$ → C-C=O (Wacker 反应)
- t-BuOOH, Ti(O-i-Pr)$_4$ → 环氧化物 (Sharpless 环氧化,适用于烯丙型醇)
- O_3 / EtOH, H_2O → 臭氧化物
  - Zn/HAc → C=O + O=C 醛或酮
  - NaBH_4 → RCH_2OH
  - 二甲硫醚(DMS)（或硫脲、三苯膦）→ C=O + O=C 醛或酮
  - $\text{H}_2\text{O}_2, \text{OH}^-$ → RCOOH 羧酸
- $\text{OsO}_4, \text{NaIO}_4$ → C=O + O=C 醛或酮

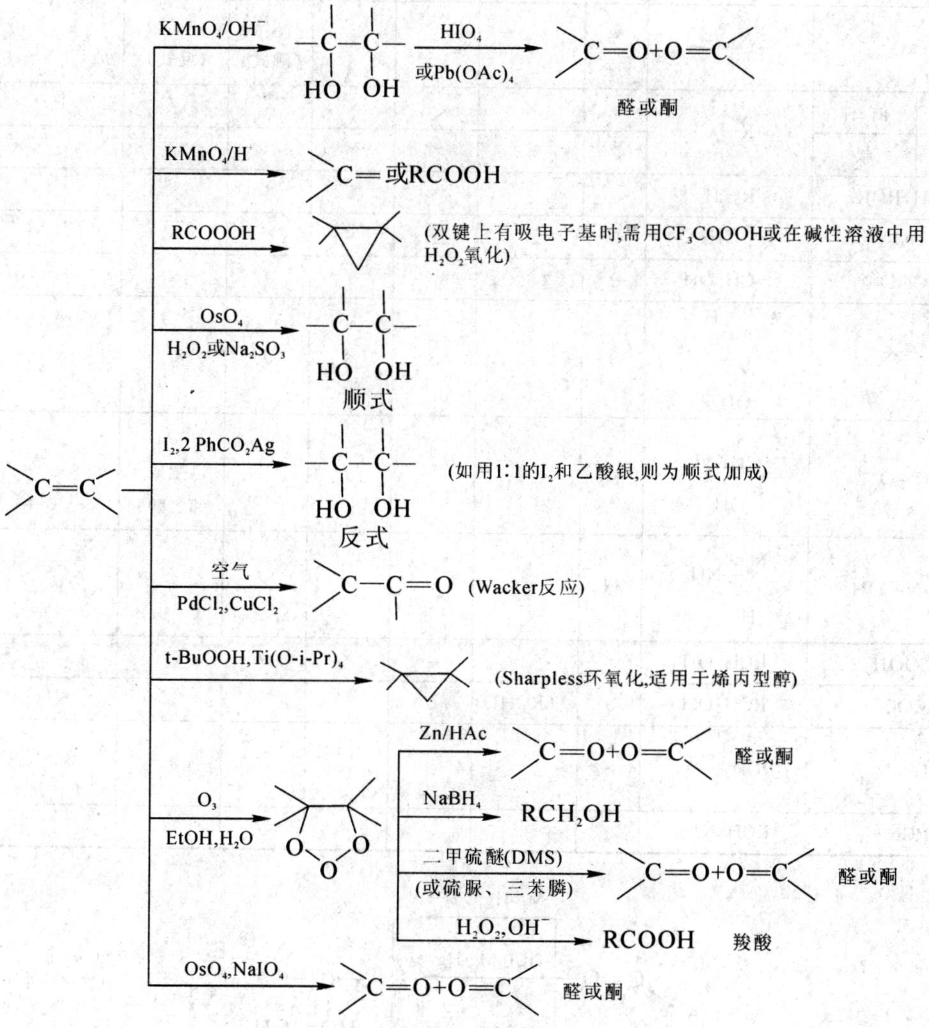

②还原反应。

a. 官能团与还原剂的反应性见表18-1。

b. 金属还原氢化反应。

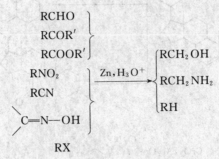

表 18-1 官能团与还原剂的反应性

官能团		产物	H₂/Pd	H₂,Pd/BaSO₄	LiAlH₄	NaBH₄	BH₃ 或 R₂BH	Li;Na	LiAlH[OC(CH₃)₃]₃
C=C		C-C	√	×	×	×	√	×	×
—C≡C—		C=C	√(顺式)	√	×	×	√(顺式)	√(反式)	√
R—X	伯、仲	R—X	√	×	√	×	×	√	×
	叔		√	×	×	×	×	√	×
R—OH, ROR′		R—H	√						
—NO₂		—NH₂	√		√	×	×	√	
—CHO		—CH₂OH	√	√	√	√	√	√	√
(环氧)		C-C(OH)	√	√	√	×	√	√	
C=O		C-H(OH)	慢	√	√	√	√(生成邻二醇)	√	
C=N—OH		C—NH₂ (H)	慢	√	√	×	×	√	
RCOOH		RCH₂OH	×		√	×	√	√	√
RCOCl		RCH₂OH	√	√(RCHO)	√			×	√(RCHO)
RCO—N		RCH₂—N	×		√	×	×	×	
RCN		RCH₂NH₂	√		√		√	√	

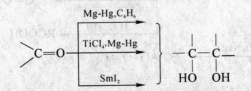

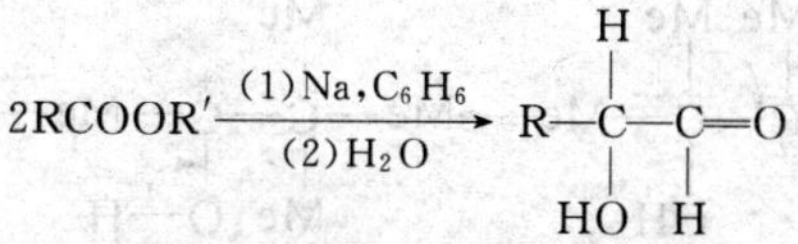

$$2RCOOR' \xrightarrow[(2)H_2O]{(1)Na, C_6H_6} R-\underset{\underset{H}{|}}{\overset{\overset{H}{|}}{C}}-\underset{HO}{\overset{}{C}}=O$$

$$\begin{matrix} RCHO \\ RCOR' \end{matrix} \xrightarrow[H_3O^+]{Zn-Hg} \begin{bmatrix} RCH_3 \\ RCH_2R' \end{bmatrix} \quad \text{Clemmensen 还原}$$

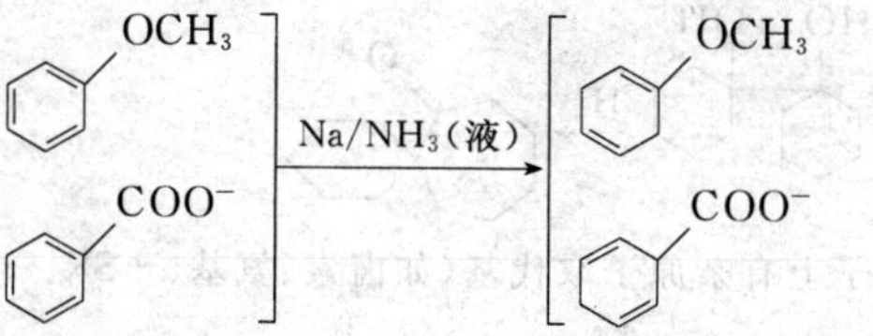

[苯甲醚/苯甲酸根] $\xrightarrow{Na/NH_3(液)}$ [部分还原产物] （Birch 还原，给电子取代基在邻位氢化，吸电子取代基则在对位氢化）

c. 催化加氢或氢解的活性次序。

—C≡C— , C=C , RCOCl, RCN, RCHO, RCOR', RNO$_2$, ArCH$_2$OR

← 高 ────── 中 ──────→

C=C–CH$_2$OR , 环氧, RX, RCOO', RCONR'R'', RCOOH, RCO$_2^-$

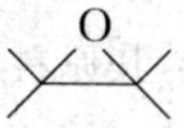

← 中 ── 低 ── 很低 →

d. 络合氢化物还原的活性次序。

RCOCl, RCHO, RCOR', R$_2$C=NR'

← 高 →

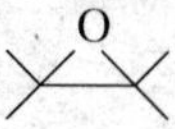

环氧, C=C–CH$_2$OR , ArCH$_2$OR, RCOOR', RCONR'R''

← 中 →

RCN, RX, RNO$_2$, RCOO⁻ , —C≡C— , C=C

← 低 ── 很低 →

(3) 重排反应。反应中有机化合物的碳骨架发生变化，一个原子团从一个原子迁移到另一个原子上。大多数重排为1,2-迁移，其通式为

$$\overset{Y}{\underset{|}{A}}-B \longrightarrow A-\overset{Y}{\underset{|}{B}}$$

在重排反应中，如反应中产生一个缺电子中心，如碳正离子、卡宾或氮宾，邻近原子上的一个基团带着一对电子迁移过来，这种迁移称为亲核重排；如反应中产生一个富电子中心，如碳负离子，或带负电荷的杂原子，邻近原子上的一个不带电子对迁移过来，则称为亲电重排；如反应中产生自由基，邻近原子上的一个原子团带着一个未配对电子迁移过来，则称为自由基重排。

① 烃基由碳原子迁移到碳原子。

Ⅰ. 频哪醇重排。

$$\underset{\underset{OH}{|}}{\overset{\overset{Me}{|}}{Me-C}}-\underset{\underset{OH}{|}}{\overset{\overset{Me}{|}}{C}}-Me \xrightarrow{H^+} \underset{\underset{OH}{|}}{\overset{\overset{Me}{|}}{Me-C}}-\underset{\underset{OH}{|}}{\overset{\overset{Me}{|}}{\overset{+}{C}}}-Me \longrightarrow \underset{\underset{Me}{|}}{\overset{\overset{Me}{|}}{Me-C}}-\underset{\underset{OH}{|}}{\overset{\overset{+}{C}}{\overset{|}{H}}}-Me \xrightarrow{-H^+} \underset{\underset{Me}{|}}{\overset{\overset{Me}{|}}{Me-C}}-\underset{\overset{||}{O}}{\overset{\overset{Me}{|}}{C}}-Me$$

重排中能生成最稳定的碳正离子的羟基离去。

频哪醇重排可以用于环的扩大、缩小和螺环化合物的合成,重排的原料可以由醛或酮的双分子还原得到。

[Scheme: cyclohexanone → Al(Hg), CH₂Cl₂ → 1,1'-dihydroxybicyclohexyl → H⁺ → spiro ketone]

Ⅱ. 半频哪醇重排。半频哪醇重排是指 α-碳原子上有杂原子取代基(如卤素、氨基、—SR、—Se 等)的醇的重排反应。

[Scheme: Ph-C(Me)(OH)-CH₂-I → Ag⁺ → PhCH₂-C(=O)-Me]

半频哪醇重排的选择性更强,反应条件温和。

氨基醇的重排称为 Tiffenau(M)-Demyanov(N)重排,可用于环的扩大,其原料可以从酮与 HCN 的加成而得。

[Scheme: cyclohexanone → HCN → 1-hydroxy-1-cyanocyclohexane → LiAlH₄ → 1-hydroxy-1-aminomethylcyclohexane → HNO₂ → cycloheptanone]

重排中,重排基团与断裂的 C—N 键常处于反叠位置:

[Scheme: t-Bu-cyclohexane with HO and NH₂ → HNO₂ → diazonium intermediate → t-Bu-cyclopentane-CHO]

[Scheme: t-Bu-cyclohexane with HO and NH₂ (different stereochem) → HNO₂ → intermediate → t-Bu substituted oxacycle]

醛、酮与重氮甲烷反应,生成多含一个碳原子的酮,反应机理与此相似。应用这个反应进行环的扩大,产率较好。

$$RCOR' \xrightarrow{CH_2N_2} RCOCH_2R'$$

用重氮乙酸酯代替重氮甲烷,可以得到 β-酮酸酯。

Ⅲ. Wolff 重排。α-重氮酮的重排,得到多一个碳原子的羧酸:

$$\left[\underset{\underset{O}{||}}{R-C}-CH=\overset{+}{N}=\overset{-}{N} \longleftrightarrow \underset{\underset{O}{||}}{R-C}-\overset{-}{CH}-\overset{+}{N}\equiv N \right] \xrightarrow{-N_2} C=CHR \xrightarrow{H_2O} RCH_2COOH$$

利用此重排可实现 Arnt-Eister 合成法:

$$RCOCl \xrightarrow{CH_2N_2} RCOCHN_2 \xrightarrow{H_2O} RCH_2COOH$$

Arnt-Eister 合成法应用范围很广,烃基可以是脂肪族烃基,也可以是芳香族烃基,还可以含有多种官能团。

Ⅳ. 二苯乙醇酸重排。

$$\underset{R^2}{\overset{R^1}{\underset{\|}{C}}}\underset{\|}{\overset{O}{C}}\underset{O}{\overset{}{}}\xrightleftharpoons{OH^-} \underset{R^2}{\overset{R^1}{C}}(OH)\overset{}{\underset{O^-}{C}}\xrightarrow{慢} \underset{R^2}{\overset{R^1}{C}}(OH)\overset{}{\underset{O^-}{C}}\rightleftharpoons \underset{R^2}{\overset{R^1}{C}}\overset{}{\underset{OH}{C}}$$

其中，OH^- 进攻亲电性较强的羰基，重排后 R^1, R^2 的构型保持不变。

脂肪族 1,2-二酮、α-醛酮都可以发生此重排。

Ⅴ. Wagner-Meerwein 重排。

$$\underset{HO\ Me}{\overset{H\ Me}{Me-C-C-Me}} \xrightarrow{H^+} \underset{Me}{\overset{Me}{Me-C-C-Me}} \rightarrow \underset{Me\ Me}{\overset{H}{Me-\overset{+}{C}-C-Me}} \xrightarrow{-H^+} \underset{Me}{\overset{Me}{Me-C-C-Me}}$$

开链化合物和环状化合物（包括单环、双环等）中的类似反应都称为 Wagner-Meerwein 重排。

重排中迁移基团和离去基团处于反叠位置，迁移和离去是协同进行的。

脂肪族胺与亚硝酸作用也可以发生类似的重排，即 Demyanov 重排：

$$\underset{Me\ H}{\overset{Me\ H}{Me-C-C-NH_2}} \xrightarrow{HNO_2} \underset{Me}{\overset{Me}{Me-C-CH_2-\overset{+}{N_2}}} \rightarrow \underset{Me}{\overset{Me}{Me-\overset{+}{C}-CH_2-Me}} \xrightarrow{H_2O} \underset{Me}{\overset{OH}{Me-C-CH_2-Me}}$$

Wagner-Meerwein 重排常用于一些结构复杂的化合物合成中。

$$\xrightarrow{AlCl_3}$$

②烃基由碳原子迁移到杂原子上。

Ⅰ. Hofmann 重排。酰胺在溴的氢氧化钾溶液重排生成少一个碳原子的胺：

$$RCONH_2 \xrightarrow{OBr^-} RCONHBr \xrightarrow{-HBr} O=C=NR \xrightarrow{H_2O} RNH_2+CO_2$$

利用此重排可以合成脂肪族、芳香族和杂环族的胺。

长链脂肪族的酰胺在水溶液中不溶解，操作不便，可以用甲醇作溶剂，甲醇钠和溴作试剂，产物为取代氨基甲酸甲酯。

Ⅱ. Lossen 重排。

$$RCONHOCOR' \xrightarrow[\Delta]{OH^-} O=C=NR \xrightarrow{H_2O} RNH_2+CO_2$$

芳酰氯与羟胺-O-硫酸（H_2NOSO_2OH）一起加热也可得到胺。

Ⅲ. Curtius 重排。

$$RCON_3 \xrightarrow{\Delta} O=C=NR \xrightarrow{EtOH} EtOCONHR$$

重排产物水解后便可以得到少一个碳原子的胺。

酰基叠氮可以由羧酸酯经过下列反应得到：

$$RCH_2CO_2Et \xrightarrow[EtOH]{NH_2NH_2} RCH_2CONHNH_2 \xrightarrow{NaNO_2, HCl, 0℃} RCH_2CON_3$$

或由酰氯与叠氮化钠合成。

Ⅳ. Schmidt 重排。

$$RCOOH \xrightarrow[H_2SO_4]{HN_3} O=C=NR \xrightarrow[H_2SO_4]{H_2O} R\overset{+}{N}H_3\ HSO_4^-$$

Ⅴ. Beckmann 重排。

$$\underset{NOH}{Ph-C-Ph} \xrightarrow{PCl_5, Et_2O} \underset{NHPh}{O=C-Ph}$$

其机理如下：

$$\underset{HO}{\overset{R^1\ R^2}{\underset{\|}{C}}\atop{\underset{N}{\|}}} \xrightarrow{XY,-HY} \underset{XO}{\overset{R^1\ R^2}{C=N}} \longrightarrow \underset{NR^2}{\overset{R^1\ OX}{C=N}} \xrightarrow{H_2O} \underset{O}{\overset{R^1\ NR^2}{C}}$$

处于羟基(OH)对位的烃基迁移，且迁移过程中构型保持不变。所用试剂有 PCl_5，$SOCl_2$，浓硫酸、甲酸、$POCl_3$、聚磷酸等。

如果先将酮肟中的 OH 用对甲苯磺酰氯磺化，重排反应可以在碱性溶液中进行。

<化合物: Me, NOH, H 取代的十氢萘> $\xrightarrow{TsCl, 吡啶}$ <化合物: NHCOCH_3, H 取代的十氢萘>

酮与叠氮酸在酸催化下也发生类似的重排反应：

$$RCOR' \xrightarrow[H^+]{HN_3} RCONHR'$$

Ⅵ. Baeyer-Villiger 重排。

$$\underset{R^1\ R^2}{\overset{O}{\underset{\|}{C}}} \xrightarrow{R^3COOOH} \underset{R^2}{\overset{B^-\ H\ H^+\ O\ R^3}{\underset{\|}{\underset{O-O}{C}}}} \xrightarrow{HB} \underset{R^2-O-R^1}{\overset{O}{\underset{\|}{C}}}$$

重排基团的构型保持不变。重排中脂烃基重排的次序为叔烷基＞仲烷基＞伯烷基＞甲基；烯丙基、烯烃基＞伯烷基；苯基＞烷基。有时受构象、位阻甚至试剂的影响，重排次序可以会发生改变。

过氧化物在酸催化下的重排，其机理与此类似。

$$\underset{Me}{\overset{Ph}{\underset{|}{Me-C-O-OH}}} \xrightarrow{H^+} \underset{Me}{\overset{+}{Me-C-OPh}} \xrightarrow{H_2O} \underset{Me}{\overset{O}{Me-C}} + PhOH$$

这是工业中合成苯酚和丙酮的方法。

③烃基由杂原子迁移到碳原子上。

Ⅰ. Stevens 重排。

$$\underset{CH_2Ph}{PhCOCH_2\overset{+}{N}Me_2\ OH^-} \xrightarrow{-H_2O} \underset{CH_2Ph}{PhCO\overset{-}{C}H\overset{+}{N}Me_2} \longrightarrow \underset{CH_2Ph}{PhCOCHNMe_2}$$

发生迁移的基团有：烯丙基、苄基、二苯甲基、苯甲酰甲基等。迁移时基团的构型保持不变。

Sommelet(M)-Hauser(C R)重排与此类似。

<化合物: PhCH_2N+Me_3 OH^-> $\xrightarrow{NaNH_2-NH_3}$ <邻甲基苄基二甲胺>

Ⅱ. Wittig 重排。

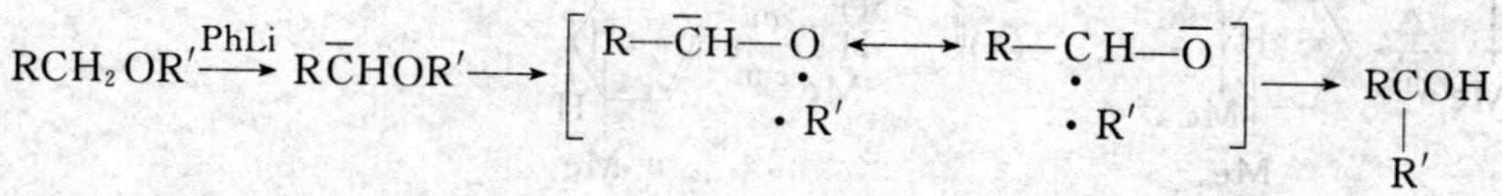

$$RCH_2OR' \xrightarrow{PhLi} R\bar{C}HOR' \longrightarrow [R-\overset{\cdot R'}{\underset{\cdot}{\bar{C}H}}-O \longleftrightarrow R-\overset{\cdot R'}{\underset{\cdot}{CH}}-\bar{O}] \longrightarrow \underset{R'}{RCOH}$$

利用 Wittig 重排可以合成一些结构特殊的化合物。

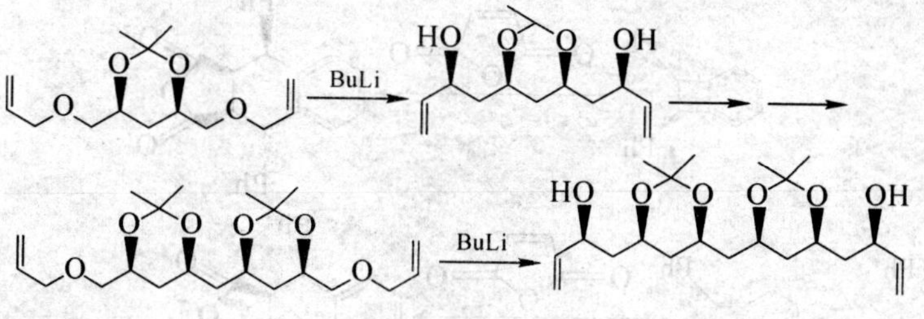

18.2.2 重点、难点

1. 重点

(1) 电环化反应及其规律（Woodward-Hoffmann 规则）。
(2) 重排反应及其反应机理。
(3) Claisen 重排。

2. 难点

(1) 重排反应的机理。
(2) 电环化反应的规律。

18.3 例题

例 18.1 预测顺-2,4-己二烯进行电环化的热反应和光反应的产物。

解 根据 Woodward-Hoffmann 规则，可知热反应和光反应的产物分别为

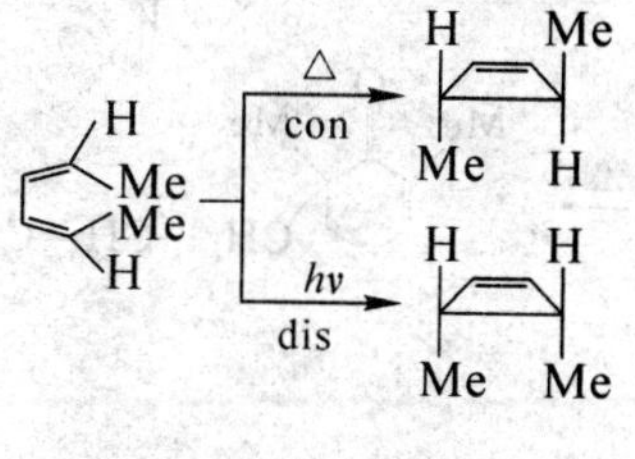

例 18.2 完成下列反应。

(1) 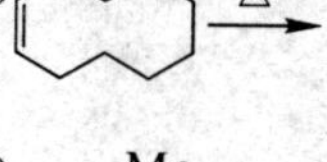 (2) 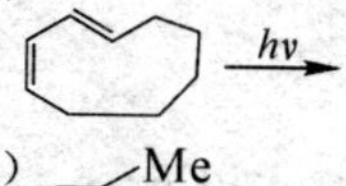 (3) 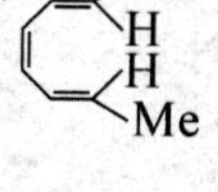 (4)

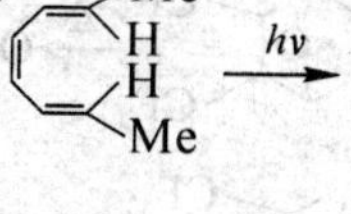

解 (1) 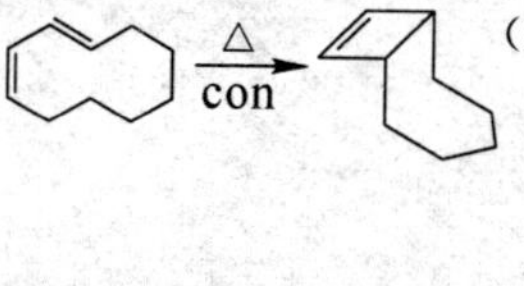 (2)

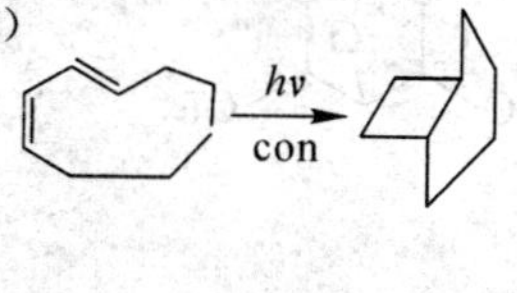

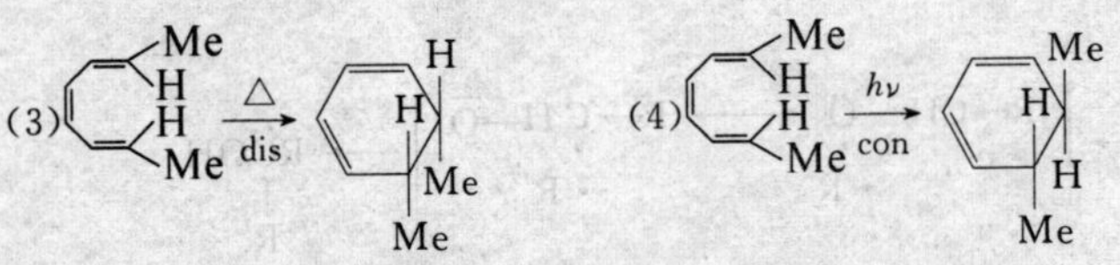

例 18.3 通过怎样的过程和条件，下列反应能得到给出的结果？

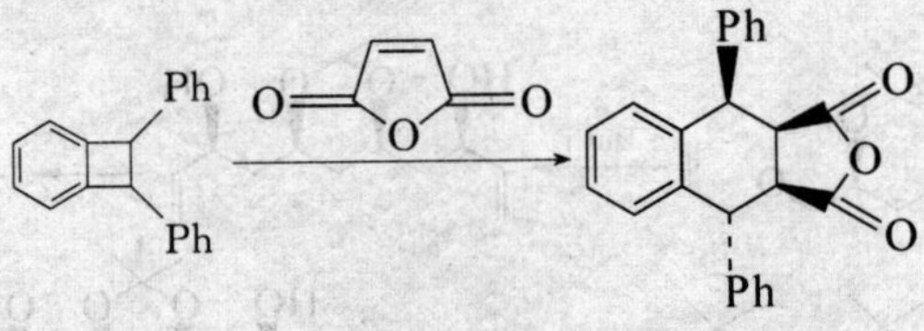

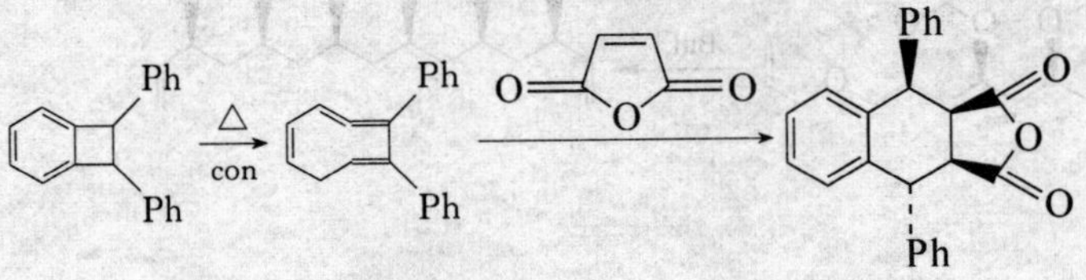

例 18.4 指出下列反应的机理。

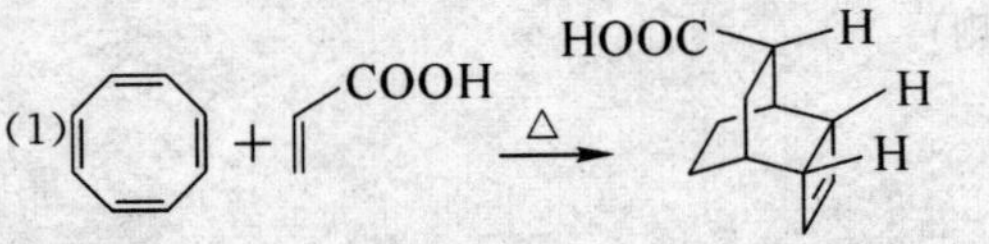

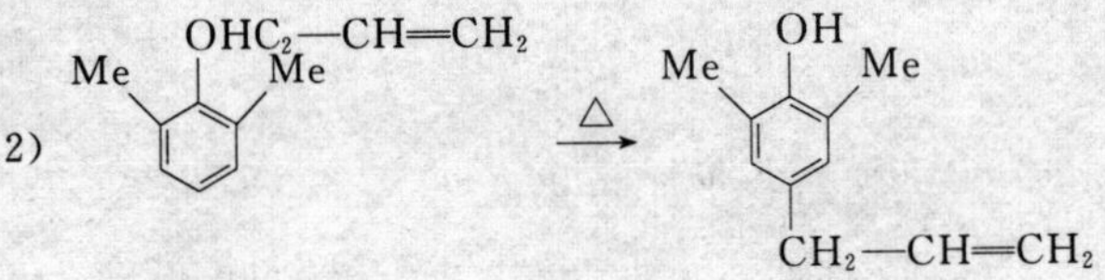

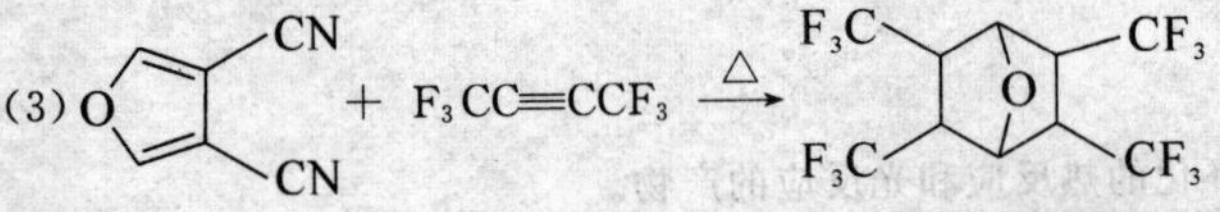

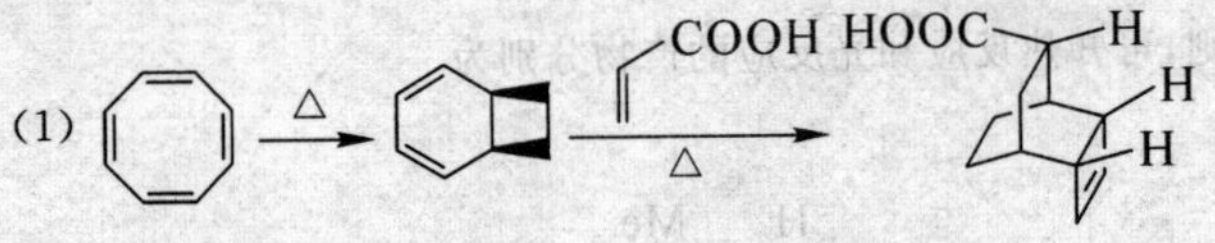

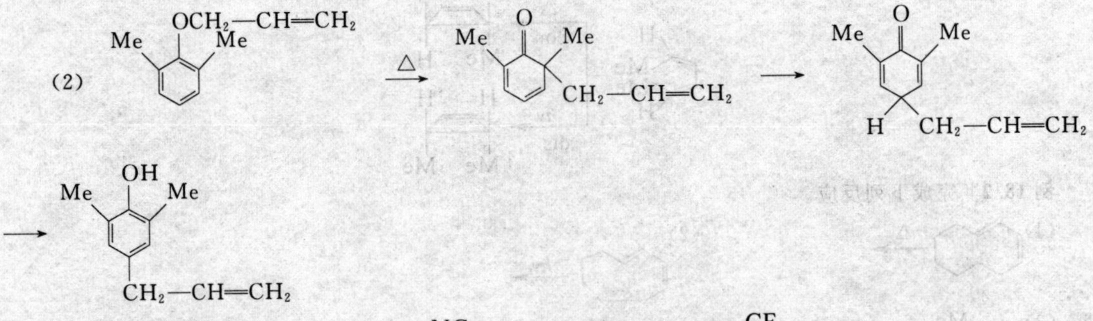

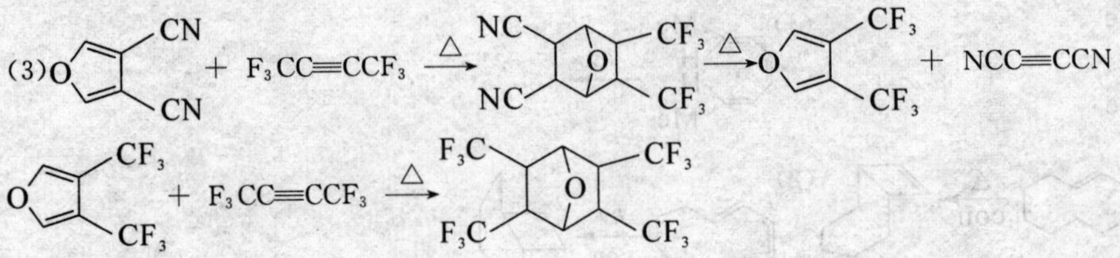

例 18.5 完成下列反应。

(1) 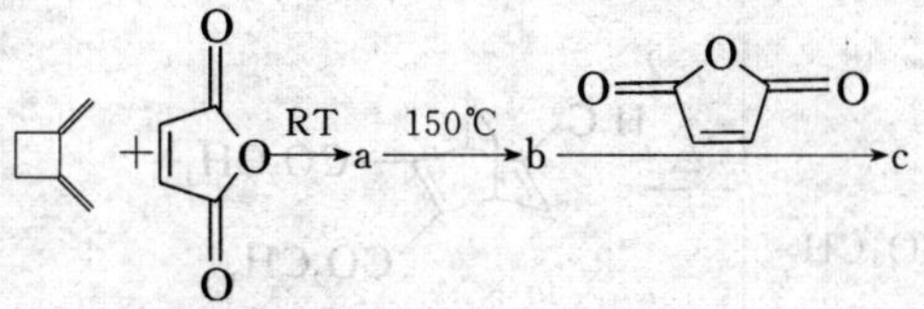 [structure] + [maleic anhydride] $\xrightarrow{RT}$ a $\xrightarrow{150℃}$ b $\xrightarrow{\text{maleic anhydride}}$ c

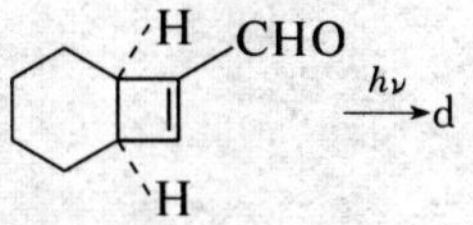

(2) [bicyclic aldehyde structure] $\xrightarrow{h\nu}$ d

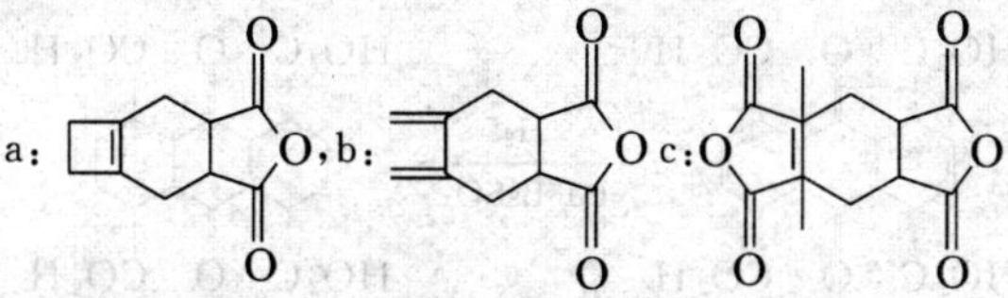

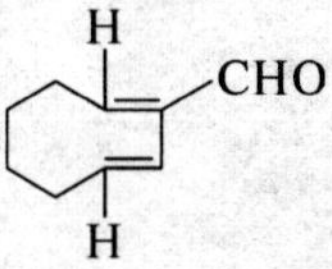

(3) [cyclobutyl]—CH$_2$(CH$_2$)$_3$CHO $\xrightarrow{\Delta}$ e $\xrightarrow{\Delta}$ f

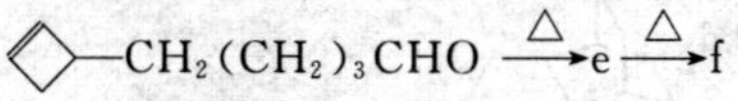

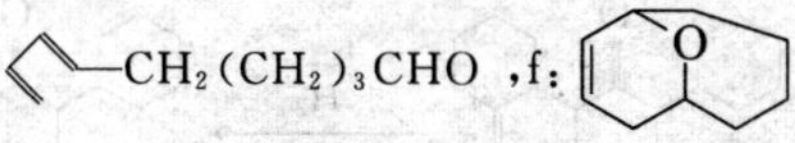

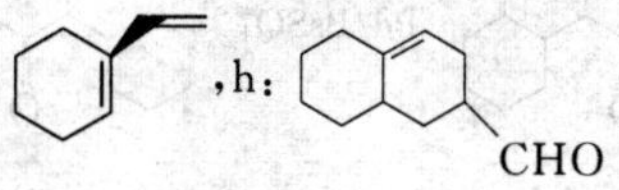

(4) 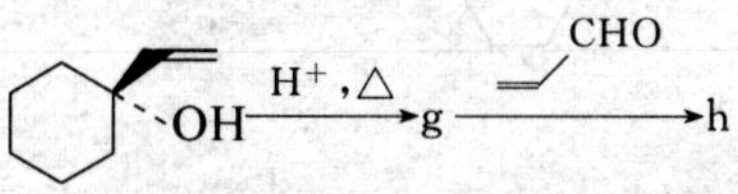 [1-vinylcyclohexanol] $\xrightarrow{H^+, \Delta}$ g $\xrightarrow{CH_2=CHCHO}$ h

(5) 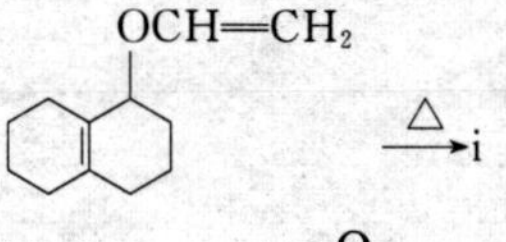 [vinyl ether of tetrahydronaphthol] $\xrightarrow{\Delta}$ i

解 (1) a: [structure]; b: [structure]; c: [structure]

(2) d: [cyclononadiene carbaldehyde structure]

(3) e: CH$_2$=CHCH$_2$CH$_2$(CH$_2$)$_3$CHO, f: [dihydropyran fused structure]

(4) g: [1-vinylcyclohexene], h: [decalin-CHO structure]

(5) i: [methyl-octahydronaphthalenyl-CHCHO structure]

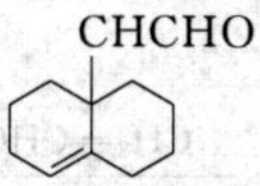

例 18.6 选择合适的原料合成下列化合物。

[methylnorbornene dicarboxylate structure] [tricyclic structure] [tetracarboxylic diketone structure]

[polycyclic diquinone structure] [trihydroxycyclohexane dicarboxylic acid structure]

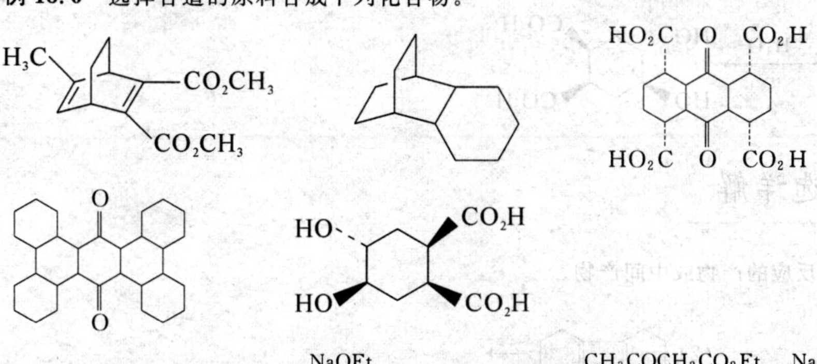

解 (1) CH$_3$CHO + HCHO $\xrightarrow[\Delta]{\text{NaOEt}}$ CH$_2$=CHCHO $\xrightarrow[\text{NaOEt, EtOH}]{\text{CH}_3\text{COCH}_2\text{CO}_2\text{Et}}$ $\xrightarrow{\text{NaOH, H}_2\text{O}}$

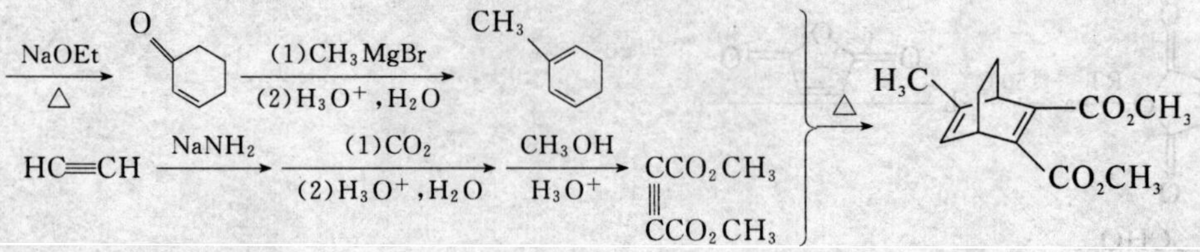

(2)

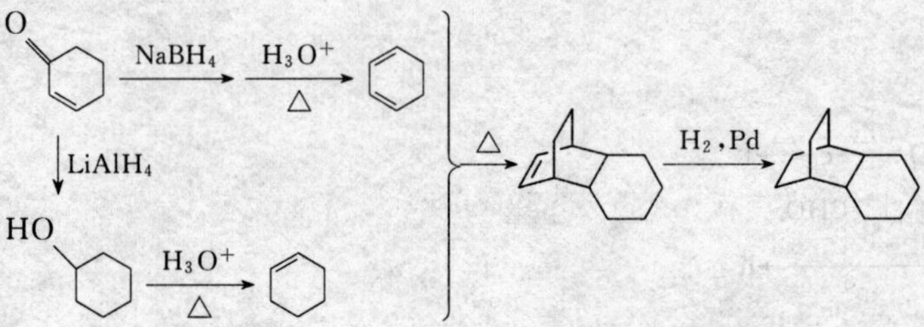

(3)

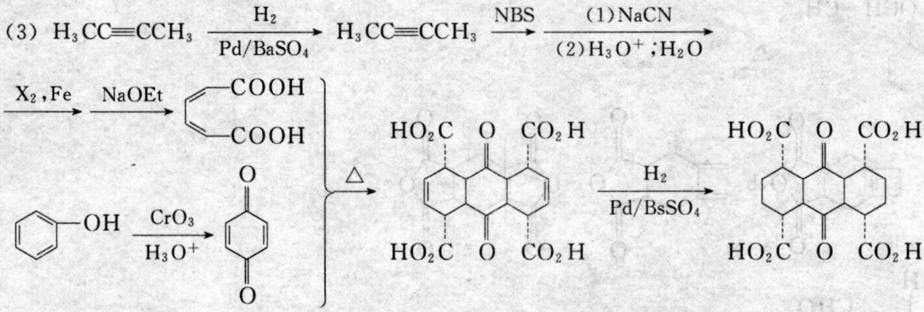

(4)

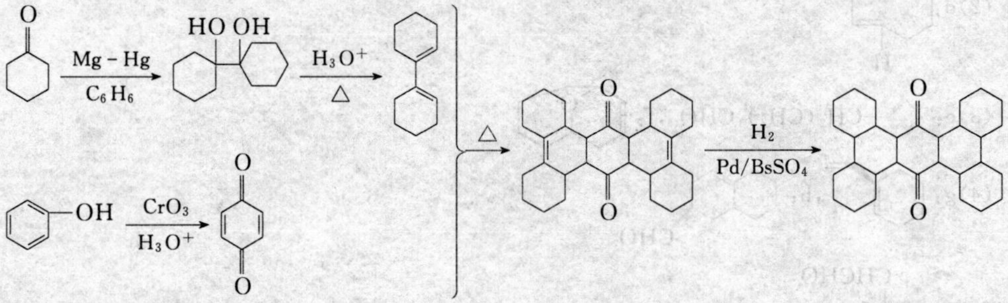

(5)

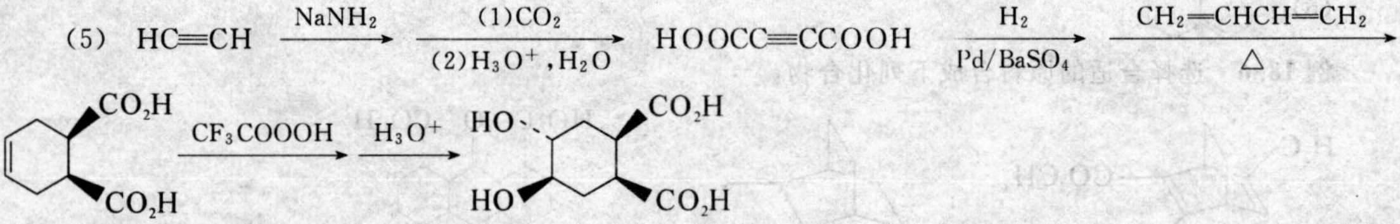

18.4 习题精选详解

习题 18.1 写出下列反应的产物或中间产物。

(1)

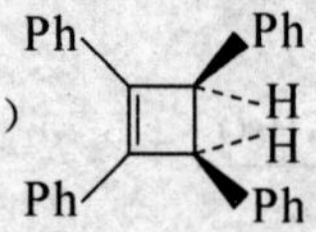

(2)

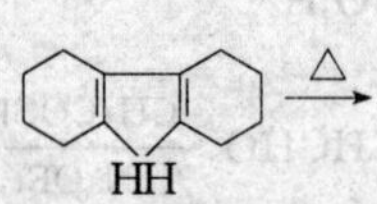

习题 18.2 写出下列反应的产物。

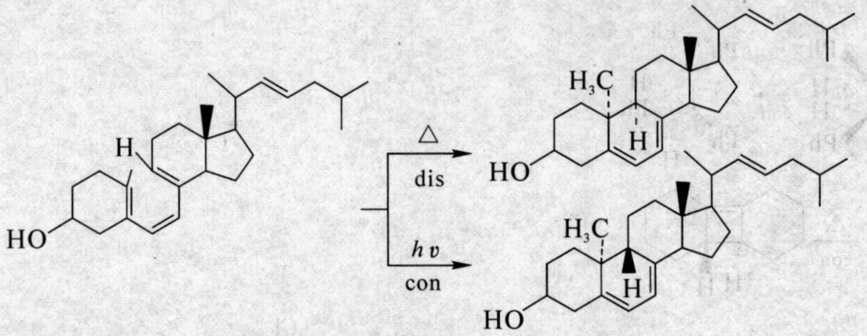

习题 18.3 写出下列反应的产物或中间产物。

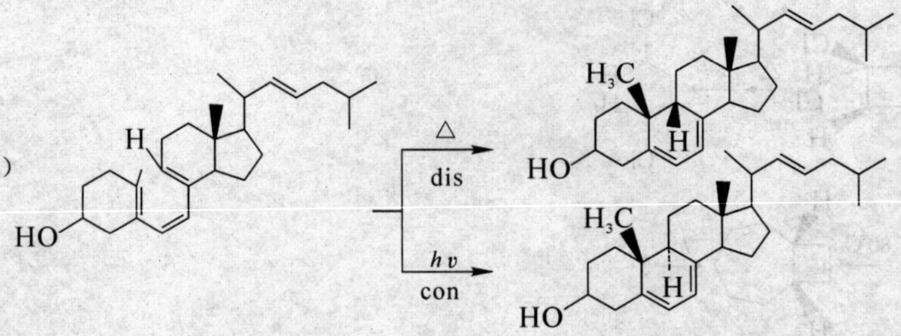

(1) 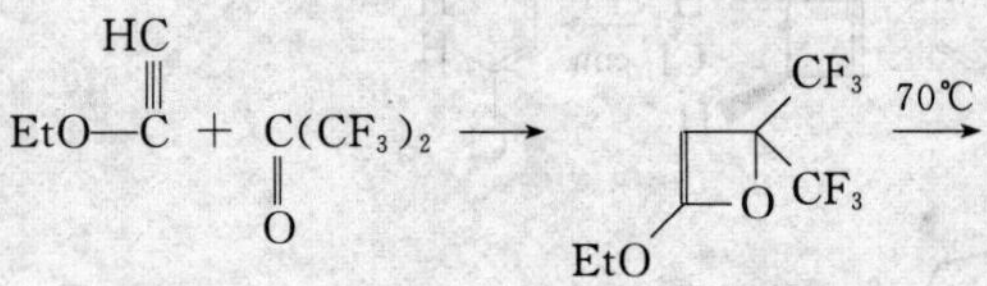
$$\text{EtO}-\overset{\text{HC}}{\text{C}} + \underset{\text{O}}{\text{C}}(\text{CF}_3)_2 \longrightarrow \underset{\text{EtO}}{\overset{\text{CF}_3}{\text{O}}}\text{CF}_3 \xrightarrow{70\,^\circ\text{C}}$$

(2)
$$\text{Et}_2\text{N}-\overset{\text{MeC}}{\text{C}} + \underset{\text{O}}{\overset{}{\text{C}}}=\text{CPh}_2 \longrightarrow [\quad] \longrightarrow \underset{\text{Et}_2\text{NCO}}{\text{MeC}}=\text{C}=\text{CPh}_2$$

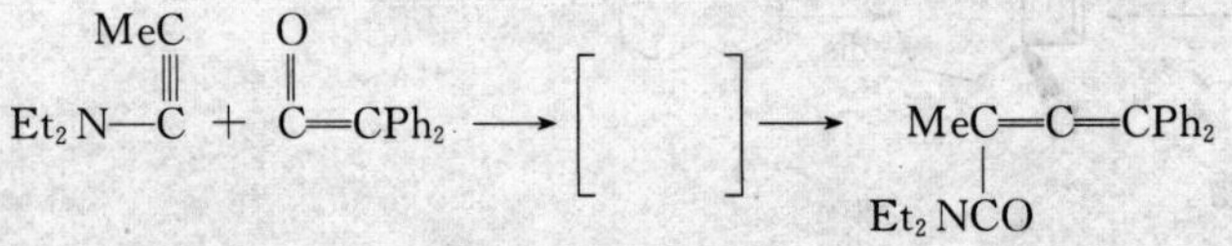

(3) 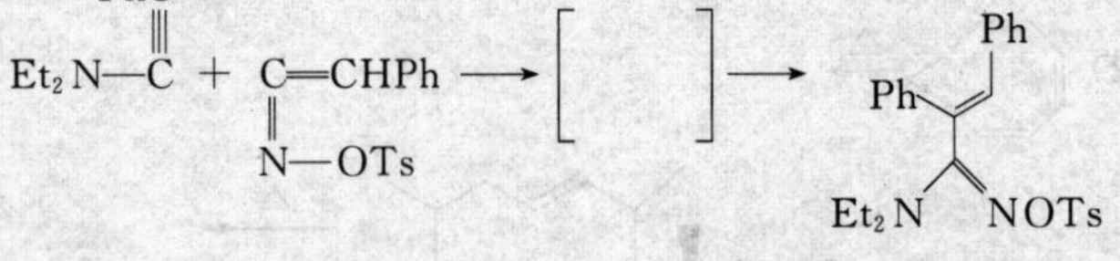
$$\text{Et}_2\text{N}-\overset{\text{PhC}}{\text{C}} + \underset{\text{N}-\text{OTs}}{\overset{}{\text{C}}}=\text{CHPh} \longrightarrow [\quad] \longrightarrow \underset{\text{Et}_2\text{N}\quad\text{NOTs}}{\overset{\text{Ph}\quad\text{Ph}}{\text{C}=\text{C}}}$$

(4) 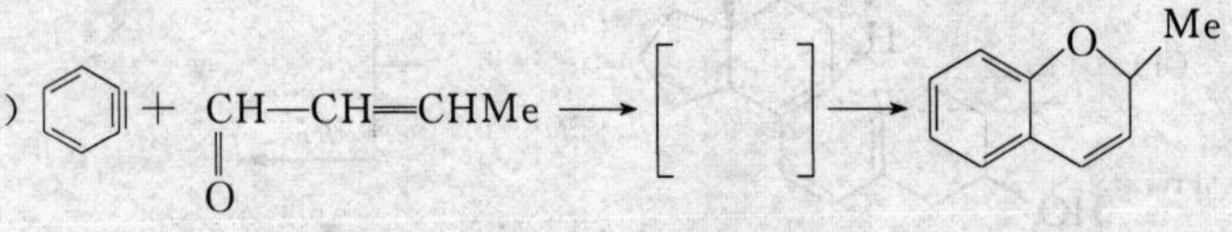
$$\text{PhH} + \underset{\text{O}}{\overset{}{\text{CH}}}-\text{CH}=\text{CHMe} \longrightarrow [\quad] \longrightarrow \text{(chromene with Me)}$$

(5) 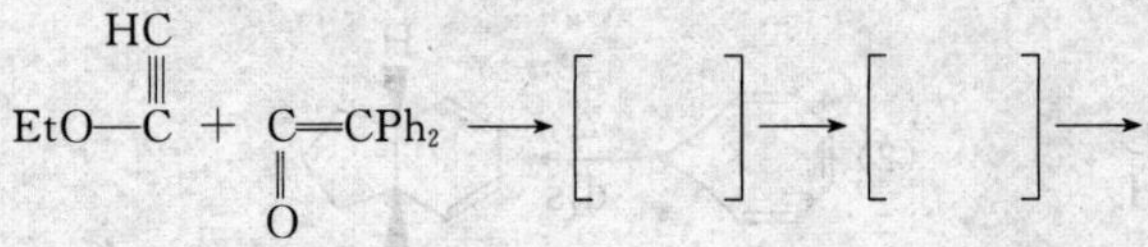
$$\text{EtO}-\overset{\text{HC}}{\text{C}} + \underset{\text{O}}{\overset{}{\text{C}}}=\text{CPh}_2 \longrightarrow [\quad] \longrightarrow [\quad] \longrightarrow$$

(6) 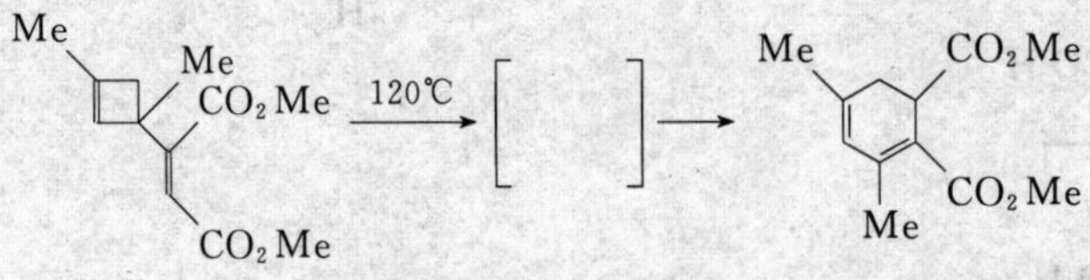
$$\text{(cyclobutane with Me, Me, CO}_2\text{Me, =CHCO}_2\text{Me)} \xrightarrow{120\,^\circ\text{C}} [\quad] \longrightarrow \text{(benzene with Me, Me, CO}_2\text{Me, CO}_2\text{Me)}$$

(7) 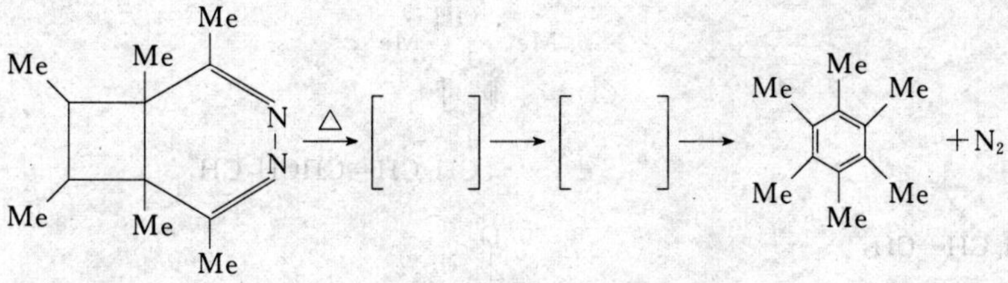

(8) 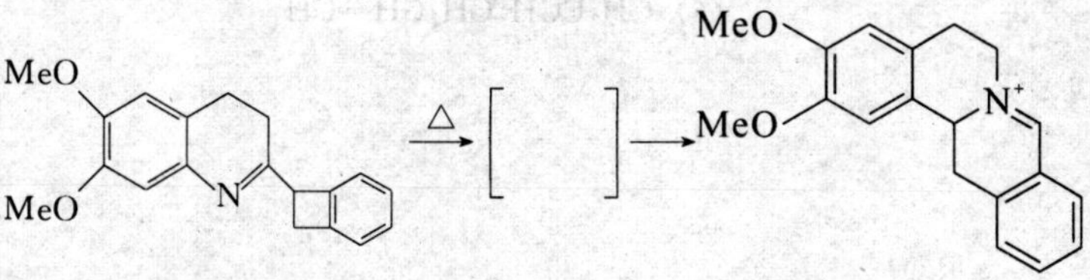

解 (1) 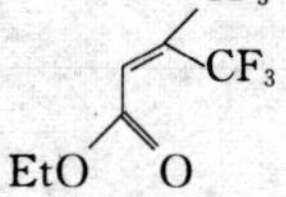 (2) 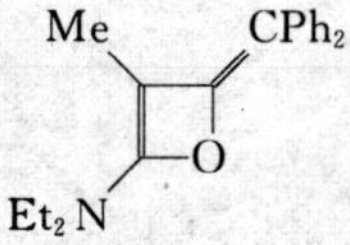 (3) 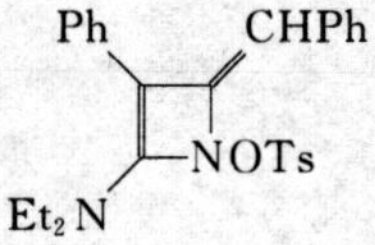

(4) 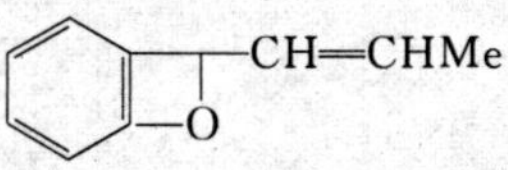 (5) 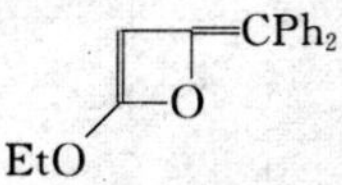 ， 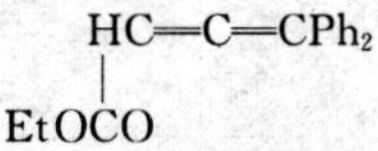

(6) 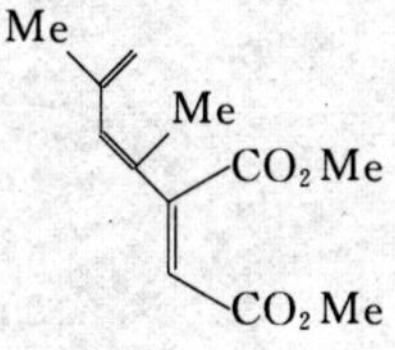 (7) 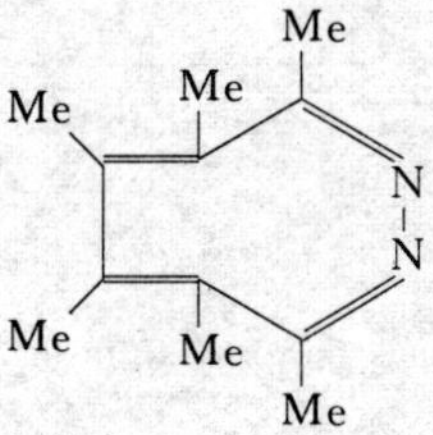 ， 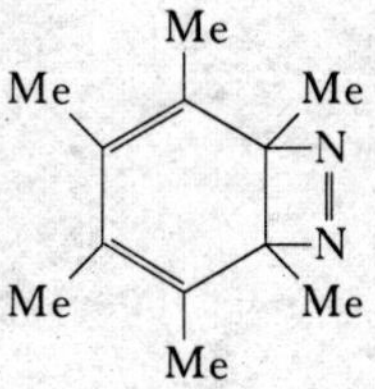

(8) 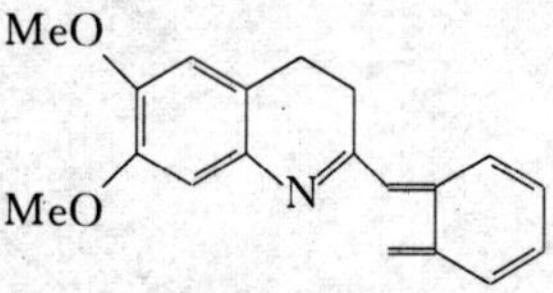

习题 18.4 写出下列反应的产物。

(1) 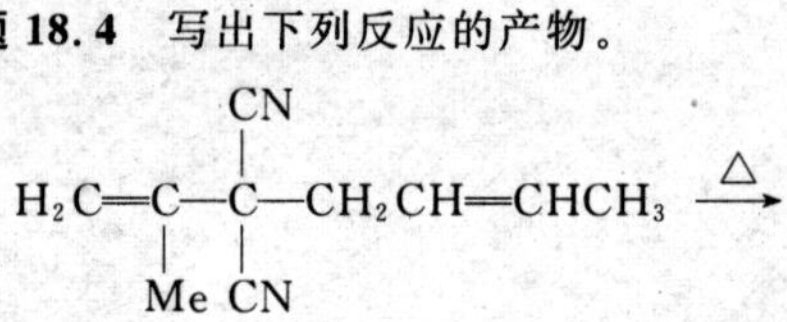 (2) 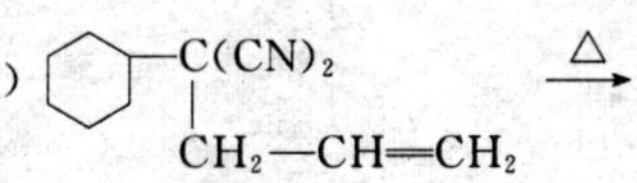

(3) 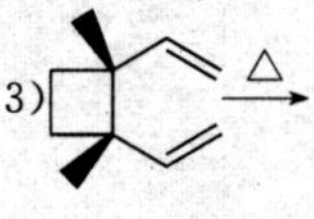 (4) 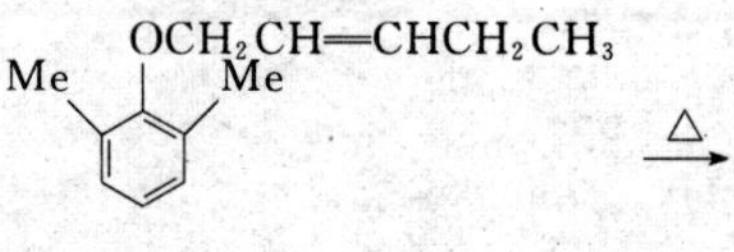

(5) 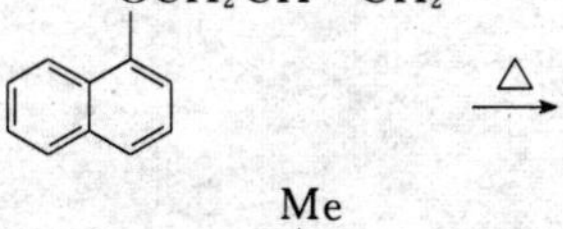 (6) 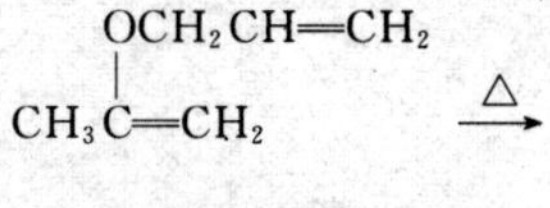

解 (1) 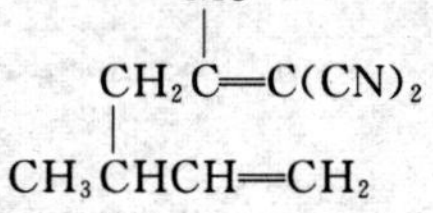 (2) 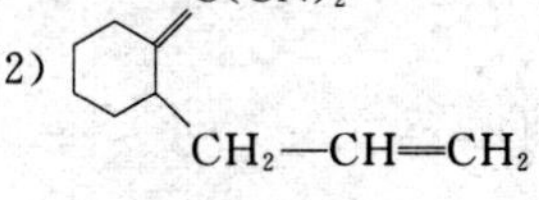

(3)

(4) 4-(Me,Me-OH-phenyl)-CH₂CH=CHCH₃ (2,6-dimethyl-4-(but-2-en-1-yl)phenol)

(5) 1-hydroxy-2-(CH₂CH=CH₂)-naphthalene

(6) CH₃CH₂CH₂CH=CH₂ with O-CH₃ ether (CH₃—O—CH₂CH₂CH=CH₂)

附　录

试卷一

一、给出下列化合物的名称或结构式。（每小题1分，共10分）

1. 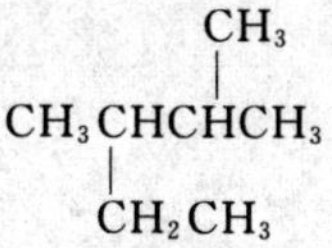 CH₃CHCH₃
   　　|
   　　CH₂CH₃
   　（侧链CH₃在上）

2. 苦味酸

3. (E)-3-乙基-4-氯-2-己烯

4. 8-甲基-双环[3,2,1]-6-辛烯

5. 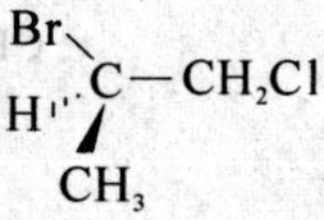 　　Br
   　　|
   H—C—CH₂Cl
   　　|
   　　CH₃

6. 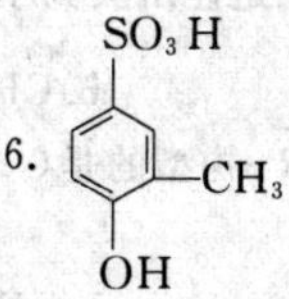 （苯环上含SO₃H、CH₃、OH的结构）

7. 水杨酸

8. 三丁胺

9. 4-羟基-2-丁酮

10. 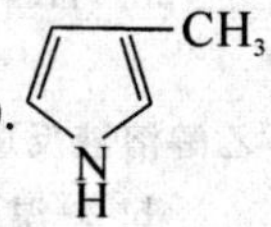 （3-甲基吡咯）

二、完成反应，有立体化学问题的请注明。（每小题2分，共30分）

1. 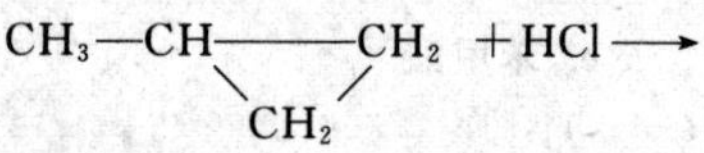 CH₃—CH—CH₂ + HCl ⟶
   　　　＼　／
   　　　CH₂

2. C₆H₁₁—CH₂CH=CH₂ $\xrightarrow{B_2H_6}$ $\xrightarrow{H_2O_2/OH^-}$

3. Ph—C≡CH $\xrightarrow[H_2O]{HgSO_4/H^+}$

4. Cl—C₆H₄—Br + Mg $\xrightarrow{乙醚}$ $\xrightarrow[H_3O^+]{CH_3CHO}$

5. C₆H₅CH₃ + HCHO + HCl $\xrightarrow{ZnCl_2}$ +

6. C₆H₆ + CH₃CH₂CH₂CH₂Cl $\xrightarrow[100℃]{AlCl_3}$ $\xrightarrow[加热]{KMnO_4}$

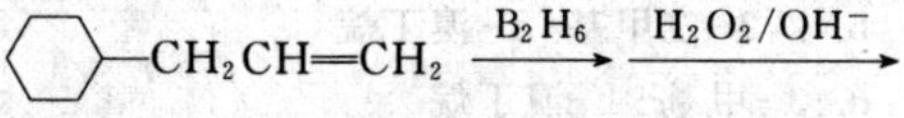

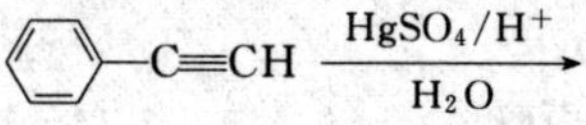

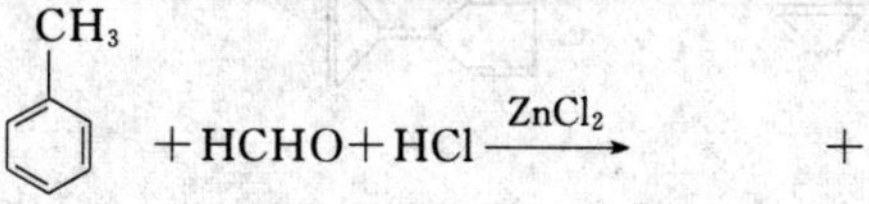

7. Cl—C₆H₄—CHClCH₃ + H₂O $\xrightarrow{NaHCO_3}$

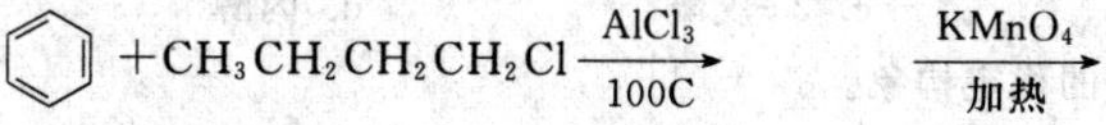

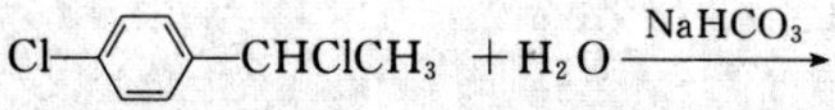

8. CH₃CH=CHCHO $\xrightarrow[H_2O]{NaBH_4}$

9. 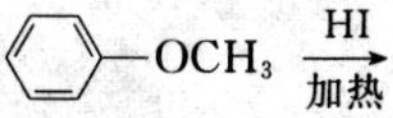 C₆H₅—OCH₃ $\xrightarrow[加热]{HI}$

10. C₆H₅CHO + CH₃CH₂CHO —加热→

11. (环戊基)(OH)C—C(OH)(环戊基) —H₂SO₄→

12. 1-甲基-2-氯-4-异丙基环己烷 —EtONa/EtOH→

13. C₆H₅-CH(CH₂Cl)-CH=CHBr —KCN/醇→

14. C₆H₅OCH₂CH=CHCH₃ —加热→

15. 环戊烯 —C₆H₅CO₃H→ —H₃O⁺→

三、回答下列问题。(每小题1分,共10分)

1. 将下列化合物按照沸点由高到低的顺序排列(　　)。
   a. 辛烷　　b. 2,2,3,3-四甲基丁烷　　c. 3-甲基庚烷
   d. 2,3,-二甲基戊烷　　e. 2-甲基己烷

2. 下列碳正离子的稳定性由大到小的顺序是(　　)。
   a. $(CH_3)_3C^{\oplus}$　　b. $\overset{\oplus}{C}H_3$　　c. $CH_3\overset{\oplus}{C}H_2$　　d. $(CH_3)_2\overset{\oplus}{C}H$

3. 下列化合物中为 R-构型的是(　　)。
   a. NH₂—CH(CH₃)(C₆H₅)—H
   b. HO—CH(CH₃)—CHO
   c. H—CH(CH₂CH₃)(C₃H₇)—Br
   d. H—CH(CH₂CH₃)(CH=CH₂)—Cl

4. 下列化合物与硝酸银/乙醇溶液反应的活性顺序为(　　)。
   a. 2-甲基-2-溴丙烷　　b. 2-溴丙烷　　c. 2-溴-2-苯基丙烷

5. 将下列化合物进行硝化反应的速率按由大到小的顺序排列(　　)。
   a. 甲苯　　b. 硝基苯　　c. 苯　　d. 氯苯　　e. 苯甲酸

6. 将下列化合物进行 S_N2 反应的速率按由大到小的顺序排列(　　)。
   a. 1-溴丁烷　　　　　　b. 2,2-二甲基-1-溴丁烷
   c. 2-甲基-1-溴丁烷　　　d. 3-甲基-1-溴丁烷

7. 将下列化合物按其与 Lucas 试剂作用由快到慢的顺序排列(　　)。
   a. 2-丁醇　　b. 2-甲基-2-丁醇　　c. 2-甲基-1-丙醇

8. 下列化合物中具有芳香性的是(　　)。
   a. 　　b. 　　c. 　　d. △　　e.

9. 下列化合物能发生碘仿反应的是(　　)。
   a. 2-甲基丁醛　　b. 异丙醇　　c. 2-戊酮　　d. 丙醇

10. (1) 写出顺-1-甲基-4-叔丁基环己烷的稳定构象。
    (2) 写出 1,2-二氯乙烷的 Newmann 投影式的优势构象。

四、试写出下面反应可能的历程。(每小题5分,共10分)

1. 顺-2-丁烯与 Br₂ 加成产物是外消旋体 2,3-二溴丁烷。

2. 1-(1-羟基乙基)-1-甲基环戊烷 —H⁺/加热→ 1,2-二甲基环己烯

五. 合成题。（每小题 6 分,共 30 分）

1. 用适当的化合物合成 3-甲基喹啉。

2. 以甲苯为原料合成 [结构式：苯环上连 COOH（上）、Br（左）、NO₂（下）]。

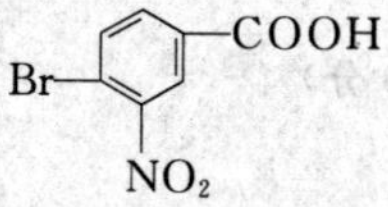

3. 以乙烯为原料合成 $CH_3CH\overset{\displaystyle\diagdown\!\!\!\diagup}{\underset{O}{}}CHCH_3$。

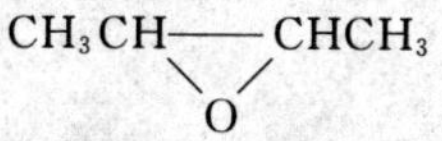

4. 由甲苯和乙醛合成 1-苯基-2-丙醇。

5. 从甲苯或苯等合成 1,2,3-三溴苯。

六、推测结构。（每小题 5 分,共 10 分）

1. 某烃 C_3H_6(A) 在低温时与氯作用生成 $C_3H_6Cl_2$(B),在高温时则生成 C_3H_5Cl(C)。使 (C) 与碘化乙基镁作用得 C_5H_{10}(D),后者与 NBS 作用生成 C_5H_9Br(E)。使 (E) 与氢氧化钾的酒精溶液共热,主要生成 C_5H_8(F),后者又可与丁烯二酸酐发生双烯合成得(G)。试推测由 (A) 到 (G) 的结构式。

2. 有一化合物(A),分子式为 $C_9H_{10}O_2$,能溶于 NaOH 溶液,易与溴水、羟氨反应,和 Tollens 试剂不发生反应,经 $NaBH_4$ 或 $LiAlH_4$ 还原生成化合物(B)。(B) 的分子式为 $C_9H_{12}O_2$。(A),(B) 均发生碘仿反应,(A) 用 Zn-Hg 齐在浓盐酸中还原,生成化合物(C),分子式为 $C_9H_{12}O$。(C) 与 NaOH 反应,再同碘甲烷煮沸得化合物(D),分子式为 $(C_{10}H_{14}O)$,(D) 用 $KMnO_4$ 溶液氧化最后得到对-甲氧基苯甲酸。试写出 (A),(B),(C),(D) 的结构式。

试卷二

一、给出下列化合物的名称或结构式。（每小题1分，共10分）

1. 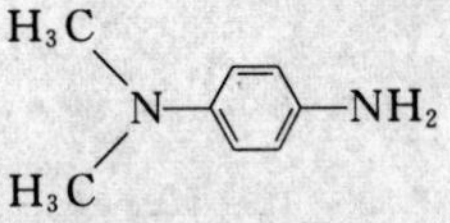 （H₃C）₂N-C₆H₄-NH₂（对氨基-N,N-二甲基苯胺）

2. 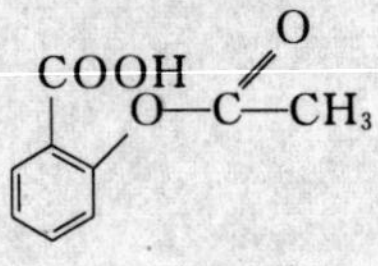 邻-（COOH）C₆H₄-O-COCH₃（乙酰水杨酸）

3. 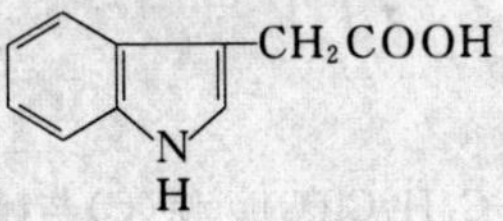 吲哚-3-乙酸（CH₂COOH）

4. 环己基甲酸甲酯

5. 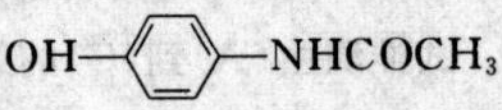 HO-C₆H₄-NHCOCH₃

6. 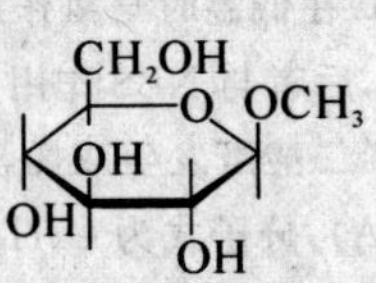 甲基葡萄糖苷结构式

7. 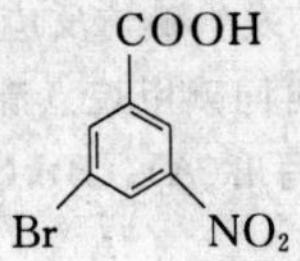 3-溴-5-硝基苯甲酸

8. 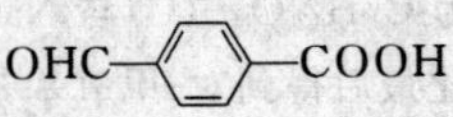 OHC-C₆H₄-COOH（对甲酰基苯甲酸）

9. 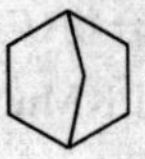 降冰片烷（双环[2.2.1]庚烷）

10. 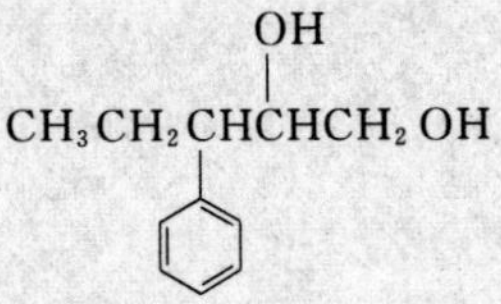 CH₃CH₂CH(OH)CH(C₆H₅)CH₂OH

二、完成反应，有立体化学问题的请注明。（每小题2分，共30分）

1. $C_6H_5CH_2COOAg + Br_2 \xrightarrow[76℃]{CCl_4}$

2. 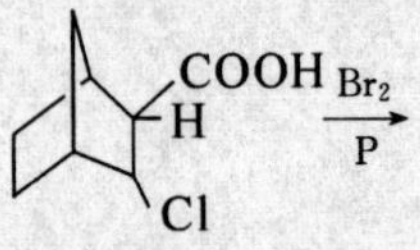 降冰片烷-2-COOH, 3-Cl $\xrightarrow{Br_2, P}$

3. $C_6H_5CH_2\text{—}\overset{CH_3}{\underset{H}{C}}\text{—}CONH_2 \xrightarrow{Br_2 + NaOH}$

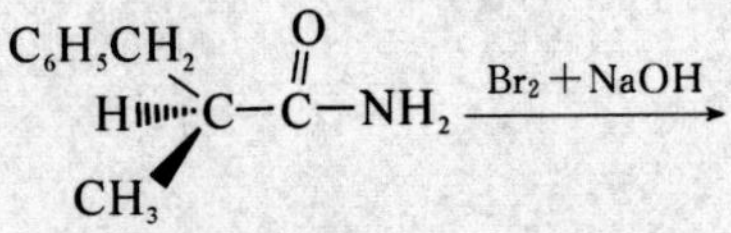

4. 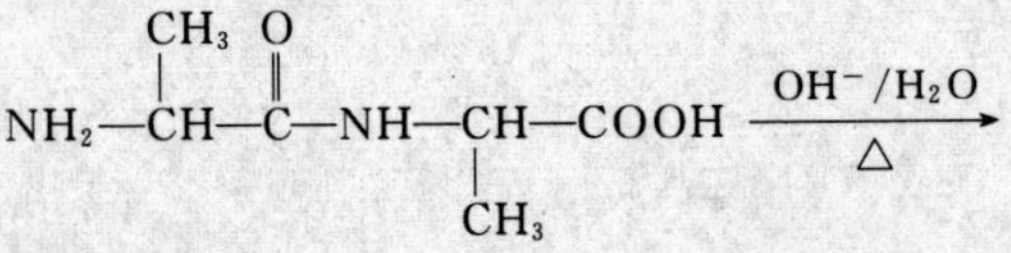 $H_2N\text{—}CH(CH_3)\text{—}CO\text{—}NH\text{—}CH(CH_3)\text{—}COOH \xrightarrow[\Delta]{OH^-/H_2O}$

5. 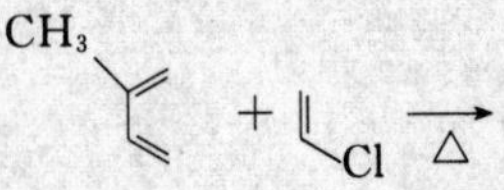 $\underset{CH_3}{CH_2=C\text{—}CH=CH_2} + CH_2=CHCl \xrightarrow{\Delta}$

6. 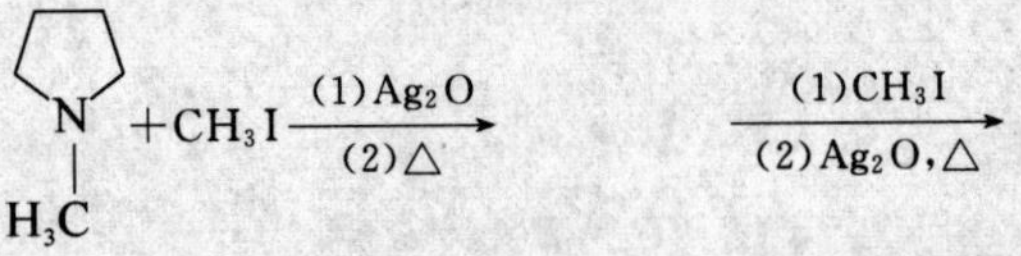 N-甲基吡咯烷 $+ CH_3I \xrightarrow[(2)\Delta]{(1)Ag_2O} \xrightarrow[(2)Ag_2O,\Delta]{(1)CH_3I}$

7. 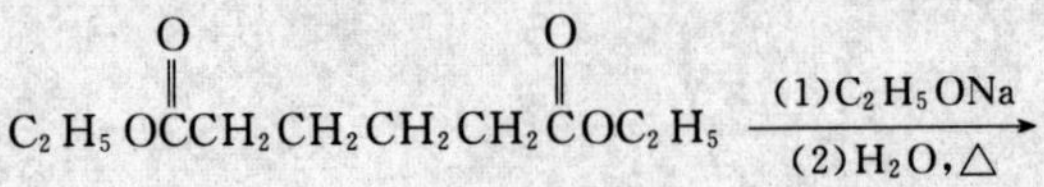 $C_2H_5OOC\text{—}CH_2CH_2CH_2\text{—}COOC_2H_5 \xrightarrow[(2)H_2O, \Delta]{(1)C_2H_5ONa}$

8. 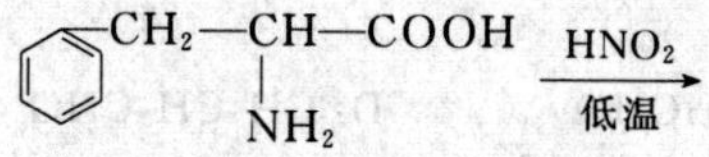 PhCH$_2$CH(NH$_2$)COOH $\xrightarrow{\text{HNO}_2}{\text{低温}}$

9. 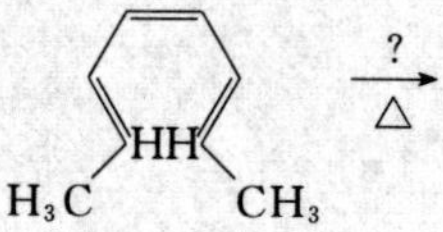 (1,3-二甲基环己烯) $\xrightarrow{?}{\Delta}$

10. 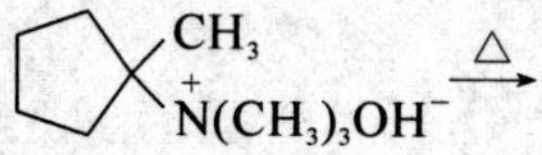 (1-甲基环戊基)-N(CH$_3$)$_3^+$OH$^-$ $\xrightarrow{\Delta}$

11. CH$_3$CHO + BrZnCH$_2$COOC$_2$H$_5$ $\longrightarrow$ $\xrightarrow{\text{H}_2\text{O}}$

12. PhCH$_2$COCl $\xrightarrow{(1)\text{CH}_2\text{N}_2}{(2)\text{Ag}_2\text{O, H}_2\text{O}}$

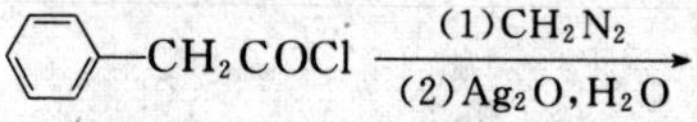

13. CH$_3$CH$_2$COCl + H$_2$ $\xrightarrow{\text{Pd/BaSO}_4}$

14.  呋喃-2-CHO + Cl$_2$ $\longrightarrow$ $\xrightarrow{\text{浓 NaOH}}$

15. 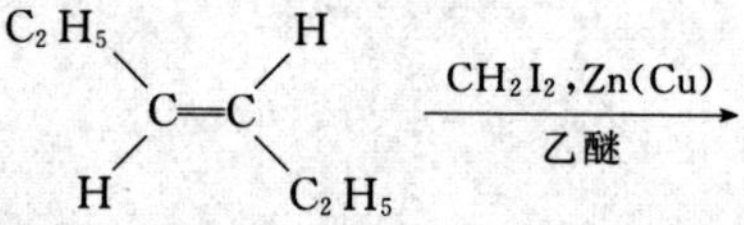 (顺-3-己烯) $\xrightarrow{\text{CH}_2\text{I}_2, \text{Zn(Cu)}}{\text{乙醚}}$

三、回答下列问题。(每小题1分,共10分)

1. 下列化合物亲电取代反应活性顺序是( )。
   A：呋喃　　　B：吡咯　　　C：苯　　　D：吡啶

2. 下列化合物中酸性最强的是( ),酸性最弱的是( )。
   A：CH$_3$COOH　　　　　　　B：(CH$_3$)$_2$CHCOOH
   C：HOOCCH$_2$COOH　　　　D：CF$_3$COOH

3. 下列化合物中碱性最强的是( ),碱性最弱的是( )。
   A：苯胺　　　B：二乙胺　　　C：吡啶　　　D：吡咯

4. 下列化合物水解反应速度为( )。
   A：CH$_3$COCl　　　　　　　B：CH$_3$COOC$_2$H$_5$
   C：CH$_3$CONHCH$_3$　　　　D：(CH$_3$CO)$_2$O

5. 由羧酸制备酰卤时常使用的试剂是( )。
   A：FeCl·NH$_3$　　B：PCl·NH$_3$　　C：SOCl$_2$　　D：AlCl$_3$

6. 淀粉水解得到产物为( ),而蛋白质水解得到的产物为( )。
   A：葡萄糖　　B：生物碱　　C：甾体化合物　　D：α-氨基酸

7. 硝基苯在过量的 Zn/NaOH 条件下还原主要产物为( )。
   A：苯胺　　B：偶氮苯　　C：氢化偶氮苯　　D：苯肼

8. 合成尼龙-66的单体是( ),合成的确良的单体是( )。
   A：对-苯二甲酸乙二酯　　　B：2-甲基丙烯酸甲酯
   C：苯酚和苯甲醛　　　　　　D：己二酸和己二胺

9. 下列化合物的酸性顺序是( )。
   A：HO—⟨⟩—NO$_2$　　　　　B：HO—⟨⟩—OCH$_3$
   C：⟨⟩—OH　　　　　　　　　D：CH$_3$—⟨⟩—OH

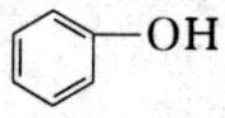

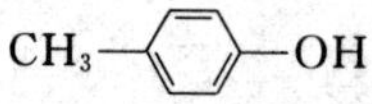

10. 将下列羰基化合物按其亲核性加成的活性顺序排列是(　　)。
A：ClCH$_2$CHO　　　B：BrCH$_2$CHO　　　C：CH$_2$=CHCHO　　　D：CH$_3$CH$_2$CHO
E：CH$_3$CF$_3$CHO

四、试写出下面反应可能的历程。(每小题5分,共10分)

1. 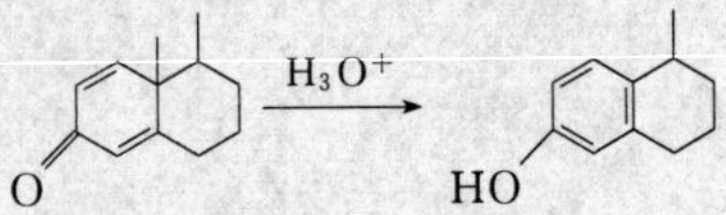 [结构式] $\xrightarrow{H_3O^+}$ [结构式]

2. 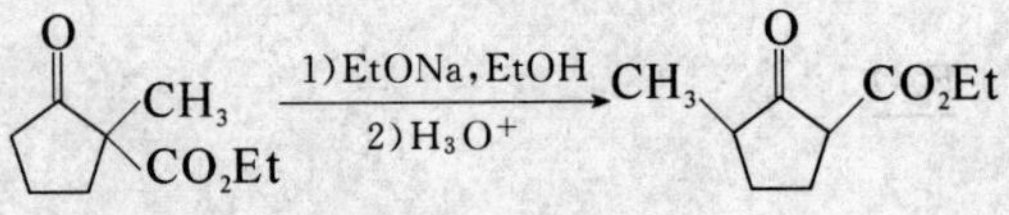 [结构式] $\xrightarrow[2)H_3O^+]{1)EtONa,EtOH}$ [结构式]

五、合成题。(每小题6分,共30分)
1. 以苯等为原料合成间氟苯酚。
2. 由甲苯等合成1,3,5-三苯胺。
3. 用 ^{14}CH$_3$OH、D$_2$O、H$_2$O^{18} 及其它原料合成 ^{14}CH$_3$CH$_2$CHO。
4. 由环戊酮合成 [结构式]
5. 从1-甲基环己烯出发合成反-2-甲基环己醇。

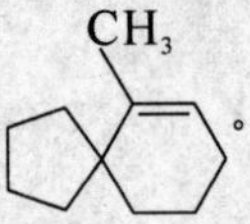

六、推测结构。(每小题5分,共10分)
1. 化合物(A),分子式为 C$_8$H$_{10}$O$_2$,几乎不溶于稀酸,(A)与浓 HI 共热生成化合物(B)和(C),(B)在乙醚中与 Na 作用得烃 C$_4$H$_{10}$,(A)首先与 HNO$_3$ 作用,然后再与混酸作用得化合物(D),(D)的分子式为 C$_8$H$_7$O$_8$N$_3$。试推测(A),(B),(C),(D)的结构。
2. 某化合物(A),分子式为 C$_7$H$_{12}$O,能与苯肼反应,也能发生碘仿反应。(A)经催化加氢得(B),(B)的分子式为 C$_7$H$_{14}$O;(B)与浓硫酸共热得化合物(C),(C)的分子式为 C$_7$H$_{12}$;(C)无顺反异构,(C)经冷的中性 KMnO$_4$ 氧化得化合物(D),(D)的分子式为 C$_7$H$_{14}$O$_2$。(D)与 I$_2$/KOH 反应得化合物(E)和 CHI$_3$,(E)的分子式为 C$_6$H$_{10}$O$_3$。试写出(A)～(E)的结构式。

试卷三

一、给出下列化合物的名称或结构式。（每小题1分，共10分）

1. 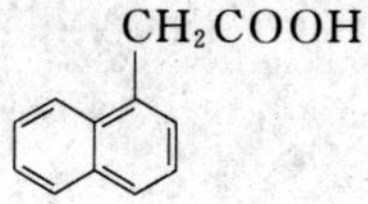 （1-萘基乙酸结构）

2. $CH_3CH_2CH_2COOCH=CH_2$

3. 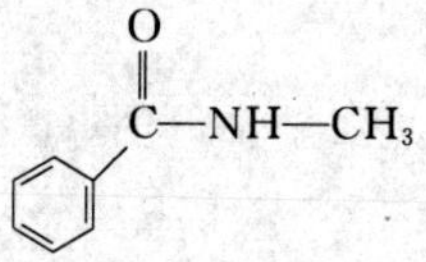 （N-甲基苯甲酰胺结构）

4. 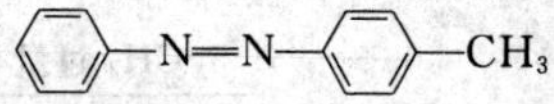 （苯基偶氮对甲苯结构）

5. 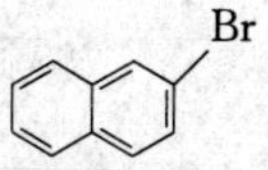 （2-溴萘结构）

6. 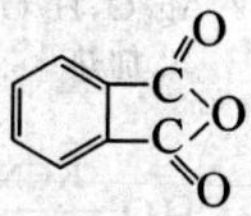 （邻苯二甲酸酐结构）

7. 肉桂酸

8. 赖氨酸

9. 水杨醛

10. 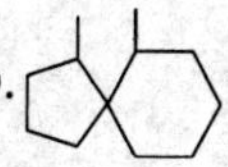 （螺[4.5]癸烷结构）

二、完成反应。（每小题1分，共25分）

1. $(CH_3)_2CHCH_2COOH \xrightarrow[2. H_2O]{1. LiAlH_4/Et_2O}$

2. 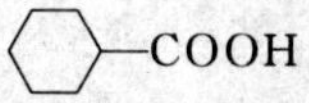 （环己基）$-COOH \xrightarrow{Br_2, P}$

3. $C_6H_5Br \xrightarrow[2. CO_2/H_2O]{1. Mg/Et_2O}$

4. $HOOC(CH_2)_4COOH \xrightarrow[加热]{BaO}$

5. 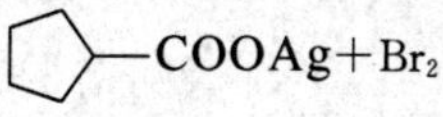 （环戊基）$-COOAg + Br_2 \xrightarrow[加热]{CCl_4}$

6. $CH_3COCl + CH_3CH_2MgCl \xrightarrow[-70℃]{FeCl_3, Et_2O}$

7. $CH_3CONHCH_3 \xrightarrow[加热]{LiAlH_4/Et_2O}$

8. $C_6H_5COOC_2H_5 + CH_3COOC_2H_5 \xrightarrow[2. H_3O^+]{1. EtONa/EtOH}$

9. 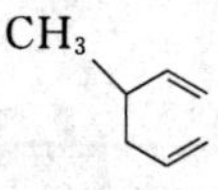 （甲基戊二烯）$\xrightleftharpoons{\Delta}$

10. 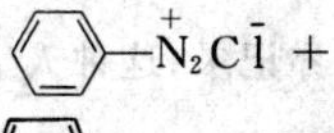 $C_6H_5-N_2^+Cl^- + C_6H_5-N(CH_3)_2 \xrightarrow{pH<7}$

11. 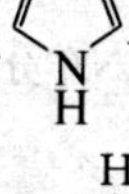 （吡咯）$+ CHCl_3 \xrightarrow{KOH} \xrightarrow{浓 NaOH}$

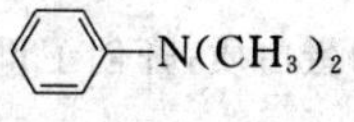

12. 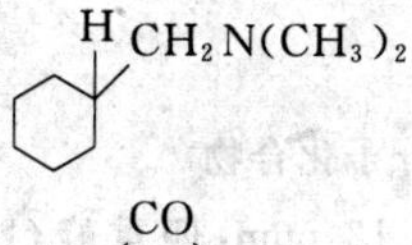 （环己基-CH_2N(CH_3)_2）$\xrightarrow{H_2O_2} \xrightarrow{加热}$

13. 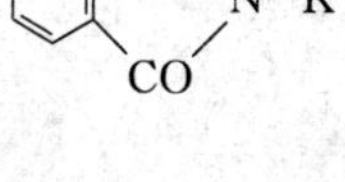 （邻苯二甲酰亚胺钾盐）$-N^-K^+ + (CH_3)_2CHBr \xrightarrow[OH^-]{加热}$ +

14. [1,3-二硝基苯] $\xrightarrow{NH_4HS}$ $\xrightarrow{\text{1. } NaNO_2/HCl}{\text{2. } KI, \triangle}$

15. $(CH_3)_3CCH_2CONH_2$ $\xrightarrow[H_2O]{Br_2, NaOH}$

16. [环戊酮] + [吡咯烷] $\xrightarrow{\text{苯,加热}}$ $\xrightarrow{\text{1. } CH_3CH_2Br}{\text{2. } H_2O}$

17. [2-甲基吡咯烷] $\xrightarrow[\text{3. 加热}]{\text{1. } CH_3I \text{ 过量} \atop \text{2. } Ag_2O, H_2O}$ $\xrightarrow[\text{3. 加热}]{\text{1. } CH_3 \text{ 过量} \atop \text{2. } Ag_2O, H_2O}$

18. $\begin{matrix} CHO \\ H-C-OH \\ CH_2OH \end{matrix}$ $\xrightarrow{2HIO_4}$

19. [呋喃-CHO] $\xrightarrow[\text{醇溶液}]{KCN}$

20. [呋喃] + [马来酸酐] $\xrightarrow{\triangle}$

21. $\begin{matrix} O-CH_2-CH=CH_2 \\ | \\ CH=CH_2 \end{matrix}$ $\xrightarrow{\triangle}$

22. [吡啶] $\xrightarrow[\triangle]{Cl_2, AlCl_3}$

23. $NH_2-\text{[苯环]}-CH(CH_3)_2$ $\xrightarrow{\text{1. } H_2SO_4, NaNO_2, H_2O}{\text{2. 加热}}$

24. $\begin{matrix} H\ H \\ \text{[环己二烯]} \\ H_3C\ CH_3 \end{matrix}$ $\xrightarrow{\triangle}$

25. $\begin{matrix} CHO \\ H-C-OH \\ HO-C-H \\ H-C-OH \\ H-C-OH \\ CH_2OH \end{matrix}$ $\xrightarrow{\text{苯肼(过量)}}$

三、回答下列问题。(每小题1分,共10分)

1. 1965 年我国第一次用人工方法合成了一种具有生理活性的蛋白质,开创了世界记录,这种人工合成的蛋白质是(　　　　)。

2. DNA 和 RNA 在结构上的不同处之一是:DNA 分解得到的戊糖是(　　　　),而 RNA 分解得到的戊糖是(　　　　)。

3. 维生素 A 是一种(　　　　)化合物,而胆固醇是(　　　　)。

A. 生物碱   B. 萜类   C. 甾体化合物   D. 高分子化合物

4. 化合物 $C_4H_8O_2$,IR 谱在 1 740 cm^{-1} 处有吸收峰。NMR 谱中 $\delta = 4.12$ ppm,四重峰(2H);$\delta = 2.0$ ppm,单峰(3H);$\delta = 1.25$ ppm,三重峰(3H);其结构式为(　　　　)。

5. 写出樟脑的结构式。

6. 下列化合物酸性最强的是(　　)，最弱的是(　　)。
   A:对-甲氧基苯甲酸　B:苯甲酸　　　C:对-氯苯甲酸　　　D:对-硝基苯甲酸
7. 下列化合物中碱性最强的是(　　)，最弱的是(　　)。
   A:苯胺　　　　B:间-硝基苯胺　　C:间-甲苯胺　　　　D:对-硝基苯胺
8. 丙氨酸的等电点 pI=6.0，当 pH=3.0 时，构造式为(　　)。
   A: $CH_3CHCOOH$　　　B: $CH_3CHCOOH$　　　C: CH_3CHCOO^-
      $\ \ |$　　　　　　　　　　　$\ \ |$　　　　　　　　　　$\ \ |$
      $\ NH_2$　　　　　　　　　　$\ NH_3^+$　　　　　　　　$\ NH_2$
9. D-(+)-葡萄糖与下列能生成相同糖脎的是(　　)。
   A:D-古罗糖　　B:D-甘露糖　　　C:D-阿卓糖　　　　D:果糖
10. 下列化合物按其芳香性大小排列顺序(　　)。
    A:呋喃　　　　B:噻吩　　　　　C:苯　　　　　　　D:吡咯

四、鉴别下列各组化合物。（每小题5分，共20分）
1. A:苯　B:甲苯　C:环丙烷
2. A:苯甲酰胺　B:苯胺　C:N-甲基苯胺
3. A:甲酸　B:乙醛　C:乙酸
4. A.苯乙醛　B.对甲基苯甲醛　C.苯乙酮　D.苄苯乙酮
5. A:对氯甲苯　B:氯苄　C:β-氯乙苯

五、完成下列有机合成。（每小题5分，共25分）

1. 由 C_4 以下卤代烃和乙酰乙酸乙酯等为原料合成 $CH_3\overset{O}{\overset{\|}{C}}CH-CH_2CH_3$　　　。
                                                      $\ |$
                                                      $\ C_2H_5$

2. 由乙苯及其他有机试剂为原料合成 间溴乙苯 。

3. 以对-硝基甲苯等为原料利用斯克洛浦法合成 6-甲基-8-溴喹啉 。

4. 用 α-溴代丙二酸二乙酯等为原料合成门冬氨酸 $HOOC-CH-CH_2COOH$　　　。
                                                                 $\ \ \ \ \ \ \ \ \ |$
                                                                 $\ \ \ \ \ \ \ \ NH_2$

5. 以邻-硝基甲苯为原料合成 4,4'-二氯-2,2'-二甲基联苯 。

六、推测结构。（每小题5分，共10分）

1. 某化合物(A)能溶于水，但不溶于乙醚。(A)含有 C,H,O,N 四种元素。(A)加热后得化合物(B)，(B)和 NaOH 溶液煮沸放出的气体可以使湿润的红色石蕊试纸变蓝，残余物经酸化后得一不含氮的化合物(C)，(C)与 $LiAlH_4$ 反应后的物质用浓硫酸处理，得一气体烯烃(D)，该烯烃分子量为56，臭氧化并水解后得一个醛和一个酮。试推测(A),(B),(C),(D)的结构式。

2. 有一种糖它可与苯肼发生反应，不但能被 Fehling 试剂所氧化，也能被麦芽糖酶水解，若把它彻底甲基化后生成一个含有八个甲氧基糖的衍生物，将所得到的衍生物用酸水解生成两个化合物(A)和(B)。(A)为 α-2,3,4,6-四甲基葡萄糖，(B)为 β-2,3,6-三甲基葡萄糖。试推测出原来糖的结构式，并写出各步反应式。

课程考试试卷参考答案

试卷一

一、解：

(1) 2,3-二甲基戊烷

(2) 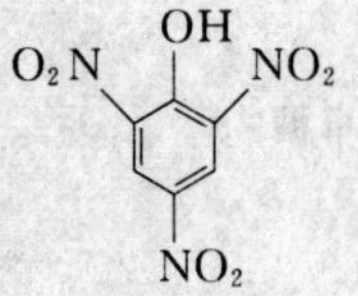 2,4,6-三硝基苯酚 (结构式: 苯环上 OH, 2,4,6位 NO_2)

(3) (Z)-1-氯-2-丁烯型结构: $C_2H_5CH_2Cl$ 与 CH_3 在双键同侧

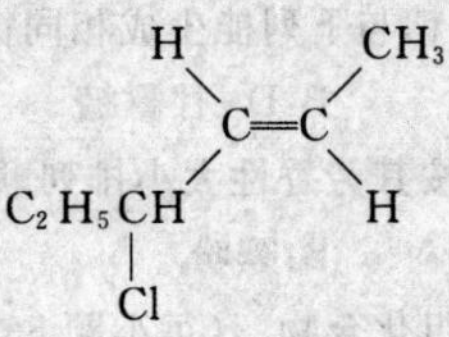

(4) 双环结构含甲基

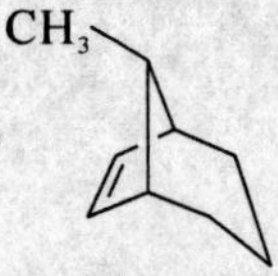

(5) R-1-氯-2-溴丙烷

(6) 3-羟基-4-羟基苯磺酸

(7) 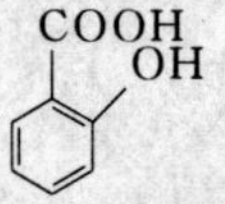 水杨酸 (邻羟基苯甲酸)

(8) $(CH_3CH_2CH_2)_3N$

(9) $CH_3COCH_2CH_2OH$

(10) 3-甲基吡咯

二、解：

(1) 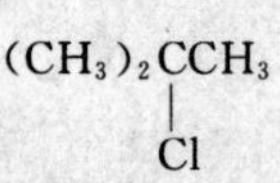 $(CH_3)_2CCH_3$ 带 Cl

(2) 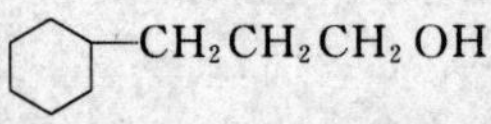 环己基-$CH_2CH_2CH_2OH$

(3) 苯基-$COCH_3$

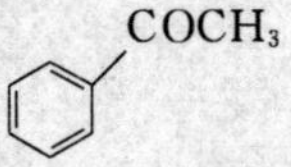

(4) 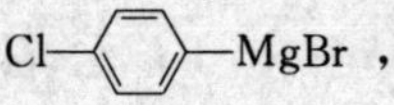 Cl-C$_6$H$_4$-$MgBr$ ，Cl-C$_6$H$_4$-$CH(OH)CH_3$

(5) 邻甲基苯甲醛, 对甲基苯甲醛

(6) $C_6H_5CH_2CH_2CH_3$ ， C_6H_5COOH

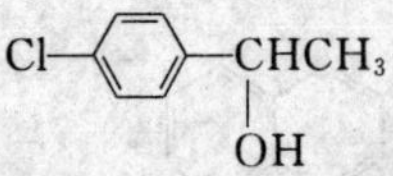

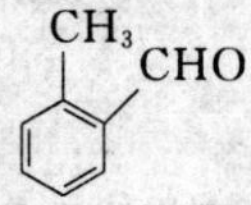

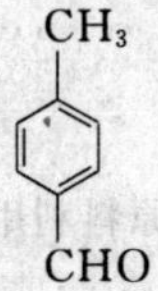

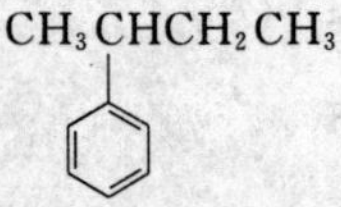

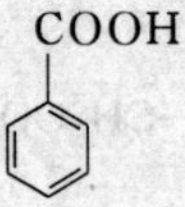

(7) 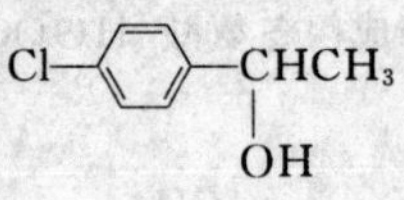 Cl-C$_6$H$_4$-$CH(OH)CH_3$

(8) $CH_3CH=CHCH_2OH$

(9) 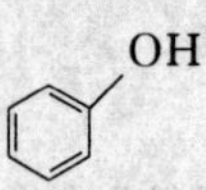 苯酚 + CH_3I

(10) 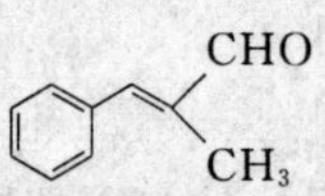 $C_6H_5CH=C(CH_3)CHO$

(11) 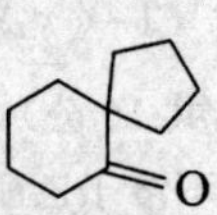 螺[4.5]癸-6-酮结构

(12)  1-甲基-4-异丙基环己烯

(13) 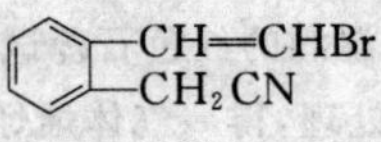 邻-($CH=CHBr$)(CH_2CN)苯

(14) 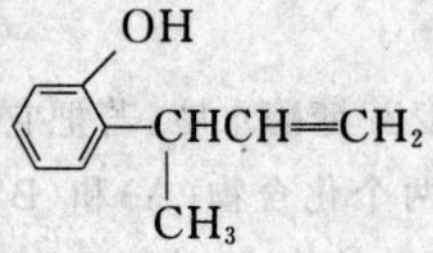 邻-HO-C_6H_4-$CH(CH_3)CH=CH_2$

(15) 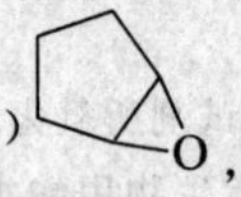 环氧化合物

(16) 1,2-环戊二醇 (双OH)

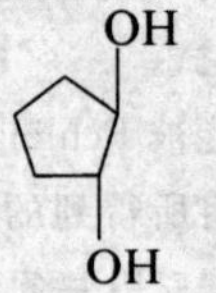

三、解：(1) a＞c＞d＞e＞b   (2) a＞d＞c＞b   (3) a, b   (4) c＞a＞b

(5) a>c>d>e>b (6) a>d>c>b (7) b>c>a (8) b,d

(9) b,c (10) [1-methyl-2-tert-butylcyclohexane structure], [Newman projection with Cl, H, H, H, H, Cl]

四、解：

1. Mechanism: $H_3C-CH=CH-CH_3 \xrightarrow{Br_2}$ [bromonium/carbocation intermediate] $\xrightarrow{Br^-}$ (2R,3S) + (2S,3R) dibromide products

2. Mechanism: [1-methyl-1-(1-hydroxyethyl)cyclopentane] $\xrightarrow{H_3O^+}$ [protonated] $\xrightarrow{-H_2O}$ [carbocation with ring expansion] → [1,2-dimethylcyclohexyl cation]

五、解：

1. $CH_3-C_6H_5 \xrightarrow{HNO_3/H_2SO_4} \xrightarrow{Fe/HCl} \xrightarrow{(CH_3CO)_2O} \xrightarrow{CrO_3/H^+}$ [o-aminobenzaldehyde] $\xrightarrow{CH_2=CHCHO,\ H_2SO_4,\ 硝基苯,\ \triangle}$ TM

2. $C_6H_5CH_3 \xrightarrow{Fe,\ Br_2}$ p-BrC$_6$H$_4$CH$_3$ $\xrightarrow{KMnO_4/H_3O^+}$ p-BrC$_6$H$_4$COOH $\xrightarrow{HNO_3/H_2SO_4}$ TM

3. $CH_2=CH_2 \xrightarrow{HBr} CH_3CH_2Br \xrightarrow{Mg/Et_2O} CH_3CH_2MgBr$

$H_2O \downarrow H_3O^+$

$CH_3CH_2OH \xrightarrow{MnO_2} CH_3CHO \xrightarrow{H_3O^+,\ \triangle}$ → $CH_3CH_2CH(OH)CH_3 \xrightarrow{H_3O^+,\ \triangle}$

$CH_3CH=CHCH_3 \xrightarrow{RCOOOH}$ TM

4. $C_6H_5CH_3 \xrightarrow{Br_2,\ h\nu} C_6H_5CH_2Br \xrightarrow{Mg/Et_2O} C_6H_5CH_2MgBr \xrightarrow{CH_3CHO,\ H_3O^+}$ TM

5. $C_6H_6 \xrightarrow{HNO_3/H_2SO_4} \xrightarrow{Fe+HCl,\ \triangle} \xrightarrow{H_2SO_4/H_2O} \xrightarrow{Br_2} \xrightarrow{H_3O^+} \xrightarrow{H_2SO_4+NaNO_2,\ <5°C} \xrightarrow{CuBr}$ TM

六、解：

1. A: CH$_2$=CHCH$_3$ B: (CH$_3$)$_2$CHCH$_2$Cl C: CH$_2$=CHCH$_2$Cl (with ring) D: CH$_2$=CHC$_2$H$_5$ E: CH(Br)(C$_2$H$_5$) with =CH

F: cis-CH$_3$CH=CHCH$_3$ G: [cyclohexene with CH$_3$, CO$_2$CH$_3$, CO$_2$CH$_3$ substituents]

2. A: p-HOC$_6$H$_4$CH$_2$COCH$_3$ B: p-HOC$_6$H$_4$CH$_2$CH(OH)CH$_3$ C: p-HOC$_6$H$_4$CH$_2$CH$_2$CH$_3$ D: p-CH$_3$OC$_6$H$_4$CH$_2$CH$_2$CH$_3$

试卷二

一、解：
(1) 对-N,N-二甲基二苯胺　(2) 乙酸（邻羧基）苯酯　(3) 3-吲哚乙酸

(4) 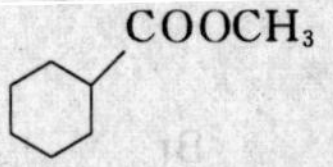 环己基-COOCH₃　(5) 对-羟基乙酰苯胺　(6) β-D-葡萄糖苷

(7) 3-溴-5-硝基苯甲酸　(8) 对甲酰苯甲酸　(9) 双环[2,2,1]庚烷

(10) 3-苯基-1,2-戊二醇

二、解： 1. C₆H₅CH₂Br　2. 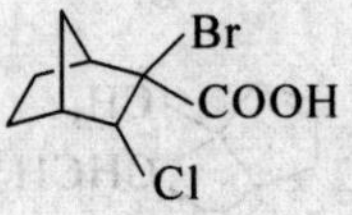 （结构式：含Br、COOH、Cl的双环）　3. 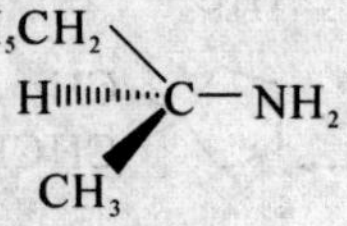 （手性结构：C₆H₅CH₂-、H、CH₃、NH₂）

4. H₃N⁺CHCOO⁻（含CH₃）　5. 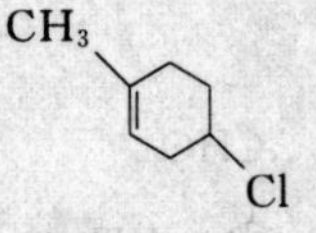 甲基环己烯基氯　6. 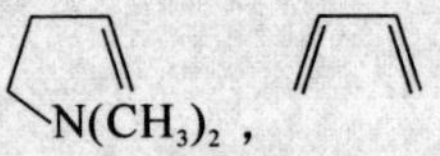 N(CH₃)₂取代二氢吡咯, 丁二烯

7. 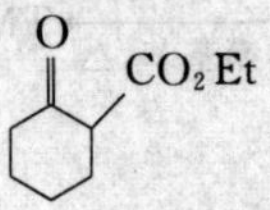 环己酮-2-甲酸乙酯　8. 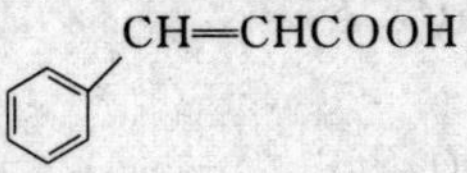 C₆H₅CH=CHCOOH　9. 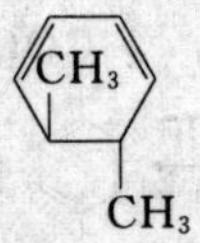 邻二甲苯

10. 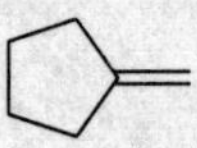 亚甲基环戊烷　11. CH₃CH(OZnBr)CH₂COOC₂H₅, CH₃CH(OH)CH₂COOC₂H₅

12. 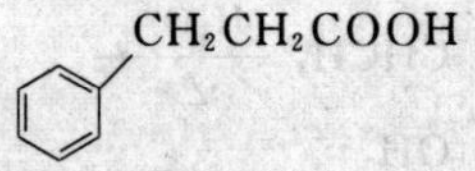 C₆H₅CH₂CH₂COOH　13. CH₃CH₂CHO

14. 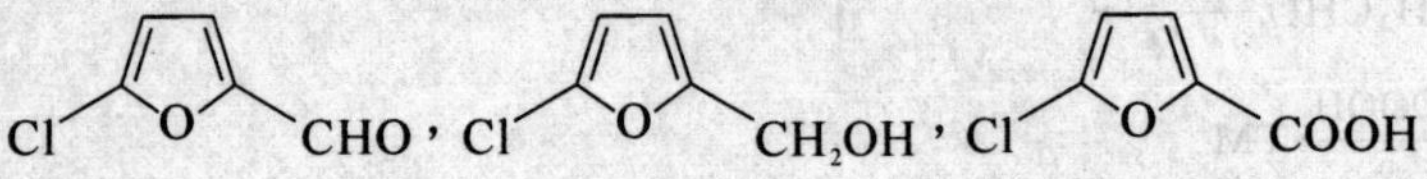 5-氯呋喃-2-甲醛, 5-氯呋喃-2-甲醇, 5-氯呋喃-2-甲酸

15. 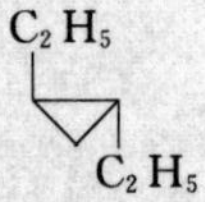 1,1-二乙基环丙烷

三、解： 1. B>A>C>D　2. D,B　3. B,A　4. A>B>D>C　5. B　6. A,D　7. B　8. D
9. A>C>D>D　10. E>B>A>D>C

四、解： 1. （反应机理：烯酮经H₃O⁺质子化、重排、失H⁺生成二甲基萘满）

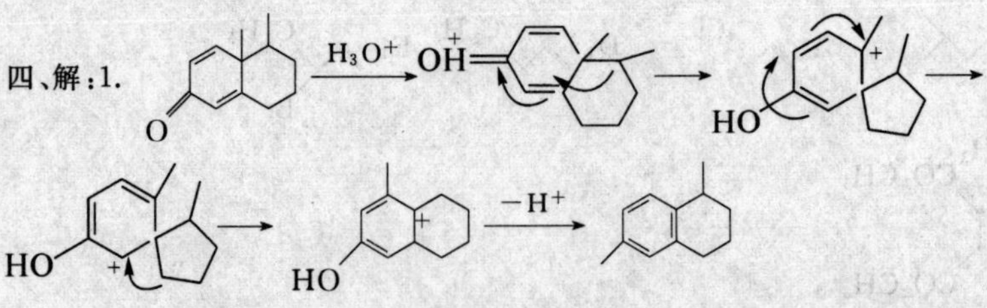

(2) 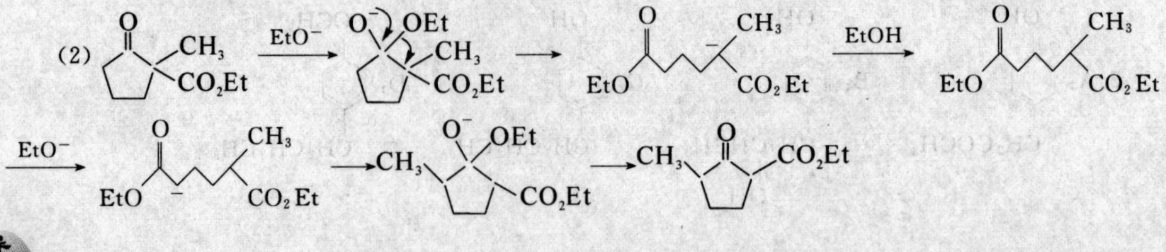 2-甲基-2-乙氧羰基环戊酮 →(EtO⁻)→ 烯醇化中间体 →(开环)→ CH₃取代戊二酸二乙酯负离子 →(EtOH)→ CH₃取代戊二酸二乙酯

→(EtO⁻)→ α-碳负离子 → 环化中间体 → 2-甲基-5-氧代环戊烷甲酸乙酯

五、解:1. 苯 →[HNO₃/H₂SO₄, Δ] → [NH₄SH] → [HCl+NaNO₂, <5°C] → [HBF₄, Δ] → [Fe+HCl] → [HCl+NaNO₂, <5°C] → [H₂O, Δ] → TM

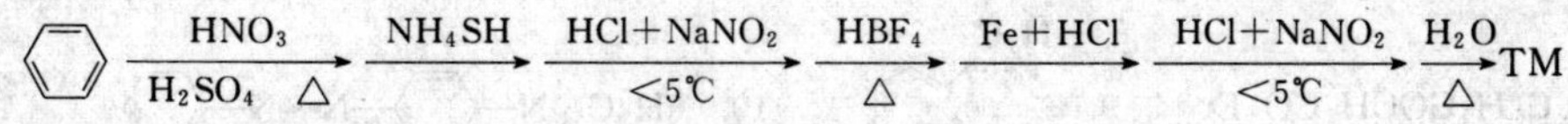

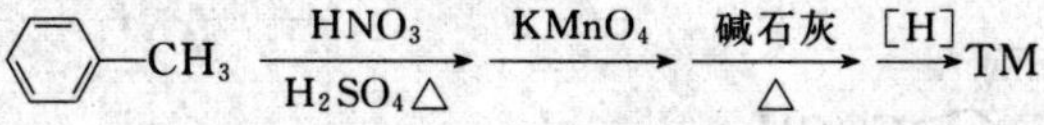

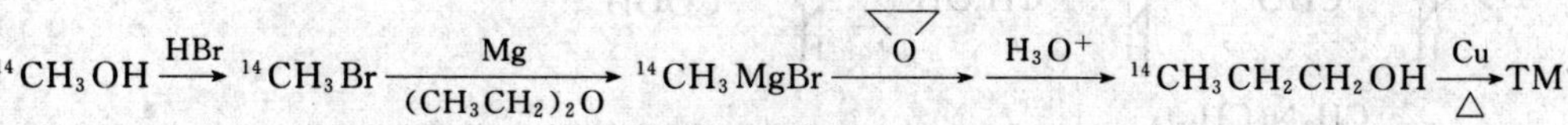

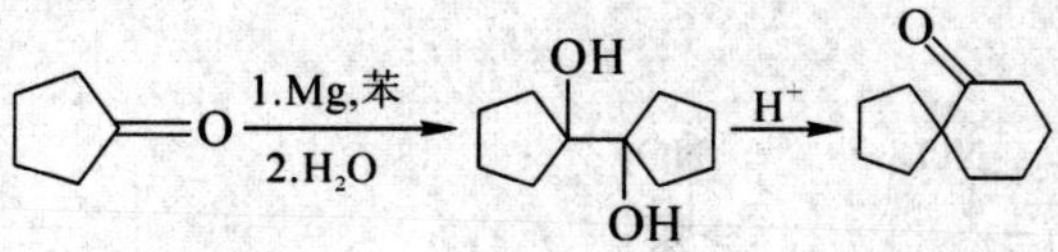

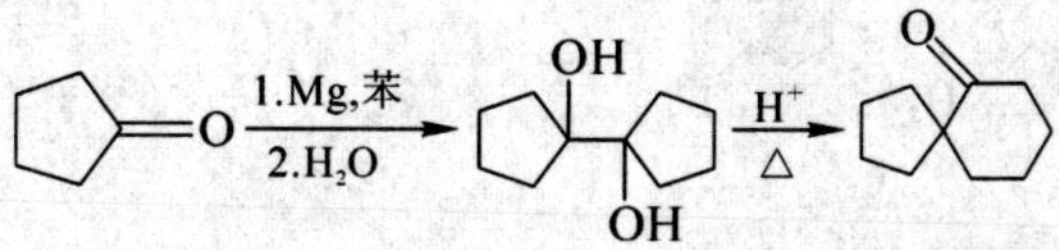

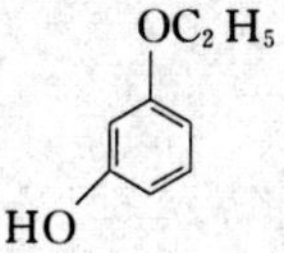

2. 甲苯 →[HNO₃/H₂SO₄, Δ] → [KMnO₄] → [碱石灰, Δ] → [[H]] → TM

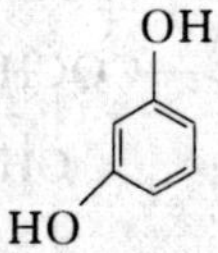

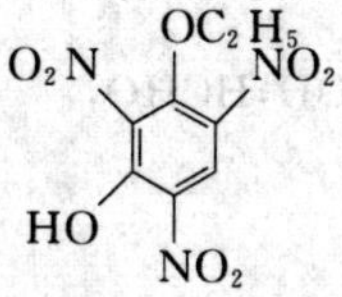

3. ¹⁴CH₃OH →[HBr]→ ¹⁴CH₃Br →[Mg, (CH₃CH₂)₂O]→ ¹⁴CH₃MgBr →[环氧乙烷]→ [H₃O⁺]→ ¹⁴CH₃CH₂CH₂OH →[Cu, Δ]→ TM

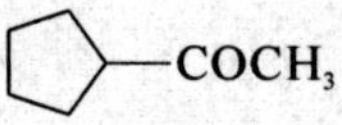

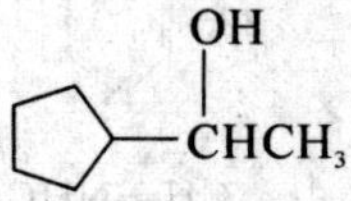

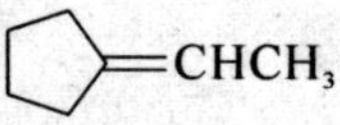

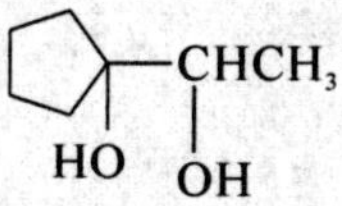

4. 环戊酮 →[1.Mg,苯; 2.H₂O]→ 二(1-羟基环戊基) →[H⁺, Δ]→ 螺酮产物

5. 甲基环己烷 →[Br₂, hν]→ 1-溴-1-甲基环己烷 →[NaOEt, Δ]→ 1-甲基环己烯 →[(1) BH₃; (2) H₂O, OH⁻]→ TM

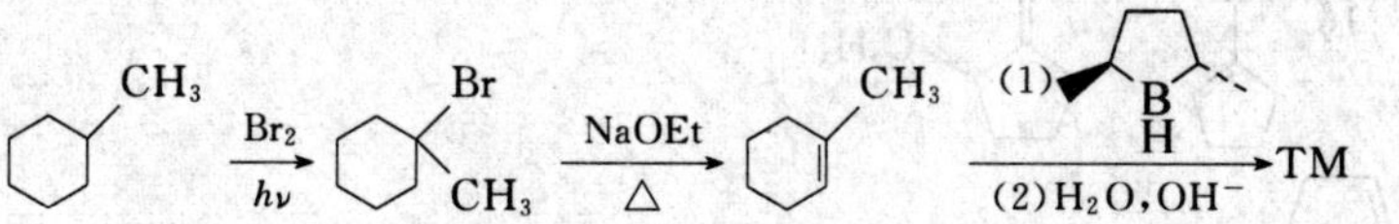

六、解:

1. A: 间-乙氧基苯酚 (OC₂H₅, OH)   B: C₂H₆   C: 间苯二酚 (两个OH)   D: 2,4-二硝基-3-乙氧基-苯酚类化合物 (NO₂, OC₂H₅, NO₂, OH, NO₂)

2. A: 环戊基-COCH₃   B: 环戊基-CH(OH)CH₃   C: 环戊基=CHCH₃

D: 环戊基-C(OH)(CH₃)-... (HO, HO)   E: 环戊基-COOH (HO)

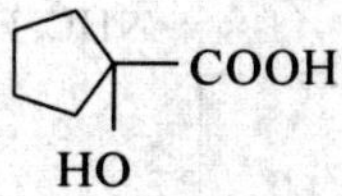

试卷三

一、解:1. α-萘乙酸   2. 丁酸乙烯酯   3. N-甲基苯甲酰胺
4. 对甲基偶氮苯   5. 3-甲基喹啉   6. 邻苯二甲酸酐

7. 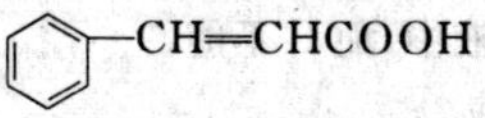 C₆H₅—CH=CHCOOH   8. 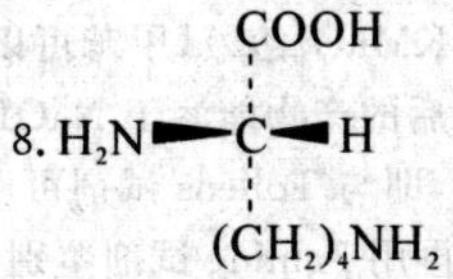 H₂N—C(COOH)(H)—(CH₂)₄NH₂

9. 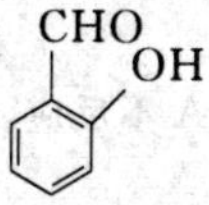 邻羟基苯甲醛 (CHO, OH)   10. 1,6-二甲基螺[4,5]癸烷

二、解:1. (CH₃)₂CHCH₂CH₂OH   2. 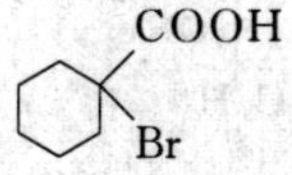 1-溴环己基甲酸 (COOH, Br)   3. C₆H₅COOH   4. 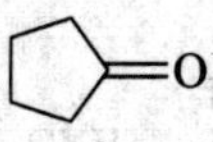 环戊酮

5. 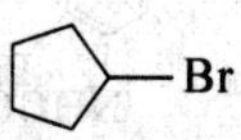 环戊基-Br (HO)   6. CH₃C(OH)(CH(CH₃)₂)₂   7. CH₃CH₂NHCH₃

8. $C_6H_5COCH_2CO_2Et$ 9. [methylcyclohexadiene structure with H_3C] 10. $(H_3C)_2N$-[C6H4]-N=N-[C6H5]

11. [pyrrole-2-CHO], [pyrrole-2-CH2OH], [pyrrole-2-COOH]

12. [cyclohexyl-CH2-N+(CH3)2-O−], [methylenecyclohexane]

13. $(CH_3)_2CHNH_2$, [phthalate dianion: benzene with two COO−] 14. [3-nitroaniline], [3-nitroiodobenzene]

15. $(CH_3)_3CCH_2NH_2$ 16. [1-pyrrolidinyl-cyclopentene], [2-ethylcyclopentanone]

17. H_3CHN-[CH(CH3)-ring-CH=], [CH2=CH-CH=CH2 butadiene]

18. HCOOH, HCOOH, HCHO, 19. [furan-CO-CH(OH)-furan]

20. [oxanorbornene dicarboxylic anhydride] 21. $CH_2=CHCH_2CH_2CHO$ 22. [3-chloropyridine]

23. [HO-C6H4-CH(CH3)2] 24. [CH3-CH=CH-CH=CH-CH3] 25. [CH=NHC6H5 / NHC6H5 / CH2OH structure]

三、解:1. 牛胰岛素 2. 2-脱氧核糖,核糖 3. B,C 4. $CH_3COCH_2CH_3$

5. [camphor-like bicyclic ketone] 6. D,A 7. C,D 8. B 9. D 10. C>B>D>A

四、解:1. 加溴水,先区分出环丙烷,然后再用 $KMnO_4$ 溶液,甲苯可以使其褪色。

2. 用 Hinsberg 反应, A 不发生此反应, B 反应后的产物能溶于 NaOH 溶液中,而 C 不能。

3. A 与 C 呈酸性,并且 A 还具有羰基的性质,即与 Tollens 试剂可以反应。

4. 先用 Tollens 试剂,鉴别出两个醛 A 和 B,再用 Fehling 试剂鉴别 A,B,B 不能与 Fehling 试剂反应。C 和 D 的鉴别则用饱和亚硫酸氢钠,C 不与该试剂反应。

5. 用 $AgNO_3$ 的醇溶液,B 快速生成氯化银沉淀;再用碘化钠丙酮溶液,C 生成沉淀,而 A 不反应。

五、解:1. $CH_3COCH_2COOC_2H_5 \xrightarrow[C_2H_5ONa]{C_3H_7Br} \xrightarrow[C_2H_5ONa]{C_2H_5Br} \xrightarrow[\triangle]{稀碱\ H^+}$ TM

2. [C6H5-C2H5] $\xrightarrow[H_2SO_4]{HNO_3}$ [4-nitro-ethylbenzene] $\xrightarrow{Fe, HCl}$ [4-amino-ethylbenzene] $\xrightarrow{(CH_3CO)_2O}$ [4-NHCOCH3-ethylbenzene] $\xrightarrow{Br_2}$ [2-Br-4-NHCOCH3-ethylbenzene]

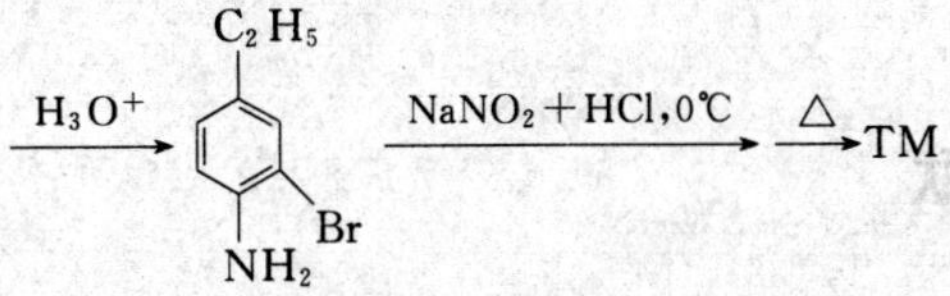

H_3O^+ → [2-bromo-4-ethylaniline] → $NaNO_2 + HCl, 0°C$ → $\triangle$ → TM

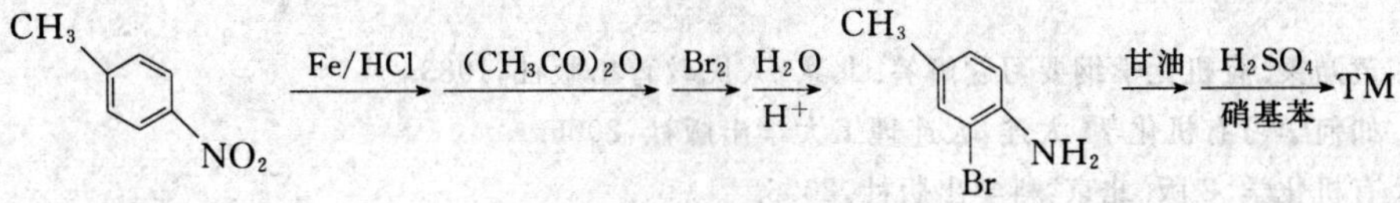

3. [4-nitrotoluene] → Fe/HCl → $(CH_3CO)_2O$ → Br_2 → H_2O/H^+ → [2-bromo-4-methylaniline] → 甘油 H_2SO_4 / 硝基苯 → TM

4. [phthalimide-NK] → $BrCH(CO_2Et)_2$ → [N-CH(CO_2Et)_2 phthalimide] → (1) NaOEt (2) $BrCH_2COOH$ (或 $BrCH_2CO_2Et$) → [N-C(CO_2Et)_2CH_2COOH phthalimide] → (1) NaOH (2) $H_3O^+, \triangle$ → TM

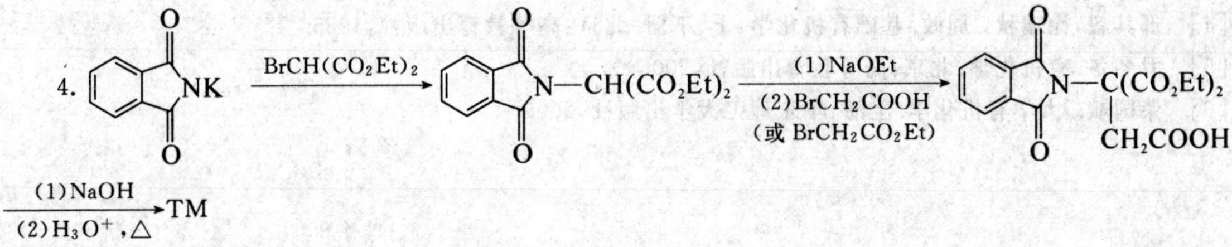

5. 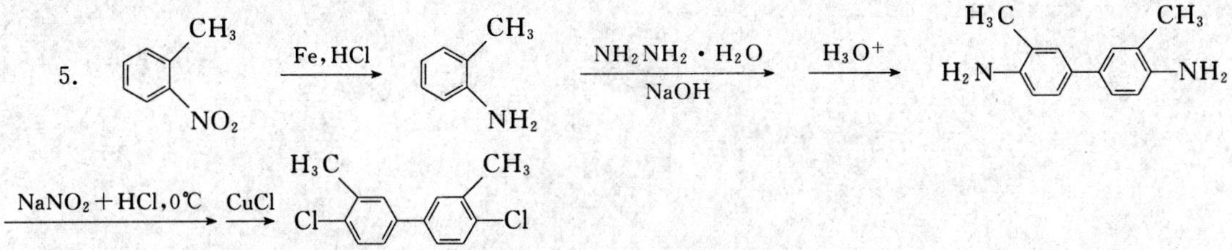 [2-nitrotoluene] → Fe, HCl → [o-toluidine] → $NH_2NH_2 \cdot H_2O$ / NaOH → H_3O^+ → [3,3'-dimethylbenzidine] → $NaNO_2 + HCl, 0°C$ → $CuCl$ → [3,3'-dimethyl-4,4'-dichlorobiphenyl]

六、解：1. A：$CH_3CH_2CH_2CO_2^-NH_4^+$ B：$CH_3CH_2CH_2CONH_2$
C：$CH_3CH_2CH_2COOH$ D：$CH_3CH_2CH=CH_2$（烃基的结构不确定）

2.

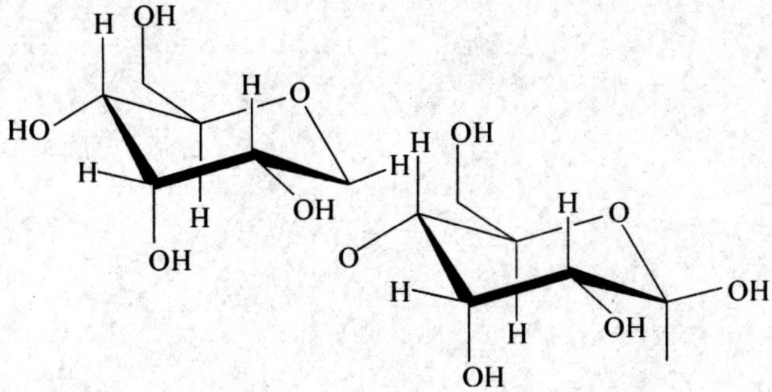

参 考 文 献

[1] 丁新腾,黄乃聚.有机化学纲要习题解答.北京:人民教育出版社,1983.
[2] 陈宏博.如何学习有机化学.大连:大连理工大学出版社,2006.
[3] 郭灿城.有机化学.2版.北京:科学出版社,2006.
[4] 邢其毅,徐瑞秋,周政.基础有机化学:上、下册.北京:高等教育出版社,1985.
[5] 尹冬冬.有机化学.北京:高等教育出版社,2005.
[6] 荣国斌.大学有机化学.上海:华东理工大学出版社,2006.